电力工程设计手册

01 火力发电厂总图运输设计
02 火力发电厂热机通用部分设计
03 火力发电厂锅炉及辅助系统设计
04 火力发电厂汽轮机及辅助系统设计
05 火力发电厂烟气治理设计
06 燃气-蒸汽联合循环机组及附属系统设计
07 循环流化床锅炉附属系统设计
08 火力发电厂电气一次设计
09 火力发电厂电气二次设计
10 火力发电厂仪表与控制设计
11 火力发电厂结构设计
12 火力发电厂建筑设计
13 火力发电厂水工设计
14 火力发电厂运煤设计
15 火力发电厂除灰设计
16 火力发电厂化学设计
17 火力发电厂供暖通风与空气调节设计
18 火力发电厂消防设计
19 火力发电厂节能设计

20 架空输电线路设计
21 电缆输电线路设计
22 换流站设计
23 变电站设计

24 电力系统规划设计
25 岩土工程勘察设计
26 工程测绘
27 工程水文气象
28 集中供热设计
29 技术经济
30 环境保护与水土保持
31 职业安全与职业卫生

电力工程设计手册

中国电力工程顾问集团有限公司　编著

Power Engineering Design Manual

中国电力出版社

内 容 提 要

本书是《电力工程设计手册》系列手册中的一个分册，共有四篇十六章，内容包括电力工程各阶段测绘的工作目的、工作内容、工作流程、工作深度、测绘方法及技术要求、提交资料及要求、测绘过程中对成品质量控制的要点及方法等。本书不仅详细介绍了各种电力工程常规测绘方法，还归纳总结了航空摄影测绘技术、卫星遥感测绘技术、激光扫描测绘技术、海洋测绘技术、GNSS 测量技术等新技术和新方法在电力工程应用的作业步骤、方法、技术要求，也对电力工程 GIS 的设计、开发、应用和维护进行了介绍。本书为电力工程测绘作业提供了有力的规范性技术指导。

本书总结了我国电力工程测绘工作的成就和经验，介绍了工程测绘领域的新技术、新方法，内容丰富，资料新颖，实用性强。

本书可以作为电力工程勘测设计、施工、运行维护等各阶段测绘工作的工具书，也可以作为其他行业从事工程测绘专业工程技术人员及高等院校相关专业师生的参考书。

图书在版编目（CIP）数据

电力工程设计手册. 工程测绘 / 中国电力工程顾问集团有限公司编著.
—北京：中国电力出版社，2017.5
ISBN 978-7-5198-0347-6

Ⅰ. ①电…　Ⅱ. ①中…　Ⅲ. ①电力工程–工程测量–手册
Ⅳ. ①TM7–62

中国版本图书馆 CIP 数据核字（2017）第 023410 号

出版发行：中国电力出版社
地　　址：北京市东城区北京站西街 19 号（邮政编码 100005）
网　　址：http://www.cepp.sgcc.com.cn
印　　刷：北京盛通印刷股份有限公司
版　　次：2017 年 5 月第一版
印　　次：2017 年 5 月北京第一次印刷
开　　本：787 毫米×1092 毫米　16 开本
印　　张：23.25
字　　数：821 千字　　1 插页
印　　数：0001—1000 册
定　　价：136.00 元

《电力工程设计手册》
编辑委员会

《电力工程设计手册》
秘书组

《工程测绘》
编 写 组

主　　编　程正逢

副 主 编　曹玉明　姚麒麟　朱宏波　周　勇　付元盛　薛艳东

参编人员　（按姓氏笔画排序）

于周忠　王　林　王　振　王　琼　邓加娜　付江缺
白　皓　孙良育　李立瑞　杨　帅　杨奎生　张　奇
张　健　张海龙　范汉文　范晓进　郝宝诚　徐　辉
彭　鑫

《工程测绘》
编辑出版人员

编审人员　岳　璐　刘　丹　柳　璐　杨　帆　薛　红　华　峰
张运东

出版人员　王建华　李东梅　邹树群　黄　蓓　郝军燕　陈丽梅
郑书娟　王红柳　张　娟

序 言

改革开放以来，我国电力建设开启了新篇章，经过30多年的快速发展，电网规模、发电装机容量和发电量均居世界首位，电力工业技术水平跻身世界先进行列，新技术、新方法、新工艺和新材料的应用取得明显进步，信息化水平得到显著提升。广大电力工程技术人员在30多年的工程实践中，解决了许多关键性的技术难题，积累了大量成功的经验，电力工程设计能力有了质的飞跃。

党的十八大以来，中央提出了“创新、协调、绿色、开放、共享”的发展理念。习近平总书记提出了关于保障国家能源安全，推动能源生产和消费革命的重要论述。电力勘察设计领域的广大工程技术人员必须增强创新意识，大力推进科技创新，推动能源供给革命。

电力工程设计是电力工程建设的龙头，为响应国家号召，传播节能、环保和可持续发展的电力工程设计理念，推广电力工程领域技术创新成果，推动电力行业结构优化和转型升级，中国电力工程顾问集团有限公司编撰了《电力工程设计手册》系列手册。这是一项光荣的事业，也是一项重大的文化工程，对于培养优秀电力勘察设计人才，规范指导电力工程设计，进一步提高电力工程建设水平，助力电力工业又好又快发展，具有重要意义。

中国电力工程顾问集团有限公司作为中国电力工程服务行业的“排头兵”和“国家队”，在电力勘察设计技术上处于国际先进和国内领先地位。在百万千瓦级超超临界燃煤机组、核电常规岛、洁净煤发电、空冷机组、特高压交直流输变电、新能源发电等领域的勘察设计方面具有技术领先优势。中国电力工程顾问集团有限公司还在中国电力勘察设计行业的科研、标准化工作中发挥着主导作用，承担着电力新技术的研究、推广和国外先进技术的引进、消化和创新等工作。

这套设计手册获得了国家出版基金资助，是一套全面反映我国电力工程设计领域自有知识产权和重大创新成果的出版物，代表了我国电力勘察设计行业的水平和发展方向，希望这套设计手册能为我国电力工业的发展作出贡献，成为电力行业从业人员的良师益友。

汪建平

2017年3月18日

总前言

电力工业是国民经济和社会发展的基础产业和公用事业。电力工程勘察设计是带动电力工业发展的龙头，是电力工程项目建设不可或缺的重要环节，是科学技术转化为生产力的纽带。新中国成立以来，尤其是改革开放以来，我国电力工业发展迅速，电网规模、发电装机容量和发电量已跃居世界首位，电力工程勘察设计能力和水平跻身世界先进行列。

随着科学技术的发展，电力工程勘察设计的理念、技术和手段有了全面的变化和进步，信息化和现代化水平显著提升，极大地提高了工程设计中处理复杂问题的效率和能力，特别是在特高压交直流输变电工程设计、超超临界机组设计、洁净煤发电设计等领域取得了一系列创新成果。“创新、协调、绿色、开放、共享”的发展理念和实现全面建设小康社会奋斗目标，对电力工程勘察设计工作提出了新要求。作为电力建设的龙头，电力工程勘察设计应积极践行创新和可持续发展思路，更加关注生态和环境保护问题，更加注重电力工程全寿命周期的综合效益。

作为电力工程服务行业的“排头兵”和“国家队”，中国电力工程顾问集团有限公司是我国特高压输变电工程勘察设计的主要承担者，包括世界第一个商业运行的 1000kV 特高压交流输变电工程、世界第一个 ±800kV 特高压直流输电工程等；是我国百万千瓦级超超临界燃煤机组工程建设的主力军，完成了我国 70%以上的百万千瓦级超超临界燃煤机组的勘察设计工作，创造了多项“国内第一”，包括第一台百万千瓦级超超临界燃煤机组、第一台百万千瓦级超超临界空冷燃煤机组、第一台百万千瓦级超超临界二次再热燃煤机组等。

在电力工业发展过程中，电力工程勘察设计工作者攻克了许多关键技术难题，积累了大量的先进设计理念和成熟设计经验。编撰《电力工程设计手册》系列手册可以将这些成果以文字的形式传承下来，进行全面总结、充实和完善，引导电力工程勘察设计工作规范、健康发展，推动电力工程勘察设计行业技术水平提升，助力勘察设计从业人员提高业务水平和设计能力，以适应新时期我国电力工业发展的需要。

2014 年 12 月，中国电力工程顾问集团有限公司正式启动了《电力工程设计手册》系列手册的编撰工作。《电力工程设计手册》的编撰是一项光荣的事业，也是一项艰巨和富有挑战性的任务。为此，中国电力工程顾问集团有限公司和中国电力出版社抽调专人成立了编辑委员会和秘书组，投入专项资金，为系列手册编撰工作的顺利开展提供强有力的保障。在手册编辑委员会的统一组织和领导下，700 多位电力勘察设计行业的专家学者和技术骨干，以高度的责任心和历史使命感，坚持充分讨论、深入研究、博采众长、集思广益、达成共识的原则，以内容完整实用、资料翔实准确、体例规范合理、表达简明扼要、使用方便快捷、经得起实践检验为目标，参阅大量的国内外资料，归纳和总结了勘察设计经验，经过几年的反复斟酌和锤炼，终于编撰完成《电力工程设计手册》。

《电力工程设计手册》依托大型电力工程设计实践，以国家和行业设计标准、规程规范为准绳，反映了我国在特高压交直流输变电、百万千瓦级超超临界燃煤机组、洁净煤发电、空冷机组等领域的最新设计技术和科研成果。手册分为火力发电工程、输变电工程和通用三类，共 31 个分册，3000 多万字。其中，火力发电工程类包括 19 个分册，内容分别涉及火力发电厂总图运输、热机通用部分、锅炉及辅助系统、汽轮机及辅助系统、燃气-蒸汽联合循环机组及附属系统、循环流化床锅炉附属系统、电气一次、电气二次、仪表与控制、结构、建筑、运煤、除灰、水工、化学、供暖通风与空气调节、消防、节能、烟气治理等领域；输变电工程类包括 4 个分册，内容分别涉及变电站、架空输电线路、换流站、电缆输电线路等领域；通用类包括 8 个分册，内容分别涉及电力系统规划、岩土工程勘察、工程测绘、工程水文气象、集中供热、技术经济、环境保护与水土保持和职业安全与职业卫生等领域。目前新能源发电蓬勃发展，中国电力工程顾问集团有限公司将适时总结相关勘察设计经验，编撰新能源等系列设计手册。

《电力工程设计手册》全面总结了现代电力工程设计的理论和实践成果，系统介绍了近年来电力工程设计的新理念、新技术、新材料、新方法，充分反映了当前国内外电力工程设计领域的重要科研成果，汇集了相关的基础理论、专业知识、常用算法和设计方法。全套书注重科学性、体现时代性、增强针对性、突出实用性，可供从事电力工程投资、建设、设计、制造、施工、监理、调试、运行、科研等工作者使用，也可供相关教学及管理工作者参考。

《电力工程设计手册》的编撰和出版，是电力工程设计工作者集体智慧的结晶，展现了当今我国电力勘察设计行业的先进设计理念和深厚技术底蕴。《电力工程设计手册》是我国第一部全面反映电力工程勘察设计的系列手册，难免存在疏漏与不足之处，诚恳希望广大读者和专家批评指正，如有问题请向编写人员反馈，以期再版时修订完善。

在此，向所有关心、支持、参与编撰的领导、专家、学者、编辑出版人员表示衷心的感谢！

《电力工程设计手册》编辑委员会

2017年3月10日

前 言

《工程测绘》是《电力工程设计手册》系列手册之一。

近年来，为适应我国经济的高速发展及人民生活水平的不断提高对电力的旺盛需求，我国电力工程建设规模迅猛发展，装机容量和各等级输电线路总长度均位列世界首位，各种可再生能源（风电、生物质发电、光伏发电、地热发电、海洋能发电等）蓬勃发展。在这一过程中，通过我国电力工程测量技术人员的不懈努力，不断研究应用先进的测量技术和手段，不断总结电力工程测量的经验和教训，我国电力工程测量技术取得了长足的进步和发展。本书的编撰，既是对我国长期以来电力工程测绘作业流程和工作经验的总结和提炼，也是对我国近年来电力工程测绘新技术、新方法应用研究的归纳和提升，为今后的电力工程测绘作业提供了有力的规范性技术指导。

本书可以帮助电力工程测绘工作者对项目进行科学化、规范化管理，更好地适应当前的电力工程测绘工作环境和技术发展水平，保证测绘成品质量，节约人力资源和工程成本，更高效地完成电力工程测绘工作。同时也可以帮助测绘人员在掌握基础知识和规范要求的同时，充分了解电力工程测绘的新工艺、新方法，并迅速掌握其要领。

本书共有四篇十六章，内容包括各种电力工程各阶段测绘工作的生产组织、工作目的、工作内容、工作流程、工作深度、测绘方法及技术要求、提交资料及要求、测绘过程中对成品质量控制的要点及方法等。本书不仅详细介绍了电力工程常规测绘方法，还归纳总结了航空摄影测量与卫星遥感技术、激光扫描测量技术、海洋测绘技术、GNSS 测量技术等新技术和新方法在电力工程应用的作业步骤、方法、技术要求和提交资料要求，也对电力工程 GIS 的设计、开发、应用和维护进行了介绍。本书内容丰富而全面，系统地总结了我国电力工程测绘工作所取得的成就、经验和教训，推广和应用电力工程测绘领域的一些新理论、新技术和新方法，吸取了多个单位多个工程的实际经验，规范了电力工程测量工作的作业方法、作业要求，为工程人员提供了很好的参考。

本书主编单位为中国电力工程顾问集团中南电力设计院有限公司，参加编写的单位有中国电力工程顾问集团东北电力设计院有限公司、中国电力工程顾问集团华东电力设计院有限公司、中国电力工程顾问集团西北电力设计院有限公司、中国电力工程顾问集团西南电力设计院有限公司、中国电力工程顾问集团华北电力设计院有限公司。本书由程正逢担任主编，负责本书整体结构设计、工作协调及部分章节的编写，曹玉明、姚麒麟、朱宏波、周勇、付元盛、薛艳东担任副主编，朱宏波编写绪论，薛艳东编写第一章，于周忠编写第二章，付元盛编写第三章，范汉文编写第四章，邓加娜编写第五章，郝宝诚编写第六章，杨奎生编写第七章，曹玉明编写第八章，王琼编写第九章，徐辉、付江缺、李立瑞、彭鑫编写第十章，姚麒麟、孙良育编写第十一章，范晓进、王振编写第十二章，周勇、王林、张奇、张健编写第十三章，张海龙、朱宏波编写第十四章，白皓编写第十五章，杨帅编写第十六章。

本书可以作为电力工程勘测设计、施工、运行维护等各阶段测绘工作的工具书，也可以作为其他行业从事工程测绘专业工程技术人员及高等院校相关专业师生的参考书。

《工程测绘》编写组

2017年2月

目录

第一篇　厂站工程测绘篇

第二篇　输电线路工程测绘篇

第三篇　测绘新技术应用篇

第四篇 电力测绘工程管理篇

绪 论

一、电力工程

电力工程是指与电能的生产、输送、分配有关的建设工程。电力工程由发电工程、输电工程、变电工程三大主要部分组成，三者之间紧密关联形成电力工程的主体框架。

发电工程是通过组织应用科学知识和技术手段，规划设计、施工建设将现有的各种机器、产品、结构、系统建设为具有预期使用价值的发电厂或发电设备的建设过程，目的是实现一次能源转化成电能。

输电工程也称为输电线路工程，是指从电源点输送至变电站、再由变电站输送至电力负荷中心的电能输送通道的相关工程建设活动，目的是实现电能由生产地到需求地的传送。

变电工程是通过建立变电站或换流站实现对电能的电压和电流进行变换、集中和分配的调节过程，目的是为保证电能的质量以及设备的安全。

（一）发电工程

发电工程按照利用的能源的类别主要分为火力发电、核能发电及可再生能源发电等。

1. 火力发电

火力发电是指把化石燃料（煤、油、天然气、油页岩等）的化学能转换成电能的过程，具体实现方式为火力发电厂。

火力发电厂一般由以下几部分组成：主厂房区（主厂房、除尘装置、引风机场地和烟囱烟道等）、高压配电装置区、燃料贮运区、给水排水设施区、化学水处理区、辅助生产和附属设施区、管理和生活区，有的还有环境保护设施区。

2. 核能发电

核能发电是利用核反应堆的核裂变所释放热能直接推动汽轮进行发电，其主要通过核电厂或核电站实现电能的生产。

核电站工程主要分为核岛和常规岛建设两部分。核岛工程中的反应堆厂房，是核电站的核心建筑，又称安全壳。其中放置核—蒸汽供应系统的主要部件，包括反应堆压力壳和一回路系统，以及燃料元件的操作、辅助设备。一般还包括核辅助厂房、核燃料厂房等建筑。常规岛工程主要是汽机房，还包括一些电站配套厂房。

3. 可再生能源发电

可再生能源是指在自然界中可以不断再生、永续利用的能源，具有取之不尽，用之不竭的特点，主要包括太阳能、风能、水能、地热能和海洋能等。可再生能源发电包括太阳能发电、风力发电、水力发电、海洋能发电、地热发电等。

太阳能发电是将太阳辐射热能、光能经装置转换生成电能。太阳能发电有光发电和热发电两种方式。光发电方式是直接将太阳的光能转变成电能，光发电方式有多种，其中光伏发电方式是主流方式。热发电方式是利用大规模阵列抛物或碟形镜面搜集太阳热能，通过换热装置提供蒸汽，结合传统汽轮发电机的工艺，从而达到发电的目的。太阳能光伏发电工程主要有两类：一类是光伏方阵与建筑的结合，另一类是光伏方阵与建筑的集成，如光电瓦屋顶、光电幕墙和光电采光顶等。

风力发电是将风能转换为电能的发电方式，是目前主要的风能利用方式。在风能丰富的地区，按一定的排列方式成群安装风力发电机组，组成集群，称为风力发电场。其机组可多达几十台、几百台，甚至数千台，是大规模开发利用风能的有效形式。风力发电的主要组成部分有风力发电机、升压站、风电场内集电线路等。

水力发电是水能的主要利用方式，基本原理是利用水位落差，配合水轮发电机组产生电力，即利用水的势能和动能转为水轮的机械能，再以机械能推动发电机产生电能，具体表现形式为水电站。水力发电的优点是成本低、可连续再生、无污染，缺点是受分布、气候、地貌等自然条件的限制较大，建设工期也比火力发电厂长，水电的单位千瓦投资比火电高出很多。水力发电工程建设包括挡水建筑（如拦河坝、闸）、泄水建筑（如溢洪道、溢流坝、泄洪洞及放水底孔等）、进水建筑（如有压、无压进水口等）、引水建筑（向水电站输送发电流量的明渠及其渠系建筑物、压力隧洞、压力管道等）、平水建筑（如对有压引水式水电站的调压井或调压塔，对无压引水式电站渠道末端的压力池等）、厂房枢纽（主厂房、副厂房、变压器场、高压开关站、交通道路及尾水渠等）。

海洋能发电主要是利用潮汐能、波浪能、海流能、海洋温差能、海洋盐差能等生成电能。目前，潮汐发电和小型波浪发电技术已经实用化。

地热发电是利用地下热水和蒸汽为动力源的一种新型发电技术。其基本原理与火力发电类似，也是根据能量转换原理，先把地下的热能转变为机械能，然后再将机械能转变为电能的能量转变过程。针对温度不同的地热资源，地热发电有四种基本发电方式，即直接蒸汽发电法、扩容（闪蒸法）发电法、中间介质（双循环式）发电法和全流循环式发电法。

（二）输电工程

1. 按输电的结构形式分类

输电线路分为架空输电线路和电缆线路。架空输电线路由线路杆塔、导线、绝缘子、线路金具、拉线、杆塔基础、接地装置等构成，架设在地面之上。电缆线路分为埋地电缆和海底电缆，前者多用于人口密集的城市，后者适用于难以跨越的海峡等特殊路径。

2. 按输送电流的性质分类

输电线路的输电分为交流输电和直流输电。直接将发电厂发出的交流电经过升压和降压，输送到受电端的输电方式叫交流输电，其优点是配送电能极为方便。将发电厂发出的交流电，经整流器变换成直流电输送至受电端，再用逆变器将直流电变换成交流电送到受电端交流电网的输电方式叫直流输电。直流输电主要应用于远距离大功率输电和非同步交流系统的联网，具有线路投资少、不存在系统稳定问题、调节快速、运行可靠等优点。

3. 按电压等级分类

对交流电而言，通常将 35～220kV 的线路称为高压输电线路；330～750kV 的线路称为超高压输电线路；750kV 以上的线路称为特高压输电线路。

对直流电而言，±400kV、±500kV 称为超高压输电线路；±800kV 及以上称为特高压输电线路。

一般地，输送电能容量越大，线路采用的电压等级就越高。采用超高压输电，可有效地减少线路损耗，降低线路单位输电容量的造价，少占耕地，使线路走廊得到充分利用。

（三）变电工程

变电站分为输电变电站、配电变电站和变频站。单纯只有交流输入输出，变换电压等级的常称为变电站，有交直流输入输出、变频的称为换流站。

1. 变电站

为了把发电厂生产的电能输送到较远的地方，必须把电压升高，变为高压电，到用户附近再按需要把电压降低，这种升降电压的工作靠变电站来完成。变电站是联系发电厂和用户的中间环节，起着变换和分配电能的作用。变电站有多种分类方法，可以根据电压等级、升压或降压及在电力系统中的地位分类。

变电站按电压等级可分为中压变电站（66kV 及以下）、高压变电站（110～220kV）、超高压变电站（330～750kV）和特高压变电站（800kV 及以上）。

变电站的组成包括主控楼、辅控楼、GIS、继电小室、综合消防泵房站用变压器、防火墙、检修备品库、配电室、阀外冷及冷却间、工业消防泵水池、避雷器等。

2. 换流站

换流站是指在高压输电系统中，为了完成交流电到直流电，或者直流电到交流电的转换，达到电力系统对于安全稳定及电能质量的要求而建立的站点。

换流站的主要设备或设施有换流阀、换流变压器、平波电抗器、交流开关设备、交流滤波器及交流无功补偿装置、直流开关设备、直流滤波器、控制与保护装置、站外接地极以及远程通信系统等。

二、电力工程测绘

电力工程测绘是指在发电、输电及变电等相关工程建设中，为工程建设提供测绘服务，对特定的厂、站（址）、走（径）廊等相关区域进行的一系列控制测量、地形图测绘、摄影测量、水准测量、变形测量等测绘活动，其直接关系到电力工程建设项目的质量和安全。电力工程测绘工作是电力工程建设中十分重要的内容之一，是电力工程建设的一项先导性和持续性工作。

（一）设计阶段测绘内容

类型	发电工程	变电工程	输电工程
可行性研究阶段	现场选厂（址）踏勘；搜集厂区域1:10000、1:50000地形图，或使用卫星遥感影像制作1:5000、1:10000平面图；测绘1:2000、1:5000厂区地形图，建立坐标系统和高程系统；必要时进行水文测量、安全距离、环保要求等相关测量	现场选站（址）踏勘；搜集站（址）区域1:10000、1:50000地形图，或使用卫星遥感影像制作1:5000、1:10000平面图；测绘1:2000、1:5000站（址）地形图，建立坐标系统和高程系统；必要时进行水文测量、安全距离、环保要求等其他相关测量	搜集沿线地形图、卫星遥感影像、数字高程模型等成果资料，比例尺为：1:10000～1:250000；现场踏勘了解沿线国家控制点分布和保存情况；必要时，采用手持全球定位系统、卫星定位系统或全站仪测量影响路径的油、气、水管线、通信线（地下光缆）、电力线、交通道路、居民区、工矿区域等，调绘路径区域植被地物等
初步设计阶段	测绘厂区平面布置、施工场地、生活区地形图，取水和排水源地水下地形图、贮灰场地形图，厂址公路、运灰道路或灰管线、水管线带状地形图或纵、横断面测量。地质勘探定位测量，水文气象专业的洪水位及断面测量。一般测绘1:1000、1:2000地形图。工作内容包括平面控制测量、高程控制测量等	测绘站（址）平面布置、施工场地、生活区地形图，取水和排水源地水下地形图、站址公路、水管线带状地形图或纵、横断面测量。地质勘探定位测量，水文气象专业的洪水位及断面测量。一般测绘1:1000、1:2000地形图。工作内容包括平面控制测量、高程控制测量等	搜集资料、现场踏勘、参加选择路径、重要跨越测量、拥挤地段测量、弱电线路危险影响相对位置测量、航空摄影、控制网测量、像片控制点测量、像片调绘测量、空中三角测量、概略平断面测量、三维数字模型路径优化等工作内容
施工图设计阶段	各类管线、进厂公路、铁路专用线等各种专项测量。地质勘探定位测量，水泵房、取水口水下地形图及断面测量。一般是测绘1:200～1:1000地形图。地下水水源地1:10000地形图	施工图设计的各类管线、进站公路等专项测量。地质勘探定位测，水泵房、取水口水下地形图及断面测量。一般是测绘1:200～1:1000地形图。地下水水源地1:10000地形图	选线测量、定线测量、桩间距测量、高差测量、平断面测量、定位测量及检验测量等。可根据环境条件情况进行以上工序合并或组合

（二）施工阶段测量内容

类型	发电工程	变电工程	输电工程
测量内容	施工控制网、方格网测量，放样、复测轴线及点位。对建设的建筑物和周边可能受影响的建筑物进行变形测量。竣工测量等	施工控制网、方格网测量，放样、复测轴线及点位。对建设的建筑物和周边可能受影响的建筑物进行变形测量。竣工测量等	杆（塔）位置、档距复测、关键控制点复测等

（三）运行阶段测量内容

类型	发电工程	变电工程	输电工程
测量内容	对主要建（构）筑物和特殊建（构）筑物进行垂直位移、水平位移、挠度等变形测量。如发电厂的厂房、烟囱、翻车机室、灰坝、变电室及构架、边坡及挡土墙等。核电厂的核岛、常规岛等重要建构筑物、设备基础、建筑场地、地基基础、水工建筑物等。风电场的风机和升压站、地热发电的生产井和回灌井、海洋能发电的围堰、防浪堤等	对主要建（构）筑物和特殊建（构）筑物进行垂直位移、水平位移、挠度等变形测量。如架构、GIS、主变压器、防火墙、集控楼及地基基础和边坡等	对杆（塔）进行变形测量，包含水平位移观测、垂直位移观测、主体倾斜和挠度观测。边坡及挡土墙变形测量。走廊安全距离测量等

（四）测绘范围

不同类型的电力工程，其测绘工作范围不尽相同，差异比较悬殊。

火力发电、核能发电工程测绘范围相对较小，一般在几平方千米之内，通常采用工程测量方法进行作业。

风力发电场、太阳能发电场其面积从数十平方千米到数百平方千米不等，多采用卫星遥感测量方法和工程测量方法。

输电线路工程一般在几十千米到几百千米乃至上千千米，多采用航空摄影测量方法和工程测量方法。

（五）工作特点

（1）面向规划设计、施工和运行管理各阶段持续测量，周期长，投资大，要求工期紧急，服务的对象多，任务要求复杂，既有关联性又具独立性。

（2）地形地貌复杂、作业区域广泛。有海洋、江河、水库的水下测量，又有近百平方千米的大范围、高山区的风电场测量。

（3）比例尺从 1:200 到 1:100000，类型较多。

（4）图件成品多样化。有地形图、剖面图、正射影像图、DTM、DEM、三维图、动漫。获取的方式有高空摄影、低空摄影、近景摄影、卫星遥感、激光扫描、全站仪和 GNSS 测量。

（5）作业反复性大。站址通常要求不占耕地，地形高差起伏，植被茂密，换流站与接地极距离长，选站（址）条件要求因素多，工作反复性大。

（6）控制网等级多样。平面控制涵盖二、三、四等和一、二、三级各等级级别。核电厂还有初级网、次级网、微网之分类。

（7）作业工序交叉多、协调难度大。

（8）工作牵涉面广、影响因素多。

第 一 篇

厂站工程测绘篇

厂站工程是指火力、风力、地热、生物质、太阳能发电场（厂）以及变电站、换流站等电力工程，厂站工程测绘是为满足以上电力工程及其附属设施建设各阶段的需要而进行的测绘工作。厂站工程测绘在规划设计阶段的工作内容一般包括控制测量和地形测绘；在施工阶段一般包括施工控制网测量、施工放样测量以及变形测量；工程竣工后需要进行竣工测量。

第一章
平面控制测量

第一节　主要内容与流程

一、各阶段工作内容及深度

电力工程设计按阶段可分为初步可行性研究、可行性研究、初步设计及施工图设计阶段。初步可行性研究阶段一般没有具体的测量工作，可行性研究阶段的工作通常是搜集已有地形图或利用小比例尺地形图放大成图，但近年来，大多数工程需要测绘地形图。测量专业大量的工作是在初步设计阶段，包括控制测量、地形图以及附属的贮灰场、水源地、取水口及给排水管线测绘，同时还有入场道路及专用线、运灰道路或输灰管线等测量。施工图设计阶段测量工作量一般较少。

各个阶段对地形图比例尺的要求，决定了此阶段平面控制测量工作的基本内容。

（一）可行性研究阶段

搜集已有地形图或利用小比例尺地形图放大成图时，无须进行平面控制测量。只有当实地测绘地形，才需平面控制测量。平面控制测量的起算点根据工程需要，可以是国家三角点、GNSS 点、国家或地方 CORS 系统、施工网点或原勘测设计阶段所布设的控制点、GNSS 精密单点定位点，也可是在原有地形图上的图解点。控制点的个数可视测图需要而定，但不少于 2 个。

（二）初步设计阶段

此阶段需向业主提供平面控制点资料，因此平面控制网需完整建立起来。

新建工程及异址扩建工程要搜集测区附近的国家三角点、与国家坐标系统一致的 GNSS 控制点、国家或地方 CORS 系统的平面坐标点作为测区的起算点。原址改扩建工程要搜集原场区建筑坐标系下的施工网点或原勘测设计阶段所布设的一级以上的国家坐标系统下的控制点作为平面控制的起算点，在无法找到原控制点的情况下，应利用主厂房等主要建、构筑物恢复建筑坐标系统。

此阶段的电厂首级控制点布设的点数不宜少于 5 个，变电站、换流站、接地极及光伏电场首级控制点布设的点数不宜少于 4 个，风电场首级控制点布设的点数不宜少于 1 个/4km^2（但最少不应少于 3 个），贮灰场、水源地、取水口的首级控制点布设的点数不宜少于 3 个，排水管线、入场道路及专用线、运灰道路或输灰管线等线性工程项目首级控制点布设的点数不宜少于 1 对点/3km。

在可行性研究阶段已建立完整平面控制网时，此阶段需对控制网进行检测。

（三）施工图设计阶段

一般在施工图阶段控制网已经建立，此时不需要再进行平面控制测量工作，只有极个别的情况，致使控制点丢失，需进行控制网的补测工作。

二、坐标系统的选择

新建工程及异址扩建工程一般按照设计与规范要求，可自主选择适合本测区的坐标系统，原址改扩建工程选择原场区建筑坐标系或原勘测设计阶段所采用的坐标系，一般改扩建场区内沿用原建筑坐标系统或恢复建筑坐标系统，场外选择与场区联系测量（简称联测）的原勘测设计阶段国家或地方坐标系。根据这一原则，坐标系可作如下选择。

1. 国内工程

平面控制网的坐标系统应满足主测区投影长度变形不大于 2.5cm/km 的要求，可作下列选择：

（1）采用统一的高斯正形投影 3°带平面直角坐标系统。

（2）采用高斯正形投影 3°带，投影面为测区抵偿高程面或测区平均高程面的平面直角坐标系统；或任意带，投影面为 1985 国家高程基准面的平面直角坐标系统。

（3）小测区或有特殊精度要求的控制网可采用独立坐标系统。

（4）在已有平面控制网的地区，可沿用原有的坐标系统。

(5) 厂区内可采用建筑坐标系统。首级控制网优先采用2000国家大地坐标系统，也可采用1980西安坐标系或1954年北京坐标系。宜联测2个以上高等级国家控制点或地方控制点。在联测的控制点较少的困难地区，可采用一点的坐标及与另外一个点的方位作为起算数据，即“一点一方位”的方式进行联测。当与国家点联测时，应考虑联测方案。特殊要求的工程控制网，应进行控制网的优化设计。

2. 国外工程

由于每个国家的坐标系统所采用的椭球参数与投影方式不同，因而在实际测量工作中所选择的坐标系统也不同。在国外工程中，一般采用业主所提供的坐标系统，或采用独立的坐标系统。在国外工程中根据业主提供的资料，坐标系统可作如下选择：

(1) 业主提供的控制点资料有明确的椭球参数及投影方式、中央子午线，一般为国家或地方坐标系。

(2) 业主提供的控制点资料，只有系统的名称，而没有明确的椭球参数及投影方式。如果控制点间的内符合精度很高，为了与提供的坐标系统保持一致，在平差时可以不考虑边长变形情况，对控制网进行强制约束，但在测量报告中要明确给出边长的尺度比。内符合精度不高时，采用“一点一方位”的方式进行约束平差。

(3) 业主提供的多套控制点资料，每套之间数据存在米级甚至百米级的矛盾。此时要详细了解现场周围地区，将大多采用的坐标系统定为本次坐标系统，并与业主沟通。

(4) 业主没有提供任何测绘资料时可采用WGS 84基准。以GNSS精密单点定位模式，并下载美国发布的精密星历，求得控制点的WGS 84坐标。

(5) 改扩建工程也可以采用建筑坐标系或恢复建筑坐标系。

三、平面控制网的建立方法及精度

控制网的建立方法优先考虑GNSS测量方法，在条件不允许的情况下采用导线测量的方法。

控制网的等级按GNSS测量可依次分为三、四等和一、二级，导线及导线网可依次分为四等和一、二级。

各等级平面控制网均可作为测区的首级控制。

当电厂建设规划容量为200MW及以上时、变电站及换流站建设规划电压等级为750kV及以上时，首级控制网不应低于一级。其他项目首级控制网的等级可视需要进行确定。加密控制网可越等级布设或同等级扩展。

对于首级平面控制网的精度要求，最弱点相对于起算点的点位中误差不应超过10cm。

四、测区投影变形大小的估算

当平面控制网采用国家系统时，测区内平面控制网的基线或测距边长要经过高程归化及投影改正，才能与国家系统保持一致。经过两次投影改化的边长即存在了变形，而变形的大小，决定了测区内平面坐标系统的选择方式。

一般在平面控制测量前估算投影变形大小，以决定平面控制网所采取的坐标系。通过测区附近两个已知坐标点的横坐标差及测区的平均高程，即可估算出变形的大小，当变形量满足规定的要求时，可采用此两个已知坐标点所在的坐标系，否则需按照要求采用适合于本测区的坐标系。边长归化变形计算公式请见式（1-32）～式（1-34）。在实际工作中，式中R_A、R_m值，都近似地取为6369km，测区大地水准面高出参考椭球面的高差h_m忽略不计，取值为0进行计算。

五、起算点的检验

控制网所采用的起算点，使用前需进行检测。

检测时可采用全站仪所测得的起算点间平距或卫星定位测量的静态、快速静态中无约束平差后的起算点间的基线改化的平距D_P［见式（1-27）］，再经过高程归化与高斯投影改正后的值D_g［见式（1-32）～式（1-34）］，与起算点间坐标反算距离$D_{算}$进行计算比较，只有当相对精度不低于相应等级的规定时，方可作为起算点。

若测区附近控制点较少，且起算点精度无法满足起算精度时，也可采用“一点一方位”的方式作为控制网的起算数据。

这里特别强调一点的是，在不考虑测量误差的情况下，两差改化后的基线长度D_g值，与改化前的基线平距D_P的比较，可以估算出测区投影变形的大小，为测区平面坐标系的选择提供依据；两差改化后的基线长度D_g值，与起算点间坐标反算距离$D_{算}$比较，可以反映出起算点间的兼容性（约束点间精度），为参与平差计算的起算点的选择提供依据。

六、坐标系统联测

联测有关坐标系统（国家坐标系统、地方坐标、建筑坐标等系统）时，可与测区主控制网分开施测与计算，其精度不低于两个坐标系统中较低一级网的精度，联测点数不得少于2点。联测后的计算，可按如下步骤进行。

(1) 建筑坐标系统与国家坐标系统的关系如图1-1所示。

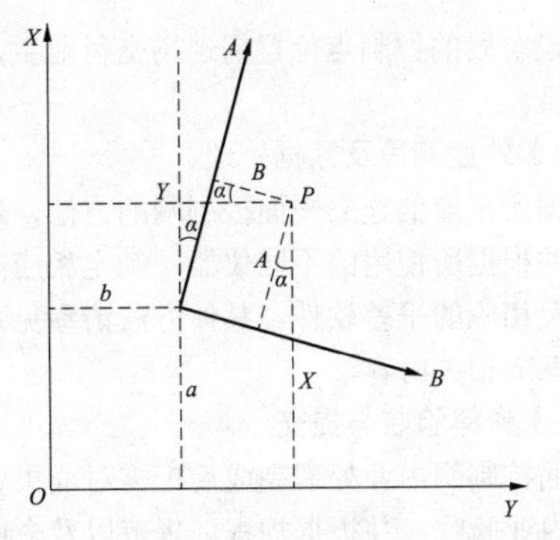

图 1-1 建筑坐标系统与国家坐标系统的关系

在坐标联测后，同一点位会得到两套坐标值，通过公式就可以对两套坐标系统下的点进行坐标转换。根据两点的两套坐标，分别求出两点间的平距 S_g、S_j，然后通过平距互差与长度比，来观察坐标系统中的长度标准是否有差异，当相对中误差高于 1/40000 时，则认为两系统的长度标准一致，此时长度比例系数 K 值为 1；当相对中误差低于 1/40000 时，则认为两系统的长度标准存在差异，这时需要通过平距的比值求出 K 值，公式如下（K 值宜取多个数据的平均值）。

$$S_j = \sqrt{\Delta A^2 + \Delta B^2} \tag{1-1}$$

$$S_g = \sqrt{\Delta X^2 + \Delta Y^2} \tag{1-2}$$

$$K = \frac{S_g}{S_j} \tag{1-3}$$

（2）根据两点的两套坐标，分别求出两点的方位角值，进而求出两套坐标系统的方位角之差（即夹角 α）如下

$$\alpha = \arctan\left(\frac{\Delta Y}{\Delta X}\right) - \arctan\left(\frac{\Delta B}{\Delta A}\right) \tag{1-4}$$

（3）根据两点的两套坐标，以及求出的夹角 α、长度比例系数 K，求出两套坐标系统的坐标常数 a、b 值如下

$$a = X - KA\cos\alpha + KB\sin\alpha \tag{1-5}$$

$$b = Y - KA\sin\alpha - KB\cos\alpha \tag{1-6}$$

（4）求解出夹角 α、长度比例系数 K、坐标常数 a、b 值后，两个坐标系下的坐标即可相互转换：

1）由建筑坐标换算到国家坐标：

$$X = a + KA\cos\alpha - KB\sin\alpha \tag{1-7}$$

$$Y = b + KA\sin\alpha + KB\cos\alpha \tag{1-8}$$

2）由国家坐标换算到建筑坐标：

$$A = \frac{1}{K}(X - a)\cos\alpha + \frac{1}{K}(Y - b)\sin\alpha \tag{1-9}$$

$$B = \frac{1}{K}(Y - b)\cos\alpha - \frac{1}{K}(X - a)\sin\alpha \tag{1-10}$$

以上公式中 A、B——建筑坐标；

X、Y——国家坐标；

ΔA、ΔB 与 ΔX、ΔY——建筑坐标横纵坐标差与国家坐标横纵坐标差；

S_g——国家坐标系中点间距离；

S_j——建筑坐标系中点间距离；

K——长度尺度比；

α——两坐标系坐标方位角之差；

a、b——建筑坐标系原点在国家坐标系中的坐标。

七、平面控制网点位中误差的计算

无论采用卫星定位测量方式建立的控制网平差报告中，还是采用导线测量方式建立的控制网平差报告中，均对点位横向与竖向误差进行计算，在平差报告中可查阅到。当约束平差结束后即可按照公式计算平面控制网的点位误差，其中数值最大的即为平面控制网的最弱点点位中误差，见式（1-11）

$$m_p = \pm\sqrt{a_p^2 + b_p^2} \tag{1-11}$$

式中 m_p——点位中误差，cm；

a_p——点位误差椭圆的长半轴，cm；

b_p——点位误差椭圆的短半轴，cm。

八、测量工作流程

（一）作业准备

1. 搜集资料

工程启动会后，应搜集、分析和利用已有资料。在没有资料可以参考利用的情况下，需要到工程所在地的测绘局搜集所需要的资料。收资的内容主要包括：

（1）测区的最新各种比例尺地形图（1:10000～1:50000 为宜）及影像图。

（2）测区及附近已有的平面控制点成果及相关技术报告等资料。

（3）一般以搜集工程前期已有的控制点资料或国家控制点资料为主。首级网布设时，宜搜集 2 个以上高等级国家控制点或地方控制点。

（4）改扩建工程还需搜集原场区施工平面控制网资料、施工图纸及竣工测量资料。

2. 仪器检校

测绘仪器、设备、工具应定期检校，加强维护保养，作业时应处于正常工作状态。用于作业的测绘仪器、设备、工具除了具有常规的每年的检验证书外，还应在作业前进行检视或检测，检视或检测的记录应作为原始资料提交。测量中所使用的专业应用软件应经过鉴定或验证合格。

（二）图上设计

根据测区的概况以及采取建立平面控制网的方

法，按照相应平面控制网的布设要求，对工程控制网应进行控制网的优化设计。当设计控制点点位时，优先利用已有的点位，并使所选点位构成良好的图形。

根据不同的平面控制网建立的方法，图上设计也有所不同，具体方法请参见本章相关内容。

（三）埋设标石

实地踏勘与埋设标志就是把控制网的图上设计放到地面上去。图上设计是否正确以及选点工作是否顺利，在很大程度上取决于所用的地形图是否准确。如果差异较大，则应根据实际情况确定点位，对原来的图上设计做出修改。

根据图上设计的控制点位置，在实地找到大概位置，再按控制点选点要求，确定控制点的具体位置。控制点位的选定，根据平面控制网建立的方法不同也有所差别，具体要求请参见本章第二节与第三节相关内容。

标石的埋设可以是现场灌注，也可是埋设预制桩。控制点均要绘制点之记，点之记除传统的要求外，需添加控制点点位的远景与近景照片。

初设阶段的控制点位置需现场交付业主，并填写交桩记录。

（四）外业测量及数据处理

根据所采取的建立平面控制网的方法，选择测量仪器。并根据所使用的不同仪器，制定相应的测量方案，以及相应的平差软件。具体方法请参见本章第二节与第三节相关内容。

（五）资料验收与提交

平面控制网内业处理完成后，需对成果资料进行实地与内业验收。并根据规程、规范以及合同要求提交资料。

第二节　GNSS平面控制测量

一、控制网主要技术指标

（1）卫星定位测量控制网主要技术指标要求见表1-1。

表1-1　卫星定位测量控制网的主要技术指标

等级	平均边长（km）	固定误差 A（mm）	比例误差系数 B（mm/km）	约束点间的边长相对中误差	约束平差后最弱边相对中误差
三等	4.5	≤10	≤5	≤1/150000	≤1/70000
四等	2	≤10	≤10	≤1/100000	≤1/40000
一级	1	≤10	≤20	≤1/40000	≤1/20000
二级	0.5	≤10	≤40	≤1/20000	≤1/10000

表中平均边长规定了控制网的面积大小，相应的边长限制了控制网的等级。固定误差与比例误差决定了卫星定位测量时所使用的仪器的精度。约束点间边长精度反映了起算点点间的兼容性，精度越高，兼容性越好，反之则兼容性差，见本章第一节相关内容。约束平差后最弱边长精度，即是平差计算全部结束后边长相对中误差最差的边长精度，这可以在平差报告中找到。

（2）各等级控制网的基线精度应按式（1-12）计算

$$\sigma=\sqrt{A^2+(B\times d)^2} \tag{1-12}$$

式中　σ——基线长度中误差，mm；

A——测量仪器标称的固定误差，mm；

B——测量仪器标称的比例误差系数，mm/km；

d——基线边长，km。

卫星定位测量中控制网的各点点位及观测仪器一旦确定后，本控制网的基线精度σ即确定下来，基于这个实际情况，基线长度中误差σ也可以理解为一个限差值。但需要特殊说明的是，基线精度σ虽然可以理解为一个限差值，但在同一个控制网中σ其实不是一个唯一的数值，它是随着公式中d值定义的变化而变化的：当采用基线精度σ评价控制网的精度时，此时公式中的d为整个控制网的平均边长；当用来评定某个环的精度时，此时公式中的d为整个环的平均边长；当用来评定某条基线的精度时，此时公式中的d为此条基线的实际边长。基线长度中误差σ是一个很重要的精度指标，它贯穿于整个卫星定位测量的精度评定中。

公式中的A、B为测量仪器的实际标称精度值。当一个控制网中使用两种以上的不同标称精度的仪器时，公式中采用最低的标称精度，作为公式中的A、B值。

二、控制网的布设

卫星定位测量控制网的布设遵循以下原则：

（1）点位宜选择在土质坚实的地方或稳定的岩石表面、坚固建筑物顶端及其他易于长期保存地物表面。

（2）点位应选在便于安置和操作测绘设备、便于利用其他观测手段进行扩展与联测、便于进行测绘的地方。

（3）点位视野开阔，卫星高度角应大于15°。

（4）点位应远离大功率无线电发射源（电台、微波站等），其距离不得小于200m，并远离高压输电线路，其距离不得小于50m。

（5）为便于将来用于其他测绘设备观测，每个点位至少有一个方向通视。

（6）应根据测区的实际情况、精度要求、卫星状况、接收机的类型和数量，以及测区已有的测量资料进行综合设计。

（7）控制网应由独立观测边构成一个或若干个闭合环或附合路线，各等级控制网中构成闭合环或附合路线的边数不宜多于6条。

（8）加密网应根据工程需要，在符合规范精度要求的前提下可采用较灵活的布网方式。

（9）对于采用RTK测图的测区，应将参考站点的分布纳入首级网的布设方案中。

三、观测方案的制定

布网方案设计及埋石结束后，应把控制点的概略点位展绘到图纸上，结合埋石时所了解的现场交通、地形情况以及GNSS接收机个数，制定出观测方案。

观测方案应包含控制点点名点号的编排、GNSS接收机的个数、GNSS接收机的序列号、观测人员与接收机的匹配、观测人员所要观测的控制点点号、车辆安排、观测的时间段长度、观测顺序安排等信息。

特别是控制点数多、测区地形复杂、交通不便的情况下，观测方案的制定更尤为重要。

四、观测

卫星定位作业时需遵循以下原则：

（1）在观测前，应对接收机进行预热和静置，同时应检查电池的容量、接收机的内存和可储存空间是否充足。

（2）安置天线对中误差不应大于2mm。

（3）仪器天线高应在每时段观测前后各量取一次，精确至1mm。

（4）测量作业时，应避免在接收机近旁使用无线电通信工具。

（5）测量作业时应做好控制点点名、接收机序列号、仪器高、开关机时间等相关信息的测站记录。

（6）各等级控制网中独立基线的观测总数不宜少于必要观测基线数的1.5倍。

（7）测量作业的基本技术要求应符合表1-2的要求。

表1-2　卫星定位控制测量作业的基本技术要求

<table>
<tr><th colspan="2">等级</th><th>三等</th><th>四等</th><th>一级</th><th>二级</th></tr>
<tr><td colspan="2">接收机类型</td><td colspan="4">双频或单频</td></tr>
<tr><td colspan="2">仪器标称精度</td><td colspan="4">≤10mm+5ppm</td></tr>
<tr><td colspan="2">观测量</td><td colspan="4">载波相位</td></tr>
<tr><td rowspan="2">卫星高度角（°）</td><td>静态</td><td colspan="4">≥15</td></tr>
<tr><td>快速静态</td><td>—</td><td>—</td><td colspan="2">≥15</td></tr>
<tr><td rowspan="2">有效观测卫星数（颗）</td><td>静态</td><td>≥5</td><td colspan="3">≥4</td></tr>
<tr><td>快速静态</td><td>—</td><td>—</td><td colspan="2">≥5</td></tr>
<tr><td rowspan="2">观测时段长度（min）</td><td>静态</td><td>20～60</td><td>15～45</td><td colspan="2">10～30</td></tr>
<tr><td>快速静态</td><td>—</td><td>—</td><td colspan="2">10～15</td></tr>
<tr><td rowspan="2">数据采集间隔（s）</td><td>静态</td><td colspan="4">10～30</td></tr>
<tr><td>快速静态</td><td>—</td><td>—</td><td colspan="2">5～15</td></tr>
<tr><td colspan="2">点位几何图形强度因子PDOP</td><td colspan="2">≤6</td><td colspan="2">≤8</td></tr>
</table>

注　ppm含义为百万分之一（即10^{-6}）。

五、观测数据处理

卫星定位测量的数据处理即指静态测量的数据解算，它主要包括基线解算、外业观测数据检验及观测精度、无约束平差、约束平差四部分，可采用随机软件，也可采用其他有效的商业软件。

（一）基线解算

解算模式可采用单基线解算模式，也可采用多基线解算模式。解算成果应采用双差固定解。基线解算完毕后每条基线长度测量中误差要符合式（1-12）的规定。

（二）外业观测数据检验及精度

控制测量外业观测的全部数据应经同步环、异步环和重复基线检验，并在检验合格后进行控制网的测量中误差的评定。

（1）同步环各坐标分量闭合差及环线全长闭合差检验，应按下列公式进行计算。

$$W_x \leqslant \frac{\sqrt{n}}{5}\sigma \tag{1-13}$$

$$W_y \leqslant \frac{\sqrt{n}}{5}\sigma \tag{1-14}$$

$$W_z \leqslant \frac{\sqrt{n}}{5}\sigma \tag{1-15}$$

$$W \leqslant \frac{\sqrt{3n}}{5}\sigma \tag{1-16}$$

$$W = \sqrt{W_x^{\ 2} + W_y^{\ 2} + W_z^{\ 2}} \tag{1-17}$$

（2）异步环各坐标分量闭合差及环线全长闭合差检验，应按下列公式进行计算。

$$W_x \leqslant 2\sqrt{n}\sigma \tag{1-18}$$

$$W_y \leqslant 2\sqrt{n}\sigma \tag{1-19}$$

$$W_z \leqslant 2\sqrt{n}\sigma \tag{1-20}$$

$$W \leqslant 2\sqrt{3n}\sigma \tag{1-21}$$

（3）重复基线的长度较差检验，应按下列公式进行计算。

$$\Delta d = \sqrt{d_x^{\ 2} + d_y^{\ 2} + d_z^{\ 2}} \tag{1-22}$$

$$\Delta d \leqslant 2\sqrt{2}\sigma \tag{1-23}$$

以上式中 σ——环基线长度中误差，mm，见式（1-12），此时公式中的 d 值为环基线平均长度；

n——异步环或同步环中基线边的个数；

W——异步环或同步环环线全长闭合差，mm；

W_x、W_y、W_z——异步环或同步环的各坐标分量闭合差，mm；

Δd——重复基线的长度较差，mm；

d_x、d_y、d_z——重复基线长度较差的各坐标分量闭合差，mm。

（4）当GPS观测数据不能满足检核要求时，应对成果进行全面分析，并应舍弃不合格基线。需要补测的基线要进行补测。外业观测数据检验合格后，应对卫星定位控制网的观测精度进行评定，即控制网的测量中误差应满足相应等级控制网的基线精度要求，见式（1-24）、式（1-25）。

$$m = \pm\sqrt{\frac{1}{3N}\left[\frac{WW}{n}\right]} \tag{1-24}$$

$$m \leqslant \sigma \tag{1-25}$$

式中 σ——控制网基线长度中误差，mm，见式（1-12），此时公式中的 d 值为控制网基线平均长度；

m——控制网测量中误差，mm；

N——控制网中异步环的个数；

n——异步环的边数；

W——异步环环线全长闭合差，mm。

以上的公式中的控制网异步环的个数 N、同步环或异步环中的边数 n、同步环或异步环的各坐标分量闭合差 W_x、W_y、W_z，都可以在平差报告的环闭合差分析表中查找到；d_x、d_y、d_z 可以在平差报告中重复基线分析表中得到。

在平差报告中每个环的信息都包括环长、构成环的基线名称以及基线的观测时间段、环闭合差的三维坐标分量误差等。在控制网中所有的同步环、异步环都混在一起进行解算，要区分哪个是异步环，哪个是同步环，只需查看平差报告的环解算就可以轻易地区分开。环内各基线的观测时间都在同一个时间段的即为同步环，反之为异步环。

（三）无约束平差

（1）应在WGS 84系统中进行三维无约束平差，并应提供各观测点在WGS 84系统中的三维坐标、各基线向量观测值的改正数、基线长度、基线方位及相关的精度信息等。

（2）无约束平差基线向量改正数的绝对值，不应超过相应等级的基线长度中误差的3倍。

（四）约束平差

（1）应在国家坐标系或独立坐标系中进行二维或三维约束平差。

（2）对于已知坐标、距离或方位，可以强制约束，也可加权约束。约束前起算点要进行检验，检验方法见本章第一节相关内容。约束点间的边长相对中误差，应符合表1-1中相应等级的规定。

（3）平差结果，应输出观测点在相应坐标系中的二维或三维坐标、基线向量的改正数、基线长度、基线方位角等以及相关的精度信息。有需要时，还应输出坐标转换参数及其精度信息。

（4）控制网约束平差的最弱边边长相对中误差，应符合表1-1中相应等级的规定。最弱点点位中误差按式（1-11）进行计算，并符合规范中不超过10cm的精度要求。

第三节　导　线　测　量

一、主要技术要求

各等级导线测量的主要技术要求应符合表1-3中的规定。

表1-3　　各等级导线测量的主要技术要求

等级	导线长度（km）	平均边长（m）	测角中误差（″）	测距中误差（mm）	测距相对中误差	测回数			方位角闭合差（″）	导线全长相对闭合差
						DJ1	DJ2	DJ6		
四等	15	1500	2.5	18	1/80000	4	6	—	$5\sqrt{n}$	1/30000

续表

等级	导线长度（km）	平均边长（m）	测角中误差（″）	测距中误差（mm）	测距相对中误差	测回数			方位角闭合差（″）	导线全长相对闭合差
						DJ1	DJ2	DJ6		
一级	5.2	400	6	25	1/16000	1	2	4	$12\sqrt{n}$	1/10000
二级	2.6	200	12	25	1/8000		1	2	$24\sqrt{n}$	1/5000

注 1. n 为测站数。

2. 当要求四等及一、二级导线最弱点相对于起算点的点位中误差不超过 5cm 时，导线长度应缩短 1/2，其他精度指标应适当提高，导线全长绝对闭合差不应超过 13cm。

3. 当附合导线长度短于规定长度的 1/3 时，导线全长绝对闭合差不应超过 25cm。

4. 当导线平均边长较短时，应控制导线边数不超过 12 条，否则应提高测角精度。

5. 在不降低点位精度的前提下，一、二级附合导线的长度可适当放长。在总平面图测量中，平均边长可缩短。个别短边，一级导线边不应小于 50m，二级导线边不应小于 40m，测距中误差应适当提高。

二、导线的布设

导线布设应遵循以下原则：

（1）点位宜选择在土质坚实的地方或稳定的岩石表面、坚固建筑物顶端及其他易于长期保存地物表面；

（2）点位应选在便于安置和操作测绘设备、便于利用其他观测手段进行扩展与联测、便于进行测绘的地方；

（3）相邻点之间通视应良好，视线超越障碍物的高度或旁离距离不宜小于 1m；

（4）相邻点之间视线应避开烟囱、散热塔、散热池等发热体及强电磁场；

（5）相邻两点之间的视线倾角不宜太大；

（6）应充分利用符合上述条件的旧有控制点、标石或永久建（构）筑物上的明显标识；

（7）导线网用作测区的首级控制时，应布设成环形网，且宜联测 2 个已知方向；

（8）加密网可采用单一附合导线或结点导线网形式；

（9）导线宜布设成直伸形状，相邻边长之比不宜超过 1:3；

（10）导线网内不同环节上的点也不宜相距过近。

三、水平角观测

（一）观测技术要求

水平角观测宜采用方向观测法，方向观测法的技术要求应符合表 1-4 的规定。

表 1-4 水平角方向观测法的技术要求

等级	仪器精度等级	光学测微器两次重合读数差（″）	半测回归零差（″）	一测回内 2C 互差（″）	同一方向值各测回较差（″）
四等导线	1″级	1	6	9	6
	2″级	3	8	13	9
一级、二级导线	2″级	—	12	18	12
	6″级	—	18	—	24

注 1. 电子经纬仪水平角观测时不受光学测微器两次重合读数之差指标的限制。

2. 当观测方向的垂直角超过±3°的范围时，该方向 2C 互差可按相邻测回同方向进行比较，其值应符合表中一测回内 2C 互差的限值。

3. 观测的方向数不多于 3 个时，可不归零。

4. 观测的方向数多于 6 个时，可进行分组观测。分组观测应包括两个共同方向，其中一个应为共同零方向。其两组观测角之差，不应大于同等级测角中误差的 2 倍。分组观测的最后结果，应按等权分组观测进行测站平差。

5. 水平角的观测值应取各测回的平均数作为测站成果。

（二）外业观测

水平角外业观测应遵循以下原则：

（1）仪器或反光镜的对中误差不应大于 2mm。

（2）水平角观测过程中，气泡中心位置偏离整置中心不宜超过 1 格。

（3）如受震动等外界因素的影响，仪器的补偿器无法正常工作或超出补偿器的补偿范围时，应停止观测。

（4）水平角观测误差超限时，应在原来度盘位置上重测，并应符合下列规定：

1）一测回内 2C 互差或同一方向值各测回较差超限时，应重测超限方向，并应联测零方向；

2）下半测回归零差或零方向的 2C 互差超限时，应重测该测回；

3）若一测回中重测方向数超过总方向数的 1/3 时，应重测该测回。当重测的测回数超过总测回数的 1/3 时，应重测该站。

（5）首级控制网所联测的已知方向的水平角观测，应按首级网相应等级的规定执行。

（6）每日观测结束，应对外业记录手簿进行检查。当使用电子记录时，应保存原始观测数据，并应打印输出相关数据和预先设置的各项限差。

四、距离测量

（一）测距的主要技术要求

各等级控制网边长测距的主要技术要求，应符合表 1-5 的规定。

表 1-5　测距的主要技术要求

<table>
<tr><th rowspan="2">平面控制网等级</th><th rowspan="2">仪器精度等级</th><th colspan="2">每边测回数</th><th rowspan="2">一测回读数较差（mm）</th><th rowspan="2">单程各测回较差（mm）</th><th rowspan="2">往返测距较差（mm）</th></tr>
<tr><th>往</th><th>返</th></tr>
<tr><td rowspan="3">四等</td><td>Ⅰ级</td><td>1</td><td>1</td><td>≤2</td><td>≤3</td><td rowspan="4">≤ 2(a+bD)</td></tr>
<tr><td>Ⅱ级</td><td>2</td><td>2</td><td>≤5</td><td>≤7</td></tr>
<tr><td>Ⅲ级</td><td>3</td><td>3</td><td>≤10</td><td>≤15</td></tr>
<tr><td>一级</td><td>Ⅲ级</td><td>1</td><td>1</td><td>≤10</td><td>≤15</td></tr>
<tr><td>二级</td><td>Ⅲ级</td><td>1</td><td>—</td><td>≤10</td><td>≤15</td><td>—</td></tr>
</table>

注　1. 测距仪按 1km 测距中误差（m_D）计分为三级，Ⅰ级为$|m_D| \leqslant 2$mm，Ⅱ级为 2mm＜$|m_D| \leqslant 5$mm，Ⅲ级为 5mm＜$|m_D| \leqslant 10$mm。

2. 测回指照准目标一次，读数 2～4 次的过程。

3. 根据具体情况，边长测距可采取不同时间段测量代替往返观测。

4. 表中 a、b、D 含义见式（1-26）。

（二）外业观测

（1）当观测数据超限时，应重测整个测回，如观测数据出现分群时，应分析原因，并应采取相应措施重新观测。

（2）四等控制网的边长测量，应分别量取两端点观测始末的气象数据，计算时应取平均值。

（3）气象数据的测量，应符合表 1-6 的规定。

表 1-6　气象数据的测量要求

<table>
<tr><th rowspan="2">等级</th><th colspan="2">最小读数</th><th rowspan="2">测定的时间间隔</th><th rowspan="2">数据取用</th></tr>
<tr><th>温度（℃）</th><th>气压（Pa）</th></tr>
<tr><td>四等</td><td>0.5</td><td>50（或 0.5mmHg）</td><td>每边两端观测始末</td><td>每边两端的平均值</td></tr>
<tr><td>一级</td><td>1</td><td>100（或 1mmHg）</td><td>每边测定一次</td><td>测站端的数据</td></tr>
<tr><td>二级</td><td>1</td><td>100（或 1mmHg）</td><td>一时段始末各测定一次</td><td>测站端的数据</td></tr>
</table>

注　1. 温度计应悬挂在与测距视线同高不受日光辐射影响和通风的地方。

2. 气压计应置平，指针不应滞阻，避免日光曝晒。

（4）当测距边采用电磁波测距三角高程测量方法测定的高差进行修正时，垂直角的观测和对向观测高差较差要求，可按五等三角高程测量的有关规定执行。

（5）每日观测结束，应对外业记录进行检查。当使用电子记录时，应保存原始观测数据，并应打印输出相关数据和预先设置的各项限差。

五、数据处理

（一）测距中误差计算

测距仪的测距中误差，应按式（1-26）进行估算，并应符合表 1-4 中相应等级的规定。

$$m_D = a + b \times D \tag{1-26}$$

式中　m_D——测距中误差，mm；

a——仪器标称精度中的固定误差，mm；

b——仪器标称精度中的比例误差系数，mm/km；

D——测距长度，km。

（二）水平距离计算

水平距离计算，应符合下列规定：

（1）测量斜距，应经气象改正和仪器的加、乘常数改正后再进行水平距离计算。在目前的导线平差软件中，测得的平距无须手工进行气象改正和仪器的加、乘常数改正，只要输入相应的气象参数及加、乘常数值，平差软件就会自动解算出改正后的平距。有的全站仪也带有此类功能，在气象参数变化不很明显的情况下，在观测前输入气象参数，全站仪会自动根据气象参数及仪器本身所固有的加、乘常数，将平距直接改正过来。显示出的平距，即为改正后的平距。在国家坐标系统中，改正后的平距还需进行高程及高斯投影归化改正，方可参与导线平差计算。而在建筑坐标系统中，边长经过上述改正后即为最终的平距，可直接参与平差计算。

（2）当采用电磁波测距三角高程测量方法测定两点间的高差时，应进行大气折光改正和地球曲率改正。

（3）水平距离可按式（1-27）计算。

$$D_{\mathrm{P}}=\sqrt{S^2-h^2} \tag{1-27}$$

式中 D_{P}——测线的水平距离，m；

S——经气象及加、乘常数等改正后的斜距，m；

h——仪器的发射中心与反光镜的反射中心之间的高差，m。

（三）测角中误差计算

导线水平角观测的测角中误差应按式（1-28）计算。

$$m_{\beta}=\sqrt{\left[\frac{f_{\beta}f_{\beta}}{n}\right]} \tag{1-28}$$

式中 m_{β}——测角中误差，（″）；

f_{β}——导线环的角度闭合差或附合导线的方位角闭合差，（″）；

n——计算 f_{β} 时的相应测站数。

（四）测距边的精度评定

测距边的精度评定，应按下列公式计算。

（1）单位权中误差计算如下

$$\mu=\sqrt{\frac{[Pdd]}{2n}} \tag{1-29}$$

式中 μ——单位权中误差；

d——各边往、返距离的较差，mm；

n——测距边数；

P——各边距离的先验权，其值为 $1/\sigma_{\mathrm{D}}^2$，σ_{D} 为测距的先验中误差，可按测距仪器的标称精度计算。

（2）任一边的实际测距中误差计算如下

$$m_{\mathrm{D}i}=\mu\sqrt{\frac{1}{P_i}} \tag{1-30}$$

式中 $m_{\mathrm{D}i}$——第 i 边的实际测距中误差，mm；

P_i——第 i 边距离测量的先验权。

（3）当网中的边长相差不大时，可按式（1-31）计算网的平均测距中误差。

$$m_{\mathrm{D}}=\sqrt{\frac{[dd]}{2n}} \tag{1-31}$$

式中 m_{D}——平均测距中误差，mm。

（五）测距边长度的归化投影计算

测距边长度的归化投影计算，应符合下列规定。

（1）归算到测区平均高程面上的测距边长度，应按式（1-32）计算。

$$D_{\mathrm{H}}=D_{\mathrm{P}}\left(1+\frac{H_{\mathrm{P}}-H_{\mathrm{m}}}{R_{\mathrm{A}}}\right) \tag{1-32}$$

式中 D_{H}——归算到测区平均高程面上的测距边长度，m；

D_{P}——测线的水平距离，m；

H_{P}——测区的平均高程，m；

H_{m}——测距边两端点的平均高程，m；

R_{A}——参考椭球体在测距边方向法截弧的曲率半径，m。

（2）归算到参考椭球面上的测距边长度，应按式（1-33）计算。

$$D_0=D_{\mathrm{P}}\left(1-\frac{H_{\mathrm{m}}+h_{\mathrm{m}}}{R_{\mathrm{A}}+H_{\mathrm{m}}+h_{\mathrm{m}}}\right) \tag{1-33}$$

式中 D_0——归算到参考椭球面上的测距边长度，m；

h_{m}——测区大地水准面高出参考椭球面的高差，m。

这是一个比较精密的计算公式，在以前版本的公式中，近似地将大地水准面与参考椭球面认为重合，所以公式中就少了 h_{m} 项。为了比较 h_{m} 项在公式中的作用，对公式进行了带入比较，发现：取 R_{A}=6369km，对于处于任意高程面（即 H_{m} 不断变化）、长度为 1km 的基线，h_{m} 值每增加 10m，变形值就增加 1.6mm 的变化。也就是说在 h_{m}=60m 的地区，只 h_{m} 一项就会增加 1cm 的长度变形；在 h_{m}=−60m 的地区，只 h_{m} 一项就会减少 1cm 的长度变形。

中国目前存在着三种国家平面坐标系，即 1954 年北京坐标系、1980 西安坐标系、2000 大地坐标系，分别采用了卡拉索夫斯基参考椭球面、1975 年国际参考椭球面、2000 大地坐标系的参考椭球面，因此同一点对应不同的椭球，h_{m} 值的大小都会不同。h_{m} 在国家某个坐标系中某个地区的大小，可以通过国家保密的资料查得。

（3）测距边在高斯投影面上的长度，应按式（1-34）计算。

$$D_{\mathrm{g}}=D_0\left(1+\frac{y_{\mathrm{m}}^2}{2R_{\mathrm{m}}^2}+\frac{\Delta y^2}{24R_{\mathrm{m}}^2}\right) \tag{1-34}$$

式中 D_{g}——测距边在高斯投影面上的长度，m；

y_{m}——测距边两端点横坐标的平均值，m；

R_{m}——测距边中点处在参考椭球面上的平均曲率半径，m；

Δy——测距边两端点横坐标的增量，m。

（4）常用的几种大地坐标系地球椭球基本参数和曲率半径见表 1-7。

椭球面上任意一点的几种曲率半径，可按下列公式计算。

1）两个常用的辅助函数如下

$$\left.\begin{aligned}W&=\sqrt{1-e^2\sin^2 B}\\V&=\sqrt{1+e'^2\cos^2 B}\end{aligned}\right\} \tag{1-35}$$

式中 B——大地纬度；

W——第一基本纬度函数；

V——第二基本纬度函数。

表 1-7　　几种常见大地坐标系的地球椭球的基本几何参数

基本参数	卡拉索夫斯基椭球体	1975 年国际椭球体	WGS-84 椭球体	2000 国家大地坐标系椭球体
椭圆的长半轴 a（m）	6378245	6378140	6378137	6378137
椭圆的短半轴 b（m）	6356863.0188	6356755.2882	6356752.3142	6356752.3141
极曲率半径（极点处的子午线曲率半径）c（m）	6399698.9018	6399596.6520	6399593.6258	6399593.6259
椭圆的扁率α	1/298.3	1/298.257	1/298.257223563	1/298.257222101
椭圆的第一偏心率平方 e^2	0.006693421622966	0.006694384999588	0.00669437999013	0.006694380022901
椭圆的第二偏心率平方 e'^2	0.006738525414683	0.006739501819473	0.006739496742227	0.006739496775479

2）子午圈曲率半径 M 计算如下

$$M=\frac{a(1-e^2)}{W^3}=\frac{c}{V^3} \tag{1-36}$$

3）卯酉圈曲率半径 N 计算如下

$$N=\frac{a}{W}=\frac{c}{V} \tag{1-37}$$

4）平均曲率半径 R_m 计算如下

$$R_m=\sqrt{MN}=\frac{c}{V^2} \tag{1-38}$$

5）任意方向法截弧的曲率半径 R_A 计算如下

$$R_A=R_m-\frac{R_m}{2}e'^2\cos B\cos 2A \tag{1-39}$$

式中　A——任意方向的方位角。

（六）导线网平差计算

（1）一级及以上等级的导线网计算，应采用严密平差法。导线平差是很复杂的一种计算，可以采用手算或计算机软件计算，随着科技的发展与进步，目前所有的导线测量平差都采用计算机软件来计算，但因为观测数据需要预处理及先验中误差的输入及调整、平差迭代，使得导线平差软件可能不会一步解算出坐标成果数据。

角度观测值可直接输入到平差软件中，预处理后会输出角度闭合差，可以按照式（1-28）计算角度观测先验中误差 $m_β$，也可用数理统计等方法求得的经验公式估算先验中误差的值，并用以计算角度及边长的权。

（2）平差计算时，对计算略图和计算机输入数据应进行校对，对计算结果应进行检查。应打印输出的平差成果，应列有起算数据、观测数据以及必要的中间数据。

（3）平差后的精度评定，应包含有单位权中误差、点位误差椭圆参数或相对点位误差椭圆参数、边长相对中误差、导线全长相对闭合差或点位中误差等。边长相对中误差、导线全长相对闭合差，应符合表 1-4 中相应等级的规定。最弱点点位中误差可按式（1-11）进行计算，并符合规范中不超过 10cm 的精度要求。

（七）内业计算中数字取值精度

内业计算中数字取值精度的要求，应符合表 1-8 的规定。

表 1-8　　内业计算中数字取值精度的要求

等级	观测方向值及各项修正数（″）	边长观测值及各项修正数（m）	边长与坐标（m）	方位角（″）
三、四等	0.1	0.001	0.001	0.1
一、二级	1			1

第四节　建筑坐标系统恢复测量

一、适用阶段与目的

建筑坐标系统恢复测量适用于电力工程的改、扩建阶段。电力工程改扩建工程包括原址改建、原址扩建、异址扩建。异址扩建是指原电力工程需要扩建，但原来场区征地面小，而周边范围内难以征地或没有可以征用的土地，而在距离原址较近的地方进行的扩建工程。异址扩建工程的平面控制测量方式与新建工程一致，并视需要与原址进行坐标联测。原址改建、原址扩建工程中，若能够采用原工程的前期控制点作为平面控制的起算点，其平面控制测量方式也与新建工程一致。但在无法找到前期原控制点的情况下，应利用主厂房等主要建、构筑物，进行恢复建筑坐标系统的测量工作。

建筑坐标系统恢复测量的目的是为改扩建场区提供首级平面控制的起算数据。恢复建筑坐标系统下的起算数据传递到改扩建区的首级控制网上后，即可以进行测区首级平面控制网的测量工作。测区首级平面控制网的测量方法与技术要求，请见本章第二节相关内容。电力工程的恢复建筑坐标系统，可视需要与国家坐标系统或地方坐标系统联测。

二、恢复建筑坐标系统的要求

在原址改扩建工程中，原电厂勘测设计阶段所布设的一级以上的控制点、原施工阶段的施工控制点均遭破坏，需进行恢复电厂建筑坐标系统测量。电厂建筑坐标系统的恢复应符合下列要求：

（1）改扩建主厂房与原主厂房衔接的工程，应开凿原主厂房墙体，恢复施工轴线并以此为依据恢复电厂建筑坐标系统。

（2）改扩建主厂房与原主厂房不衔接的工程，当原主厂房墙体不易开凿时，可利用竣工测量图纸或设计图纸，根据主厂房墙角恢复电厂建筑坐标系统。起算控制点宜采用靠近主厂房扩建端的新布设的控制点，起算方向应以主厂房的长轴线为准。

（3）利用恢复后的电厂建筑坐标系统测量的建、构筑物的墙角坐标应与原成果比较，当检测坐标与坐标轴线的偏差超出规定时，应设法调整以满足要求。检测坐标与坐标轴线的偏差限差的要求应符合表 1-9 的规定。

表 1-9　主要细部点的坐标测量误差　（cm）

细部点类别	细部点对邻近测站点坐标测量误差		两相邻细部点坐标反算距离与实量距离较差
	中误差	检查较差	检查较差
建构筑物	±5	±15	
沟管网道	±7	±20	±25

（4）恢复建筑坐标系统利用原有主要建筑物的点位不应少于 3 个，利用多点恢复时，应对点间相对关系进行检验，合格后进行平差处理。

（5）导线测量中的平距，不进行高程归化和高斯投影改正，直接参与导线计算。

三、建筑坐标系统的恢复测量

利用主厂房墙角基础恢复建筑坐标系统宜按照以下步骤进行。

（1）首先查阅原工程竣工测量图纸或设计图纸，选定某个主厂房作为恢复建筑坐标系统坐标引测对象，然后凿开原主厂房墙体，并找到施工轴线，且用彩漆精细地标记一点作为标识。在主厂房墙体不方便开凿时，在外墙角上用彩漆精细地标记一点作为标识。标记位置的坐标，要通过基础的长宽推算得出，采用外墙角作为标记时还应考虑墙体的厚度值。

在实际工作中，对于主厂房的墙角坐标的起算位置有以下几种选择：

1）凿开外墙皮，找到基础的轴线，如图 1-2 所示的轴线 1、轴线 2 位置。

2）凿开外墙皮，找到内墙角的位置，如图 1-2 所示。此种方法对主厂房的外墙的破坏较小。

3）不凿墙，采用钢尺精确量取整个主厂房的所选边长的长度，参照竣工测量图纸或设计图纸上，墙角外侧到另外一个墙角外侧的设计值，推算出外墙皮的厚度。有的竣工测量图纸或设计图纸上会直接给出外墙皮的厚度。

假定基础中心的坐标为（2A+00.00，1B+50.00），则 A 轴线的位置为 200，B 轴线的位置为 150，外墙皮的厚度假定为 5cm，则可以推算出基础不同起算位置的坐标值如下：

轴线 1：2A+00.00，1B+49.75；

轴线 2：1A+99.75，1B+50.00；

内墙角：1A+99.75，1B+49.75；

外墙角：1A+99.70，1B+49.70。

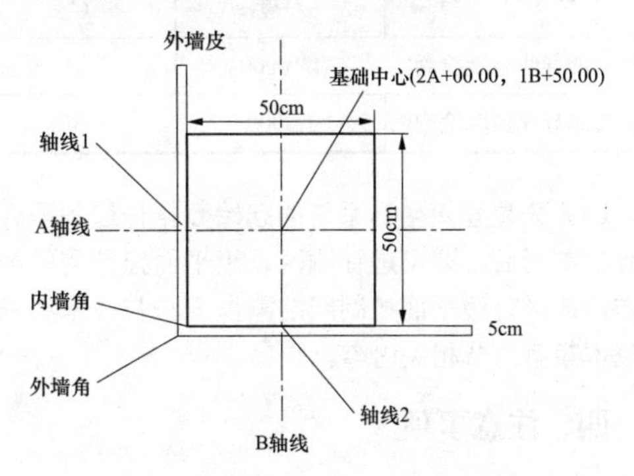

图 1-2　主厂房基础墙角起算位置示意图

（2）在待引测的主厂房外的开阔地带，选定彼此距离足够长，且能相互通视，又能清楚观测到墙角的两导线点 I-1、I-2 点，如图 1-3 所示，在建筑坐标系下的 I-1、I-2 导线点，1 号、2 号两墙角点。从 I-1 测定墙角 1 号，从 I-2 测定墙角 2 号，以一级导线测量精度要求测量角度和边长。

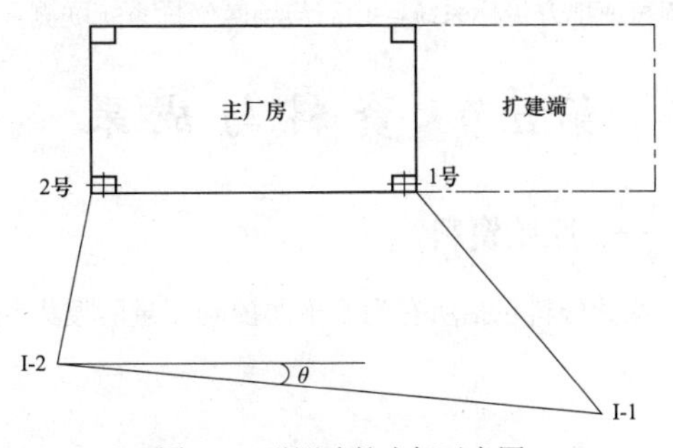

图 1-3　引测建筑坐标示意图

（3）先假定I-1的坐标和I-1至I-2的方位，算出I-2的假设坐标，然后计算1号、2号两点的假设坐标。

（4）由1号、2号两点的建筑坐标和假设坐标成果反算出两个坐标之夹角 θ，通过改正假定方位角，使之变成建筑坐标系的方位角。

（5）根据所求的方位角，由I-1计算出1号点的ΔA及ΔB，由1号点的建筑坐标，反求出I-1的建筑坐标。

（6）依据新恢复建筑坐标系统的起始数据（即I-1的坐标和I-1至I-2的方位角），用导线测量方法传递到测区的首级控制网上。恢复建筑坐标系统的起始数据也可拼入到首级控制网中，直接进行控制网测量。

（7）恢复建筑坐标系统建立后，采用电厂恢复建筑坐标系统，应按照相应精度对原场区的其他重要厂房墙角进行检测，当检测坐标与坐标轴线的偏差超出表1-10规定时，应设法调整，直到最终满足要求。当所有检测的重要厂房的墙角的检测结果满足要求时，方可认为场区建筑坐标系统恢复成功。

表1-10 检测限值表

检测精度等级	边长较差相对精度	角度较差（″）
按一级导线精度检测	1/10000	15
按二级导线精度检测	1/5000	30

（8）恢复建筑坐标系统的起始数据传递到测区的首级控制网后，即可进行测区首级平面控制网的测量工作。测区首级平面控制网的测量方法与技术要求，请见本章第二节相关内容。

四、注意事项

（1）在需要凿开墙体获取施工轴线的恢复建筑坐标测量时，须与业主沟通，得到允许后方能进行。完成测量后，需对凿开的墙体进行恢复。

（2）开凿墙体前，应仔细阅读竣工图纸或施工图纸，确认施工轴线是在柱体基础的中心还是边缘位置。

（3）当改扩建区域采用建筑坐标系统或恢复建筑坐标系统时，场区外附属的其他项目的平面坐标系宜采用国家或地方坐标系统，且需与场区坐标系统联测。

第五节 资料与成果

一、原始资料

原始资料包括所有为了平面控制测量所搜集到的图纸、控制点资料。图纸包括直接或间接使用过的和没有使用过的图纸资料。控制点包括作为最终起算点及检校点的控制点，也包括没有使用或现场没有找到的控制点资料，以及在恢复建筑坐标系统中作为引测点及校核点的墙角的建筑坐标和轴线坐标。

二、原始数据

原始数据包括GNSS静态观测数据及导线测量中的水平角、距离、气象等观测数据。其中包括起算点检验的观测数据、计算时剔除的原始观测数据，以及计算所采纳的原始观测数据、控制网交付前检测数据。

三、计算书

平面控制测量中计算书应包含以下（但不限于）内容：

（1）起算点检校及换算；
（2）变形估算；
（3）GNSS网及导线网平差；
（4）联测时坐标转换关系式及尺度比计算；
（5）控制网布置简图。

四、技术报告

平面控制网测量结束后，应编写项目技术报告，或与后续测量项目一起编写技术报告书。在报告书中需体现控制网的布设、观测与计算过程、结果、精度等以下（但不限于）内容：

（1）人员情况，作业仪器类型、精度；
（2）坐标系统，中央子午线；
（3）控制网的等级、作业方法；
（4）布网方案的设计与埋石；
（5）控制网布置简图及点之记；
（6）已知控制点检测方法及结论；
（7）起算点的使用情况；
（8）控制网的异步环、同步环、重复基线检验；
（9）平差方法；
（10）控制网测量中误差；
（11）平差结果及精度分析；
（12）控制网最弱点点位中误差；
（13）控制网约束平差后最弱边相对中误差；
（14）控制点成果表；
（15）其他需要说明的问题。

第二章 高程控制测量

第一节 主要内容及流程

一、各设计阶段工作深度

厂站区高程控制测量工作一般在可研阶段就已经存在，在可研阶段，原来测量工作一般是搜集已有地形图或利用小比例尺地形图放大成图，但近年来大多工程采用现场实地测图的方式，这就需要进行高程控制测量工作，但此阶段测图高程要求的精度不高，可采用 GNSS 拟合高程或三角高程。在初步设计阶段，高程控制测量就要完整地建立起来，这时要搜集测区附近的国家水准点或与国家高程基准一致的水准点作为测区的起算点。在施工图阶段，平面与高程控制网已经建立，此时不需要进行高程控制测量工作。

在首级高程控制测量中，测区内部控制点间需进行水准高程联测，只有在测区地势起伏比较大，且对高程要求不是很严格的工程才可考虑采用三角高程测量或 GNSS 拟合高程测量的方法。测区主要指火力发电厂、变电站、风电场、光伏发电站、潮汐发电站、核电站、生物质发电厂、各类管线等。灰场对高程精度的要求略低，可用五等高程作为其首级高程控制。

二、高程基准的选择

高程系统宜采用 1985 国家高程基准。当采用地方或独立高程系统时，宜与国家高程系统联测。1985 国家高程基准是我国目前推荐使用的高程系统，其高程起算点与 1956 年黄海高程系为同一点，位于青岛的“中华人民共和国水准原点”，1985 国家高程基准零点高程值为 72.2604m，1956 年黄海高程系零点高程值为 72.289m，两系统相差 0.0286m，由于两系统的差值在全国各地并不均匀，其受施测路线所经过地区的重力、气候、路线长度、仪器及测量误差等不同因素的影响较大，须进行联测确定差值。

除上述两种常用高程系统外，还有以吴淞零点、大沽口零点、废黄河零点、坎门零点为基准的高程系统等。

三、高程控制网精度等级

厂站区首级高程控制网中互为最远点的高差中误差不应超过 3cm。按精度等级依次可划分为二、三、四、五等，各等级高程控制宜采用水准测量方法，四等及以下等级也可采用全站仪三角高程测量或 GNSS 拟合高程测量。

在目前的 DL/T 5001—2014《火力发电厂工程测量技术规程》中，明确了四等三角高程测量和四等 GNSS 拟合高程测量与四等水准测量的精度相当。三角高程测量与 GNSS 拟合高程测量的精度等级均按四、五等设计。而图根点高程测量，则并入地形测量中进行说明。

为保证四、五等三角高程测量精度与四、五等水准测量精度相当，需限制三角高程测量路线长度不超过相应等级水准路线的长度限值。为保证 GNSS 拟合高程的精度，需严格限制 GNSS 拟合高程网的边长、附合和环形闭合差。

在厂站区勘测设计阶段，一般采用四等水准测量作为厂站区首级高程控制网的建网方式，只有特殊要求时才把三等水准测量作为首级高程控制网的建网方式。

四、首级高程控制测量要求

高程控制测量中首级控制网，厂站区应埋设不少于 3 个永久性高程控制点。永久性高程控制点应埋设在主场区附近，可单独命名。高程控制点一般与平面控制点同名。

厂站区首级高程控制的精度等级不应低于四等，且应布设成环形网、附合路线或结点网。加密网宜布设成结点网或附合路线。在满足规程精度指标的前提下，可向下越级布网或同级扩展。

起算点高程联测的精度不应低于测区首级高程控制等级。各等级高程联测宜采用水准测量方法，四等及以下等级也可采用三角高程、GNSS 拟合高程测量。

高程联测前，应对已知高程点之间的高差符合性进行检测，检测精度不应低于其中较低一级高程控制点的精度。

第二节　水　准　测　量

一、水准测量技术要求

（一）水准测量的主要技术要求

水准测量的主要技术要求，应符合表 2-1 的规定。

（二）水准仪系列分级

水准仪系列的分级及基本技术参数应符合表 2-2 的规定。

（三）水准测量仪器技术要求

水准测量所使用的仪器及水准尺技术要求，应符合表 2-3 的规定。

表 2-1　　水准测量的主要技术要求

等级	每千米高差全中误差（mm）	附合路线长度（km）	水准仪型号	水准尺	测量方法		往返较差、附合或环线闭合差（mm）	
					与已知点联测	附合或环线	平地	山地
二等	2	—	DS1	因瓦	往返各一次	往返各一次	$4\sqrt{L}$	—
三等	6	≤50	DS1	因瓦	往返各一次	往一次	$12\sqrt{L}$	$4\sqrt{n}$
			DS3	双面		往返各一次		
四等	10	≤20	DS1	因瓦	往返各一次	往一次	$20\sqrt{L}$	$6\sqrt{n}$
			DS3	双面		往一次		
五等	15	—	DS3	单面	往返各一次	往一次	$30\sqrt{L}$	—

注　1. 结点间或结点与高级点之间水准路线长度，不应大于本表中规定的 0.7 倍。

2. L 为往返测段、附合或环形水准路线长度，单位为 km，n 为测站数。

3. 引测起算高程的附合水准路线长度在特殊情况下可适当放宽，但最长不得超过表中数值的 1.5 倍。

4. 数字水准仪测量的技术要求参照同等级的光学水准仪。

表 2-2　　水准仪系列的分级及基本技术参数

参数名称		单位	等级	
			DS1 型	DS3 型
仪器精度（每千米水准测量高差中数偶然中误差）		mm	±1.0	±3.0
望远镜	放大倍数	倍	≥38	≥28
	物镜有效孔径	mm	≥47	≥38
	最短视距	m	≤3.0	≤2.0
管状水准气泡角值	符合式	（″）/2mm	10	20
自动安平补偿性能	补偿范围	′	8	8
	安平精度	（″）	±0.2	±0.5
	安平时间	s	≤2	≤2
粗水准气泡角值	直交型管状	（″）/2mm	2	—
	圆形		8	8
测微器	测量范围	mm	5	—
	最小格值		0.05	—
仪器净重		kg	≤6.0	≤3.0

表 2-3　水准测量所使用的仪器及水准尺技术要求

水准仪视准轴与水准管的夹角 i	DS1 型仪器	DS3 型仪器
	≤15″	≤20″
补偿式自动安平水准仪的补偿差 $\Delta\alpha$	三等水准测量	四等水准测量
	≤0.5″	≤2″
水准尺的米间隔平均长与名义长之差	条形码尺	木质双面尺
	≤0.10mm	≤0.5mm

二、水准网布设与埋石

（1）厂区水准路线应布设成环形网，加密网宜布设成结点网或附合路线。

（2）应将点位选在土质坚实、稳固可靠的地方或稳定的建筑物上，且应便于寻找、保存和引测；当采用数字水准仪作业时，水准路线应避开电磁场的干扰。

（3）标志埋设宜采用水准标石，也可采用墙上水准点。三等、四等水准点及五等高程控制点宜利用平面控制点点位标志。

（4）埋设在测图范围外的水准点，应绘制点之记或作点位说明。

三、水准观测

（一）观测的主要技术要求

水准观测的主要技术要求应符合表 2-4 的规定。

（二）水准测量观测方法

水准测量中由于观测采用的仪器不同以及观测的等级不同，水准测量观测的方法也有所不同，水准观测照准标尺顺序见表 2-5。

表 2-4　水准观测的主要技术要求

等级	水准仪型号	视线长度（m）	前后视的距离较差（m）	前后视的距离较差累积（m）	视线离地面最低高度（m）	基、辅分划或黑、红面读数较差（mm）	基、辅分划或黑、红面所测高差较差（mm）	检测间隙点高差较差（mm）
二等	DS1	≤50	≤1	≤3	≥0.5	≤0.5	≤0.7	≤1.0
三等	DS1	≤100	≤3	≤6	≥0.3	≤1.0	≤1.5	≤3.0
	DS3	≤75				≤2.0	≤3.0	
四等	DS1	≤150	≤5	≤10	≥0.2	≤3.0	≤5.0	≤5.0
	DS3	≤100						
五等	DS3	≤100	近似相等	—	—	—	—	—

注　1. 三、四等水准采用变动仪器高度观测单面水准尺时，所测两次高差较差，应与黑面、红面所测高差之差的要求相同。

2. 数字水准仪观测，不受基、辅分划或黑、红面读数较差指标的限制，但测站两次观测的高差较差，应符合表中相应等级基、辅分划或黑、红面所测高差较差的限值；数字水准仪测量的技术要求和同等级的光学水准仪相同。

表 2-5　水准测量照准标尺顺序

等级		光学水准仪观测	数字水准仪观测
二等	往测	奇数站：后（基本分划）—前（基本分划）—前（辅助分划）—后（辅助分划）	后—前—前—后
		偶数站：前（基本分划）—后（基本分划）—后（辅助分划）—前（辅助分划）	前—后—后—前
	返测	奇数站：前（基本分划）—后（基本分划）—后（辅助分划）—前（辅助分划）	前—后—后—前
		偶数站：后（基本分划）—前（基本分划）—前（辅助分划）—后（辅助分划）	后—前—前—后
三等		后（基本分划）—前（基本分划）—前（辅助分划）—后（辅助分划）	后—前—前—后
四等		后（基本分划）—后（辅助分划）—前（基本分划）—前（辅助分划）	后—后—前—前
五等		后（基本分划）—后（辅助分划）—前（基本分划）—前（辅助分划）	后—后—前—前

（三）水准测量注意事项

（1）作业前应对仪器的 i 角进行检验校正。

（2）观测前应将仪器置于观测环境下至少30min，并避免曝晒，使仪器与外界气温趋于一致；设站时应用测伞遮蔽阳光；迁站时应罩以仪器罩。数字水准仪应进行不少于 20 次单次测量以便将仪器预热。

（3）对具有倾斜螺旋的水准仪，观测前应测出倾斜螺旋的置平零点并做出记号。对于自动安平水准仪，观测前应严格置平水准器。

（4）同一测站观测时，不应两次调焦。转动仪器倾斜和测微螺旋时，其最后旋转方向均应为旋进。

（5）每一测段的往测与返测的测站数均应为偶数；每一测段的往测或返测的测站数为奇数时，应加入标尺零点差改正。由往测转返测时，两根标尺应互换位置，并应重新整置仪器。

（6）数字水准仪观测时，条形码尺面应光照均匀、成像清晰。

（7）不应为了增加标尺读数或调整测站数而将尺台安置在沟边或壕坑中。

（8）两次观测高差较差超限时应重测。重测后，二等水准应选取两次异向观测的合格成果。其他各等级应将重测结果与原测结果分别比较，较差均不超限时，取三次结果的平均数。

（9）三、四等水准测量，采用单程双转点观测时，在每个转点处安置左右相距0.5m的两个尺台，相当于左右两条水准线路。每站按照规定的观测方法和操作程序，首先完成右线路观测，而后进行左线路的观测。

（10）工作间歇最好在水准点上结束，否则，应选择两个坚稳可靠、光滑突出、便于放置标尺的固定点作为间歇点。间歇后应进行检测，检测结果应符合表2-4中的限差规定；否则，应从前一水准点起测。

（11）在连续各测站上安置水准仪的三脚架时，应是其中两腿与线路方向平行，第三腿轮换置于线路方向的左侧与右侧。

（12）除路线拐弯外，每一测站仪器和前后视标尺的三个位置宜接近于直线。

（13）三等水准测量时应使用尺撑，以确保标尺的准直。

（14）水准观测读数和记录的取位，应符合下列规定：

1）DS1型水准仪使用铟瓦水准尺时，读数及记录均应取至0.05mm或0.1mm；

2）DS3型水准仪使用木质水准尺时，读数及记录均应取至1mm；

3）采用电子记录时，应根据使用的仪器型号和水准尺仍按前两条要求读数和取位，并应将电子文档中的原始数据和各项限差打印出来。

四、数据处理

（1）计算水准网中各测段往返测高差不符值及附合或闭合网闭合差，其值应符合表2-1的规定。

（2）高差偶然中误差的绝对值，不应超过表2-1中规定的各等级每千米高差全中误差的1/2；每千米水准测量偶然中误差，应按式（2-1）计算如下

$$M_{\Delta}=\pm\sqrt{\frac{1}{4n}\left[\frac{\Delta\Delta}{L}\right]} \tag{2-1}$$

式中　M_{Δ}——高差偶然中误差，mm；

Δ——测段往返高差不符值，mm；

L——测段长度，km；

n——测段数。

（3）每千米水准测量高差全中误差应按式（2-2）计算，并应符合表2-1的规定。

$$M_{\mathrm{w}}=\pm\sqrt{\frac{1}{N}\left[\frac{WW}{L}\right]} \tag{2-2}$$

式中　M_{w}——高差全中误差，mm；

W——附合或环线闭合差，mm；

L——计算各W时，相应的路线长度，km；

N——附合路线和闭合环的总个数。

水准测量的精度评定通常利用测段的往返测高差不符值来推求水准观测中误差，这主要反映了测段间偶然误差的影响，因此称为水准测量每千米高差的偶然中误差。利用附合或环线闭合差来推求水准观测中误差，这主要反映了偶然误差和系统误差的综合影响，因此称为水准测量每千米高差的全中误差。

（4）平差计算应使用经鉴定或验证的计算机软件，对输入的原始数据应进行仔细校对。二等、三等、四等应采用严密平差，五等可进行简单配赋平差。

（5）平差按测站数定权时，应将程序输出的每测站中误差乘以每千米平均测站数的平方根，以求得每千米高差全中误差。

（6）二等水准计算应取位至0.1mm；三等、四等、五等水准计算均应取位至1mm；高程成果二等、三等、四等均应取位至1mm，五等应取位至1cm。

第三节　三角高程测量

一、技术要求

（一）主要技术要求

三角高程测量可划分为四等、五等三角高程测量，宜在平面控制网的基础上布设成高程网或高程导线。采用全站仪进行观测，主要技术要求见表2-6。

（二）垂直角及边长观测的技术要求

垂直角、边长观测的主要技术要求应符合表2-7的规定。

（三）仪器要求

（1）作业前，应对所使用全站仪的2C、*i*角、光学对点器进行检验；

（2）测距仪器及相关的气象仪表应及时检校。

表 2-6 三角高程测量的主要技术要求

等级	每千米高差全中误差（mm）	边长（km）	观测方式		往返观测高差较差（mm）	附合或环形闭合差（mm）
			垂直角	边长		
四等	10	≤1	对向观测	对向观测	$40\sqrt{D}$	$20\sqrt{\sum D}$
五等	15			单向观测	$60\sqrt{D}$	$30\sqrt{\sum D}$

注 1. D 为全站仪测距边长度，单位为 km。
2. 线路长度不应超过相应等级水准路线的总长度。
3. 补点可用两个以上单方向交会求得，其求得之高差较差与对向观测高差较差相同。

表 2-7 垂直角、边长观测的主要技术要求

等级	垂直角观测				边长观测	
	仪器等级	测回数	指标差互差（″）	测回较差（″）	测距仪精度等级	观测次数
四等	2″级全站仪	3	≤7	≤7	≤10mm	往返各一次
五等	2″级全站仪	2	≤10	≤10	≤10mm	往一次

二、垂直角和距离观测

（一）垂直角观测

（1）在垂直角观测中，应在垂直度盘的一个位置上，将望远镜中丝或上中下三丝依次照准该组的每一个目标并进行垂直度盘读数。纵转望远镜，应依中丝或下中上三丝的照准次序进行垂直度盘另一位置的观测，即完成该组中每一方向一测回的操作。

（2）盘左、盘右两位置照准目标时，目标的成像应位于垂直丝左右附近的对称位置。同一方向照准的部位应一致。用三丝法观测时，应纵转望远镜前后，水平丝照准一律应按中丝或上中下丝的次序进行。

（3）在进行垂直角观测前，应将照准部水准器整置水平。在每次进行垂直度盘读数以前，应将垂直度盘上的气泡严格居中。全站仪在观测前应严格将照准部长水准器置平，其偏离中心位置不得超过一格。

（4）垂直角和指标差的计算公式，因垂直度盘刻划形式确定。仪器应按式（2-3）及式（2-4）计算。

$$\alpha=\frac{R-L-180}{2} \tag{2-3}$$

式中 L——盘左读数；
R——盘右读数；
α——垂直角。

$$i=\frac{R+L-360}{2} \tag{2-4}$$

式中 i——指标差。

（5）宜直接使用天顶距计算高差，全站仪在输入各项改正参数后，可直接从显示屏上读取观测高差。

（二）距离观测

距离观测按平面控制测量中导线测量的距离测量要求进行。

三、注意事项

（1）施测三角高程测量前，应沿设计路线预先选定测站位置，视线长度一般不大于 700m，最长不超过 1km，视线高度和距障碍物的距离不得小于 1.5m。

（2）高程导线可布置为每点设站的路线，即每一照准点安置仪器进行对向观测的方法；也可布置为隔点设站的线路，即每隔一个照准点安置仪器进行单向观测的方法，类似于水准测量。采用隔点设站法时应采用每站变换仪器高度或位置作两次观测的单程双测法，且前后视线长度之差不得超过 100m。

（3）采用电磁波测距仪测量距离时，测距的准备工作，观测方法和作业要求、气象元素测定、成果记录及重测取舍，气象、加常数、乘常数修正值的计算及边长归算等，均按 GB/T 16818—2008《中、短程光电测距规范》的相应规定执行。

（4）当在水准点或其他高程点无法设置测站时，可用水准测量方法将高程引测至合适的高程点后，再按高程导线施测。

（5）当测距仪有对中杆时可直接读取仪器高，无对中杆时应采用卡尺或直角钢尺等特制工具量取仪器高和觇牌高，观测前后应各量测一次并取值至 1mm，应取其平均值作为记录高度。

（6）三角高程垂直角观测应选择在气候条件良好、成像稳定、照准目标应清晰可辨的时间进行，不

应在雨、雾、风、阳光照射下抢测。

（7）观测顺序为前视时，应先测距后观测垂直角；后视时，应先观测垂直角后测距。有条件时，可争取在相同时间段内完成垂直角的对向观测。

（8）测距时，气压计应置平，并应防曝晒；温度计应悬挂在离地面1.5m以上的地方。如使用干湿温度计时，应按说明书规定的要求使用。

（9）垂直角观测宜用特制的觇牌作为观测目标。

四、高差计算

（1）观测斜距应进行加参数和乘常数改正及气象改正。

（2）测站高差的计算。

1）每点设站时相邻测站间单向观测高差 h 按式（2-5）计算如下

$$h=S\times\sin\alpha+\frac{1}{2R}(S\times\cos\alpha)^2+i-v \tag{2-5}$$

式中 h——相邻测站间单向观测高差，m；

S——经过各项改正后的斜距，m；

α——观测垂直角，（°）；

R——地球平均曲率半径，采用6369000m；

i——仪器竖盘中心至地面点的高度，m；

v——反射镜中心至地面点的高度，m。

相邻测站间对向观测的高差中数 h_{12} 按式（2-6）计算如下

$$h_{12}=\frac{h_1-h_2}{2} \tag{2-6}$$

式中 h_1、h_2——相邻测站的高差。

2）隔点设站时相邻照准点间的高差 h_{12} 按式（2-7）计算如下

$$h_{12}=S_2\times\sin\alpha_2-S_1\times\sin\alpha_1+v_1-v_2+\frac{1}{2R}[(S_2\times\cos\alpha_2)^2-(S_1\times\cos\alpha_1)^2] \tag{2-7}$$

式中 脚标1、2——后视和前视标号。

（3）对向观测高差较差、附合或环形闭合差应满足表2-6的要求。

五、数据处理

（1）外业原始记录和起算数据均应进行严格检查。采用电子记录方式时，应打印出原始观测数据检查校对。应计算对向观测高差较差、附合或环形闭合差。并应符合表2-6中的规定；当边长大于400m观测结果超出限差时，需按照要求进行重测和取舍。

（2）往、返测的高差应按式（2-8）进行地球曲率和折光差的改正：

$$r=\frac{1-K}{2R}S^2 \tag{2-8}$$

式中 r——地球曲率及折光差改正数，m；

S——测距边水平距离，m；

K——折光系数，取0.13。

（3）每完成一条水准路线的测量，按式（2-9）计算往返测高差不符值及每千米高差测量的偶然中误差 M_Δ，其绝对值不应超过表2-6规定的相应等级每千米高差全中误差的1/2。

$$M_\Delta=\pm\sqrt{\frac{1}{4n}\left[\frac{dd}{S^2}\right]} \tag{2-9}$$

式中 M_Δ——每千米高差测量偶然中误差，mm；

d——对向观测高差较差，mm；

S——测距边水平距离，km；

n——d的个数。

（4）按式（2-10）计算每千米高差测量的全中误差，并应符合表2-6的规定。

$$M_w=\pm\sqrt{\frac{1}{N}\left[\frac{f_h f_h}{L}\right]} \tag{2-10}$$

式中 M_w——每千米高差测量全中误差，mm；

f_h——附合或环形闭合差，mm；

L——每个闭合环（附合）长度，km；

N——闭合环（附合）的个数。

（5）平差计算应使用经鉴定或验证的计算机软件，对输入的原始数据应进行仔细校对。四等高程应进行严密平差，五等可进行简单配赋平差，平差后的每千米高差全中误差应符合表2-6的规定。

（6）四等、五等高程计算均应取位至1mm；高程成果四等应取位至1mm，五等应取位至1cm。

第四节 GNSS拟合高程测量

一、技术要求

GNSS高程测量仅适用于平原和丘陵地区的四、五等高程控制测量，宜与平面控制点同一点位，主要技术要求见表2-8。

二、观测要求

（1）四等、五等GNSS观测的技术要求应满足表1-2中四等、一级的相关规定。

（2）联测的已知高程点不宜少于3个，对地形高差起伏较大的地区应适当增加联测点数。

（3）GNSS高程网应与四等及以上已知高程点联测，联测点宜均匀分布于测区周边和中央，带状测区宜分布在两端及中部。

（4）GNSS高程测量宜与GNSS平面控制测量同步进行。

表 2-8　　GNSS 高程测量的主要技术要求

等级	每千米高差全中误差（mm）	平均边长（km）	附合或闭合环边数	接收机标称精度	基线观测总数/必要观测基线数	复测基线高差较差（mm）	附合或环形高差闭合差（mm）
四等	10	≤2	≤4	双频 ≤5mm+5ppm	≥1.6	$\leqslant 2\sqrt{2}\,\sigma$	$\leqslant 2\sqrt{n}\,\sigma$
五等	15	≤1	≤5	双频 ≤10mm+5ppm	≥1.5		

注　1. σ 为基线测量中误差，采用接收机的标称精度和平均边长计算（mm）。
　　2. n 为附合或最简闭合环边数。

（5）GNSS 高程联测边宜使用双时段观测，其边长不宜超过 5km。

（6）观测前、后应各量取天线高一次，成果取均值，精确至 1mm。

三、数据处理及精度评定

（1）复测基线高差较差、最简异步环或附合路线闭合差应符合表 2-8 的规定。

（2）按式（2-11）计算每千米高差全中误差，其绝对值应符合表 2-8 的规定。

$$M_{\mathrm{w}}=\pm\sqrt{\frac{1}{N}\left[\frac{W_{\mathrm{h}}W_{\mathrm{h}}}{L}\right]} \tag{2-11}$$

式中　M_{w}——每千米高差全中误差，mm；

W_{h}——附合或环形闭合差，mm；

L——计算各 W 时，相应的路线长度，km；

N——附合和闭合环的总个数。

（3）应对联测的已知点进行可靠性检验，剔除不合格的已知点。

（4）对地形平坦的小测区可采用平面拟合模型，对地形起伏较大的大面积测区，宜采用曲面拟合模型，且拟合计算不宜超出模型覆盖的范围。

（5）应充分利用当地最新的重力大地水准面精化模型，并进行模型优化。

（6）平差后的最弱点高程中误差应符合表 2-8 的规定。

（7）应对 GNSS 点的拟合高程成果进行检测。检测点数不应少于全部高程点的 10%，且不应少于 3 个点；高差观测可采用相应等级的水准测量方法或全站仪三角高程测量方法进行，其高差较差对四等不应大于 $20\sqrt{D}$（mm），五等不应大于 $30\sqrt{D}$（mm），其中 D 为检测点间的边长，单位为 km。

（8）四等、五等高程计算均应取位至 1mm；高程成果四等应取位至 1mm，五等应取位至 1cm。

第五节　资料与成果

一、原始资料

（1）为工程搜集到的水准点、控制点资料、各类地形图、各类设计图纸等；

（2）全站仪、GNSS 接收设备、水准仪与水准标尺、气压计、温度计等仪器的检验资料。

二、原始数据

原始数据包括水准测量手簿、三角高程测量的垂直角手簿、距离测量手簿、温度及气压的观测数据记录、GNSS 静态观测数据及点之记等。

三、计算书

高程控制测量中计算书应包含以下（但不限于）内容：

（1）高程起算点检校及精度分析；

（2）水准测量计算书；

（3）三角高程测量计算书；

（4）GNSS 网平差报告；

（5）质量检查计算书；

（6）水准网布置图或 GNSS 网布置图。

四、技术报告

高程控制网测量结束后，应编写项目技术报告，也可在工程结束后与其他测量项目一起编写。技术报告应突出重点、文理通顺、表达清楚、结论明确。在报告书中体现控制网的布设、观测与计算过程、结果、精度等内容，具体如下：

（1）工程概要：任务来源、工作内容，测区地形情况介绍，交通现状，人员组织情况、仪器配备等。

（2）技术依据：勘测任务书，技术指导书，勘测大纲，测量技术规程、规范等。

（3）高程基准，控制网的等级。

（4）作业方案，布网方案的设计与埋石。

（5）高程控制网布置简图。

（6）已知控制点检测方法及结论。

（7）高程起算点的检校及精度分析。

（8）高程控制网的平差方法。

（9）平差成果及精度分析。

（10）每千米高差全中误差、每千米高差偶然误差。

（11）高程控制点点之记。

（12）其他需要说明的问题。

第三章

地 形 测 绘

地形测绘是电力工程测量的主要内容之一，其目的是提供工程建设所需要的地形图。尤其是在勘测设计阶段，设计人员要在这种地形图上找位置、放设施、量距离、取高程。它是设计定点、定位、定坡以及计算工程量的主要依据。在工程建设的不同阶段，由于对精度要求不同，需要的地形图比例尺不一样。

第一节 地形图的内容与精度要求

一、地形图的内容

地形图应精确、详尽地反映地球表面的物体和现象，它的基本内容包括以下四个部分。

（1）数学要素。数学要素即地图的数学基础，地形图上的所有内容都是建立在地图的数学基础之上的，它在地图中起控制（或骨架）作用，能保证地图具有必要的精度。数学要素在地形图上主要是指：①地理坐标网（经纬线）；②平面直角坐标网；③测量控制点；④比例尺。

（2）自然地理要素。自然地理要素指反映制图区域的自然现状，即自然地理景观和自然条件。

（3）社会经济要素。社会经济要素指人类社会活动的成果，如制图区域内的政治、经济、文化和交通等情况。

（4）辅助要素。辅助要素主要指不属于地图主题内容，而为阅读和使用地图时提供的具有一定参考意义的说明性内容和工具性内容。

二、地形图比例尺选择

在电力工程中，地形图测绘比例尺的选择是根据工程设计阶段、规模大小和运营管理需要，一般按表 3-1 选用。

表 3-1 测图比例尺的选用

设计阶段	用　途	比例尺
可行性研究		1:10000
初步设计和施工图设计	厂区、生活区、灰坝、变电站	1:1000
	贮灰场、天然冷却池	1:5000
	地下水水源地	1:10000

根据工程需要或设计要求，厂区、变电站可行性研究，风电场、太阳能发电场、贮灰场等初步设计阶段也可选用 1:2000 比例尺；变电站、取水口、水管线泵房、贮灰场截洪沟、灰坝、风机机位等施工图设计可选用 1:500 比例尺。

三、地形图精度要求

地形测量的区域类型可划分为一般地区、建筑区和水域。不同区域类型的地形图的精度要求有所不同。

（一）基本等高距

地形图的基本等高距应按表 3-2 选用，一个测区同一比例尺地形图宜采用一种基本等高距。水域测图的基本等深距，可按水底地形倾角比照地形类别和测图比例尺选择。

表 3-2 地形图的基本等高距 (m)

地形类别	比例尺			
	1:500	1:1000	1:2000	1:5000
平地（$\alpha<2°$）	0.5	0.5	1	2
丘陵地（$2°\leqslant\alpha<6°$）	0.5	1	2	5
山地（$6°\leqslant\alpha<25°$）	1	1	2	5
高山地（$\alpha\geqslant25°$）	1	2	2	5

注 α为地面倾角，本章中以后所有地形类别的划分均以此表中地形类别划分方式相同。

（二）地物点点位中误差

地形图图上地物点相对于邻近图根点的点位中误

差，不应超过表 3-3 的要求。隐蔽或施测困难的一般地区测图，可放宽 0.5 倍，特殊困难地区可放宽 1.0 倍；1:500 比例尺水域测图、其他比例尺的大面积平坦水域或水深超出 20m 的开阔水域测图，根据具体情况，可放宽至 2.0mm。

表 3-3 图上地物点的点位中误差

区域类型	一般地区	建筑区	水域
点位中误差（mm）	0.8	0.6	1.5

（三）高程中误差

地形图中等高（深）线的插求点相对于邻近图根点的高程中误差，不应超过表 3-4 的要求。隐蔽或施测困难的一般地区，可放宽 50%。当作业困难、水深大于 20m 或工程精度要求不高时，水域测图可放宽 1 倍。

（四）地形点位最大间距

地形点的最大点位间距，不应大于表 3-5 的要求。水域测图的断面间距和断面的测点间距，根据地形变化和用图要求，可适当加密或放宽。

表 3-4 等高（深）线插求点的高程中误差 （m）

一般地区	地 形 类 别	平地	丘陵地	山地	高山地
	高程中误差	$\frac{1}{3}h_d$	$\frac{1}{2}h_d$	$\frac{2}{3}h_d$	$1h_d$
水域	水底地形倾角α	$\alpha<2°$	$2°\leqslant\alpha<6°$	$6°\leqslant\alpha<25°$	$\alpha\geqslant25°$
	高程中误差	$\frac{1}{2}h_d$	$\frac{3}{4}h_d$	$1h_d$	$\frac{3}{2}h_d$

注 h_d 为地形图等高（深）距。

表 3-5 地形点的最大点位间距 （m）

比例尺		1:500	1:1000	1:2000	1:5000
一般地区		15	30	50	100
水域	断面间	5～10	10～20	20～40	50～100
	断面上测点间	5	10	20	50

（五）高程点注记

地形图上高程点的注记，当基本等高距为 0.5m 时，应精确至 0.01m；当基本等高距大于 0.5m 时，应精确至 0.1m。

（六）细部点精度

建筑区细部坐标点的点位和高程中误差应符合表 3-6 的要求。

表 3-6 细部坐标点的点位和高程中误差 （mm）

地物类型	点位中误差	高程中误差
主要建构筑物	50	20
一般建构筑物	70	30

第二节 陆域地形测绘

陆域地形测绘是针对水域地形测绘而言的，在电力工程中，大量的地形测绘工作为陆域地形测绘，水域地形测绘仅在部分工程、局部区域或某个设计阶段需要，因此，我们习惯性称陆域地形测绘为地形测绘。当前地形测绘的方法主要有全站仪测图、GNSS 测图和航测成图三种。

一、地形测绘方法

（一）全站仪测图

全站仪测图的基本作业过程介绍如下。

（1）搜集测区相关控制资料，明确测区范围及成图比例尺及其他特殊要求。

（2）测区的高等级控制点不能满足大比例尺测图的需要时，适当布置一定数量的地形控制点，又称图根点，作为测图控制用。

（3）在控制点、加密的图根点或测站点上架设全站仪，全站仪经对中、整平、定向后，测量碎部点，将测量碎部点的方向、垂直角、斜距、棱镜高及其坐标记录在全站仪内存或外部存储设备中。在测量碎部点的同时记录各碎部点之间的连接关系及其属性，用于生成地形图。

（4）将野外采集的碎部点数据输入到电脑中，根据碎部点之间的连接关系及其属性，绘制成地形图。

在实际生产过程中，根据记录碎部点间连接关系及属性的方式和成图方式的不同，可将全站仪测图方法分为草图法、编码法和内外业一体化的实时成图法。当采用草图法作业时，应按测站绘制草图，并对测点进行编号。测点编号应与各碎部点的测量点号相一致。草图的绘制，宜简化标示地形要素的位置、属性和相互关系等。当采用编码法作业时，宜采用通用编码格式，也可使用软件的自定义功能和扩展功能建立用户的编码系统进行作业。当采用内外业一体化的实时成图法作业时，应实时确立测点的属性、连接关系和逻辑关系等，在现场完成各种地物点间的连接工作，这种方法需要配置外部存储设备及相关软件。

（二）GNSS 测图

GNSS 测图有 RTK 测图和 CORS 测图两种方式，其作业过程基本相同。

（1）搜集测区相关的控制点成果及 GNSS 测量资料，清楚测区的平面坐标系统和高程基准的参数，明确测区范围及成图比例尺及其他特殊要求。

（2）完成 WGS84 坐标系与测区地方坐标系的转换参数及 WGS84 坐标系的大地高基准与测区的地方高程基准的转换参数的计算。

（3）若采用 RTK 测图，需选择合适的已知点作为参考站，架设并正确启动基站。RTK 或 CORS 测图前应进行校测，无误后开始地形图碎部点的测量，获取碎部点的三维坐标。同时，记录各碎部点之间的连接关系及其属性。

（4）将测量数据输入到电脑中再根据各碎部点之间的连接关系及属性完成各地物及等高线的绘制，从而完成地形图的测绘。

（三）航测成图

由于获取航摄影像的成本和周期在航测成图中占比较大，且相对固定，测图面积的增加对其影响并不显著，因此，航测成图适合用于较大面积的地形图测绘。例如，基础地形图资料缺乏的风力、太阳能及核能发电的工程。而一般电力工程并不常采用，例如，火力发电、变电等项目中，组织航空摄影进行航测成图的工程案例几乎没有。当然，近年来，随着低空摄影测量技术的发展，这类工程案例也逐渐多了起来。航测成图的作业过程介绍如下：

（1）获取航摄影像资料。

（2）野外像控点测量及外业调绘。

（3）空中三角测量。

（4）地物、等高线采集。

（5）地形图编辑及野外检查。

该方法的技术要求等相关内容在本手册“第十章 航测遥感与激光扫描技术应用”中有详细叙述，本章不再赘述。

二、图根控制测量

（一）图根控制点基本要求

图根点应满足以下要求：

（1）图根点相对于邻近等级控制点的点位中误差不应大于图上 0.1mm，高程中误差不应大于基本等高距的 1/10。

（2）当图根点作为首级控制或等级控制点稀少时，埋设标石图根点数量应不少于 1/2。

（3）图根控制点和高等级控制点的数量宜符合表 3-7 的要求。

表 3-7 控制点数量的要求

测图比例尺	图幅尺寸（cm×cm）	全站仪测图（个）	GNSS RTK 测图（个）
1:500	50×50	2	1
1:1000	50×50	3	2
1:2000	50×50	4	2
1:5000	40×40	6	3

注 仅有单幅地形图的小测区控制点数量不应少于 3 个相互通视的图根点。

（二）图根控制测量方法与技术要求

图根控制测量包括图根平面控制测量和图根高程控制测量。由于 GNSS、全站仪可同时便捷地获取图根点的坐标和高程，因此，图根水准等方法已基本不再采用。

1. GNSS 测量

GNSS 图根控制测量可采用实时动态（RTK）或静态测量方法直接测定图根点的坐标和高程。当采用 RTK 或静态散点测量时，距基准站的距离不宜超过 5km，对每个图根点均应进行两次独立的测量。其点位较差不应大于图上 0.1mm，高程较差不应大于基本等高距的 1/10。

2. 全站仪测量

全站仪图根控制测量可采用图根导线或极坐标法同时获取图根点的坐标和高程。图根导线测量的主要技术要求应符合表 3-8 和表 3-9 的要求。

表 3-8 图根导线测量的主要技术要求

水平角					垂直角			距离测量	
测回数 6″级仪器	测角中误差（″）		方位角闭合差（″）		测回数 6″级仪器	指标差较差（″）	垂直角较差（″）	测回数	读数较差（mm）
	一般	首级控制	一般	首级控制					
1	30	20	$60\sqrt{n}$	$40\sqrt{n}$	中丝法 2	25	25	单向 1	20

注 n 为测站数。

表 3-9　　图根导线测量的精度要求

边长	附合导线长度（m）	坐标相对闭合差	对向观测高差较差（mm）	附合或环形高差闭合差（mm）	每千米高差全中误差（mm）
不大于碎部点最大距离的 1.5 倍	≤1.3M	≤1/2500	$80\sqrt{D}$	$40\sqrt{\Sigma D}$	20

注　M 为测图比例尺分母；D 为电磁波测距边的长度，km。

仪器高和觇标高的量取，应精确至 1mm。1:500 和 1:1000 测图，附合导线长度可放宽至表 3-9 中值的 1.5 倍，附合导线边数不宜超过 15 条，方位角闭合差不应大于 $\pm 40''\sqrt{n}$，绝对闭合差不应大于 $0.5M\times10^{-3}$ m；导线长度短于表 3-9 中值的 1/3 时，其绝对闭合差不应大于 $0.3M\times10^{-3}$ m。

图根支导线适用于难以布设附合或闭合导线的困难地区。图根支导线的长度不应超过表 3-9 规定值的 1/2，边数不宜多于 3 条。水平角应使用 6″级全站仪施测左右角各一测回，其圆周角闭合差不应大于 40″。

采用全站仪极坐标法测设图根控制点应在等级控制点或一次附合图根点上进行，且应联测两个已知方向，其主要技术要求应符合表 3-10 的要求。其边长长度要求随测图比例尺而定，1:500 不应大于 300m；1:1000 不应大于 500m；1:2000 不应大于 700m。

表 3-10　　极坐标法测量图根点的技术要求

6″级仪器测角测回数	半测回较差（″）	距离测量	测距读数较差（mm）	高差较差	两组计算坐标较差（m）
1	≤30	单向 1 测回	≤20	$\leqslant \frac{1}{5}h_d$	$0.2M\times10^{-3}$

三、碎部测量

碎部点是地物、地貌特征点的统称，它是组成地形图最基本的要素。碎部测量就是利用全站仪、GNSS 等仪器测绘各种地物、地貌的特征点的平面位置和高程。例如，测量房角、道路交叉口、山顶、鞍部、山谷等特征点的坐标和高程。

（一）全站仪测量

1. 技术要求

全站仪测量应符合下列要求：

（1）宜使用不低于 6″级全站仪，其测距标称精度，固定误差不应大于 10mm，比例误差系数不应大于 5×10^{-6}。

（2）测图的应用程序，应满足内业数据处理和图形编辑的基本要求。

（3）数据传输后，宜将测量数据转换为常用数据格式。

（4）仪器的对中偏差不应大于 5mm，仪器高和棱镜高的量取应精确至 1mm。

（5）应选择较远的图根点作为测站定向点，并施测另一图根点的坐标和高程，作为测站检核。检核点的平面位置较差不应大于图上 0.2mm，高程较差不应大于基本等高距的 1/5。

（6）作业过程中和作业结束前，应对定向方位进行检查。

（7）对采集的数据应进行检查处理，删除或标注作废数据、重测超限数据、补测错漏数据。对检查修改后的数据，应及时与计算机联机通信，生成原始数据文件并做备份。

（8）全站仪测图的测距长度，不应超过表 3-11 的要求。

表 3-11　　全站仪测图的最大测距长度　　（m）

比例尺	最大测距长度	
	地物点	地形点
1:500	160	300
1:1000	300	500
1:2000	450	700
1:5000	700	1000

2. 测量方法

全站仪测量碎部点的方法主要有极坐标法和方向交会法两种。

（1）极坐标法，是根据测站点上的一个已知方向，测量已知方向与待求点方向间的角度和测站点与待求点之间的距离，以确定所求点位置的一种方法。如果同时需要测量待求点的高程，则用三角高程的方法可同时测得该点的高程。极坐标法适用于范围较广，施测范围较大。测定地物时，绝大部分特征点的坐标都是独立测定的，不会产生累积误差。

（2）方向交会法，又称角度交会法，是分别在两个已知测站点上对同一碎部点进行方向交会以确定碎部点位置的一种方法。方向交会法通常用于测绘目标明显，距离较远，不易到达，易于瞄准的碎部点，如电杆、水塔、烟囱等地物。方向交会法的优点是可以不测距而求得碎部点的位置，若使用恰当，可以节省立尺点的数量，以提高作业速度。

另外，在建筑密集的地区作业时，对于全站仪无法直接测量的点位，可采用支距法、线交会法等几何作图方法与极坐标法或方向交会法相结合的方法进行碎部测量，并记录相关数据。

（二）GNSS 测量

1. 转换关系建立

采用 GNSS RTK 或 CORS 测量碎部点时，应首先建立测区坐标高程系统与 WGS84 或 CGCS2000 系统的转换关系，转换关系建立的方法和要求如下：

（1）测区控制点仅有测区坐标高程系统成果，无 WGS84 或 CGCS2000 系统的成果时，可采用 GNSS RTK 或 CORS 测量方法先联测三个（或以上）控制点，获取 WGS84 或 CGCS2000 系统的成果，采用点校正的方法求得两系统转换参数。

（2）测区控制点已有 WGS84 或 CGCS2000 系统的成果时，直接采用三个（或以上）重合点求定转换参数（七参数、四参数或三参数方法）。

（3）坐标和高程转换参数的确定宜分别进行；坐标转换位置基准应一致，同名点应分布在测区的周边和中部；高程转换可采用拟合高程测量的方法。

2. 转换参数应用

转换参数的应用，应符合下列要求：

（1）转换参数的应用，不应超越原转换参数的计算所覆盖的范围，且输入参考站点的空间直角坐标，应与求取平面和高程转换参数（或似大地水准面）时所使用的原 GNSS 网的空间直角坐标成果相同，否则，应重新求取转换参数。

（2）使用前，应对转换参数的精度、可靠性进行分析和实测检查。检查点应分布在测区的中部和边缘。检测结果，平面较差不应大于 5cm，高程较差不应大于 $30\sqrt{D}$ mm（D 为参考站到检查点的距离，km）；超限时，应分析原因并重新建立转换关系。

（3）对于地形趋势变化明显的大面积测区，应绘制高程异常等值线图，分析高程异常的变化趋势是否同测区的地形变化相一致。当局部差异较大时，应加强检查，超限时，应进一步精确求定高程拟合方程。

3. 参考站点位选择

参考站点位的选择，应符合下列要求：

（1）应根据测区面积、地形地貌和数据链的通信覆盖范围，均匀布设参考站。

（2）参考站站点的地势应相对较高，周围无高度角超过 15° 的障碍物和强烈干扰接收卫星信号或反射卫星信号的物体。

（3）参考站的有效作业半径，不应超过 10km。

4. 参考站设置

参考站的设置，应符合下列要求：

（1）接收机天线应精确对中、整平。对中误差不应大于 5mm，天线高的量取应精确至 1mm。

（2）正确连接天线电缆、电源电缆和通信电缆等；接收机天线与电台天线之间的距离，不宜小于 3m。

（3）正确输入参考站的相关数据，包括点名、坐标、高程、天线高、基准参数、坐标高程转换参数等。

（4）电台频率的选择，不应与作业区其他无线电通信频率相冲突。

5. 流动站作业

流动站作业，应符合下列要求：

（1）流动站作业的有效卫星数不宜少于 5 个，PDOP 值应小于 6，并应采用固定解成果。

（2）正确的设置和选择测量模式、基准参数、转换参数和数据链的通信频率等，其设置应与参考站相一致。

（3）流动站的初始化，应在比较开阔的地点进行。

（4）作业前，宜检测 2 个以上不低于图根精度的已知点。检测结果与已知成果的平面较差不应大于图上 0.2mm，高程较差不应大于基本等高距的 1/5。

（5）结束前，应进行已知点检查。

（6）每日观测结束，应及时转存测量数据至计算机并做好数据备份。

6. 注意事项

作业过程中，还应注意以下几点：

（1）分区作业时，各应测出界线外图上 5mm。

（2）不同参考站作业时，流动站应检测一定数量的地物重合点。点位较差不应大于图上 0.6mm，高程较差不应大于基本等高距的 1/3。

（3）对采集的数据应进行检查处理，删除或标注作废数据、重测超限数据、补测错漏数据。

四、地物测绘

地物一般可分为两大类：一类是自然地物，如河流、湖泊、森林、草地、独立岩石等；另一类是经过人类物质生产活动改造了的人工地物，如房屋、高压输电线、铁路、公路、水渠、桥梁等。所有这些地物都要在地形图上表示出来。

（一）地物测绘原则

地物在地形图上的表示原则：凡是能依比例尺表示的地物，则将它们水平投影位置的几何形状相似地描绘在地形图上，如房屋、双线河流、运动场等。或是将它们的边界位置表示在图上，边界内再给上相应的地物符号，如森林、草地、沙漠等。对于不能依比例尺表示的地物，在地形图上是以相应的地物符号表示在地物的中心位置上，如水塔、烟囱、纪念碑、单线道路、单线河流等。

测绘地物必须根据规定的测图比例尺，按规范和图式的要求，经过综合取舍，将各种地物表示在图上。国家测绘局和有关的勘测部门制定的各种比例尺的规范和图式，是测绘地形图的依据，必须遵守。

地物测绘主要是将地物的形状特征点测定下来，例如，地物的转折点、交叉点，曲线上的弯曲变换点，独立地物的中心点等。连接这些特征点，得到与实地相似的地物形状。

在测绘地物的过程中，有时会发现图上绘出的地物与地面情况不符，例如本应为直角的房屋角，但图上不成直角；在一直线上的电杆，但图上不在一直线上等。在外业要很好检查产生这种现象的原因，如果属于观测错误，则必须立即纠正。若不是观测错误，则可能是由于各种误差的积累所引起的，或在两个测站观测了同一个地物的不同部位所引起。当这些不符的现象在图上小于规范规定的地物误差时，则可以采用分配的办法予以消除，使地物的形状与地面相似。

（二）地物测绘内容与要求

1. 控制点表示

测量控制点是平面控制点和高程控制点的总称，是测绘地形图的基础，也是各种工程测量施工、放样、联测的主要依据。在地形图中，控制点决定着地形图各要素的位置和精度，起着水平控制和高程控制的作用，因此，在图上必须精确的表示。

由于测量方法、测量精度和埋石标志的不同，测量控制点分为天文点、GNSS 点、导线点、三角点、图根点和水准点，在地形图上，均以不同的独立符号图形来表示，符号的几何中心表示实地控制点的中心位置。测绘时，先确定定位点，再绘其他部分，点位差为±0.1mm。

当控制点和其他地物相遇时，应绘控制点，省略或断开其他地物（如三角点与等高线相遇，则定位绘出三角点符号，断开等高线）；控制点与独立地物重合时（即如水塔、烟囱等独立地物作控制点位），绘出地物符号，不绘控制点符号，在地物符号旁注出控制点名、高程和控制点类别。

各处控制点的注记均以分式表示，分子注点名或点号，分母注高程（标石面或木桩顶高程），水准点和经水准点联测的三角点、小三角点高程一般注记至0.001m，其他的注记至0.01m。

2. 独立地物测绘

独立地物是判别方位的重要依据，如古塔、烟囱、亭、独立树等，在大比例尺地形图上要详细准确地表示。凡能按地图比例尺表示出独立地物轮廓图形的，例如，变电站、气象站等，应绘出真实轮廓，在轮廓内绘出说明轮廓性质的独立符号，不能按比例描绘的独立物体，必须根据测得的点位用相应独立符号表示。独立符号定位和定向应严格遵照图式规定。

两个独立地物相遇或重叠时，应保证主要地物的定位准确，或移动次要的（以方位意义为准）。或略为缩小这两个符号的尺寸而保证定位。独立地物与线状符号（如河、道路、管线等）或面状符号（如居民地等）重叠时，定位绘出独立地物符号，而其他符号间断，与其间隔 0.3mm。

为了区分同一种独立地物的不同类别，在一些独立地物符号旁边还应配以说明注记。如在油井符号旁加注“油”或“气”以说明该油井是石油井或天然气井；如矿井符号，应明确是铁矿、煤矿还铜矿，为此，需在符号旁加注“铁”“煤”“铜”，以示区别。

3. 居民地测绘

居民地房屋的排列形式很多，农村中以散列式即不规则的排列房屋较多，城市中的房屋排列比较整齐。

测绘居民地根据所需测图比例尺的不同，在综合取舍方面就不一样。对于居民地的外轮廓，都应准确测绘。其内部的主街道以及较大的空地应区分出来。对散列式的居民地、独立房屋应分别测绘。围墙、栅栏等可根据其永久性、规整性、重要性等综合取舍。

测出房屋的轮廓点，各点相连，为依比例的轮廓符号。如果该图形小于图式中规定的最小尺寸（独立房屋尺寸），则用不依比例或半依比例的房屋符号表示。在居民地的行政区域范围内，应加注其行政名称，例如，村名、厂名、学校名等。

1:500～1:2000 的大比例尺地形图，一般房屋都能依比例绘出，根据房屋的建筑材料和使用情况，在轮廓范围加或性质符号或加注说明注记，如砖结构房屋，在房屋轮廓范围内加注“砖”，楼房注出楼层数等。

房屋的附属建筑，如台阶、门廊、室外楼梯、地下室、阳台等，能按比例测绘的，均以真实的轮廓，用相应的符号表示。

当房屋间的间隔小于 0.3mm，（1:500～1:2000 地形图）时可合并表示。城镇街道，能依比例表示的则按其真实宽度绘出，不能按比例表示时则按图式规定的街道宽度（主要和次要的）绘出。当街区的一边是空地时，则应加绘街道线。主要街道应加注街道名程和路面材料。窑洞的表示应注意定位、定向，季节性的蒙古包应注出居住月份。

比例尺小于 1:2000 的地形图，居民地轮廓内需填绘晕线、一般房屋填绘单向晕线，其间隔 1.5mm，方向是与南、北图廓线成 45° 夹角（东北—西南向倾斜），特种房屋内填绘垂直交叉晕线。当房屋轮廓线也恰与南北图廓线呈 45° 夹角时，应略改变晕线方向，以免与房屋轮廓线平行。

4. 工矿建（构）筑物及其他设施测绘

露天采掘场范围应实测表示；工矿建（构）筑物及其他设施的测绘，应在图上准确表示其位置、形状和性质特征。

工矿建（构）筑物及其他设施按比例尺表示的，应实测其外廓，并配置符号或按图式规定用依比例尺符号表示；不依比例尺表示的，应按点状或线状实测位置，用不依比例尺符号表示。

单位大型名称标牌和柱式独立大型广告牌应实测表示；街道、公园、小区、幼儿园内设有文体娱乐设施的场所，应实测其范围线；公共场所独立的公用电话亭、落地的独立固定邮政箱应实测。

简易、临时、低矮的温室、菜窖、花房可不表示；坟地宜注记坟数，面积较大时应测出坟地界，明显的独立坟应实测其位置，不测高程。

5. 铁路测绘

铁路分标准轨铁路、电气化铁路、窄轨铁路、轻便轨道和电车轨道等。标准轨铁路指轨距为 1.435m 的铁路；电气化铁路是指以电气机车为牵引动力的标准轨铁路；窄轨铁路是轨距小于标准轨距的铁路；轻便铁路是指在工矿区供机动牵引车、手压式推车等行驶的短程小型铁路。

测绘铁路时，铁轨的中心线上应有测点。测绘 1:2000 或更大比例尺地形图时，可测定点位，如图 3-1 所示，特征点 1 用于测绘铁路的平面位置；特征点 2、3 用于测绘路堤部分的路肩位置；特征点 4、5 用于测绘路堤的坡足或边沟的位置。有时特征点 2、3 可以不测而是量出铁路中心至它们的距离直接在图上绘出。铁路线上的高程是测铁轨面的高程。因此，在测出铁路中心位置后，还有测定轨面上的高程（曲线部分测内轨面），但图上注记仍标在中心。

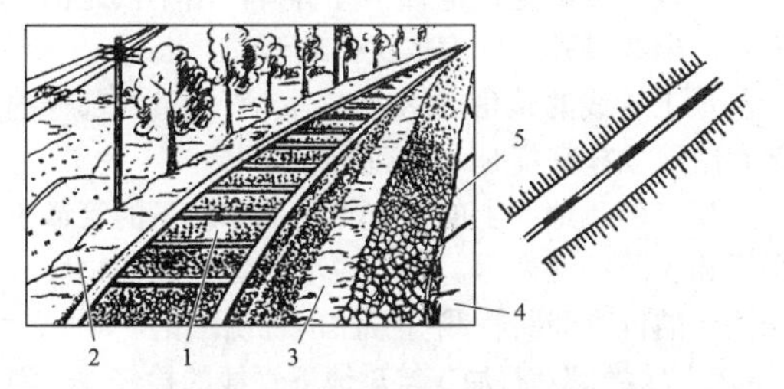

图 3-1 路堤铁路测量点示意图

路堑铁路测量点示意图如图 3-2 所示，与路堤比较可以看出，除 1、2、3、4、5 点要测量外，在 6、7 点路堑的上边缘也要测点。

图 3-2 路堑铁路测量点示意图

铁路的直线部分立尺点可稍稀一些，在曲线部分及道岔部分立尺点就要密一些，这样才能正确地表示出铁路的实际位置。

铁路两旁的附属建筑物如信号灯、扳道房、里程碑等，都要按实际位置测出。

各种铁路均用相应的铁路符号表示。在 1:500、1:1000 地形图上路宽可以依比例表示，在小于 1:2000 的地形图上，铁路是用半依比例符号表示的。符号在图上的定位线应与实地铁路中心线一致，符号的黑白段应按图式规定等距离划分。

铁路车站及附属建筑物主要包括站台、地道、天桥、信号灯、站线、车挡等，在地形图上均应按实地位置以其相应的符号表示。车站及其他房屋建筑（如检车室、巡道房等）均以房屋符号表示。车站注示名称。

6. 道路测绘

在地形图上要详细地表示出道路的类型、等级、通行能力和各种附属建筑物。

公路是连接居民地之间的供机动车行驶的道路，地形图上分公路和简易公路两种。公路是指有坚固的路基，路面铺设水泥、沥青、砾石等材料，可常年通车的道路；简易公路是路基不太坚固，路面只经过简单修筑，一般铺以沙、碎石、矿渣等，大部分时间能通车的公路。

公路在图上一律按实际位置测绘。在测量方法上，可测量路面中心，也可交错测量路面两侧，还可以测量路面的一侧，实量路面的宽度，作业时可视具体情况而定。公路的转弯、交叉处，测点应密一些，公路两旁的附属建筑物都应按实际位置测出，公路的路堤和路堑的测绘方法与铁路相同。

公路和简易公路在不同比例尺的地形图上均以相应的符号依比例或半依比例表示。在 1:500 和 1:1000 的大比例尺地形图上，公路路面和铺面的宽度为实测宽，小于1:2000的地形图上需用注记注出路宽和铺面宽，在符号的中间或旁边需注出公路名称和路面材料，如“沥”“水泥”“石”。需在相交处的内外图廓间注出公路通往的居民地名称和里程（如“距王家庄16km”）。

大车路一般指农村中比较宽的道路。有的还能通行汽车，但是没有铺设路面。这种路的宽度大多不均匀，道路部分的边界不十分明显，可测量道路中心。

有围墙、垣栅的公园、工厂、学校机关等内部道路，除通行汽车的主要道路外，其他均按内部道路测绘。

土路按其通行能力又可分为机耕路、乡村路和小路。机耕路是指能通行机动和非机动农用车的道路，有的也可通行汽车，一般都没有人工路基；乡村路一般不能通行汽车等大的机动车，多为土路、路面不宽，主要供小型机动车和非机动车及行人通行；小路仅能供单人或自行车通行。

人行小路主要是指居民地之间来往的通道，田间劳动的小路一般不测绘，上山小路应视其重要程度选择测绘。如该地区小路稀少应少舍去。测点选择在道路中心，由于小路弯曲较多，测点的选择要注意弯曲部分的取舍。既要使测点不致太密，又要正确表示小路的位置。

人行小路若与田埂重合，应绘小路不绘田埂。有些小路虽不是直接由一个居民地通向另一个居民地，但它与大车路、公路或铁路相连，这时应根据测区道路网的情况决定取舍。

在大比例尺地形图（1:500和1:1000）上，机耕路、乡村路均可依比例按相应的符号，当实地路面宽窄不一且变化频繁时，可取其中等宽度作为该段路宽；小于1:2000的地形图，用相应的土路符号半依比例表示并标注路宽。符号中间或旁边应注出路面材料。小路用半依比例符号表示，符号的定位线应与实地小路中心线重合。

道路附属建筑物主要包括涵洞、隧道、路堤、路堑。涵洞是修筑在路基下的过水通道，隧道是人工开凿而成的山洞路段；路堤是人工填筑而成的高于两侧地面的路基；路堑是人工挖掘而成的低于两侧地面的路基。

道路附属建筑物在地形图上均按实地位置，用相应的符号表示。隧道应注意表示出山洞的入口和出口位置，依比例表示的路堤、路堑符号必须真实反映出其上边缘线和下边缘线在图上的位置，即符号的基线应为实地上边缘线在图上的位置，长齿线的终端应是下缘线。在符号旁边应注出路堤（路堑）的比高。

另外，还有里程碑、路标等路旁附属物体，均应按其实地位置用相应的符号表示。

道路间的关系处理原则：

（1）道路在同一平面相交，高等级的道路不断，低等级道路间断于主要道路两侧相接描绘；公路与公路相交，应互相间断圆滑相接；虚线路相交，应实部相交；双线路并延伸可供边描绘；单线路与双线路并行时，应相离0.3mm平行绘出。

（2）道路立体交叉（不在同一平面）时，用桥梁符号表示其相交关系，即上层平面的道路与桥梁相离（间隔0.3mm），下层平面道路间断于桥两侧相接。

（3）道路与其他要素间的关系处理。道路通过双线河面无桥时，接于渡口或徒涉场；道路通过单线河无桥时，可直接通过。公路通过土堤时，按土堤符号；土路在堤上通过时，间断在土堤的两端。铁道不间断通过居民地；其他道路间断在居民地街道入口处，相隔0.3mm。

7. 桥梁测绘

铁路、公路桥应实测桥头、桥身和桥墩位置，桥面应测定高程，桥面上的人行道图上宽度大于1mm的应实测。各种人行桥图上宽度大于1mm的应实测桥面的位置，不能依比例的，实测桥面中心线。在图上按实际的位置和形状用相应的符号表示。有名称的桥应加注名称。

8. 管线测绘

管线测绘包括电力线、通信线和各种管道及其附属设施。

永久性的电力线、通信线、变电室、电杆上的变压器等均应实测，线路密集地区可摘要测绘。临时性的、通信线、广播线、路灯电线、灯箱电线和交通信号灯电线可省略。

电线用规定的符号表示。密集建筑区内电力线、通信线可不连接，但应绘出连线方向。地下电力线和电缆根据需要表示，高压线应连续表示。塔柱上有变压器时，变压器的位置按其与塔柱的相应位置绘出。同一杆塔上架有多种线路时，只表示主要的线路，但各种线路走向应连贯，线类应分明。35kV及以上等级输电线路应注明线路名称、电压等级和杆塔编号。

在1:500和1:1000的地形图上，电杆和电线架的中心位置实测确定，电杆不分材料，用不依比例符号表示，电线塔基部轮廓依比例表示。

地上管线的转角点均应实测，管线直线部分的支架和附属设施密集时，可适当取舍。

架空的、地面上的、有管堤的和地下的管道应分别用相应的符号表示。为了说明管道输送的物质，应在适当的位置间断管线符号注出说明注记，如“上水”“下水”“煤气”“石油”等。地下管线的检修井、消火栓、阀门等附属物均按实际位置测绘。各种管线与其他地物符号重合时，可间断管线符号，绘出其他符号。居民地内部的管线可以不绘出。

9. 垣栅测绘

垣栅包括城墙、围墙、栅栏、篱笆、铁丝网等。城基轮廓依比例表示，并将外侧的轮廓线向内绘成城垛形式，城楼、城门按实际情况表示。围墙包括砖、石、混凝土及土墙，在 1:500、1:1000 和 1:2000 的地形图上宽度依比例表示或用半依比例符号表示，符号的黑块绘在基墙的外侧。

各种类型的栅栏、篱笆、铁丝网等用相应的半依比例符号表示，符号的中心线应与相应物体的实地位置一致。

10. 水系测绘

水系包括河流、渠道、湖泊、池塘等地物，通常无特殊要求时均以岸边为界，如果要求测出水涯线（水面与地面的交线）、洪水位（历史上最高水位的位置）及平水位（常年一般水位的位置）时，应按要求在调查研究的基础上进行测绘。

河流的两岸一般不规则，在保证精度的前提下，对于小的弯曲和岸边不甚明确的地段可进行适当取舍，对于在图上只能以单线表示的小沟，不必测绘其两岸，只要测出其中心位置即可。渠道比较规则；有的两岸有堤，测绘时可以参照公路的测法。对那些田间临时性的小渠不必测出，以免影响图面清晰。

湖泊的边界经人工整理、筑堤、修有建筑物的地段是明显的，在自然耕地的地段大多不甚明显，测绘时要根据具体情况和用图单位的要求来确定以湖岸或水涯线为准。在不甚明显地段确定湖岸线时，可采用调查平水位的边界或根据农作物的种植位置等方法来定。

地形图上主要反映水系的类型、形态及分布，水系的通行情况，水系附属物和沿岸地带的地形和加固情况。

在地形图上应以实际的位置和轮廓表示河流、湖泊、水库、池塘等水体，其水涯线（即实地的岸线）应以测图时的水位线为准，必要时应加注日期。依比例表示的河流的称为双线河，半依比例表示的称为单线河。双线河应注明流向、流速；单线河应注出流向、河宽。如需表示水位、水深及河底性质，则在实测位置注记说明。河流中的瀑布、石滩在图上应按实地位置和范围用相应的符号表示。有名称的河流均应加注河流名称。时令河、时令湖、地下河段和消失河段在图上均应用相应的符号定位表示，时令河、时令湖旁加注有水月份注记，有名称的需加注河名和湖名。湖泊、池塘有名称的应注名称，池塘无名称的，加注“塘”字，湖泊、池塘应以说明注记反映水质（如“咸”“苦”），凡用来养殖的池塘，应注明养殖物种（如“渔”）。

水利工程主要包括水库、水闸、滚水坝、防洪墙、防波堤、码头和停泊场等，在地形图上均按实测形状和位置，依比例用相应的符号表示。大比例图上，水库应注名称，有名称的坝、闸、码头、停泊场均应注出名称、水闸和拦水坝应加注建筑材料说明（如水泥、石、木等），坝、堤的顶面应测注高程，防洪墙应加注比高。

渡口是河中设有轮船、木船等水运设备的河流口岸。能载渡汽车的渡口称“车渡”，不能载渡汽车的为“人渡”，在地形图中应定位用相应的符号表示，并加注说明注记。徒涉场是能涉水过河的地点，包括供人跨步过河的跳墩。图上用相应的符号定位表示并加注说明“涉”“跳墩”。

沟渠是人工建筑的引水通道。在地形图上应用相应的符号依比例或半依比例定位绘出。当堤高出地面 0.5mm 以上时，按有堤岸沟渠表示。沟渠内绘注流向，加注流速。

水井是人工水源。各种水井均应实测，在图上用相应符号定位表示，并在符号旁边加注其类别说明注记（如自流井注“流”、机井注“机”、温泉井注“温”）和水质说明注记（如咸水井注“咸”、苦水井注“苦”）。在房内的电机井，以房屋表示，不绘井的符号，房屋符号旁注“电井”注记。大比例尺地形图需测注井旁地面高程，地面至水面深度，以分式注记。

泉是天然水源。在地形图上应定位、定向表示，符号的圆心代表实地泉的位置，符号的尾部表示泉水的流向。在符号旁应注出泉水的性质，如“矿”“流”“温”等说明注记，测注泉口水面高程。

坎儿井是干旱地区为引用地下水的暗渠，地面上每隔一定距离有一竖井与暗渠相通。在图上应按实地位置用相应符号绘出。

沼泽地是经常有积水或泥泞的地段。按其通行情况，在图上分别用相应的符号表示，沼泽地上的植被用相应的符号散列配置。

干出滩也叫潮浸地带，是海岸线与低潮界之间的海滩。因海边地质构造及海水浸蚀能力不同，因此干出滩又分为沙滩、沙砾滩、淤泥滩、岩滩等。在图中应用相应符号定位表示。

陡岸是水域岸边陡峻的地段（地面坡度达 50° 以上），包括石质陡岸和土质陡岸，图上分别用相应符号定位表示，并定位测注比高。

航行标志主要有引航标志、指示危险的标志和信号标志三种，包括灯塔、灯桩、灯船、航行岸标、浮标、信号柱等，属独立地物。应经实测，在图上用相应的符号定位表示。

11. 植被与土质测绘

植被测绘是要测出各类植物的边界。在实地范围明显的大面积植被区域，图上用地类界符号表示其范围，再加注植物符号和说明。各种植被在图上的面积小于 3cm² 时可省略。

如果地类界与道路、河流、拦栅等重合时，则可不绘出地类界，但与境界、高压线等重合时，地类界应移位绘出。当地类界与其他地物重合时（例如，与道路、河流、沟渠重合），可省略不绘地类界符号。实地植被范围不明显时，可不绘地类界符号。在植被分布范围内，填绘相应类别的植被符号，在大比例尺图上，还应加注植被种类说明注记和树林、竹林平均树高、密度数字注记，以反映其质量和数量特征。

呈带状分布、宽度较小的植被，如行树、狭长林带等，用相应的半依比例符号表示。散树、独立灌木丛、独立树等用相应的独立符号表示，其中具有方位意义的独立树符号，应精确定位测绘。

测绘沼泽地、沙地、岩石地、龟裂地、盐碱地等土质的方法与植被相同，即图上用地类界符号表示其轮廓，在范围内填绘相应土质符号。

五、地貌测绘

（一）地貌的概念

地貌是指地球的表面由于受内力（如，地壳运动，火山作用、断裂）和外力（如，风化、剥蚀、堆积和人工改造等）久而久之的作用，形成高山、丘陵、平地、盆地、山坡断崖、河谷、梯田等各种形态的总称。

地貌表示在地形图上通常用等高线、规定符号和高程点来表示，它是现代地形图上表示地貌最基本最精确的一种方法，以地面上高程相等的相邻点连成的闭合曲线来表示地貌的起伏形态，可量算地面点的高程、地表面积、地面坡度、山的体积和洼地的容积等。

（二）等高线

1. 概念

等高线指的是地形图上高程相等的相邻各点所连成的闭合曲线。把地面上海拔高度相同的点连成的闭合曲线，垂直投影到水平面上，并按比例缩绘在图纸上，就得到等高线。

2. 特性

等高线具有以下特性。

（1）除在悬崖和绝壁处外，等高线在图上不能相交，也不能重合。

（2）同一条等高线上各点的高程都相同。

（3）在等高线比较密的等倾斜地段，当两计曲线间的空白小于 2mm 时，首曲线可省略不表示。

（4）等高线遇到房屋、窑洞、公路、双线表示的河渠、冲沟、陡崖、路堤、路堑等符号时，应表示至符号边线。

（5）等高线遇到各类注记、独立地物、植被符号、控制点时，应间断 0.3mm。

（6）大面积的盐田、基塘区，视具体情况可不测绘等高线。

（7）等高线高程注记应分布适当，便于用图时迅速判定等高线的高程，其字头朝向高处。

（8）等高距相同时，等高线越稀，地面坡度越缓；等高线越密，地面坡度越陡。

（9）根据地形情况图上每 100cm² 面积内，应有 1～3 个等高线高程注记。

3. 分类

（1）首曲线。在同一幅图上，按规定的基本等高距描绘的等高线称首曲线，也叫基本等高线，首曲线一般是细实线，宽度为 0.15mm。

（2）计曲线。为了读图方便，自高程起算面开始，当等高距为整米数时，每隔 4 条首曲线加粗描绘一条等高线，当等高距还有 0.5m 时（如 0.5m、2.5m），则可每隔 3 条首曲线加粗一条等高线，这些加粗的等高线称为计曲线，并在适当位置断开注记高程，宽度为 0.3mm。

（3）间曲线。坡度较缓地区，首曲线不足以表达真实地形面貌时，在首曲线间插绘间曲线，使局部地形的变化更为明显。间曲线通常以虚线表示，其高度差为正常间距的 1/2。

（4）助曲线。当首曲线和间曲线仍不足以表示地形面貌时，则在首曲线和间曲线之间插绘助曲线。助曲线通常以细点表示，其高度差为正常间距的 1/4。

4. 等高距选择

等高距的选择一般应考虑：图面清晰度和地貌表示的详细度两种因素。对选择等高距来说，图面清晰度指地图上等高线最小间距对图面载负的影响程度。地貌表示详细度指单位高差内等高线所通过的数量对地貌表示的影响程度。它们之间是互相影响又互相制约的统一体。所以选择分区适宜的等高距的实质是选择详细度和图面清晰度的最佳结合。

等高距的确定可按式（3-1）计算，当地图比例尺和图上等高线间的最小距离确定之后，地面坡度是决定等高距的主要因素。

$$h = MS\frac{\tan\alpha}{1000} \tag{3-1}$$

式中　h ——基本等高距，m；

M ——地形图比例尺分母；

S ——等高线间的最小间距，mm；

α ——地面坡度，（°）。

5. 等高线绘制

在数字测绘系统中，等高线由计算机自动勾绘。其主要原理及步骤：①构建三角网；②等高线点的寻找；③三角形网上等高线点的追踪；④等高线的光滑。在计算机自动勾绘等高线的过程中，当三角网构建完成后，后续步骤均采用特定的数学模型及算法，唯一确定等高线，不存在人工干预的空间。因此，构建三角网是等高线自动勾绘中的关键环节。

在三角形构网时，若只考虑几何条件，在某些区域可能会出现与实际地形不相符的情况，如在山脊线处可能会出现三角形穿入地下，在山谷线处可能会出现三角形悬空。为此，在构网时引入地性线，所谓地性线就是指能充分表达地形形状的特征线。地性线不应通过任何一个三角形的内部。在构建三角网时，应给地性线上的数据点编码，并优先连接地性线上的边，再在此基础上构三角网。否则三角形就会“进入”或“悬空”于地面，与实际地形不符。

计算机自动构建三角网后，应用地形特征信息检查地性线是否成为三角网的边，若是，则不再作调整；否则，按图 3-3 做出调整。

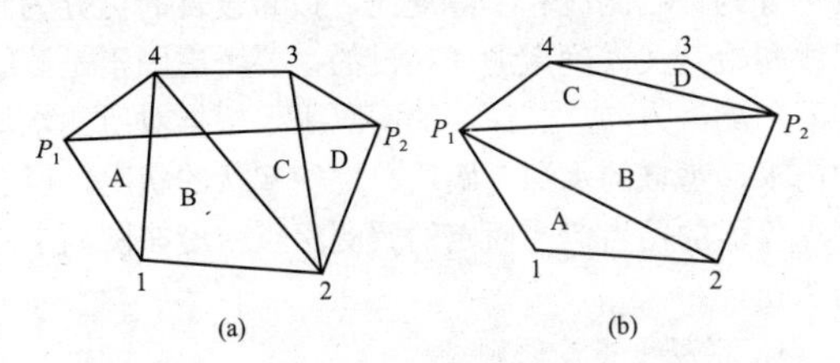

图 3-3 在构建三角网过程中对地性线的处理

（a）调整前；（b）调整后

如图 3-3（a）所示，P_1、P_2 为地性线，它直接插入了三角形内部，偏离了实际地形，因此需要对地性线进行处理，重新调整三角网。

如图 3-3（b）所示是处理后的图形，即以地性线为三角边，向两侧进行扩展，使其符合实际地形。

（三）地貌形态表示

1. 基本形态表示

地貌的起伏形态是多种多样的，但构成整体地貌的基本形态有山顶、山脊、山谷、鞍部、凹地、斜坡等。

山脊、山顶、鞍部、沟谷等地貌测绘，必须测定地貌特征点和特征线，以其为地貌骨架准确地表示地貌形态。属于地貌特征点的有：山的最高点、洼地的最低点、谷口点、鞍部的最低点，地面坡度和方向的变化点等，测绘员应及时依实际情况，连接特征点构成特征线。特征线主要表示山脊线、山谷线、坡缘线（山腰线）、坡麓线（山脚线）、最大坡度线（流水线）。

山顶、凹地底（凹地指周围地面地下，且经常无水的低地），在图上都是用闭合的最小的等高线环圈显示的，山脊和山谷都是用一组弯曲的等高线显示的，将等高线弯曲的顶点用线连接起来，改线就是山脊的山脊线（分水线）和山谷的山谷线（合水线）。

2. 特殊形态表示

（1）冲沟。冲沟是由暂时性流水侵蚀而成的壁陡底窄的沟壑，地图上宽小于 0.5mm 时，用中间粗、两头尖的单线符号表示；图上宽 0.5～2mm 的用双线依比例表示；图上宽 2～5mm 的沟壁用陡岸符号表示；图上宽大于 5mm 时，应在沟壑内加绘沟底等高线。

（2）绝壁、陡崖、悬崖。绝壁、陡崖、悬崖是指坡度在 70° 以上的陡壁，分为土质和石质的，分别用相应符号表示，陡崖符号的基线应定与崖壁的上缘、短线指向坡降方向。

（3）陡石山。陡石山是由密集陡峻的岩石组成的绵延岭或山脊，表面没有土壤覆盖，坡度大于 70° 的石山，图上用相应符号表示，并适当注示高程，当石山坡度小于 70° 时，用等高线配合陡石山符号表示。

（4）梯田坎。梯田坎是依山坡由人工修成的阶梯状农田陡坎，坎高 0.5m 以上的在大比例尺图上应用陡坎符号表示，并注出高程。梯田等高线图表现为梯田田埂处等高线密，田面平坦登高线稀疏。

（5）石灰岩溶斗。石灰岩溶斗是石灰岩地区受水的溶蚀或岩层崩塌作用形成的洞穴，面积小按实际情况用陡崖符号和等高线配合表示。

（6）滑坡。滑坡是山体坡面顺地势下滑地段，在图上，其上缘用陡岸符号表示，以点线表示其范围，内部的等高线用长短不一的虚线表示。

（7）沙丘。沙丘是在风力作用下由沙粒聚成的沙堆。迎风坡凸而平缓，背风坡凹而较陡。表示新月形沙丘链的等高线稀疏并比较圆滑，和沙丘的方向协调，表示出了倾斜特征的地貌。

第三节 水域地形测绘

水域地形测绘是通过水深测量方法获取水体覆盖下的地形图，以图形、数据形式表示水下地物、地貌的测量工作。本节中的水域是指天然河流、湖泊、水库及近海水域等，海洋测绘将在本手册第十一章中进行介绍。水下地形测量的定位和测深方法一般采用回声测深仪（声呐）配合 GNSS 施测。在水面不宽、流速不大的河流湖塘，也可采用全站仪配合测深仪或标尺、标杆等施测。

一、水深测量

（一）测量方法

水深测量方法应根据测量区域环境状况和设备条件合理选择。地形复杂水域或最大水深大于 100m 的水域，宜选择垂直指向角小于 8° 的测深仪；内河航道等浅水区域宜选用浅水型测深仪；大比例尺水下地形测量、航道疏浚工程测量宜选用多波束测深系统测深。

1. 地面三维激光扫描

在极浅滩涂可在潮水退去后采用地面三维激光扫描，测量方法及要求可参照本手册第十章第八节的相关内容。

2. 人工探测

在水草密集的区域或在极浅滩涂等声呐设备无法工作的地方，需要原始的测深工具：测深杆和测深锤。

（1）测深锤只适用于水浅、流速不大的浅水区。

（2）测深杆适用于水深 5m 以内且流速不大的水区。

3. 单波束测深仪

单波束测深仪的工作原理是利用换能器在水中发出声波，当声波遇到障碍物而反射回换能器时，根据声波往返的时间和所测水域中声波传播的速度，就可以求得障碍物与换能器之间的距离。声波在水中的传播速度，随水的温度、盐度和水中压强而变化，测量值需要改正处理。

4. 多波束测深系统

多波束测深系统的工作原理是利用发射换能器阵列向水下发射宽扇区覆盖的声波，利用接收换能器阵列对声波进行窄波束接收，通过发射、接收扇区指向的正交性形成对水下地形的照射脚印，对这些脚印进行恰当的处理，一次探测就能给出与航向垂直的垂面内上百个甚至更多的水域被测点的水深值，从而能够精确、快速地测出沿航线一定宽度内水下目标的大小、形状和高低变化，比较可靠地描绘出水下地形的三维特征。

（二）一般要求

在水下环境不明的区域进行测量时，必须了解测区的礁石、险滩、流沙、沉船、养殖等水下情况。测深作业宜在风浪较小的情况下进行，作业过程中，测深时因风浪引起测船颠簸造成回波线起伏变化达到 0.3m（内河）或 0.5m（近海）时，应暂停测深作业。如遇有大风、大浪，应停止水上作业。

水下地形测量的平面和高程系统应与陆域测量的平面和高程系统一致。当两者不一致时，应求出两者的转换关系。当同时进行陆域和水下地形测量时，应以陆域测量为主，布设统一的控制网。

采用测深仪工作前，应用其他测深工具分别在深、浅水处校核，并求取测深仪的总改正数，水深较差应小于 0.2m，检验合格后才可使用。测深仪换能器可安装在距船头 1/3～1/2 船长处，避免船体运动产生影响，入水深度以 0.3～0.8m 为宜，应精确至厘米。

多波束测深系统作业、精密测深应进行横摇偏差、纵摇偏差、艏向偏差、时延校准等系统校准。1:2000 及以上比例尺水道测绘应进行时延校准。

（三）精度要求

测深点的深度中误差不应超过表 3-12 的要求。精度要求不高时，隐蔽或施测困难地区的测深精度可放宽 1 倍。

表 3-12　测深点的深度中误差

水深范围（m）	测深仪器或工具	水流速度（m/s）	测点深度中误差（m）
0～4	测深杆	—	±0.10
0～10	测深锤	<1	±0.15
1～10	测深仪	—	±0.15
10～20	测深仪或测深锤	<0.5	±0.20
20	测深仪	—	$\pm H\times1.5\%$

注　H 为水深、—表示不限制流速。

（四）测线及测深点布设

测线是测量仪器及其载体的探测路线，测线按布设可分为计划测线和实际测线，按布设目的可分为测深线和检查线。确定测线布设的主要考虑因素是测线间隔和测线方向。测深线的间隔主要根据对所测水域的需求、水域的水深、底质、地貌起伏的状况，以及测深仪器的覆盖范围而定的。测深点密度在图面上宜为 2cm。

1. 测深线布设原则

（1）有利于完善地显示水域地貌。

（2）有利于发现航行障碍物。

（3）有利于水深测量。

（4）当使用多波束测深仪测量时，应根据河道和航道的宽窄、水流缓急等情况，在实地沿航道和河道中心线平行布设一定数量的测深线。

（5）采用单波束测深仪时，主测线方向应垂直于等深线总方向或航道，河口扇形区域，最好布设网格状测深线。

2. 检查线布设

检查线的方向应尽量与主测线垂直，分布均匀，并要求布设在较平坦处，能普遍检查到主测深线。检查线一般应占测深线总长的 5%～10%。

3. 测深线间距及水深点密度

测深线间距及水深点密度应能显示水下地形特征，并符合表 3-5 的要求。当河宽小于深线间距时，测深线间距和测点间距均应适当加密。边滩及平滩地区测点间距可放宽 50%，测线间距可放宽 20%。山区性河道、河道弯度较大时宜加密布设。在崩岸、护岸、陡坎、峭壁附近及深泓区，测点应适当加密。

（五）水位观测

为了水深测量时进行水位改正，必须在水深测量时同步进行水位观测工作。

1. 水位测定方法

水位的测定可采用直接测定法和间接测定法。

（1）直接测定法。水位直接测定可采用设立水尺、直接水准测量或三角高程测量的方法。

（2）间接测定法。水位间接测定法可用于以下情况：

1）湖泊或水库应在四周设立临时水尺，按水位变化及纵横向比降推求实时测深区域的水位。

2）非潮汐河段应在每日工作开始及结束时，于河段两端各施测水面高程一次。若水位变换超过 0.1m 且呈非线性变化时，则施测次数应酌情增加。河段水面坡降有显著变化处应加测水面高程。各断面测深时的水面高程，可根据河段两端的水位按时间、位置线性内插。当河流横向水位差超过 0.1m 时，应进行比降改正。

3）潮汐水域可利用测区附近的水位站或设立临时水尺，每小时同步测记水位至厘米，但入海口、沿海水域应增加至每 5min 观测一次。根据水位变化情况进行双站或三站的分带改正求取测深工作瞬时水位。

2. 水尺设置

水尺设置应能反映全测区内水面的瞬时变化，并应符合下列要求：

（1）水尺应设置在河道顺直、断面比较规则、水流稳定、无分流斜流和无乱石阻碍的地点；一般避开有碍观测工作的码头、船坞和有大量工业废水和城市污水排入的地点，使测得的水位和同时观测的其他项目的资料具有代表性和准确性；为使水位与流量关系稳定，一般避开变动回水的影响和上下游筑坝、引水等的影响。

（2）一般地段 1.5～2.0km 设置一把水尺。山区峡谷、河床复杂、急流滩险河段及海域潮汐变化复杂地段，300～500m 设置一把水尺。

（3）河流两岸水位差大于 0.1m 时，应在两岸设置水尺。

（4）测区范围不大且水面平静时，可不设水尺，但应于作业前后测量水面高程。

（5）当测区距离离岸边较远时且水位观测数据不足以反映测区水位时，应在测区内增加水尺。

3. 水尺观测技术要求

水尺观测的技术要求应符合下列要求：

（1）水尺零点高程的联测不应低于图根水准测量的精度。

（2）作业期间，应定期对水尺零点高程进行检查。

（3）水深测量时的水位观测，宜提前 10min 开始推迟 10min 结束。作业中，应按一定的时间间隔持续观测水尺，时间间隔应根据水情、潮汐变化和测图精度要求合理调整，水面波动较大时，宜读取峰、谷的平均值，读数精确至厘米。

（4）当水位的日变化小于 0.2m 时，可于每日作业前后各观测水位一次，取其平均值作为水面高程。

（六）测深数据检测

测深过程中或测深结束后，应对测深断面进行检查。检查断面与测深断面宜垂直相交，检查点数不应少于 5%。取、排水口及船只交会频繁的复杂地段，宜加强深度复测。检查断面与测深断面相交处，图上 1mm 范围内水深点的深度较差不应超过表 3-13 的要求。

表 3-13 深 度 较 差 要 求

水深 H（m）	水深比对互差（m）
≤20	≤0.4
＞20	≤0.02×H

二、测深点定位

在水深测量的同时，还要精确地测定深度点的平面位置，这项工作简称为定位。用测深仪测深时，深度点的平面位置是换能器的平面位置；用测深杆、水砣测深时，深度点的平面位置是测深杆、水砣着底（即测深杆或水砣绳与水面垂直相交）时的平面位置。

（一）定位方法

当前常用的定位方法有 GNSS 定位和全站仪定位。

1. GNSS 定位

GNSS 定位可采用 RTK 或 CORS 技术。流动站天线应固定在作业船只高处，避免天线受到遮挡并保持与金属物体绝缘，天线平面位置应与测深仪换能器位于同一铅锤线上，偏差不得超过定位精度的 1/3，超过时应进行偏心改正。定位数据与测深数据应保持同步，否则应进行延迟改正。采用 RTK 技术时，参考站点位选择与设置应符合相关要求，作业半径不应超过 10km。定位前应进行校测，无误后开始定位测量。

2. 全站仪定位

直接利用全站仪，按极坐标法进行定位。

（二）定位精度要求

测深点的平面定位中误差通常是根据测图比例尺和项目的特定要求来定，一般不应大于图上 1.5mm；当测图比例大于 1:500 或水域浪大流急、水深超过 20m 时，不应大于图上 2mm。

三、数据处理和成图

（一）数据取位要求

水深记录、计算成果取位应符合表 3-14 的要求。

表 3-14 水深记录、计算成果取位要求

名称	单位	取 用 位 数	
		精密测深	普通测深
水深	m	小数二位	小数一位
水下高程	m	小数二位	小数一位

续表

名称	单位	取用位数	
		精密测深	普通测深
水位（潮位）	m	小数二位	
水温	℃	小数一位	

（二）数据处理

1. 数据预处理

在数据处理开始前，需要对外业资料进行检查，检查内容主要包括测区范围是否合适、记录是否完整，外业要做的相应校准和各项改正，如深度对比、吃水改正、声速改正等，是否已按照相关要求进行等。

水位改正对于水下地形测量的测深精度有着极大的影响，必须根据测区的位置和测量时间整理相应的水位资料，要保证水位能够满足规范要求的精度，注意测区的范围，验潮点是否满足测区的需要，设有多个验潮站时应进行分带水位改正，以保证水深的精度。

2. 定位数据处理

首先根据定位资料做航迹图，再根据作业范围以及航迹状态将外业资料对照航迹图进行全面的检查，把卫星状态不好、定位误差大、明显偏离测区的点去掉。

3. 水深数据处理

检查记录点号、坐标、原始水深，对不匹配的点进行认真核实，对个别点之间的特殊水深值量取内插，然后利用测得的水位值进行水位改正，做水深图。对水深图上的交叉点进行比对，如果水深差超过规范要求，查明原因并进行改正，在没有交叉点的位置，从图上直观的检查是否有不合适的水深值，这种不合适的水深值一般指与周围水深相差太大的水深值，需要检查记录纸，判断是真实地形还是错误水深。

（三）补测重测

1. 补测

内业整理中发现下列问题时进行补测。

（1）测深线间隔超过规定间隔（测深线间隔的150%）时。

（2）测深期间水位观测中断或潮时差、位差超限时。

（3）测深仪器零信号，无法正常量取水深时。

（4）定位卫星数少于四颗、图形强度因子超限、连续发生信号异常及周跳，GNSS 定位精度自评不合格的时段。

（5）特殊深度（与周围深度值具有明显差异的深度值）可疑或需加密探测时。

2. 重测

内业整理中发现下列问题时进行重测：

（1）主、检重合点深度对比超限数超过总点数的15%时。

（2）定位中误差超限时。

（3）测深仪的精度和稳定性不符合规范要求时。

（4）相邻图幅重合区域水深不符时。

（四）水域地形图绘制

水域地形图主要包含坐标网格、水深值（或高程）、等深线（或等高线）、图名、图例以及成图参数说明。水域地形图绘制方法与陆域地形图相同，制作的基本要求为：

（1）能确切地显示礁石、特殊深度、浅滩、岸边石陡等障碍物的位置、形状以及深度（高度）的点。

（2）特殊深度和反映其变化程度的特征点不能舍去。

（3）正确勾绘水边线、等深线（或等高线）及显示出干滩坡度的特征点。

（4）文字注记字头朝图幅的正北方向，水深（或高程）注记字头指向浅滩处。

（5）基本等高距 1m。水下平坦，基本等高线不能明确反映水下地貌时，可加绘辅助等深线；当水下坡度很大时，可适当增加等高距。

（6）基本等深线（或等高线）以 0.15mm 的实线表示，辅助等深线以 0.15mm 的虚线表示。每隔 4 条基本等深线（或等高线）绘制 0.3mm 的加粗等深线（或等高线）。

第四节 地形图数字化与修测

一、地形图数字化

地形图数字化是将传统的纸质或其他材料上的地图（模拟信号）转换成计算机可识别图形数据（数字信号）的过程，以便计算机存储、分析和输出。主要方法有手扶跟踪数字化和扫描数字化。

手扶跟踪数字化是早期采用的方法，由于需要使用专门设备，且效率较低，已逐渐被淘汰。下面仅介绍扫描数字化技术。

（一）工作底图

1. 工作底图基本要求

用于扫描的原图应满足以下基本要求。

（1）采用最新版本的地形图，图上的要素清晰、正确、图面整洁。

（2）原图的比例尺不应小于数字化地形图的比例尺。

（3）原图一般应为聚酯薄膜图，其变形应小于0.2%。若采用纸质图，根据用户需要精度可适当放宽，但变形要均匀，经仿射变换处理后应能达到相应的精度要求。

（4）原图精度应满足图廓边长误差小于或等于0.2mm；图廓对角线误差小于或等于 0.3mm；公里网点间距误差小于或等于 0.2mm。

2. 工作底图预处理

扫描前，应对图面进行以下预处理。

（1）检查扫描原图与相邻图幅的接边情况；线状要素的连续性，如道路、河流、境界的走向、名称、等级是否一致，等高线是否连续等；面状地物如水域、植被、房屋及大型工矿建筑物等是否闭合。发现问题应作处理并做记录。

（2）根据需要添补不完整的线划。

（3）对图上没有明确界线的面状要素部分，应加绘其概略范围线，如复合植被、土质类别、沼泽、水中滩等。

（4）如果扫描原图不整洁，线划、注记不清晰，可进行修补或重新标描。

属性数据预处理的主要内容如下：

（1）对于图上不易区分的要素类别和属性应在预处理图上予以标识，如标明同一线状地物的属性变化和具有多重属性的地物的编码等。

（2）检查扫描原图中各要素信息是否完整（如行政区划名称、公路名称和编号等），如不完整，则应根据含有该要素信息的相邻图幅补充要素信息。

（二）扫描

利用扫描仪对地图沿 X 或 Y 方向进行连续扫描，获取二维矩阵的象元要素，形成一定的分辨率且按行和列规则划分的栅格数据。栅格数据的标准文件格式有 PCX、GIF、TIF、BMP 等。扫描地图时需要尽可能地保持图纸的平整，扫描分辨率不应低于 12 点/mm（300dpi）。

（三）预处理

预处理主要包括对栅格数据进行去噪声处理和栅格配准。

噪声是在地形图扫描过程中由于电气系统和外界影响而产生的妨碍人们对其信息接收的因素。图像噪声降低了图像质量，也对后续处理带来了不利影响。去噪声处理一般采用专业软件进行。

栅格配准是通过控制点的选取，对扫描后的栅格数据进行坐标匹配和几何校正。经过配准后的栅格数据具有地理意义，在此基础上采集得到的矢量数据才具有一定地理空间坐标，才能更好地描述地理空间对象，解决实际空间问题。配准的精度直接影响到采集的空间数据的精度。因此，栅格配准是进行地图扫描矢量化的关键环节。

对于尺寸规则的地图，建议使用线性匹配。栅格数据的纠正一般采用内图廓四个角点进行栅格纠正，如四点纠正不能满足精度要求，则需要进行公里格网逐点纠正。配准后的栅格数据图廓点与理论图廓点误差不应大于一个像素。

（四）矢量化

矢量化就是对栅格数据进行跟踪采集，是地形图数字化过程中耗时最长的环节，也是一项艰苦的工作。它需要数字化员认真仔细地对图上的所有地形要素进行描绘。

为了提高数字化的效率，在使用鼠标进行屏幕跟踪时可以配合快捷键一起使用。另外，可以使用半自动跟踪功能（可以跟踪线、面数据集）完成部分屏幕矢量化的工作。

在图形要素的采集过程中，设置较小的捕捉容限，对待采集的数据进行空间关系的捕捉，会大大减少数据采集中的拓扑错误。如：点与其他要素重叠或者在其他要素的中点或延长线上，线对象与线对象之间的平行、垂直、成固定角度等空间关系，都可以在编辑的过程中进行实时捕捉，并可根据应用要求设置捕捉容限。

（1）等高线可使用自动跟踪软件进行自动跟踪。自动跟踪时应正确输入等高线的高程信息，对跟踪完成的等高线应进行节点抽稀；抽稀后的等高线应做平滑处理并将自动跟踪时所产生的线划尖角消除，避免出现折线。

（2）面状要素应构成闭合多边形。在预处理图上对没有明确界线的面状要素加绘的概略范围线，按辅助线采集；无法勾绘范围线的均按点状目标采集。多边形的分类代码为该范围内主要植被或土质类别的代码，次要植被或土质类别则按点状目标采集；辅助线的要素代码应与其面状多边形分类代码有所区分。

（3）线状要素应保持其连续性（如被桥梁符号切断的公路、铁路、河流、管线，双线河及湖泊水面上的境界线等）。

（4）有方向性要求的线状符号（如堤、自然保护区界等）应注意方向的正确性。

（5）河流应从上游向下游进行数字化。

（6）凡方向固定或无方向性的点状符号只采集其定位点坐标。有向点状符号，如泉、地下建筑物出入口等应采集旋转角度。

（7）具有多重属性的公共边应完全重合。

（8）不同级别的境界线重合时，只采集最高一级的境界线。

（9）具有高程信息的要素，应正确输入高程信息。

（10）注记的采集应正确无误，其字体、字号、定位点、方向及间隔应符合规定。

（11）原图中地形、地物符号与现行图式不相符时，应采用现行图式规定的符号。

（12）对图纸中有坐标数据的控制点和建（构）

筑物的细部坐标点的点位绘制，不得采用数字化的方式而应采用输入坐标的方式进行；无坐标数据的控制点可不绘制。

（13）图廓及坐标格网的绘制，应采用输入坐标的方法由绘图软件按理论值自动生成，不得采用数字化方式产生。

（14）数字化图中的地形要素和各种注记的图层设置及属性表示，应满足用户要求和数据入库需要。

（五）矢量图合成与检验

1. 矢量图合成

所采集的矢量数据应进行接边处理工作。接边时应保证接边的要素代码一致。如果接边要素的位置相差较小可移动一方接边；如果位置相差较大，则两方各移动一半进行接边；如果位置相差很大应分析原因后再作处理。

2. 质量检验

质量检验方法包括：

（1）叠合比较法。

（2）目视检查法。

（3）逻辑检查法。

检验内容包括：

（1）数据不完整、重复。

（2）空间数据位置不正确。

（3）空间数据比例尺不准确。

（4）空间数据变形。

（5）几何和属性连接有误。

（6）属性数据不完整。

精度要求如下：

（1）图廓边长误差不超过 0.2mm。

（2）对角线误差不超过 0.3mm。

（3）相对于纠正后的栅格数据，数字化后的点位误差不大于 0.15mm，线划误差不大于 0.2mm。

二、地形图修测

地形图现势性直接影响着地形图的使用价值，引起现势性下降的主要因素是地形图制作成图后的地形发生了变化。在确保基本图的精度的前提下，依据新的资料和标准对原有地形图数据进行检测并判定需要更新的内容，然后利用地形图补测修测手段进行数据更新，提高地形图的真实性和现势性，以便满足工程的各种需要。这样的处理可以充分利用已有数据的信息，大大减少重复采集的工作量，缩短地形图更新的周期。

（一）现势资料搜集与分析

地形图修测前应搜集以下资料：

（1）地形图资料包括最新的大比例尺地形图、数字线画图、数字栅格地图、数字正射影像图等。

（2）影像资料包括验收合格的航摄像片、卫星影像资料。

（3）成果资料包括原图测绘时的控制成果及航测加密成果以及相关的元数据。

（4）辅助资料包括有关的文字资料（如地名志）和各种专业图（如交通、水利图）等。

对搜集到的资料进行分析，必要时应进行实地踏勘。了解地形图要素的变化情况和各类控制点的分布、等级及完好程度；查看各种地图资料的精度和可利用程度；查看各种航摄资料的航摄比例尺、飞行质量和影像质量；分析辅助资料的现势性与可靠性等。

（二）地形图修测技术要求

地形图修测更新应符合以下要求。

（1）原图地形变化率应小于 40%，采用修测或修编更新方法不超过 3 次，否则应重测地形图。

（2）对补测修测的地物点的精度，平面位置的中误差可在原来中误差的基础上放大 0.5 倍。高程中误差不大于 1/2 等高距。经过补测修测和修绘的地形图中，新老内容的衔接要妥当合理。

（3）凡经过补测修测和修绘的内容一律用新图式表示，以使地形图逐步更新和统一。位于每幅图中的小三角点，二级导线点，四等水准点和更高级的控制点，在补测修测过程中均应查明落实，必要时应加以维护，或重新布设，以维持控制网的完整性。

（4）采用修测更新方法制作的地形图，应在图廓外将“（单位）于××××年制作”改注为“（单位）于××××进行更新”或“（单位）于××××进行第×次更新”。

（三）地形图修测内容

地形图修测的主要内容包括下面几个部分：

（1）从旧图上去掉在实地已改变了的或地面上已不存在的各种地物符号。如改建的房子、道路、填平的土坑等。

（2）在旧图上用相应的符号，描绘出地面上新增加的地物。如新建的工厂、发电站、道路、水渠、新架设的高压输电线等。

（3）位置未改变但实质已改变的地物，用新符号描绘在地形图上。如旧图上的草地已变成树林，土路已改建成公路，人行桥改建成了车行桥等。

（4）检查和改正所有的说明注记以及地物名称。如土路改成了公路，则应加注铺面材料以及路面和路基的宽度。

（5）地貌改变较大的地方，旧图上的地貌部分也应进行修测。

（四）地形图修测方法

1. 外业实测法

补测修测地形图时，应事先对控制点和拟作测站点的地物点作适当的实地检核，以免因控制点不可靠而引起新补测修测内容的精度达不到要求，需要时应补测一定数量的图根控制点。

2. 摄影测量法

摄影测量法就是采用航空摄影测量方法与外业调绘的作业方法，获取地形点坐标和高程。

3. 地形图编绘法

地形图编绘法就是利用不小于成图比例尺的最新地形图和现势资料，通过内容取舍与更新、制图综合与编辑等编绘技术方法编制地形图。

4. 综合法

综合法就是在已有地形图和现势资料的基础上，综合利用上述两种或多种方法采集编制地形图。

第五节 地形图整编与检查验收

地形图的整编包括地形图的编辑、分幅、编号及图幅接边。在地形图测绘时，当测区面积较大、整个测区不能按照确定的比例尺在一幅图内测绘时，需要分幅测绘，这就需要对地形图进行分幅及编号；由于测量和绘图误差的影响，在相邻图幅交接处，常出现同一地物错位、同一条等高线错开而使得绘制出的地物和地貌不吻合的现象，这就需要对图幅接边进行处理。为了确保地形图的质量，整编完成的地形图还需按照一定的程序通过检查和验收。

一、地形图编辑

地形测绘完成后，出图前还需进行编辑处理，编辑的内容和要求如下：

（1）地形图符号绘制应符合国家现行地形图图式，对图式中没有规定的地物、地貌符号，可作补充规定。

（2）地形图要素应分层表示。分层的方法和图层的命名宜采用通用格式，也可根据工程需要对图层结构进行修改，同一图层的实体宜具有相同的属性。

（3）轮廓符号的绘制应符合下列要求。

1）依比例尺表示的轮廓符号应保持轮廓位置的精度。

2）依比例尺表示的线状符号应保持主线位置的几何精度。

3）不依比例尺表示的符号应保持其主点位置的几何精度。

（4）居民地的绘制应符合下列要求。

1）城镇和农村的街区、房屋均应安外轮廓线准确绘制。

2）街区与道路的衔接处应留出 0.2mm 间隔。

（5）水系的绘制应符合下列要求。

1）水系应先绘桥、闸，其次绘双线河、湖泊、渠、海岸线、单线河，然后绘堤岸、陡岸、沙滩和渡口等。

2）当河流遇桥梁时应中断，单线沟渠与双线河相交时，应将水涯线断开，弯曲交于一点。当双线河相交时，应互相衔接、圆滑。

（6）道路网的绘制应符合下列要求。

1）当实线道路与虚线道路、虚线道路与虚线道路相交时，应实部相交。

2）当公路遇桥梁时，公路和桥梁应留出 0.2mm 的间隔。

（7）等高线的绘制应符合下列要求。

1）等高线应保证精度、光滑自然。

2）等高线遇双线河、渠和不依比例尺绘制的符号时应中断。

（8）各种注记的配置应符合下列要求。

1）文字注记应使所指示的地物能明确判读。字头应朝北。道路河流名称可随现状弯曲的方向排列。各字侧边和底边应垂直或平行于现状物体。各字间隔尺寸应在 0.5mm 以上，远间隔的亦不宜超过字符宽度的 8 倍。注记应避免遮挡主要地物和地形的特征部分。

2）高程注记应注于点的右方，离点的间距为 0.5mm。

3）等高线的注记字头应向山顶或高地，字头不应朝向图下方。

二、地形图分幅及编号

将某种比例尺地图所包含范围内的图幅按一定幅面大小划分成许多幅地图，并编注其序号的做法被称为地形图的分幅和编号。

1. 地形图分幅

大比例尺地形图的图幅通常采用矩形分幅，一般规定，1:5000 比例尺图幅采用纵、横各 40cm，实地为 2km 的分幅。对于 1:2000、1:1000、1:500 比例尺地形图，图幅纵横各 50cm，每小格边长 10cm，一幅图共 25 格，并以整百米或整千米坐标分幅。在工程中，根据需要也可以任意分幅。

2. 地形图编号

地形图编号可选用图廓西南角坐标千米数编号法、流水编号法和行列编号法。

（1）采用图廓西南角坐标千米数编号时，应 x 坐标在前，y 坐标在后。对于 1:500 地形图坐标取至 0.01km，对于 1:1000、1:2000 地形图坐标取至 0.1km。

（2）带状测区或小面积测区可采用流水编号法，编号应按测区统一顺序从左到右，从上到下用阿拉伯数字编排，流水编号法如图 3-4 所示。

		1	2	3	4
5	6	7	8	9	
10	11	12	13	14	

图 3-4　流水编号法

（3）行列编号法宜 A、B、C、D、…为行号由上到下排列，以阿拉伯数字 1、2、3、4、…为列号从左到右排列，行列编号法如图 3-5 所示。

		A-3	A-4	A-5	A-6
B-1	B-2	B-3	B-4	B-5	
C-1	C-2	C-3	C-4	C-5	

图 3-5　行列编号法

（4）在同一测区，要求同时提供几种相邻比例尺地形图时，为了便于查找和用图，可先用流水编号法或行列编号法给小比例尺地形图编号，再用行列编号法给大比例尺地形图编号。

三、图幅接边

图幅接边是将相邻图幅的边缘要素进行相互衔接的作业过程。图幅接边的作用是处理因分幅编绘或测绘地图而使相邻图幅的边缘要素产生的矛盾和不协调等问题，以使制成的分幅地图可相互拼接使用。

在电力工程地形图测绘中，测区范围一般不大，可采用测区管理，对测区进行统一编辑、分幅，这样不会出现图幅边缘矛盾。

四、地形图检查

地形图编辑处理结束后，应按相应比例尺打印地形图样图，并进行检查。检查一般先由作业员对地形图进行全面检查，再由工程队组织互检，最后由上级领导组织专人检查。检查方法分室内检查、现场巡视及仪器检测。

（一）室内检查

室内检查的主要内容包括：

（1）对地形控制资料作全面详细的检查，包括观测和计算手簿的记录是否齐全、清楚和正确；各项限差是否符合规范。

（2）图上控制点数量是否满足测图要求。

（3）图形的连接关系是否正确、是否与草图一致，有无错漏等。

（4）符号应用是否合乎要求，各种注记的位置是否适当，是否避开地物、符号等。

（5）各种线段的连接、相交或重叠是否恰当、准确。对间距小于图上 0.2mm 的不同属性线段，处理是否恰当。

（6）图面地形点数量及分布能否保证勾绘等高线的需要，等高线及地形点高程是否相符，综合取舍是否合理。

（7）等高线的绘制是否与地性线协调、注记是否适宜、断开部分是否合理。

（8）按图幅施测的地形图应进行接边检查，图幅接边误差应符合规定。

（二）现场巡视

现场巡视检查应根据室内检查的重点按预定的路线进行。检查时将原图与实地对照，查看原图上得综合取舍情况，地貌的真实性，符号的运用，名称注记是否正确等。

（三）仪器检测

仪器检测是在室内检查和现场巡视的基础上进行。检查方法即可与测图的方法相同，亦可变换测量方法。通常仪器检测碎部点的数量为测图量 10%。检查过程中对测图控制也应进行抽查。对室内检查和现场巡视中发现的怀疑点应重点进行仪器检测。检测中发现个别错误或点有超过限差时，应就地改正。检测发现的重点错误和遗漏进行补测和更正。如错误较多，应按规定退回原测图小组予以补测或重测。

检测结束后，应对地形图的精度进行统计，地物点的点位中误差可按式（3-2）计算，高程中误差可按式（3-3）计算。

$$M_{\mathrm{p}} = \sqrt{\frac{\Delta x^2 + \Delta y^2}{n}} \tag{3-2}$$

$$M_{\mathrm{h}} = \sqrt{\frac{\Delta h^2}{n}} \tag{3-3}$$

式中　M_{p}——点位中误差，m；

Δx、Δy——地物检测点与地形图上地物点的坐标较差，m；

M_{h}——高程中误差，m；

Δh——检测与地形图上读取高程较差，m；

n——检测点个数。

五、地形图验收

对地形图验收，一般先巡视检查，并将可疑处记录下来，再用仪器到实地检查。应将检查结果记录下来。最后计算出检查点的平面位置最大误差值及中误差值。以此作为评估测图质量的主要依据。被检查点平均中误差超过规定值时需补测、修测或重测。

测绘质量经全面检查认为符合要求，即可予以验收，并按质量评定等级。

第六节　土石方测量

土石方测量是为施工基础开挖，土石方量的计算提供可靠的原始数据。土石方测量的主要手段有 GNSS、全站仪或三维激光扫描测量。在对土石方量计算时，要考虑到地形特征、精度要求等情况，选择合适的计算方法，达到最优的效果。土石方量计算常用的方法有：方格网法、等高线法、断面法、DTM 法、区域土方量平衡法和平均高程法等。根据计算方法的不同，测量重点略有差异。

一、方格网法

在较为平坦的平原区和地形起伏不大的场地，宜采用方格网法。这种方法计算的数据量小，计算速度快，省却了 DTM 法庞大的数据存储量。

以一定点为基准，在平面上布置以一定间距为基准单位的连续方格网，比如 5m 方格网或者 10m 方格网。计算方法为取所有方格网顶点开挖前后标高差的平均值乘以测量区域面积，结果为土方总量。

该方法首先将场地划分为若干个方格网，从地形图或实测到每个方格网角点的自然标高，由给出的地面设计标高，根据各点的设计标高和自然标高之差求出零线位置，进而求出各方格的工程量，所有方格的工程量之和即为整个场地的总工程量。

这种方法要求测点布设在方格网角点。

二、断面法

在狭长地带，比如公路、水渠等则适宜使用断面法进行计算土方量。

土方开挖前后根据断面的地形起伏情况进行断面测量，已开挖前后的数据计算断面面积，乘以断面距离计算土方量。当地形复杂起伏变化较大，或地狭长、挖填深度较大且不规则的地段，宜选择横断面法进行土方量计算。

图 3-6 为一渠道的测量图形，利用横断面法进行计算土方量时，按一定的长度 L 设横断面 A_1、A_2、A_3、…、A_i 等。

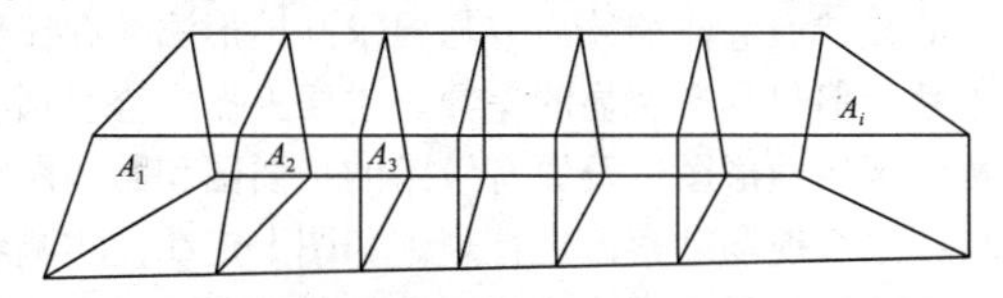

图 3-6 断面法计算土方量

断面法的表达式为

$$V=\sum_{i=2}^{n}V_i=\frac{1}{2}\sum_{i=2}^{n}(A_{i-1}+A_i)\times L_i \qquad (3\text{-}4)$$

式中 A_{i-1}，A_i ——分别为第 i 单元渠段起终断面的填（或挖）方面积，m^2；

L_i ——渠段长，m；

V_i ——填（或挖）方体积，m^3。

断面法外业操作相对复杂，工作量大，土石方量精度与间距 L 的长度有关，L 越小，精度就越高。但是这种方法计算量大，尤其是在范围较大、精度要求高的情况下更为明显。若是为了减少计算量而加大断面间隔，就会降低计算结果的精度。所以断面法存在着计算精度和计算速度的矛盾。

三、DTM 法

在地形起伏较大、精度要求高的一些山区则需要用到 TIN 的计算方法。

不规则三角网（TIN）是数字地面模型 DTM 表现形式之一，该法利用实测地形碎部点、特征点进行三角构网，对计算区域按三棱柱法计算土方。

基于不规则三角形建模是直接利用野外实测的地形特征点（离散点）构造出邻接的三角形，组成不规则三角网结构。相对于规则格网，不规则三角网具有以下优点：三角网中的点和线的分布密度和结构完全可以与地表的特征相协调，直接利用原始资料作为网格结点；不改变原始数据和精度；能够插入地性线以保存原有关键的地形特征；能很好地适应复杂、不规则地形，从而将地表的特征表现得淋漓尽致等。因此在利用 TIN 算出的土方量时就大大提高了计算的精度。

（一）三角网构建

利用包括地形特征点在内的散点的进行初级构网。TIN 生成算法主要有边扩展法、点插入法、递归分割法以及它们的改进算法。在此仅简单介绍一下边扩展法。

所谓边扩展法，就是先从点集中选择一点作为起始三角形的一个端点，然后找离它距离最近的点连成一个边，以该边为基础，遵循角度最大原则或距离最小原则找到第三个点，形成初始三角形。由起始三角形的三边依次往外扩展，并进行是否重复的检测，最后将点集内所有的离散点构成三角网，直到所有建立的三角形的边都扩展过为止。在生成三角网后调用局部优化算法使之最优。

（二）三角网调整

1. 地性线处理方法

根据地形特征信息对初级三角网进行网形调整，可参考本章第二节中等高线绘制对三角网的调整方法和要求。

2. 地物对构网的影响及处理方法

等高线在遭遇房屋、道路等地物时需要断开，这样在地形图生成 TIN 时，除了要考虑地性线的影响之外，更应该顾及到地物的影响。一般方法是：先按处理地形结构线的类似方法调整网形；然后，用“垂线法”判别闭合特征线影响区域内的三角形重心是否落在多边形内，若是，则消去该三角形（在程序中标记该三角形记录），否则保留该三角形。经测试后，去掉了所有位于地物内部之三角形，从而在特征线内形成“空白地”。

3. 陡坎的地形特点及处理方法

遭遇陡坎时，地形会发生剧烈的突变。陡坎处的地形特征表现为：在水平面上同一位置的点有两个高程且高差比较大；坎上坎下两个相邻三角形共享由两相邻陡坎点连接而成的边。当构造 TIN 时，只有顾及陡坎地形的影响，才能较准确地反映出实际地形。

对陡坎的处理如图 3-7 所示。

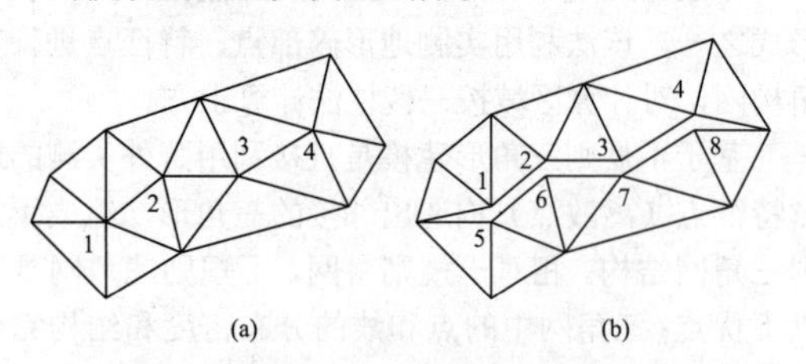

图 3-7 对陡坎的处理

（a）调整前；（b）调整后

如图 3-7（a）所示，点 1～点 4 为实际测量的陡坎上的点，每个点其实有两个高程值，不符合实际的地形特征。在调整时将各点沿坎下方向平移了 1mm，得到了 5～8 各点，其高程值根据地形图量取的坎下比高计算得到。将所有的坎上、坎下点合并连接成一闭合折线，并分别扩充连接三角形，即得到调整后的图 3-7（b）。

（三）方量计算

三角网构建好之后，用生成的三角网来计算每个三棱柱的填挖方量，最后累积得到指定范围内填方和挖方分界线。三棱柱体上表面用斜平面拟合，下表面均为水平面或参考面，计算公式为

$$V_3 = \frac{1}{3}(Z_1 + Z_2 + Z_3) \times S_3 \tag{3-5}$$

DTM 法方量计算如图 3-8 所示，Z_1、Z_2、Z_3 为三角形角点填挖高差，m；S_3 为三棱柱底面积，m²。

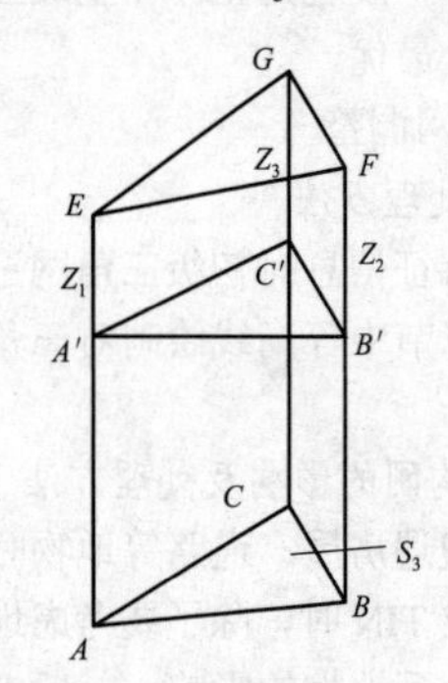

图 3-8 DTM 法方量计算

四、等高线法

当地面起伏较大、坡度变化较多时，可采用等高线法估算土石方量，在地形图精度较高时更为合适。平原地区一般不采用该方法。

等高线法的工作内容与步骤和方格网法大致相同，不同之处在于计算场地平均高程的方法。其场地平均高程的计算方法：在地形图上用求积仪或其他面积量测方法按等高线分别求出它们所包围的面积，相邻等高线所围起的体积可近似看成为台体，其体积为相邻等高线各自围起面积之和的平均值乘以该两条相邻等高线间的高差，得到各等高线间的土石方量；然后再求全部相邻等高线所围起体积的总和。按以下公式计算土方量，第 i 分层的体积为

$$V_i = \frac{1}{2}(S_i + S_{i+1}) \times h \tag{3-6}$$

式中 S_i，S_{i+1}——相邻两等高线所围面积，m²；

h——相邻两等高线间的高差，m。

若山顶面积为 0，则顶层体积按椎体体积公式计算，即

$$V_{i+1} = \frac{1}{3}S_{i+1}h' \tag{3-7}$$

式中 S_{i+1}——最顶层底面积，m²；

h'——最高一条等高线与山顶的高差，m。

将各层体积累加即得总开挖方量的公式即为

$$\begin{aligned} V &= V_1 + V_2 + \cdots + V_n + V_{n+1} \\ &= \left(\frac{1}{2}S_1 + S_2 + \cdots + S_n + \frac{1}{2}S_{i+1}\right)h + \frac{1}{3}S_{i+1}h' \end{aligned} \tag{3-8}$$

第七节 管线及道路测量

电力工程中的管线一般有发电厂或变电站拟建的压力或自流管线、架空输煤索道等。道路一般有进厂（站）道路和为电力工程服务的专用运输道路。这类项目都属于线性工程，其中心通称线路。测绘目的是为管线的设计服务，测绘内容与要求同地形测绘存在部分重叠，但也具有明显的差异。主要工作内容包括收集规划区域地形图以及原有线路的平面图和断面图等资料；结合现场勘察，进行规划和图上定线；实测线路附近的带状地形图或修测原有的地形图；工点地形图测绘；中桩测设；纵横断面图测量等。

一、控制测量

管线与道路均为配套设施，其控制测量的坐标系统和高程基准应与主体工程的首级控制网一致，并考虑与当地坐标系统和高程基准的衔接。控制点应靠近线路贯通布设，点位宜选在土质密实、便于观测、易于保存的地方，标石的埋设一般根据工程需要而定。高程控制点宜与平面控制点同点布设。

平面控制宜采用 GNSS 测量或全站仪导线测量方

法，高程控制可采用水准测量、GNSS 测量或全站仪导线测量方法。

（一）压力或自流管线测量

1. 平面控制测量

采用 GNSS 测量时，控制点宜沿线路每隔 10km 成对布设并埋标石，标石规格可按主体工程控制中的一、二级控制点标准。线路的起点、终点附近应布设控制点。控制点测量应符合二级 GNSS 点的技术要求，线路其他控制点可采用 RTK 方法按图根点的要求进行测量。

采用全站仪导线测量时，平面控制测量应符合下列要求：

（1）导线测量的主要技术要求应符合表 3-15 的要求。

表 3-15　导线测量的主要技术要求

导线长度（km）	边长（km）	测角中误差（″）	方位角闭合差	相对闭合差	适用范围
≤30	<1	12	$24\sqrt{n}$	1/2000	压力管线
≤30	<1	20	$40\sqrt{n}$	1/1000	自流管线

注　n 为测站数。

（2）导线的起点、终点及每间隔大于 30km 的点上应与高等级的平面控制点联测。

（3）管线的起点、终点和转角点也可作为导线点。

2. 高程控制测量

采用 GNSS 测量时，应符合五等或图根 GNSS 点的技术要求。采用全站仪三角高程测量或水准测量的主要技术要求应符合表 3-16 的要求。

表 3-16　高程控制测量的主要技术要求

等级	每千米高差全中误差（mm）	路线长度（km）	往返较差、符合或环线闭合差（mm）	适用范围
五等	15	30	$30\sqrt{L}$	直流管线
图根	20	30	$40\sqrt{L}$	压力管线

注　L 指水准线路长度，km。

（二）架空输煤索道测量

平面控制采用 GNSS 测量时，应满足 GNSS 图根控制测量的技术要求。采用全站仪导线测量方法时，导线测量的相对闭合差不应大于 1/1000；方位角闭合差不应超过 $30''\sqrt{n}$，其中 n 为站数。

高程控制测量应按照相应测量方法五等的技术要求进行。

（三）道路测量

控制点距线路宜大于 50m，小于 300m。平面控制采用 GNSS 测量应不低于本手册第一章第二节中二级 GNSS 点测量技术要求，采用全站仪导线测量应满足表 3-17 的技术要求。

表 3-17　导线测量的主要技术要求

导线长度（km）	边长（m）	仪器精度等级	测回数	测角中误差（″）	测距相对中误差（mm）	联测检核	
						方位角闭合差（″）	相对闭合差
≤30	400～600	2″级仪器	1	12	1/2000	$24\sqrt{n}$	1/2000
		6″级仪器		20		$40\sqrt{n}$	

注　n 为测站数。

高程控制测量的主要技术要求，应符合表 3-18 的规定。

表 3-18　高程控制测量的主要技术要求

等级	每千米高差全中误差（mm）	路线长度（km）	往反较差、附合或环线闭合差
五等	15	30	$30\sqrt{L}$

注　L 为水准线路长度，km。

二、带状地形图与工点地形图测绘

带状地形图是指沿线路按一定宽度测绘的地形图，主要用于线路规划、选线设计。工点地形图是指用于站场、桥涵、泵站、取水构筑物等设计的地形图。线路测图比例尺可按表 3-19 选用。测绘方法与技术要求与普通地形测绘相同。

表 3-19　线路测图比例尺

线路名称	自流管线	压力管线	架空输煤索道	道　路
带状地形图	1:1000、1:2000	1:2000	1:2000	1:1000、1:2000
工点地形图	1:500	1:500	1:200、1:500	1:500

三、中桩测设

（一）管线中桩测设

管线的起点、终点和转向点通称为主点，主点的位置和管线方向是在设计时确定的。管线中线测量就是将已确定的管线位置测设于实地。起点、终点、转角点均应埋设固定桩。

为了测定管线的长度和测绘纵、横断面图，从管线起点开始，沿管线中线在地面上要设置整桩和加桩。根据不同管线，整桩间的距离一般为 20m、30m，最长不超过 50m。相邻整桩间的重要地物穿越处及地面坡度变化处要增设木桩，称为加桩。这些桩统称为中桩，中桩测量一般采用 GNSS 或全站仪测量。不同管线，其起点也有不同规定，如给水管道以水源为起点；煤气、热力等管道以来气方向上的一点作为起点；电力电信管道以电源为起点；排水管道以下游出水口作为起点。

当采用 GNSS RTK 测量中桩时，每点应观测两次，两次测量的纵横坐标及高程较差均不应大于 0.2m。当采用全站仪极坐标法测量时，水平角、距离各观测一测回，距离读数较差应小于 20mm；高程可采用变化棱镜高的方法各测一测回，两测回所测高差较差不应大于 0.2m。

线路与已有道路、管道、输电线路等交叉时，应根据需要测量交叉角、交叉点的平面位置和高程以及净空高或负高。

（二）道路中桩测设

道路敷设中桩其间距应满足表 3-20 的要求。在各种特殊地点应设加桩，加桩的位置和数量必须满足线路、构筑物、沿线设施等专业勘测的需要。

表 3-20 道路中桩距离 (m)

直线		曲线			
平原、微丘	重丘、山岭	不设超高的曲线	$R>60$	$30<R<60$	$R<30$
≤50	≤25	≤25	≤20	≤10	≤5

注 表中 R 为平曲线半径。

中桩测量一般采用 GNSS 或全站仪测量，高程可采用水准测量。桩位的平面精度应满足表 3-21 的要求。

表 3-21 中桩桩位平面精度 (m)

点位中误差		点位检测之差	
平原、微丘	重丘、山岭	平原、微丘	重丘、山岭
≤0.1	≤0.15	≤0.2	≤0.3

中桩高程测量应起闭于路线高程控制点上，高程测至桩志处地面，其测量误差应满足表 3-22 的要求。

表 3-22 中桩高程测量精度

闭合差（mm）	两次测量之差（m）
$\leqslant 50\sqrt{L}$	≤0.1

注 L 为高程测量的线路长度，km。

沿线需要特殊控制的建筑物、管线、铁路轨顶等，应按规定测出其高程，其两次测量之差不应超过 2cm。

四、断面测量

断面测量包括纵、横断面测量，纵断面测量就是测定中线上各中桩的地面高程，绘制中线断面图，为设计线路坡度、计算土方提供基础数据。横断面测量就是测量线路中垂直于中线方向上地面起伏情况，绘制横断面图，为线路设计提供基础资料。

管线纵断面测量时，在转角与转角之间或转角与方向点之间应进行附合。其距离相对闭合差不应大于 1/500，高程闭合差不应超过 $0.2\sqrt{n}$ m，n 为测站数。纵断面测量的相邻断面点间距离不应大于图上 5cm，在地形变化处应加测断面点，局部高差小于 0.5m 的沟坎可舍去，当线路通过河流、水塘、道路、其他管道时也应加测断面点。

管线横断面测量的相邻断面点间距离不应大于图上 2cm。

索道纵横断面测量点的密度应能充分反映地貌变化，山脊、山顶的纵横断面点不应少于 3 点，不设支架的山谷、沟底可适当简化。当线路走向与等高线平行时，线路附近的陡峭地段应视需要加测横断面。

道路横断面测量的宽度应满足路基及排水设计、附属物设置等需要。横断面中距离、高差的读数应取至 0.1m，检测互查限差应符合表 3-23 的要求。

表 3-23 横断面检测互差

距 离	高 差
$L/50+0.1$	$h/50+L/100+0.1$

注 L 为测点至中桩的水平距离，m；h 为测点至中桩的高差，m。

第四章

施工测量与变形测量

施工测量主要包括施工控制网测量（建立和维护）、施工放样与检测。由于勘测设计阶段建立的控制网仅能满足平场要求，加之平场时的土方挖填作业，造成原有控制点破坏，因此平场后，测量专业的首要任务是建立满足施工精度要求的控制网，作为建构筑物施工放样、检测和变形监测的依据。

在施工过程中，基础受载荷的影响产生沉降，边坡和基坑侧壁会有位移，这些变形量是否在设计允许的安全范围内，是否危及本体工程和临近建筑物的安全，只有通过变形测量才能发现；通过对变形测量数据统计分析，我们可以验证设计的合理性，评价建构筑物的安全性，预报未来有限时间段内建构筑物变形的趋势。

第一节　施工控制网测量

施工控制网是为施工放样而建立，首先用于建构筑物的施工放样；其次是放样后检查测量；除此之外，在有些项目中，兼做沉降和位移观测的工作点。

一、主要技术要求

施工控制网按用途可以分为场区施工控制网和建筑施工控制网。场区施工控制网是对整个施工场区的控制，要求控制全局，点位分布均匀，有时也把首级施工控制网称为场区施工控制网；建筑施工控制网是针对具体建筑物施工而布设的，为完成具体的放样任务而设置。

施工控制网应根据工程的规模和需要分级布设。对于建筑场地大于 1km^2 的工程项目或重要工业区，应建立一级或四等平面控制网；对于场地面积小于 1km^2 的一般性建筑区，建立二级精度的平面控制网。高程控制网，按工程具体要求，一般按不低于三等水准精度要求建立，如果需要做沉降观测的工作点，应不低于二等水准。

施工控制网的建立主要采用导线（网）、三角网、GNSS 网三种形式。以导线方式建网时，导线边长应大致相等，相邻边长度比不宜超过 1:3。施工导线（网）主要技术要求见表 4-1。

以三角网方式建网时，应避免三角形内角小于 30°，特殊情况下也不能小于 25°，其主要技术要求见表 4-2。

以 GNSS 方式建网时，应避免卫星信号被遮挡和干扰，其主要技术要求见表 4-3。

表 4-1　　施工导线（网）主要技术要求

等级	导线长度（km）	平均边长（m）	测角中误差（″）	测距相对中误差	测回数			方位角闭合差（″）	导线全长闭合差
					0.5″级仪器	1″级仪器	2″级仪器		
四等	2.4	400	2.5	1/80000	2	4	6	$\pm5\sqrt{n}$	≤1/40000
一级	1.2	200	5	1/30000	—	2	3	$\pm10\sqrt{n}$	≤1/20000
二级	0.8	150	8	1/20000	—	1	2	$\pm16\sqrt{n}$	≤1/10000

注　n 为测站数。

表 4-2　　施工三角网测量的主要技术要求

等级	测角中误差（″）	测边相对中误差	最弱边边长相对中误差	测　回　数			三角形最大闭合差（″）
				0.5″级仪器	1″级仪器	2″级仪器	
四等	2.5	1/80000	1/40000	2	4	6	9

续表

等级	测角中误差（″）	测边相对中误差	最弱边边长相对中误差	测回数			三角形最大闭合差（″）
				0.5″级仪器	1″级仪器	2″级仪器	
一级	5	1/40000	1/20000	—	2	3	15
二级	8	1/20000	1/10000	—	1	2	24

表 4-3　　施工 GNSS 网测量的技术要求

等级	平均边长（m）	固定中误差 *A*（mm）	比例误差系数 *B*（mm/km）	最弱边边长相对中误差
四等	500	≤5	≤5	1/80000
一级	300			1/40000
二级	200			1/20000

二、建立流程

施工控制网建立须经过资料搜集、图上设计、放样与埋石、外业观测、数据处理、平差计算、报告编写、资料提交、资料归档共 9 个工序，如图 4-1 所示。由于每个具体的工程情况不尽相同，工序有增有减，必要时，还要召开有业主参加的方案评审会；在图上设计前，为详细了解现场情况，需进行现场踏勘工作。

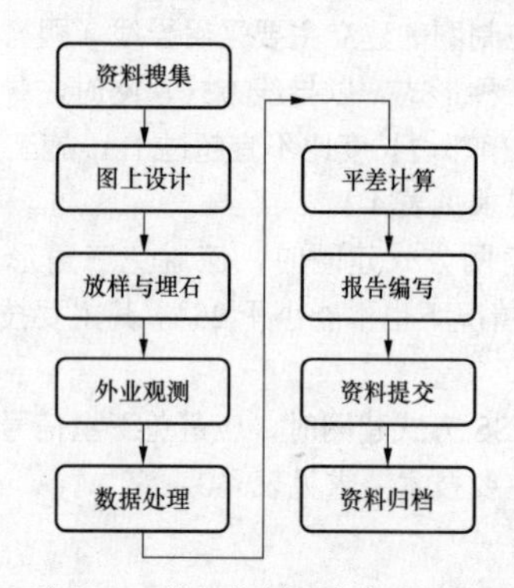

图 4-1　施工控制网建立流程图

三、首级施工控制网的建立

(一) 资料搜集

资料搜集是为图上设计做准备，主要有以下几方面的资料：

（1）总平面布置图（包含管线布置图）。

（2）施工区域平场前的原始地形图。

（3）岩土工程资料。

（4）相关的规程规范。

总平面布置图是用来选择点位，避开新建的建构筑物，充分利用人行道、绿化带、建筑物间的空闲地来布置点位。

施工区域平场前的原始地形图用来查明开方填方区域，并根据场地设计标高，可计算出开方填方的厚度。

岩土工程资料用于计算点位埋设深度。

(二) 图上设计

图上设计的点位不能和设计的建构筑物、电缆沟、排水沟、内部道路位置等相冲突；考虑到全站仪的使用，每点至少要有一个方向通视；点位分布要求均匀，相邻长短边比不大于 3 倍；控制网要覆盖整个施工场地；点位布置时，在不影响使用的前提下优先考虑挖方区，避开填土区；需要沉降观测的项目，在施工区外且不受施工干扰的地方，布设不少于 3 个高程基准点；需要进行位移观测的项目，同样在施工区外布设不少于 3 个平面基准点，平面基准点和高程基准点可同点位。

图上设计完成以后，一般需要将布置方案提交业主或监理工程师进行审批，必要时还需召集专家召开方案评审会。

(三) 放样与埋石

放样就是把图上设计的点位标定在场地上，可结合现场情况，进一步优化点位。放样通常采用极坐标法、GNSS RTK 法；放样坐标偏差在设施密集地区小于±5cm，以便给点位施工提供准确的依据，避免因位置偏差太大和其他设施冲突；在设施稀疏的空闲地区可放宽。

平面控制点标石可采用天然石桩，混凝土预制桩，也可用混凝土现场浇筑；对中精度要求高时，可设置观测墩，安装强制对中装置。

四等平面控制点标石底部边长或直径宜为 40cm，顶部边长或直径宜为 20cm，高度宜为 60cm。一、二级平面控制点标石底部边长或直径宜为 20cm，顶部边长或直径宜为 12cm，高度宜为 60cm。

对于软土或填土区域的平面控制点的标石埋设，为了保证标石的稳定性，可采用灌注桩或打混凝土预制桩方法埋设，埋设深度一般要求达到基岩；当埋深到达基岩确有困难时，应达到原状土层或持力层。

高程控制点尽可能与平面控制网同点位。另外，要求在施工区外，不受施工影响的区域，埋设 3～4 个水准点，作为该工程的高程基准。水准点的埋设要求参照 DL/T 5001《火力发电厂工程测量技术规程》或 DL/T 5445《电力工程施工测量技术规范》，一般要求埋设在原状土或基岩上。

冬天有冻土的地区，埋石深度应考虑冻土层以下 0.5m。

（四）外业观测

标桩施工完成，混凝土养护 7 日后方可进行观测。外业观测包括平面和高程两部分，平面部分的外业观测有 GNSS 观测或水平角、垂直角、距离观测；高程部分的外业观测主要是水准测量。外业测量使用的仪器设备有全站仪、水准仪和 GNSS 接收机。外业观测的仪器要求在检定有效期内，基座、温度计、气压计等附件应满足计量要求。

1. GNSS 外业观测

GNSS 外业观测的技术要求见表 4-4。

表 4-4　GNSS 外业观测的技术要求

等级	接收机类型	仪器标称精度	观测量	卫星高度角（°）	有效卫星个数	观测时段长度（min）	数据采样间隔（s）	点位几何图形强度因子 PDOP
四等	双频	5mm+5ppm	载波相位	≥15	≥5	15～45	10～30	≤6
一级 二级	双频	5mm+5ppm	载波相位	≥15	≥5	10～30	10～30	≤8

GNSS 网野外观测还应满足以下要求：

（1）观测前应对接收机进行预热，同时应检查电池的容量、接收机的内存和可用存储空间。

（2）天线安置对中误差，不应大于 2mm；天线高的量取应精确至 1mm。

（3）作业的同时，应做好观测记录，包括控制点点名、接收机编号、仪器高、开关机时间等相关测站信息。

（4）不得在接收机附近使用对讲机、接听拨打移动电话。

（5）起算点单点定位观测时间，不宜小于 30min，解算模式可采用单基线解模式或多基线解模式。计算成果应采用双差固定解。

2. 导线（网）、三角网外业观测

（1）水平角外业观测。水平角观测开始作业前应对全站仪的 2C、i 角、光学对点器进行检校。对中误差不超过 2mm。水平角观测可采用方向观测法，观测方向多于 3 个时应归零，应在成像清晰和大气条件稳定时观测；仪器应避免阳光直晒，测量过程中，气泡位置偏离水准管中心 1″级型仪器不应超过 2 格，2″级仪器不应超过 1 格。否则应在测回间重新调整仪器。某些有纵轴倾斜校正的电子测角仪器不受此项限制。水平角观测的技术要求见表 4-5。

表 4-5　水平角观测的技术要求

等级	仪器精度等级	半测回归零差（″）	一测回内 2C 互差（″）	各测回方向较差（″）
四等	0.5″级仪器	3	5	3
	1″级仪器	6	9	6
	2″级仪器	8	13	9
一、二级	1″级仪器	9	13	8
	2″级仪器	12	18	12

观测过程中，某些方向目标不清晰，可暂时放弃，待清晰时补测。放弃的方向数不应超过全部方向数的 1/3。放弃方向补测时只联测零方向。

同一测站上宜将不同等级的点分别进行观测。

水平角观测超过表 4-5 规定的限差时，应在原来的度盘位置上按下列规则重新测量。

1）2C 互差或同方向各测回互差超限时，应重新测量超限方向并联侧零方向。

2）归零差或零方向 2C 互差超限时，该测回应重测。

3）一测回中重测的方向数超过本测站方向数的 1/3 时，该测回应重测。

4）重测的测回数超过总测回数的 1/3 时，该测站重测。

（2）距离外业观测。距离观测时，宜将气象数据输入全站仪，让仪器自动完成气象改正，气象数据测定和读数要求应符合表 4-6 的要求。

距离测量的主要技术要求见表 4-7。距离测量中，应关注各项较差是否超限，以便及时重测。

表 4-6　　气象数据测定和读数要求

等级	最小读数		测定的时间间隔	数据取用
	温度（℃）	气压（Pa）		
四等	0.5	50（0.5mmHg）	每边两端观测始末	每边两端的平均值
一级	1	100（1mmHg）	每边测定一次	测站端数据
二级				

注 1　温度计应悬挂在与测距线同高、不受日光辐射影响和通风的地方。

2　气压计应置平，避免日光暴晒。

表 4-7　　距离测量的主要技术要求

等级	仪器精度等级	每边测回数		一测回读数较差（mm）	单程各测回较差（mm）	往返测距离较差（mm）
		往	返			
四等	2mm 级仪器	1	1	2	3	≤2（$a+bD$）
	5mm 级仪器	2	2	3	5	
一级	2mm 级仪器	1	1	2	3	
	5mm 级仪器	1	1	3	5	
二级	5mm 级仪器	1	—	3	5	

注 1. 测回是照准目标一次，三次读数。

2. 气象条件差时，应在不同时段往返测。

3. 往返测较差应将斜距化算到同一水平面上方可比较。

4.（$a+bD$）为仪器的标称精度，a、b 为仪器标称精度，D 为距离。

测距边倾斜改正可采用两端点的高差，高差可用水准测量或三角高程测量方法测定，或观测垂直角进行。当采用三角高程测量方法测定高差进行倾斜改正时，必须对向观测，其往返观测的高差之差

$$\delta \leqslant 0.2S$$

式中 S——距离，km；

δ——高差之差，m。

距离外业观测要求符合下列规定：

1）严格执行仪器的操作步骤。

2）测距前应检查电源电压。在气温较低时，应使仪器有一定的预热时间。

3）测距应在成像清晰和大气稳定的条件下进行。在雷雨前后、大雾、雨、雪、大风及大气透明度较差的情况下不宜作业。

4）严禁将仪器照准头对准太阳。晴天作业时仪器和照准棱镜必须打伞。

5）测距时应暂停使用无线通信类物品。

6）测距时使用的棱镜应与检验时一致，棱镜个数应符合仪器规定的测程范围。

全站仪要求完成以下项目检定，检定周期不得超过一年。

1）发射、接收和视准轴三轴关系正确性的检验与校正。

2）仪器内部符合精度检验。

3）精测频率稳定度检验。

4）周期误差测定。

5）加常数和乘常数测定。

6）仪器外部符合精度检验。

7）光学对中器检验。

（3）垂直角外业观测。垂直角观测采用中丝法或三丝法。垂直角观测的测回数根据测角中误差在表 4-8 查取，垂直角的测角中误差按式（4-1）计算。

$$m_{\alpha} = \frac{\sqrt{2}\rho}{5T\sin\alpha} \tag{4-1}$$

式中 m_{α}——垂直角测角中误差，（″）；

α——垂直角，（°）；

T——测距边要求的相对中误差分母；

ρ——206265，（″）。

表 4-8　垂直角的观测方法及测回数

测角中误差（″）		5～10	10～30
仪器型号		2″级	2″级
对向观测	中丝法	2	1
单向观测	中丝法	3	2
	三丝法	1	

3. 水准外业观测

施工控制网高程控制要求不低于三等水准，水准测量的技术要求见表 4-9。

表 4-9　　水准测量的技术要求

等级	每千米高差全中误差（mm）	附合线路长度（km）	水准仪型号	水准尺	观测次数		往返较差、附合或环形闭合差（mm）	
					与已知点联测	附合或环形	平地	山地
二等	2	—	DS1	因瓦	往返各一次	往返各一次	≤ $4\sqrt{L}$	—

续表

等级	每千米高差全中误差（mm）	附合线路长度（km）	水准仪型号	水准尺	观测次数		往返较差、附合或环形闭合差（mm）	
					与已知点联测	附合或环形	平地	山地
三等	6	≤50	DS1	因瓦	往返各一次	往一次	$\leqslant 12\sqrt{L}$	$\leqslant 4\sqrt{n}$
			DS3	双面		往返各一次		

注　1. 结点间或结点与高级点间水准路线长度不应大于表中规定的 0.7 倍。

2. L 为往返测段、附合或环线水准路线长度，单位为 km，n 为测站数。

3. 引测起算高程的附合水准路线长度在特殊情况下可适当放宽，但最长不得超过表中值的 1.5 倍。

4. 数字水准仪测量的技术要求与同等级的光学水准仪相同。

水准观测的技术要求见表 4-10，外业人员，特别是记录人员应熟记相关限差，以便在作业时使用；如果使用自动记录的水准仪，可以将限差输入仪器内，观测过程中发生超限时仪器会报警提示。

表 4-10　　水准观测的技术要求

等级	水准仪型号	视线长度（m）	前后视距的距离较差（m）	前后视距的距离较差累积（m）	视线离地面的最低高度（m）	基、辅分划读数较差（mm）	基、辅分划所测高差较差（mm）	检测间隙点高差较差（mm）
二等	DS1	≤50	≤1	≤3	≥0.5	≤0.5	≤0.7	≤1.0
三等	DS1	≤100	≤3	≤6	≥0.3	≤1.0	≤1.5	≤3.0
	DS3	≤75				≤2.0	≤3.0	

注　1. 三等水准采用变动仪器高度观测单面水准尺时，所测两次高差较差，应与黑、红面所测高差之差要求相同。

2. 采用数字水准仪观测，不受基、辅分划读数较差指标的限制，但测站两次观测高差较差，应满足表中相应等级基、辅分划所测高差较差的限值，其他技术要求与同等级光学水准仪相同。

水准测量所使用的仪器及水准尺应符合下列规定：

1）水准仪视准轴与水准管轴的夹角，对于 DS05 型水准仪不应超过 10″，对于 DS1 型水准仪不应超过 15″，对于 DS3 型水准仪不应超过 20″。

2）补偿式自动安平水准仪的补偿误差，对于二等水准不应超过 0.3″，对于三等水准不应超过 0.5″。

3）水准尺上的米间隔平均长与名义长之差，对于因瓦水准尺不应超过 0.15mm；对于条形码尺不应超过 0.10mm；对于木质的双面水准尺不应超过 0.5mm。

水准观测应符合下列规定：

1）作业前应对仪器的 i 角进行检验与校正。

2）对具有倾斜螺旋的水准仪，观测前应测出倾斜螺旋的置平零点做出记号，对于自动安平水准仪，观测前应严格置平水准器。

3）尺台严禁安置在沟边或壕坑中。

4）除线路拐弯外，每一测站仪器和前后视标尺的三个位置宜接近于直线。

5）同一测站观测时，不应两次调焦。转动仪器倾斜螺旋和测微螺旋时，其最后旋转方向应为旋进。

6）每一测段的往测与返测的测站数均应为偶数，否则应加入标尺零点差改正。由往测转返测时，两根标尺应互换位置，并应重新整平仪器。

7）采用数字水准仪观测时，应进行预热，条形码尺面应光照均匀、成像清晰。

（五）数据处理

数据处理包括两步：第一步是在平差前，检查外业数据是否齐全，各项限差是否达到规范要求，决定数据的取舍，是否需要补测、重测；第二步是选用正版软件进行平差计算。

1. GNSS 数据的处理

对于 GNSS 接收机采集的数据，可由商用的基线解算软件进行，也可以将原始数据转换成 Renix 格式，再使用其他软件解算；基线解算一般使用广播星历，必要时可下载精密星历。

基线解算完成以后，应经同步环、异步环、复测基线检核，并应满足下列要求：

同步环各坐标分量闭合差及环全长闭合差应满足：

$$\left.\begin{aligned} W_{x} &\leqslant \frac{\sqrt{n}}{5}\sigma \\ W_{y} &\leqslant \frac{\sqrt{n}}{5}\sigma \\ W_{z} &\leqslant \frac{\sqrt{n}}{5}\sigma \\ W &\leqslant \frac{\sqrt{3n}}{5}\sigma \end{aligned}\right\} \tag{4-2}$$

异步环各坐标分量闭合差及环全长闭合差应满足：

$$\left.\begin{aligned}W_x &\leqslant 2\sqrt{n}\sigma\\W_y &\leqslant 2\sqrt{n}\sigma\\W_z &\leqslant 2\sqrt{n}\sigma\\W &\leqslant 2\sqrt{3n}\sigma\end{aligned}\right\}\quad(4\text{-}3)$$

复测基线的长度较差应满足：

$$\Delta d \leqslant 2\sqrt{2}\sigma \quad(4\text{-}4)$$

式中 W_x、W_y、W_z——同（异）步环坐标分量闭合差；

W——同（异）步环全长闭合差，$W=\sqrt{W_x^2+W_y^2+W_z^2}$，m；

n——环中基线边数；

σ——基线长度中误差；

Δd——基线长度较差。

当观测数据不能满足检核要求时，应对成果进行全面分析，并舍弃不合格的基线，但应保证舍弃基线后，所构成异步环边数应满足要求，否则应重测基线。

2. 导线（网）、三角网数据处理

（1）水平角外业观测数据处理。水平角外业观测数据处理主要是检查水平角测回内和测回间各项限差是否满足要求，环闭合差、测角中误差是否超限。

（2）距离外业观测数据处理。距离应进行气象改正、加乘常数改正、倾斜改正，将水平距离归算到参考椭球面，再将参考椭球面上的距离归算到高斯平面。

用两点间高差计算平距：

$$D=\sqrt{S^2-h^2} \quad(4\text{-}5)$$

用观测的垂直角计算平距：

$$D=S\cos(\alpha+f) \quad(4\text{-}6)$$

$$f=(1-k)\rho\frac{S\bullet\cos\alpha}{2R} \quad(4\text{-}7)$$

式中 D——平距，m；

S——经气象、加常数、乘常数等改正后的斜距，m；

h——两点间的高差，m；

α——垂直角，（°）；

f——地球曲率与大气折光对垂直角的改正值，不论仰角俯角，f恒为正值；

R——地球平均曲率半径，纬度 35°时，R=6369km；

ρ——206265，（″）；

k——折光系数，取 0.13。

当距离进行了往返测，需将往返测距离归算到同一高程面上，计算往返测较差限差，往返测较差限差不大于 2（a+bD）mm（a 为加常数；b 为乘常数；D 为平距，km）。

（3）垂直角外业观测数据处理。垂直角外业观测数据处理主要是检查垂直角测回内和测回间各项限差是否满足要求。

3. 水准外业观测数据的处理

水准外业观测数据的处理主要包括以下内容：

（1）计算各测段往返测高差不符值、附合或环形闭合差是否满足要求。

（2）按式(4-8)计算每千米水准测量偶然中误差；

$$M_\Delta=\pm\sqrt{\frac{1}{4n}\left[\frac{\Delta\Delta}{L}\right]} \quad(4\text{-}8)$$

式中 M_Δ——每千米水准测量偶然中误差，mm；

Δ——测段往返测高差不符值，mm；

L——测段长度，km；

n——测段数。

（3）按式（4-9）计算每千米水准测量全中误差；

$$M_W=\pm\sqrt{\frac{1}{N}\left[\frac{WW}{L}\right]} \quad(4\text{-}9)$$

式中 M_W——每千米水准测量全中误差，mm；

W——水准环闭合差或附合路线附合差，mm；

L——计算 W 时，相应的水准路线长度，km；

N——附合路线和闭合环的总个数。

（六）平差计算

平差计算是将外业观测数据进行处理，获得成果的关键环节。平差计算采用专业软件进行。

在进行平差计算时应注意以下几点：

（1）必须使用经过鉴定的软件产品。

（2）软件的数学模型要科学，要求严密平差。

（3）平差后的精度指标（控制点的点位中误差、最弱边边长相对中误差）要满足相关规程规范的要求；控制点高程中误差、水准测量每公里往返测高差中数全中误差应满足规程规范要求。

（七）报告编写

报告内容主要包括概况、平面控制、高程控制、附录等，其具体的内容见表 4-11。

表 4-11　　技术报告的主要内容

概况	任务的依据及要求，勘测设计阶段，测区概况及施测范围，具体的工作量，工作的技术依据； 参加人员，工程负责人，工作的起止日期，实际完成工作量； 对原有测量资料的精度分析及其利用情况
平面控制	坐标系统，起算数据，联测情况； 图形布置，标石规格及数量； 使用仪器，观测方法，计算方法，应用软件； 精度情况：测角中误差、闭合差、最弱边相对中误差等
高程控制	高程系统，起始点名称，等级和起算数据； 图形布置，标石埋设，规格及数量； 使用仪器，观测方法，计算方法，应用软件； 精度情况：往返测不符值，闭合差，每千米高差中误差
附录	控制点成果表，仪器检定证书，软件鉴定证书

（八）资料提交与资料归档

将工程资料搜集、整理、分类、装订、编号、出版后提交给相关部门。

施工控制网建立完成后应提交的成果包括：

（1）控制网布置图。

（2）坐标换算计算书。

（3）平差计算书。

（4）控制点坐标高程成果表。

（5）点之记。

（6）测量技术报告。

资料归档的内容包括两部分，一部分是上述的成果资料；另一部分是下列原始资料：

（1）任务书或委托书。

（2）技术设计书（或工作大纲）。

（3）工程输入的原始资料，如：起算点成果。

（4）测量原始数据，如 GNSS 观测原始数据、水准观测、测边、测角原始数据等。

（5）工程管理的相关文件，如工程记录、会议纪要。

工程资料中有电子文档的，还要归档电子文档。

四、建筑施工控制网的建立

建筑物控制网建立的流程和首级施工控制网一致，它是在首级施工控制网的基础上，为完成某特定的建筑物的放样而建立的局部控制网，是首级网的加密和补充，与首级施工控制网比较，在网形上有所不同。

（一）建筑物平面控制网

建筑物平面控制网按照建筑的形式，常布设成主副轴线网、矩形轴线网。

1. 主副轴线网

对于相对较小的建构筑物，可布设主副轴线网。在建筑物中轴线或其平行线上放样一条长轴线和若干条与其垂直的短轴线，它是建构筑物的施工控制基准线，布设形式应根据建构筑物的特点、场地地形等因素来确定，常见的形式有“一”字形、“L”字形、“十”字形和“T”字形等。主副轴线网的布设要求如下：

1）主轴线应尽量位于场地中心，并与主要建构筑物轴线平行，主轴线的定位点应至少有三个，以便相互校核。

2）基线点位应选在通视良好和不易被破坏的地方，且要求设置成永久性控制点，如设置成混凝土桩或者石桩。

2. 矩形轴线网

对于矩形建构筑物，可布设成矩形轴线网，布置时应先选定方格网主轴线，再布置方格网。矩形方格网的边长可视建筑物的大小和分布而定，为了便于使用，边长尽可能为 50m 或者 50m 的整倍数。

建筑施工控制网的主轴线定位点不应少于三个，轴线点位偏离直线应在 180°±5″以内。矩形或者四边形平面控制网的测定，其边和对角线的长度偏差值应小于 3mm。

（二）建筑物高程控制网

建筑物高程控制网是首级施工高程控制网的加密网，相应的水准点称为施工水准点，应采用水准测量方法建立闭合或附合水准路线，按照不低于三等水准测量的精度施测，点位可设置在平面控制网的标桩上或外围的固定地物上，也可单独埋设，点位顶端宜为半球形。

施工高程控制网，其点位分布和密度应完全满足施工时的需要。在施工期间、要求在建构筑物近旁的不同高度上都必须布设临时水准点，其密度应保证放样时只设一站，便可将高程传递到建筑物的施工基面上。施工场地上相邻水准点的间距应小于 1km，各水准点距建构筑物不应小于 25m；距基坑回填边线不应小于 15m，以保证各水准点的稳定，方便进行高程放样工作。

为了施工高程引测的方便，可在建筑场地内每隔一段距离（如 50m）测设以建筑物底层室内地坪 0.000 为标高的水准点。测设时应注意，不同建构筑物设计的 0m 面不一定是相同的高程，因而必须按施工建筑物设计数据具体测设。另外，在施工中，若某些水准点标桩不能长期保存时，应将其引测到附近的建构筑物上，引测的精度不得低于原有水准测量的等级要求。

五、施工控制网的维护

施工控制网在使用过程中，由于受施工环境的影响，不可避免要产生位移或者沉降，所以在使用期间需对控制网进行维护。

施工控制网维护的周期应在 3～6 个月，按建立时的精度要求重新观测一次，利用新的数据成果，计算控制点的位移和沉降，如果差值超出测量误差的范围，则用新的成果替换原有成果，以保证控制成果在施工过程中的正确可靠。

第二节　施工放样与检测

在点、线、面的放样中，线和面的放样是通过点的放样实现的，所以放样工作最基本的内容是对点的放样。

一、测设前的准备

在放样前，一般要先做准备工作，主要有收集资料、研读图纸资料、现场踏勘、确定放样方案、准备放样数据等。

1. 收集资料

施工放样前应准备下列技术资料。

（1）总平面布置图。

（2）土石方基础开挖图。

（3）建筑物及设备基础平面图。

（4）建筑物各楼层平面图。

（5）道路、管网图。

（6）施工控制点资料。

2. 研读图纸资料

设计图纸是施工测量的主要依据，测设前应充分熟悉有关的设计图纸，以便了解施工建筑物与相邻地物的相互关系及建筑物本身的内部尺寸关系，准确无误地获取测设工作中所需要的各种定位数据。

3. 现场踏勘

了解现场的地物、地貌及控制点的分布情况，并调查与施工测量有关的问题。在使用前应校核平面高程控制点，通过校核，取得正确的测量起始数据和点位。

4. 确定放样方案

在熟悉图纸、掌握施工计划和施工进度的基础上，结合实际情况和现场条件，拟定测设方案，内容应包括测设方法、测设步骤、采用的仪器工具、精度要求及时间安排等。

5. 准备放样数据

在每次现场测设之前，应根据设计图纸和测量控制点的分布情况，准备好相应的测设数据，并对数据进行校核，除计算必需的测设数据外，还需从以下图纸查取房屋内部平面尺寸和高程数据。

（1）从建筑总平面图上查出或计算出设计建筑物与原有建筑物或测量控制点之间的平面尺寸和高差，并以此作为测设建筑物总体位置的依据。

（2）在建筑平面图中查取建筑物的总尺寸和内部各定位轴线之间的尺寸关系，这是施工放样的基本资料。

（3）从基础平面图中查取定位轴线与基础边线的平面尺寸，以及基础布置与基础剖面的位置关系。

（4）基础高程测设的依据是从基础详图中查取的基础设计标高、立面尺寸及基础边线与定位轴线的尺寸关系。

（5）从建筑物的立面图和剖面图中，查取基础、地坪、门窗、楼板、屋面等设计高程。这是高程测设的主要依据。

二、建构筑物放样的常用方法

在平面位置的放样方法中，常用的是极坐标法、GNSS RTK 法、直角坐标法。

1. 极坐标法

极坐标法是通过在控制点上测设一个角度和一段距离确定点的平面位置。该法适用于测设点距控制点较近且便于量距的情况，如果使用全站仪测设则不受这些条件限制。

极坐标法如图 4-2 所示，A、B 为控制点，其坐标 X_A、Y_A、X_B、X_B 为已知，P 为放样点，其坐标为 X_P、Y_P。现欲将 P 点测设于实地，可先按下列公式分别计算出测设数据水平角β和水平距离 D_{AP}:

$$\left.\begin{aligned}\alpha_{AB}&=\arctan\frac{Y_B-Y_A}{X_B-X_A}\\ \alpha_{AP}&=\arctan\frac{Y_P-Y_A}{X_P-X_A}\\ \beta&=\alpha_{AB}-\alpha_{AP}\end{aligned}\right\}\tag{4-10}$$

$$D_{AP}=\sqrt{(X_P-X_A)^2-(Y_P-Y_A)^2}\tag{4-11}$$

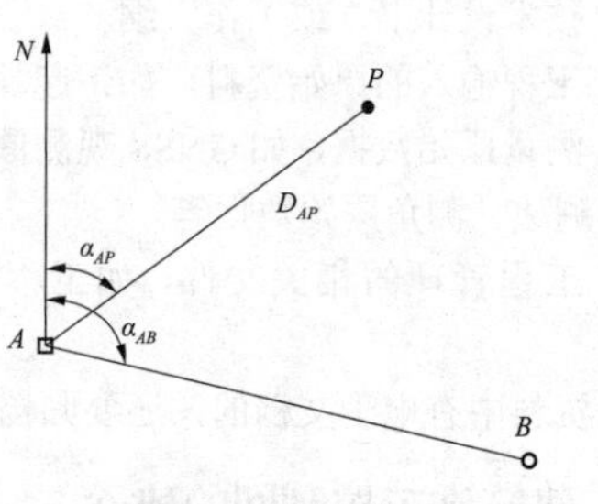

图 4-2 极坐标法

测设时，在 A 点安置全站仪，瞄准 B 点，采用正倒镜分中法测设出β角以定出 AP 方向，沿此方向从 A 点测设距离 D_{AP} 定出 P 点。

极坐标法适用于所有放样工作，放样精度高、灵活，但测站点与后视点、测站点与放样点之间必须通视，放样点距离测站越远，放样精度越低。

2. GNSS RTK 法

使用两台或两台以上 GNSS 接收机，其中一台架设在已知点上做基准站，其余的做流动站，基准站用接收到的数据与已知数据进行解算，得出实时差分数据，并将这些数据通过电台发送到流动站。流动站用接收的差分数据对其接收到的数据进行改正，得到当前位置坐标数据。GNSS 的放样功能模块根据当前位置坐标和已知的放样点坐标来导航，指引流动站到放样点位置。GNSS RTK 法可直接放样点、线（包括圆弧）、面。

GNSS RTK 法适用范围广，且不受通视的影响，灵活，但由于其精度只能达到 20 mm 内，所以高精度的放样项目、对卫星信号有干扰的场地不宜使用。

3. 直角坐标法

当建筑施工场地有彼此垂直的主轴线或者建筑方格网，待测设的建构筑物的轴线平行靠近基线或者方格网边线时，可用直角坐标法测设点位。

直角坐标法如图 4-3 所示，K_1、K_2、K_3 点是建筑方格网上的顶点，其坐标已知。A、B、C、D 为拟测设的建筑物的四个角点，在设计图纸上已给定四个角点的坐标，现用直角坐标法测设建筑物的四个角桩。

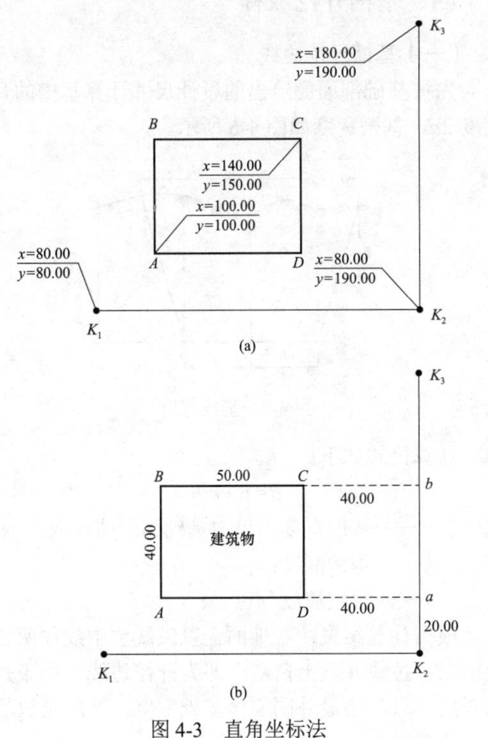

图 4-3　直角坐标法

（a）建筑物设计坐标；（b）测设数据

测设步骤：

（1）根据方格顶点和建筑物角点的坐标，计算出测设数据。

（2）在 K_2 点安置全站仪，瞄准 K_3 点，在 K_2、K_3 方向上以 K_2 点为起点分别测设 D_{k2_a}=20.00m，D_{ab}=40.00，定出 a、b 点。

（3）搬仪器至 a 点，瞄准 K_3 点，用盘左、盘右测设 270° 角，定出 a 点至 A 点方向线，在此方向上由 a 点测设 D_{aD}=40.00m，D_{DA}=50.00m，定出 D、A 点。

（4）再搬仪器至 b 点，瞄准 K_3 点，同法定出点 C、B。

完成上述操作，建筑物的四个角点位置便确定下来，最后检查 D_{AD}、D_{BC} 长度是否为 50.00m，房角是否为 90°，误差是否在允许范围内。

直角坐标法计算简单，测设方便，精度较高，应用广泛。但是需要建立施工方格网，在当今的工程中，使用得较少。

除了应用极坐标法、GNSS RTK 法、直角坐标法放样外，有时还根据实际情况使用角度交会法、距离交会法、正倒镜投点法、方向线交会法等。

三、建筑物的轴线放样

在放样好建筑物轮廓点（如四角点、拐点）后，再根据定位点，详细测设其他各轴线交点的位置，并将其延伸到安全的地方做好标志称为建筑物的放线。

1. 测设细部轴线交点

建筑物的放线如图 4-4 所示，M、N、P、Q 为某拟建建筑物外轮廓定位轴线的交点，在 M 点安置全站仪，照准 Q 点，把钢尺的零端对准 M 点，沿视线方向拉钢尺分别定出 1′、2′、3′、…各点。同理可定出其他各点。测设完最后一个点后，用钢尺检查各相邻桩的间距是否等于设计值，误差应小于 1/3000。

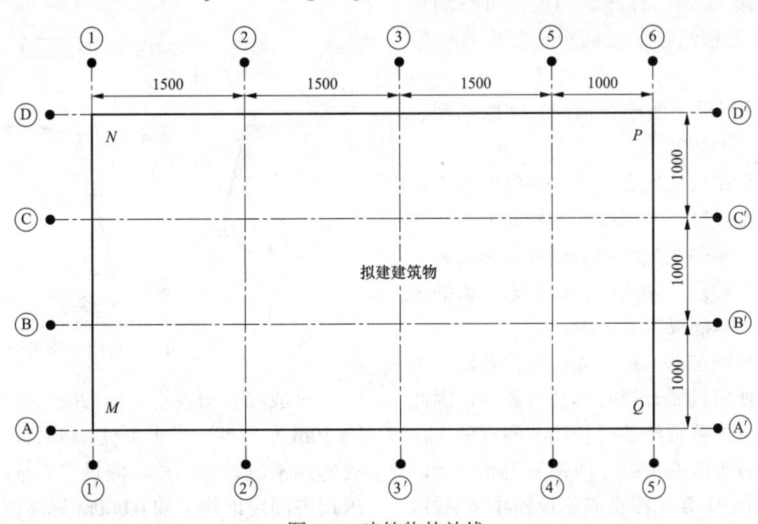

图 4-4　建筑物的放线

2. 引测轴线

在基槽或者基坑开挖时，定位桩和细部轴线桩均被挖掉，为了使开挖后各阶段施工能准确地恢复各轴线位置，应在各轴线延伸到开挖范围以外的地方做好标志，这项工作叫做引测轴线，具体有设置龙门板和轴线控制桩两种形式。

（1）设置龙门板法。

1）龙门板法如图4-5所示，在建筑物四角和中间隔墙的两端，距基槽边线约 2m 以外处，牢固地埋设大木桩，称为龙门桩，桩的一侧平行于基槽。

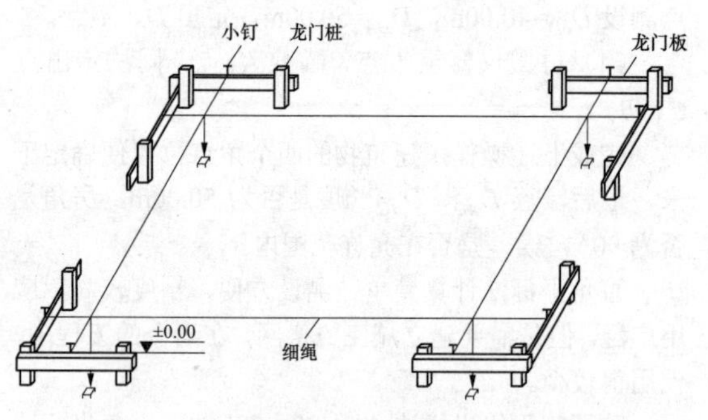

图4-5　龙门板法

2）根据附近水准点，用水准仪将零米标高测设在每个龙门桩的外侧上，并画出横线标志。如果现场条件不允许，也可测设比零米高或者低一定数值的标高线，同一建筑物最好只用一个标高，如因地形起伏较大用两个标高时，一定要标注清楚，以免使用时发生错误。

3）在相邻两龙门桩上钉设木板，称为龙门板。龙门板的上沿应与龙门桩上的横线对齐，使龙门板的顶面在一个水平面上，并且标高为零米，或者比零米高低一定的数值，龙门板顶面标高的误差应在 5mm 以内。

4）根据轴线桩，用全站仪将各轴线投测到龙门板的顶面，并钉上小钉作为轴线标志。此钉轴线标志称为轴线钉。如果事先已打好龙门板，可在测设细部轴线的同时钉设轴线钉，以减少重复安置仪器的工作量。

5）用钢尺延龙门板顶面检查轴线钉间的间距，其相对误差不应超过 1/3000。

恢复轴线时，全站仪安置在一个轴线钉的上方，照准相应的另一个轴线钉，其视线即为轴线方向，往下转动望远镜，便可将轴线投测到基槽或者基坑内，也可用细线绳将相应的两个轴线钉连接起来，借助于垂球，将轴线投测到基槽或者基坑内。

（2）设置轴线控制桩法。由于龙门板需要较多木材，且占用场地，使用机械开挖时容易被破坏，因此也可在基槽或者基坑外各轴线的延长线上测设轴线控制桩，作为以后恢复轴线的依据。即使采用龙门板，为了防止被碰触，对于主要轴线也应测设轴线控制桩。

轴线控制桩一般设在开挖边线 4m 以外的地方，并用水泥砂浆加固，附近最好有固定建构筑物，可将轴线投测在这些物体上，使轴线更容易得到保护。但每条轴线至少应有一个控制桩设在地面上，以便必要时能安置全站仪恢复轴线。

四、基槽开挖放样

（一）基槽开挖边线

先按基础剖面图给出的设计尺寸计算基槽的开挖宽度 $2d$，基槽宽度如图4-6所示。

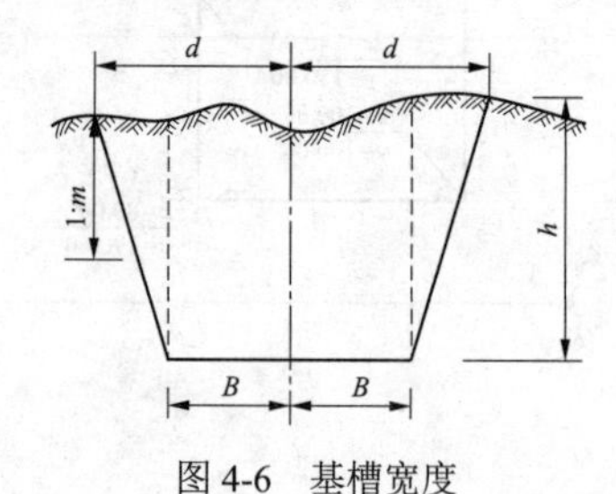

图4-6　基槽宽度

计算公式如下：

$$d=B+mh \tag{4-12}$$

式中　B——基地宽度，可由基础剖面图查取；

h——基槽深度；

m——边坡坡度分母。

根据计算结果，在地面上以轴线位中线往两边各量出 d，拉线并撒上白灰，即为开挖边线。如果是基坑开挖，只需按最外围墙体基础宽度，深度及放坡确定开挖边线。

（二）基槽开挖深度

为控制基槽开挖深度，当基槽挖到接近槽底设计高程时，应在槽壁上测设一些水平桩，使水平桩的上表面离槽底设计高程为某一整分米数（如 0.5m），用以控制挖槽深度。基槽水平桩测设如图4-7所示。

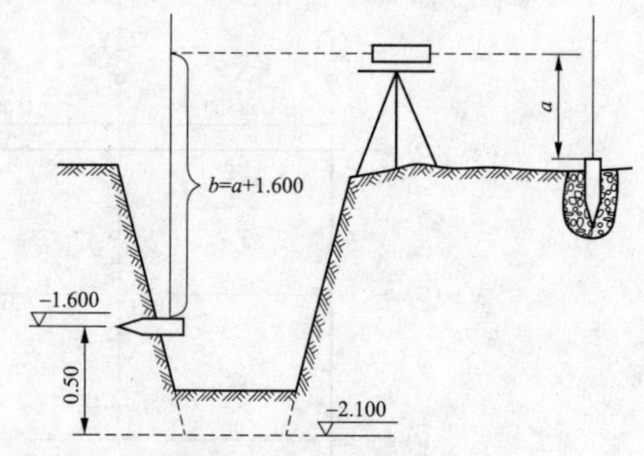

图4-7　基槽水平桩测设

一般在基槽各拐角处均应打水平桩，在直槽上每隔 10m 左右打一个水平桩，然后拉上白线，线下 0.5m 处即为槽底设计高程。测设水平桩时，以画在龙门板或周围固定地物上的 0.000m 标高线为已知高程点，用水准测量进行测设，水平桩上的高程误差应在 10mm 以内。

例如，设龙门板顶面标高为 0.000m，槽底设计标高为–2.100m，水平桩高于槽底 0.5m，即水平桩高程

为–1.600m，用水准仪后视龙门板顶面上的水准尺，读数 a=1.286m。水平桩上标尺的应有读数为

$$b=0.000+1.286-(-1.600)=2.886\ (\mathrm{m})$$

测设时沿槽壁上下移动水准尺，当读数为 2.886 时，沿尺底水平的将桩打进槽壁，然后检核该桩的标高，如超限便进行调整，直至误差在规定范围之内。

如果是机械开挖，一般是一次挖到槽底或坑底的设计标高，因为要在施工现场安置水准仪，边挖边测，随时指挥挖土机并调整挖土深度，使槽底或坑底的标高略高于设计标高（一般为 10cm，留给人工清土）。挖完后，为了给人工清底和打垫层提供标高依据，应在槽壁或坑壁上打水平桩，水平桩的标高一般为垫层面的标高。当基坑底面积较大时，为便于控制整个底面标高，应在坑底均匀打上一些垂直桩，使桩顶标高等于垫层面的标高。

垫层打好后，根据龙门板上的轴线钉或轴线控制桩，用全站仪或用拉线挂垂球的方法把轴线投测到垫层面上，并用墨线弹出基础中线和边线，以便砌筑基础或安装基础模板，对于采用钢筋混凝土的基础，可用水准仪将设计标高测设于模板上。

五、高耸塔形建构筑物放样

高耸塔形建构筑物包括火力发电厂的烟囱、冷却塔、烟塔合一、煤罐和灰库等。高耸塔形建构筑物放样测量前应以“十”字形轴线布设四个控制点，大型冷却塔和煤罐宜对称布设 8 个控制点。

塔形建构筑物的环形基础和中央基础完成后，应将轴线控制点、中心点和高程点引测到环基上和中心基础上，中心点应为预埋件上镶入的铜芯点，所有平面控制点应标记明显，高程点应采用闭合或符合水准路线，按照不低于三等水准测量的精度施测，点位可设置在平面控制网的标桩上或外围的固定地物上，也可单独埋设，点位顶端宜为半球形。

烟囱筒壁施工，应使用激光垂准仪或 10～20kg 重的特制重锤传递中心点。用激光垂准仪向上投点时，每次沿 4 个对称方向向上 4 次投点，取 4 次投点的中心点；用重锤时，提升架每次提升后都要精确对点。要求中心点的投点误差应小于 $H/6000$（H 为零米以上的高度），用钢尺从中心点量距误差应小于 5mm。烟囱壁出零米后，应将高程点引测到烟囱筒壁上，施工中的高程用钢卷尺沿筒壁向上传递，量距误差应小于 $H/1000$。

冷却塔中心点，在基础和中央竖井施工中需要多次投设，通过多种轴线恢复的中线点，点位差值不应大于 3mm。

人字柱定位，应在地面和环基上放样出人字柱水平投影线，检查环梁与人字柱两交点投影点的距离差，偏差值不应大于 5mm。

冷却塔筒壁施工中，中心点使用激光垂准仪或带弯管的全站仪向上投点时，应沿 180° 方向投点和检查，其偏差值不应大于 10mm，筒壁半径钢尺量距误差不应大于 10mm。高耸塔形建构筑物中心垂直度测量允许误差见表 4-12。

表 4-12　高耸塔形建构筑物中心垂直度测量允许误差

高度 H（m）	$H\leqslant30$	$30<H\leqslant60$	$60<H\leqslant90$	$90<H\leqslant120$
允许偏差（mm）	5	10	15	20
高度 H（m）	$120<H\leqslant150$	$150<H\leqslant180$	$180<H\leqslant210$	$H>210$
允许偏差（mm）	25	30	35	40

烟囱冷却塔的半径放样、高度放样误差应符合表 4-13 的要求。

表 4-13　烟囱冷却塔半径放样、高度放样允许误差

项目	内容		允许误差（mm）
烟囱	半径		10
	筒身高度		$H/1000$
	钢内筒安装	筒体中心	≤100
		筒体总高	100
冷却塔	半径		−15、+20
	塔总高度		$H/1000$
	人字柱轴线		5
烟塔合一	烟风通孔	平面位置	20
		标高	

注　1. H 为烟囱、冷却塔高度，单位为 m。

　　2. 烟塔合一的其他测量限差同冷却塔。

六、钢结构高层、超高层建筑物放样

（一）测量前的准备

首先，现场测量人员应熟悉了解本工程的情况，尤其应熟悉钢结构高层（超高层）施工图纸；其次，测量选用通过国家计量部门检测合格的仪器，如钢尺、全站仪、激光铅直仪、GNSS 接收机等；最后，应配备专用卡具、夹具。

因高层钢结构安装测量的精度较高，如果已有的控制网不能满足放样要求，则需建立高精度的小型平面内控制网，内控制网点布设的位置应考虑到钢柱的定位、检查和校正，一般布设成轴线控制点，点位处

预埋 10cm×10cm 钢板，用钢针刻画十字线定点，线宽 0.2mm；对控制网的测量应进行严密平差和与轴线偏差的改化，要求距离相对误差小于 $L/20000$（L 为控制点间的距离），测角中误差小于 5″；若一次改化后不满足要求，则再次改化，直至满足要求。并在交点上打样冲眼，以便长期保存。所布设的平面控制网应定期进行复测、校核。

（二）基础放样

钢结构高层建筑基础施工比较特殊，其基础的基坑较深，而且基础下面有垫层以及埋设地脚螺栓，故其施工测量的精度要求较高，一旦地脚螺栓的位置偏离超限，会给安装造成困难。

1. 柱基础定位

钢结构建筑柱基础定位图如图 4-8 所示，首先根据厂房矩形控制网控制点，按照厂房柱基平面图和基础大样图尺寸，在厂房矩形网各边上测定基础中心线与厂房矩形网各边的交点，称为轴线控制桩（端点桩）。测设的具体方法是：根据矩形控制网各边上的距离指示桩，以内分法测设（距离闭合差应进行配赋）。然后用两台全站仪分别安置在相应轴线控制桩上，瞄准相对应的轴线桩，交出柱基中心位置。如图 4-8 所示，A-A'轴线的控制桩为 A、A'，2-2′轴线的轴线控制桩为 2、2′，将两台全站仪分别安置在轴线控制桩 A 和 2 上，瞄准相应轴线控制桩 A'和 2′，两方向交点即为 2 号柱基的中心位置。

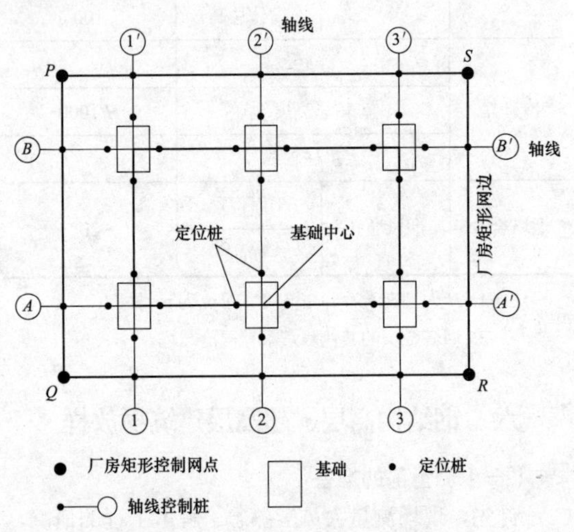

图 4-8 钢结构建筑柱基础定位图

再按照基础图进行柱基放线，现场用灰线标定基坑开挖边线。在开挖边线 0.5～1.0m 处方向线上打入四个定位桩，钉以小钉标出柱基中线方向，用以修坑立模。

2. 基坑抄平

当基坑将要挖到设计高程时（一般距离设计高程 0.3～0.5m），应在基坑的四壁或坑底边沿和中央设置若干个水平桩，使用水准仪（全站仪）在水平桩上引测同一高程值的标高线，作为基坑修坡和清底的高程依据。

此外，还应在基坑内测设出垫层的高程，即在坑底打下小木桩，使得木桩顶面恰好位于垫层的设计高程上。

3. 垫层中线投点和抄平

垫层混凝土凝结后，应在垫层面上投测中心线，投测时将全站仪安置在基坑旁（以能看到坑底为准），照准厂房矩形控制网基础中心线两端的轴线控制桩，用正倒镜逐渐趋近法，将全站仪中心导入两端轴线控制桩的连线上，然后再进行投点。正倒镜延长直线逐渐趋近法如图 4-9 所示，$PQRS$ 为厂房矩形控制点，轴线 B-B'的轴线控制桩为 B、B'，轴线 8-8′的轴线控制桩为 8、8′。先在柱基基坑旁边选择一点 O'，选择时应尽可能使 O'位于 B、B'轴线控制桩的连线上。接着在 O'点安置仪器，用正倒镜曲中法延长 BO'直线至 B''处，量取 $B'B''$距离。则 OO'距离可由式（4-13）计算：

$$OO' = \frac{B'B''}{BB'} \times BO' \tag{4-13}$$

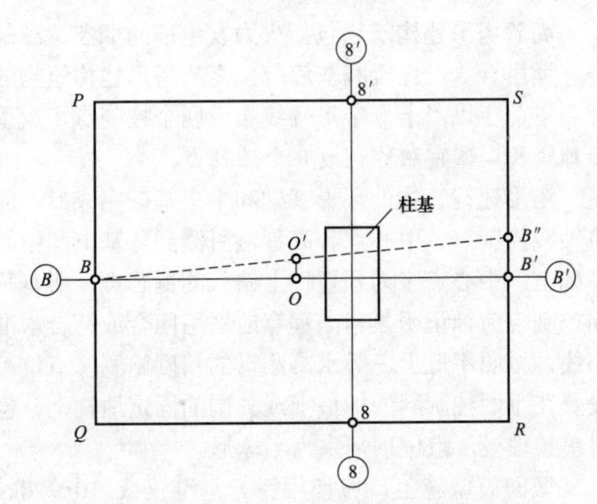

图 4-9 正倒镜延长直线逐渐趋近法

将仪器中心从 O'点沿平行于 $B'B''$方向移动 OO'长度至 O 点，仍依上述方法继续进行，直至仪器中心正好位于 B 与 B'的连线上，即 BO 的延长线正好通过 B'点为止。

根据垫层上的中线点弹出墨线，绘出地脚螺栓固定架的位置，以便下一步安置固定架并根据中线支立模板，垫层放线与螺栓固定架位置如图 4-10 所示。地脚螺栓固定架位置在垫层上绘出后，即测定固定架外框四角处的标高，以便于检查与修平垫层混凝土面，使其符合设计标高和便于安装固定架。如基础过深，可用水准仪吊钢尺法从地面引测基础底面标高。

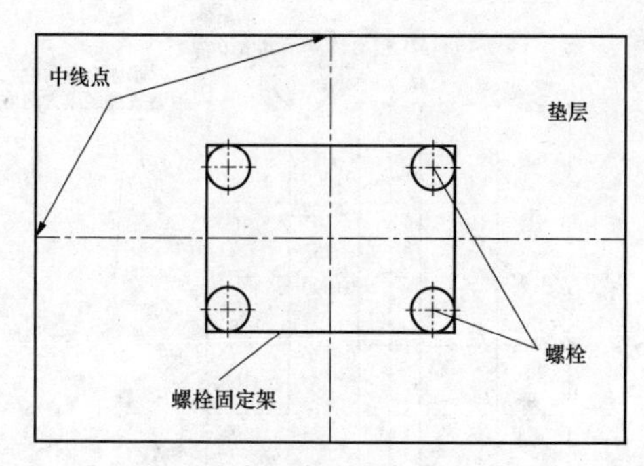

图 4-10 垫层放线与螺栓固定架位置

4. 安置地脚螺栓固定架

为保证地脚螺栓的正确位置，施工中常用型钢制成固定架用来固定螺栓，如图 4-10 所示。固定架要有足够的刚度，以防浇筑混凝土过程中发生变形。固定架的内口尺寸应是螺栓的外边线，以便焊接螺栓。安置固定架时，把固定架上的中线用吊垂线方法与垫层上的中线对齐，将固定架四角用钢板垫稳垫平，然后再将垫板、固定架、斜支撑与垫层中的预埋件焊牢。

5. 固定架标高测量

用水准仪在固定架四角的立脚钢上，测定出基础顶面设计标高线，并刻绘标志，作为安装螺栓和控制混凝土标高的依据。

6. 检查校正

用全站仪检查固定架中线，其投点误差不应超过 2mm，基础顶面标高线允许偏差为−5mm，施工时混凝土顶面可稍低于设计标高。地脚螺栓不宜低于设计标高，可允许偏高+5～+25mm，中心线位移为 5mm。

（三）平面控制点的逐层传递

首层平面放线直接依据首层平面控制网，其他楼层平面放线，根据规范要求，应从地面控制网引投到高空，不得使用下一楼层的定位轴线。平面控制点的竖向传递采用内控法，投点仪器一般采用高精度的天顶准直仪或激光全站仪配合激光靶进行。在控制点上架设好仪器，严密对中、整平。在控制点正上方，在需要传递控制点的楼面预留孔处水平设置一块有机玻璃做成的光靶，光靶严格固定。仪器从 0°、90°、180°、270°等 4 个方向向光靶投点，用 0.2mm 的笔定出这 4 个点。若 4 点重合则传递无误差；若 4 点不重合，则找出 4 点对角线的交点作为传递上来的控制点。所有控制点传递完成后，则形成该楼面平面控制网。

对该平面控制网进行角度观测（2″级全站仪二测回）及边长测量（精度 1/20000）。由观测成果作经典自由网平差，根据平差结果与理论值相比较，若边长较差$|\Delta S|\leqslant 2.0$mm，角度较差$|\Delta\beta|\leqslant 12''$，则说明 4 点精度达标，只记录不作归化；若边长较差 2.0mm$\leqslant|\Delta S|\leqslant 3.0$mm，角度较差 $12''\leqslant|\Delta\beta|\leqslant 24''$，则说明 4 点精度不够，必须归化；若边长较差$|\Delta S|>3.0$mm，$|\Delta\beta|>24''$，则说明投点精度超限，必须重新投点，直至满足精度要求。考虑到天顶准直仪的视距变长以后，清晰度影响投测精度，故施工到一定高度以后，基准点应转移到稳定的上部楼面上。平面基准点从底层上移后到某楼层面后，该层控制点就直接作为后续楼层控制点传递的基准。

（四）高程控制与传递

标高控制点一般布设 2 个以上，要求达到三等水准精度。

标高的传递及误差调整。高层钢结构的安装对标高控制的要求很高。当按设计标高安装时，每节柱的标高都应从地面传递上来；若按相对标高安装，则无须进行标高传递，优点明显，也给施工带来了方便。为达到规范精度要求，在吊装前可用水准仪（全站仪）以某一设计标高值抄平各钢柱，并在抄平位置做好标记，如图 4-11 中 *A* 位置，同时对将安装的钢柱用已检定的钢尺从柱顶向柱底往下截取某一长度，并在此位置做好标记（如图 4-11 中的 *B* 位置）。然后通过调节 *d* 值的大小达到控制标高的目的。若抄平线 *A* 与截取线 *B* 不在同一截面时，必须用水平尺引测到同一个截面后方可进行调节。每节柱吊装完毕后，都测定其标高，确定其与设计值的差异，如超过限差，则需要通过下一节柱的安装或反馈到制造工厂修正其长度来进行调整。

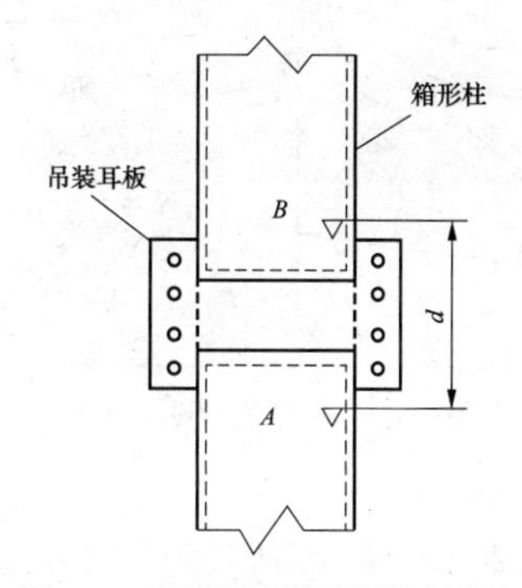

图 4-11 钢柱标高的传递控制方法

七、坝体施工放样

灰坝、拦洪坝是火电厂水工系统的重要组成部分。灰坝主要承担燃煤灰渣的存储任务，拦洪坝是布置在沟道或河道上游，用以拦沙蓄水，防洪减灾，保障项目区生产建设安全的挡水建筑物。

坝体的施工测量包括坝轴线测定和坝身控制测量、基础开挖和坡脚线放样、填筑时的坝坡放样和坡面修整测量等工作内容。

（一）坝身控制线测设

1. 坝轴线的放样

坝的位置一般由勘测设计人员，深入现场进行实地踏勘，根据地形、地质条件，经过方案比较而确定的。工程对坝址区域岩层的最基本的要求就是需要稳定。

坝轴线测设示意图如图 4-12 所示，为了将图上设计好的坝轴线标定在实地上，一般可根据预先建立的施工控制网用角度交会法将 M_1、M_2 测设到地面上。放样时，先根据控制点 A、B、C 的坐标和坝轴线两端点 M_1、M_2 的设计坐标算出交会角 α_1、α_2、α_3 和 β_1、β_2、β_3，然后安置全站仪于 A、B、C 点。测设交会角，用三个方向进行交会，在实地定出 M_1、M_2。也可根据设备条件，采用全站仪极坐标法、GNSS RTK 法来放样。

坝轴线的两端点在现场标定后，应用永久性标志标明。为了防止施工时端点被破坏，应将坝轴线的端点延长到两面山坡上，见图 4-12 中的 M_1'、M_2'。

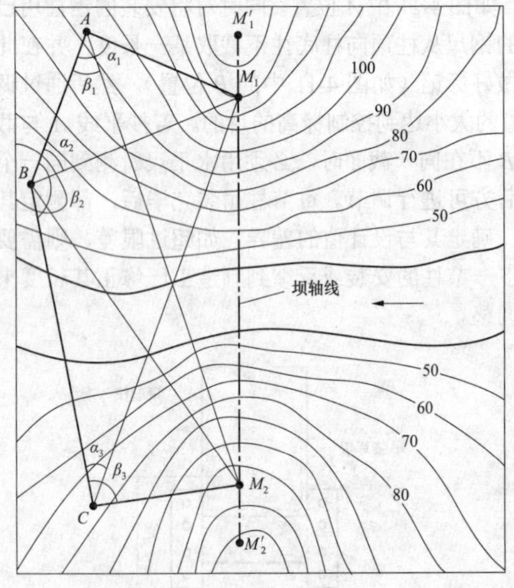

图 4-12　坝轴线测设示意图

2. 控制线测设

为了方便大坝施工期间的放样工作，一般要布设一些与坝轴线平行和垂直的控制线，这些控制线称为坝身控制线。此项工作需在清理基础前进行。

（1）测设平行于坝轴线的控制线。平行于坝轴线的控制线可布设在坝顶上下游线、上下游变坡线、下游马道中线，也可按一定间隔布设（如 10、20、30m 等），以便控制坝体的填筑和收方。

测设平行于坝轴线的控制线时，如图 4-13 所示，分别在坝轴线的端点 M_1、M_2 安置全站仪，用测设 90° 的方法各作一条垂直于坝轴线的基准线，然后沿此基准线量取各平行控制线距坝轴线的距离，得各平行线的位置，并用方向桩在实地标定。

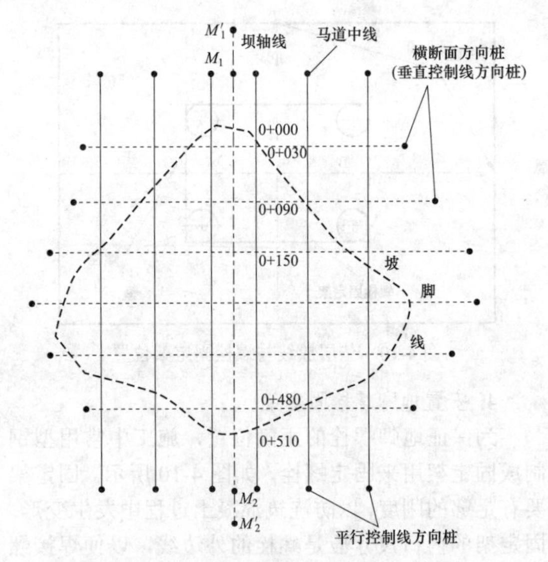

图 4-13　坝身控制线测设示意图（单位：m）

（2）测设垂直于坝轴线的控制线。垂直于坝轴线的控制线，一般按 20～50m 的间距，以里程来测设，其步骤如下：

1）沿坝轴线测设里程桩。如图 4-13 所示，由坝轴线的一端（如 M_1），在轴线上定出坝顶与地面的交点，作为零号桩，其桩号为 0+000。而后用全站仪定线，沿坝轴线方向按确定的间距丈量距离，依次钉下里程桩，直至另一端坝顶与地面的交点为止。

2）测设垂直于坝轴线的控制线。将全站仪安置在各里程桩上，瞄准 M_1 或 M_2 后将望远镜转 90°，即定出垂直于坝轴线的一系列平行线，并在上下游施工范围以外用方向桩标定在实地上，作为测量横断面和放样的依据，这些桩亦称横断面方向桩。此外可用全站仪测设垂直于坝轴线的控制线。将全站仪安置在 M_1（M_2）或附近的测量控制点上，用极坐标法测设出各横断面方向桩（方向桩的坐标可在施工图纸上设计），则同一横断面上两方向桩连线即为垂直于坝轴线的控制线。

3. 高程控制网的建立

坝体施工放样的高程控制网，一般分为基本网和施工网两级。基本网由若干永久性水准点组成；施工网由若干临时作业水准点组成。施工网（临时水准点）直接用于坝体施工的高程放样，布置在施工范围以内不同高程的地方，并尽可能做到安置一、二次仪器就能进行高程放样。临时水准点应根据施工进程及时设置，并附合到永久水准点上。施测方法及精度一般按四等水准测量要求，并应根据永久水准点进行定期检测，以保证施工过程中高程放样的精度。

（二）清基开挖线的放样

为使坝体与岩基很好结合，坝体填筑前，必须对基础进行清理。为此，应按设计图纸放出清基开挖线（即坝体与原地面的交线）。

清基开挖线的放样精度要求不高，可用图解法求得放样数据在现场放样。为此，先沿坝轴线测量纵断面，即测定轴线上各里程桩的高程，绘出纵断面图，求出各里程桩的填土高度；其次，在每一里程桩处进行横断面测量，绘出横断面图；最后，根据各里程桩的高程、中心填土高度与坝面坡度，在横断面图上套绘大坝的设计断面。如图 4-14 所示，R_1、R_2为坝壳上、下游清基开挖点，n_1、n_2为心墙上、下游清基开挖点，它们与坝轴线的距离分别为d_1、d_2、d_3、d_4，可从图上量得，用这些数据即可在实地放样。但清基有一定深度，开挖时要有一定边坡，故d_1和d_2应根据深度适当加宽进行放样。用石灰连接各断面的清基开挖点，即为大坝的清基开挖线。

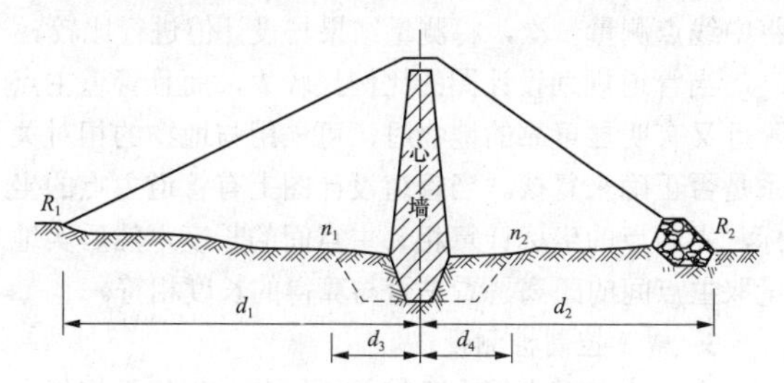

图 4-14　坝体清基放样示意图（单位：m）

（三）坡脚线的放样

清基以后应放出坡脚线（坝底与清基后地面的交线），以便填筑坝体。下面介绍平行线法放样坡脚线的具体方法。

平行线法是以不同高程坝坡面与地面的交点相连获得坡脚线的。根据平行控制线与坝轴线的间距（由设计确定）和坝面坡度求得坝坡面的高程，而后在平行控制线方向上用高程放样的方法，定出坡脚点。如图 4-15 所示，AA'为坝身平行控制线，距坝顶边线 25m，若坝顶高程为 80m，边坡为 1:2.5，则 AA'控制线与坝坡面相交的高程 h=80−25×(1/2.5)=70（m）。

放样时在 A 点安置全站仪，瞄准 A'定出控制线方向。再用水准仪在控制线方向上探测高程为 70m 的地面点，就是所求的坡脚点。连接各坡脚点，即得坡脚线。

（四）边坡放样

坝体坡脚线放出后，即可进行填筑施工。为了标明填筑上（石）料的界线，每当坝体升高 1m 左右，就要用上料桩将边坡的位置标定出来。标定上料桩的工作称为边坡放样。

边坡放样前先要确定上料桩至坝轴线的水平距离（坝轴距）。由于坝面有一定坡度，随着坝体的升高坝轴距将逐渐减小，因此要根据坝体的设计数据算出坡

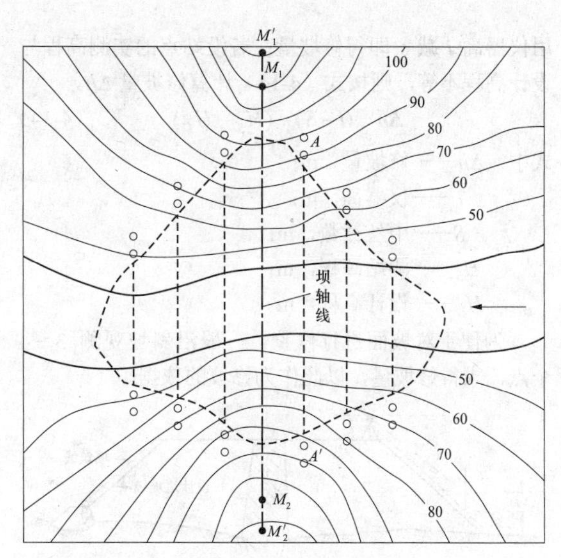

图 4-15　平行线法放样坡脚线示意图（单位：m）

面上不同高程的坝轴距，为了使经过压实和修坡后的坝坡面恰好是设计的坡度，一般应加宽 1～2m 填筑。上料桩就应标定在加宽的边坡线上（图 4-16 中的虚线处）。因此，各上料桩的坝轴距比按设计所算数值应大 1～2m，并将其编成放样数据表，供放样时使用。

边坡放样时，一般在填土处以外预先埋设轴距杆，如图 4-16 所示。轴距杆距坝轴线的距离主要考虑便于量距、放样，如图中为 55m。为了放出上料桩，应先用水准仪测出坡面边沿处的高程，根据此高程从放样数据表中查得坝轴距。设某点坝轴距为 53.5m，此时从轴距杆向坝轴线方向量取 55.0−53.5=1.5（m），即为上料桩的位置。当坝体逐渐升高，轴距杆的位置不便应用时，可将其向里移动，以方便放样。

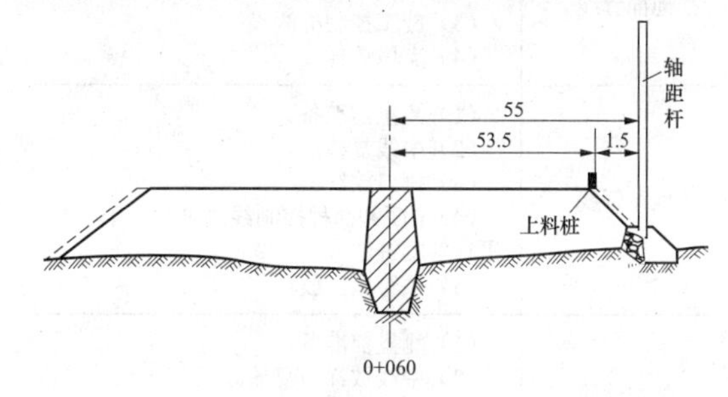

图 4-16　边坡放样示意图（单位：m）

（五）坡面修整放样

大坝填筑至一定高度且坡面压实后，需要进行坡面修整，使其符合设计要求。此时可用全站仪按测设坡度线的方法求得修坡量（削坡或回填度）。坡面修整放样示意图如图 4-17 所示，将全站仪安置在坡顶，若测站点的实测高程与设计高程一致，则依据坝坡比算出的边坡倾角 α，向下倾斜望远镜得到平行于设计边坡线的视线，然后沿斜坡竖立标尺，读取中丝读数 s，

用仪器高 i 减 s 即得修坡量；若没站点的实测高程与设计高程不等，则按式（4-14）计算修坡量 Δh。

$$\Delta h=(i-S)+(H_S-H_D) \tag{4-14}$$

式中 Δh——修坡量，m；

i——仪器高，m；

S——中丝读数，m；

H_S——测站高程，m；

H_D——设计高程，m。

为便于对坡面进行修整，一般沿斜坡观测 3～4 个点，求得修坡量，以此作为修坡的依据。

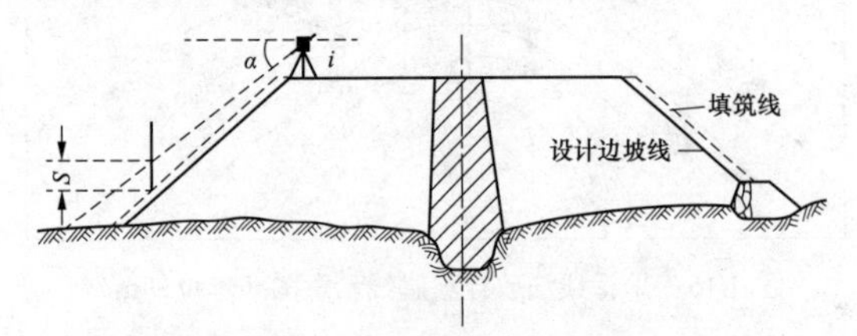

图 4-17 坡面修整放样示意图

八、管线施工放样

电厂管线施工的主要内容包括给水、排水、燃气、热力、电力、电信和灰管等管线工程。管线施工放样是指根据设计要求，将管线关键点标定于实地，控制中线和高程，引导施工。按照所处的空间位置有架空、地面、地下三种，管线类型与放样流程见表 4-14。

表 4-14 管线类型与放样流程

管线类型	放样流程
地面管线	（1）测量前准备。 （2）中线放样与复核。 （3）施工控制桩测设。 （4）支墩放样
地下管线	（1）测量前准备。 （2）中线复核。 （3）槽口放线。 （4）平面和高程控制线测设（龙门板法、平行轴腰桩法）。 （5）顶管施工放样
架空管线	（1）测量前准备。 （2）中线放样与复核。 （3）管架基础施工放样。 （4）支架安装放样

（一）地面管线放样

1. 测量前的准备

管线施工测量前应进行如下准备工作：

（1）熟悉设计图样资料，弄清管线布置及工艺设计和施工安装要求。

（2）熟悉现场情况，了解设计管线走向以及管线沿途已有平面和高程控制点分布情况。

（3）根据管线平面图和已有控制点，并结合实际地形，做好施测数据的计算整理，并绘制施测草图。

（4）根据管线在生产商的不同要求、工程性质、所在位置和管线种类等因素，以确定施测精度，如厂区内部管线比外部要求精度高，无压力的管线比有压力管线要求精度高。

2. 中线放样和复核

管线中线一般在勘测定线阶段便标定在实地，但常有实地未标定，或者已标定的中线桩丢失的情况，这就需要放样。放样一般根据控制点的情况及精度要求，可采用直角坐标法、极坐标法、角度交会法、距离交会法、GNSS RTK 法等。

中线复核是在施工前必须完成的工作，中线复核同样可采用直角坐标法、极坐标法、角度交会法、距离交会法、GNSS RTK 法等，一般是选择不同的测站，将中线点测量一次，将测量结果与设计值进行比较。

当管道规划设计图的比例尺较大，而且管道主点附近又有明显可靠的地物时，可采用与地物的相对关系是否正确来复核。当管道设计图上有管道主点的坐标，先用点的坐标计算相邻主点间的长度，然后实地量取主点间的距离，看是否与算得的长度相符。

3. 施工控制桩测设

由于施工时中线上各桩要被挖掉，为便于恢复中线和附属构筑物的位置，应在不受施工干扰、引测方便、易于保存桩位的位置，测设施工控制桩。施工控制桩分中线控制桩和位置控制桩两种，管线施工控制桩示意图如图 4-18 所示。

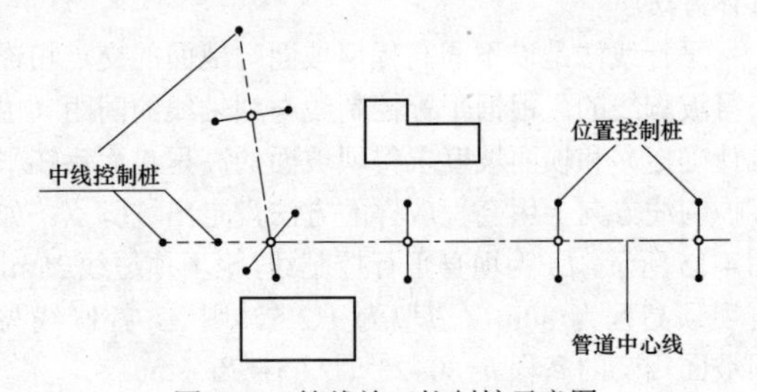

图 4-18 管线施工控制桩示意图

施工控制桩一般测设在管道起止点和各转折点处的中线延长线上，若管道直线段较长，可在中线一侧的管槽边线外测设一排与中线平行的控制桩；附属构筑物控制桩测设在管道中线的垂直线上，恢复附属构筑物的位置时，通过两控制桩拉细线，细线与中线的交点即是。

为了在施工过程中便于引测高程，应根据设计阶段布设的水准点，采用不低于四等水准测量的精度引测施工水准点，间距一般为：地下管线施工水准点测设间距不应大于 150m；自流管道及架空管道以 200m 为宜；其他管线以 300m 为宜。细部测设时应采用两个水准点做后视推求视线高，允许误差为5mm，并以平均视线高程为准。

4. 支墩放样

支墩放样一般在施工控制桩上用钢尺直接丈量确定支墩的位置，或用全站仪极坐标法进行。

（二）地下管线放样

地下管线放样与地面管线放样类似，同样有测量前准备、中线放样与复核、施工控制桩测设等过程，但由于地下管线是布设在地下，施工时需要进行开挖；在穿越河道、铁路、高速公路、大型建筑物有时为了避免截流、不影响交通和建筑物的安全，常采用顶管施工方式施工。随着施工方式不同，放样的方法也随之变化。

1. 地下管线槽口放线

槽口放线是根据管径大小、埋设深度和土质情况，来决定管槽开挖宽度，并在地面上敷设边桩，沿边桩拉线撒出灰线，作为开挖的边界线。若地表横断面上坡度比较平缓时，槽口开挖宽度可用式（4-15）计算

$$D = d + 2mh \qquad (4\text{-}15)$$

式中　D——槽口开挖宽度，m；

d——槽底宽度，m；

m——管槽放坡系数；

h——中线上的挖土深度，m。

2. 平面和高程控制线测设

（1）地下管线龙门板的设置。龙门板由坡度板和高程板组成，如图4-19所示。沿中线每隔10～20m以及检查井处应设置龙门板。中线测设时，根据中线控制桩，用全站仪将管道中线投测到坡度板上，并钉小钉标定其位置，此钉叫中线钉。各龙门板中线钉的连线标明了管道的中线方向。在连线上挂垂球，可将中线位置投测到管槽内，以控制管道中线。为了控制管槽开挖深度，应根据附近的水准点，用水准仪测出各坡度板顶的高程。根据管道设计的坡度，计算该处管道的设计高程。则坡度板顶与管道设计高程之差就是从坡度板顶向下开挖的深度，统称下反数。下反数往往不是一个整数，并且各坡度板的下反数都不一致，施工、检查很不方便。为使下反数成为一个整数 C，必须计算出每一坡度板顶向上或向下量的调整数 H_0。其公式为：

$$H_0 = C - (H_1 - H_2) \qquad (4\text{-}16)$$

式中　H_1——坡度板顶高程，m；

H_2——管底设计高程，m。

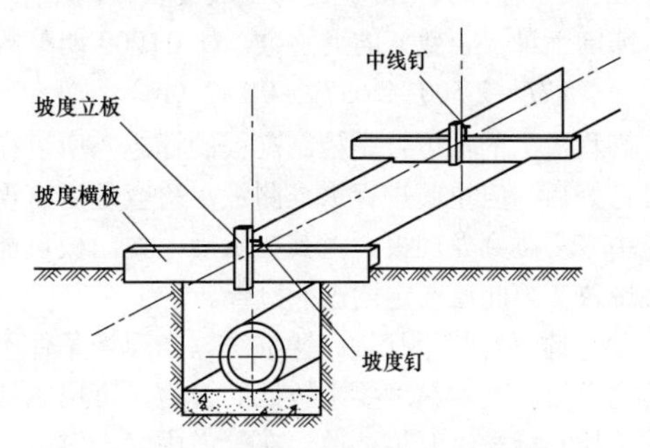

图4-19　坡度板设置

根据计算出的调整数 H_0，用一块适当长度的木板，在上面画两条平行线，其间隔等于 H_0。在一条线上钉一无头钉（称坡度钉），将另一条线与坡度板顶面对齐（要考虑 H_0 的正负以确定坡度钉高于或低于坡度板顶面），然后将木板钉牢在坡度板上，这块木板称高程板。在上面标注：管道里程桩号、坡度钉标高、下反数、坡度钉至基础面的高差、坡度钉至槽底的高差。相邻坡度钉的连线即与设计管底的坡度平行，且相差为选定的下反数 C。利用这条线来控制管道坡度和高程，便可随时检查槽底是否挖到设计高程。如挖深超过设计高程，绝不允许回填土，只能加厚垫层。表4-15为坡度钉测设表，表中列出某工程坡度钉测设的实例数据。

表4-15　　坡度钉测设表　　（m）

板号	距离	设计坡度 i	管底高程 H_1	板顶高程 H_2	H_1–H_2	选定下反数 C	调整数	坡度钉高程
0+000			42.800	45.437	2.637		–0.137	45.300
0+010	10		42.770	45.383	2.613		–0.113	45.270
0+020	10		42.740	45.364	2.624		–0.124	45.240
0+030	10	–3	42.710	45.315	2.605	2.500	–0.105	45.210
0+040	10		42.680	45.310	2.630		–0.130	45.180
0+050	10		42.650	45.246	2.596		–0.096	45.150
0+060	10		42.620	45.268	2.648		–0.148	45.120

先将水准仪测出的各坡度板顶高程列入“板顶高程 H_2”栏内。根据“距离”栏、“设计坡度”栏计算

出各坡度板处的管底设计高程，列入“管底高程 H_1”栏内。如 0+000 高程为 42.800，坡度 3‰，0+000 至 0+010 之间距离为 10m，则 0+010 的管底设计高程为

$$42.800+10i=42.800-0.030=42.770\text{（m）}$$

用同样方法，可以计算出其他各处管底（设计）高程。第 6 栏（H_2–H_1）为板顶高程 H_2–管底高程 H_1，例如，0+000 为

$$H_1-H_2=45.437-42.800=2.637\text{（m）}$$

其余类推。为了施工检查方便，选定下反数 C 为 2.500m（第 7 栏内）。第 8 栏是每个坡度板顶向下量（负数）或向上量（正数）的调整数，如 0+000 调整数为

$$H_0=2.500-2.637=-0.137\text{（m）}$$

高程板上的坡度钉是控制高程的标志，所以在坡度钉钉好后，应重新进行水准测量，检查是否有误。施工中容易碰到龙门板，尤其在雨后，龙门板可能有下沉现象，因此还要定期进行检查。

（2）地下管线平行轴、腰桩法。当现场条件不便采用龙门板时，对精度要求较低的管道，可用本法测设施工控制标志。开工之前，在管道中线一侧或两侧设置一排平行于管道中线的轴线桩，桩位应落在开挖槽边线以外，如图 4-20 所示。平行轴线离管道中线为 a，各桩间距以 10～20m 为宜，各检查井位也相应地在平行线上设桩。

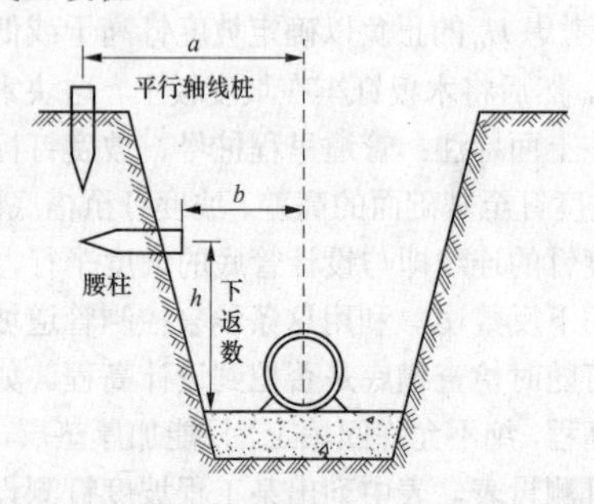

图 4-20 平行轴腰桩法示意图

为了控制管底高程，在槽沟坡上打一排与平行轴线桩相对应的桩，这排桩称为腰桩。先选定腰桩到管底的下反数 h 为某一整数，并通过管底设计高程计算出各腰桩的高程，然后再用水准仪测设各腰桩，并用小钉标出腰桩的高程位置。施工时只需用水准尺量取小钉到槽底的距离，与下反数 h 比较，便可检查是否挖到管底设计高程。此时各桩小钉的连线与设计坡度平行，并且小钉的高程与管底设计高程之差为一常数 h。

3. 顶管施工测量

当地下管道需要穿越铁路、公路或重要建筑物时，为了保证正常的交通运输和避免重要建筑物拆迁，往往不允许从地表开挖沟槽，此时常采用顶管施工方法。这种方法是在管道一端或两端事先挖好工作坑，在坑内安装导轨，将管筒放在导轨上，用顶镐将管筒沿中线方向顶入土中，然后将管内的土方挖出来。因此，顶管施工测量主要是控制好顶管的中线方向和高程。

（1）中线放样。如图 4-21（a）所示，先用全站仪将 2 个中线桩标定在坑壁适当的位置，通过两坑壁顶管中线控制桩拉紧一条细线，线上挂两个垂球，如图 4-21（b）所示，垂球的连线即为管道中线的控制方向。这时在管道内前端，用水准器放平中线木尺，木尺长度等于或略小于管径，读数刻划以中央为零点向两端增加。如果两垂球连线通过木尺零点，则表明顶管在中线上。若左右误差超过 1.5cm，则需要进行中线校正，如图 4-21（c）所示。

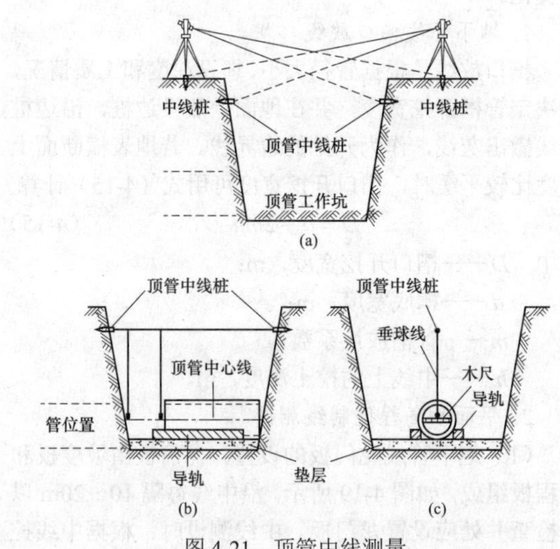

图 4-21 顶管中线测量

（a）标定中线桩；（b）垂球定向；（c）中线校正

（2）高程测量。在工作坑内安置水准仪，以临时水准点为后视点，在管内待测点上竖一根小于管径的标尺为前视点，将所测得的高程与设计高程进行比较，其差值超过 1cm 时，就需要进行校正。

在顶管过程中，为了保证施工质量，每顶进 0.5m，就需要进行一次中线测量和高程测量。距离小于 50m 的顶管，可按上述方法进行测设。当距离较长时，应分段施工，可每隔 100m 设置一个工作坑，采用对顶的施工方法，在贯通面上管子错口不得超过 3cm。

（三）架空管线施工放样

架空管线放样除测量前准备、中线放样与复核与“地面管线放样”类似，还有管架基础放样、支架安装放样两个流程。

1. 管架基础施工放样

施工前应根据管道的起止点、转折点以及管道支架基础的中心线进行管道的放线工作。先定出管道走向的中线桩，再根据支架间距定出支架基础的中心桩。由于支架基础中心桩将在基础施工时被挖掉，为了便

于恢复中心桩的正确位置，应在互为垂直的方向上引测控制桩。

根据基础开挖宽度确定开挖边线，并用石灰撒出灰线，作为开挖的依据。基础开挖后，钉设腰桩，用以控制开挖深度、垫层高度及支架顶面高度。垫层打好后，根据基础控制桩在垫层上放出基础边线，指导基础的浇注。

2. 支架安装放样

架空管道系安装在钢筋混凝土支架或钢支架上。安装管道支架时，应配合施工进行柱子垂直校正等测量工作。管道安装前，应在支架上测设中心线和标高。中心线投点和标高测量容许误差均不得超过 3mm。

九、道路放样

道路放样就是用仪器将设计的道路位置标定在实地，给道路施工提供依据。道路放样中常用到：道路控制桩、中线桩、加桩、里程、断链等概念，在此先做简单介绍。

（1）道路控制桩。道路控制桩是指对道路位置起决定作用的桩点，包括直线上的交点 JD、转点 ZD、曲线上的曲线主点。

（2）中线桩。中线桩是指中线上除控制桩外沿直线和曲线每隔一段距离钉设的中线桩，它都钉设在整 50cm 或 20cm 的倍数处。

（3）加桩。加桩是指沿道路中线上有特殊意义的地方钉设的中线桩，包括地形加桩和地物加桩。地形加桩是指沿中线放线地形起伏变化较大的地方钉设的桩；地物加桩则是指沿中线放线遇到对道路有较大影响的地物时布设的桩。

（4）里程。里程是指从道路起点沿道路前进方向计算至该中桩点的距离，其中曲线上的中桩里程是以曲线长计算的。具体表示方法是将整公里数和后面的尾数分开，中间用“+”号连接，在里程前还常常冠以字母 K。如离起点距离为 13456.789m 的中桩里程表示为 K13+456.789。

（5）断链。中线测量一般都是分段进行。由于地形地质等各种情况常常会进行局部改线或者由于计算或丈量发生错误时，会造成已测量好的各段里程不能连续，这种情况称为断链。

（一）测量准备工作

在进行放样之前，要做一些准备工作，主要包括资料准备、交接控制桩、道路施工复测三方面的工作。

1. 资料准备

道路施工前应搜集道路施工图中有关道路测量的资料，如沿线的导线点资料、水准点资料、中线设计和测设资料、纵横断面资料及地形图等。

2. 交接控制桩

施工单位在接到道路测量资料的同时，也必须到实地由设计单位将导线点、水准点和中桩点的实地位置在现场移交给施工单位。

3. 道路施工复测

道路的施工复测基本上与设计阶段相同，它包括以下三项：

（1）必须对沿线的导线点和水准点进行检查和必要的加密，破坏严重的要重新布设，这是道路施工的基础。一般情况下，导线点的密度能够满足施工要求，水准点要加密到 200m 以内一个点，以方便施工使用。

（2）必须对道路中线进行详细的测设，这是道路施工的依据。特别是对设计单位测设的道路交点、直线转点、曲线控制点和重要的桥涵加桩更要重点检查。

（3）必须进行纵横断面测量，并和设计单位的测量成果相比较。

施工复测的特点是，检验原有桩点的准确性，而不是重新测设。凡是与原来的成果或点位的差异在允许限差以内时，一律以原有成果为准，不作改动；超过允许限差的，则更新原成果。施工复测的精度与定测相同。

（二）道路放样方法

1. 先定线测量后中线测量法

先定线测量后中线测量法包括定线测量和中线测量两项工作。

定线测量是把道路的交点和必要的转点测设到地面，这个工作称为定线或放线，如图 4-22 所示，JD_1、JD_2、JD_3 是道路的交点，ZD_1、ZD_2、ZD_3、ZD_4 是道路直线上的转点，一般要求相邻点之间相互通视。

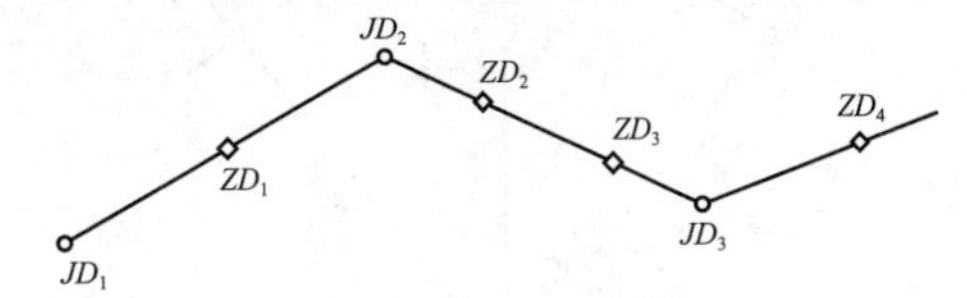

图 4-22 定线测量

中线测量是在定线测量的基础上，利用交点和转点，将道路中线的平面位置在地面上详细地标定出来。它与定线测量的区别在于，定线测量中，只是将道路交点和直线段的必要转点标定出来，而在中线测量中，根据交点和转点用一系列的木桩（相邻木桩间距为 10～50m）将道路的直线段和曲线段在地面上详细标定出来。

先定线测量后中线测量的定线法包括直线段和曲线段两部分。

（1）直线段。直线上的中线测量比较简单，一般在交点或转点上安置全站仪，以另一端交点或转点为零方向作为控制方向，然后沿视线方向按规定的距离钉设中桩。在遇到需要布设加桩的地方也要量出加桩的里程，丈量至米。

（2）曲线段。曲线的中线测量是在定线测量的基础上分两步进行：先由交点和转点测设曲线的主点，然后在曲线主点之间详细测设曲线，曲线的计算及测设方法将在本节详细介绍。

2. 极坐标一次放样法

随着全站仪的普及，道路中线放样都是采用全站仪用极坐标法来进行，这样就可以直接进行直线和曲线放样，定线测量与中线测量可同时进行，所以称为一次放样法。

3. GNSS RTK 放样法

GNSS RTK 放样法和极坐标一次放样法相似，在获得道路中线各个要素点后，用 GNSS RTK 的方法进行道路放样，不受通视条件的限制，优势明显，如今的道路放样普遍采用这种方法。

（三）曲线测设

1. 曲线元素的计算

曲线是道路重要的组成部分，道路放样工作重点也在曲线部分，曲线分为单圆曲线和缓和曲线两种。

（1）单圆曲线元素的计算。如图 4-23 所示，圆曲线两端点切线延长线的交点是曲线最重要的曲线主点，用拼音首字母 *JD* 来表示；按线路前进方向由直线进入圆曲线的起点叫直圆点，用 *ZY* 表示；整个圆曲线的中间点叫曲中点，用 *QZ* 表示；由圆曲线进入直线的圆曲线终点叫圆直点，用 *YZ* 表示。

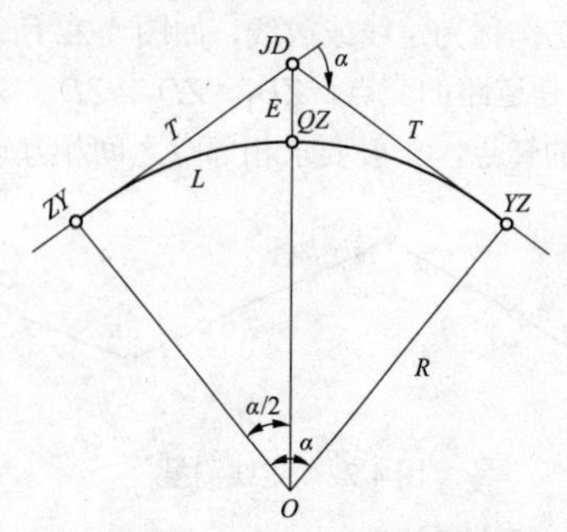

图 4-23 单圆曲线元素的计算

切线长 T：由交点至直圆点或圆直点之长，称切线长，用 T 表示；

外矢距 E：由交点沿分角线方向至曲中点的距离，称外矢距，用 E 表示；

曲线长 L：由直圆点沿曲线计算到圆直点之长，称曲线长，以 L 表示；

切曲差 D：从 *ZY* 点沿切线到 *YZ* 点和从 *ZY* 点沿曲线到 *YZ* 点的长度是不相等的，它们的差值称为切曲差，用 D 表示。

各曲线要素计算公式如下：

$$\left.\begin{aligned} T &= R\times\tan\frac{\alpha}{2} \\ L &= R\times\alpha\times\frac{\pi}{180^\circ} \\ E &= R\left(\sec\frac{\alpha}{2}-1\right) \\ D &= 2\times T-L \end{aligned}\right\} \tag{4-17}$$

式中 R——圆曲线的半径；

α——转向角，（°）。

R 和 α 的大小均由设计所定。

圆曲线上个点的里程都是从一已知里程开始沿曲线逐点推算。一般已知的 *JD* 点的里程是从前一直线段推算而得，然后，再由 *JD* 的里程推算其他各控制点的里程，用 M 代表里程，计算公式为

$$\left.\begin{aligned} M_{ZY} &= M_{JD}-T \\ M_{QZ} &= M_{ZY}+L/2 \\ M_{YZ} &= M_{QZ}+L/2 \end{aligned}\right\} \tag{4-18}$$

计算检核公式为

$$M_{YZ} = M_{JD}+T-D \tag{4-19}$$

（2）缓和曲线元素的计算。

1）缓和曲线的性质。缓和曲线是用于连接直线和圆曲线、圆曲线和圆曲线间的过渡曲线。它的曲率半径沿曲线按一定的规律而变化。设置缓和曲线的目的是使直线和圆曲线之间、圆曲线和圆曲线之间的连接更为合理，使车辆行驶平顺而安全。

车辆在曲线上行驶会产生离心力，所以在曲线上要外侧高、内侧低呈现单向横坡形式来克服离心力，称弯道超高。离心力的大小与曲线半径有关，半径愈小，离心力愈大，超高也就愈大。故一定半径的曲线上应有一定量的超高。此外，在曲线的内侧要有一定量的加宽。因此，在直线和圆曲线和两个半径相差较大的圆曲线中间，就要考虑如何设置超高和加宽的过渡问题。为了解决这一问题，在他们之间采用一段过渡的曲线。如在与直线连接处，它的半径等于∞，随着距离的增加，半径逐渐减小，到与圆曲线连接处，它的半径等于圆曲线的半径 R。同样随着半径的逐渐减小，使相应的超高和加宽之间增大，起到过渡的作用，这种曲率半径处处都在改变的曲线称为缓和曲线。

2）缓和曲线常数。缓和曲线可用多种曲线生成，如回旋线、三次抛物线和双曲线等。公路上一般都采用回旋线作为缓和曲线。从直线段连接处起，缓和曲线上各点的曲率半径 ρ 和该点离缓和曲线起点的距离 l 成反比，即

$$\rho = \frac{c}{l} \tag{4-20}$$

式中 c——一个常数，称为缓和曲线变更率。

在与圆曲线连接处，l 等于缓和曲线全长 l_0，ρ 等于圆曲线的半径 R，故

$$c = Rl_0 \tag{4-21}$$

c 一经确定，缓和曲线的形状也就确定。c 愈小，半径的变化愈快；反之，c 愈大，半径的变化愈慢，曲线也就愈平顺。当 c 为定值时，缓和曲线的长度视所连接的圆曲线半径而定，如图 4-24 所示。

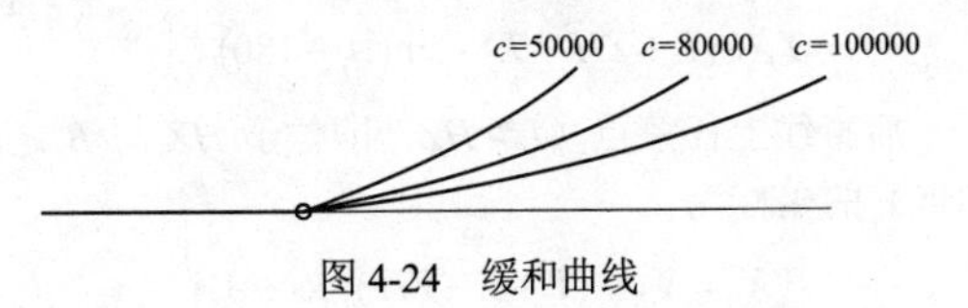

图 4-24　缓和曲线

3）缓和曲线方程。由上述可知，缓和曲线是按线性规则变化的，其任意点的半径为

$$\rho = \frac{c}{l} = \frac{Rl_0}{l} \tag{4-22}$$

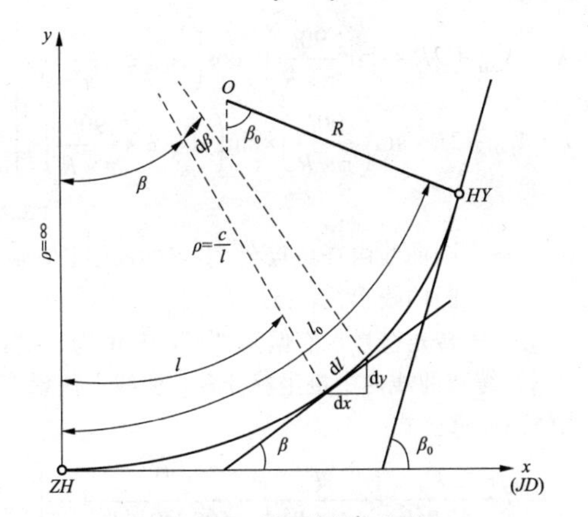

图 4-25　缓和曲线方程式

缓和曲线方程式如图 4-25 所示，可看出：

$$\mathrm{d}\beta = \frac{\mathrm{d}l}{\rho} = \frac{l}{Rl_0} \cdot \mathrm{d}l$$

$$\beta = \int_0^l \mathrm{d}\beta = \int_0^l \frac{l}{Rl_0} \cdot \mathrm{d}l = \frac{l^2}{2Rl_0} \tag{4-23}$$

由图 4-25 又可得出：

$$\mathrm{d}x = \mathrm{d}l \cdot \cos\beta$$

$$\mathrm{d}y = \mathrm{d}l \cdot \sin\beta$$

将 $\sin\beta$ 和 $\cos\beta$ 用泰勒级数展开，顾及式（4-23），再积分，略去高次项，便得到曲率按线性规则变化的缓和曲线方程式为

$$\left.\begin{aligned} x &= l - \frac{l^5}{40R^2 l_0^2} = l - \frac{l^5}{40c^2} \\ y &= \frac{l^3}{6Rl_0} = \frac{l^3}{6c} \end{aligned}\right\} \tag{4-24}$$

缓和曲线终点的坐标为（取 $l=l_0$，并顾及 $c=R \cdot l_0$）：

$$\left.\begin{aligned} x_0 &= l_0 - \frac{l_0^3}{40R^2} \\ y_0 &= \frac{l_0^2}{6R} \end{aligned}\right\} \tag{4-25}$$

4）缓和曲线参数的计算方法。如图 4-26 所示，虚线部分为一转向角为 α、半径为 R 的圆曲线 AB，今欲在两侧插入长为 l_0 的缓和曲线。圆曲线的半径 R 不变而将圆心从 O'点移至 O 点，使得移动后的曲线离切线的距离为 P。曲线起点沿切线向外侧移至 E 点，设 $DE=m$，同时将移动后圆曲线的一部分（图中的 C～F）取消，从 E 点到 F 点之间用弧长为 l_0 的缓和曲线替代，故缓和曲线大约有一半在原圆曲线范围内，而另一半在原直线范围内。缓和曲线的倾角 β_0 即为 C～F 所对的圆心角。

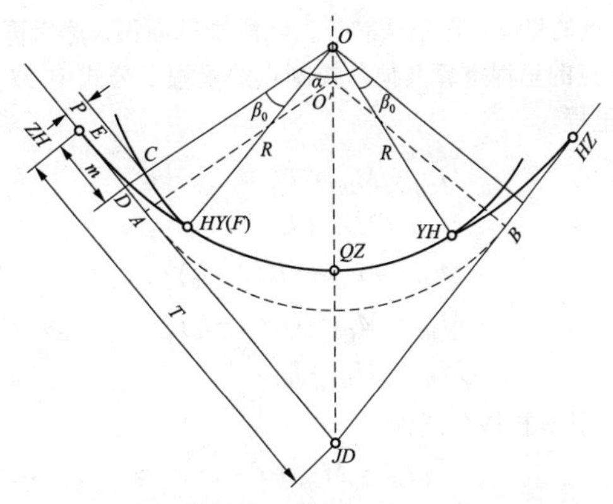

图 4-26　缓和曲线连同圆曲线

这里缓和曲线的倾角 β_0、圆曲线的内移值 P 和切线的外延量 m 称为缓和曲线参数，其计算公式如下：

$$\left.\begin{aligned} \beta_0 &= \frac{l_0}{2R} \\ P &= \frac{l_0^2}{24R} - \frac{l_0^4}{2688R^3} \approx \frac{l_0^2}{24R} \\ m &= \frac{l_0}{2} - \frac{l_0^3}{240R^2} \approx \frac{l_0}{2} \end{aligned}\right\} \tag{4-26}$$

5）缓和曲线的曲线主点。交点是曲线最重要的曲线主点，用 JD 来表示，缓和曲线的其他五个主点是：直缓点 ZH、缓圆点 HY、曲中点 QZ、圆缓点 YH 和缓直点 HZ（参看图 4-26）。

6）缓和曲线综合要素的计算。为了要测设这些控制点并求出这些点的里程，必须计算缓和曲线要素，主要有：切线长 T、外矢距 E、曲线长 L 和切曲差 D。

如图 4-26 所示，各曲线要素计算公式如下：

$$\left.\begin{aligned} T &= (R+P)\times\tan\frac{\alpha}{2}+m \\ L &= R\times(\alpha-2\beta_0)\times\frac{\pi}{180^\circ}+2l_0 \\ &= R\times\alpha\times\frac{\pi}{180^\circ}+l_0 \\ E &= (R+P)\times\sec\frac{\alpha}{2}-R \\ D &= 2T-L \end{aligned}\right\} \quad (4\text{-}27)$$

式中 R——圆曲线的半径，m；

α——转向角，(°)；

l_0——缓和曲线的弧长，m；

β_0、P、m——缓和曲线参数，分别代表缓和曲线的倾角、圆曲线的内移值和切线的外延量，计算公式见式（4-26）。

7）缓和曲线里程的计算。曲线上各点的里程都是从一已知里程的点开始沿曲线逐点推算。一般已知 *JD* 点的里程，它是从前一直线段推算而得，然后再由 *JD* 点的里程推算其他各控制点的里程，公式中 M 表示里程。

$$\left.\begin{aligned} M_{ZH} &= M_{JD}-T \\ M_{HY} &= M_{ZH}+l_0 \\ M_{QZ} &= M_{HY}+(L/2-l_0) \\ M_{YH} &= M_{QZ}+(L/2-l_0) \\ M_{HZ} &= M_{YH}+l_0 \end{aligned}\right\} \quad (4\text{-}28)$$

计算检核公式为

$$M_{HZ} = M_{JD}+T-D \quad (4\text{-}29)$$

2. 曲线坐标的计算

道路施工放样一般都采用全站仪极坐标一次放样法。采用该法，首先必须建立一个贯穿全线的统一坐标系。根据路线地理位置和几何关系计算出道路中线上各桩点在该坐标系中的坐标。因此，该法的关键工作之一就是曲线坐标的计算。

（1）直线上中桩坐标计算。如图 4-27 所示，设交点坐标为 *JD*（X_J, Y_J），交点相邻直线的方位角分别为 A_1 和 A_2。则 *ZH*（或 *ZY*）点坐标为

$$\left.\begin{aligned} X_{ZH(ZY)} &= X_J+T\times\cos(A_1+180) \\ Y_{ZH(ZY)} &= Y_J+T\times\sin(A_1+180) \end{aligned}\right\} \quad (4\text{-}30)$$

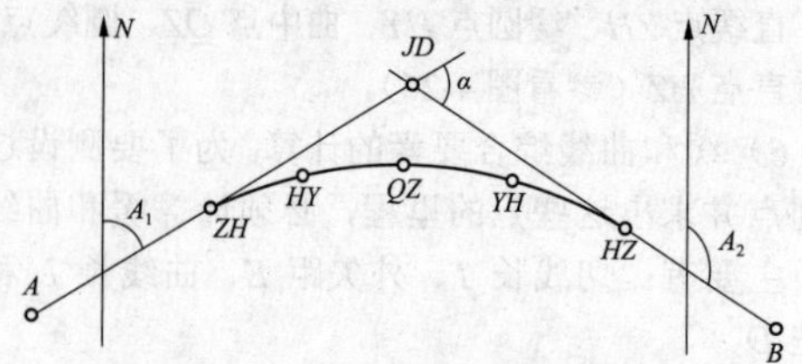

图 4-27 中桩坐标计算示意图

HZ（或 *YZ*）点坐标：

$$\left.\begin{aligned} X_{HZ(YZ)} &= X_J+T\times\cos A_2 \\ Y_{HZ(YZ)} &= Y_J+T\times\sin A_2 \end{aligned}\right\} \quad (4\text{-}31)$$

设直线上加桩里程为 L，*ZH*、*HZ* 表示曲线起、终点里程，则前直线上任意点（$L\leqslant ZH$，即位于 A 与 *ZH* 之间的点）的坐标为

$$\left.\begin{aligned} X &= X_J+(T+ZH-L)\times\cos(A_1+180) \\ Y &= Y_J+(T+ZH-L)\times\sin(A_1+180) \end{aligned}\right\} \quad (4\text{-}32)$$

后直线上任意点（$L>HZ$，即位于 *HZ* 与 B 之间的点）的坐标为

$$\left.\begin{aligned} X &= X_J+(T+L-ZH)\times\cos A_2 \\ Y &= Y_J+(T+L-ZH)\times\sin A_2 \end{aligned}\right\} \quad (4\text{-}33)$$

（2）单圆曲线内中桩坐标计算。曲线起终点坐标按式（4-30）、式（4-31）计算，设其坐标分别为 *ZY*（X_{ZY}, Y_{ZY}），*YZ*（X_{YZ}, Y_{YZ}）则圆曲线上各点的坐标为

$$\left.\begin{aligned} X &= X_{ZH}+2R\times\sin\left(\frac{90l}{\pi\times R}\right)\times\cos\left(A_1+\xi\times\frac{90l}{\pi\times R}\right) \\ Y &= Y_{ZH}+2R\times\sin\left(\frac{90l}{\pi\times R}\right)\times\sin\left(A_1+\xi\times\frac{90l}{\pi\times R}\right) \end{aligned}\right\} \quad (4\text{-}34)$$

式中 l——圆曲线内任意点至 *ZY* 点的曲线长，m；

R——圆曲线半径，m；

ξ——转角符号，右偏为“+”，左偏为“−”。

（3）缓和曲线内中桩坐标计算。曲线上任意点的切线横距计算公式：

$$\left.\begin{aligned} x &= l-\frac{l^5}{40R^2l_0^2}+\frac{l^9}{3456R^4l_0^4}-\frac{l^{13}}{599040R^6l_0^6}+\cdots \\ y &= \frac{l^3}{6Rl_0}-\frac{l^7}{336R^3l_0^3}+\frac{l^{11}}{42240R^5l_0^5}-\cdots \end{aligned}\right\} \quad (4\text{-}35)$$

式中 l——缓和曲线上任意点至 *ZH*（或 *HZ*）点的曲线长，m；

l_0——缓和曲线长度，m。

实际上应用用时，x 取二项、y 取前一项即可。

1）第一缓和曲线（*ZH*～*HY*）内任意点坐标

$$\left.\begin{aligned} X &= X_{ZH}+x\times\sec\left(\frac{30l^2}{\pi Rl_0}\right)\times\cos\left(A_2+\xi\frac{30l^2}{\pi Rl_0}\right) \\ Y &= Y_{ZH}+x\times\sec\left(\frac{30l^2}{\pi Rl_0}\right)\times\sin\left(A_2+\xi\frac{30l^2}{\pi Rl_0}\right) \end{aligned}\right\} \quad (4\text{-}36)$$

式中 l——第一缓和曲线内任意点至 *ZH* 点的曲线长。

2）圆曲线内任意点坐标

由 *HY*～*YH* 时

$$\left.\begin{aligned}X&=X_{HY}+2R\times\sin\left(\frac{90l}{\pi R}\right)\times\cos\left[A_1+\xi\frac{90(l+l_0)}{\pi R}\right]\\Y&=Y_{HY}+2R\times\sin\left(\frac{90l}{\pi R}\right)\times\sin\left[A_1+\xi\frac{90(l+l_0)}{\pi R}\right]\end{aligned}\right\}\tag{4-37}$$

式中　l——圆曲线内任意点至 HY 点的曲线长；

X_{HY}、Y_{HY}——HY 点的坐标，由式（4-30）而来。

由 YH～HY 时

$$\left.\begin{aligned}X&=X_{YH}+2R\times\sin\left(\frac{90l}{\pi R}\right)\times\cos\left[A_2+180-\xi\frac{90(l+l_0)}{\pi R}\right]\\Y&=Y_{YH}+2R\times\sin\left(\frac{90l}{\pi R}\right)\times\sin\left[A_2+180-\xi\frac{90(l+l_0)}{\pi R}\right]\end{aligned}\right\}\tag{4-38}$$

式中　l——圆曲线内任意点至 YH 点的曲线长；

X_{YH}、Y_{YH}——YH 点的坐标，由式（4-31）计算而来。

3）第二缓和曲线（YH～HZ）内任意点坐标

$$\left.\begin{aligned}X&=X_{HZ}+x\times\sec\left(\frac{30l^2}{\pi Rl^0}\right)\times\cos\left(A_2+180-\xi\frac{30l^2}{\pi Rl_0}\right)\\Y&=Y_{HZ}+x\times\sec\left(\frac{30l^2}{\pi Rl^0}\right)\times\sin\left(A_2+180-\xi\frac{30l^2}{\pi Rl_0}\right)\end{aligned}\right\}\tag{4-39}$$

式中　l——第二缓和曲线内任意点至 HZ 点的曲线长，m。

3. 曲线放样

（1）单圆曲线的测设方法。

1）偏角法。所谓偏角法，就是将全站仪安置在曲线上任意一点（通常是曲线主点：ZY、YZ、QZ），则曲线上所欲测设的各点可用相应的偏角 δ 和弦长 C 来测定。偏角是指安置全站仪的测设点的切线和待定点的弦之间的夹角，即弦切角。如图 4-28 所示，ZY 为测站点，以切线方向为零方向，第一点可用偏角 δ 和 1 点至 ZY 点的弦长 C_1 来测设，第二点可用偏角 δ_1 和从 1 点至 2 点的弦长 C_2 来测设。以后各点均可用同样的方法测设。即用偏角来确定测设点的方向，而距离是从相应点上量出弦长而得到。由此可见，用偏角法测设圆曲线必须先计算出偏角 δ 和弦长 C。

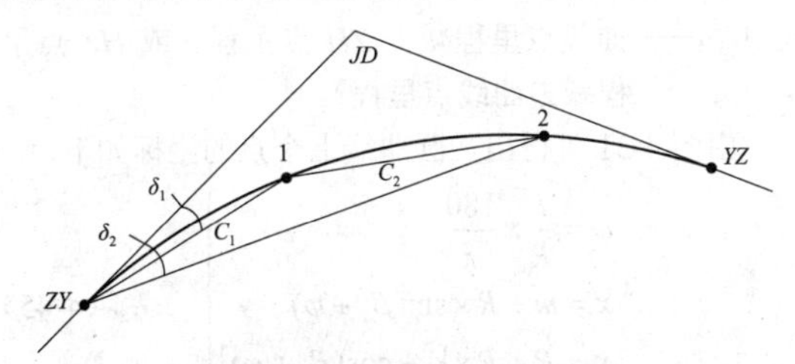

图 4-28　偏角法测设圆曲线

偏角 δ 即弦切角等于它对应弦所对圆心角 ϕ 之半：

$$\left.\begin{aligned}\delta&=\frac{\phi}{2}=\frac{L}{2R}\,(\mathrm{rad})\\\delta&=\frac{\phi}{2}=\frac{L}{2R}\times\frac{180}{\pi}\,(^\circ)\end{aligned}\right\}\tag{4-40}$$

式中　R——曲线的半径，m；

L——测站点到测设点的弧长，m。

由式（4-40）可知，对于半径 R 确定的圆曲线，偏角与弧长成正比。当弧长成倍增加时，相应的偏角也成倍增加，实际工作中，通常都是弧长增加相等的值 l_1，因此，第 2 点所对应的偏角 δ_2：

$$\delta_2=\frac{\varphi_2}{2}=\frac{l_1+l_2}{2R}\cdot\frac{180^\circ}{\pi}=2\delta_1$$

同理有：

$$\delta_3=3\delta_1\cdots\delta_n=n\delta_1$$

所以弦长 C 的计算公式：

$$C=2R\cdot\delta\tag{4-41}$$

用全站仪拨偏角时，存在正拨和反拨的问题。当线路为右转向时，偏角为顺时针方向，以切线为零方向时，全站仪所拨角即为偏角值，此时为正拨；当线路为左转向时，偏角为逆时针方向，全站仪所拨角应为 360°$-\delta$，此时为反拨。

2）切线支距法。切线支距法即直角坐标法，支距即垂距，相当于直角坐标系中的 Y 值。切线支距法通常是以 ZY 或 YZ 点为坐标原点，以切线为 X 轴，过原点的半径为 Y 轴，曲线上各点的位置用坐标 x、y 来测设。由此可见，用切线支距法测设圆曲线必须先计算出各点的坐标值。由图 4-29 可得 x、y 的计算公式如下：

$$\left.\begin{aligned}\varphi&=\frac{l}{R}\times\frac{180}{\pi}\\x&=R\times\sin\varphi\\y&=R\times(1-\cos\varphi)\end{aligned}\right\}\tag{4-42}$$

式中　l——圆曲线内任意点至 ZY 点（或 YZ 点）的曲线长，m；

φ——圆心角，（°）。

3）GNSS RTK。在工程实际中，当道路的放样的坐标准备好后，往往不再使用传统的方法，因为传统的方法比较繁琐，效率低，而且容易出错。一般都是用全站仪直接放样曲线细部点，有条件的施工单位还使用 GNSS RTK 的方法进行放样，既方便又快捷，精度也能得到保证，同时使用 GNSS 放样比全站仪更方便，能解决通视问题。

（2）缓和曲线的测设方法。

1）偏角法。

如图 4-30 所示，P 点为缓和曲线上一点，根据式（4-24）缓和曲线方程，可求得其坐标 x_P、y_P，则 P 点

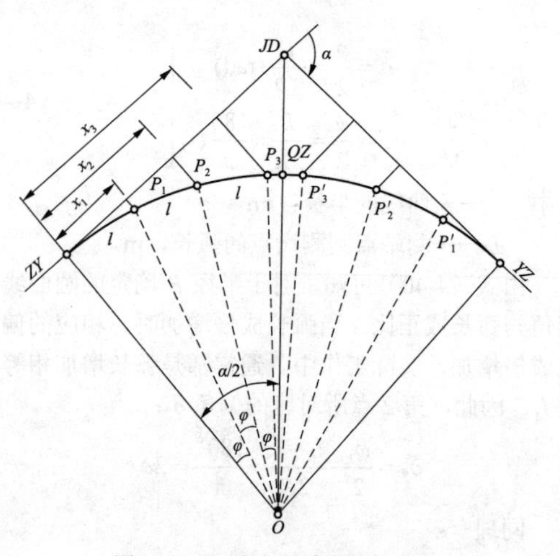

图 4-29 切线支距法测设圆曲线

的偏角为

$$\delta \approx \sin\delta \approx \frac{y}{l} \approx \frac{l^2}{6c} = \frac{l^2}{6Rl_0} \tag{4-43}$$

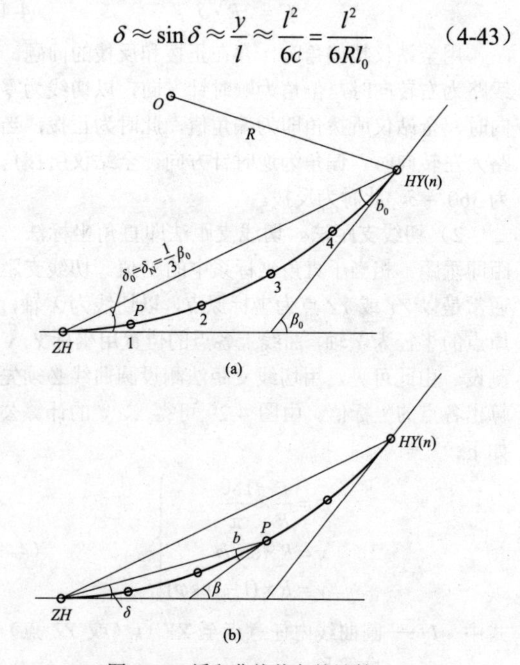

图 4-30 缓和曲线偏角的计算

（a）偏角法原理图；（b）b、δ、β 之间几何关系

这是缓和曲线起点测设缓和曲线上任意点偏角的基本公式，称为正偏角。反之，在缓和曲线上的 P 点测设缓和曲线起点的偏角为 b，称为反偏角。其与 β、δ 的关系为

$$\delta : b : \beta = 1:2:3$$

这一关系只有包括缓和曲线起点在内才正确，即 δ 必须是起点的偏角。

与圆曲线不同，缓和曲线上同一弧段的正偏角和反偏角不相同；等长的弧段偏角的增量也不等，如在起点的偏角是按弧长的平方成正比增加的。

在实际应用中，缓和曲线全长一般都选用 10m 的倍数。为了计算和编制表格方便，缓和曲线上测设的点都是间隔 10m 的等分点，即整桩距法。

设 δ_1 为缓和曲线上第 1 个等分点的偏角；δ_i 为第 i 个等分点的偏角，缓和曲线分为 N 段，$i \leqslant N$，则按式（4-43）可得：

$$\delta_i : \delta_1 = l_i^2 : l_1^2$$

$$\delta_i = \left(\frac{l_i^2}{l_1^2}\right) \times \delta_1 = i^2 \times \delta_1$$

当 $i=N$ 时：

$$\delta_1 = \frac{1}{N^2}\delta_0$$

而

$$\delta_0 = \frac{l_0^{\ 2}}{6Rl_0} = \frac{l_0}{6R} = \frac{1}{3}\beta_0$$

因此，由 $\beta_0 \rightarrow \delta_0 \rightarrow \delta_1$ 这样的顺序计算出 δ_1，然后按 2^2、3^2、…、N^2 的倍数乘以 δ_1 求出各点的偏角，这比直接用式（4-43）计算要方便。也可以根据缓和曲线长编制成偏角表，在实际作用中可查表测设。

如果测设的点不是缓和曲线的等分点，而是桩号为曲线点间距的整倍数时，此谓整桩号法，这时曲线的偏角要严格按式（4-43）进行计算。

偏角法测设时的弦长，严密的计算法用相邻两点的坐标计算而得，但较为复杂。由于缓和曲线和圆曲线半径都较大，因此常以弧长代替弦长进行测设。缓和曲线弦长的计算式为

$$C_0 = x_0 \bullet \sec\delta_0$$

2）切线支距法测设缓和曲线连同圆曲线。

与切线支距法测设圆曲线相同，以过 ZH 或 HZ 的切线为 x 轴，过 ZH 或 HZ 点作切线的垂线为 y 轴，如图 4-31 所示，无论是缓和曲线还是圆曲线上的点，均用同一坐标系的 x 和 y 来测设。缓和曲线上各点坐标的计算公式为

$$\left.\begin{aligned} x &= l - \frac{l^5}{40c^2} \\ y &= \frac{l^3}{6c} \end{aligned}\right\} \tag{4-44}$$

式中 l——曲线点里程减去 ZH 点里程（或 HZ 点里程减去曲线点里程）。

由图 4-31 可得出，圆曲线上个点的坐标如下：

$$\left.\begin{aligned} \varphi &= \frac{l}{R} \times \frac{180}{\pi} \\ x &= m + R \times \sin(\beta_0 + \varphi) \\ y &= P + R \times [1 - \cos(\beta_0 + \varphi)] \end{aligned}\right\} \tag{4-45}$$

式中 l——曲线点里程减去 HY 点里程（或 YH 点里程减去曲线点里程）。

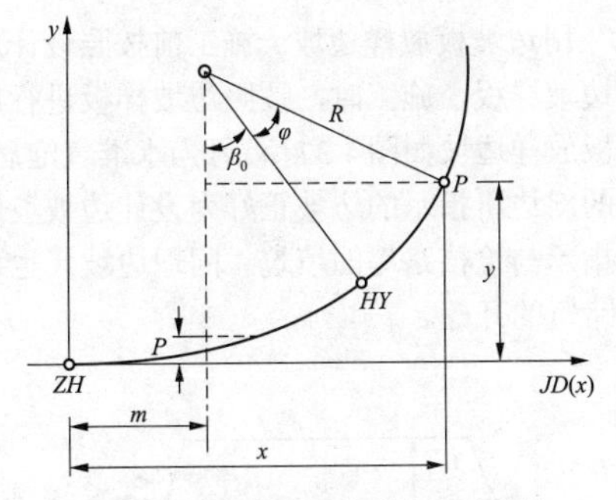

图 4-31　切线支距法测设缓和曲线

3）GNSS RTK。在工程实际中，和放样圆曲线一样，当道路的放样的坐标准备好后，往往不再使用传统的方法，有条件的施工单位可使用 GNSS RTK 的方法进行放样，既方便又快捷，精度也能得到保证，同时使用 GNSS 放样比全站仪更方便，能解决通视问题。

（四）道路边桩和边坡的放样

1. 道路边桩的放样

在中线恢复以后，首先进行的是路基施工，因此必须定出路基的边桩，即路堤的坡脚线或路堑的坡顶线。路基边桩测设就是在地面上将每一个横断面的路基边坡线与地面的交点用木桩标定出来。边桩的位置由两侧边桩至中桩的距离来确定。常用的边桩测设方法有：图解法、解析法、全站仪坐标放样法。

（1）图解法。当所测的横断面图有足够的精度时，可在横断面图上根据设计高度绘出路基断面。按此比例量出左右两侧边桩至中线桩的水平距离，在实地用皮尺放出边桩。这是测设边桩最简单的方法，此法只适用于填挖方不大的地区。

（2）解析法。解析法是通过公式计算，求得路基边桩至中桩的平距。

1）平坦地段路基边桩的测设。如图 4-32 所示，在平坦地面，边桩到中线桩的水平距离 D 可用式（4-46）计算。

$$D_{左} = D_{右} = \frac{b}{2} + mH \tag{4-46}$$

式中　b——路堤时为路基顶面宽度，路堑时为路基顶面宽加侧沟和平台的宽度，m；

m——边坡的坡度比例系数；

H——中桩的填挖高度（可从纵断面图或填挖高度表上查得），m。

2）倾斜地段路基边桩的测设。在倾斜地面上，不能利用公式直接计算而且两侧边桩也不相等时，可采用逐步趋近的方法在实地测设路堤或路堑的边桩。

如图 4-33 所示，当测设路堤的边桩时，首先在下坡一侧大致估计坡脚位置，假设在点 1，用水准仪测出点 1 与中桩的高差 h_1，再量出 1 点离中桩的水平距离 D_1'。这时可算出高差为 h_1 时坡脚位置到中桩的距离 D_1 为

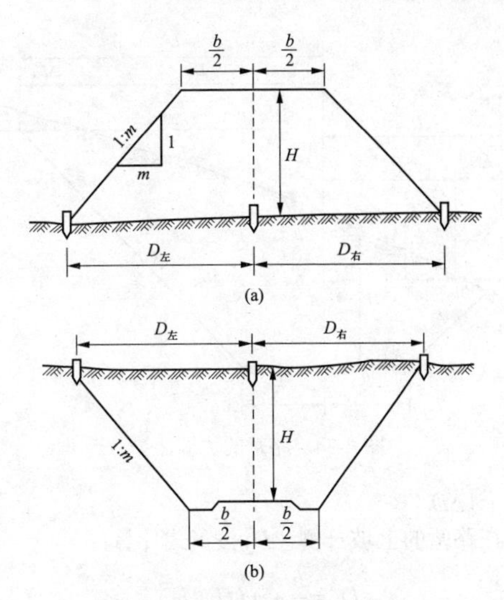

图 4-32　用公式计算边桩位置

（a）路堤路基；（b）路堑路基

$$D_1 = \frac{b}{2} + m(H + h_1)$$

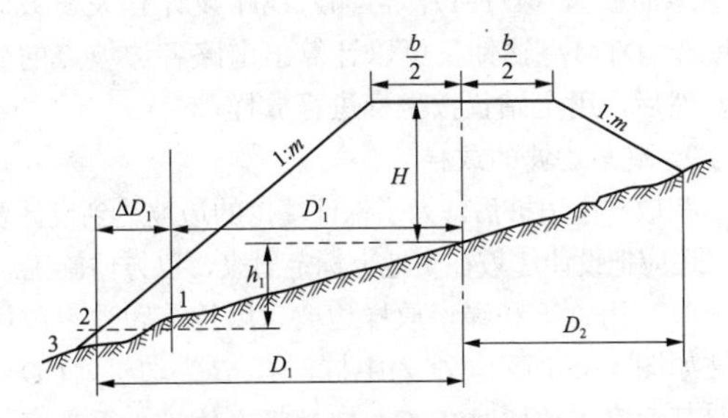

图 4-33　路堤的边桩计算

如计算所得的 D_1 大于 D_1'，说明坡脚应位于 1 点之外，正如图 4-33 所示；如 D_1 小于 D_1'，说明坡脚应在点 1 之内。按照差数 $\Delta D_1 = D_1 - D_1'$ 移动水准尺的位置（ΔD_1 为正向外移，为负向内移），再次进行测试，直至 $\Delta D_1 < 0.1\text{m}$，则立尺点即可认为是坡脚的位置。从图 4-33 可以看出：计算出的 D_1 是点 2 到中桩的距离，二实际坡脚在点 3。为减少试测次数，移动尺子的距离应大于 $|\Delta D_1|$。这样，一般试测一、二次即可找到所需的坡脚点。

在坡堤的上坡一侧，D_2 的计算公式为

$$D_2 = \frac{b}{2} + m(H - h_2) \tag{4-47}$$

当测设路堑的边坡时，可参看图 4-34，在下坡一侧，D_1 按下式计算：

$$D_1 = \frac{b}{2} + m(H - h_1) \tag{4-48}$$

实际量为 D_1'。根据 $\Delta D_1 = D_1 - D_1'$ 来移动尺子，ΔD_1 为正时向外移，为负时向里移。但移动的距离应

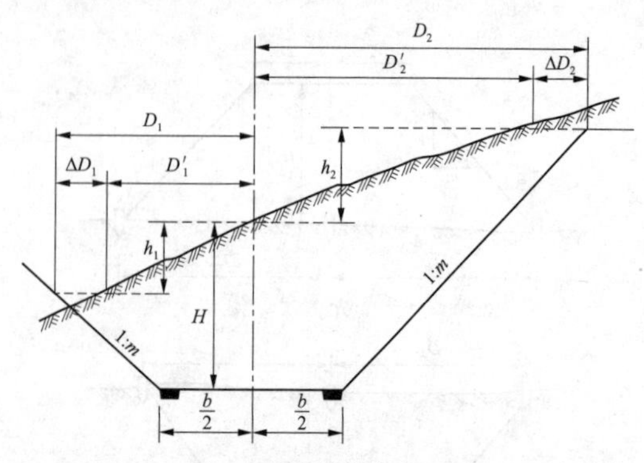

图 4-34　路堑的边桩计算

略小于$|\Delta D_1|$。

在路堑的上坡一侧，D_2按下式计算：

$$D_2 = \frac{b}{2} + m(H + h_2) \tag{4-49}$$

实际量得为D_2'。根据$\Delta D_2 = D_2 - D_2'$来移动尺子，但移动的距离应稍大于$|\Delta D_2|$。

（3）全站仪坐标放样法。通过计算机软件，利用地形测量数据，可以生成道路施工区域带状地形图的数字地面模型（DTM），再输入线路设计有关参数，借助于 DTM，软件又可以计算出道路各边坡点的坐标，然后，用全站仪按坐标进行放样。

2. 道路边坡的放样

在放样出边桩后，为了保证填挖的边坡达到设计要求，还应把设计边坡在实地上标定出来，以方便施工。

（1）用竹竿和绳索放样边坡。用竹竿和绳索放样边坡如图 4-35 所示，O为中桩，A、B为边桩，$CD=b$为路基宽度。放样时在C、D处竖立竹竿，于高度等于中桩填土高处H之处C'、D'用绳索连接，同时由C'、D'用绳索连接到边桩A、B上，则设计坡度展现于实地。当路堤填土不高时，可用上述方法一次挂线。当路堤填土较高时，如图 4-36 所示可分层挂线施工。

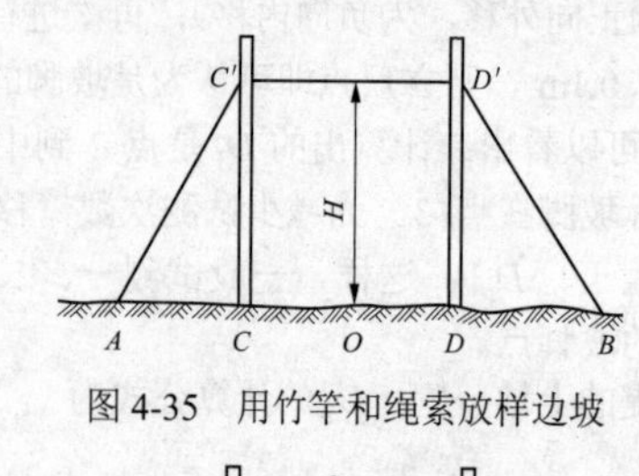

图 4-35　用竹竿和绳索放样边坡

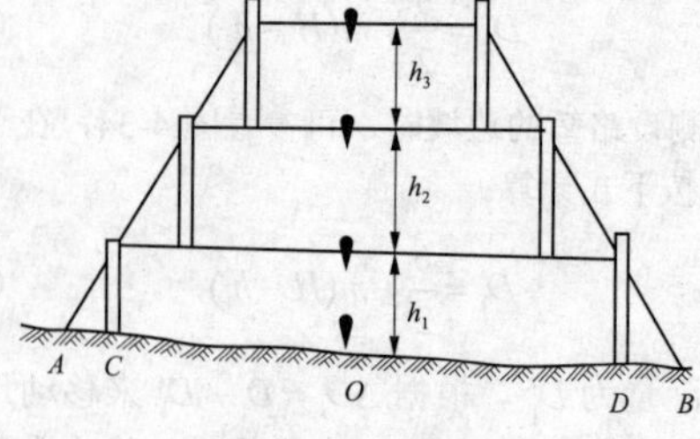

图 4-36　分层挂线施工

（2）用边坡板放样边坡。施工前按照设计边坡坡度做好边坡样板，施工时，按照边坡样板进行放样。用边坡板放样边坡如图 4-37 所示。当水准气泡居中时，边坡尺的斜边所指示的边坡正好为设计边坡坡度，故借此可指示与检核路堤的填筑。同理边坡尺也可指示与检核路堑的开挖。

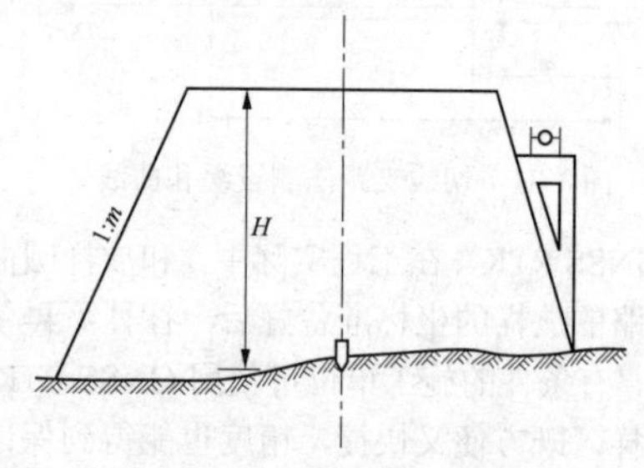

图 4-37　用边坡板放样边坡

用固定边坡样板放样边坡，如图 4-38 所示，在开挖路堑时，于坡顶外侧按设计坡度设立固定样板，施工时可随时指示并检核开挖和修整情况。

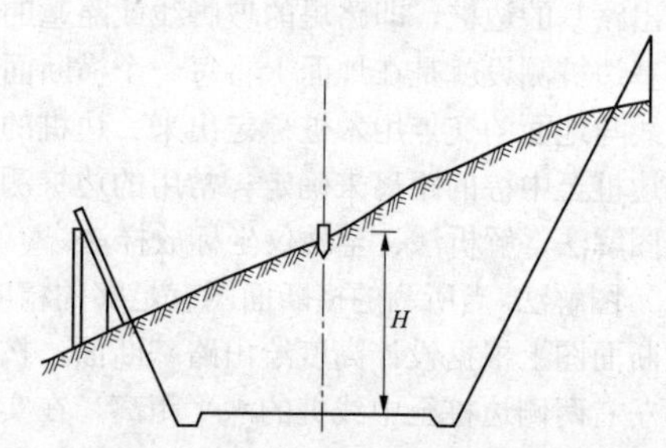

图 4-38　用固定边坡样板放样边坡

（五）竖曲线的测设

1. 竖曲线的概念

在道路中除了平面的曲线外，还不可避免地有上坡和下坡。两相邻路段的交点称为变坡点。按有关规定，当相邻坡度的代数差超过 0.003～0.004 时，为了保证行车安全，在相邻破断间要加设竖曲线。竖曲线按顶点所在位置又可分为凸形竖曲线和凹形竖曲线。

2. 竖曲线参数（θ、L、T、E_0）计算

竖曲线如图 4-39 所示，i_1、i_2、i_3分别为设计的路面坡道线的坡度。上坡为正，下坡为负，θ为竖曲线的转折角。由于线路设计时的允许坡度一般总是很小的，所以可以认为θ等于相邻坡道之坡度的代数差，如$\theta_1=i_2-i_1$，$\theta_2=i_3-i_2$。θ大于零时为凹形竖曲线，θ小于零时为凸形竖曲线。为了书写方便，计算中直接用$\theta=|\theta|$来计算。

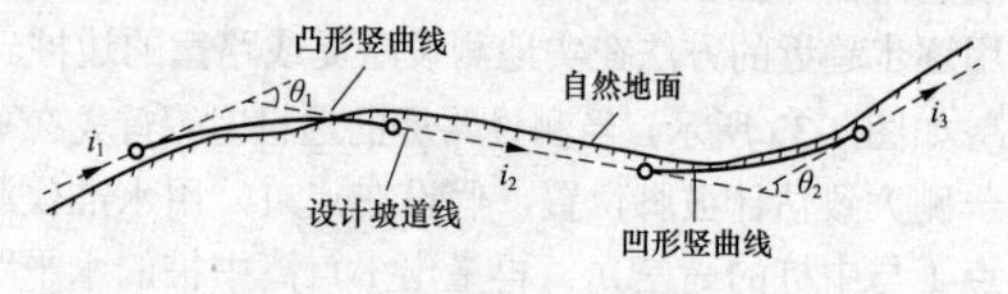

图 4-39　竖曲线

竖曲线可采用抛物线或采用圆曲线。用抛物线过渡，在理论上似乎更为合理，但实际上用圆曲线计算与用抛物线计算结果是非常接近的，因此在道路中竖曲线都采用圆曲线。根据纵断面设计中所给定的竖曲线半径 R，以及由相邻坡道之坡度求得的线路竖向转折角 θ，可以计算竖曲线长 L，切线长 T 和外矢距 E 等曲线要素。由图 4-40 可以看出：

$$L = R \cdot \theta = R(i_2 - i_1) \tag{4-50}$$

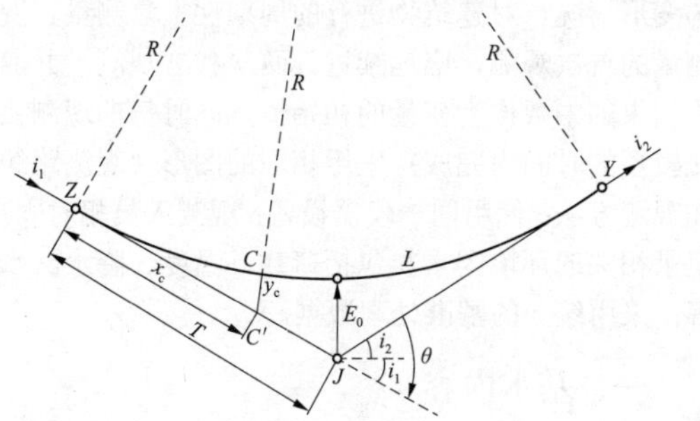

图 4-40　竖曲线的计算

因为 θ 值一般都很小，而且竖曲线半径 R 都比较大，所以切线长 T 可近似以曲线长 L 的一半来代替，外矢距 E_0 也可按近似公式来计算，则有：

$$\left.\begin{aligned} T &\approx \frac{L}{2} = \frac{R \times (i_2 - i_1)}{2} \\ E_0 &\approx \frac{T^2}{2R} \end{aligned}\right\} \tag{4-51}$$

切线长 T 求出后，即可由变坡点 J 沿中线向两边量取 T 值，定出竖曲线的起点 Z 和终点 Y。

3. 竖曲线上各加桩点的高程计算

竖曲线上一般要求每隔 10m 测设一个加桩以便于施工。测设前按规定间距确定各加桩至竖曲线起（终）点的距离并求出各加桩点的设计标高（简称标高），以便在竖曲线范围内的各家桩点上标出竖曲线的高程。

在图 4-40 中，C 为竖曲线上某个加桩点，将过 C 点的竖曲线半径延长，交切线于 C'。令 C' 到起点 Z 的切线长为 x_C，$CC'=y_C$。由于设计坡度较小，可以把切线长 x_C 看成 Z、C' 两点间的水平距离，而把 y_C 看成 C、C' 两点间的高程差。也就是说，若按上述情况定义竖曲线上各点的 x、y 值，则竖曲线上任一点的 x 值即可根据其到竖曲线起（终）点的距离来确定，而它的 y 值即表示其在切线和竖曲线上的高程差。因而，竖曲线上任一点的标高（H_i）可按式（4-52）求得：

$$H_i = H_i' \pm Y_i \tag{4-52}$$

式中　H_i' ——该点在切线上的高程，也就是它在坡度上的高程，称为坡度点高程；

Y_i——该点的标高改正。当竖曲线为凸形曲线时，公式取“−”号；当为凹形曲线时取“+”号。

坡度点高程 H_i'，可根据变坡点 J 的设计高程 H_0、坡度 i 及该点至坡点的间距来推求，计算公式为

$$H_i' = H_0 \pm (T - X_i) \cdot i \tag{4-53}$$

至于曲线上任一点的 y 值可根据该点的 x 值求得。由图 4-40 可知：$(R+y)^2=R^2+x^2$，$2Ry=x^2-y^2$。由于 y 与 R 相比很小，故可将 y^2 略去，有

$$y = \frac{x^2}{2R} \tag{4-54}$$

从图中还可以看出 $y_{\max} \approx E_0$，所以有

$$E_0 = \frac{T^2}{2R} \tag{4-55}$$

十、放样检测

使用的控制点损坏和移位，计算员和放样员的粗心，以及使用的测量仪器出现问题，都会导致建构筑物的施工放样、轴线投测和标高传递出现较大偏差，因此现场测设工作完成后，必须进行实地校核。

校核工作包括控制点的稳定性校核，放样数据的计算校核、仪器的检验鉴定以及放样项目的再次测量比较等。校核工作的方法应根据实际情况，简单有效，对于平高控制点的稳定性检查，除了采取现场保护措施外，须定期对其进行测量检查，如对平面控制点，可采用测边及测角的方法来检查控制点的稳定性；放样数据准确性可通过使用不同的方法计算或者两人独立计算的方法来保证；对于使用的仪器，必须按期检定，若出现仪器长距离运输等可能影响精度的情况，可利用现场使用的控制点来检查仪器的工作状态；对于建构筑物的施工放样、轴线投测和标高传递的校核，可使用不同的放样方法再次放样、不同测量员的再次放样，以及利用其他控制点的再次放样等方法来校核。

在目前的工程实践中，放样检测是由建设方委托第三方来完成，承担检测任务的第三方有资质的要求，从业人员被要求具有中级以上技术职称。作业程序是先由施工方自己放样，填报验收申请联系单，再由第三方派员对放样进行检测，检测合格后，第三方在验收单上签字确认。否则应由施工方自查自纠，接下来是再次检测，直到满足要求为止。未通过检测的项目被视为质量不合格。

按照 DL/T 5445—2010《电力工程施工测量技术规范》要求，建构筑物施工放样、轴线投测和标高传递的允许误差见表 4-16。

表 4-16 建构筑物施工放样、轴线投测和标高传递的允许误差

项目	内容		允许偏差（mm）
基础桩位放样	单排桩或群桩中的边桩		10
	群桩		20
各层施工层上放线	外廓主轴线长度 L（m）	$L\leqslant30$	5
		$30<L\leqslant30$	10
		$60<L\leqslant90$	15
		$L>90$	20
	细部轴线		2
	承重墙、梁、柱边线		3
	非承重墙边线		3
	门窗洞口线		3
轴线竖向投测	每层		3
	总高 H（m）	$H\leqslant30$	5
		$30<H\leqslant60$	10
		$60<H\leqslant90$	15
		$90<H\leqslant120$	20
		$120<H\leqslant150$	25
		$H>150$	30
标高竖向传递	每层		3
	总高 H（m）	$H\leqslant30$	5
		$30<H\leqslant60$	10
		$60<H\leqslant90$	15
		$90<H\leqslant120$	20
		$120<H\leqslant150$	25
		$H>150$	30

第三节 变 形 测 量

在施工过程中，由于建筑物基础周围的地层不同、土壤的物理性质不同、大气温度变化、土基的塑性变形、地下水位季节性和周期性的变化、建筑物本身的荷重、建筑物的结构、形式及动荷载（如风力、震动等）的作用，还有设计与施工中的一些主观原因，都会使建筑物产生几何变形，包括沉降、位移、倾斜，并由此产生裂缝、挠曲、扭转等。

每个建筑物都有一个允许的理论变形值，如果实际变形值在允许变形范围内，说明设计施工没有问题；如超过允许变形值，须采取措施。变形测量起检验设计施工和保障安全运行的作用，另外，对于复杂的地质环境，设计人员需要用变形观测数据来优化设计方案，提高设计水平。

变形测量是为监测建构筑物在施工和使用过程中的变形情况，对建筑物进行的周期性重复测量。变形测量的首次观测，应连续进行两次独立观测，并取观测结果的中数作为变量的初始值，同时每期观测要求在较短的时间内完成；采用相同的图形（观测路线）和观测方法；使用同一仪器设备；观测人员相对固定；记录相关的环境因素，包括荷载、温度、降水、水位等；采用统一的基准处理数据。

一、基本内容

1. 水平位移监测

该项主要测定建筑物整体平面位置随时间变化的位移量。建筑物水平移动的原因主要是基础受到水平应力的影响，如地基处于滑坡地带或受地震的影响等。

2. 垂直位移监测

建筑物的垂直位移是地基、基础和上层结构共同作用的结果。此项监测和资料的积累是研究解决复杂地基沉降问题和改进地基设计的重要手段。同时通过监测来分析相对沉降是否有差异，以监视建筑物的安全。

3. 倾斜测量

高大建筑物上部和基础的整体刚度较大，地基倾斜（差异沉降）即反映出上部主体的倾斜，监测目的是验证地基沉降的差异和监视建筑物的安全。

4. 裂缝测量

当建筑物局部产生不均匀沉降时，其墙体往往出现裂缝。根据裂缝监测和沉降监测资料，来分析变形的特征和原因，采取措施保证建筑物的安全。

5. 挠度测量

建筑物的挠度监测是测定建筑物构件受力后的弯曲程度。对于平置的构件，在两端及中间设置沉降点进行沉降监测，根据测得某时间段内这三点的沉降量，计算其挠度；对于直立的构件，要设置上、中、下三个位移监测点，进行位移监测，利用三点的位移量可算出其挠度。

二、精度等级

变形测量的精度取决于该建筑物设计的允许变形值大小，一般变形测量的中误差应取允许变形值的1/20～1/10。变形测量的等级、精度要求见表 4-17。

表 4-17　　变形测量的等级、精度要求

变形测量等级	沉降监测	位移监测	主要适用范围
	变形监测点的高程中误差（mm）	变形监测点的点位中误差（mm）	
一等	0.3	1.5	一级基坑；火力发电厂和变电站工程中特殊要求的项目
二等	0.5	3.0	火力发电厂主厂房（包括汽轮发电机基础、锅炉构架基础）主控制楼或网络控制楼、通信楼、220kV 以上屋内配电装置楼、高度大于 100m 烟囱、跨度大于 30m 干煤棚及其他厂房建筑；冷却塔、空冷平台、山谷一级灰坝、脱硫场地；变电站主控制楼、220kV 以上屋内配电装置楼、GIS 设备及支架，换流站阀厅；二级基坑
三等	1.0	6.0	其他生产建筑、辅助及附属建构筑物；三级基坑；岩质滑坡；浅地基处理，打入桩基施工
四等	2.0	12.0	机炉检修间、材料库、机车库、汽车库、材料库棚、推煤机库、警卫传达室、围墙、自行车棚及临时建筑等；土质滑坡

注　1. 变形监测点的高程中误差和点位中误差，是指相对于邻近基准点的中误差。

2. 特定方向的位移中误差，可取表中相应等级点位中误差的 $1/\sqrt{2}$ 。

3. 沉降监测，可根据需要按变形监测点的高程中误差或相邻变形监测点的高差中误差，确定监测精度等级。

三、变形监测基准网的建立

变形监测基准网包括水平位移监测基准网、垂直位移（沉降）监测基准网，它是进行各种变形监测的控制基础。变形监测基准网由基准点和工作点组成。

（一）水平位移监测基准网

水平位移监测基准网，可采用三角形网、导线网、卫星定位网和视准轴线等形式。当采用视准轴线时，轴线上或轴线两端应设立检核点。

变形监测的平面控制网基准点不能受变形的影响，一定要稳固，如果地质条件允许，最好将基准点建在基岩上。工作点的选择应以其对变形点监测方便为主来考虑，这与具体工程建筑物的特点及选择的变形监测方法有关。工作点也应考虑尽量不受或少受变形的影响。

水平位移监测基准网可采用国家坐标系，也可采用独立坐标系，一般应与勘测设计或施工的坐标系统保持一致。布网时应顾及网的精度、可靠性等指标。

水平位移监测基准网的主要技术要求见表 4-18。水平角观测应采用方向观测法。

距离测量采用全站仪，其主要技术要求见表 4-19。对于三等以上的卫星定位基准网，应采用双频接收机，并采用精密星历进行数据处理。

表 4-18　　水平位移监测基准网的主要技术要求

等级	相邻基准点的点位中误差（mm）	平均边长 L（m）	测角中误差（″）	测边相对中误差	水平角监测测回数	
					1″级仪器	2″级仪器
一等	1.5	200	1.0	≤1/200000	9	—
二等	3.0	400	1.0	≤1/200000	9	—
		200	1.8	≤1/100000	6	9
三等	6.0	450	1.8	≤1/100000	6	9
		350	2.5	≤1/80000	4	6
四等	12.0	600	2.5	≤1/80000	4	6

表 4-19　　测距的主要技术要求

等级	仪器型号	每边测回数		一测回读数较差（mm）	单程各测回较差（mm）	气象数据测定的最小读数		往返较差（mm）
		往	返			温度（℃）	气压（Pa）	
一等	≤ 1mm 级	4	4	1	1.5	0.5	50	≤2（$a+b\cdot D$）
二等	≤ 2mm 级	3	3	3	4			

续表

等级	仪器型号	每边测回数		一测回读数较差（mm）	单程各测回较差（mm）	气象数据测定的最小读数		往返较差（mm）
		往	返			温度（℃）	气压（Pa）	
三等	≤5mm 级	2	2	5	7	0.5	50	≤2（$a+b \cdot D$）
四等	≤10mm 级	4	—	8	10			

注 1. 测回是指照准目标 1 次，读数 3 次的过程。
2. 根据具体的情况，测边可采取不同时间段代替往返观测。
3. 测量斜距，需要气象改正和仪器的加、乘常数改正后才能进行水平距离计算。
4. 计算距离往返较差的限差时，a、b 分别为相应等级所使用仪器标称的固定误差和比例误差系数，D 为边长，km。

（二）垂直位移监测基准网

垂直位移监测基准网主要采用水准测量的方法建立，其主要技术要求见表 4-20。

水准监测的主要技术要求见表 4-21。

表 4-20　　垂直位移监测基准网的主要技术要求

等级	相邻基准点高差中误差（mm）	每站高差中误差（mm）	往返较差或附合或环线闭合差（mm）	检测已测高差较差（mm）
一等	0.3	0.07	$0.15\sqrt{n}$	$0.2\sqrt{n}$
二等	0.5	0.15	$0.3\sqrt{n}$	$0.4\sqrt{n}$
三等	1.0	0.3	$0.6\sqrt{n}$	$0.8\sqrt{n}$
四等	2.0	0.7	$1.4\sqrt{n}$	$2.0\sqrt{n}$

注 n 为测站数。

表 4-21　　水准监测的主要技术要求

等级	水准仪型号	水准尺	视线长度（m）	前后视较差（m）	前后视累积差（m）	视线离地面最低高度（m）	基本分划、辅助分划读数较差（mm）	基本分划、辅助分划所测高差较差（mm）
一等	DS05	因瓦	15	0.3	1.0	0.5	0.3	0.4
二等	DS05	因瓦	30	0.5	1.5	0.5	0.3	0.4
三等	DS05	因瓦	50	2.0	3.0	0.3	0.5	0.7
	DS1	因瓦	50	2.0	3.0	0.3	0.5	0.7
四等	DS1	因瓦	75	5.0	8.0	0.2	1.0	1.5

注 1. 电子水准仪监测，不受基、辅分划读数较差指标的限制，但测站两次监测的高差较差，应满足表中相应等级基、辅分划所测高差较差的限值。
2. 水准路线跨越江河时，应进行相应等级的跨河水准测量，其指标不受该表的限制，按相关规范规定执行。

起始点高程，宜采用测区原有高程系统。规模较小的监测工程，可采用假定高程系统；规模较大的监测工程，宜与国家水准点联测。

基准网形应布设成闭合环、结点网或附合水准路线等形式。一个变形监测区至少应有三个永久性高程控制点。高程控制点的选设要求如下：

（1）基准点应考虑永久使用，埋设坚固，应选在变形区以外的岩石层，坚硬土质或古老建筑物等稳固位置。

（2）工作基点以便于监测为主，亦应考虑长期使用和稳定性，一般应选在两倍于建筑物宽度或三倍于基础深度和影响范围以外的稳固位置。

（3）水准路线坡度要小，且便于监测。

（4）避开交通干线、地下管线、仓库、水源井、河岸、新堆土、堆料处以及受震动影响范围内等标石易遭破坏和影响其稳定性的地点。

（5）高程控制点的埋设须在基坑开挖前至少 15 天完成。

（三）基准网的检测

基准网检测的精度等级和建立时相同，检测的周期一般 3～6 个月。根据工程特点和岩土性状，周期可适当缩短或延长。

四、水平位移监测

（一）水平位移监测的内容

建筑物水平位移监测包括位于特殊性土地区的建筑物地基基础水平位移监测，受高层建筑基础施工影响的建构筑物水平位移监测，坝体、边坡、挡土墙、大面积堆载、地基土深层侧向位移监测等。

（二）监测点的布设

1. 水平位移监测点位的选设

监测点的位置应选在建筑物的主要墙角和柱基上以及建筑沉降缝的顶部和底部；当有建筑裂缝时，还应布设在裂缝的两边；大型建筑物的监测点应布设在其顶部、中部和下部。

2. 水平位移监测点的标志和标石设置

建筑物上的监测点，可采用墙上或基础标志；土体上的监测点，可采用混凝土标志；地下管线的监测点，应采用窨井式标志。各种标志的形式及埋设，应根据点位条件和监测要求设计确定。

（三）精度等级

根据相关要求及技术指标，确定最终位移量监测中误差，再以最终位移量监测中误差估算单位权中误差 μ，估算公式如下：

$$\mu = m_d / \sqrt{2Q_X} \tag{4-56}$$

$$\mu = m_{\Delta d} / \sqrt{2Q_{\Delta X}} \tag{4-57}$$

式中　m_d——位移分量 d 的监测中误差，mm；

$m_{\Delta d}$——位移分量差 Δd 的测定中误差，mm；

Q_X——网中最弱监测点坐标的权倒数；

$Q_{\Delta X}$——网中待求监测点间坐标差 ΔX 的权倒数。

求出观测点坐标中误差后，可根据表 4-17 的规定选择位移测量的精度等级。

（四）监测周期

水平位移监测的周期，对于软弱地基地区的监测，应与一并进行的沉降监测协商确定；对于受地基（桩基）施工影响的监测，应根据施工进度的需要确定，可每日监测 1～2 次或隔 1～2 日监测 1 次，直至施工结束。

（五）监测方法

水平位移监测的主要方法有：极坐标法、前方交会法、精密导线测量法、基准线法等，而基准线法又包括视准线法（测小角法和活动觇牌法）、激光准直法、引张线法等。水平位移的监测方法可根据需要与现场条件而定，水平位移监测方法的选用见表 4-22。

表 4-22　　水平位移监测方法的选用

序号	具体情况或要求	方法选用
1	测量地面监测点在特定方向的位移	基准线法（包括视准线法、激光准直法、引张线法等）
2	测量监测点任意方向的位移	可视监测点的分布情况，采用极坐标法、前方交会法或方向差交会法、精密导线测量法、近景摄影测量法、激光扫描法等
3	对于监测内容较多的大测区或监测点远离稳定地区的测区	宜采用三角、三边、边角测量与基准线法相结合的综合测量方法，也可采用 GNSS 法
4	测量土体内部侧向位移	测斜仪监测方法

下面对前方交会、精密导线、基准线等常用的方法进行介绍。

1. 前方交会法

（1）原理。利用前方交会法测量水平位移的原理如图 4-41 所示，A、B 两点为工作基准点，P 为变形监测点，假设测得两水平夹角为 α 和 β，则由 A、B 两点的坐标值和水平监测值 α、β 可求得 P 点的坐标。

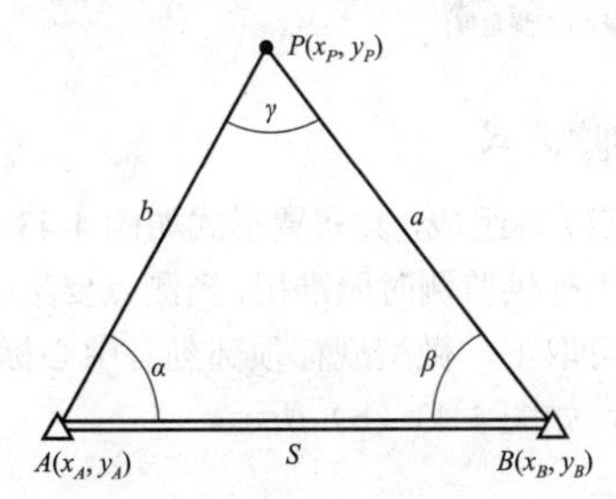

图 4-41　角度前方交会法测量原理

$$\left.\begin{aligned} x_P &= \frac{x_A \times \cot\beta + x_B \times \cot\alpha - y_A + y_B}{\cot\alpha + \cot\beta} \\ y_P &= \frac{y_A \times \cot\beta + y_B \times \cot\alpha + x_A - x_B}{\cot\alpha + \cot\beta} \end{aligned}\right\} \tag{4-58}$$

第一次监测时，假设测得两水平夹角为 α_1 和 β_1，由式（4-58）求得 P 点坐标值为（x_{P1}，y_{P1}），第二次监测时，假设测得两水平夹角为 α_2 和 β_2，则 P 点坐标值变为（x_{P2}，y_{P2}），那么在此两期变形监测期间，P 点的位移可按式（4-59）解算：

$$\left.\begin{aligned} \Delta x_P &= x_{P2} - x_{P1} \\ \Delta y_P &= y_{P2} - y_{P1} \\ \Delta P &= \sqrt{\Delta x_P^2 + \Delta y_P^2} \\ \alpha_{\Delta P} &= \arctan\frac{\Delta y_P}{\Delta x_P} \end{aligned}\right\} \tag{4-59}$$

式中　$\alpha_{\Delta P}$——P 点的位移方向；

ΔP——P 点的位移量。

其前方交会点 P 的点位中误差的公式为

$$m_p = \frac{m_\beta}{\rho} \times S \times \frac{\sqrt{\sin^2\alpha + \sin^2\beta}}{\sin^2\gamma} \quad (4\text{-}60)$$

（2）前方交会的种类。前方交会法有：测角前方交会法、测边前方交会法、边角前方交会法三种。其监测值和监测仪器见表 4-23。

表 4-23　前方交会法监测值和监测仪器

种类	测角交会法	测边交会法	边角交会法
监测值	α、β	a、b	α、β、a、b
监测仪器	精密全站仪	光电测距仪	精密全站仪

测边交会法，如图 4-41 所示，A、B 为两个工作基点且 S 已知，测边交会时，可在 A、B 两点上架设测距仪，测量出水平距离 a、b，根据余弦定理可得：

$$\cos\alpha = \frac{b^2 + S^2 - a^2}{2bS} \qquad \cos\beta = \frac{a^2 + S^2 - b^2}{2aS}$$

设方位角 α_{AB} 为已知，那么：

$$\left.\begin{aligned} x_P &= x_A + b\times\cos(\alpha_{AB} - \alpha) = x_B + a\times\cos(\alpha_{BA} + \beta) \\ y_P &= y_A + b\times\sin(\alpha_{AB} - \alpha) = y_B + a\times\sin(\alpha_{BA} + \beta) \end{aligned}\right\} \quad (4\text{-}61)$$

设 a、b 的测距中误差分别为 m_a、m_b，则 P 点的点位中误差 m_P 为

$$m_P = \pm\frac{\sqrt{m_a^2 + m_b^2}}{\sin\gamma} \quad (4\text{-}62)$$

经误差分析可知，测边交会精度的变化较小，即受图形结构的影响较小，而测角交会精度受图形影响较大，所以测边交会在实际工作中使用价值更好些，并且精度相对于测角交会来讲更高些，此外，对某些特殊变形监测点，仅靠测角交会或者测边交会不能满足其精度要求时，可采用边角交会法（同时测量角度和距离），这样可以有效提高对这些特殊监测点的测量精度。

（3）前方交会法测量注意事项。

1）各期变形监测应采用相同的测量方法、固定测量仪器、固定监测人员。

2）应对目标觇牌图案进行精心设计。

3）采用角度前方交会法时，应注意交会角 γ 要大于 30°，小于 150°。

4）仪器视线应离开建筑物一定距离（防止由于热辐射而引起旁折光影响）。

5）为提高测量精度，有条件最好采用边角交会法。

2. 精密导线法

对于非直线型建筑物，如重力拱坝、曲线形桥梁以及一些高层建筑物的位移监测，宜采用导线测量法、前方交会法以及地面摄影测量等方法。

与一般测量工作相比，由于变形监测时通过重复监测，由不同周期监测成果的差值而得到监测点的位移，因此用于变形监测的精密导线在布设、监测及计算等方面都具有其自身的特点。

（1）导线的布设。应用于变形监测中的导线，是两端不测定内角的导线。可以在建筑物的适当位置（如重力拱坝的水平廊道中）布设，其边长根据现场的实际情况确定。导线端点的位移，在拱坝廊道内可用倒锤线来控制，在条件许可的情况下，其倒锤点可与坝外三角点组成适当的联系图形，定期进行监测以验证其稳定性。拱坝位移监测的精密导线布置形式如图 4-42 所示。

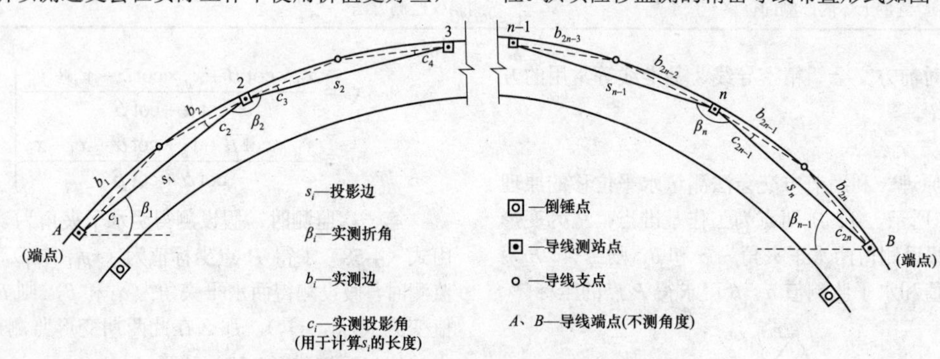

图 4-42　拱坝位移监测的精密导线布置形式

导线点上的装置，在保证建筑物位移监测精度的情况下，应稳妥可靠。它由导线点装置（包括槽钢支架、特制滑轮拉力架、底盘、重锤和微型觇标等）及测线装置（为引张的因瓦丝，其端头刻有刻划，供读数用。固定因瓦丝的装置越牢固，其读数越方便且读数精度稳定）等组成，其布置形式如图 4-43（a）所示。图中微型觇标供监测时照准用，当测点要架设仪器时，微型觇标可取下，微型觇标顶部刻有中心标志供边长丈量时用，如图 4-43（b）所示。

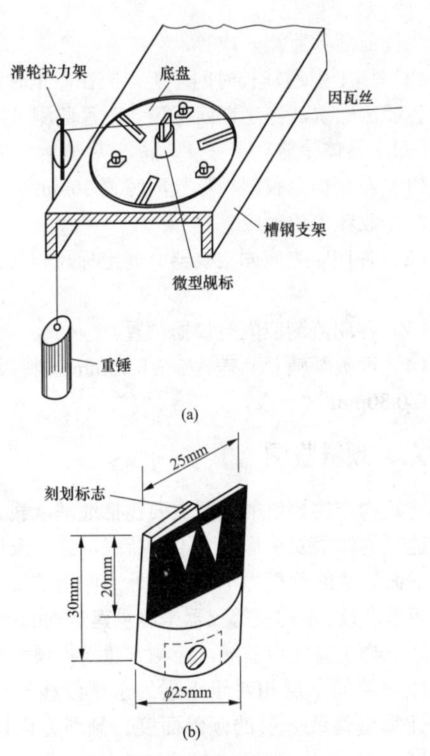

图 4-43　导线测量用的小觇标

（2）导线的监测。在拱坝廊道内，由于受条件限制，一般布设的导线边长较短，为减少导线点数，使边长较长，可由实测边长 b_i 计算投影边长 s_i（如图 4-42 所示）。实测边长 b_i 应用特制基线尺来测定两导线点间（即两微型觇标中心标志刻划间）的长度。为减少方位角的传算误差，提高测角效率，可采用隔点设站的办法，即实测转折角 β_i 和投影角 c_i。

（3）导线的平差与位移值的计算。由于导线两端不监测定向角 β_1、β_{n+1}（如图 4-42 所示），因此点坐标计算相对要复杂一些。假设首次监测精密地测定了边长 s_1、s_2、…、s_n 与转折角 β_2、β_3、…、β_n，则可根据无定向导线平差，计算出各导线点的坐标作为基准值。以后各期监测各边边长即转折角同样可以求得各点的坐标，各点的坐标变化值即为该点的位移值。

3. 基准线法

基准线法测量水平位移的原理是以通过大型建筑物轴线或者平行于建筑物轴线的固定不变的铅垂平面为基准面，根据它来测定建筑物的水平位移。由两基准点构成基准线，此法只能测量建筑物与基准线垂直方向的变形。通常基准面是由全站仪的视准面形成，所以我们把基准线法称之为视准线法。

视准线法按其所使用的工具和作业方法的不同，可分为测小角法和活动觇牌法。测小角法是利用精密全站仪精确地测出基准线方向与置镜点到监测点的视线方向之间所夹的小角，从而计算出监测点相对于基准线的偏离值。活动觇牌法则是利用活动觇牌上的标尺直接测定此项偏离值。

（1）测小角法。测小角法是视准线法测定水平位移的常用方法。测小角法是利用精密全站仪精确地测出基准线与置镜点到监测点 P_i 视线之间所夹的微小角度 β_i（如图 4-44 所示），并按下式计算偏离量：

$$\Delta P_i = \frac{\beta_i}{\rho} \cdot D_i \tag{4-63}$$

式中　D_i——端点 A 到监测点 P_i 的水平距离，m；

ρ——206265″。

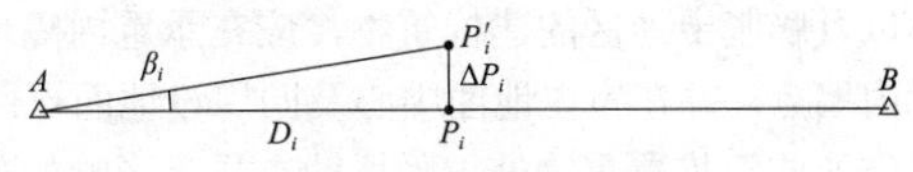

图 4-44　视准线测小角法

（2）活动觇牌法。如图 4-45 所示，活动觇牌法的监测点位移值是直接利用安置于监测点上的活动觇牌直接读数来测算的，活动觇牌读数尺上最小分划为 1mm，采用游标可以读数到 0.1mm。

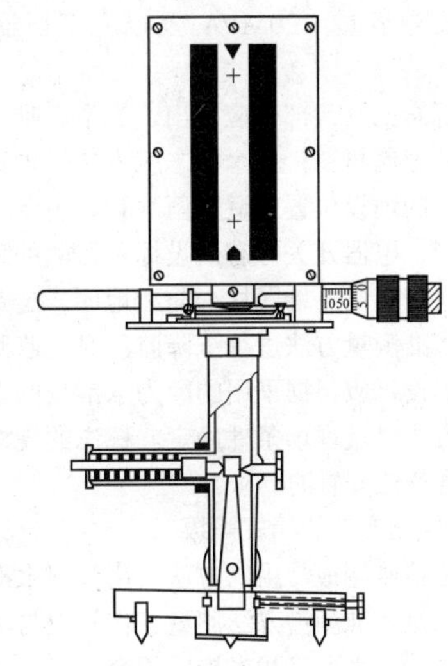

图 4-45　活动觇牌

监测过程：在 A 点安置精密全站仪，精确照准 B 点（觇标）后，基准线就已经建立好了，此时仪器就不能左右旋转了；然后，依次在各监测点上安置活动觇牌，监测者在 A 点用精密全站仪观看活动觇牌，并指挥活动觇牌操作人员利用觇牌上的微动螺旋左右移动活动觇牌，使之精确对准全站仪的视准线，此时在活动觇牌上直接读数，同一监测点各期读数之差即为该点的水平位移值。

五、垂直位移监测

建筑物垂直位移监测是测量建筑物地基的沉降量。通过沉降量计算沉降差及沉降速度，并计算基础倾斜、局部倾斜、相对弯曲及构件倾斜。

（一）监测点的布设

（1）重要建构筑物的四角、大转角及沿外墙每10～15m处或每隔2～3根柱基上；框、排架结构主厂房的每个或部分柱基上或沿纵横轴线设点。当柱距大于8m时，每柱应设点。

（2）高低层建构筑物、新旧建构筑物及纵横墙等的交接处的两侧。

（3）沉降缝、伸缩缝两侧、基础埋深相差悬殊处、人工地基与天然地基接壤处、不同结构的分界处。

（4）对于宽度大于等于15m或小于15m而地质复杂以及膨胀土地区的建构筑物，应在承重内隔墙中部设内墙点，并在室内地面中心及四周设地面点。

（5）临近堆置重物处、受振动有显著影响的部位及基础下的暗沟处。

（6）汽轮机、锅炉基础各框架柱及平台上表面。

（7）烟囱、水塔、煤（油）仓（罐）等圆形建构筑物，沿周边在与基础轴线相交的对称位置上布点，点数不应少于4个。

（8）变电容量120MVA及以上变压器的基础四周。

各类标志的立尺部位应突出、光滑、唯一，宜采用耐腐蚀的金属材料；每个标志应安装保护罩，以防撞击；标志的埋设位置应避开雨水管、窗台线、散热器、暖水管、电器开关等有碍设标和监测的障碍物，并应视立尺需要离开墙（柱）面和地面一定距离；当应用静力水准测量方法进行沉降监测时，监测标志的形式及其埋设，应根据采用的静力水准仪的型号、结构、读数方式以及现场条件确定。标志的规格尺寸设计，应符合仪器安置的要求。

（二）监测方法和精度等级

垂直位移监测最常用的方法采用几何水准测量方法。采用几何水准测量方法测量工作基点与沉降监测点之间的高差，水准路线多构成闭合形式，或在多个工作基点之间构成附合形式。除了几何水准，液体静力水准测量方法也常在水电站、大坝中使用。

沉降监测的精度等级应根据设计要求和建构筑物重要程度来选择，参见表4-17。

（三）监测周期

（1）基础施工完毕、建筑标高出零米后、各建构筑物具备安装监测点标志后即可开始监测。

（2）整个施工期监测次数原则上不少于6次。但监测时间、次数应根据地基状况、建构筑物类别、结构及加荷载情况区别对待，例如，对于烟囱等高耸建构筑物，一般按施工高度每增加20m监测一次；对于主厂房（汽轮机、锅炉）、集中控制楼等框架结构建构筑物，一般按施工到不同高度平台或加荷载前后各监测一次；水塔、冷却塔等通水前后应各监测一次，变压器就位前后各监测一次等。

（3）施工中遇较长时间停工，应在停工时和重开工时各监测一次，停工期间每隔2个月监测一次。

（四）具体措施

（1）监测前，仪器、标尺应晾置30min以上，以使其与作业环境相适应。

（2）各期监测应固定仪器、固定标尺和固定监测人员。

（3）各期监测应固定仪器位置。

（4）读数基辅差互差$\Delta K \leqslant 0.15$mm（特级），或$\Delta K \leqslant 0.30$mm（一级）。

六、倾斜监测

建筑物产生倾斜的原因主要包括地基承载力不均匀；建筑物体型复杂形成了不同荷载，施工未达到设计要求而导致的承载力不够；受外力作用结果等。一般可用水准仪、全站仪等仪器来测量建筑物的倾斜度。

建筑物主体倾斜监测，应测定建筑物顶部相对于底部或各层间上层相对于下层的水平位移与高差，分别计算整体或分层的倾斜面度、倾斜方向以及倾斜速度。

对具有刚性建筑物的整体倾斜，亦可通过测量顶面或基础的相对沉降间接测定。

（一）监测点的布设

1. 主体倾斜监测点位的布置

（1）监测点应沿对应测站点的某主体竖直线，对整体倾斜按顶部、底部，对分层倾斜按分层部位、底部上下对应布设。

（2）当从建筑物外部监测时，测站点或工作基点的点位应选在与照准目标中心连线呈接近正交或呈等分角的方向线上，距照准目标1.5～2倍目标高度的固定位置处；当利用建筑物内竖向通道监测时，可将通道底部中心点作为测站点。

（3）按纵横轴线或前方交会布设的测站点，每点应选设1～2个定向点；基线端点的选设应顾及其测距或丈量的要求。

2. 主体倾斜监测点位的标志设置

（1）建筑物顶部或墙体上的监测点标志，可采用埋入式照准标志型式；有特殊要求时，应专门设计。

（2）不便埋设标志的塔形、圆形建筑物以及竖直构件，可以照准视线所切同高边缘认定的位置或用高度角控制的位置作为监测点位。

（3）位于地面的测站点和定向点，可根据不同的监测要求，采用带有强制对中设备的监测墩或混凝土标石。

（4）对于一次性倾斜监测项目，监测点标志可采用标记形式或直接利用符号位置与照准要求的建筑物特征部位；测站点可采用小标石或临时性标志。

（二）倾斜监测的方法

监测方法因使用的仪器不同，可分为测量高差变化、测量顶点的水平位移、直接测量三种，倾斜监测方法的选用见表 4-24。

表 4-24　倾斜监测方法的选用

序号	倾斜监测方法	监　测　仪　器
1	基础相对沉降法：测量建筑物基础两点间相对沉降Δh，和距离L，计算出倾斜度$\alpha=\Delta h/L$（弧度）	（1）水准仪； （2）液体静力水准仪
2	顶部位移法：测量建筑物顶部相对于底点的水平位移Δ，根据顶部点到底部点的高度H，计算出倾斜度$\alpha=\Delta/H$（弧度）	（1）全站仪（交会、投点）； （2）吊锤球法； （3）激光铅直仪
3	直接测量法：用测斜仪直接测量建筑物的倾斜度	气泡倾斜仪

（三）监测周期

主体倾斜监测的周期，可视倾斜速度每 1～3 个月监测一次。如遇基础附近因大量堆载或卸载、场地降雨长期积水等导致倾斜速度加快时，应及时增加监测次数。施工期间的监测周期，可根据要求参照沉降监测周期的规定确定。倾斜监测应避开强日照和风荷载影响大的时间段。

七、裂缝监测

建构筑物裂缝监测，应测定裂缝的分布位置和裂缝的走向、长度、宽度及其变化情况。裂缝的监测可与建构筑物的沉降监测同时进行。

对于每条裂缝，应分别在裂缝的最宽处和裂缝的末端布设两组监测标志。标志的方向应垂直于裂缝。建构筑物有多处裂缝时，应绘制表示裂缝的位置建构筑物立面图（裂缝位置图）。

裂缝监测标志，应跨裂缝牢固安装。标志可选用镶嵌式金属标志、粘贴式金属片标志、钢尺条、坐标格网板或专用量测标志等。标志安装完成后，应拍摄裂缝监测初期的照片。

裂缝监测方法，可采用比例尺、小钢尺、游标卡尺或坐标格网板等工具精密量距，量测应精确至 0.1mm。每次监测应绘制裂缝的位置、形态和尺寸，标注日期，并拍摄裂缝照片。

裂缝的监测周期，应根据裂缝变化速度而定。初期可每半个月监测一次，基本稳定后宜每月监测一次，当发现裂缝加大时应及时增加监测次数，必要时应持续监测。

八、挠度监测

建构筑物基础挠度监测，应根据荷载情况并考虑设计、施工要求，按一定周期测定其挠度值。建构筑物基础挠度监测，可与沉降监测同时进行。监测点应沿基础的轴线方向有代表性的地方布设，每一轴线上不得少于 3 点。监测点标志埋设、监测方法应符合建筑物沉降监测的规定。挠度监测的精度要求，应符合测定挠度值中误差不应超过其变形允许值的 1/20。

基础的挠度如图 4-46 所示，挠度值可由式（4-64）计算：

$$f_B = \Delta S_{AB} - \frac{L_1}{L_1 + L_2}\Delta S_{AC} \tag{4-64}$$

式中　f_B——挠度，m；

ΔS_{AB}——A、B 两点的沉降差，m；

ΔS_{AC}——A、C 两点的沉降差，m；

L_1——A、B 两点的水平距离，m；

L_2——A、C 两点的水平距离，m。

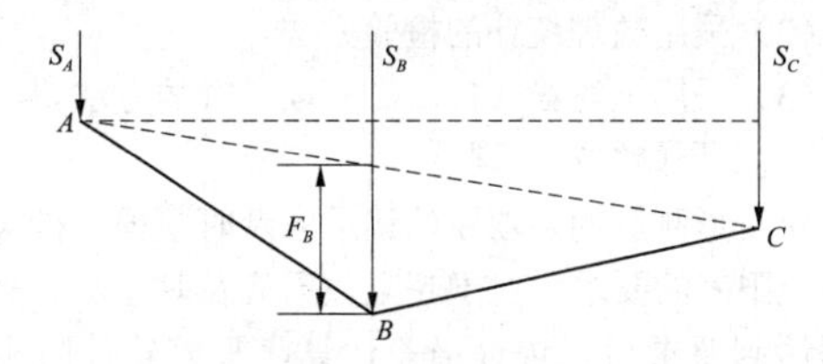

图 4-46　基础的挠度

挠度监测在工程中广泛使用，常用的方法有：百分表法、精密水准仪法、全站仪法、激光扫描法、GNSS 法等，挠度测量的常用方法比较见表 4-25。

表 4-25　挠度测量的常用方法比较

测量方法	原　理	优　点	缺　点
百分表法	百分表的工作原理，就是利用齿轮转动机构将所检测位置的位移值放大，并将检测的直线往返运动转换成指针的回转转动，以指示其位移数值	设备简单，可以进行多点测量，直接得到各测点的挠度值，测量结果稳定可靠	比较繁琐，耗时较长，工作效率较低，现场应用有很大局限性

续表

测量方法	原　理	优　点	缺　点
精密水准仪法	水准测量又名“几何水准测量”，是用水准仪和水准尺测定地面上两点间高差的方法。通常由水准原点或任一已知高程点出发，沿选定的水准路线逐站测定各点的高程	具有速度快、计算方便、精度高和能够及时比较观测结果的特点	水准测量路线不宜起伏太大
全站仪法	全站仪挠度测量基本原理是三角高程测量。三角高程测量通过测量两点间的水平距离和垂直角求定两点间高差的方法	操作简单，不受地形条件限制，是测量挠度的一个基本方法	需要通视，精度随距离增大而降低
激光扫描法	利用激光测距的原理，通过记录被测物体表面大量密集的点的三维坐标、反射率和纹理等信息，可快速复建出被测目标的三维模型及线、面、体等各种图件数据	野外测量时间短，效率高，精度高	需要通视，仪器比较贵，数据处理较复杂
GNSS 法	利用 GNSS 设备，测量点的坐标和高程，进而计算出挠度	不受通视条件影响，灵活	设备投入大，星况不好的地区不适用，精度受 GNSS 精度的限制

九、数据处理

（一）基准网稳定性检验

观测数据的改正计算、检核计算和数据处理方法应符合相应等级的要求；规模较大的网还应对观测值、坐标和高程值、位移值进行精度评定；基准网平差的起算点必须是经过稳定性检验合格的点或点组。基准网点位稳定性的检验可采用下列方法进行。

（1）采用最小二乘法测量平差的检验方法。复测的平差值与首次观测的平差值较差，满足下式时，可认为点位稳定。

$$\Delta < 2\sqrt{2\mu^2 Q} \tag{4-65}$$

式中 Δ——平差值较差的限值，（″）；

μ——单位权中误差，（″）；

Q——权系数。

（2）采用数理统计的检验方法。

（3）采用上述第（1）、（2）项结合的方法。

（二）原始数据整理

对变形测量的各项原始记录应及时整理、检查，应满足限差的要求。对于超限数据应及时重测。外业数据达到要求后，进行平差计算，平差软件版本有效，在计算过程中的数值取位，应符合相关规程规范的要求。

（三）成果分析

成果变形分析包括下列内容。

（1）观测过程的可靠性。观测过程的可靠性包括观测人员、设备、方法应符合设计要求；测回数、闭合差及限差、测角中误差、点位中误差符合要求。

（2）观测点变形量分析。观测点变形量包括累积变形量和两相邻观测周期的相对变形量；当变形量出现突然增大或累计变形量逼近预警值时，应重点关注，若非观测误差和人为因素，应及时报告相关方。

（3）统计分析。根据变形散点图，选择适合的模型，进行回归分析，旨在找到变形和时间、荷载等因素的关系，对变形趋势进行预测。

（4）编制变形观测成果表。

（5）绘制水平位移曲线图、沉降曲线图。

（6）在上述工作的基础上，编写变形测量技术报告。

第四节　资料与成果

在工程结束后，将工程资料和成果进行整理、分类、编号，提交给相关单位或部门，将原始资料归档。

一、资料

工程资料包括下列内容。

（1）任务书或委托书。

（2）技术设计书（或工作大纲）。

（3）工程输入的原始资料，如，起算点成果。

（4）测量原始数据，如，GNSS、水准、测边、测角原始数据等。

（5）工程管理的相关文件，如工程记录、会议纪要。

工程资料中有电子文档的，应归档电子文档。

二、成果

成果主要有施工放样成果和变形测量成果两部分。

（一）施工放样成果

施工放样成果包括施工控制网的建立和检测成果、施工放样成果、施工放样检测成果三部分。

1. 施工控制网建立和检测成果

施工控制网建立和检测成果和本章第一节同。

2. 施工放样成果

施工单位放样完成后，应提交放样点的坐标成果表，成果表包括工程名称、施工单位、设计坐标、放样坐标等。

3. 施工放样检测成果

检测是在放样完成以后，由第三方单位组织的检查测量，检测的成果是检测方提出的检测表。

（二）变形监测成果

变形监测包括水平（垂直）位移监测成果、倾斜监测成果、裂缝监测成果、挠度监测成果等。

1. 水平（垂直）位移监测成果

（1）基准点分布图。

（2）水平（垂直）位移监测点位分布图。

（3）水平（垂直）位移监测成果表。

（4）水平（垂直）位移监测计算书及变形监测过程曲线图。

（5）水平（垂直）位移监测技术报告。

2. 倾斜监测成果

（1）倾斜监测点位布置图。

（2）监测成果图表。

（3）主体倾斜曲线图。

（4）监测成果分析资料。

3. 裂缝监测成果

（1）裂缝位置图。

（2）裂缝监测成果表。

（3）裂缝监测技术报告。

4. 挠度监测成果

（1）挠度监测点布置图。

（2）挠度监测成果表。

（3）挠度监测技术报告。

第五章

竣　工　测　量

竣工测量是为获得各种建构筑物及地下管网等施工完成后的平面位置、高程及其他相关尺寸而进行的测量。它不仅是工程验收和质量评价的依据，更是工程交付使用后，进行管理、维修、改建及扩建的重要资料。竣工测量的主要成果是竣工总平面图，它是根据竣工测量资料编绘的反映建构筑物、道路及管网等的实际平面位置、高程的图件。

竣工总平面图一般根据设计和设计变更等施工资料进行编绘。当资料不全、无法编绘时应进行竣工测量。实际上，竣工测量贯穿整个工程建设过程，而不仅仅是工程完全建成后的测量，因为有些地下单体工程、地下沟道管线应在其建成覆土前即进行竣工测量，并接受检查验收。竣工测量宜采用建筑坐标系统。

第一节　细　部　测　量

一、一般要求

竣工测量，主要包括一般地形测量和细部点坐标高程测量两部分内容，有时还要测管线及道路等的纵、横断面。一般地形测量参见第三章，在此不再重复。

细部点坐标及高程测量内容，可参照表 5-1 执行。测量的重点是主要建构筑物、隐蔽工程等，对按图施工部分可抽样检测其平面和高程精度。如有特殊要求，可与业主、监理或设计等各方协商确定测量内容。

表 5-1　　细部点坐标及高程测量内容

类别		细部坐标	细部高程
建构筑物	矩形	主要棱角（大型的不少于 3 点）	主厂房墙角散水及室内外地坪标高
	圆形	中心	基础面或散水地面
冷却池、贮灰池		池堤顶内侧	池堤顶面及池底
地下管线		起讫、转、交点以及主要井位中心	地面（含井面）、上水管顶、下水管底、地沟底
架空管线		起讫、转、交点的支架中心	主要支架的基础面或地面
电力线		铁塔中心及起讫、转点	地面
铁路		车挡、岔心、进厂房的交点	车挡、岔心、轨顶在图上每隔 5～10cm 测一点
道路		干线的交点及起讫点	变坡处及直线段在图上每隔 5～10cm 测一点
桥梁、涵洞		大型的测四角、中小型测中心线两端	涵洞需测进、出口的底高和顶高
构架		主要构架两端	地坪标高
变电、配电装置		基础中心	基础顶面
避雷针		中心	地坪标高

对测定的细部坐标点，除根据所测量设施固有的几何关系判定是否正确外，尚应选取部分进行校核。点间实测距离与反算距离的较差应不超过表 5-2 的要求。

表 5-2　细部坐标点间实测距离与反算距离的较差

类别	主要建构筑物	一般建构筑物
较差（cm）	$7+S/2000$	$10+S/2000$

注　S 为细部坐标点间距离，cm。

二、测前准备

（一）施工资料分析利用

施工资料是竣工图编绘的主要基础资料之一，但是大量的施工资料不能拿来就用，要对资料的阶段性和可靠性进行甄别，一般情况下中间资料不宜用于竣工图的编绘。通过对施工资料的整理，弄清哪些为可用资料，哪些不可用；哪些区域有资料，哪些区域无资料，需要现场采集。在此基础上制定控制测量和细部测量方案。

（二）控制网加密或新建

细部测量前，应对原控制点进行检测，检测限值应满足表 5-3 的规定。

表 5-3　　检 测 限 值 表

检测精度等级	边长较差相对精度	角度较差（″）
按一级导线精度检测	1/10000	15
按二级导线精度检测	1/5000	30

若原有的控制点的密度不能满足细部测量的要求，则需要进行加密。若原有的控制点均遭破坏，应利用主厂房等主要建构筑物恢复建筑坐标系统，重新布设控制网；恢复建筑坐标系统的测量方法，请见第一章。

三、细部点测量

细部点测量是指用三维坐标和图形来表示建构筑物细部点（指主要拐点或几何中心）空间位置的专门测量工作。施测前应对重要的建构筑物逐个编号，如电厂已有编号，应沿用原有编号。如果自行编号，宜遵照一定的规则。需施测细部坐标的拐角，也要进行编号。拐角编号宜遵循由某个角（如东北角）起编，沿顺时针方向编排的原则。

（一）细部坐标和标高的测量精度要求

细部点测量可采用极坐标法、GNSS RTK 法、丈量法等，不论采用何种测量手段，坐标误差应符合表 5-4 的规定。

表 5-4　　主要细部点的测量误差

细部点类别	细部点对邻近测站点坐标测量误差（cm）		两相邻细部点坐标反算距离与实量距离较差（cm）
	中误差	检查较差	检查较差
建构筑物	±5	±15	
沟管网道	±7	±20	±25

细部点高程测量可采用水准测量或三角高程测量。细部点的高程测量精度应满足表 5-5 的要求。

表 5-5　　细部点的高程测量精度

细部点类别	中误差（cm）	检查较差（cm）
室内外地坪、铁路轨顶、基础、基座、管沟检查井	±2	±5
支架顶面、一般建（构）筑物	±3	±8

（二）常用细部测量方法和应用

1. 常用细部测量方法

细部测量的方法有多种，但在工程中用得最多的有极坐标法、GNSS RTK 法。对于烟囱之类的圆形建筑物，其几何中心不易确定，顶部不易到达，无法直接测量，需要多种测量手段的组合。

（1）极坐标法。全站仪极坐标法在细部测量中是一种简单易行的方法，前面已作说明。

极坐标法的一个特例是丈量法，建构筑物丈量示意图如图 5-1 所示，1、2、3、4 是某建筑物的四角，其坐标已知，要确定暖气管道、下水管道、上水管道的位置，可从 2 开始丈量其距离，根据 2-3 的方向线定出待定点的位置，也可根据 2-3 的方位角，2 的坐标，测量的距离计算出待定点的坐标。

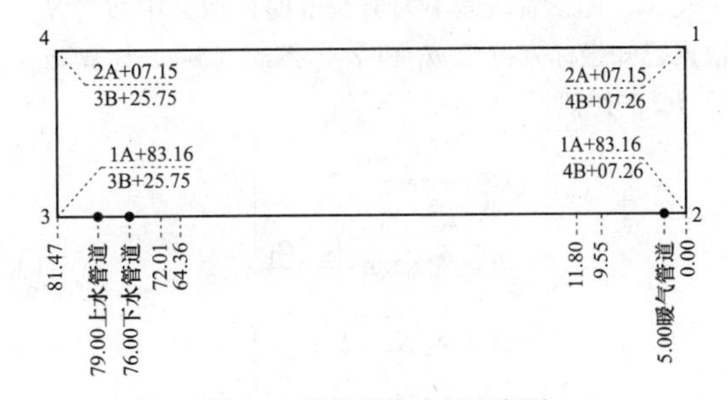

图 5-1　建构筑物丈量示意图

丈量时，以钢尺零点对准拐角 2（图 5-1），沿墙面向拐角 3 丈量，沿钢尺依次读 5.00m 和 9.55m，定出暖气管道入车间处和车间出入口。如此继续丈量下去，定出车间另一出入口，下水管道、上水管道入车间处，最后读出拐角 3 的读数为 81.47m。按坐标算出拐角间的长度为 407.24–325.73=81.51（m），与实量长度差数为 81.51–81.47=0.04（m），将此差数按比例平均分配到钢尺的各读数上。建构筑物其他边的丈量方法与此相同。

（2）GNSS RTK 法。当前 GNSS RTK 广泛用于细部测量，它具有灵活、效率高、不需要通视的特点。但是有一点需要我们注意，由于竣工测量时，高出地面的建构筑物可能会影响卫星信号的接收，从而影响到初始化的顺利完成，甚至存在伪固定的现象，所以不适用测量高出地面的建筑物和容易产生多路径的场地。

（3）交会法。交会法包括前方交会、侧方交会、后方交会三种，每一种有测角、测距、测距又测角三种测量方式，具体采用哪一种方式进行测量，由现场的实际情况决定和精度要求来定；一般精度要求高的项目，可以采用测距又测角方式观测。有关前方交会的内容，参见第四章第三节。

2. 测量方法的应用

在工程中，为了测量细部点的坐标，常是多种测量方法的组合，比较典型的是烟囱等圆形建筑物的测量。大型圆形建构筑物中心坐标测定示意图如图 5-2 所示。

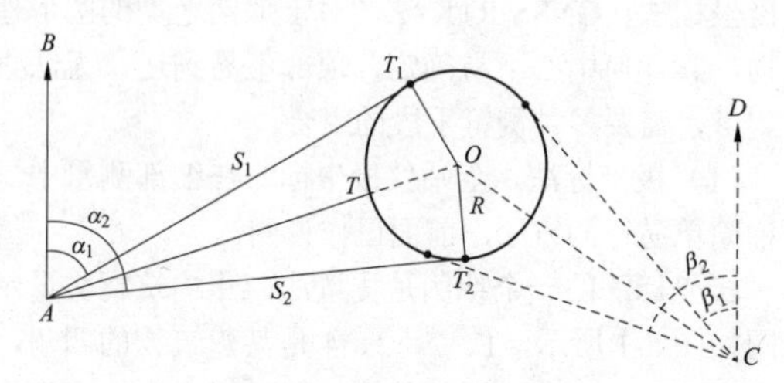

图 5-2　大型圆形建构筑物中心坐标测定示意图

如图 5-2 所示，仪器置于测站 A 点，找出圆形建构筑物两个切点 T_1、T_2，测量 AT_1 及 AT_2 的距离，得 S_1 及 S_2，如二者较差不大于 5cm 时，取其中数为 S_m，根据已知坐标方位角 α_1 和 α_2，按式（5-1）计算 α_{AO} 及 AO 的距离。

$$\left.\begin{aligned} \alpha_{AO} &= \frac{\alpha_1+\alpha_2}{2} \\ R &= S_m \times \tan\frac{\alpha_2-\alpha_1}{2} \\ AO &= \sqrt{R^2+S_m^2} \end{aligned}\right\} \tag{5-1}$$

如因有障碍物不能直接测量 S_1 及 S_2 时，则 AO 的距离可用下法求得：用钢尺丈量圆形建构筑物底部周长 C，建构筑物的半径 $R=C/\pi/2$，然后，测量 AT 的距离（由 A 至圆形建构筑物的距离，即距离读数最小处）设为 S'，$AO=S'+R$，求出 α_{AO} 及 AO 后，即可算出中心点坐标。

采用三点定圆法，测定分布在圆形建筑物上的三点，在 CAD 或 Microstation 等计算机辅助制图软件中内插确定中心坐标。

采用角度前方交会法，在 A、C 两点架设仪器，分别后视 B、D，测量同高度切线方向水平角 α_1、α_2、β_1、β_2，计算经过中心的水平角，用前方交会公式即可计算中心坐标。此种方法应注意控制交会角的大小。

如图 5-3 所示，是大型圆形建筑物高度测定示意图。

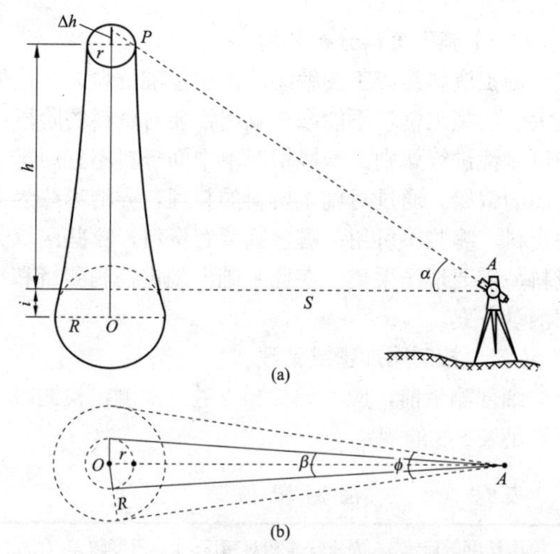

图 5-3　大型圆形建构筑物高度测定示意图

（a）测量原理图；（b）俯视图

如图 5-3 所示，A 为测站，高程为 H_A，AO 距离为 S 已知。在 A 点观测竖直角，当照准 P 点时［如图 5-3（a）所示］，而该点非顶部中心［如图 5-3（b）所示］，故用 S 计算得的建构筑物的高度含有误差 Δh，所以距离需使用 $S–r$，建筑物顶高程 h 可按式（5-2）计算。

$$h=(S-r)\times\tan\alpha+i+H_A \tag{5-2}$$

$$R=S\times\sin(\Phi/2)$$

$$r=S\times\sin(\beta/2)$$

式中　S——测站至建构筑物中心的距离，m；

β、Φ——在 A 测得建筑物顶部、底部两切线方向夹角，rad；

R——建筑物底部半径，m；

r——建筑物顶端半径，m；

α——竖直角，rad；

H_A——测站高程，m；

i——仪器高，m。

（三）铁路专用线与道路测量

1. 铁路专用线细部测量

铁路专用线细部测量包括：专用线的起始点和终结点；曲线的转角点（交点）、起始点和终结点；道岔中心；车挡；长度超过 200m 的直线部分的中心等。

铁路桥梁和涵洞应测定四角坐标；铁路的各种附属设施，如扳道器、里程碑、信号灯、加煤台、水鹤、地磅等可以不测坐标，但均应实测其位置。

铁路直线部分，一般每隔 20m 左右测定轨顶标高和路肩标高；曲线部分，一般每隔 15～20m 测定内轨顶标高和路肩标高。路堑实测其上部宽度，并测出坡脚及边沟的标高。铁路桥梁均测出桥底河流底部的标高和净空高；涵洞测出涵洞底的标高及其横截面尺寸。

2. 道路细部测量

（1）道路中心线的交叉点、分支点、尽头等，均需测定其中心坐标和标高；曲线部分应测定其曲线元素；道路的变坡点均需测定路中心标高；直线部分宜每隔 20m 左右测定路中心标高。

（2）当道路路基高于或低于经过地段的自然地面形成路堤或路堑时，应测定路堤、路堑宽度及地沟、路肩、坡脚和边沟底标高等。

（3）桥梁和涵洞应测定四角坐标和中心标高，还应测出桥梁的净空高和涵洞的管径或横截面尺寸以及桥底河流底部和涵洞底的标高。

（4）道路两旁的排水明沟或暗沟，应测绘其位置和截面尺寸，每隔 25m 左右测一沟底标高。道路两边的雨水箅子应逐一测定位置。道路旁的行树应实地测绘其中心线的位置。

（5）厂区道路进入车间的支路，宜测出引道半径。

（四）管线测量

为完成竣工图的编制，除利用施工和检测过程中现有资料外，需要对无资料的管线进行补充测量，这是一项十分专业的工作，需要厂方有关专业人员配合。

电厂管线按敷设方式分为地下管线、地面管线和架空管线。

（1）对于地下埋设管线，通常不能直接测定关键点的坐标，一般通过测量与其有关的附属设施（各种阀门、水表、消火栓）的坐标间接推算；如没法利用附属设施，可采用探管仪探测定位，如果探管仪探测精度不能满足要求，可在探管仪的指引下进行实地开挖。开挖是管线测量的最后手段。

（2）地上的管线可以对管线拐点、交叉点、分支点、管径变处、坡度变化处直接测量其位置和高程；同时测定管顶或管底相应地面标高；量出管道进出建构筑物的位置和管径。对于管沟敷设工程管网，与地上管线相似，直接测定管沟的平面位置、量出管沟进出建构筑物的位置和各段管沟的截面尺寸；标出管沟每段（依检查井与检查井、检查井与建筑物、建筑物与建筑物而分段）中各种管道的名称、根数、规格、型号及管道的附属设备和管径；实测补偿器位置，并量出补偿器尺寸等。

（3）对于架空管线，支架中心均要测定坐标点，并量出和直线部分支架与支架之间的距离；测定管线变坡处和通过道路处最底层管标高和相应地面高；量出支架上管线进出建构筑物的位置。标出支架上管线有变化地段（依支架与支架、支架与建筑物、建筑物与建筑物而分段）各种管道的名称、根数、管径及管道的附属设备；实测补偿器位置并量出补偿器尺寸。

1. 上水管网测量

电厂上水管网主要包括生产、生活、消防用水等，属于要考虑冻土层埋设深度的压力管线网，是地下工程管网中最难寻找的一种管线。

（1）上水管网编号。

1）从水源井到贮水池（水塔）的管线为“主干线”可作为第一个编号段，如 S_1～S_{50}。

2）从贮水池（水塔）开始直至最远用户的管线为“支干线”，可作为第二个编号段，如 S_{51}～S_{150}。

3）从支干线引出的管线叫“支线”，它主要是为用户服务，一般线路不长，其编号应从引出端开始，并在号前冠以引出的支干线点号，如 S_{51}～1，S_{51}～2，S_{51}～3，…。注意第一编号段和第二编号段必须留足预留号，以免重号。

（2）上水管网施测要点。

1）测出管道进出建构筑物的位置或量出距建构筑物拐角的距离。

2）沿管道的轴线测出管道的位置和管顶标高。

3）测出管道中心线的交叉点、拐弯点、分支点的坐标和管顶标高。

4）测出检查井中心位置和其他附属设备中心位置（不一定完全用坐标表示）。

5）量出管道的外径注于图上。

6）测出检查井的井台、地面、井中的管顶和设备上部顶端的标高。

7）测出与其他地下管线交叉的平面位置和管顶标高。

8）测出通过道路的保护套管的位置和套管的管径，并根据需要调查其材料。

9）测定变径处的平面位置（可用尺寸或坐标表示），并测量其管径。

10）凡测定管顶标高的部位均要施测相应的地面标高，以便了解管道的埋设深度和为绘制管道埋设纵断面图提供数据。

2. 下水管网测量

下水管网是接收、输送和净化厂区及生活区的各种污水，包括工业废水、生活污水、雨水等。下水管网是属于要考虑冻土层深度的一种自流管线网。它的最小埋设深度取决于冻土层深度，而最大深度取决于土质和施工条件。由于下水管网是自流的，因此它对标高的施测精度要求较高，以便准确计算坡度，决定排污的能力。又由于下水管网的性质是排污，它需要更多的窨井来沉淀和净化，而往往下水窨井又被土或其他废物料所埋，因此寻找窨井的工作量也是很大的。

（1）下水管网编号。下水管网的编号一般从出水口开始，沿逆水流方向的顺序进行编号。其具体编号如下：

1）由城市到出水口的排水干线为“主干线”，编号从出水口开始直至与城市排水干线衔接为第一个编号段如 X_1～X_{50}。

2）排水干线至各建筑物群的连接线一般称为“支干线”，其编号方法有两种：可以干线窨井编号为代号，后面按顺序编分号，比如干线窨井的编号为 X_{15}，则支干线上的编号就为 X_{15-1}、X_{15-2}、…；也可以单独编一个号段，比如主干线为第一个编号段 X_1～X_{50}，则支干线为第二个编号段 X_{51}～X_{150}。

3）连接各单元楼房的下水管线叫“支线”，其编号方法可以仿效支干线的编号方法，比如与支干线连接井编号为 X_{15-1}，则支线上窨井号为 X_{15-1-1}、X_{15-1-2}、…；同样，也可以单独编第三个号段，如 X_{151}～X_{4550} 等。

注意第一编号段和第二编号段必须留足预留号，以免重号。

（2）下水管网施测要点。

1）测出管道进出建构筑物的位置或量出距建构筑物拐角的距离。

2）测定管线（或明沟、阴沟）交叉点、拐弯点、分支点的中心坐标。这些点一般都设有窨井，称为斜口井。

3）沿管道直线的窨井只测位置，但主干线、支干线需要量出井间距离。

4）主干线和支干线上的全部窨井均需测出井台、地面、井底、井内各管底内壁的标高，但支线上的窨井只测井台和地面标高；必要时还要用井间距离和主要管道出入口的高差计算管道的坡度。

5）下水明沟或阴沟要测定起点、终点、分支点、交叉点的沟底标高，直线部分每 50m 加测一个沟底标高，必要时也要算出其坡度。

6）用管道敷设时要测量下水道内径，调查了解其管材；若用明沟或阴沟敷设时，则测定其横断面尺寸、边坡和加固材料等。

7）测出化粪池的位置，可用池角坐标或中心坐标表示。用中心坐标表示时，则注出长×宽的具体尺寸。还要测出池台、地面、池底、池内进出管底内壁的标高。

8）测出虹吸管出入口的坐标和管底标高，以及虹吸管最低处的地面标高等。

9）测出渡槽两端点出入口的坐标和管底（槽底）标高，以及渡槽的净空高度等。

3. 动力管网测量

电厂动力管网一般包括热力管网、压缩空气管网、氧气管网、氢气管网、煤气管网，此外还有乙炔气管网和二氧化碳管网，但不常见。其中热力管网属于不考虑冻土层深度的压力管网，可架空敷设、管沟敷设，也可直埋敷设。压缩空气、氧气、氢气和乙炔气管网，一般均采用直埋敷设。煤气管网通常采用架空敷设和直埋敷设，不准采用不通行管沟敷设。

（1）动力管网编号。

1）热力管网编号一般只分干线和支线两类。其编号的顺序从锅炉房或热力站开始，先编干线后编支线，管沟敷设时，对检查井进行编号；架空敷设时，对支架进行编号。编号前冠以字母 R。

2）煤气管网编号一般只分干线和支线两类。其编号的顺序从煤气站开始，先编干线后编支线，直埋敷设时，对窨井进行编号；架空敷设时，对支架进行编号。编号前冠以字母 M。

3）压缩空气、氧气、氢气和乙炔气管网这几种管网，一般在电厂中数量很少，而且大多数情况下是沿着其他动力管网进行敷设的，即同一个管沟或同一个支架，少数也有单独直埋敷设或架空敷设。无论与其他动力管网共管沟、共支架或单独敷设，它们的编号应完全按照热力管网和煤气管网的编号程序进行。压缩空气管网编号，在号前冠以字母“YS”；氧气管网编号，在号前冠以字母“YQ”；氢气管网编号，在号前冠以字母“QQ”；乙炔气管网编号，在号前冠以字母“YT”。

（2）动力管网施测要点。动力管网有直接埋地的，也有架空敷设的，其施测要点和其他管线类似，必要时还应补充如下内容：

1）测出地沟代表性的断面。

2）测出管道、管沟进出建构筑物位置或量出至建构筑物拐角的距离。

3）管网结点处或密集处，绘制放大图和剖面图。

a. 放大图的测绘。为了标明热力管网在结点处或密集处的分布情况，可以不依比例尺绘制放大示意图，这种图一般叫俯视图，从图中能看清管网的走向。动力管网放大图如图 5-4 所示（N—凝结水管；S—上水管；Y—油管；2-2、3-3—剖面编号；其余数字表示管径）。

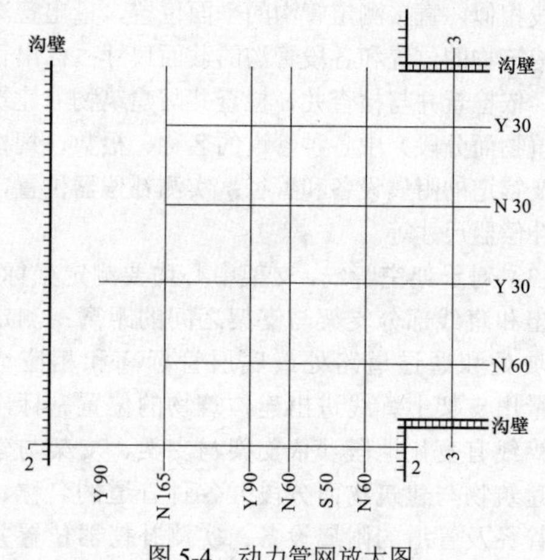

图 5-4　动力管网放大图

b. 剖面图的测绘。为了标明热力管网在管沟中的相互关系，绘制有相关尺寸的管沟剖面图，其具体绘制内容如图 5-5 所示。该图中内圈为管径，外圈为保温层，相关尺寸以毫米为单位。

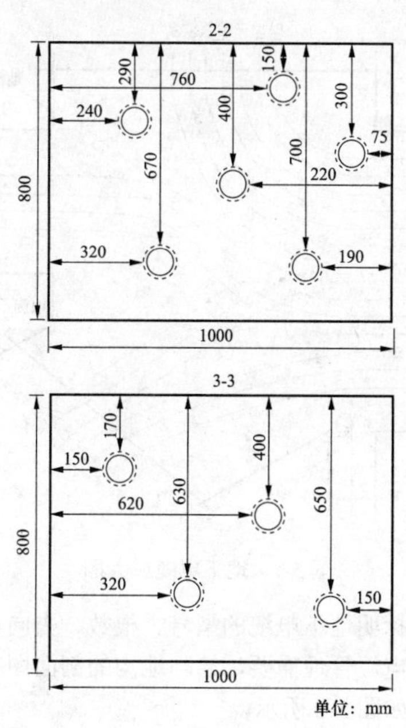

图 5-5 动力管网剖面图

上述两种图配合起来看，不仅能弄清管沟中管子的根数，而且也能弄清管子的来龙去脉。

对于架空敷设的动力管网，在其管网结点或密集处，也可以仿照图 5-4、图 5-5 的形式测绘架空敷设的动力管网结点处或密集处的放大图和剖面图。

4. 工艺管网测量

工艺管网是电厂内各车间工艺流程中输送物料（油、气及化工产品等）的通道，也称物料外管。铺设在有关生产车间附近的净空地带，并且直接与有关车间相通。有沿地面敷设和架空敷设两种。

（1）工艺管网调查与编号。在进行工艺管网测量之前，首先必须在现场进行调查，弄清工艺管网的来龙去脉，做到心中有数，以便顺利开展测绘工作。其具体工作步骤如下：

1）搜集已有的资料（如设计施工图、工艺流程图等），进行分析、初步了解工艺管网的全部情况。

2）摸清设计、生产管理部门对施测工艺管网的具体要求，如测量项目（平面位置、高程、断面图和放大图等），精度和所要提供的图纸资料等。

3）会同生产管理（维修）人员到现场进行实地调查，初步了解管网的走向，与有关车间的联系以及管带主干线和支线的分布等情况。

4）简要熟悉管带网的工艺流程及各种附属设施。

5）编制施测草图，现场标定管带施测点的编号。编号的方法参照动力管网。

（2）工艺管网施测内容。做到既根据电厂生产部门的需要，又结合测量实际，准确地把工艺管网的走向和平面位置测出来，同时将管带标高和净空高，管带的横断面等测绘出来，管径、管材、物料名称等均需调查清楚，综合地表示在图上。工艺管网的施测内容与架空动力管网施测要点基本相同，只是管道更多，走向更复杂一些。

管带走向的平面位置，一般是指管带的各转折点、交叉点、分支点等处支架的位置，通常是测其支架中心的细部坐标（转折点通常不正在支架上，一般用两个支架托住管带的弯头；管带的交叉点和分支点的中心与支架的中心一般不相重合，细部坐标位置以支架中心为准），用极坐标的方法进行测定。

管带的铺设是根据地形的起伏情况沿地面和架空敷设。当管带跨越道路时，为了保持一定的净空高度，通常使管带呈现“Π”形状，也起到补偿器的作用。对此必须测量其净空高度。对于有二层以上的管带，只需测最低一层管带的净空高度即可。

为了反映出管带的细部结构，便于作图表示，还必须做些实量工作，其中包括管带支架的间距丈量，管带不同断面各管的相关平面位置的丈量，管带敷设的相关平面位置和断面结构图如图 5-6 所示，双圈为保温，单圈为不保温。

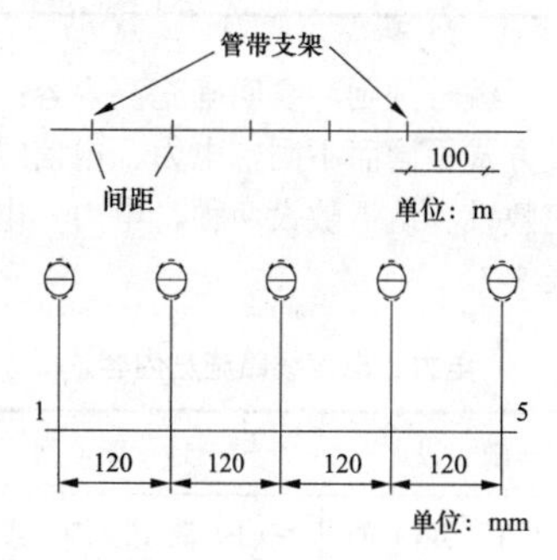

图 5-6 管带敷设的相关平面位置和断面结构图

管径丈量及管材、物料名称、保温情况和变径的调查。在绘制管带断面图时，除必须标明各管线间距外，还必须注明管径尺寸、管材种类、管内物料、保温情况等。管径丈量可利用卡规到现场实量各管道的尺寸，读至毫米，由于测量有误差，要根据实量的数据，查阅有关管材的标准规定，使管径一致起来。对于管材、物料名称和保温情况，可找专业管理人员了解，结合实地调查获得。因管材多数是无缝钢管，对此一般不作注明，其余如不锈钢管、铝管、塑料管等耐腐蚀的特殊管材，都将予以注明。保温情况，只需表示保温不保温。

管带主干线和支线相交处形成上下交错的交叉

处，为了把交叉处各条管线的走向表示出来，必须到现场进行实地绘制，然后用放大图加以表示。补偿器的丈量，只需把弯成“Π”形管线的宽度和间距量出即可，并注明在放大图上。

5. 电力、电信线路测量

（1）电力、电信线路测量隐蔽、复杂、头绪多、容易混淆，所以编号是至关重要的事。测点的编号规则见表 5-6。

表 5-6　　测点的编号规则

电力线路	电信线路
电力线路包括地下电力电缆、架空电力线路。 地下电力电缆是根据设置在地面带有电徽标记的标石进行调查的。一般从电厂电源开始，其顺序是：电厂电源（总变电站）→车间变电站→电器设备→配电线路→用户。编号的顺序仍然是从电厂电源开始，与其他地下地上管网顺序相同，但地下电力电缆的编号不分主干线与支干线或支线。 架空电力线路主线路从厂外第一根或第二根杆塔开始编号，至电厂总变（配）电站为止。干线路从电厂总变（配）电站起，至各生产、生活区的配电室止，依次编号。支线路从配电室引出端起，至各用户止，依次编号，并在每个编号前冠以引出端的干线编号	编号从电话室交换台开始，电信网也要分主干线、支干线和支线三类。主线路从厂外第一根或第二根城市通信电线杆起，至电厂交换台止，依次编号；干线路从交换台起，至最远分线盒止，依次编号；支线路从分线盒引出端起，至各用户止，依次编号，并在每个编号前冠以引出端的干线编号

（2）有了编号规则，要明确施测内容；施测内容因线路敷设方式不同而不同，电力、电信线路的敷设方式有架空敷设和地下敷设两种，电力、电信线路施测内容见表 5-7。

表 5-7　　电力、电信线路施测内容

架空敷设	地下敷设
（1）测出电杆（塔）的坐标和地面标高。 （2）测出线路转角以及交叉和分支杆（塔）的坐标和地面标高；测出地下电缆与架空电力线交接处的坐标和标高。 （3）测出导线进出建构筑物的位置或与建构筑物拐角间的相关尺寸。 （4）根据设计或电厂管理的需要，调查线路的电压、导线的型号、规格、根数和排列断面。 （5）根据特殊需要，调查杆（塔）类型和杆（塔）高，标出拉线、撑杆和高桩拉线的位置	（1）测出直埋电缆的中心位置，即测定其转弯处、分支处、交叉处的坐标；还要测出电缆的深度及相应地面标高。 （2）对于地沟电缆，要求测出人孔中心的坐标、孔顶、地面、沟顶和孔底标高，以及典型的地沟断面。 （3）测出电缆出入建构筑物的位置或量出到建构筑物拐角的距离。 （4）根据特殊需要，调查线路的电压、电缆的型号、规格、排列断面及与其他设施的交叉点。 （5）调查和测量保护管的根数、材料、管径、管长、地面标高及埋设深度

（3）放大图、剖面图。为了在专业图中表示地下电缆在密集处的分布状况，可以不依比例尺绘制放大示意图，以便从图中看清地下电缆的根数和来龙去脉，其具体绘制方法如图 5-7 所示。

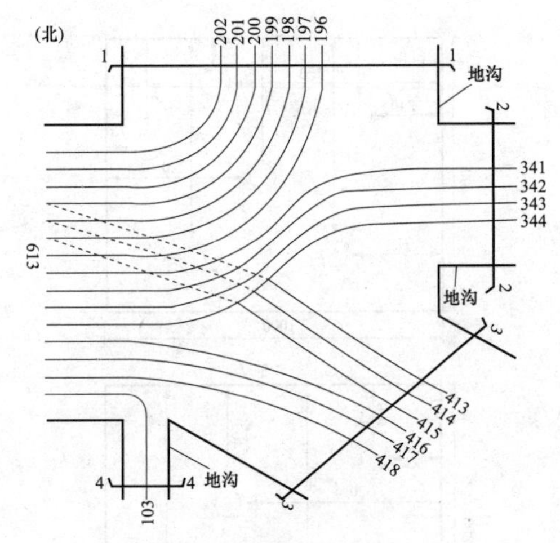

图 5-7　地下电缆放大图

为了标明地下电缆的型号、根数、去向，一般根据设计和电厂管理需要，绘制地沟的剖面图。其具体绘制内容如图 5-8 所示。

613-202
XLQ-500V-2×10
613-201
XLQ-500V-2×10
613-200
XLQ-500V-2×10
613-199
XLQ-500V-2×20
613-198
XLQ2-500V-2×10
613-197
XLQ2-500V-2×30
613-196
XLQ2-500V-3×20

图 5-8　地下电缆剖面图

图 5-8 中 613-202 表示车间代号从 613 去 202；XLQ 表示电缆型号；2×10 表示电缆 2 对，10 根，本图与图 5-7 的剖面 1-1 相对应。

（五）地下管线探测

地下管线探测是利用各种技术手段获取地下管线走向、空间位置、附属设施及其有关属性信息，编绘地下管线图的过程；其工作内容包括已有地下管线资料搜集与整理、实地调查、仪器探查、测量、数据处理、管线图编绘及成果验收与提交等。

在地下管线工程测量中，一般将地下管线探测的对象分为金属管线、非金属管线和地下障碍物，相应探查工作就分为金属管线探测、非金属管线探测、地下障碍物及疑难管线点探查。

地下管线的调查和开挖应在安全的情况下进行。电缆和燃气管道的开挖，必须有专业人员的配合。下井调查，必须确保作业人员安全，且应该采取防护措施。

仪器探查地下管线应遵循“从已知到未知，从简单到复杂，从容易到困难，多种探查方法相互验证”原则。

地下管线隐蔽管线点的探查精度：平面位置限差 $\delta_{ts}=0.10h$；埋深限差 $\delta_{th}=0.15h$。（式中 h 为地下管线的中心埋深，cm，当 $h<100$cm 时以 100cm 代入限差公式计算）。

地下管线点的测量精度：管线点相对于邻近控制点的测量点位中误差不应大于 5cm，高程测量中误差不应大于±2cm。

地下管线图测绘精度：地下管线与邻近的建构筑物、相邻管线或道路中心线的间距中误差不应大于图上 0.6mm。

关于地下管线探测详细要求参见第八章第三节。

（六）规划要素测量

竣工图规划要素测量主要依据地形图测量要求，全面反映建筑工程的性质、结构、建筑形状、四至尺寸、室内（外）地坪标高、建筑层次、周围道路及绿化等规划四线、用地范围线等需规划验收认可的内容。

（1）实测范围一般为规划用地红线外 50m，全部道路及道路对面第一排建筑及规划有间距要求的各类建筑物。

（2）平面位置及四至关系测量：一般包括竣工建筑物及周边现状图测绘、建筑物与规划道路（河道、绿化带、文物保护等）控制线、征地线、实用面积线、地铁（或轻轨）控制线、高压线等规划要素关系的标定、与周边现状建筑物关系的标定等。

（3）建筑高度测量包括室内（外）地坪标高、±0m 标高、地下室地坪比高、檐口比高、女儿墙比高、坡屋脊比高以及屋顶面上的附房（水箱间、电梯间、楼梯间等）的高度。

（4）建筑各层层高测量：建筑物各层之间以楼面层或地面层计算的垂直距离，屋顶层层高是由楼面至屋面结构面层计算的垂直距离，施测位置为各层地坪、屋顶面结构面地坪。

（5）建筑各层单体及面积测量：施测各层外部轮廓线尺寸。若规划许可证附图批文中有商铺、物管用房、社区用房、汽车库、自行车库等公建配套设施面积单独列出的，需将这部分单体尺寸也标注出。

（6）规划要素测量包括建设工程用地面积、建筑密度、容积率、绿地率、停车泊位、后退红线等。

规划要素测量的精度要求、数据采集方法、数据处理及资料形成和细部测量精度相同。

第二节 总平面图汇编

竣工总平面图包括总平面布置图和管线综合布置图。总平面布置图主要由建构筑物和厂内铁路专用线、场内道路两大部分组成。管线综合布置图除表示全部地上、地下管道外，还包括与地上、地下管道有关的建构筑物和道路等。

一、一般要求

（1）竣工总平面图应根据原有设计、施工图纸、设计变更通知单、工程联系单、施工跟踪测量记录、施工放样验收记录、竣工测量成果和其他相关资料进行编绘。凡按设计总图施工的工程，可利用原设计总图进行编绘。施工中如有局部变动时，可按设计变更通知单进行编绘；如无设计变更通知单时，应在现场进行实测（特别是隐蔽工程），并根据实测结果进行编绘。

（2）编绘竣工总平面图采用的坐标系统、高程系统均应遵守与设计总图相一致的原则。

（3）各种竣工测量成果，可编绘至同一张竣工总平面图上，但当该图内容较多，不易表示清楚时，可分别编绘总平面布置图和管线综合布置图。

（4）编绘竣工总平面图应有专人负责，应边施工边编绘。竣工总平面图的编绘工作应在竣工验收前结束。

（5）编绘工作结束后，编绘单位应及时提交“竣工总平面图编绘报告”。

二、竣工总平面图编绘

1. 资料收集

竣工总平面图的编绘，应收集下列资料：

（1）原有设计（总平面布置图、管线综合布置图和竖向布置图）。

（2）施工设计图。

（3）设计变更通知单。

（4）工程联系单。

（5）施工跟踪测量记录。

（6）竣工测量成果。

（7）其他相关资料。

2. 实地检核

编绘前，应对所收集的资料进行实地对照校核。不符之处，应实测其位置、高程及尺寸。这一环节重点注意以下几种情况。

（1）实际测绘取得的资料。用这种方法取得的资料最为可靠，特别是一次测绘取得的，基本上拿来即可成图。另一种情况是历年由不同的测绘单位陆续测绘取得的，此时则要注意：

1）坐标高程系统是否严格一致（有时表面一致，但实际上有小的差别），这要通过严格的实地检查才能证实；若不一致，要转换到与设计图纸一致的系统上来。

2）是否完全符合实地情况，这要通过实地一一对照检查，特别是各种地上地下管道的附属设施更要仔细对照，如有变动、拆除、增减等部分，均应一一进行修测和补测。

（2）从设计图纸上取得的资料。各设计图（包括施工过程中修改过的设计图）上的资料和数据，也要实地一一进行对照；对于相差较多、较大的部分，应该再进行一次实地检查；特别是铁路曲线元素、各种管道的附属设备、下水管道的坡向和坡度等，均应与设计图纸上的数据基本相同。有些资料、数据，如建构筑物的结构、层高、各种罐的容积、各种管道的材料和型号、各种线路的材料和型号等，通过实地调查核实后，方可从设计图上取用。

（3）从设计变更通知单取得的资料。在施工过程中，有时局部小的变动，常以设计变更通知单形式进行。这些设计变更通知单均要收集起来，像对待设计图纸一样对照和取用。

3. 内业编绘

（1）竣工总平面图编绘原则。

1）地面建构筑物应按实际竣工位置和形状进行编绘。

2）地下管线及隐蔽工程，应根据回填前的实测坐标和高程记录进行编绘。

3）施工中应根据施工情况和设计变更通知单及时编绘。

4）对实测的变更部分，应按实测资料编绘。

（2）竣工总平面图编绘的内容及要求。

1）应绘出地面的建构筑物、道路、铁路、地面排水沟渠、树木及绿化地等。

2）矩形建构筑物的外墙角，应注明两个以上点的坐标。

3）圆形建构筑物应注明中心坐标及接地处半径。

4）主要建筑物，应注明室内地坪高程。

5）道路的起终点、交叉点、应注明中心点的坐标和高程；弯道处应注明交角、半径及交点坐标；路面应注明宽度及铺装材料。

6）铁路中心线的起终点、曲线交点，应注明坐标；曲线上应注明曲线的半径、切线长、曲线长、外矢距、偏角等曲线元素；铁路的起终点、变坡点及曲线的内轨轨面应注明高程。

7）给水管道应绘出地面给水建筑物及各种水处理设施和地上、地下各种管径的给水管线及其附属设备。对于管线的起终点、交叉点、分支点，应注明坐标；变坡处应注明高程；变径处应注明管径及材料；不同型号的检查井应绘制详图。当图上按比例绘制管道结点有困难时，可用放大详图表示。

8）下水管道应绘出污水处理构筑物、水泵站、检查井、跌水井、水封井、雨水口、排出水口、化粪池以及明渠、暗渠等。检查井应注明中心坐标、出入口管底高程、井底高程、井台高程；管道应注明管径、材质、坡度；对不同类型的检查井应绘制详图。

9）动力管道和工艺管道应绘出管道及有关的建构筑物。管道的交叉点、起终点应注明坐标、高程、管径和材质。对于沟道敷设的管道，应在适当地方绘制沟道断面图，并标注沟道的尺寸及各种管道的位置。

10）电力线路应绘出总变电站、配电站、车间降压变电站、室内外变电装置、柱上变压器、铁塔、电杆、地下电缆检查井等；并应注明线径、送电导线数、电压及送变电设备的型号及容量。通信线路应绘出中继站、交接箱、分线盒（箱）、电杆、地下通信电缆人孔等。电力及电信线路的起终点、分支点、交叉点的电杆应注明坐标；线路与道路交叉处应注明净空高。地下电缆应注明埋设深度或电缆沟的沟底高程。

第三节　成果资料及要求

一、提交资料

（1）工程合同和任务委托书。

（2）搜集到的各类原有技术资料。

（3）勘测大纲。

（4）各种观测记录和平差计算资料。

（5）控制点点之记。

（6）各种检查记录。

（7）编绘或实测的竣工总平面图（各种专业图）或地形图。

（8）工程测量技术报告及其附图附表。

二、资料要求及式样

（1）竣工总平面图比例尺宜为1:500或1:1000。

（2）竣工总平面图应满足GB/T 20257.1《国家基本比例尺地图图式　第1部分：1:500 1:1000 1:2000地形图图式》和DL/T 5156.1～5156.5《电力工程勘测制图》的要求。

（3）竣工总平面图宜采用工程设计制图分幅。

（4）图框及坐标方格网线的绘制应符合下列规定：

1）外图框应用粗实线表示，可选用 0.5mm、

0.7mm 线宽绘制；内图框应用细实线表示，可选用 0.18mm、0.25mm 线宽绘制；图幅线可作为竣工总平面图的外图框线，内图框线距外图框线 12mm。

2）坐标格网线宜选用 0.18mm、0.25mm 线宽的细实线绘制。坐标格网线在图面上的间距应为 100mm，可绘成贯通图面的网格线；也可绘成 10mm 的交叉“十”字线，图廓线上坐标网线应在图廓内侧绘 5mm 的短实线。

（5）竣工总平面图宜采用建筑坐标系，网格四角坐标注记可采用“A”、“B”，表示为百米数，在图框线间纵向和横向均可注出格网线的百米数。根据需要宜在图幅内右侧适当位置绘制出北方向，并示意出坐标系统与北方向的关系，或以文字说明。图名、比例和签名等应书写在标题栏内，标题栏宜绘制在内框线右下角内。

（6）当管沟网道特别密集、图上难以注记必要的成果数据时，可按表 5-8 的规定编制成果表，内容应包括特性点编号、坐标、高程、沟管尺寸、材料等，说明栏可注类型、材料等。成果表可放于图上空白处或附报告书后。

表 5-8　　××发电厂扩建工程管沟网道特性点成果表　　（m）

假设坐标系、假设高程系　　共 × 页　第 × 页

特性点编号	坐标		地面高程	井面高程	井底高程	管外顶高程	管底高程	沟顶面高程	沟内底高程	架顶高程	架梁底高程	说明
	A	B	H_{d}	H_{jm}	H_{jd}	H_{um}	H_{ud}	H_{gm}	H_{gd}	H_{im}	H_{id}	
1	1000.23	2000.45	500.12	500.12	498.01	499.12	498.21					

填表者：×××　　校对者：×××　　日期：2015-12-13

（7）竣工总平面布置图样图如图 5-9 所示。

（8）竣工管线综合布置图样图如图 5-10 所示。

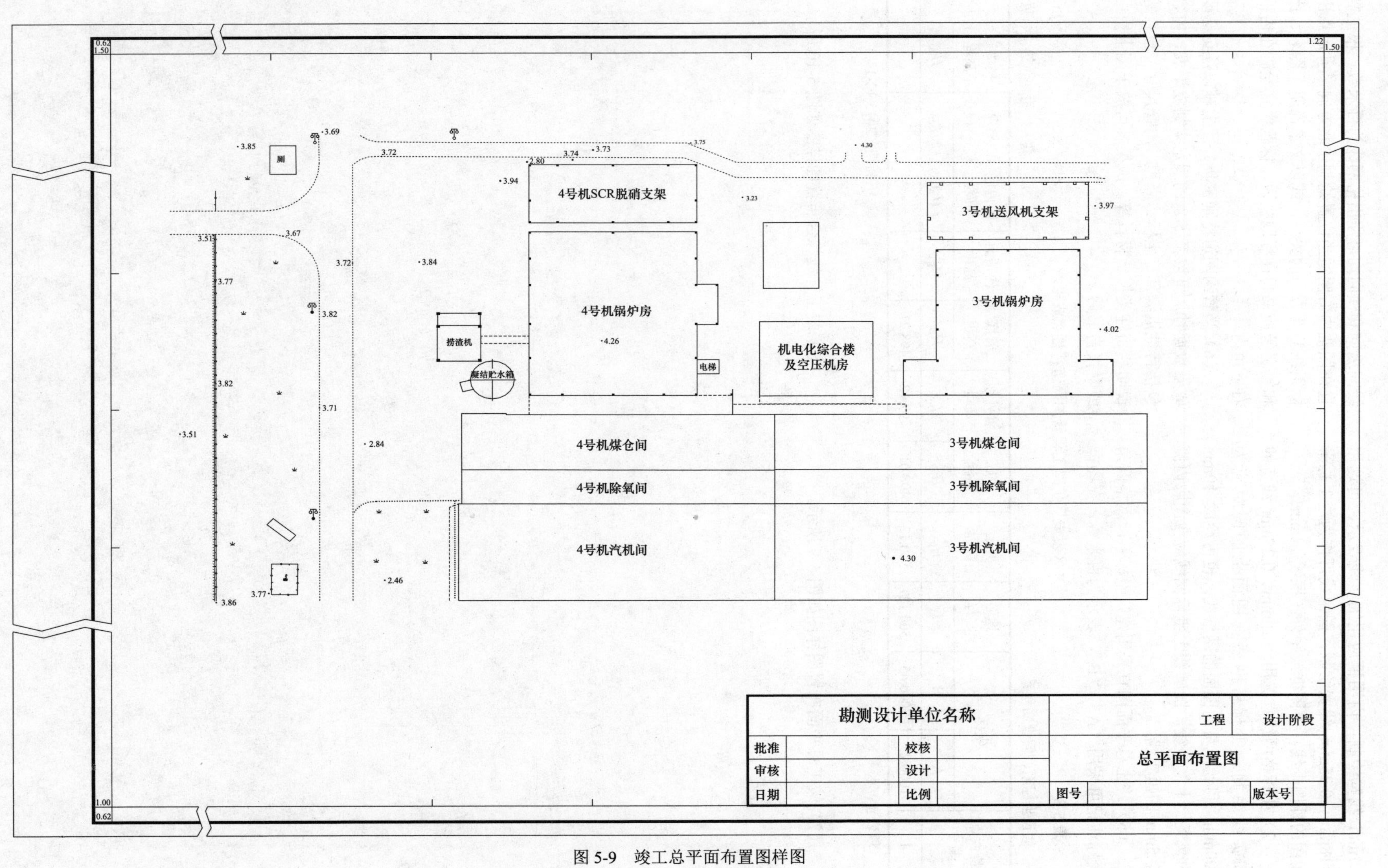

图 5-9 竣工总平面布置图样图

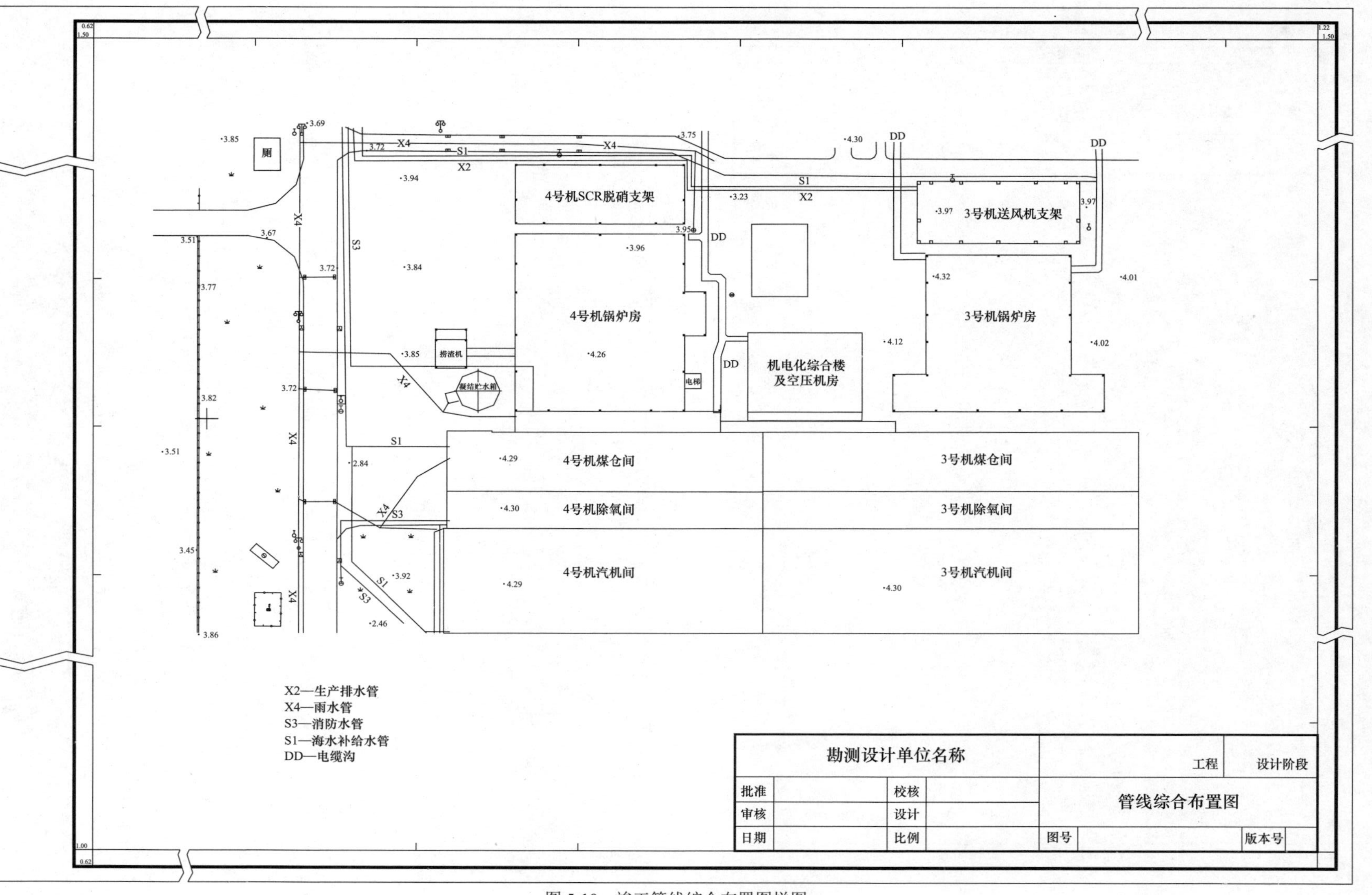

图5-10 竣工管线综合布置图样图

第 二 篇

输电线路工程测绘篇

输电线路是将电能从电源点（水电站、火电厂、核电站、风电场、光伏电站等）输送至变电站，再由变电站输送至电力负荷中心的能源输送通道。输电线路按输电电流性质可分为交流输电和直流输电。输电线路按结构形式可分为架空输电线路和电缆线路，电缆线路可分为陆上地下电缆和海（水）底电缆，前者多铺设于人口密集的大中城市，后者铺设于难以跨越的海峡、江河等水域。架空输电线路按杆塔导线回路数，可分为单回路、双回路和多回路线路。

本篇描述了架空输电线路及其大跨越工程、地下电缆工程和海（水）底电缆工程在不同设计阶段的测绘工作内容及要求。

第六章

架空输电线路工程测绘

架空输电线路工程测绘一般按可行性研究、初步设计、施工图设计和施工等阶段开展工作，大跨越作为专项工程同步展开。各阶段的测绘对象、目的、内容和深度要求不尽相同，采用的仪器设备、技术要求和方法也有差异。本章后续各节将主要介绍勘测设计阶段和施工阶段的测绘工作，其中勘测设计阶段共有的测绘工作包括交叉跨越测量、塔基断面测量、塔位地形测量、开方测量、房屋分布图测量、林木分布测量、水文测量和勘探点放样测量等纳入第四节专项测绘中，大跨越放在本手册第七章大跨越工程测量中叙述。

第一节　可行性研究阶段测绘

在架空输电线路可行性研究阶段，测绘人员配合设计人员对线路路径预选方案进行比选，并推荐最佳路径方案。主要测绘工作有：根据可行性研究设计要求，搜集与设计方案相关的线路沿线测绘资料；对测绘资料进行内业处理形成线路设计所需资料；对影响线路路径方案和工程造价的地物地貌、重要交叉跨越等进行实地调绘和测量；补充、完善设计所需资料。

一、搜集资料

根据线路可行性研究设计阶段的要求，测绘人员配合其他专业人员搜集线路路径周围相关资料。搜集的资料包括以下内容。

1. 已有资料

已有资料是指对本线路工程有影响或可引用的已有工程资料。已有资料通过验证后方可使用。

2. 对线路设计方案有影响的资料

对线路设计方案有影响的规划、国土、市政、水利、交通等部门的资料（如：规划区、采空区、采石场的范围，铁路、公路设计路径及设计标高）；线路设计方案与军事区、导航台、铁路、公路等设施的安全距离等相关资料。资料应采用国家或地方坐标、高程系统。

3. 地形图资料

地形图有纸质版和电子版，所使用的地形图要有较好的现势性，其范围及精度应满足设计需要，通常搜集地形图的比例尺为1:50000或1:10000，所搜集的同一工作区域、同一比例尺地形图的坐标、高程系统要保持一致。搜集涉密地形图时，应执行相关保密规定。

4. 航空摄影资料

航空摄影资料包括航空摄影影像及参数、验收资料等。航空摄影影像比例尺，平丘地区不应小于1:30000，山区不应小于1:40000。

5. 卫星遥感资料

卫星遥感影像的地面分辨率，对于特高压架空输电线路宜优于10m，其他线路宜优于15m，可满足1:50000或1:100000影像成图精度要求。卫星遥感影像的清晰度、相邻影像间重叠度、云量、色调、反差等要素应满足质量验收要求。

6. 数字高程模型（DEM）

数字高程模型（DEM）的格网间距不应大于25m，数据格式应满足软件处理的要求。

7. 控制点成果

控制点成果包括控制点名称、精度等级、坐标系统、高程系统、坐标和高程，以及提供控制点成果的单位及其印章等。

二、内业处理

线路可行性研究设计阶段内业测量工作是对搜集的地形图、航摄与遥感影像、数字高程模型等资料进行内业处理，形成满足设计要求的路径方案图、数字正射影像图、数字高程模型、平断面图、转角坐标等资料；将对线路路径有影响的规划区、采空区、采石场等信息标绘在路径方案图上。线路内业测量工作内容包括以下内容。

1. 地形图的内业处理

根据线路路径，对纸质地形图进行拼接，设计人员在地形图上进行路径比选，形成路径方案图。纸质地形图要素要清晰完整，拼接结合误差要小，地形图范围要能够满足设计要求。

对电子地形图进行预处理，将坐标基准转换一致，并拼接转换后的电子地形图，设计人员在地形图上进行路径比选，形成路径方案图。利用经鉴定合格的专业处理软件，实现绘制平面图、概略平断面图和三维漫游等。

2. 规划、国土、交通等部门提供资料的内业处理

规划、国土、交通等部门提供的对路径可能有影响的重要城镇规划区、气象区、军事区、林区、矿区、通信及电力线路、铁路、公路规划等资料，其坐标高程基准与线路的坐标高程基准不会完全一致，因此，需要统一转换为线路的坐标高程基准，必要时，需要进行联测。然后将规划区、气象区、军事区、林区、矿区、通信及电力线路、铁路、公路规划等信息标绘在路径方案图上，设计人员规划路径时，将考虑合理避让。

3. 航空摄影与卫星遥感影像的内业处理

航空摄影与卫星遥感影像所反映的地物地貌具有良好现势性，对路径方案的设计与比选、确定最佳路径方案起到很好的作用，利用航空摄影影像或卫星遥感影像建立立体模型，并构建大场景立体模型。基于大场景立体模型优化线路路径方案，制作数字高程模型（DEM）和正射影像图（DOM）。根据线路路径生成平断面图，通过预排塔位，评价路径方案，实现路径优化。

4. 路径坐标的获取

设计人员利用地形图或正射影像图完成路径方案比选后，测绘人员可获取路径关键点（起讫点、转角、受控点等）的坐标，并将其用于外业实地踏勘，从而进一步优化路径。

5. 网络资源的应用

基于互联网+技术的网络地图、DEM等资源具有现势性好、地物地貌直观的特点，可以测量图上的长度、角度、面积等数值，实现大场景路径漫游。网络地图、DEM等可与地形图、航空摄影影像、卫星遥感影像结合使用，更好地实现路径优化设计。

三、外业测量

外业测量是对线路路径方案的现场踏勘，了解线路沿线的地物地貌，对路径方案和工程造价有影响的地物地貌和重要交叉跨越等进行调绘、修测和补测。外业测量是对内业资料的准确性和完整性的补充和完善。

1. 现场踏勘

现场踏勘工作内容有：

（1）了解线路沿线地物、地貌、交通、水系、植被、城镇、工厂和居民地等情况，对特高压架空输电线路还要了解沿线控制点分布和保存情况。配合设计人员对影响路径方案成立的协议区、拥挤区、林区、采石场、弹药库、油库、微波塔、通信设施、大跨越、重要交叉跨越等重点地段以及地质、水文、气象条件复杂的地段进行现场踏勘。

（2）对各路径预选方案现场踏勘，以检查内业资料的准确性、完整性。

（3）搜集所涉及变电站和发电厂的进出线平面图。

2. 现场测量

内业资料与现场实际情况不符时，通过现场踏勘测量，对内业资料进行调绘、修测及补测，保证测绘资料的现势性、正确性和完整性。路径调绘、修测及补测工作内容有：

（1）对影响路径方案的输油、输气管线、平行接近路径的35kV及以上线路、二级及以上通信线、高等级公路、铁路、协议区、拥挤区、城镇规划区、矿区、采石场等地物或区域进行调绘，并标绘在地形图或正射影像图上。

（2）对影响路径方案的主要经济作物及林木，调绘其分布范围、种类、现实生长高度。

（3）对路径附近的房屋拥挤地段，调绘房屋面积、材料和层数等，并绘制拥挤地段平面图。

（4）城镇规划区、矿区等的坐标系统与线路坐标系统不一致时，需进行坐标联测。

（5）对影响路径方案的大跨越、重要交叉跨越，需测量平断面图。

（6）线路跨越河流时，按照要求测量洪水位高程及水文断面等。

（7）必要时，对特殊地段进行定位测量，并绘制平断面图。

（8）进出线资料不完整时，需测绘进出线平面图。

3. 航空摄影与遥感影像外业调绘

航空摄影与遥感影像外业调绘是在现场实地比对影像，完善调绘影像信息，通常采用室内判读、野外调绘和测量相结合的方式。外业调绘包括平面位置调绘和高度及交叉角调绘。平面位置包括建构筑物、电力线、通信线、电缆及管线、道路、水系、经济作物、交叉跨越、新增地物、地物类别及属性等；高度及交叉角包括建构筑物高度、交叉跨越点高度、杆塔高度及属性等。外业调绘和测量的信息要绘制在影像图上。

四、资料与成果

1. 提交资料内容

（1）测量技术报告。

（2）标注各类调绘资料的地形图。

（3）航空摄影影像、卫星遥感影像资料（采用航空摄影、卫星遥感影像时提交）。

（4）重要交叉跨越平断面图。

（5）拥挤地段平面图。

（6）通信线危险影响相对位置图。

（7）变电站或发电厂进出线平面图。

（8）洪水位高程、河道断面。

（9）特殊地段定位测量平断面图。

（10）正射影像图（采用航空摄影、卫星遥感影像时提交）。

（11）航测平断面图（采用航空摄影、卫星遥感影像时提交）。

2. 测量技术报告

可行性研究测绘的测量技术报告是对可行性研究阶段测绘工作的全面总结，应对测量内容、测量方法、测量过程、路径方案的描述及交叉跨越统计等方面进行总结。

3. 提交资料要求

提交的各项资料应内容完整、项目齐全，满足可行性研究设计的深度要求，质量应符合相应的规范要求。

第二节　初步设计阶段测绘

架空输电线路初步设计测绘的主要任务是在可行性研究阶段测绘的基础上，根据设计要求，通过搜集资料、室内优化路径、控制网测量、现场踏勘与测量、像片控制点测量和调绘等方式，提供勘测设计所需的测量资料，以确定优选路径方案。

目前，500kV及以上和部分500kV以下电压等级的线路采用了航空摄影测量技术，有些线路采用了卫星遥感技术，使用航摄与遥感影像时，需沿路径进行控制网布设与测量、像片控制点测量和路径走廊调绘等工作。

一、搜集资料

本阶段的搜集资料是对可行性研究阶段所搜集资料的补充，为线路勘测设计提供测绘基础地理信息。通常需要搜集的测绘资料有：

1. 地形图资料

（1）在特殊地段或复杂地段，必要时配合设计人员由国家或地方测绘地理信息管理部门搜集路径沿线的1:10000地形图。对于路径范围内的城镇、工矿、交通、军事设施等，需搜集1:2000或1:5000地形图或规划图。

（2）搜集的地形图要具有良好的现势性，优先选择数字化地形图。涉密地形图的使用和管理应遵守相关涉密测绘成果的管理规定。

2. 航摄与遥感影像资料

（1）搜集的航空摄影像片比例尺，平丘地区不宜小于1:30000，山区不宜小于1:40000。搜集航摄立体相对时，应获得摄影参数、空三成果及原始成果验收资料。搜集的数字高程模型格网间距不大于25m，格式应满足后续软件处理的要求。

（2）搜集的卫星遥感影像地面分辨率不宜大于5m，光谱波段数不宜少于3个，且能满足1:50000或1:100000影像成图要求。卫星影像成果图的比例尺宜为1:50000或1:100000，图中宜标注坐标网格、主要居民地、道路、水系、规划区等地理信息。

（3）搜集航摄与遥感影像要有良好现势性，影像的清晰度、云量、色调、反差等要素应满足相关影像质量验收要求。

3. 控制点成果

（1）搜集路径沿线的国家或地方坐标和高程控制点成果，以及控制点的分布情况。需要与其他坐标和高程基准联测时，应搜集相应的控制测量资料。

（2）搜集线路进出线所涉及的发电厂和变电站测区控制测量资料。

（3）对于同一工程、同一比例尺地形图的坐标、高程系统宜保持一致。

4. 其他资料

（1）搜集已有测量资料。

（2）由设计专业提供发电厂和变电站进出线设计图。

5. 资料处理

（1）将数字化地形图（包括栅格地图）载入专业软件，对图形进行接边和裁剪处理。

（2）将搜集的规划区、军事设施、自然保护区、矿区、公路、铁路、线路、重要管线等资料标绘于地形图。

（3）采用航空摄影与卫星遥感影像时，利用数字正射影像图（DOM）、数字地面模型（DEM）等资料，在三维可视化环境下，由勘测设计人员协同完成路径选择。

二、现场踏勘与测量

通过现场踏勘测量，使室内所选路径方案落实在实地，并确定最优路径方案。现场踏勘与测量工作包括配合设计踏勘线路路径现场，对影响线路的主要交叉跨越、危险点、拥挤地段、林区、进出线、塔位地形图、塔基断面图、水文断面等进行测绘。

1. 控制网测量

测量控制网为线路工程勘测设计、施工、运行维护等阶段工作提供了统一地理空间框架基准，通常采用国家或地方坐标、高程系统。使用航摄与遥感影像时，需在初步设计阶段施测控制网。

控制网起算已知点个数不得少于3个。当起算控制点搜集困难时，可利用CORS系统获取起算控制点成果。对路径范围较宽裕、电压等级较低的线路，也可用精密单点定位测量（PPP）获取起算控制点成果。

控制网测量通常采用GNSS静态或快速静态模式测量，也可采用导线和三角形网测量。平面控制测量应满足：控制点间距离不应大于10km，最弱边相对中误差不应大于1/20000；高程控制测量应满足：复测高差较差不应大于$60\sqrt{D}$ mm（D为测距边长度，km）。

2. 现场踏勘测量

现场踏勘是将室内选择路径在现场落实，并将路径合理化。现场踏勘将沿线察看和重点踏勘相结合，重点踏勘影响路径方案的规划区、协议区、拥挤区、林区、工程建设条件复杂地段等。对路径有影响的地物、地貌与搜集资料不符时，应补测，并标绘在路径图或正射影像图上。必要时，需实测转角以落实路径，配合设计人员完成路径方案图。

初步设计阶段线路工程现场踏勘主要测量工作有：

（1）线路路径与障碍物交叉跨越时，需对障碍物进行交叉跨越测量，测定线路与被跨越（或钻越）物交叉点的位置，以及被跨越（或钻越）点的标高。当出现大跨越、大档距等重要交叉跨越情况时，应根据设计要求测绘平断面图。调查线路沿线影响路径成立的各种地上、地下管线（如输油、输气管线）的分布情况，并调绘补测到路径图上。

（2）线路路径对通信线路有危险影响时，应按设计要求调绘或测量通信线路的位置，实测交叉角，绘制通信线路危险影响的相对位置图。

（3）拥挤地段可能影响路径成立时，应测绘拥挤地段平面图。

（4）选择路径时，应尽量避开林区、矿区等，当线路必须通过上述区域时，应调查、测量线路沿线涉及林木或矿区的区域范围，注明树种、树高（要求标注实测树高）、矿区名称、类型，矿区、林区界限等，并展绘在线路路径图或正射影像图上。

（5）调绘和测量线路沿线范围内的房屋等建、构筑物的平面位置、房屋结构、属性、面积、房高等信息，绘制房屋分布图。

（6）在拥挤地段、大跨越、复杂地形等对线路路径有影响时，应配合设计人员现场定位，测量塔基断面图及塔位地形图。

（7）线路通过江河、湖泊、水库等地段，必要时，测绘人员配合水文专业测量水文断面、比降点和洪痕点等。在江河、湖泊中立塔时，根据设计需要，测量水下地形图或水下断面图。

（8）路径跨越或临近规划区、协议区、工矿区、军事设施时，根据需要进行坐标联测。

（9）搜集或测绘变电站和发电厂进出线平面图。

三、内业工作

内业工作主要是利用搜集的资料以及现场采集的数据制作线路路径图，配合设计专业优化路径，并提供所需的测量资料。采用航摄与遥感影像时，需进行控制测量平差、像片室内判绘、空中三角测量、DEM和DOM制作，并利用航摄与遥感影像进行路径优化、平断面立体量测、室内设计排位等工作。

（一）制作路径图

1. 利用地形图制作路径图

将数字化地形图（含栅格地图）载入专业软件，进行接边、裁剪等处理。地形图范围应确保线路路径位于路径方案图中部位置。在地形图上绘制线路起止点、转角和路径，并标注起止点和转角编号。将现场补测调绘信息展绘在图上，修测与实地不符的地物地貌，整饰图廓信息，完成路径图的制作。

2. 利用航摄或遥感影像制作路径图

将航摄或遥感影像转换为数字图像，经过坐标配准统一地物、地貌的地理坐标和空间位置，使同名地物能够在新产生的复合图像上的地理坐标、空间位置与几何形态相吻合，经过处理得到正射影像图，将搜集、补测、调绘的影响路径的信息，以及路径方案转绘到正射影像图上，完成路径图的制作。

（二）优化路径

1. 利用地形图或遥感影像优化路径

地形图现势性较差，线路沿线地物地貌变化大，野外踏勘时，需要对线路全线进行踏勘、补充测绘、调绘新增地物，再展绘到地形图上，然后优化路径。遥感影像的现势性较好、显示直观，影像与实地较吻合。利用遥感影像优化路径时，外业补测调绘地物的工作量相对较小。

2. 利用正射影像优化路径

对于500kV及以上电压等级线路，在初步设计阶段使用航空摄影测量技术，通过航测像控、调绘、空中三角测量后，利用数字高程模型生成概略平断面图进行预排位，经过全面综合考虑各种因素后，如大高差、大档距、密集村庄、拥挤地段等，提高路径成立的可行度，降低不确定因素的干扰，实现路径优化。

3. 利用三维模型优化路径

利用三维模型优化路径方案可采用两种方法：一种是基于数字摄影测量工作站平台，利用立体相对建模的方式优化路径；另一种是基于GIS的三维可视化平台优化路径。

测绘人员配合设计人员将现场调绘、补测的电力线、通信线、独立地物、管线及附属设施等地物录入三维选线平台。在三维可视化环境下，设计人员可以直观建构筑物、交叉跨越物、植被、河流、湖泊等地物地貌属性，精确调整线路路径；根据数字地面模型生成概略平断面图，预排线路塔位；通过逐基检查塔位地形，量测塔基坡度、路径两侧房屋偏距和面积等，确定合理塔位。

四、资料与成果

1. 提交资料内容

（1）测量技术报告。

（2）标注各类调绘资料的地形图。

（3）航测平断面图。

（4）拥挤地段平面图。

（5）航测房屋面积图。

（6）通信线危险影响相对位置图。

（7）变电站或发电厂进出线平面图。

（8）水文断面测量成果。

（9）正射影像图。

（10）线路路径方案图。

2. 测量技术报告

初步设计测绘的测量技术报告是对初步设计阶段测绘工作的全面总结，应对测量内容、测量方法、测量过程、路径优化及交叉跨越统计等方面进行总结。

3. 提交资料要求

提交的各项资料应内容完整、项目齐全，满足初步设计的深度要求，质量应符合相应的规范要求。

第三节　施工图设计阶段测绘

架空输电线路施工图测绘是将设计杆塔的位置落实到实地，并测绘交叉跨越、危险点、房屋和林木范围等影响线路安全和投资的要素。测绘工作内容有选线测量、定线测量、平断面测量、交叉跨越测量、定位及检查测量、塔基断面图测量、塔位地形图测量、联测、开方测量、房屋分布图测量、林木分布测量、进出线测量及其他测量。

一、选线测量

选线测量是根据已有资料，按照设计要求，在室内或实地调整、落实合理可靠的线路路径。选线测量采用室内选线与现场选线相结合的方式，内外业交叉进行。室内选线一般基于航摄或遥感影像匹配 DEM 生成的三维立体模型、1:10000 或 1:50000 地形图，线路经过规划区、工矿区时，可借助已有的 1:1000、1:2000 大比例尺地形图进行选线。现场选线一般要求测量、地质、水文、电气、结构等专业配合，依据室内选线确定的路径，利用 GNSS RTK 或者全站仪确定转角点的位置。地形复杂地段，需要测量塔腿高差及地质勘查，以确定塔位。

（一）全数字摄影测量系统选线

（1）对路径进行航空摄影测量，通过像片控制点及调绘资料处理，获得信息全面的正射影像图、数字地面模型和三维景观图（也可用高清卫片匹配 DEM 生成三维模型）等，先在正射影像图上标定路径走向，再在数字三维模型中优化选择路径走向。

（2）全数字摄影测量系统室内选线，在可视化三维环境中浏览路径周围环境，查看塔位地形，尽量避开陡峭地形和不良地质灾害地段，合理避让房屋、减少导线覆冰影响、避开大档距等。利用选线平台的量测功能可显示任意点的坐标、高程及点与点之间的距离，提取断面数据、塔位数据，进行杆塔预排位、风偏和危险点的校验，落实每一基转角塔、直线塔的位置。通过对多方案线路长度、转角数量和角度、直线塔总数、房屋拆迁量、林区长度等统计，以及技术经济比较，实现路径优化。

（3）输出优化后路径转角坐标数据，同时在全数字摄影测量系统上测绘线路平断面图，生成房屋分布图等。

（4）全数字摄影测量系统内业选线可实现多员协同作业，提高勘测设计人员选线效率，优选杆塔位置。

（5）外业现场落实路径，放样转角位置，确定线路走向。

（二）GNSS RTK 选线

1. 坐标转换参数的获取

GNSS RTK 测量数据为 WGS84 坐标，而测量需要实时显示国家或地方坐标，这就需要进行坐标转换。坐标转换参数的方法一般有以下几种：

（1）直接利用测区已有的坐标转换参数。

（2）测区已有 GNSS 控制测量成果时，可利用国家或地方坐标成果与 WGS84 坐标成果计算坐标转换参数。参与坐标转换参数计算的控制点分布范围，应能够控制整个测区。

（3）控制点成果有国家或地方坐标成果，却没有 WGS84 坐标成果时，对于小范围测区，可任意设立 GNSS 基准站，通过流动站测量已知点进行点校正以获取转换参数；测区范围较大时，可在已知控制点用静态测量获取国家或地方坐标成果，然后计算坐标转换参数。

（4）CORS 信号覆盖区域，可利用 CORS 测量控制点的地方坐标，再用静态测量 WGS84 坐标成果，然后计算坐标转换参数。

2. 基准站的设置与检测

将坐标转换参数、已知控制点、放样点的坐标数据导入GNSS控制器。在控制点上架设GNSS基准站，GNSS流动站对其他控制点进行检测。在CORS信号覆盖区域，可直接利用CORS信号进行GNSS RTK测量。

3. 选线

（1）将转角设计坐标输入GNSS RTK流动站控制器，实地测量主要障碍物与线路路径的关系，通过比较调整转角实地位置而确定线路走向。

（2）转角位置确定后，宜埋设固定标桩。使用GNSS RTK模式测量转角坐标和高程。点位坐标中误差不应大于5cm、高程中误差不应大于7cm。

（3）后续定线测量工作采用全站仪施测时，转角附近应设置方向桩，方向桩和转角桩间应通视良好，桩间距离不宜小于200m。

（4）GNSS选线完成后，将现场选定的转角位置及增加的调绘信息标示在正射影像图上，同时提供参考站、转角桩、方向桩平面坐标和高程数据。

（三）全站仪选线

（1）全站仪选线时，实地确定转角位置并测定转角，转角前后设置方向桩，转角至前后视的方向桩距离不宜小于200m。

（2）线路经过协议区时，利用已知控制点对转角放样测量。

（3）线路跨越一、二级通信线、光缆及地下通信电缆且交叉角小于或接近设计限值，有可能影响路径成立时，需测定线路与交叉跨越物相对位置关系，获取交叉角值。

（4）线路与其他电力线交叉时，测定电力线高。

（5）在路径图上标注转角位置及转角度数，供后续定线测量使用。

（四）选线测量要求

（1）确定线路的最终走向，设立临时或永久桩位标志。

（2）选线要做到线中有位，即要有立塔的位置。

（3）在路径图上标出线路转角位置，有条件的可提供转角坐标数据。

（4）选线要尽可能选择路径长度短、特殊跨越少、水文和地质条件好的路径方案。

（5）尽可能避开森林、防护林、绿化区、公园带等，当必须穿越时，应尽量选取最窄处通过，以减少林木砍伐量。

（6）尽量避开房屋，减少拆迁；尽量避免占用基本农田。

（7）尽可能避开采空区、地质复杂和基础施工挖方量大或排水量大以及杆塔稳定受威胁的不良地质地段。

（8）应避开军事设施、大型工矿企业及重要设施等。

（9）选择路径应符合城镇规划；宜避开自然保护区和风景名胜区。

（10）线路尽量靠近现有交通道路，方便后期施工运行。

（11）选线所用全站仪的测角精度不应低于6″，测距精度不应低于Ⅲ类。

（12）使用全站仪施测时，转角附近应设置方向桩。

（13）GNSS基准站应选择在地势较高、视野开阔、交通方便，远离电力线、通信塔、树林和房屋的地方，避开大面积水域等。

（14）GNSS RTK流动站与基准站间的距离不应超过8km。

（15）GNSS RTK桩位放样时，同步观测卫星数不少于5颗，显示的坐标和高程精度指标对330kV及以上电压等级不得大于30mm，对220kV及以下电压等级的不得大于50mm，同时记录实测的数据、桩号。

（16）选线测量采用的坐标、高程系统应与控制网一致，参考站应利用控制网点。控制网点的密度、观测条件不能满足要求时，应进行加密。

（17）转角位置确定后，宜埋设固定标桩，并记录坐标数据及桩号。

二、定线测量

定线测量是按照选线确定的路径，在实地测定直线桩和转角桩，以确定路径中心线和转角位置。直线桩和转角桩可以控制路径方向，是平断面、交叉跨越、塔位、检查和施工测量的基准。定线测量可采用GNSS RTK、全站仪等仪器设备。

（一）GNSS RTK定线测量

GNSS RTK定线测量时，根据选线确定的路径，利用GNSS RTK放样线路直线桩位和转角桩位，并测量直线桩和转角桩的坐标和高程，然后计算出桩间距离、累距、高程、转角等数据。测量方法如下：

1. 桩位放样测量

将选线测量的转角坐标输入控制器，利用几何放样功能进行转角桩和直线桩放样。

2. 桩位成果表的编制

利用转角桩和直线桩测量成果编制桩位成果表，成果表中包括桩号、坐标、高程、桩位里程、桩间距离、转角角度等数据。

3. GNSS RTK定线测量技术要求

（1）直线桩应选择在可长久保存且通视良好的地方，至少与一个相邻直线桩通视，满足平断面测量、交叉跨越测量及定位检验测量的需要。

（2）桩间距离不小于 200m，山区可根据地形条件适当放宽；桩位测量应满足 GNSS RTK 观测条件。

（3）GNSS RTK 流动站与基准站之间的距离不大于 8km。

（4）同步观测卫星数不少于 5 颗，放样测量的坐标、高程精度，对 330kV 及以上电压等级的不得大于 30mm，对 220kV 及以下电压等级的不得大于 50mm。

（5）直线桩、塔位桩放样时，显示的偏距不得大于 15mm。

（6）利用同一基准站对同一直线段的直线桩和塔位桩进行放样。更换基准站后应对上一基准站放样的直线桩或塔位桩进行检查测量，坐标较差不得大于 0.07m，高程较差不得大于 0.1m。

（二）GNSS RTK＋全站仪联合定线

采用 GNSS RTK＋全站仪联合定线时，GNSS RTK 应分别测定交接两头 2 个全站仪定线的直线桩或转角桩。利用选线阶段 GNSS RTK 测量的转角桩和方位桩进行定线测量时，应符合下列要求：

（1）根据始端转角桩、方位桩和末端转角桩的坐标，反算方位角和转角，利用全站仪进行定线测量。

（2）定线至下一个转角点时，应量取 GNSS RTK 转角桩与标定直线转角点之间的横向偏距值Δd，当Δd小于或等于 0.1m 时，可调整就近 1～2 个直线桩的横向位置，在满足 180°±1′的前提下，使直线符合到 GNSS RTK 转角桩位上；当Δd大于 0.1m 时，应以定线测量所标定的新转角位置为准，并根据原转角桩及其辅助桩测定新转角点的坐标。

（三）全站仪定线

1. 全站仪直接定线方法

全站仪直接定线方法有正倒镜分中延长直线法、正倒镜角度分中法等。直接定线测量技术要求如下：

（1）直线桩宜埋设在适于长久保存且通视良好的地方，便于桩间距离测量、高差测量、平断面图测量、交叉跨越测量及检查测量。桩间距离，平丘地区应控制在 400m 内，山区可根据地形条件适当放长。直线桩标定后，需检测水平角半测回，其允许偏差不大于 180°±1′。

（2）全站仪照准的前、后视目标必须立直，尽量照准目标下部。当照准目标在平地 100m 内无遮挡时，应以细小标志指在桩钉位置；当照准目标小于 40m 时，应照准桩面中心点位或细直目标的下部。

（3）全站仪测量桩间距离和高差，宜对向各观测一测回，或变换觇标高和仪器高同向观测两测回，两测回距离较差的相对误差应小于 1/1000。

（4）当两棱镜处于同一视准线高度时，应测定一站后，再安置另一站的棱镜，不得将棱镜同时对准测距仪。

（5）直接定线可采用逐站观测或跳站观测，当采用跳站观测时，其最远点与测站间距离，平地不宜大于 800m，山区不宜大于 1200m，所加直线桩桩间距离宜均匀。

（6）高差测量应采用三角高程测量两测回，两测回的高差较差不应大于 0.4S（m），S 为测距边长，以 km 计，小于 0.1km 时按 0.1km 计。仪器高和棱镜高均量至厘米，高差计算至厘米，成果采用两测回高差的中数，取至分米。当高差较差超限时，应补测垂直角，选用其中两测回合格的成果。

2. 全站仪间接定线

全站仪定线测量中遇有障碍物不能通视时，则采用间接定线测量方法，间接定线常用方法有：矩形法、任意三角形法、等腰三角形法和导线测量法等。间接定线测量应符合下列要求：

（1）间接定线的距离测量应使用不低于Ⅱ类光电测距仪器，并对向观测各一测回，边长相对中误差不应低于 1/4000。

（2）水平角测量应使用不低于 DJ2 等级仪器盘左、右各观测一测回，并取平均值。圆周角允许闭合差为 20″，测角允许中误差为 10″。

（3）采用的坐标系统，宜以导线起始端直线桩点为原点，以路径直线方向为 X 轴方向，过原点垂直于路径直线方向为 Y 轴方向。

（4）实时计算出导线点坐标及方位角，角度应取位至秒；边长、坐标应取位至毫米。

（5）采用放样和定测进行末端两个直线桩的标定，放样后定测的计算结果，其回归至直线上横向偏距值应小于 5mm。

（6）每条导线的点数不宜超过 5 个，导线长度不宜超过 2km。

（7）导线高差测量应满足五等三角高程测量精度要求。

三、平面及高程联测

（一）平面联测

（1）线路接近或经过规划区、工矿区、军事设施区、收发信号台及文物保护区等地段，当协议要求取得统一的平面坐标系统时，应进行平面坐标联测。

（2）平面联测中，转角塔中心点位中误差的精度限差不应大于协议区用图图面的 0.6mm。

（3）进出变电站或发电厂的线路起讫点应采用与变电站或发电厂相一致的坐标系统放样。定位测量后的坐标应转换为与线路工程相一致的坐标系统。

（4）平面坐标联测可采用 GNSS 静态控制网测量、GNSS RTK 测量和导线测量等方法。

（二）高程联测

（1）线路通过河流、湖泊、水库、河网地段及水淹区域，应根据水文专业的需要进行洪痕点及洪水位高程的联测。

（2）联测路线长度小于 10km 时，高程联测精度不应低于五等三角高程测量；联测路线长度大于 10km 时，应采用四等水准测量或四等三角高程测量。

四、平面及断面测量

架空输电线路平面及断面图包括平断面图、相对位置影响图、进出线平面图、拥挤地段平面图等。平断面图采用纵、横两种比例尺，其中垂直比例尺为 1:500，水平比例尺为 1:5000；各种平面图比例尺为 1:1000 或 1:2000。

（一）平面及断面测量内容

（1）平面图测量内容包括沿线路中心线左右两侧一定范围内的地物、地貌测绘；断面图测量包括线路中心线、左边线、右边线、风偏横断面、风偏点的测量。

（2）平面图测量带宽，对高压及超高压架空输电线路为中心线两侧各 50m 范围、对特高压架空输电线路为中心线两侧各 75m 范围。对线路有影响的建构筑物、道路、管线、地下电缆、河流、水库、水塘、水沟、沟渠、坟地、斜交或平行的梯田、悬崖、陡壁等地物和地貌，均应测绘。

（3）断面图需测量左、右边线及风偏横断面、风偏点的测量宽度依据杆塔横担宽度、杆塔档距、导线型号和电压等级等因素由设计人员确定。

（4）设计需要时，应搜集或测量变电站或发电厂进出线平面图，比例尺为 1:1000 或 1:2000。

（5）路径经过林区、果园、苗圃及经济作物时，要实测其边界，并注明其种类、高度和林木密度。

（6）路径平行接近通信线、地下电缆时，根据设计要求实测其平面位置，绘制相对位置图，成图比例尺宜为 1:1000 或 1:2000。样图如图 6-1 所示。

（7）对 330kV 及以上等级线路，路径经过拥挤地段，可根据设计要求测绘比例尺为 1:1000 或 1:2000 的拥挤地段平面图。样图如图 6-1 所示。

（8）平断面图从变电站、Π 接杆塔起始或终止时，应注记构架、Π 接杆塔中心地面高程，并根据设计需要，测量已有导线悬挂点高或横担高。

（二）平面及断面测量方法

平面及断面图测量可用工程测量方法和航空摄影测量方法。

1. 线路平断面图测量方法

（1）航空摄影测量方法。

1）恢复空三立体模型（本单位实施前期航摄时，则不需要）。

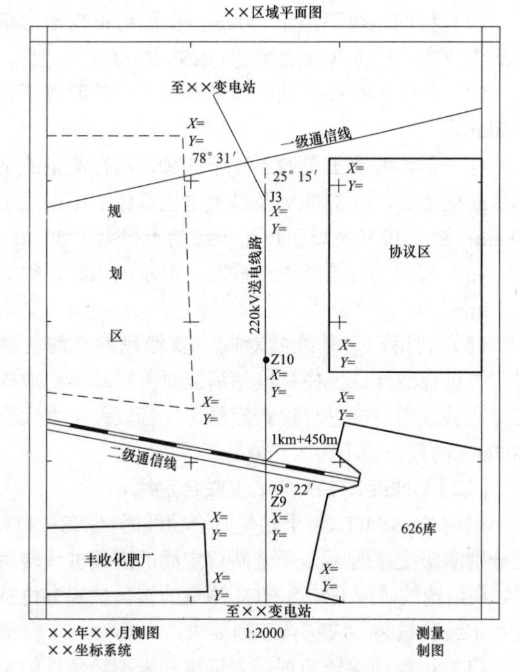

图 6-1　拥挤地段平面图样图

2）打开单个立体模型，导入确定的线路路径坐标。

3）利用联机测量软件人工采集平断面数据。采集断面前，要进行立体模型正确性检测；采集断面数据时，步距宜为 5～10m，对于平坦的平原地区，步距长度可以根据实际情况而定，数据采集的步距大小要能够正确反映现场地形；对于植被茂密地段，要求外业调绘树高，内业在立体模型上量测树高，内业采集断面数据时，首先在立体上找一块既可看到地面，又可量测树顶的地方，量测局部树高，然后将树高减去。

4）内业尽量多采集风偏断面和风偏点，为外业检测提供参考。后期整理时，可删除多余点。

5）实时输出线路平断面图。外业进行检测校验，提供最终成品资料。

（2）工程测量方法。

1）采用 GNSS RTK 测量时，收集转换参数、线路路径坐标；调试仪器、输入路径坐标、格网坐标和 WGS84 坐标计算的 GNSS 的转换参数；采集数据，绘制线路平断面草图；输出外业采集数据，利用线路处理软件，绘制平断面图。

2）采用全站仪测量时，全站仪架设在直线桩或转角桩，以线路小号方向为 0° 方向；仪器配置（仪器高、角度设置）后，开始数据采集；测量断面时，对直线桩要检测桩间距离和高差，对转角桩还要检测转角值；输出外业采集数据，利用线路处理软件，绘制平断面图。

2. 拥挤地段及进出线平面图测量方法

（1）航空摄影测量方法。

1）恢复空三立体模型（本单位实施前期航摄时，则不需要）。

2）在航测软件立体测图模式，设置测图范围、测量比例尺等，然后采集数据。

3）输出 DXF 数据，导入 CAD，编辑并输出平面图。

（2）工程测量方法。

1）在测区附近施测图根控制点。

2）全站仪架设于图根点，采集碎部点。

3）输出采集数据，利用绘图软件编辑并生成平面图。

（三）平面及断面图测量技术要求

1. 一般要求

（1）平面及断面测量应遵循“看不清不测”的原则，宜就近桩位测量。平面及断面点应能真实反映地形变化。

（2）平坦区域断面点间距不宜大于 50m，独立山头不应少于 3 个断面点，对特高压架空输电线路，独立山头不得少于 5 个断面点。导线对地距离可能有危险影响的地段，断面点应适当加密。山谷、深沟等不影响导线对地安全的地方可不测绘断面点。

（3）边线地形比中心断面高出 0.5m 时，应加测边线断面。路径通过缓坡、梯田、沟渠、坝顶时，应选测有影响的边线断面点。两边导线之间有高出中心断面和边线 0.5m 的危险点时，应测绘这些危险点。

（4）线路通过陡坡附近时，根据现场情况（一般坡度高宽比为 1:3 以上边坡），测绘风偏横断面图或风偏点。风偏横断面的长度或风偏点的位置，应根据其对边导线的危险影响确定，风偏横断面图的水平与垂直比例尺宜相同，可采用 1:500 或 1:1000，宜以中心断面为基点；中心断面点处于深凹处不需要测绘时，可以边线断面为基点。路径与山脊斜交时，应选测两个以上的风偏点。风偏点或风偏断面测量宽度与导线型号、设计跨距等有很大关系，测绘人员应与设计人员及时沟通，设计人员应提供相关资料，测绘人员要避免漏测风偏点或风偏断面点。定位测量时要根据排杆定位情况进行风偏校核，如果测量宽度不能满足设计要求，必须进行补测。风偏断面的画法如图 6-4 所示。

（5）平断面图从发电厂、变电站、Π 接杆塔起始或终止时，应注记构架、Π 接杆塔中心地面高程，并根据设计需要，测量已有导线悬挂点高或横担高。

（6）线路平断面图的比例尺，宜采用纵向 1:500、横向 1:5000。平断面图的样图如图 6-2～图 6-4 所示。

（7）发电厂或变电站进出线平面图重点测绘发电厂或变电站围墙、各个等级的进出线平面位置、出线构架平面位置等。变电站进出线平面图样图如图 6-5 所示。

（8）拥挤地段平面图重点测绘拥挤地段地物平面位置、重要交叉跨越物、通信线平面位置及其与线路中心线的交叉角。

2. GNSS RTK 测量技术要求

（1）同一耐张段的平断面测量，宜采用同一基准站。

（2）流动站与基准站的间距不宜大于 8km。

（3）同步观测卫星数不应少于 5 颗。

（4）更换基准站时，应复测上一基准站放样的直线桩。对转角桩、直线桩、塔位桩进行检测时，测量的坐标较差应小于 0.07m，高程较差应小于 0.1m。

（5）基准站应架设于控制网点，使用前应确认其可靠性。控制网点的密度、观测条件不能满足要求时，应以控制网点为起算点，采用 GNSS 静态或快速静态模式进行加密。

（6）GNSS RTK 模式测量的原始三维坐标中，宜保留平面、高程精度指标。

3. 全站仪测量技术要求

（1）全站仪测角精度不应低于 6″精度等级，垂直度盘的指标差不应超过 1′，棱镜常数应改正。

（2）平断面测量时，直线路径后视方向应为 0°，前视方向应为 180°；在转角桩设站测量前视方向断面点时，应对准前视桩方向并将水平度盘置于 180°，前后视断面点施测范围，应以转角角平分线为分界线。

（3）断面点宜就近桩位观测。测距长度不宜超过 800m，测距长度超过 800m 时，应正倒镜观测一测回，其距离较差的相对误差不应大于 1/500，垂直角较差不应大于 1′，成果取中数。

（4）桩间距离较大或地形条件复杂时，应加设临时测站。临时测站应满足如下要求：

1）应对向观测各一测回，条件困难时，可同向观测两测回，两测回间应变动仪器高，仪器高之差应大于 0.1m。

2）两测回间距离较差相对误差不应大于 1/1000，超限时应补测一测回，并选用其中合格的两测回成果。补测一测回仍超限时，应重新施测两测回。

3）高差测量应采用三角高程测量两测回，且与测距同时进行。两测回的高差较差不应大于 0.3m。

4）仪器高和棱镜高均应量至厘米，高差计算应至厘米，成果应采用两测回高差的中数。

5）距离超过 400m 时，高差应考虑地球曲率和大气折光差的影响。

4. 全数字化摄影测量系统采集平面及断面数据的要求

（1）采用框标定向进行内定向时，框标坐标残差绝对值不宜大于 0.01mm，最大不应超过 0.015mm。

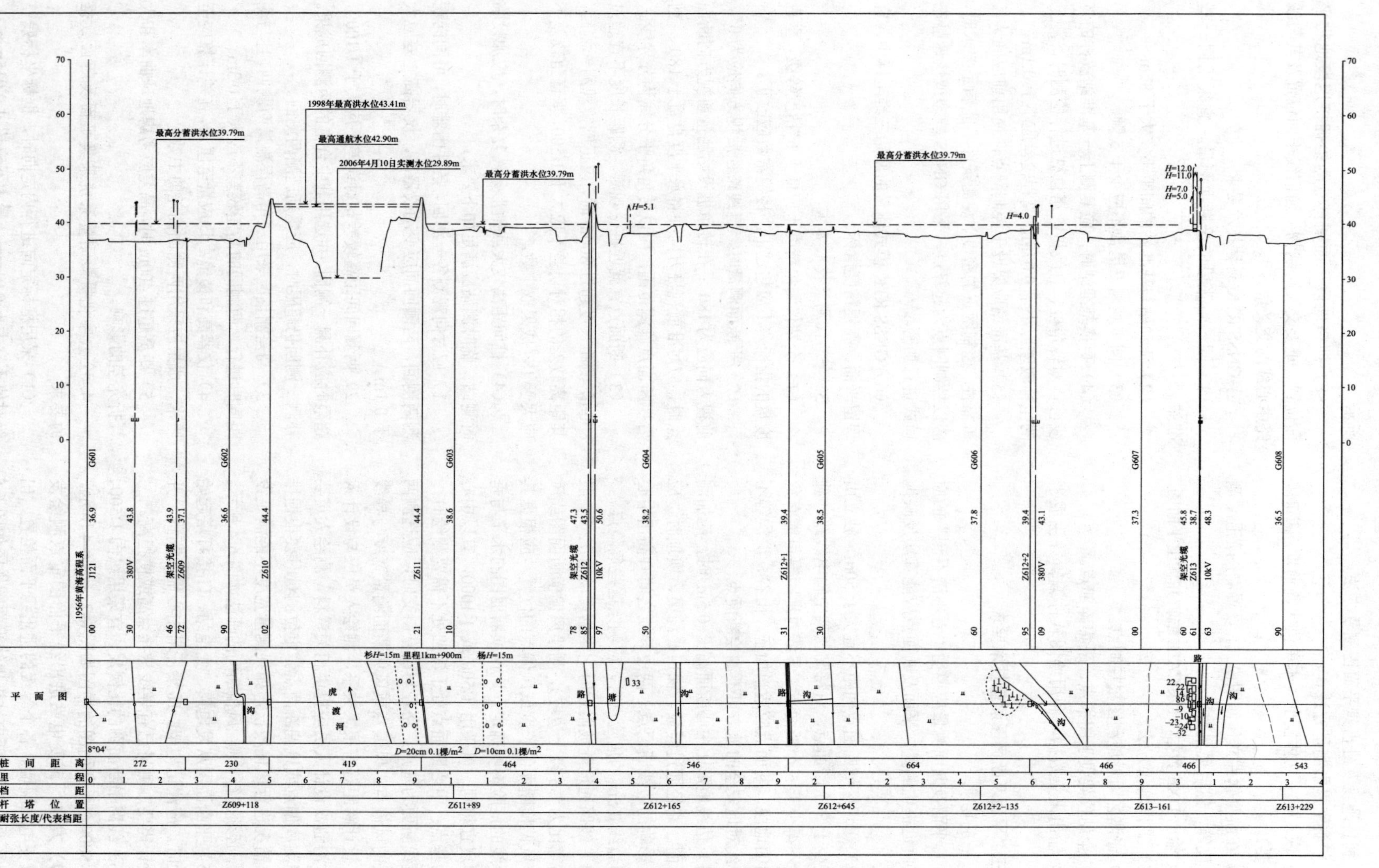

图 6-2　平坦地区输电线路平断面图样图

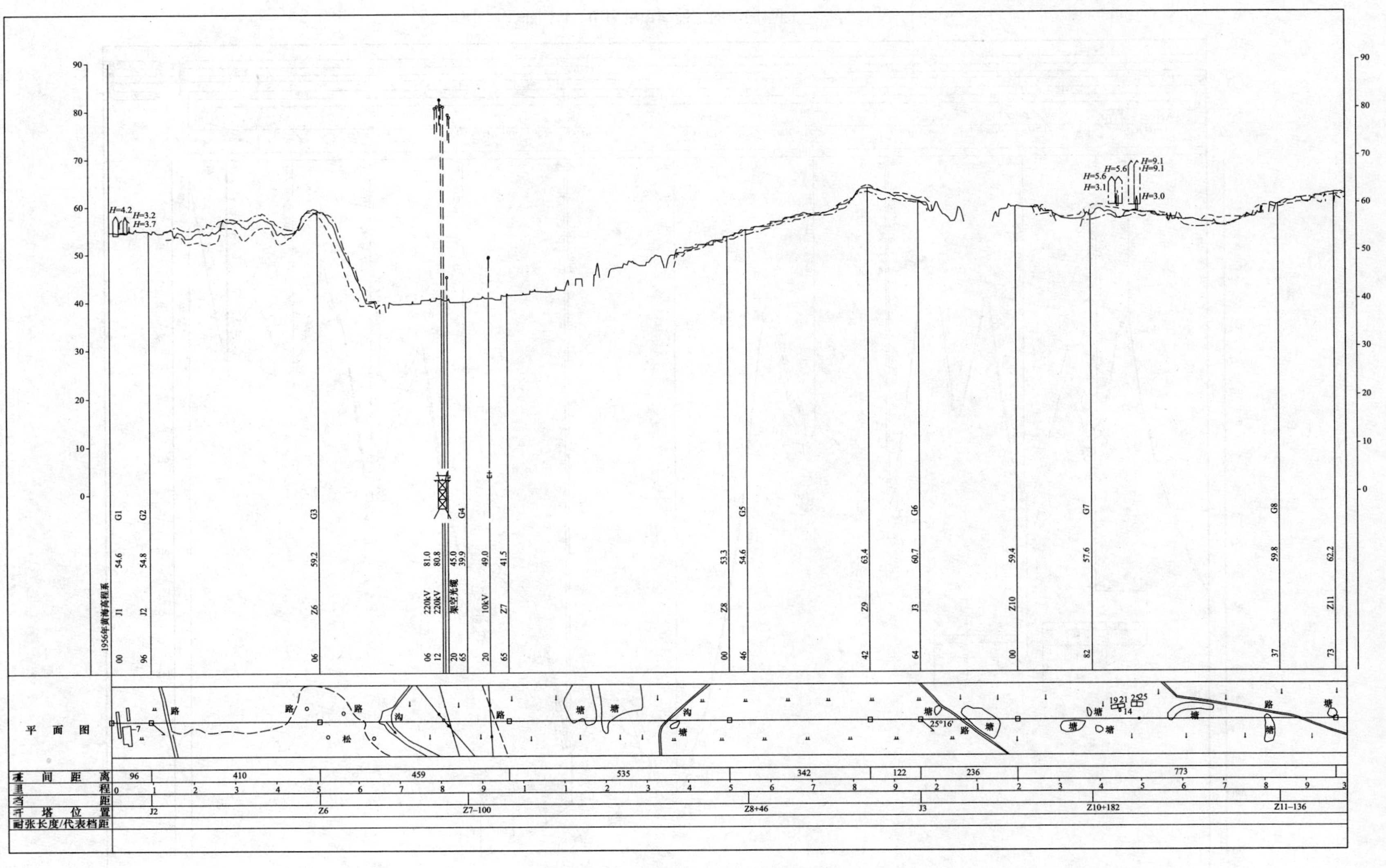

图 6-3　丘陵地区输电线路平断面图样图

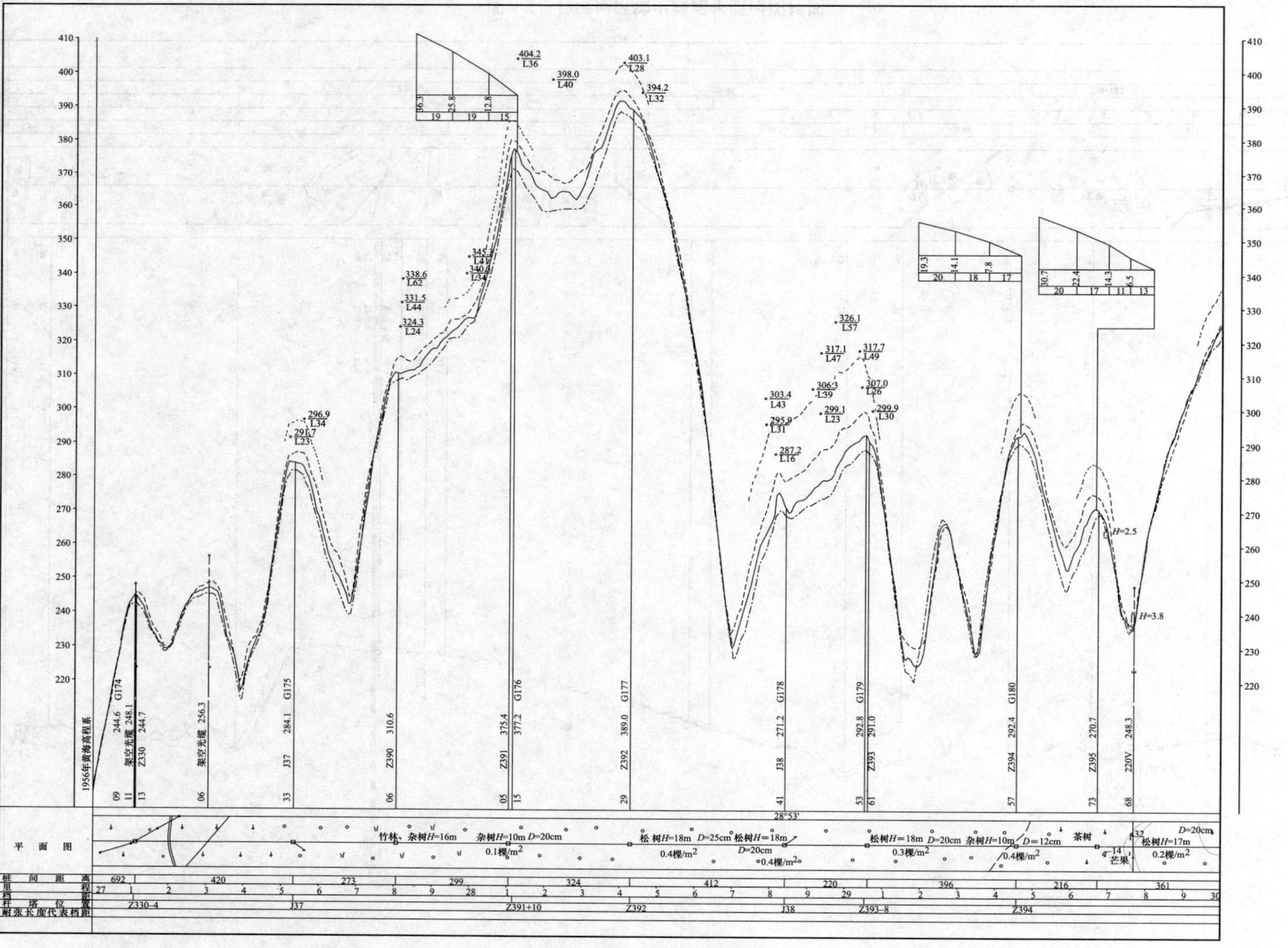

图 6-4　山区输电线路平断面图样图

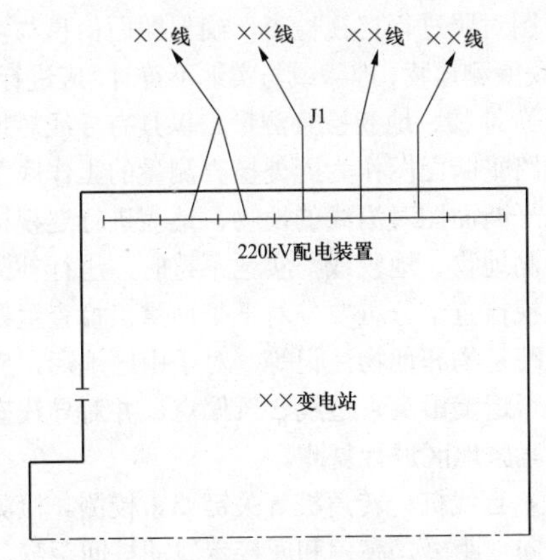

图6-5 变电站进出线平面图样图

（2）相对定向时，连接点的上下视差中误差对于高空数码航摄影像不应大于 1/3 像素，低空数码航摄影像不应大于 2/3 像素，扫描数字化航摄影像不应大于 0.01mm（1/2 像素）。

（3）绝对定向时，连接点相对于最近野外控制点的点位中误差对于一般地区不应大于 0.8m，城镇建筑区不应大于 0.6m。

（4）绝对定向时，连接点相对于最近野外控制点的高程中误差对于平坦地不应大于 0.3m，丘陵地、山地不应大于 0.5m，高山地不应大于 0.8m。

（5）相机参数、图幅参数、边线距离应正确设置，并应保证转角坐标输入正确。

（6）采集断面数据时，步距宜为 5～10m，并能正确反映现场地形，高程宜手动切准地面。一个耐张段内不应更换作业员。

（7）调绘信息应全面转绘到平面及断面图上。

五、定位及检查测量

定位测量是将设计人员在平断面图上预排的塔位放样到实地，并根据现场情况对塔位适度调整。平断面图是定位测量的重要依据，如果有误将直接影响定位测量的准确性和正确性，检查测量就是检查平断面图中的直线桩、转角桩、地物和地貌的准确性和正确性，对线路平断面图进行实地核对，避免漏测或错测。

定位及检查测量是架空输电线路设计的一个重要环节，送电电气、送电结构、测量、岩土和水文专业人员相互配合，通过图上排位和现场定位来完成。

（一）室内准备

设计人员提供预排塔位成果表、具有导线对地安全线的平断面图和设计定位手册等资料，根据分组情况打印预排塔位成果表和按一定比例打印具有导线对地安全线的平断面图。预排塔位成果表作为定位依据，具有导线对地安全线的平断面图作为野外检查测量工作的底图，以便野外对照平断面图对沿线的地物、地貌进行巡视检查。同时准备直线转角成果表、基准站成果表、填有定线交叉跨越测量成果的交叉跨越对照表。

（二）现场作业

塔位放样主要是直线放样，就是按照塔位桩与转角桩或直线桩的间距将塔位桩放样到由相邻两个转角桩定义的耐张段直线上并采集塔位坐标、高程或塔位桩与转角桩或直线桩的距离、高程等信息。需要时，测定转角塔、直线耐张塔、直线换位塔的中心位移桩。塔位中心位移值由电气设计人员提供。检查测量就是对沿线的地物、地貌的巡视检查和对桩间方向、距离、高差等关键要素的检查测量。塔位放样和检查测量宜同时进行。

定位及检查测量可采用 GNSS RTK 或全站仪测量。

1. GNSS RTK 定位测量

（1）在 GNSS RTK 测量手簿中建立项目，输入控制点坐标、正常高及 WGS84 大地坐标和椭球高，GNSS RTK 转换参数与选线、定线等环节保持一致。

（2）架设 GNSS RTK 基准站，设置基准站数据（点号、仪器高）。

（3）设置 GNSS RTK 流动站，测试数据链连接，并校测控制点，确保 GNSS RTK 转换参数、基准站数据和流动站数据准确无误。

（4）利用 GNSS RTK 测量手簿定义位置参照线及距离参照点，参照线以塔位小号和大号两侧的转角点号为直线端点建立；参照点一般取塔位小号的转角点号，然后根据设计预排塔位成果表中塔位和转角的里程，计算出塔位至参照点的距离。

（5）设置对中杆高度，在参照线上按距离放样塔位，并实测塔位坐标和高程。

（6）定位测量前应校核直线桩或转角桩坐标数据，坐标较差不应大于 7cm、高程较差不应大于 10cm。

（7）塔位放样测量时，流动站与基准站的间距不宜大于 8km，同步观测卫星数不应少于 5 颗。当显示的坐标和高程精度指标小于 30mm、直线偏差小于 15mm 时，可确定塔位桩，并记录数据和桩号。

（8）同一耐张段内的塔位放样宜采用同一基准站。更换基准站后，应复测上一基准站放样的塔位桩，两次测量的坐标较差不应大于 7cm、高程较差不应大于 10cm。

（9）受现场条件限制，无法设置塔位桩或虚拟交桩时，应实测并提供塔位的累距或坐标、高程，宜在塔位附近直线方向测设副桩。

2. 全站仪定位测量

（1）直接定线地段的塔位桩测量，在塔位就近的转角桩或直线桩上架设全站仪，对中、整平、以塔位一侧的转角桩或直线桩定向，可采用前视法测定塔位；

以塔位相反一侧的转角桩或直线桩定向，可采用正倒镜分中法测定塔位。仪器对中误差≤3mm、水平气泡偏移≤1 格、采用正倒镜分中法测定塔位时，正倒镜前视点两次点位每百米之差≤0.06m。照准的前、后视目标必须立直，宜瞄准目标的下部。当照准目标在平地 100m 以内无遮挡物时，应以细小标志指在桩钉位置。当照准目标距离小于 40m 时，应照准桩子的点位或细小目标的下部。

（2）间接定线地段的塔位桩测量，可在塔位就近的间接定线的桩上架设全站仪，对中、整平、设站、定向，按极坐标法放样，盘左、盘右取中确定塔位。

（3）采用全站仪定位测量宜逐基进行。塔位桩间距和高差应就近转角桩、直线桩测定。塔位桩间距离测量宜观测一测回。然后变动仪器高或觇标高再校测半测回，变动的仪器高或觇标高之差应大于 0.1m。距离较差相对误差不应大于 1/1000，超限时应补测一测回，并应选用其中合格的一测回成果。高差测量应与测距同时进行，应采用三角高程测量一测回。然后变动仪器高或觇标高再校测半测回，高差较差不应大于 $0.4S$，单位为 m，S 为测距边长，单位为 km。当测距边长小于 0.1km 时，应按 0.1km 计算。当高差较差超限时，应补测一测回，选用其中合格的一测回成果。

（4）仪器高和觇标高均应量至厘米，高差应计算至厘米，成果应采用两测回高差的中数。

（5）距离超过 400m 时，高差考虑地球曲率和大气折光差改正。

3. 检查测量

测绘人员和设计人员应将沿线实地地物、地貌与平断面图对照进行巡视检查，确保图面信息与实地一致。发现漏测地物、地貌或与实地不符时，应进行补测。

（1）地物、地貌检查测量。以具有导线对地安全线的线路平断面图作为野外检查测量的工作底图，野外对照平断面图对沿线的地物、地貌进行巡视检查，发现漏测地物、地貌或与实地不符时，进行补测、修测。巡视检查十分重要，对于平地重点检查重要地物和交叉跨越物和地物注记等。对于山区地形，应重点检查有否遗漏山头、边线、风偏点，并对导线安全线与地面紧张地区进行复测。

（2）直线桩、转角桩等关键要素校测。检测直线桩间方向、距离、高差和间接定线的桩间距离、高差等。判定桩位未被碰动或未移位可不作检测。否则应重新测量。

（3）交叉跨越 10kV 及以上线路时，采用半测回检测里程和高程。转角桩角度用方向法半测回检测，以及检测相邻桩间距离、高差。危险断面点的距离和高差，宜在邻近桩半测回检测。

（4）危险断面点（边线、风偏横断面）的检查。经设计优化排位后，从导线对地安全曲线中可以直观看出什么位置切地，何处裕度比较大，再在现场巡视对照，从中可以发现实地是否有影响。我们把受控制的断面点视为危险断面点，并用仪器进行检测。检测中应掌握图上定位地面安全曲线离断面点（包括边线点、横断面点、风偏点等）的距离在山区 1m 以内，平地 0.5m 以内，均属于危险断面点范围。

（5）直线桩、转角桩等关键要素校测的技术要求应符合表 6-1 的规定。

表 6-1　检查测量技术要求

内容	方法	允许较差		
		距离较差相对误差	高差较差（m）	角度较差
直线桩间方向、距离、高差	判定桩位未被碰动或未移位可不作检测。否则应重新测量	1/500	±0.3	±1′30″
被交叉跨越物的距离、高差	10kV 及以上电力线半测回检测	1/200	±0.3	—
危险断面点的距离、高差	在邻近桩半测回检测		平地±0.3，山地、丘陵±0.5	
转角桩角度	方向法半测回检测	—	—	±1′30″
间接定线的桩间距离、高差	判定桩位未被碰动或未移位可不作检测，否则应重新测量	点位横坐标每百米较差 2.5cm	±0.3	—

（6）检查测量中发现检测数据与原成果数据的差值超过限差时，应现场及时纠正，除图面修正外，还要及时通知设计人员在现场核实排位。所有发现的问题必须慎重对待，认真分析原因，确保工程质量。

（三）内业处理

（1）现场采集的塔位信息，经数据传输、计算处理生成塔位成果一览表。塔位成果一览表见表 6-2。

（2）校测的交叉跨越信息，经过计算，填写交叉跨越对照表。交叉跨越测量成果对照表参照表 6-3。

（3）根据检查测量成果修改完善平断面图，并添加塔位信息，形成最终的线路平断面图。

表 6-2　　塔位成果一览表

点号	坐标		高程	里程（m）	档距（m）	转角角度	备注
	X（m）	Y（m）	H（m）				
N350	4511549.303	470815.708	701.28	0			
N351	4511447.144	471228.159	701.05	425	425		
N352	4511386.972	471471.145	699.40	675	250		
G353	4511280.979	471899.022	696.43	1116	441	左 38°43′	
G354	4511392.142	472139.526	695.72	1381	265		
G355	4511453.590	472272.471	696.06	1527	146	左 43°49′	
G356	4511552.416	472311.157	697.02	1633	106		

表 6-3　　××线路工程交叉跨越测量成果对照表　　（m）

交叉跨越名称	定线/平断面图				定位（校测）			校差	备注
	偏距	里程	高程	交叉跨越点	偏距	里程	高程		
220kV ××线	0.0	719	49.44	小号地线中线	0.0	719	49.46	0.02	J401-J402
	−19.9	714	50.26	小号地线边线	−20.1	714	50.18	−0.08	
	0.0	728	49.56	大号地线中线	0.0	728	49.49	−0.07	
	−20.1	723	50.37	大号地线边线	−20.1	723	50.20	−0.17	
	−40.7	718	51.48	35#双杆大号杆	−40.4	718	51.50	0.02	
	−39.2	712	51.47	35#双杆小号杆	−39.1	712	52.11	0.64	
35kV ××线	20.0	7884	38.42	导线左边线	19.7	7884	38.57	0.15	J404-J405
	0.0	7854	40.36	导线中线	0.0	7854	40.41	0.05	
	−20.0	7824	42.95	导线右边线	−20.2	7823	42.96	0.01	
	−33.2	7804	45.34	18 号杆	−33.2	7804	45.32	−0.02	

制表：李××　　校核：张××

六、改线测量

线路施工图测绘完成后至建设完成之间的时期，由于种种原因，如线路路径下出现其他的施工项目，路径政策处理困难等造成线路不能贯通等，需要对路径设计方案进行调整。改线测绘是在线路设计方案变更后进行的测绘工作，其外业工作内容包括定线测量、平断面测量、定位测量等，其内容和测量方法与施工图测绘工作一致。

线路改线通常使线路局部在空间发生变化，如路径、塔位、桩位及平断面等数据的变化。改线测绘数据处理就是利用本期改线测量成果对前期测绘成果的更新和汇总工作，并按照设计对本期成果的要求提供最终测绘成果。

（一）搜集已有测量资料

搜集已有测量资料，主要包括：

（1）测量技术报告。

（2）线路转角表。

（3）桩位成果表。

（4）塔位成果表。

（5）起算控制点资料。

（6）平断面图。

（7）塔基断面图。

（8）塔位地形图。

（9）房屋分布图。

（10）林木调查统计表。

（二）改线测量

（1）确定改线坐标系统。充分利用前期控制点资料，作为本次改线的起算依据，一般应采用相同的平面和高程系统。

（2）现场校核前期塔位桩。坐标系确定后，应选择改线段附近的 2～3 个前期塔位桩进行坐标采集和校核，确保改线前后坐标基准的一致性。

（3）外业测量。根据改线设计方案在路径、塔位空间位置的调整，进行选线、定线、平断面、定位等测量工作。

（三）改线数据处理

（1）改线连接点数据处理。改线连接点指改线段线路与未改线段的连接点，通常为塔位。改线连接点处理内容包括：

1）确定改线段与未改段连接点。

2）确定改线段数量和线路转角顺序。

3）重新计算改线连接点转角度数。

（2）根据工程实际情况确定改线应输出的成果内容，一般包括平断面图、塔基断面图、塔位地形图、房屋分布图和塔位坐标成果表等。

（3）确定改线成果输出范围和起点里程。根据设计要求确定改线段输出起止点，包括整体输出、分段输出等形式。根据改线段起点里程，重新计算改线段桩位和塔位里程。

（4）改线成果更新汇总。提取前期成果中可利用的数据成果（若本期与前期测量时间间隔较长，应根据实际情况进行复核，并在测量技术报告和图纸中注明测量时间），将本期成果与前期可利用成果进行拼接汇总。

（5）改线平面图绘制是将工程各期的测量数据和信息进行汇总，以直观的方式反映历次改线的主要情况。绘制要点包括：

1）绘制历史路径和本期路径。

2）用不同线型或颜色对改线路径加以区分。

3）用图例说明改线段名称、改线日期和改线序号等。

（四）技术要求

（1）改线测量利用 GNSS RTK 校核前期测量的桩位时，宜采用前期测量使用的同一基准站，坐标和高程允许偏差不应大于 30mm。

（2）改线测量时，应尽量移除线路被改段的现场桩位，以免与本次改线桩位发生混淆。

（3）改线编号规则应综合设计意见，确定改线部分转角、塔位、桩位的编号，编号应与原有桩号有所区分。

（4）各改线成果拼接应遵循统一的拼接原则，即各项成果资料的排列顺序均应相同，同一线路里程上的各项成果在地理空间上具有唯一性。

七、资料与成果

提交的各项成果资料应项目齐全、数据准确、图面清晰、质量符合要求。

（一）成品资料

施工图设计阶段测量提交的成品资料包括但不限于：

（1）测量技术报告。

（2）线路平断面图。

（3）重要交叉跨越平断面分图。

（4）拥挤地段平面图。

（5）变电站进出线平面图。

（6）相对位置影响图。

（7）杆塔位成果表（杆塔号、坐标、累距、高程等）。

（8）控制点成果。

（9）房屋分布图（含影像资料）。

（10）线路转角表。

（11）塔基断面图。

（12）塔位地形图。

（13）水文断面测量成果。

（二）测量技术报告

施工图设计阶段的测量技术报告对测量工作进行全面总结，主要内容有：

（1）工程概况。

1）任务来源：工程名称、电压等级、架空输电线路起讫点、实际长度等。

2）自然条件：沿途地形地貌，交通条件，平地、丘陵、山区所占比例，森林覆盖率等。

3）施工组织：工程负责人、参加人员及分工、工程起止时间、完成的工作量等。

（2）测量方法及精度分析。

1）搜资情况及搜资成果精度、利用分析。

2）选线测量。

3）定线、平断面、交叉跨越、坐标高程联测。

4）定位测量。

5）塔基断面和塔位地形测量。

6）房屋分布图测量。

7）塔位坐标测量。

8）林木分布测量。

（3）使用的仪器设备，仪器检测及精度情况。

（4）埋石规格、埋设情况及数量。

（5）提交的成果资料项目。

（6）采用新技术或用特殊方法解决问题的情况及其效果。

（7）质量控制措施及效果。

（8）遗留问题及对业主和施工单位的建议。

（三）归档资料

（1）文档资料。

1）测量任务书。

2）技术指导书。

3）工程日志。

4）勘测计划大纲。

5）现场检查报告。

6）各级成品校审单。

7）工程总结。

（2）工程技术资料。

1）各类原始手簿。

2）各种计算资料。

3）线路桩位成果表。

4）线路塔位成果表。

5）线路转角表。

6）线路坐标成果表。

7）工程中搜集的平面及高程控制资料。

8）测量技术报告。

9）专业间互提资料单。

（四）数字化移交

施工图设计阶段的数字化移交是指利用航空摄影技术、三维建模技术和三维可视化技术，结合地理信息和工程信息，以三维模型的形式，整合架空输电线路工程的数字高程模型、数字正射影像图、基础地理信息，实现对架空输电线路工程三维模型的直观展示和工程资料的综合管理。

1. 数字化移交原则

数字化移交须符合规范要求，保证移交内容完整，移交内容正确无误，移交的资料文件唯一，移交的内容与原始资料一致。

2. 数字化移交内容

（1）工程基本数据。工程基本数据包括工程名称、工程编号、电压等级、起始变电站编号/起始杆塔编号、终止变电站编号/终止杆塔编号、起始地址（省市区镇）、终止地址（省市区镇），杆塔基数及地理坐标高程，设计单位等。

（2）数字化模型数据。线路数字化模型包括线路地理场景模型、交叉跨越地物模型及属性。

（3）文件资料。文件资料包括线路路径图、线路走廊房屋拆迁图、平断面定位图、杆塔明细表等。

第四节　专　项　测　绘

一、交叉跨越测量

交叉跨越是指拟建架空输电线路的路径通道内有铁路、公路、水域、电力线、通信线、地上（下）建构筑物、油气管道、树木等障碍物，线路导地线从障碍物上方跨越或从障碍物下方钻越。交叉跨越测量就是测绘障碍物与架空输电线路导地线的空间几何关系并标注障碍物的属性。

架空输电线路与障碍物交叉跨越时，必须对障碍物进行交叉跨越测量，测定线路与被跨越（或钻越）物交叉点的位置，以及被跨越（或钻越）点的标高，作为确定该档档距和弧垂设计的重要参考依据。

（一）交叉跨越测量流程

（1）测绘人员应与设计人员积极沟通，明确设计意图，针对不同设计阶段，实施交叉跨越测量。在交叉跨越测量工作前，测绘人员要与设计人员确定架空输电线路与交叉跨越障碍物的关系，如：线路路径是交叉跨越还是钻越已有架空输电线路、线路路径交叉跨越树木是否砍伐、线路路径交叉跨越房屋是否拆除等设计要求，并结合已有的测量资料，针对不同电压等级交叉跨越测量精度的设计要求，制定测量方案，选择测量方法和测量仪器设备，满足设计要求。对项目组成员和雇佣人员进行作业培训，尤其要强化安全教育，防止人员伤害。

（2）现场作业。测量对线路有影响的交叉跨越建构筑物、道路、管线、水域、坟地、悬崖陡壁等。线路通过林区、果园、苗圃、农作物及经济作物区时，应测量交叉跨越树高。线路平行接近通信线和地下光缆时，应按设计要求实测或调绘其相对位置。在交叉跨越物附近适当位置施测直线桩，在风力较小的环境下将仪器安置于直线桩上测量交叉跨越线路或树木对地距离、左右边线线高及在平断面图范围内的塔高。对于影响较小的交叉跨越物，可采用简单快捷的测量方法予以施测。

（3）交叉跨越测量巡视与检测。在线路定位测量中，应对已生成平断面图与实地进行比对，检查交叉跨越物类型是否标注错误、检查是否漏测或错测交叉跨越物，对于重要交叉跨越物应进行复测；采用一次性终勘定位测量作业时，应变换测站位置、重新确定交叉跨越点位后校测交叉跨越测量成果，以检验交叉跨越测量的精确性和可靠性，并形成交叉跨越测量成果对照表。对于复测发现差异较大的交叉跨越测量成果，应采用检测成果。

（4）在不同设计阶段，交叉跨越测量工作的内容、方式及深度会有差异。在可行性研究阶段，搜集主要交叉跨越障碍物的资料，对影响线路路径方案的重要交叉跨越障碍物现场踏勘调绘，必要时应用仪器实测，以满足杆塔规划需要。在初步设计阶段，需要踏勘、测绘重要交叉跨越成果，对可能影响路径的35kV及以上电压等级电力线，应用仪器实测电力线位置、跨越点及其两端杆塔高度。当线路路径对两侧平行接近的通信线构成影响时，应进行调绘或施测。线路路径跨越江河、湖泊等水域时，如果必要则配合相关专业测量水文断面、洪痕点等。如果规划水中立塔，则应根据设计需要测量水下地形图或水下断面图。在施工图设计阶段，应严格按照路径走向测量交叉跨越物，对于线路有影响的交叉跨越障碍物应就近桩位观测，并对重要交叉跨越障碍物进行校测，记录交叉跨越物名称、类型、走向等信息，并展绘于平断面图中。

（二）交叉跨越测量方法

交叉跨越测量设备主要有全站仪、测杆、GNSS等，但每种测量设备有其适用性及局限性，全站仪测量交叉跨越物的成果可靠，是交叉跨越测量最常用的测量手段；测杆主要用于测量交叉跨越物对地距离较小的场所。根据交叉跨越测量对象及测量作业环境的不同，可以采用直接测量法、间接测量法等各种交叉跨越测量方法。

1. 直接测量法

对于房屋、树木、通信线或低电压线路及其杆塔等交叉跨越物的对地距离，可采用能够直接得到测量结果的直接测量法，利用绝缘性能良好的测杆直接量测出交叉跨越物的对地距离。

2. 间接测量法

间接测量法就是利用交叉跨越障碍物对地距离与某些物理量间的函数关系，先测量这些物理量，再计算出交叉跨越障碍物对地距离的方法。

对于 10kV 及以上电压等级的电力线，可利用全站仪间接测量交叉跨越物的对地距离。对于悬崖峭壁、水域等人员难以到达的危险点，亦可利用全站仪免棱镜模式测量受控点位置。对于水下断面测量，可利用GNSS 与水下测深仪相结合方法予以施测，也可利用全站仪与测深绳或测深杆相结合方法施测。

下面介绍几种常用交叉跨越间接测量方法，这些方法不仅适用于测量交叉跨越架空输电线路，也适用于测量交叉跨越杆塔、树木、房屋、危险点等障碍物的标高。

（1）人员可到达的交叉跨越测量方法（悬高测量法）。人员可到达线路交叉跨越测量图如图 6-6 所示，待建架空输电线路与已有架空输电线路交叉，Z_5、Z_6桩为待建线路的直线桩，两条线路交叉点投影至地面N点，交叉跨越已有线路地线O点。通过将仪器安置于Z_6，照准Z_5确定路径方向，棱镜杆立于N点，测量Z_6至N间水平距离D及其至O点倾角α，则两条线路交叉跨越点O的标高为

$$H_O = D\tan\alpha + i + H_{Z6} \tag{6-1}$$

式中　H——对应点标高，m；

　　i——仪器高，m。

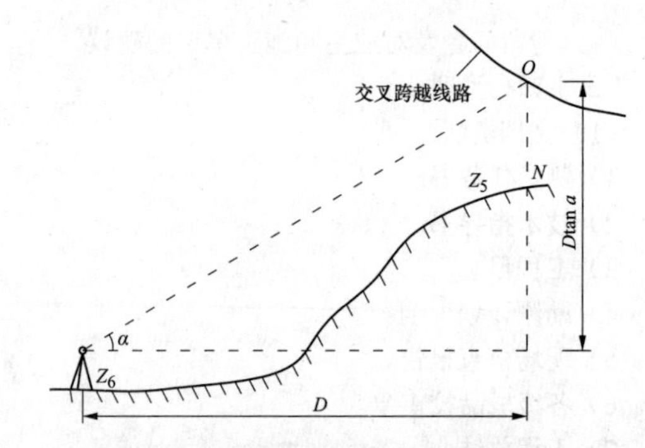

图 6-6　人员可到达线路交叉跨越测量图

（2）人员无法到达的交叉跨越测量方法（落水测量法）。

1）对于交叉点位于水域、沟堑等人员无法到达的位置，如图 6-7 所示，在测站Z能够观测到被跨越线路直线段上的两点（或两个杆塔）A和B，则可通过测量A、B的平距D_1、D_2及水平角a、b，以及交叉跨越点的高度角α，即可计算出测站至交叉跨越点的平距D，即可求出交叉跨越点的标高。

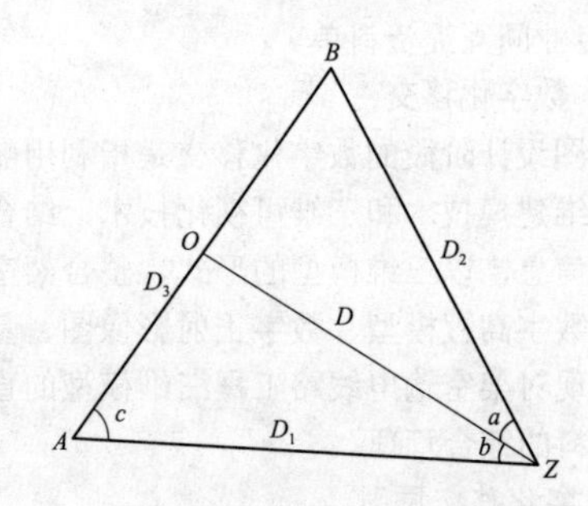

图 6-7　人员无法到达线路交叉跨越测量图（一）

计算公式为

$$D_3 = \sqrt{D_1^2 + D_2^2 - 2D_1D_2\cos(a+b)} \tag{6-2}$$

$$c = \cos^{-1}\frac{D_1^2 + D_3^2 - D_2^2}{2D_1D_3} \tag{6-3}$$

$$D = \frac{D_1\sin c}{\sin(180° - b - c)} \tag{6-4}$$

则交叉跨越点标高为

$$H_O = D\tan\alpha + i + H_Z \tag{6-5}$$

式中　H——对应点标高，m；

　　i——仪器高，m。

2）在山区及林木密集区域进行交叉跨越测量时，经常会遇到测绘人员无法到达交叉点且测站也无法观测到被跨越线路两端杆塔（或直线段上的两点）的情况，此时只要在路径相邻两个测站上能够测量被跨越线路交叉跨越点的天顶距，即可间接计算出交叉跨越点的标高。

如图6-8所示，已知两个测站Z_A、Z_B的高程分别为H_A、H_B及其平距D，在测站Z_A测量交叉跨越点的倾角a，在测站Z_B测量交叉跨越点的倾角b，两个测站仪器高分别为i_A和i_B，则只需求出D_1即可得到交叉跨越点标高。

$$H_A + D_1 \tan a + i_A = H_B + D_2 \tan b + i_B \tag{6-6}$$

$$D = D_1 + D_2 \tag{6-7}$$

$$D_1 = \frac{H_B - H_A + i_B - i_A + D\tan b}{\tan a + \tan b} \tag{6-8}$$

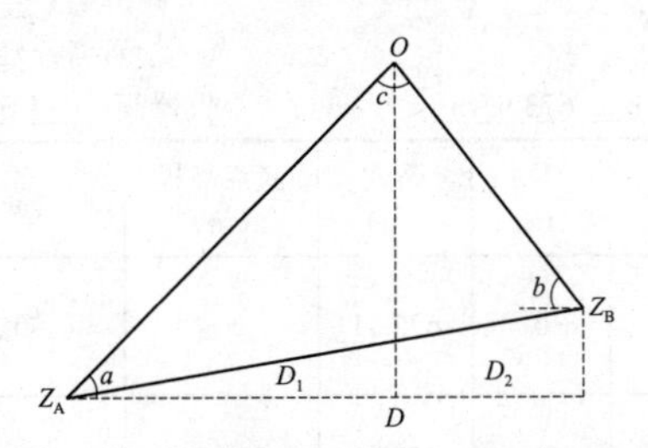

图6-8　人员无法到达线路交叉跨越测量图（二）

则交叉跨越点标高为

$$H_O = D_1 \tan\alpha + i_A + H_A \tag{6-9}$$

式中　H_O——对应点标高，m；

i_A——A点仪器高，m。

测量时要注意交会角c应控制在30°～150°，否则测角误差对交叉跨越点高度测量精度的影响增大。

当待建线路钻越已有线路时，交叉跨越O点则为待建线路与被钻越已有线路下导线的交叉点。

3）免棱镜全站仪测量。在险峻地形及水域等测绘人员难以到达的地方，可以采用免棱镜测量技术。免棱镜测量又称无合作目标测量，是无需用反射棱镜而依靠被测物体自然表面反射进行测距。具有免棱镜测量功能的全站仪可以产生一束与望远镜同轴的激光束，野外运输可能造成免棱镜全站仪激光束的偏离，建议每隔一段时间，按说明书要求检查校正激光束的方向。免棱镜全站仪测量精度与大气条件、测量距离、反射角及反射物体的稳定性有关，测量距离越长，则测量精度越低，为了保证交叉跨越测量精度，免棱镜全站仪测量距离应在有效测程内；不要在大雾、大雪、大雨和大风时测量，雨雪雾会对激光束产生反射或散射，受大风影响的线路会发生摆动而影响测量精度；测量时视线上不能有其他物体经过，否则应重新测量；两台免棱镜全站仪不得同时观测同一目标点；激光束入射角与反射物体表面的夹角不宜小于45°；激光束范围内存在多个反射体时，不得使用免棱镜测量方法。

（三）交叉跨越测量技术要求

（1）线路交叉跨越一、二级通信线、10kV及以上电压等级的电力线、有危险影响的建构筑物时，宜就近桩位观测一测回，计算线路或建构筑物标高。

（2）线路交叉跨越10kV及以下电压等级电力线或弱电线路时，应测量中线交叉点线高。当已有电力线左右杆高不等时，还应施测有影响一侧边线交叉点的线高及风偏点的线高，注明其电压等级。当中线或边线跨越杆塔顶部时，应施测杆塔顶部高程。对设计要求的一、二级通信线，应施测交叉角（图面应注记锐角值）。

（3）线路交叉跨越35kV及以上电压等级的电力线时，除应测量中线与地线两个交叉点的线高外，还应测量本工程线路两侧边线处被交叉地线的高度，以及有影响侧风偏点的地线高。注明被跨越线路名称、电压等级及两侧杆塔号。必要时，为了校验低电压线反向风偏，应测量被跨越线路弧垂、挂点等。对交叉跨越35kV及以上的电力线应在不同位置进行校测，其不符值应按“本章第三节关于定位及检查测量”中的有关要求执行。

（4）线路钻越已有电力线下方时，除应测量被钻越线路下导线的线高外，还应测量设计线路两侧边线处被钻越线路下导线的线高及有影响侧风偏点的下导线线高。当交叉点临近已有线路杆塔位时，应测量杆塔位及下导线挂点高，注明被钻越线路名称、电压等级及两侧杆塔编号。

（5）线路平行接近边导线外30m范围内的已建35kV及以上电力线，应测绘其位置、高程及杆塔高。

（6）线路交叉跨越铁路或主要公路时，应测绘交叉点轨顶或路面高程，注明被跨越铁路或公路名称、等级、路面材料、通向和交叉处里程。当交叉跨越电气化铁路时，还应测绘交叉跨越电气化铁路承力索和接触线杆塔顶的标高。

（7）线路交叉跨越一般江河、水库和水淹区等水域时，根据水文专业要求测绘洪水位及积水位高程，并注明由水文专业人员提供的发生时间和现实水位施测日期。当在水域中立塔时，应根据设计需要，测量塔位附近水域地形图及水下断面图，水下地形图的比例可为1:500，测点间距不应大于10m。测量线路导线交叉跨越水域的两岸标高及水下断面，并记录水域名称及流向等信息，并由水文气象专业提供五十年一遇或百年一遇洪水位等资料。

（8）线路交叉跨越或接近中心线设计范围以内的房屋时，应测绘屋顶高程及接近线路中心线的距离，并记录建构筑物层数、面积、屋顶类型等信息。

（9）线路交叉跨越电缆、油气管道等地下管线，应根据设计人员指明的位置，测绘其平面位置、交叉点的交叉角及地面高程，并注明地下管线名称、交叉点两侧桩号及通向。

（10）线路交叉跨越索道、易燃易爆特殊管道、渡槽等建构筑物时，应测绘中心线交叉点顶部高程和左右边线交叉点的高程，并注明其名称、材料、通向等。

（11）线路交叉跨越拟建或在建的公路、铁路、架空线路、水利工程等设施或开发区、矿区等区域时，应根据设计人员现场指定的位置与要求进行测绘或根据设计人员提供的相关资料标注在平断面图上。

（12）线路交叉跨越林区、林带时，应测量树高，注记主要树种、树径、密度及范围。交叉跨越独立树时，应测量树高并标注树种。

（13）测量线路导线交叉跨越范围的峭壁、山坡、岩石等突兀地貌标高。

（14）交叉跨越测量成果需要展绘于线路平断面图上，线路平断面图样式如图 6-2～图 6-4 所示。

（15）交叉跨越测量手簿，其样式参见表 6-4。

表 6-4　　全站仪测量交叉跨越记录表

日期：2013 年 9 月 16 日　　观测者：王××　　计算者：李××

天气：多云　　记簿者：李××　　检查者：江××

测站：Z103　　里程：9366m　　高程：673.93m　　仪器高：1.375m

点名	斜距（m）	水平角（° ′ ″）	垂直角（° ′ ″）	高点垂直角（° ′ ″）	棱镜高（m）	里程（m）	偏距（m）	高程（m）	高点高程（m）	备注
1	165.867	0 00 00	90 26 56 —	— —	1.30	9200	0	672.71	—	已知点检核
2	107.814	180 00 00	90 58 02 269 01 48	74 37 59 285 22 13	1.30	9474	0	672.18	704.93	××220kV 地线
3	107.124	185 23 30	90 41 32 269 18 16	74 24 59 285 35 00	1.30	9473	−10	672.71	705.18	××220kV 地线边线
4	185.803	186 10 40	90 21 03 269 38 45	81 30 50 278 29 01	2.15	9551	−20	672.01	703.02	××220kV 地线边线
5	186.931	180 00 00	90 36 17 269 23 31	80 46 48 279 12 56	1.30	9552	0	672.03	705.64	××220kV 地线

二、塔基断面测量

塔基断面图是架空输电线路杆塔基础结构设计的基础资料，断面测量数据是配置杆塔长短腿以及配置高低基础的重要依据。塔基断面测量的目的是确定塔腿方向的高程变化，以便于正确确定施工基面、选择合适的接腿和基础型式，达到减少土石方开挖量，降低塔高和造价，保护环境的效果。

塔基断面测量的内容为塔基指定方向上的纵断面图，通常为塔基对角 4 个方向上的纵断面图。随电压等级、地形、地质条件的不同，塔基断面的方向数也会发生变化，且对测量断面距离的长短也有所不同，是否需要测量以及具体施测范围应满足工程测量勘测任务书要求或与设计人员现场协商确定。原则上自立塔塔位除平地外，均应按结构设计人员要求的范围施测塔基断面图。

通常情况下，在塔位中心桩放样完成后，结构人员会在现场根据塔型、塔高等信息，提供塔腿的方向、测量范围以及关键点到塔位中心的距离等信息。

（一）测量方法

1. 塔腿方向确定

按照设计的不同要求，塔基断面测量多以断面 4 方向或断面 8 方向实施，也有断面 12 方向，甚至更多，但万变不离其宗，实质都是在 A、B、C、D 四个塔腿之间均匀内插。一般结构设计人员会在工程测量勘测任务书或现场提供各方向与线路后退方向的夹角。最常见的断面 4 方向和断面 8 方向自立式铁塔塔基断面塔腿方向的确定主要有以下几种。

（1）断面 4 方向塔腿方向确定

1）方形直线塔。塔腿间夹角为 90°，A、B、C、D 腿与线路后退方向夹角依次为 45°、135°、225°和 315°。方形直线塔如图 6-9 所示。

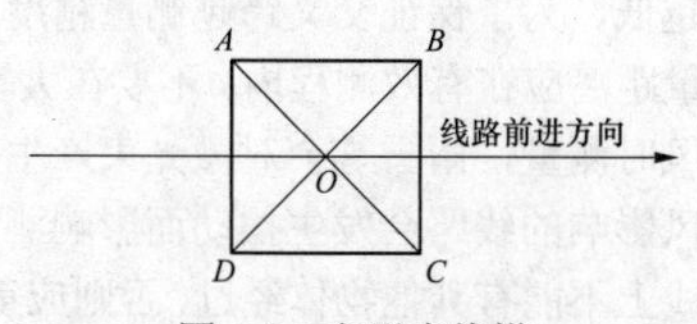

图 6-9　方形直线塔

2）矩形直线塔。矩形塔的塔腿间夹角根据不同塔型在一定范围内变化，A、B、C、D 腿与线路后退方向夹角通常由结构人员现场提供。矩形直线塔如图 6-10 所示。

3）方形转角塔。塔腿间夹角为 90°，转角塔转角度数为 α，线路左转时 α 取正值，线路右转时，α 取负值，A、B、C、D 腿与线路后退方向夹角依次为 $45°-\alpha/2$、$135°-\alpha/2$、$225°-\alpha/2$ 和 $315°-\alpha/2$。方形转角塔如图 6-11 所示。

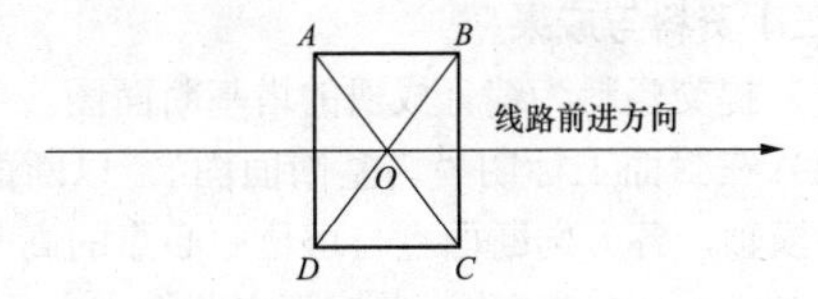

图 6-10　矩形直线塔

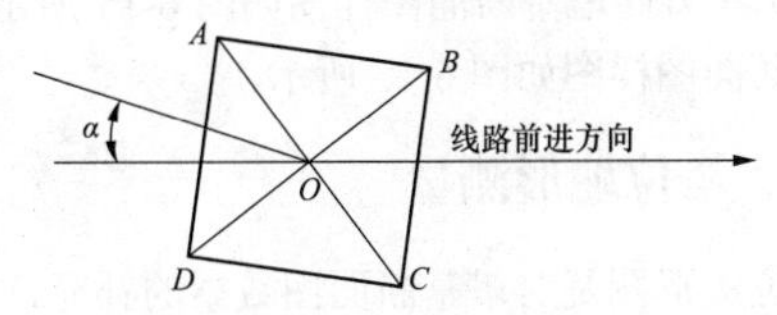

图 6-11　方形转角塔

（2）断面 8 方向塔腿方向确定。

1）方形直线塔。塔腿间夹角为 90°，A、B、C、D 腿与线路后退方向夹角依次为 45°、135°、225° 和 315°；E、F、G、H 方向与线路后退方向夹角依次为 0°、90°、180° 和 270°。8 方向方形直线塔如图 6-12 所示。

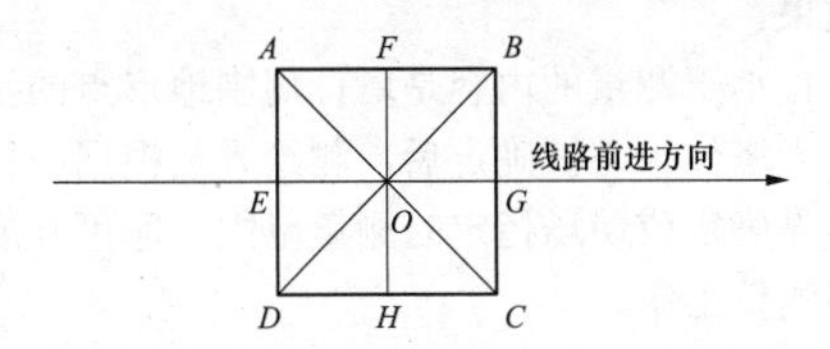

图 6-12　8 方向方形直线塔

2）矩形直线塔。矩形塔的塔腿间夹角根据不同塔型在一定范围内变化，A、B、C、D 腿与线路后退方向夹角通常由结构人员现场提供；E、F、G、H 方向与线路后退方向夹角依次为 0°、90°、180° 和 270°。8 方向矩形直线塔如图 6-13 所示。

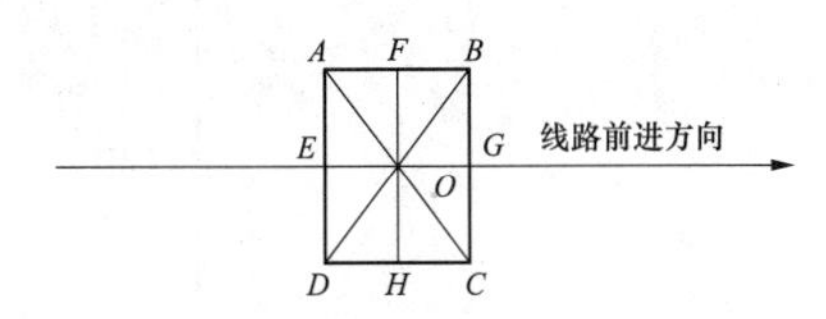

图 6-13　8 方向矩形直线塔

3）方形转角塔。塔腿间夹角为 90°，转角塔转角度数为 α，线路左转时 α 取正值，线路右转时，α 取负值，A、B、C、D 腿与线路后退方向夹角依次为 $45°-\alpha/2$、$135°-\alpha/2$、$225°-\alpha/2$ 和 $315°-\alpha/2$；E、F、G、H 方向与线路后退方向夹角依次为 $-\alpha/2$、$90°-\alpha/2$、$180°-\alpha/2$ 和 $270°-\alpha/2$。8 方向方形转角塔如图 6-14 所示。

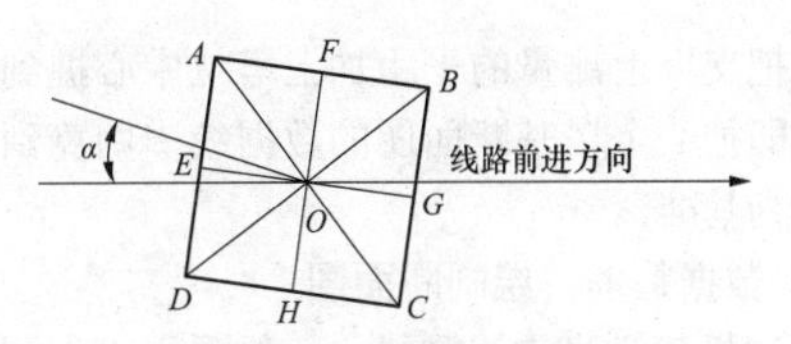

图 6-14　8 方向方形转角塔

2. 塔基断面图测量

塔基断面图测量可采用 GNSS RTK 测量或全站仪测量，也可采用机载激光雷达测量。

（1）GNSS RTK 测量。GNSS RTK 测量塔基断面图是利用卫星定位系统的相位差分快速定位功能，以散点方式采集塔基断面数据，具有速度快，精度均匀，不受通视条件限制的优势。其作业流程如下：

1）在 GNSS RTK 测量手簿中建立项目，输入外控点网格坐标、正常高及 WGS84 大地坐标和椭球高，GNSS RTK 转换参数与选线、定线等环节保持一致。

2）架设 GNSS RTK 基准站，设置基准站数据（点号、仪器高）。

3）设置 GNSS RTK 流动站，测试数据链连接。

4）利用 GNSS RTK 测量手簿的直线定义功能定义位置参照线及距离参照点，参照点一般取桩位中心桩坐标，断面方向控制数据一般利用塔基四角坐标确定或利用 RTK 测量手簿的几何计算功能按照参照点与角度定义。

5）设置相应的对中杆高度，在直线上按距离采集断面数据。

6）数据整理，绘制断面图。

（2）全站仪测量。全站仪测量是传统的野外数据采集方式，其基本作业流程如下：

1）在塔位中心桩上架设全站仪，对中整平、量取仪器高。

2）设定后视方向（后视方向桩位一般选择线路中心桩为宜，便于计算塔腿方向角度。对于直线塔，以线路后退方向定向，方位角设置为 0°；以线路前进方向定向，方位角设置为 180°；对于转角塔，以线路后退方向定向，方位角设置为 0°；以线路前进方向定向，假设转角塔转角度数为 α，线路左转时 α 取正值，线路右转时，α 取负值，则方位角设置为 $180°-\alpha$。

3）按照结构设计人员提供的塔腿方向、间距和范围，测图比例尺要求，规范规定的点间距离采集断面数据，如遇高低起伏较大处（超过 0.5m）时应加测该点。

4）草图绘制，记录相应点位目标高度数据。

5）在植被茂密、复杂地形、陡峭山崖等条件下用全站仪测量塔基断面图，会出现一个塔腿，甚至多个塔腿不通视的情况，需要做搬站处理。先在不通视的方向上选定支点并测量，有多个方向时最好一次选定并测量，以减少搬站次数。然后把全站仪搬到支点上，对中、整平，以塔位中心桩定向，方位角设置为 0° 把望远镜转到方位角为 180° 的方向上，在结构人员提供的范围内测量断面点位的平距和高程。最后在数据计算时要把支点上测量的平距加上塔位中心桩到支点的距离，即把一个塔基断面图的数据统一归算到以塔位中心桩为基准。

6）数据整理，绘制断面图。

（3）机载激光雷达测量。一般采用“先测后定”的作业程序。即先利用室内优化的路径对 DEM 进行数据精处理，并对每一级杆塔室内测绘塔基断面图，优化杆塔位置，最后现场进行定位测量，对室内生产的塔基断面图进行校核和补测。

1）基于精处理后的 DEM 数据，模拟现场工测方式，提取杆塔四个方向的地形点，并按规范要求，生成塔基断面图。

2）DEM 采样间隔宜取 DEM 格网大小的一半。

3）现场测量塔位和塔基础四个角点的高程，并与塔基断面图中高程进行核对，如高程差值大于 0.3m，则需现场修测塔基断面图。

4）机载激光雷达测量的更多细节请参考本手册第十章航测遥感与激光扫描技术应用。

3. 塔基断面图绘制

通过上述过程获取外业数据后，需对全站仪极坐标测量数据及 RTK 三维坐标数据进行处理，仪器高和觇标高改正后形成 AutoCAD 等软件能够识别的数据格式，利用 AutoCAD 进行塔基断面图绘制。

（二）技术要求

（1）塔基断面图的比例尺宜为 1:200 或 1:300。

（2）塔基断面图的高程系统采用相对高程，以塔位中心高程为 0m。

（3）在测量塔基断面图过程中，如有非断面危险点时应予以测量，作为塔位保护点绘制在塔基断面图上，同时需注记保护点的方位，保护点方向注记至度。

（4）测量转角塔的塔基断面图时，应考虑转角塔中心位移。转角塔的中心位移由电气设计专业提供。

（三）资料与成果

（1）提交资料为编订成册的塔基断面图。

（2）在封面上标明“塔基断面图”。以断面方向距离为横轴，各方向断面点与塔位中心点的高差为纵轴，塔位中心为原点绘制，并应标出断面方向的代号。

（3）4 方向塔基断面图样图如图 6-15 所示，8 方向塔基断面图样图如图 6-16 所示。

三、塔位地形测量

塔位地形图是对塔基断面图数据的补充，当塔基断面图不能够满足设计需要时，需补测塔位地形图，实际作业中是否测量塔位地形图应以工程测量勘测任务书及结构专业人员现场要求为准。

塔位地形测量的目的是反映塔位周围的地形现状，以便于正确确定施工基面、选择合适的接腿和基础型式，达到减少开挖量，降低塔高和造价，保护环境的效果。

塔位地形测量的内容是塔位周围地形点的坐标和高程，当塔位中心桩确定后，测绘人员根据结构设计人员事先确定或现场指定的测量范围，即可开展塔位地形图测量工作。

（一）测量方法

1. 塔位地形图测量

塔位地形图是反映塔位周围一定范围内地形变化的局部地形图，测量的基本原理与普通大比例尺地形图相同。

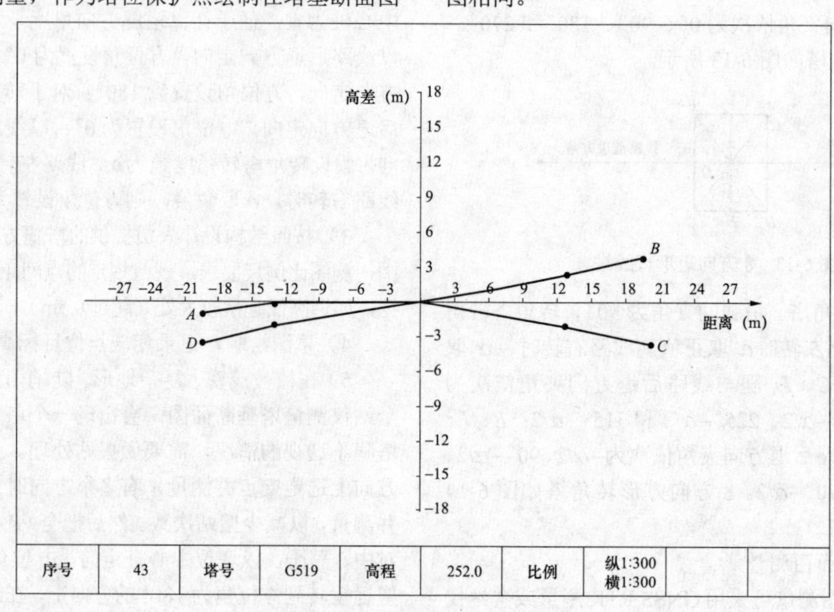

序号	43	塔号	G519	高程	252.0	比例	纵1:300 横1:300	

图 6-15　4 方向塔基断面图样图

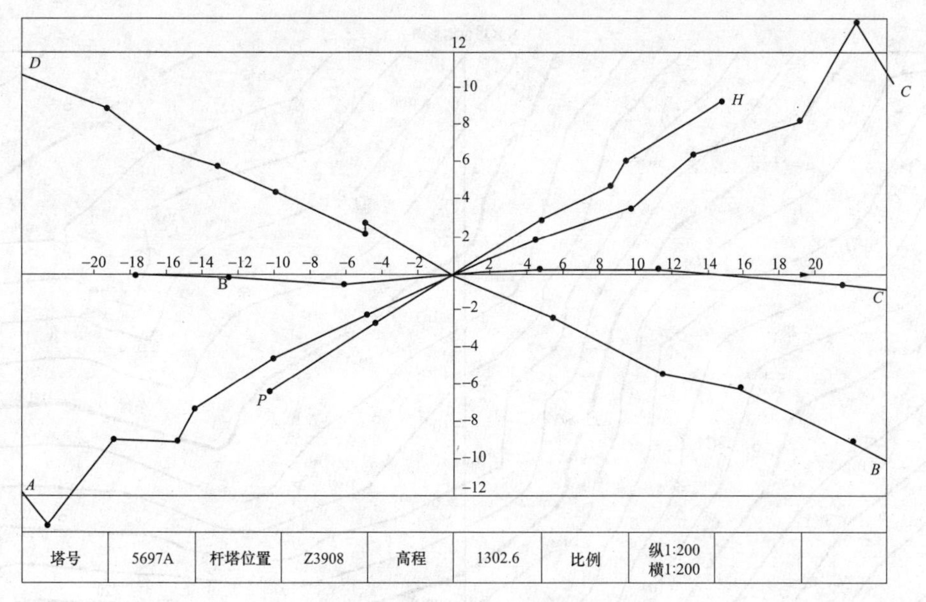

图 6-16　8 方向塔基断面图样图

塔位地形图测量通常在测量范围内按照相应比例尺的要求采集数据即可。塔位地形图的测量可采用全站仪测量或GNSS RTK 测量，也可采用机载激光雷达测量。

（1）采用全站仪测量或 GNSS RTK 测量。测量方法与常规测图方式基本相同，塔位地形测量通常发生在放样、测定塔位中心桩后，通常与塔基断面图测量同时进行。当设计人员只要求提供塔位地形图时，可以按普通地形图的测量过程进行，即架设仪器，在指定的范围内逐点测量，直至完成；当塔位地形图与塔基断面图同时测量时，可在塔基断面图测量的基础上增加 0°、90°、180°和 270°等方向断面点及范围内的地物测量，完成塔位地形图测量。

（2）机载激光雷达测量。一般采用“先测后定”的作业程序，即先利用室内优化的路径对 DEM 进行数据精处理，并对每一基杆塔室内测绘塔位地形图，最后现场进行定位测量，对室内生产的塔位地形图进行校核和补测。

1）基于精处理后的 DEM 数据，模拟现场工测方式，提取测量范围内的地形点，并按规范要求，生成塔位地形图。

2）DEM 采样间隔宜取 DEM 格网间距的一半。

3）现场测量塔位和塔基础四个角点的高程，并与塔位地形图中高程进行核对，如高程差值大于 0.3m，则需现场修测塔位地形图。

4)机载激光雷达测量的更多细节请参考本手册第十章内容。

2. 塔位地形图绘制

采用全站仪或 GNSS RTK 在野外都可以快速测量，自动记录测点的三维坐标，内业经传输软件传输到计算机中，不需计算，只要按规定的格式组织数据，就可以利用计算机辅助制图软件形成地形图，整饰后得到成品塔位地形图。

（二）技术要求

（1）按照设计的特殊需求或两塔腿高差超过 1.5m 的塔位应测绘塔位地形图，塔位地形图的测量范围由设计人员根据塔型和基础形式在现场指定。

（2）塔位地形图可选择塔位独立坐标系统或采用线路坐标系统，高程系统宜与线路高程系统一致，也可采用相对高程。

（3）塔位地形图比例尺宜为 1:200 或 1:300，等高距可为 0.5m 或 1.0m。

（4）塔位地形图应绘出线路路径走向。

（5）塔位地形测量应反映塔位的地物、地貌，测量排水沟、陡坎、房屋、水塘等重要地物，地形点位高程精度限差为 0.3m，测点间距不应大于图上 3cm，并应视地形复杂情况适当加密。

（三）资料与成果

（1）提交资料为编订成册的塔位地形图。

（2）在封面上标明“塔位地形图”。应标明塔位地形图的坐标、高程系统、等高距、成图比例尺、塔位编号等。

（3）塔位地形图样图如图 6-17 所示。

四、开方测量

开方测量是对导线（包括杆塔横担，下同）对地安全距离不满足要求的带状区域进行测量，包括中线开方时的地形测量、边线和风偏开方时的横断面测量，目的是为设计计算开方量提供测量数据。

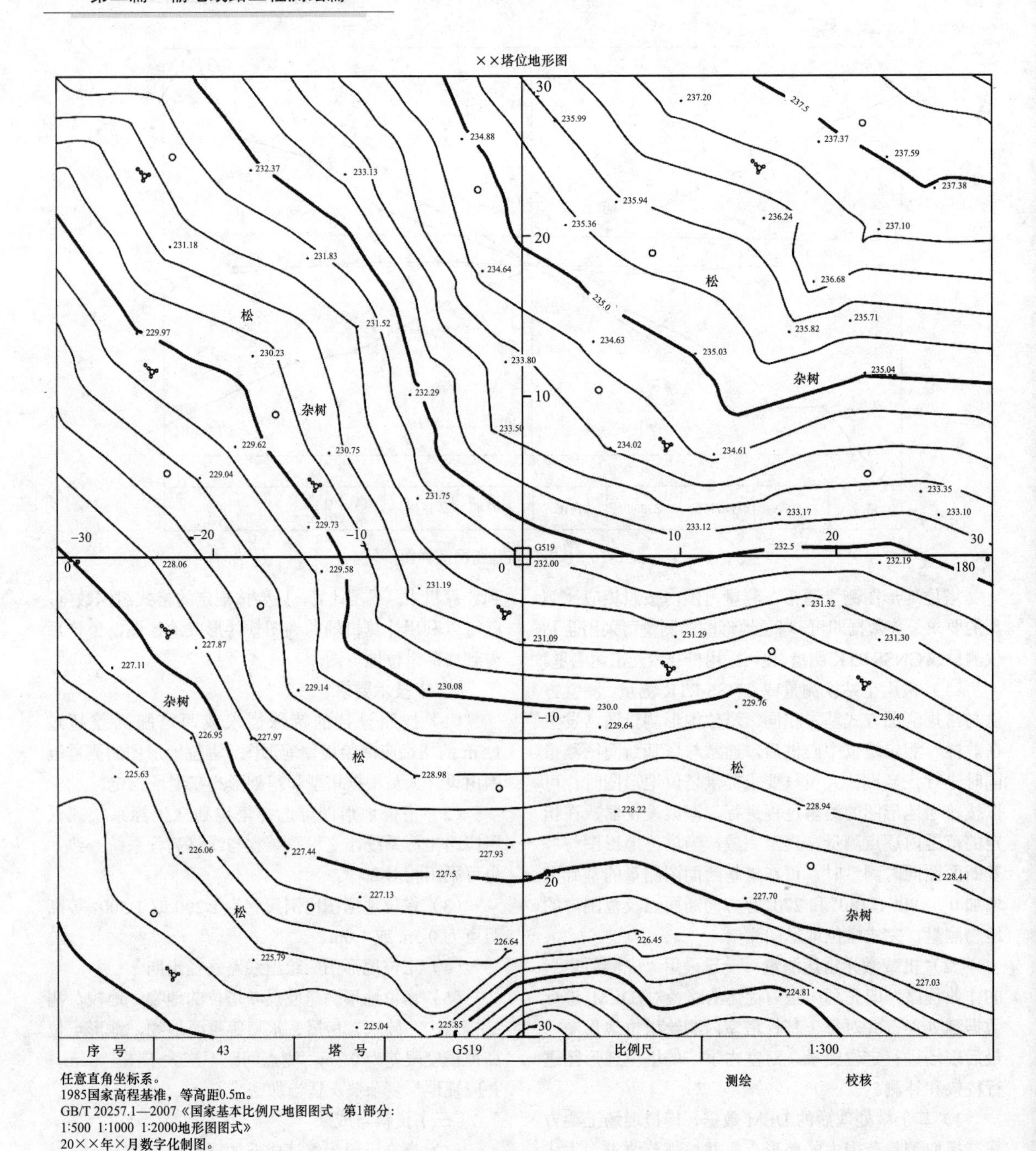

图 6-17　塔位地形图样图

下列两种情况下导线对地安全距离不满足要求，需进行开方测量：

（1）在山区线路中，当各种塔型和导线的技术条件都用尽时，仍然有不能跨越的特殊地形，这种情况需进行边线或危险点开方。导线对地安全距离不满足要求如图 6-18 所示。

（2）已架设线路的导线对地安全距离不满足要求，这种情况也需进行开方测量。

前者属特殊地形所限，开方测量工作由定位校测组完成；后者属质量事故，开方测量工作由专门的作业组配合设计完成。

（一）测量内容和方法

开方测量的实质是测量原地表与设计地表之间的体积。

1. 测量内容

根据开方区域的不同，开方分为中线、边线和危险点开方。相应的测量内容为地形测量或断面测量。当开方区域较小或地形简单时（如边线、危险点开方），

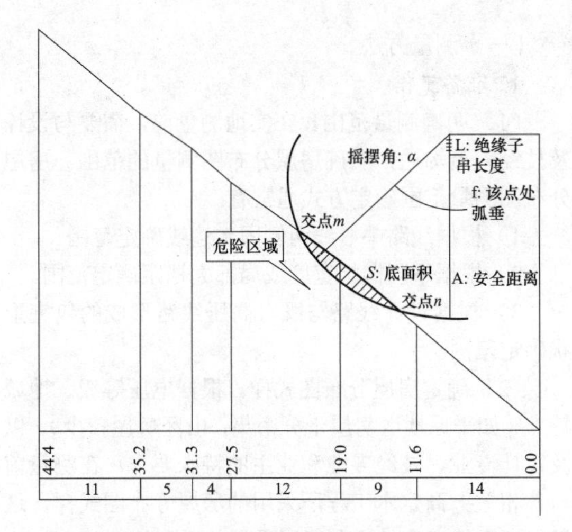

图 6-18　导线对地安全距离不满足要求

只需几个横断面即能统计出开方量，则只需进行横断面测量；当开方区域较大或地形复杂时（如中线开方），应进行该区域的地形测量。

2. 测量方法

开方测量的计算方法有方格网法、断面法、等高线法、平均高程法、DTM 法等多种，比较各种方法的优劣已超出了本手册的讨论范畴，这里仅给出一般性结论：在平原或地形起伏较小的丘陵地区宜采用 DTM 法，在地形起伏较大的山区则宜采用断面法。选择的原则是综合考虑地形特征、精度要求以及施工成本等情况，选择最适合的方法，达到最优的目的。

显然，不管采用哪种方法，采样点的密度和精度决定了开方量计算的精度。

本文仅介绍最适合线路开方测量的断面法和 DTM 法。

（1）断面法。在开方区域内根据地形情况设置不少于三个垂直于线路中线的横断面 A_1、A_2、…、A_i，并在每个横断面上布设若干个测点 a_{11}、a_{12}、a_{13}…；a_{21}、a_{22}、a_{23}…；…；a_{i1}、a_{i2}、a_{i3}…。如图 6-19 所示。

断面点可采用全站仪或 RTK 方法测量。采用全站仪时，若中线点容易设站，可在 O 点设站直接测量各个断面点的偏距和高差，否则在前（后）塔位桩或直线桩设站观测偏距与高程，再根据偏距、高程求出各个断面点间的间距与高差。采用 GNSS RTK 法时，可先算出断面的方位角，再沿方位线测量各个断面点坐标高程，反算出偏距、间距和高差。

最后将各断面的位置（累距）、断面点间的间距和高差提供设计使用。

（2）DTM 法。DTM 法是根据实测地面点坐标（X, Y, Z）和设计高程，通过构建三角网来计算每一个三棱锥的体积，累加后得到总的开方量。

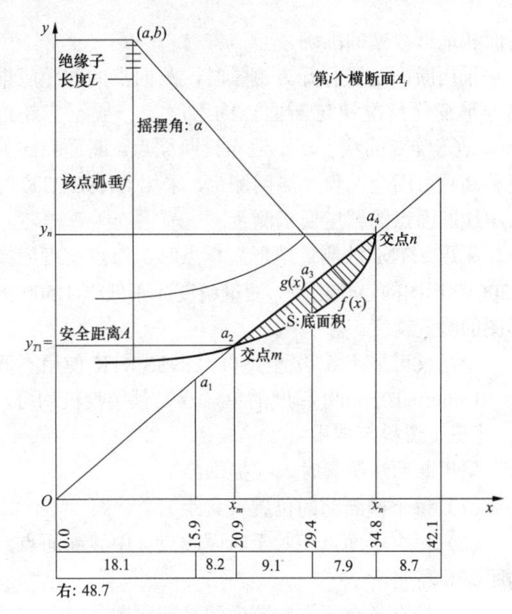

图 6-19　断面法开方测量

图中：

a：线间距，m；

b：横担与该断面中线地面的高差，m；

L：绝缘子串长度，m；

f：断面处弧垂，m；

A：该档安全距离，m；

α：风偏摇摆角，即导线在风力作用下摆动的最大角，(°)；

O：横断面与中线交点。

开方区数字地面模型如图 6-20 所示，根据地形特点在开方区布设若干地形采样点，测量它们的坐标高程提供给设计使用。

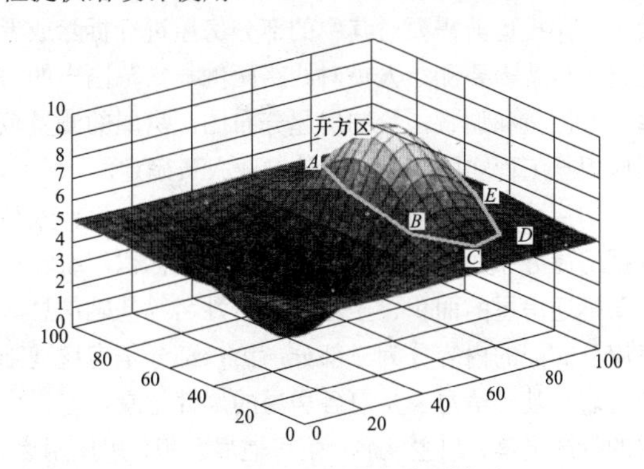

图 6-20　开方区数字地面模型

此外，若全线路具有机载激光雷达扫描数据，或由于开方成本高昂（如开方区为岩石）而采用了地面激光扫描技术，这些数据的精度均优于全站仪和 GNSS RTK 测量数据，可直接提供设计使用。有关激光雷达测量的更多细节请参阅本手册第十章内容。

（二）技术要求

开方测量的精度按施工图设计阶段的要求，力求断面和地形数据的准确。

采用断面法进行开方测量时，断面点的间距应根据地形变化情况决定断面点的密度，一般不宜超过5m，地形陡变的坎上坎下应布设断面点。断面点的偏距和高程可用全站仪半测回测定，采用 GNSS RTK 时按中线断面点的精度要求测量。

采用 DTM 法测量地形采样点时，布点密度应按1:200 地形图的点位密度，测量精度应不低于 1:500 地形图的测量精度。

全站仪可采用 6″级全站仪，GNSS RTK 使用不低于（15mm+10ppm）精度的单（双）频接收机均可。

（三）资料与成果

采用断面法测量时，应提供：

（1）每个横断面的位置（累距）。

（2）每个断面点相对于断面起点（中线断面点）的距离和高差。

（3）标有各个开方横断面的平断面图。

当采用 DTM 法测量时，应提供：

（1）每个采样点的坐标和高程。

（2）开方区域地形图。

五、房屋分布图测量

房屋分布图测量，即房屋分布测量和房屋基础信息调查的简称。

按照架空输电线路与建筑物平行接近或交跨的要求，线路中心线两侧一定范围内房屋及其他建构筑物会影响线路架设和安全运行，另外高等级架空输电线路产生的电磁场会对周边环境造成影响，因此在架空输电线路投运前需要对其中的部分房屋进行拆除或者迁建，这就需要测绘人员对线路两侧一定范围内的房屋进行测量和调查，绘制房屋分布图。房屋的测量范围应根据工程实际情况由设计专业人员确定。

房屋分布图测量的成果为房屋分布图，设计人员依据房屋分布图对需要拆迁的房屋做出标识，统计出需要拆迁房屋的面积、坐落、户主姓名等基础信息。房屋分布图的内容分为三部分：第一部分是房屋基础信息表，基础信息表是对各房屋的属性记录，包括房屋的行政坐落、户主姓名、主房辅房面积、房屋用途、房屋结构、楼层数、屋顶情况、场院面积、最小偏距等属性信息；第二部分是房屋平面图，该平面图可以理解成是将沿线路的带状地形图（地物主要着眼于房屋及建构筑物），按照一定的图幅尺寸进行拆分，再附加线路元素（累距、偏距等）而形成；第三部分是影像列表，影像列表为房屋平面图上各房屋的照片，冠以房屋序号排列。三部分之间应采用房屋序号进行关联，前后对应。

（一）测量方法

1. 准备工作

（1）明确测量范围。在实地测量前，需要与设计及技经人员沟通，明确房屋分布图测量的范围。房屋分布图测量范围确定方式通常有：

1）根据线路中心线两侧固定边线确定范围。

2）根据不同横担宽度或局部大档距确定范围。

3）根据设计线路与既有高压线路形成的包夹形状确定范围。

（2）确定房屋分布图式样。根据电压等级、地域特点（如平原地区房屋十分密集，山区房屋较少），以及设计专业、技经专业和业主的特殊要求，在测量前与各相关方商定本工程所采用的房屋分布图式样，这对保证后续工作的顺利开展是至关重要的。

（3）准备工作底图等资料。我国目前大多数的500kV 及以上电压等级架空输电线路施工图阶段已经具有航测资料，据此可以在实地测量前准备工作底图，可以按照房屋分布图式样来分幅，并打印纸质版，作为现场测量与调查的工作底图，从而增加实地测量的便捷性。

2. 房屋测量与调查

（1）测量房屋边界。房屋边界可使用航测方法测量，也可以使用 GNSS RTK 及全站仪测量。其中在使用航测方法测量房屋时，须现场比对航测成果与实地的相符性，抽查测量以核对房角的位置，检查有无屋檐，测量与实地不符（增加、拆除、翻建、改建）房屋的平面位置，以及航测时漏测（如位于树木等阴影下的房屋）和误判（如大面积的篷布、久置的厢式货车等）的房屋边界。特别对于拆迁边线外临界点的房屋，其测量精度非常关键，会对房屋是否拆迁产生影响，因此应运用工测手段复测以保证房屋数据的精度。对于正处于建设中的房基等，可以在分布图上以虚线表示，并备注。

（2）量测房屋尺寸及计算面积。量测范围内的房屋及其他建构筑物的长、宽、高（楼层数）等尺寸，记录于房屋尺寸清册上，计算各房屋面积和各类汇总面积，有时需要量测场院面积。量测时可以采用皮尺、钢卷尺、手持测距仪等设备。对于一些上述仪器难以测到的隐蔽房角等，可以采用免棱镜全站仪或者根据既有房屋采用移动直尺法测定。

对于房屋面积的计算方法如下：

1）长方形房屋面积 $S=a\times b$（S 为长方形房屋面积，m^2；a 为房屋长度，m；b 为宽度，m）。

2）不规则房屋面积 $S=\sum S_i$（S_i 为划分为各规则图形的面积，m^2）。

3）每幢房屋面积 =$\sum$各层面积（如各层面积相同，则每幢房屋面积 = 底层面积 × 楼层数）。

（3）调查房屋的其他基础信息。调查房屋所在的行政坐落，应详细到村；逐个对房屋进行编号，调查每间房屋的户主姓名、房屋结构、楼层数、屋顶情况（如尖顶、平顶）、最小偏距以及其他设计方要求的房屋基础信息，同时备注房屋的用途（如果房屋是企业用房或者其他用途的，可以备注企业名称及所属行业）等，调查工作应配合技经专业进行。

（4）摄取房屋照片等影像资料。在调查房屋基础信息的同时，利用数码相机或者手机等设备摄取房屋的影像资料，影像资料的分辨率和清晰度须能满足绘制房屋分布图的要求。每户房屋均需要摄取面向线路侧的影像资料，摄取时，尤其需要记录照片在设备内的流水号，以便后期导出照片，绘制影像列表时应与房屋平面图上、基础信息表上的编号相一致。此外，房屋照片上宜显示拍照日期。

3. 房屋分布图绘制

按照准备工作中所确定的房屋分布图式样，如图 6-21、图 6-22 所示，根据房屋清册上的尺寸，计算出每户主房、辅房的面积以及各类汇总面积，填于每幅房屋分布图中对应的基础信息表内，同时录入其他基础信息；在房屋平面图上将补测的房屋及时补绘；另外须将影像资料与各房屋相匹配，再嵌入带有房屋序号的影像框内，并需要重点核对影像与房屋序号的匹配性；最后汇总成房屋分布图（册）。

（二）技术要求

（1）房屋测量时，宜与平断面测量同时进行，其坐标系统和高程系统宜与平断面图测量时保持一致。

（2）房屋边长丈量精度不应低于 0.04S（S 为房屋边长，m），房屋层数应注记至 0.5 层。

对于边线外拆迁房屋临界点处的房屋，应提高其房角坐标的测量精度，坐标精度中误差不应大于 10cm。

（3）当房屋位于测量范围的边缘时，应将各房角点坐标测量完整，并在房屋分布图中绘制完整。

（三）资料与成果

（1）房屋分布图，式样如图 6-21、图 6-22 所示。

（2）房屋尺寸清册（归档用）。

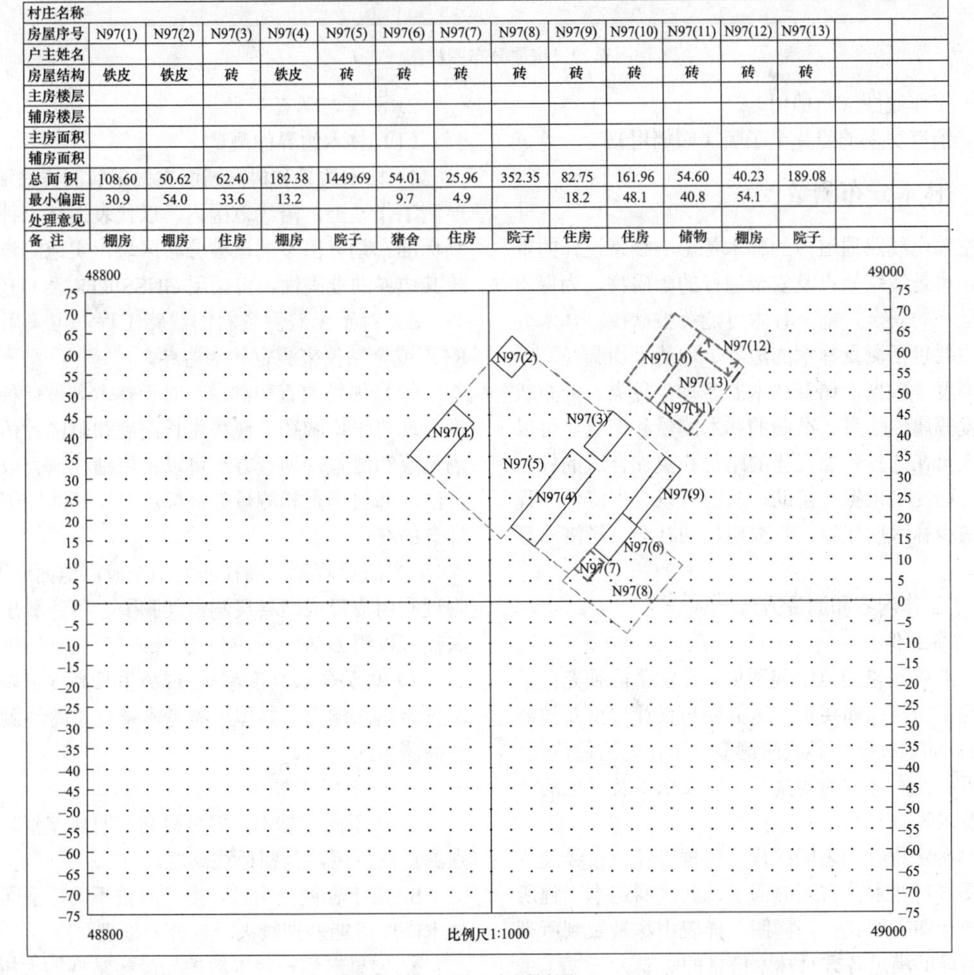
房屋分布图[N97～N98-1]

村庄名称															
房屋序号	N97(1)	N97(2)	N97(3)	N97(4)	N97(5)	N97(6)	N97(7)	N97(8)	N97(9)	N97(10)	N97(11)	N97(12)	N97(13)		
户主姓名															
房屋结构	铁皮	铁皮	砖	铁皮	砖	砖	砖	砖	砖	砖	砖	砖	砖		
主房楼层															
辅房楼层															
主房面积															
辅房面积															
总 面 积	108.60	50.62	62.40	182.38	1449.69	54.01	25.96	352.35	82.75	161.96	54.60	40.23	189.08		
最小偏距	30.9	54.0	33.6	13.2		9.7	4.9		18.2	48.1	40.8	54.1			
处理意见															
备 注	棚房	棚房	住房	棚房	院子	猪舍	住房	院子	住房	住房	储物	棚房	院子		

图 6-21　房屋分布图样图（一）

图 6-22 房屋分布图样图（二）

（3）工作底图（归档用）。

（4）所有房屋的照片电子版（归档用）。

六、林木分布测量

架空输电线路通道内的林木是影响线路设计的重要因素，也是线路架设及安全运行的障碍物，为保障施工及运行的安全，部分林木可能会被砍伐。林木分布测量主要包括测量林木的边界、现势平均胸径、现势生长高度等数据，调查林木的名称、种类、分布状况、密度等属性信息。准确的林木测量和调查，可以为设计人员在选择更加优化的路径和更加合适的杆塔类型等方面提供依据和帮助，从而可以合理降低工程造价，减少林木砍伐量，带来明显的社会、经济和环境效益。

（一）工作内容和测量方法

1. 准备工作

（1）明确测量的范围和要求。在测量前须充分了解本次测量的范围和要求，这需要与设计人员及技经人员沟通，如以线路中心线两侧多少米作为测量范围，塔基附近、档间林木的测量与调查要求以及其他的一些特殊要求等。

（2）确定统计图表的式样。根据设计、技经及业主等用图方对林木分布图的需求，共同商定本工程所采用的统计图表的式样，样图、样表中尽量做到所列出的项目能够满足各方对林木信息的需要。

2. 测量与调查

（1）林木边界的测量。

1）林木边界和树高断面宜采用航测方法测量，在航测工作站上，沿线范围内，以代表性林木种类为区划标准，划分出不同植被分布区块，实地测量时须校核其边界的准确性，可采用 GNSS RTK 测点校核。

2）对于无航测资料的线路工程，可采用 GNSS RTK 或全站仪来测定林木边界。

（2）现场调查和测量。对于林木名称、种类、密度、现势平均胸径、现势生长高度和范围等信息应现场调查和测量，调查方法可以使用抽样调查取平均的方法，并将调查和测量数据标注在平断面图上。需要注意的有：

1）胸径测量。胸径的大小一般以地面向上 1.2m 附近利用皮尺或钢卷尺测量其胸围，再计算出直径，胸径可以用 D 表示，单位为“cm”。

2）现势生长高度测量。现势生长高度可以利用全站仪悬高法测得（具体可参考本章交叉跨越测量中的悬高测量法）。

3）其他测量要求。

a. 对于同种林木，但是树高有明显差别，也须分别测量出范围，分别标注高度。

b. 对于在同一山坡，由于海拔不同，不同区域的林木高度可能差别较大，须分开处理。

c. 如果遇到一些零散的高度超常规的大树，须测定其位置和高度，并在平断面图上标注，对个别特殊树木还要单独测量和明确标明（如古树、名树等）。

d. 调查林木的其他属性，如自然林或人工林，防风林或经济林等。

（二）资料与成果

（1）详细测量和调查后的平断面图如图 6-23 所示。

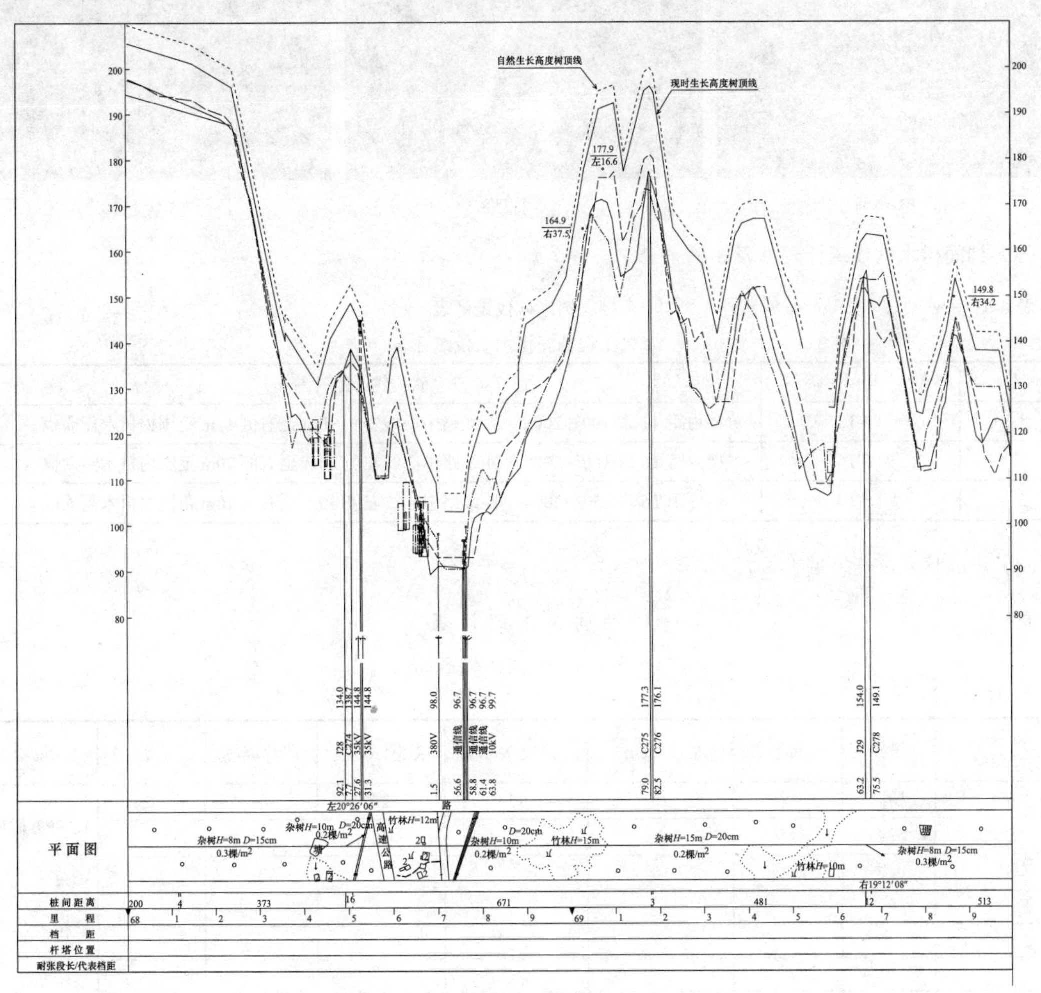

图 6-23 详细测量和调查后的平断面图

（2）塔位植被统计表见表 6-5。

表 6-5 塔位植被统计表

××工程塔位植被统计表

塔号：T5

植　　被	高度（m）	数量（棵）	植　　被	高度（m）	数量（棵）
毛竹	12	1600 棵	香樟木＜ϕ20		
茶园			香樟木＞ϕ20		
松、柏、杉＜ϕ10			桂花		
松、柏、杉＜ϕ20			柑橘		
松、柏、杉＞ϕ20			其他经济林木		
灌木			苗圃		
香樟木＜ϕ10			杂灌		

注　直线塔塔基范围为 40m×40m，转角塔塔基范围为 50m×50m。

塔号：T5

T5 小号

T5 塔

T5 大号

（3）档间树木砍伐统计表见表 6-6。

表 6-6　　**档间树木砍伐统计表**

××工程档间树木砍伐统计表

序号	塔号	砍　伐　范　围
1	T1-T2	档内距 T1 塔 100～200m，距线路中心线左侧 30m 至右侧 15m 范围内树木需砍伐
2	T5-T6	档内距 T6 塔 150～200m，距线路中心线左侧 20m 至右侧 20m 范围内树木需砍伐
3	T6-T7	档内距 T6 塔 150～200m，距线路中心线左侧 10m 至右侧 10m 范围内树木需砍伐

（4）档间林木统计表见表 6-7。

表 6-7　　**档 间 林 木 统 计 表**

×××工程档间林木统计表

塔号区间：T1-T2

编号（里程顺序）	树种	分布形式	胸径（cm）	高度（m）	数量（棵）	照片编号	备注	说明
1	杨树	片林	20	15	25	1		1. 参考树种： 银杏 杨树 杉树 樟树 梧桐 果树 2. 分布形式： 散树 行树 片林
2	银杏	片林	5	6	40	2		
3	银杏	散树	10	5	7	3		

照片 1

照片 2

照片 3

七、水文测量

水文测量主要包括架空输电线路经过区域河流（水库）的堤坝（水位）高程测量、泄洪口测量、水位联测、区域地形测量、断面测量等内容。

（一）工作流程和测量方法

1. 准备工作

（1）明确测量范围。水文测量前须进行沟通，明确本工程中有哪些河流（水库）的堤坝（水位）高程需测量，有哪些区域（包括水下）地形图需测量，还有哪些河床的断面需要测量。

（2）确定水文测量的比例尺及精度要求。根据水文专业施工图设计的要求，确定河流（水库）的堤坝（水位）以及塔位高程所需的精度，区域（包括水下）地形图比例尺、河床断面测量的间隔和纵横断面的比例尺等，最终确定测量采用的仪器设备和作业手段。

（3）尽可能地准备工作底图等已有资料。我国目前大多数的500kV及以上电压等级架空输电线路施工图阶段已经具有航测资料，据此可以在测量前利用正射影像底图，采集测量区域的地形图和高程点；还可以向当地测绘部门和水利部门等处搜集该地区的地形图等资料；搜集所需测量区域的起算点资料（平面和高程控制点）。

2. 外业测量

（1）关键点位高程测量和水位联测。

1）对于工程测量的线路工程，首先收集区域内的高程控制点（最好与线路的起算点一致），采用水准测量或GNSS RTK及全站仪等仪器（根据水文专业的精度要求选择测量方法）测量河流（水库）的堤坝（水位）、泄洪口或塔位所在位置附近的地面高程。

2）对于航测线路工程，可以先制作正射影像图，在航测工作站上量取河流（水库）的堤坝（水位）或塔位所在位置附近的地面高程，实地测量时，再用水准测量或GNSS RTK及全站仪等仪器进行校核。

3）应结合水文专业对高程精度的要求采用相应的测量方法。当精度要求较高时可采用水准测量、光电测距三角高程测量和GNSS拟合高程测量；精度要求不高时可采用全站仪、GNSS RTK和航测等方法进行测量。

（2）测量区域（包括水下）地形图。

1）对于工测线路工程，首先收集区域内的平面和高程控制点（最好与线路的起算点一致），采用GNSS RTK及全站仪等仪器测量地形图，水下地形可采用测深仪＋GNSS RTK进行测绘。测绘的深度及比例尺按照水文专业的要求进行。

2）对于航测线路工程，或者所测区域有航片资料，可以先制作正射影像图，在航测工作站上测量陆上地形点，水下地形测量须到现场用测深仪等设备进行测量。

（3）河床断面测量。

1）横断面测量。根据水文专业的要求布设断面测量的间距和测点的间距，包括水上部分和水下部分，测量前，应清除断面上的障碍物，测点应布设在地形的转折点处。

2）纵断面测量。水文测站地形测量、洪水调查、河流主槽的河底高程和水面曲线发生较大变化时均应进行纵断面测量。

3）断面测量的仪器设备可采用测深仪、GNSS RTK、全站仪、水准仪和测绳、测锤等。

（二）技术要求

（1）地形图比例尺和坐标系统。一般地区测图比例尺宜选用1:1000，1:2000，1:5000，小测区也可选用1:200和1:500的测图比例尺。平面坐标和高程系统宜与该线路测量采用的坐标和高程系统一致，或者采用国家标准的平面坐标和高程系统。若只能采用独立的平面坐标和高程系统，应注明其与该线路或国家系统的转换关系。

（2）断面图比例尺。纵、横断面的水平比例尺及高程比例尺宜按照水文专业具体要求确定。

（三）资料与成果

（1）地形图（包括水下地形图）。

（2）河床断面图（包括纵断面和横断面图），式样如图6-24所示。

（3）其余数据成果，包括河流（水库）的堤坝（水位）高程成果等。

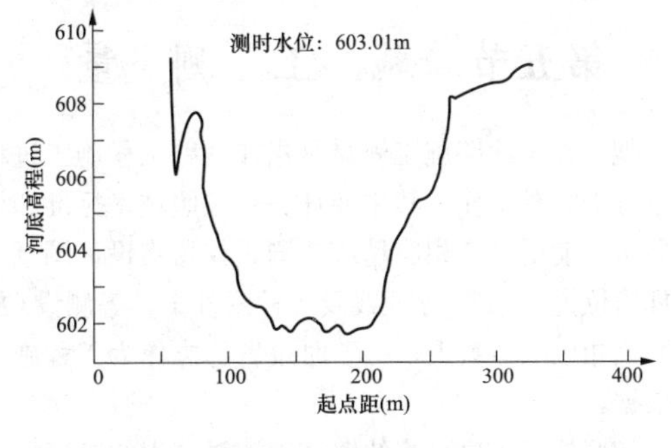

图6-24　河床断面图

八、勘探点放样测量

地质勘探点放样测量主要是对钻孔、探槽、探坑、探井、物探点等地质勘探点的放样测量。

（一）测量方法

1. 准备工作

（1）明确测量范围。地质勘探点放样测量前应确定待放样地质勘探点的布置点及其坐标。

（2）确定地质勘探点放样测量的精度要求。根据地质专业施工图设计的要求，确定勘探点的放样精度要求等。

（3）搜集所需测量区域的起算点资料（平面和高程控制点）。

2. 外业测量

（1）根据地质勘探点的设计坐标，以附近的控制点为起始点进行放样。控制点坐标系统应与线路工程的平面和高程系统保持一致。

（2）勘探点放样测量宜采用全站仪或 GNSS RTK 测定；高程测量宜采用图根水准测量、电磁波测距三角高程测量或 GNSS 拟合高程测量方法测定。

（3）对已施工完毕的钻孔、探槽、探坑、探井、物探点等的实际位置，实地测定中心坐标和高程。对特高压线路塔位四腿坐标，均要放样钻孔并标识。

（二）技术要求

（1）坐标、高程系统。平面坐标和高程系统宜与该线路测量采用的坐标和高程系统一致，或者采用国家标准的平面坐标和高程系统。若采用独立平面坐标和高程系统，应注明其与该线路或国家系统的转换关系。

（2）地质勘探点放样测量在原始地貌、通视较差时平面允许偏差为 0.5m，高程允许偏差为 0.25m；在平整场地内、通视较好时平面允许偏差 0.1m，高程允许偏差 0.05m。水上钻孔的放样误差可根据现场情况及原始地貌放宽 1.0～2.0 倍执行。

（三）资料与成果

地质勘探点测量成果表。

第五节 施 工 测 量

架空输电线路施工测量是指在线路工程施工过程中进行的测量工作。其主要任务是按照技术标准和设计要求，使用具有相应精度的测量仪器将设计图纸上的杆塔位置、基础、导地线及各种附件金具等测设（放样）到相应的位置上，必要时设置标志作为工程施工的依据。

按照施工工序可将线路施工测量分为线路复测、施工基面及开方测量、基础施工测量、杆塔施工测量、架线施工测量及竣工验收测量等。

为确保线路施工测量工作的顺利实施和测量结果的可靠性，在实施测量工作之前，需进行必要的资料、设备及人员准备：

（1）资料准备。线路施工测量前，应准备线路路径图、塔位图、线路杆塔明细表、交叉跨越一览表及其要求、线路走廊清理卷册、基础施工图、架线施工图、金具施工图、施工变更单以及有关施工记录表格等有关资料。

（2）仪器设备准备。根据工程实际情况准备相应的仪器设备，常用的设备主要有经纬仪、全站仪、卫星定位设备、水准仪及钢尺等。

（3）对测绘人员的要求。一方面应熟悉架空输电线路工程相关知识，掌握本工程具体情况，另一方面应具有组织施工测量工作的能力，并协调各工序间的配合工作。

施工完毕后，测绘人员应配合验收组，对基础、杆塔、架空线弧垂及附件安装的测量质量进行验收检查，确保线路的安全运行。

一、线路复测

架空输电线路复测就是按照设计图纸对整条线路再次进行的测量工作，与设计阶段测量工作略有不同；其主要内容包括杆塔中心桩的直线性、档距和高差（高程）、转角角度、相邻杆塔位之间有影响的跨越物的位置及高度、导线对地有影响的地面凸起地形点的高程、主要建筑物的复测、拆迁房屋面积及偏距的复测、杆（塔）位基面的复测，对杆（塔）桩位丢失后的补桩及设计规定移桩进行测量工作。复测目的是核实杆（塔）位置和档距高差，核实设计图与现场是否相符，同时为施工图会审提供依据。

（一）杆（塔）桩位复测

杆（塔）桩位复测是对线路杆（塔）中心桩的直线性、档距及高程等进行复测，应根据实际情况选用相应测量器具。

1. 直线杆（塔）中心桩的直线性复测

采用 GNSS RTK 进行复测。优先选用终勘定位的转换参数。通过 GNSS RTK 应用软件直线放样，对所要复测的杆（塔）中心桩观测，桩位横向距离不超过 0.05m 为合格。要对杆（塔）中心桩进行数据采集，一天作业结束时，要定检核桩，以方便第二天作业校正使用。GNSS RTK 技术同时也适用于对丢失直线杆（塔）桩位的补测。

利用全站仪、对中杆棱镜（或经纬仪结合标杆、标尺）进行复测时，以两相邻的直线桩（或塔位桩）为基准，用正倒镜分中法，复测杆（塔）位中心桩位置是否在线路的中心线上。正倒镜分中法是延长直线和直线杆（塔）桩位复测的常用方法。

正倒镜分中法，如图 6-25 所示，图中 Z_1、Z_2 为直线桩，2 号为直线杆（塔）中心桩。复测步骤如下：

（1）全站仪安置在 Z_2 桩上，经对中、整平后，正镜后视瞄准 Z_1 桩上的对中杆，旋紧水平制动螺旋，旋转水平微动螺旋，使望远镜里的十字丝的竖丝瞄准 Z_1 桩上的对中杆底部中心，然后竖转望远镜，前视 2 号杆（塔）位，在 2 号杆（塔）位左右测得 A 点。

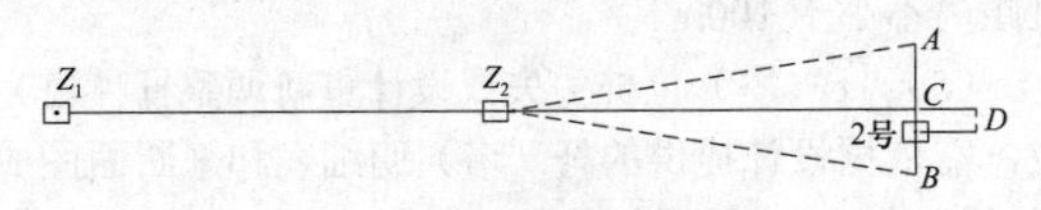

图 6-25　正倒镜分中法

（2）松开水平制动螺旋，沿水平方向旋转望远镜，倒镜瞄准 Z_1 桩上的对中杆，旋紧水平制动螺旋，旋转水平微动螺旋，使望远镜里的十字丝的竖丝瞄准 Z_1 桩上的对中杆底部中心，再竖转望远镜前视 2 号杆（塔）位，在 2 号杆（塔）位左右测得 B 点。

（3）量取 A、B 之中点 C，正倒镜分中法结束。

用小钢卷尺量取 C 点与 2 号塔位桩中心桩点水平距离 D，D 为杆（塔）位的横向距离，杆（塔）横向距离不应超过 0.05m，如不超过限值，则为合格；超过时，应将杆（塔）位位移至 C 点上，这时仪器使望远镜里的十字丝的竖丝瞄准 C 点，恢复杆（塔）桩位。同时也适用于对丢失直线杆（塔）桩位的补测及恢复杆（塔）桩。

2. 档距、杆（塔）中心桩高程复测

相邻杆（塔）桩位档距、高差复测可与复测杆（塔）桩位直线性同时进行。利用 GNSS RTK 技术，对杆（塔）中心桩进行数据采集，随时查看档距、杆（塔）中心桩高程。利用全站仪进行水平距离及高差观测时，望远镜里的十字丝中心对准棱镜中心进行测量，计算相邻杆（塔）档距和高差。

档距测量值与设计值偏差不应大于 1/100，高差测量值与设计值偏差不应大于 0.5m。

当线路中心线遇有房屋，前视方向被遮挡情况下，可采用三角形法、矩形法来延长直线。

3. 转角杆（塔）桩位及转角角度复测

（1）转角杆（塔）桩位复测。转角杆（塔）桩位复测与直线杆（塔）中心桩的直线性复测和档距、杆（塔）中心桩高程复测相同，不同点是转角杆（塔）中心桩位要同时满足所在两个直线段横向距离限差要求。

（2）转角角度复测。

1）采用 GNSS RTK 技术，对转角杆（塔）位及前后塔位坐标采集，可计算出转角度数。

2）使用全站仪（或经纬仪）用测回法观测一测回，计算转角度数。

水平角观测一般采用测回法观测一测回，将仪器安置在转角中心桩上，盘左后视小号塔位中心桩，瞄准目标后，将水平度盘置 0°，然后开始一测回观测，观测结束后，计算水平角值 β，线路转角度数 α 计算公式：

$$\alpha = 180^\circ - \beta \tag{6-10}$$

α 符号为“+”为左转，α 符号为“−”为右转，对照定位图看其复测值是否与设计的角度值相符。一般往往存在一定的偏差，但偏差值不应大于 1′30″，如超过规定值，则应进行第二测回，两测回比较限差不应大于 1′30″。复测如果设计的角度有错误，应立即与设计人员联系研究更改。

（3）转角杆（塔）位补桩测量。当个别转角杆（塔）丢桩后，应做补桩测量，如图 6-26 所示，J_2 为丢失的转角桩。

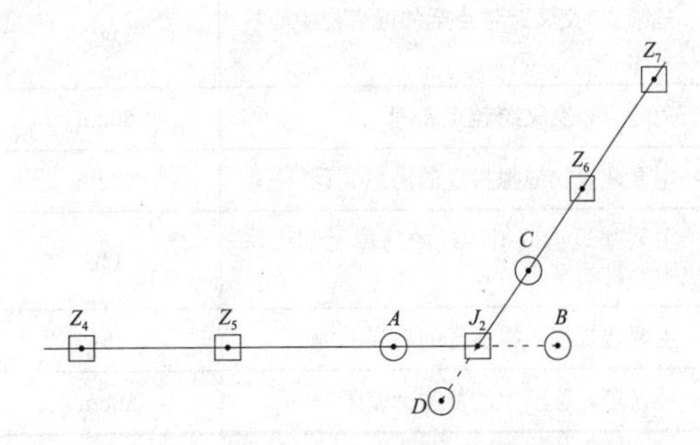

图 6-26　转角杆（塔）位桩的补桩测量

采用 GNSS RTK 技术，进行补转角杆（塔）位桩时，可根据设计坐标利用点放样直接进行补转角杆（塔）位桩，完成后，进行数据采集，计算转角角度、档距，查看转角高程是否正确。

当采用全站仪或经纬仪补桩测量时，可将仪器安置 Z_5 桩上，后视 Z_4 为依据标定线路方向，采用正倒镜分中法，根据设计图纸提供的桩间距离，在望远镜的前视方向上，J_2 的前后分别定 A、B 两个临时木桩，并定上小铁钉。用细线绳缠绕 A、B 两桩钉上呈直线状态；再将仪器移至直线桩 Z_6 上安置，以前视直线桩 Z_7 为依据，采用正倒镜分中法，根据设计图纸提供的桩间距离，在 J_2 的前后分别定 C、D 两个临时木桩，并定上小铁钉，用细线绳缠绕 C、D 两桩钉上呈直线状态。两细线绳交点就是 J_2 转角桩中心位置，在交点定桩后定钉即可，采用测回法一测回观测转角水平角。

（二）杆（塔）间跨越物复测

跨越物主要指对导线有影响的建构筑物、架空管道、电力线、通信线等。根据终勘定位平断面图来选取测量点。

采用 GNSS RTK 技术，对跨越点进行数据采集，查看跨越点至就近杆（塔）平距及地面高程是否符合规定限差要求，采用全站仪或经纬仪测量跨越物高度时，应就近进行观测，计算跨越物高程，与设计的高程之差要满足表 6-8 有关限差要求。

表 6-8　　线路复测允许偏差

复　测　项　目	允许偏差
转角度数	1′30″
直线杆（塔）位桩的直线角 以两相邻直线桩为基准，与线路横向偏差不应超过	1′30″ 5cm
杆（塔）位档距	1%
杆（塔）位桩的高程，相邻杆（塔）位桩间的高差值与设计值的限差	50cm
危险点、交叉跨越点至邻近塔位中心桩的平距	2%
危险点、交叉跨越点高程	50cm
主要建筑物或拟拆迁的房屋高程	50cm
主要建筑物或拟拆迁的房屋至邻近塔位中心桩的平距	1%
主要建筑物或拟拆迁的房屋的偏距	1%
杆（塔）位基面的复测高差限差	50cm

当采用全站仪或经纬仪测量跨越物高度时，应就近塔位桩进行观测，计算跨越物点地面高程，平距，跨越物高程，与设计的高程之差要满足表 6-8 有关限差要求。

对拟拆迁房屋，要求测量房屋至线路中心线的偏距、跨越点高程和房屋的面积，采用钢尺直接丈量房屋各层外廓尺寸，计算总面积。

对主要建筑物要测量偏距和建筑物顶部高程。复测高程与设计提供高程偏差不应超过 0.5m。

（三）导线对地有危险的断面点复测

导线对地距离有危险的地形凸起点可用 GNSS RTK 进行危险断面点复测，也可就近桩位使用全站仪或经纬仪，通过距离及垂直角观测，计算地面高程，计算结果与设计值偏差要满足表 6-8 的要求。

（四）施工基面复测

施工基面复测是检查各塔腿中心地面高程（或高差）是否与设计确定的施工基面相符，具体复测过程及技术要求参见本节“二、施工基面及开方测量”。

（五）线路复测技术要求

1. 作业技术要求

（1）使用 GNSS RTK 进行线路复测，优先使用与终勘定位时相同的控制点成果求解转换参数，使用勘测设计单位提供的基准站、塔位桩或直线桩的测量成果资料作为基准站，以保证测量成果的一致性。

（2）GNSS RTK 作业所用电子手簿数据输入要仔细核对，对各塔位桩进行数据采集。

（3）GNSS RTK 作业，一个耐张段宜采用同一基准站进行复测。

（4）转角度数复测，使用经纬仪或全站仪观测一测回，也可使用 GNSS RTK 测量。转角桩与前后直线桩距离不小于 100m。

（5）杆（塔）位桩丢失或设计重新调整杆（塔）位，需依据设计提供的杆（塔）明细表和平断面图成果进行确定，应满足桩位的限差技术要求。

（6）复测数据要做好记录，复测结果超过规定偏差时，应查明原因，与设计人员沟通后，按设计要求进行处理。

2. 线路复测允许偏差

DL/T 5445—2010《电力工程施工测量技术规范》规定线路复测允许偏差见表 6-8。

二、施工基面及电气开方测量

（一）施工基面测量

施工基面是设计给出的杆（塔）坑开挖深度的起算施工基准面。

施工基面测量内容：根据设计杆（塔）型号根开、施工基面，依据杆（塔）中心桩，对每条腿的自然地面高程进行测量，引测辅助桩，铲除施工基面上方土方后，检测施工基面高程，需要时，重新恢复杆（塔）中心桩。

1. 塔腿高程测量

塔腿分布图如图 6-27 所示，#3 为 3 号塔位中心桩，A、B、C、D 四个塔腿分布图，可使用全站仪或经纬仪进行测量，方法是仪器安置在#3 塔位中心桩，测量获取 A、B、C、D 四个塔腿中心点处地面高程。

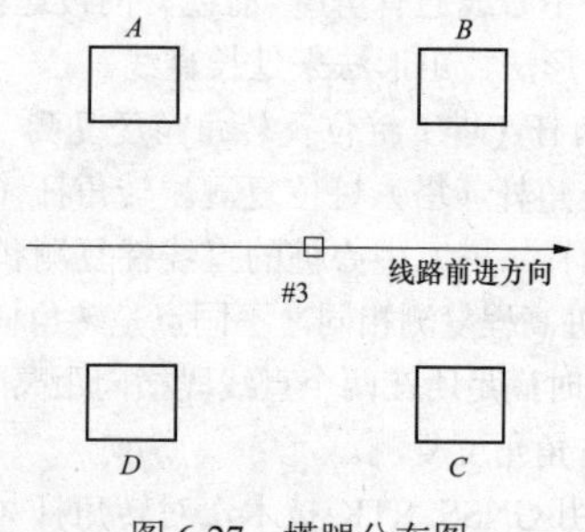

图 6-27　塔腿分布图

2. 辅助桩的测定

辅助桩一般在线路中心线和横向方向上选定。直线杆（塔）辅助桩示意图如图 6-28 所示，经纬仪安置于塔位中心桩 O 点上，后视前进杆（塔）桩水平度盘读数置零，沿视线方向定立辅助桩 A，然后依次水平转动经纬仪在 90°、180°、270°方向分别定立辅助桩 B、C、D。如因特殊地形不能在塔位四侧定立辅助桩，可在同侧定立两个桩。转角杆（塔）辅助桩测定方法与直线杆（塔）辅助桩的测定方法基本相同，不同之处是以线路转角度数的角分线作为线路的方向，以该方向作为零方向，进行辅助桩放样。

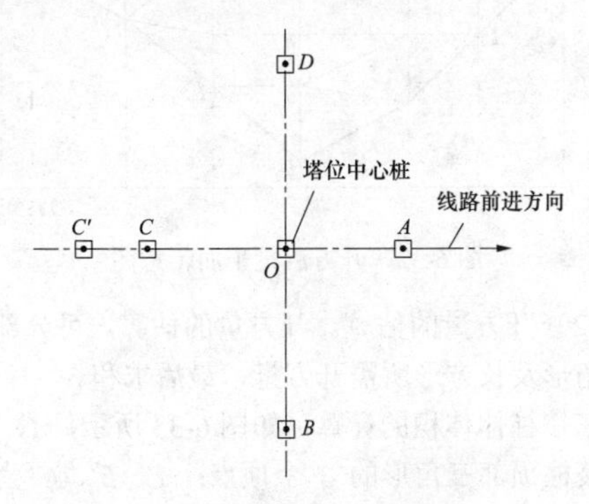

图 6-28　直线杆（塔）辅助桩示意图

各辅助桩应施测于距塔位中心桩适当位置，做好辅助桩防护工作，并记录辅助桩至塔位中心桩的距离。

3. 施工基面的测定

根据设计要求，如果设计图纸的杆（塔）位明细表的施工基面一栏或杆（塔）位基础配置明细表中，没有注明基面升降值，均以杆（塔）中心桩位地面作为施工基面。一般来说，同塔各基坑地面之间并不是水平的，它们之间存在高差。为了确定每个基坑从地表面起开挖的实际深度，就必须测出各基坑地面的高程。为了控制和检查基础坑开挖的深度，就必须在坑口位置测定一个基准。当各个基础坑都在一个较平坦的地面上时，用哪个桩都可以；如果各坑位高差较大，坑口又较宽，每个坑的 4 个桩位也高低不平，一般选择较低的坑位桩作为基准。这样，才能检验坑深是否符合设计要求。

基础施工基准面示意图如图 6-29 所示，杆（塔）桩基面与施工基准面之间的高差 K 称为基础施工基面值。杆（塔）桩地面垂直降低一段 K 值距离称为降低施工基面。

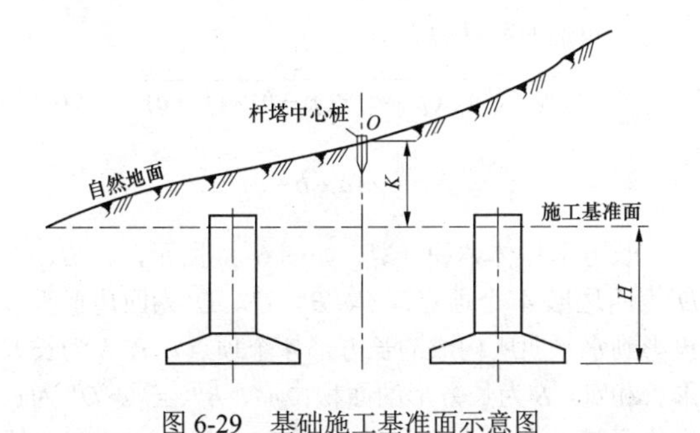

图 6-29　基础施工基准面示意图

基础的不等高施工基准面示意图如图 6-30 所示，若杆（塔）桩地面垂直上升一段 K_1 值距离，称为升高施工基面。塔位处于大坡度的地面，为了减少土石方开挖量，设计时往往采用不等高塔腿的铁塔（也称长短腿或高低腿），因此，这类铁塔基础一般有高低两个施工基面，也有多个施工基面的，自塔位中心桩 O 点地面起，在 O 点之上短腿基础施工基面的 K_1 为正，在 O 点之下长腿基础施工基面的值 K 为负。

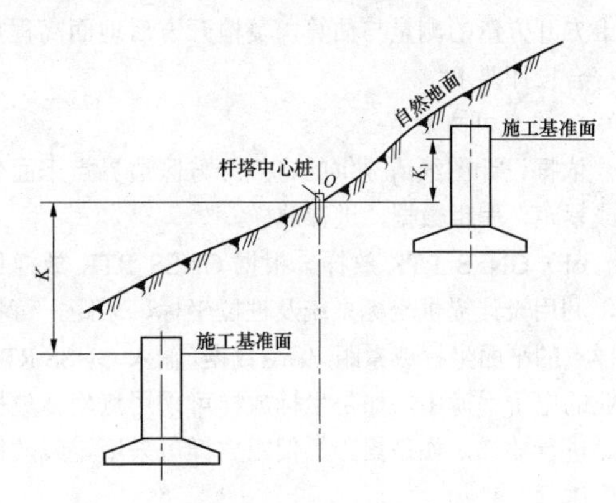

图 6-30　基础的不等高施工基准面示意图

4. 施工基面下降值测量

测量辅助桩与施工基准面之间的高差，如图 6-31 所示，在中心桩 O 安置水准仪，量取仪器高 i，在辅助桩顶立标尺，对各个辅助桩的标尺进行观测，读取 A、B 尺上读数 R_1、R，则 A、B 辅助桩与施工基准面的高差 N_1、N 分别为 $N_1=i+K-R_1$，$N=i+K-R$。

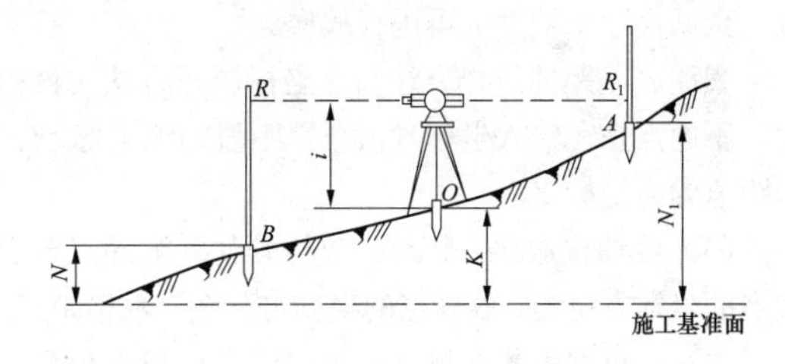

图 6-31　辅助桩与施工基准面高差测量示意图

5. 塔位桩的恢复

施工基准面铲除施工完毕后，要进行高差检查，允许偏差为 −100～+200mm，满足要求后，即可对塔位中心桩进行恢复工作。

如图 6-28 所示，将仪器安置在辅助桩 A 点上，使望远镜瞄准辅助桩 C 点，沿视线方向按 A 桩与塔位中心桩 O 点的水平距离定立新塔位桩，并在桩端顶面划一条与视线重合的直线。然后将仪器移至辅助桩 B 点安置，瞄准辅助桩 D 点，在望远镜视线与新塔位桩顶面的直线相交点，画出交点，量测 B 至 O 点的平距，查看是否与定立辅助桩所量测的平距相符，发现问题及时纠正，无误后方可定立小铁钉，该点即为降低基准面后的塔位中心桩 O 点。塔位中心桩恢复之后，便可对杆（塔）基础进行分坑放样测量，基础埋深以恢复后的塔位中心桩地面为依据。

（二）电气开方测量

根据设计确定的电气开方图纸进行电气开方测量工作，主要目的是铲除设计确定区域范围内的土方，保证导线对地安全空间距离符合设计要求。电气开方测量内容有：开方区域外廓边界的放样，复核自然地面土方开方量的测量与估算，复检开方后地面高程是否符合设计要求。

1. 电气开方放样

依据设计图纸所提供的电气开方区边界点平面坐标或累距、偏距数据，进行放样。

（1）GNSS RTK 放样。根据 GNSS RTK 放样程序，利用设计提供坐标系统及桩位坐标、累距，可将放样点的平面坐标或累距、偏距数据，输入 GNSS RTK 作业的电子手簿中，如是坐标放样可采用点坐标放样程序进行放样，如是累距、偏距放样可采用定线放样程序进行。

（2）全站仪放样。点坐标放样方法：仪器安置在靠近电气开方区域已知桩位，按照全站仪的放样程序进行操作，输入相关测站信息，如测站点名、仪器高、坐标、高程；照准后视点，输入后视点名、棱镜高、坐标、高程信息进行测量后；根据事先输入的放样点坐标、高程、棱镜高，选择放样点进行放样工作。如果遇有通视条件不好，可沿线路中心方向上测定辅助桩，全站仪迁至辅助桩再进行放样。

累距、偏距的放样方法与点坐标放样方法大致相同，不同点是在输入坐标时，令累距值为纵坐标 X、偏距值为横坐标 Y。

（3）经纬仪放样。经纬仪放样须计算测站点至后视点的坐标方位角、放样点的坐标方位角、水平距离。放样方法：仪器安置在测站点上，照准后视点角度值设成计算测站点至后视点的坐标方位角值，水平转动仪器，水平角值的读数为所需放样点的坐标方位角值方向上，指挥立尺人员移动到正确位置，进行观测、记录。

2. 开方量测量及估算

（1）开方量测量。开方区边界点放样后，根据设计要求，在开方区内布置测量点，布置测量点的原则是能够正确反映地形起伏变化，点密度不少于设计点密度。

开方测量平面示意图如图 6-32 所示，L_1～L_{12} 所围区域为土石方开方区，1～11 为在风偏横断面上布置的测量点，测出 1～11 点高程。整个开方区由三角形和长方形构成。

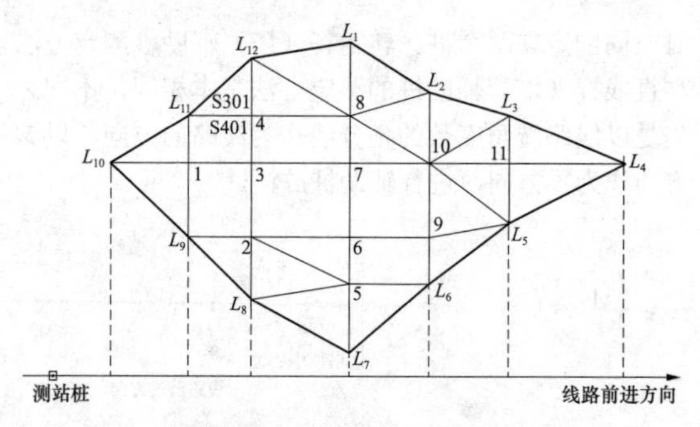

图 6-32　开方测量平面示意图

（2）开方量的估算。开方量的估算，可分部计算各三角形及长方形所需开方量，最后求和。

三棱柱体体积的计算，如图 6-33 所示，A、B、C 为三棱柱顶部三角形的 3 个顶点；A'、B'、C' 为三棱柱体垂直投影到水平面所构成的三角形的 3 个顶点，a、b、c 为所对应的边长，S 为三角形的面积；A''、B''、C''为三棱柱体底部三角形的 3 个顶点；ha、hb、hc 为棱长。

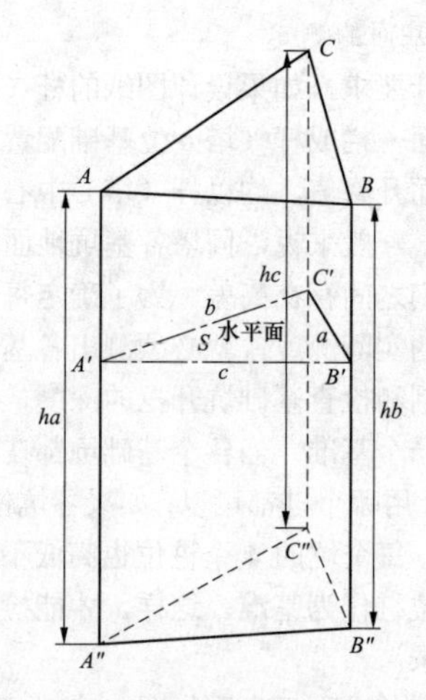

图 6-33　三棱柱体示意图

三棱柱体体积计算公式：

$$V = S\times\frac{1}{3}(ha+hb+hc) \tag{6-11}$$

三角形面积计算公式：

$$S=\sqrt{p\times(p-a)\times(p-b)\times(p-c)} \tag{6-12}$$

$$p=\frac{1}{2}\times(a+b+c)$$

长方形柱体体积计算，如图 6-34 所示，A、B、C、D 为四边形 4 个顶点；A'、B'、C'、D' 为四边形垂直投影到水平面所构成的长方形 4 个顶点，a、b 为长方形长和宽，S 为长方形的面积；A''、B''、C''、D'' 为长方体底部四边形 4 个顶点；ha、hb、hc、hd 为长方体棱长。

长方形柱体体积公式：

$$V \approx S \times \frac{1}{4} \times (ha + hb + hc + hd) \qquad (6\text{-}13)$$

$$S = a \times b$$

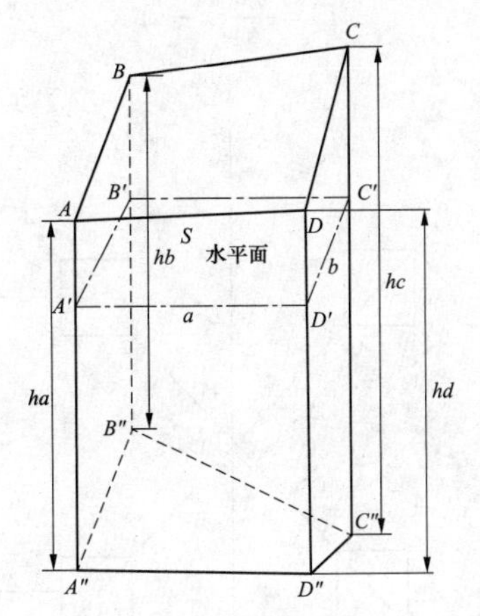

图 6-34　长方形柱体示意图

三角形 S301 开方体积计算，如图 6-35 所示，由 L_{11}、L_{12}、4 所构成三角形，测点 4 的开挖深度为 h_4，h_4 是指测点的高程减去铲除土石方后的设计高程。L_{11}、L_{12} 的设计时挖深为零。

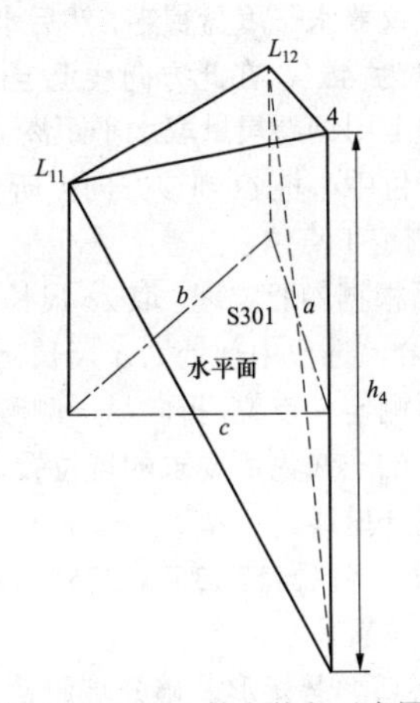

图 6-35　S301 挖方体积示意图

三角形 S301 开方体积为

$$V \approx S \times \frac{1}{3} \times h_4 \qquad (6\text{-}14)$$

长方形 S401 开方体积计算，如图 6-36 所示，由 L_{11}、4、3、1 所构成长方形，h_4、h_3、h_1 分别为测点 4、3、1 的开挖深度，L_{11} 点挖深为零。

长方形 S401 开方体积为

$$V = S \times \frac{1}{4}(h_1 + h_3 + h_4) \qquad (6\text{-}15)$$

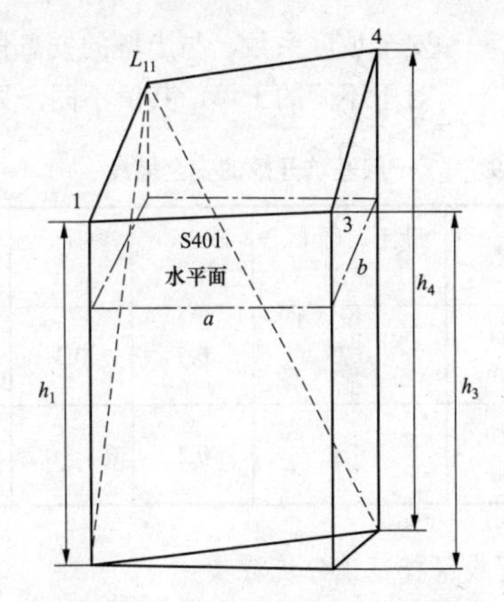

图 6-36　S401 挖方体积示意图

3. 检查测量

开方区土石方开挖后，对地面进行检查测量，检查测量以抽检的方式进行，检查方法参见本节电气开方放样。

检查内容：抽查测量点可按设计图纸确定位置、范围检测地面高程。

技术要求：测量检查点点位两次，取其平均值作为成果，其与邻近杆（塔）位桩距离限差为±2%；偏距限差为±2%；导线风偏对地净距及塔位边坡净距不小于设计值。

三、基础施工测量

基础施工测量的内容主要有杆（塔）基础分坑，基础坑检查，杆（塔）基础操平、找正，杆（塔）基础检查测量等。

（一）杆（塔）基础分坑测量

1. 坑口尺寸的计算

如果设计没有给出基坑坑口尺寸，则需计算坑口尺寸。坑口宽度一般根据基础设计宽度、坑深及安全坡度来计算。若为半掏挖的斜桩基础时，坑口还应在内角侧开坡。如图 6-37 所示是一个铁塔基础开挖尺寸示意图，图中 D 和 H 是明细表中分别给出的基础设计宽度和坑深，e 表示施工的操作宽度，a 为坑口放样时的宽度尺寸，可用式（6-16）计算：

$$a = D + 2e + 2fH \qquad (6\text{-}16)$$

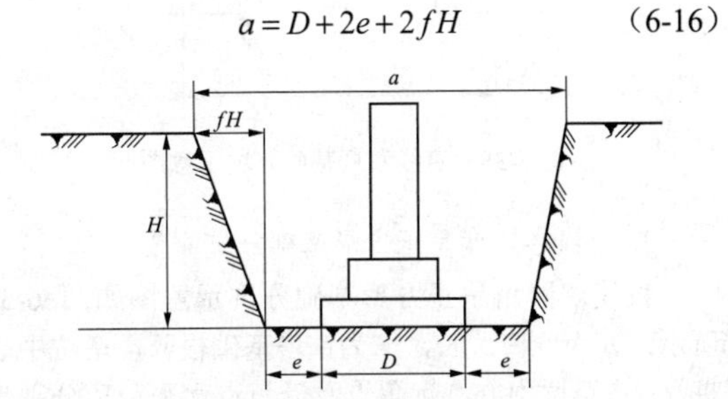

图 6-37　铁塔基础开挖尺寸示意图

式中　f——安全坡度系数，与土壤的安息角有关，对于不同的土壤，其值不同，见表6-9。

表6-9　一般基坑开挖的安全坡度

土壤分类	砂土、砾土、淤泥	砂土、黏土	黏土、黄土	坚土
安全坡度系数f（m）	0.75	0.5	0.3	0.15
坑底增加宽度e（m）	0.3	0.2	0.1～0.2	0.1～0.2

2. 直线双杆基础分坑测量

直线双杆基础分坑示意图如图6-38所示，a为坑口边长，x为双杆基础根开，具体分坑步骤如下：

（1）在杆位中心桩O安置仪器，前视相邻杆（塔）中心桩，仪器水平度盘置零，然后水平旋转仪器，仪器水平度盘为90°（垂直线路方向），在此方向线上定辅助桩，用钢卷尺量取杆位中心桩O到该方向上所要放的B点水平距离为$\frac{1}{2}(x-a)$，测定B点。同理，量取杆位中心桩O到该方向上所要放的A点水平距离$\frac{1}{2}(x+a)$，测定A点。

（2）根据勾股定理，取钢卷尺尺长为$\frac{1}{2}(1+\sqrt{5})a$，使尺两端分别与A、B点重合，选距A点$\frac{1}{2}a$尺长处横BA方向拉紧尺，测定出C点，同样方法测定出D、E、F点。C、D、E、F点连线即为坑口位置。用石灰粉在地面洒上杆坑开挖线。以同样方法对另一侧坑口位置进行分坑测量。

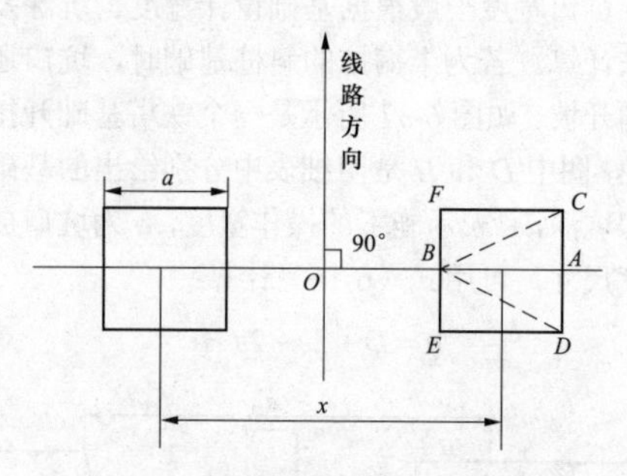

图6-38　直线双杆基础分坑示意图

3. 直线塔四角呈正方形基础分坑测量

直线塔四角呈正方形基础分坑示意图如图6-39所示，a为坑口边长，x为铁塔基础根开，塔位中心桩O点至坑中心、远角点及近角点水平距离分别为E_0、E_1、E_2。

$$E_0=\frac{\sqrt{2}}{2}x \tag{6-17}$$

$$E_1=\frac{\sqrt{2}}{2}(x+a) \tag{6-18}$$

$$E_2=\frac{\sqrt{2}}{2}(x-a) \tag{6-19}$$

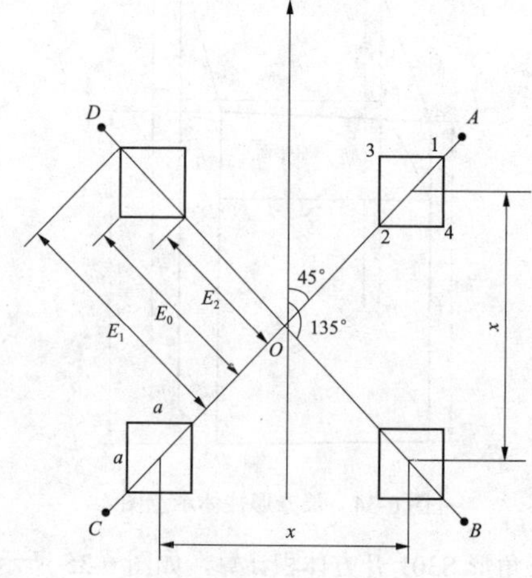

图6-39　直线塔四角呈正方形基础分坑示意图

具体分坑步骤如下：

（1）首先在杆位中心桩O安置仪器，后视相邻杆（塔）中心桩，仪器水平度盘置零，然后水平旋转仪器，仪器水平度盘为45°，在此方向线上定出辅助桩A；在OA方向线上用钢卷尺量取水平距离E_2，测定2点位。再量取杆位中心桩O到该方向上所要放的1点水平距离E_1，测定1点位。

（2）然后根据勾股定理，取$2a$尺长，尺两端分别于1、2点重合，选尺中部处（a尺长）横21方向向外侧拉紧即可测定3点位，折向另一侧测定4点位。1、2、3、4点位的连线为所要求的坑位置。用石灰粉在地面洒上杆坑开挖线。

同样方法，将仪器转135°、225°、315°可分别测定出其余三坑位置。

4. 直线塔四角呈矩形基础分坑测量

直线塔四角呈矩形基础分坑测量应用较广的是外辅助桩的分坑测量和内辅助桩的分坑测量，具体应用应根据现场情况合理选择。

（1）外辅助桩的分坑测量。直线塔四角呈矩形基础分坑示意图如图6-40所示，a为坑口边长，x为横线路根开，y为线路方向根开，图形特点是：A、B、C、D四个辅助桩位于线路方向和垂直线路方向上，同时四个辅助桩至塔位中心桩O水平距离相等，均为$\frac{1}{2}(x+y)$，辅助桩D距坑中心、远角点及近角点距离E_0、E_1、E_2分别为

$$E_0=\frac{\sqrt{2}}{2}y \quad (6\text{-}20)$$

$$E_1=\frac{\sqrt{2}}{2}(y+a) \quad (6\text{-}21)$$

$$E_2=\frac{\sqrt{2}}{2}(y-a) \quad (6\text{-}22)$$

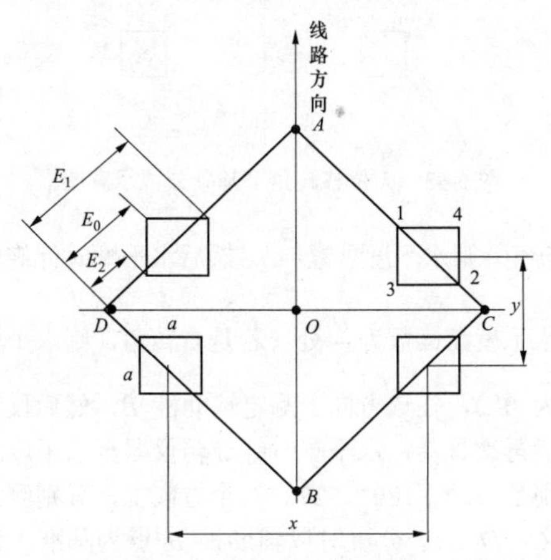

图 6-40　直线塔四角呈矩形基础分坑示意图

具体分坑步骤如下：

1）在塔位中心桩 O 安置仪器，后视相邻杆（塔）位中心桩，仪器水平度盘置零，按照直线杆（塔）辅助桩的测量方法，根据塔位中心桩 O 至辅助桩水平距离，可定出 A、B、C、D 四个辅助桩。

2）迁移仪器至辅助桩 C，安置仪器后，照准辅助桩 A，在该方向线上分别量取水平距离 E_1、E_2 可测定出坑口对角 1、2 两点位。

3）用钢卷尺，取 $2a$ 尺长，两端分别与 1、2 点重合，在尺中部即尺长 a 处横向拉紧即可测定出 3，折向另一侧得点 4，点 1、2、3、4 的连线为所要求的坑口位置。用石灰粉在地面洒上杆坑开挖线。

同样方法，可分别测定出其他三坑位置。需要说明的是，当 $x=y$ 时，直线铁塔四角呈矩形变成了正方形，因此，一般情况下（地形较好时），直线塔四角呈正方形基础的分坑，最好采用矩形铁塔基础分坑的方法，因为 4 个辅助桩呈正方形，利于校对 4 个辅助桩，也利于找正各层模板、地脚螺栓。

（2）内辅助桩的分坑测量。直线塔四角呈矩形基础分坑示意图如图 6-41 所示，a 为坑口边长，x 为横线路根开，y 为线路方向根开，图形特点是：E_1 辅助桩位于 A 腿基础坑口对角线、D 腿基础坑口对角线和线路中心线的共同交点；E_2 辅助桩位于 B 腿基础坑口对角线、C 腿基础坑口对角线和线路中心线的共同交点。同时 E_1、E_2 辅助桩至塔位中心桩 O 水平距离相等，均为 $\frac{1}{2}(x-y)$，辅助桩 E_1 距 A 基础坑中心、近角点及远角点距离 l_0、l_1、l_2 分别为

$$l_0=\frac{\sqrt{2}}{2}x \quad (6\text{-}23)$$

$$l_1=\frac{\sqrt{2}}{2}(x-a) \quad (6\text{-}24)$$

$$l_2=\frac{\sqrt{2}}{2}(x+a) \quad (6\text{-}25)$$

具体分坑步骤如下：

1）塔位中心桩 O 安置经纬仪（或全站仪），后视前进方向相邻杆（塔）位中心桩，仪器水平度盘置 O，在 O 方向上，用钢尺量取 $\frac{1}{2}(x-y)$ 平距，定立辅助桩 E_1。水平转动仪器，在水平度盘读数 180° 方向上用钢尺量取 $\frac{1}{2}(x-y)$ 平距，定立辅助桩 E_2。

2）迁移仪器至辅助桩 E_1，安置仪器后，后视前进方向相邻杆（塔）位中心桩，仪器水平度盘置 O，水平转动仪器，在水平度盘读数 225° 方向上用钢尺量分别量取 l_1、l_2 平距，分别测出 3、1 对角坑口点，在坑口外合适位置测定辅助桩 E_3。

3）用钢尺，取 $2a$ 尺长，两端分别与 1、3 点重合，在尺中部即尺长 a 处横向拉紧即可测定出 2，折向另一侧得点 4，点 1、2、3、4 的连线为所要求的坑口位置。用石灰粉在地面洒上坑口开挖线。

同理，在水平度盘读数 135° 方向测定出 D 腿基础坑口。迁移仪器至辅助桩 E_2，安置仪器后，后视前进方向相邻杆（塔）位中心桩，仪器水平度盘置 O，水平转动仪器，在水平度盘读数 45°、315° 方向上分别测定出 E_5、E_4 腿基础坑口位置。

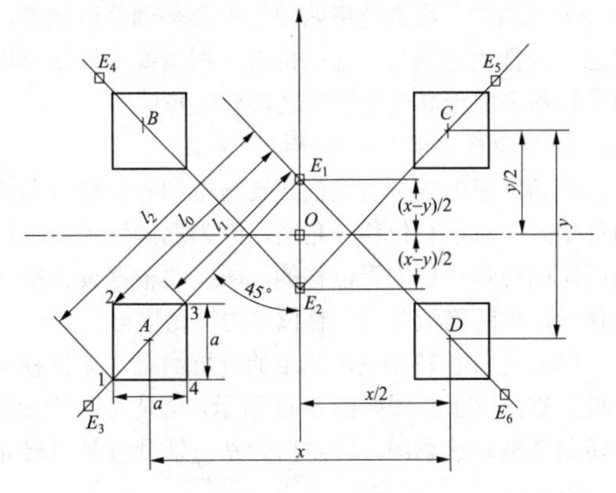

图 6-41　直线塔四角呈矩形基础分坑示意图

5. 直线塔四角呈梯形基础分坑测量

直线塔四角呈梯形基础分坑示意图如图 6-42 所示，基础有 x、y、z 三个相互不相等的基础根开。大坑口长 a、小坑口长度 b，且 $a\neq b$，由图中几何关

系可知即垂直线路根开 $y=y_1+y_2$，而 $y_1=\dfrac{x}{2}$，$y_2=\dfrac{z}{2}$，$\theta=45°$，两组基坑的中心分别在两条相互垂直的对角线上。塔位中心桩 O 至大、小基坑内、外顶点的水平距离分别是：

$$L_1=\frac{\sqrt{2}}{2}(x-a)$$

$$L_2=\frac{\sqrt{2}}{2}(x+a)$$

$$l_1=\frac{\sqrt{2}}{2}(z-b)$$

$$l_2=\frac{\sqrt{2}}{2}(z+b)$$

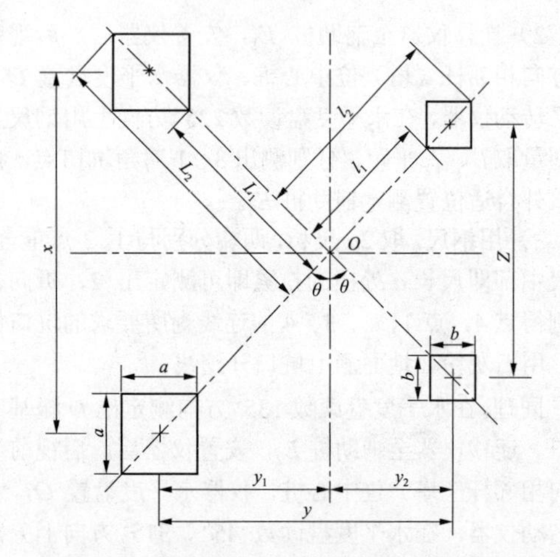

图 6-42　直线塔四角呈梯形基础分坑示意图

分坑测量采用直线塔四角呈矩形基础分坑测量，注意不要把大基坑与小基坑位置互相调换。直线塔四角呈梯形多用于高低腿铁塔及部分转角铁塔。

6. 转角杆（塔）基础分坑测量

转角铁塔的塔位有无位移转角塔和有位移转角塔两种型式。对于有位移转角塔，因为勘测设计时，现场所定的转角塔桩为无位移的，所以要根据设计提出位移量，重新测量并定立有位移的转角塔桩。

（1）无位移转角铁塔基础的分坑测量。无位移转角塔基础分坑示意图如图 6-43 所示，这是左转角无位移转角塔基础示意图，转角值为 θ。辅助桩是以转角值为 $\dfrac{\theta}{2}$（即 θ 角的平分线）方向为基准。图形特点是 A、B、C、D 四个辅助桩在两条互相垂直的直线上，BD 又恰好在 θ 角的平分线上。

订立辅助桩：仪器安置在转角塔位中心桩 O 后，前视相邻杆（塔）位中心桩，仪器水平度盘置零（若

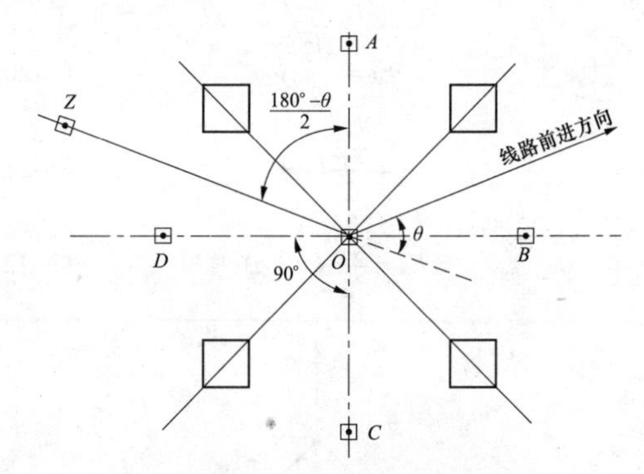

图 6-43　无位移转角塔基础分坑示意图

是右转角，则水平度盘置 $\dfrac{\theta}{2}$），然后水平顺时针旋转仪器至水平度盘读数为 $\dfrac{\theta}{2}$ 处（若是右转角，则水平度盘读数为 0°），在该方向上测定辅助桩 B，然后仪器水平度盘再次置零，水平顺时针旋转仪器至水平度盘读数分别是 90°、180°、270°三个方向上，分别测定辅助桩 C、D、A。分坑时以辅助桩 B 点为基准，仪器水平度盘置零，转角塔四角呈正方形基础的分坑，按直线塔四角呈正方形基础分坑步骤进行；转角塔四角呈梯形基础的分坑，则按直线四角呈梯形基础分坑步骤进行。

（2）有位移转角铁塔基础的分坑测量。有位移转角塔基础的分坑示意图如图 6-44 所示，转角塔的塔位中心桩位移距离，将转角塔位中心桩向线路转角内侧的角平分线方向，平移位移值 S，即是实际铁塔位移中心桩 O_1。

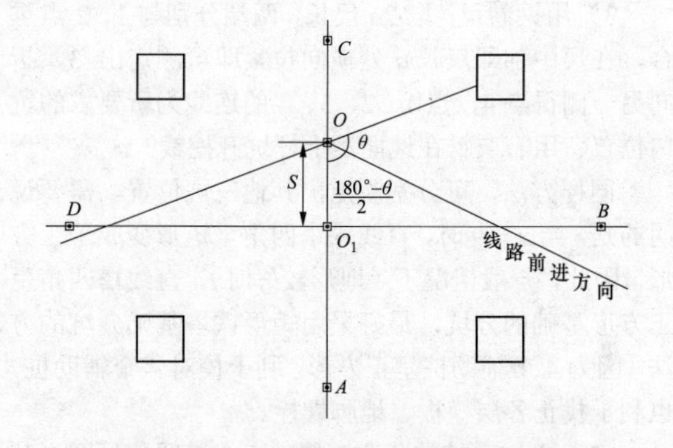

图 6-44　有位移转角塔基础的分坑示意图

辅助桩的测定：仪器安置在转角塔位中心桩 O 后，前视相邻杆（塔）位中心桩，仪器水平度盘置 0°，然后水平顺时针旋转仪器至水平度盘读数为 $(90°-\dfrac{\theta}{2})$ 处，在该方向上测定辅助桩 A，然后在两桩 O、A 的钉上拉上线，用钢卷尺沿线量出桩 O 至实际铁塔位移中心桩 O_1 的水平距离 S，可测定出实际铁塔位移中心

桩 O_1。迁移仪器至实际铁塔位移中心桩 O_1，安置仪器后，照准辅助桩 A，仪器水平度盘置 0°，水平顺时针旋转仪器至水平度盘读数分别是 90°、180°、270°三个方向上，分别测定辅助桩 D、C、B。

分坑时以辅助桩 A 点为基准，仪器水平度盘置零，转角塔四角呈正方形基础的分坑，按直线塔四角呈正方形基础分坑步骤进行；转角塔四角呈梯形基础的分坑，则按直线四角呈梯形基础分坑步骤进行。

7. 全站仪杆塔基础分坑测量

用全站仪坐标放样应用程序进行分坑测量，全站仪塔位基础的分坑示意图如图 6-45 所示，建立 NOE 平面直角坐标系，原点 O 为杆（塔）中心，N 方向为线路前进方向。1～8 点坐标分别为

$\left(\frac{x}{2}+\frac{a}{2},\frac{x}{2}+\frac{a}{2}\right)$、$\left(\frac{x}{2}-\frac{a}{2},\frac{x}{2}-\frac{a}{2}\right)$、

$\left(-\frac{x}{2}+\frac{a}{2},\frac{x}{2}-\frac{a}{2}\right)$、$\left(-\frac{x}{2}-\frac{a}{2},\frac{x}{2}+\frac{a}{2}\right)$、

$\left(-\frac{x}{2}+\frac{a}{2},-\frac{x}{2}+\frac{a}{2}\right)$、$\left(-\frac{x}{2}-\frac{a}{2},-\frac{x}{2}-\frac{a}{2}\right)$、

$\left(\frac{x}{2}-\frac{a}{2},-\frac{x}{2}+\frac{a}{2}\right)$、$\left(\frac{x}{2}+\frac{a}{2},-\frac{x}{2}-\frac{a}{2}\right)$。

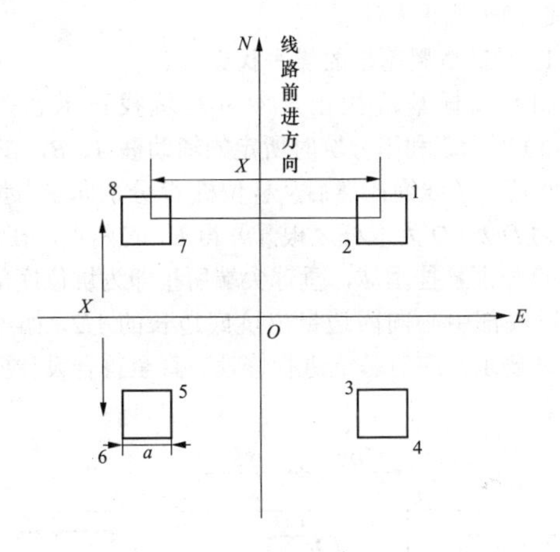

图 6-45　全站仪塔位基础的分坑示意图

全站仪安置在塔位中心桩 O 后，进行测站设置，测站坐标北坐标输入 0，东坐标输入 0，输入测站高程值后，全站仪照准前进方向杆（塔）位中心桩目标，仪器水平度盘置 0° 后进行点放样测量，调取放样点，根据仪器提示的水平角，水平转动全站仪至该方向上进行测量放样。

8. GNSS RTK 杆（塔）基础分坑测量

由于 GNSS 接收机生产厂家的不同，开发 RTK 技术应用软件功能、操作顺序的不同，可根据 GNSS RTK 的放样程序说明书进行操作，放样参数及计算过程参照本节全站仪杆（塔）基础分坑测量进行。

9. 基础分坑应注意的问题

（1）双回路转角塔分坑方向问题。由两条单回路架空线路合并成同塔双回路架空线路或由同塔双回路架空线路分成两条单回路架空线路，此时，双回路转角塔具有两个不同的转角角值。

一般是以两个不同的转角角值之和除以 2，作为一个新的转角角值。双回路转角塔的分坑方向是新的转角角值的角分线作为分坑的零方向。

转角角度计算时须注意的问题是：转角角度值符号左转为“+”，右转角度值符号为“−”。

（2）掏挖式基础坑口问题。掏挖式基础坑口特点是圆形坑口，不存在放坡问题。

（3）分支塔的分坑方向问题。分支塔用于一条线路分开向两地点供电，分开处铁塔称为分支塔（或称分歧塔），分支塔结构特殊，常用于“T”接线。分支塔示意图如图 6-46 所示，分坑方向是以线路直线方向作为零方向。

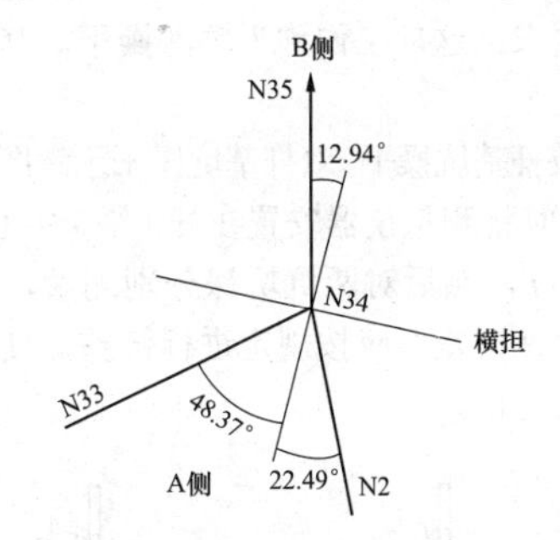

图 6-46　分支塔示意图

（二）基础坑检查

基坑开挖完成后，对基础坑进行检查测量。

1. 基础坑检查限差要求

DL/T 5445—2010《电力工程施工测量技术规范》规定基础坑分坑和开挖测量允许偏差见表 6-10。

表 6-10　基础坑分坑和开挖测量允许偏差

测　量　项　目	允许偏差（mm）
基础坑中心根开及对角线尺寸	0.1%设计根开及对角线
拉线基础坑位置	0.5%L
普通基础坑深	−50～+100
岩石、掏挖、拉线基础坑深	0～+100
基础坑底板尺寸	−1%设计底板尺寸

2. 基础坑尺寸检查

可按分坑时的有关方法步骤，对坑口基础坑中心、根开及对角线尺寸进行检查测量。坑底基础坑中心、边长及对角线尺寸进行检查测量。

掏挖式基础坑形状特殊，掏挖式基础坑剖面示意

图如图 6-47 所示，钢尺分别丈量坑上下口半径 r、掏挖部分的半径 r'、坑深 h、等径坑深 h_1、掏挖高 h'_1 及 h'_2。

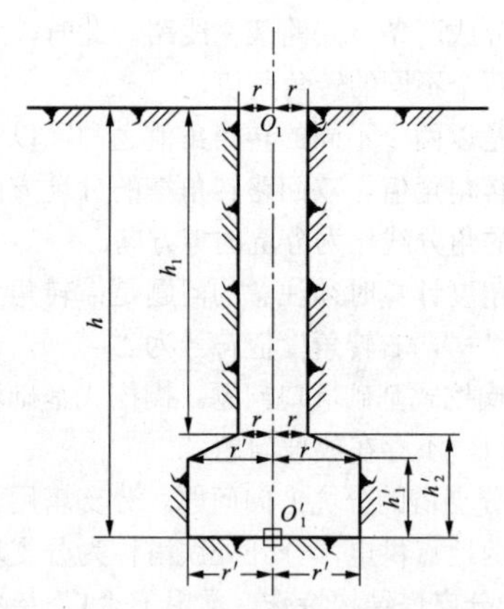

图 6-47　掏挖式基础坑剖面示意图

基础坑坑深的检查，是通过测量坑底高程或坑深符合设计要求，这项工作称为坑深操平。其目的是要操平坑底。

（1）双杆基坑操平。双杆基坑操平示意图如图 6-48 所示，操平时将测量仪器安置在杆（塔）中心桩 A 处，设仪器高为 i，然后对两坑坑深分别测量，如果坑底高程超过允许误差，应按规定进行修整，使其符合设计标准要求为止。

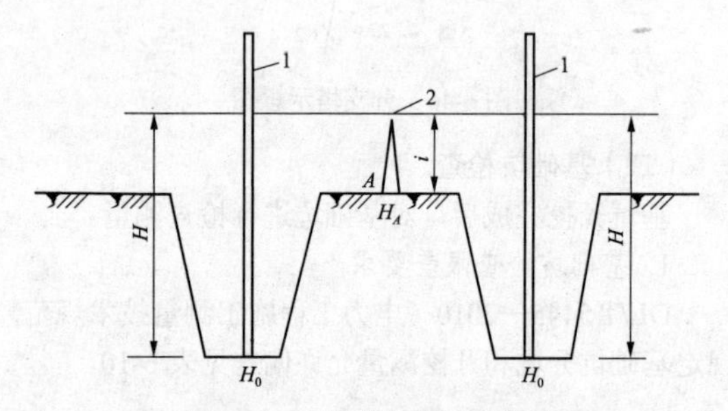

图 6-48　双杆基坑操平示意图

（2）铁塔基坑的操平。直线铁塔基坑操平方法与双杆基坑操平方法基本一致。应注意的是，较大转角铁塔内角两个基础与外角两个基础大小不一样，坑深有所区别，实际测量应以基础施工图为依据。

（3）铁塔高低腿高差较大时基坑的操平。铁塔高低腿高差较大时基坑操平示意图如图 6-49 所示，在 O_1 处安置仪器，检查短腿坑深，同时检查长腿地面与施工基面的高差，在 O_2 处安置仪器，检查长腿坑深。

设计要求，多数情况下是不等的，如果满足设计要求限差，则可判定坑深是合格的。这里特别强调的是，对于双杆的电杆坑操平时，其技术要求：电杆 1 坑标尺读数的计算值与实测值之差与电杆 2 坑标尺读数的计算值与实测值之差，由于施工验收规范对两杆下横担限差要求较严，在操平时注意两差值之间不大于 0.02m，才能达到两杆下横担高差限差要求。

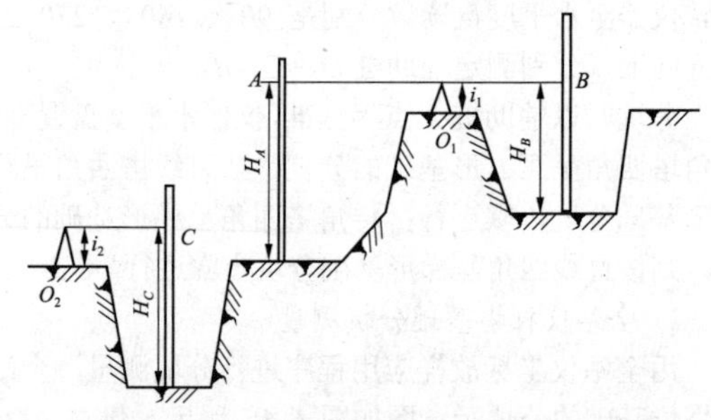

图 6-49　铁塔高低腿高差较大时基坑操平示意图

（三）杆（塔）基础的操平找正

杆（塔）基坑操平完毕后还应该进行找正。找正是为了使基础中心、铁塔地脚螺栓等的位置符合设计要求。

杆（塔）基础的类型，按照基础与杆（塔）连接形式可分为地脚螺栓、无地脚螺栓和插入式基础；从基础的制作方法可分为现场浇制基础和预制基础；从结构上可分为有台阶式素混凝土刚性基础、钢筋混凝土板式基础、桩基础、金属基础等。下面介绍一些常见基础的操平找正的测量方法，简单介绍不等高塔腿基础的操平找正方法。

1. 等高塔腿基础的操平找正

（1）双杆基坑找正。双杆基坑找正示意图如图 6-50 所示。利用分坑时所定的辅助桩 A、B，在 A、B 之间拉一条线绳；然后从杆位桩 O 分别向左右量出距离为 $D/2$（D 为双杆之根开）得 E、F 两点，在 E、F 两点分别悬挂垂球，垂球尖端所指即为坑位底部中心，以底部中心向四边量出坑底边长的 1/2，如不符合设计要求，应对基坑进行修理，直至符合设计要求为止。

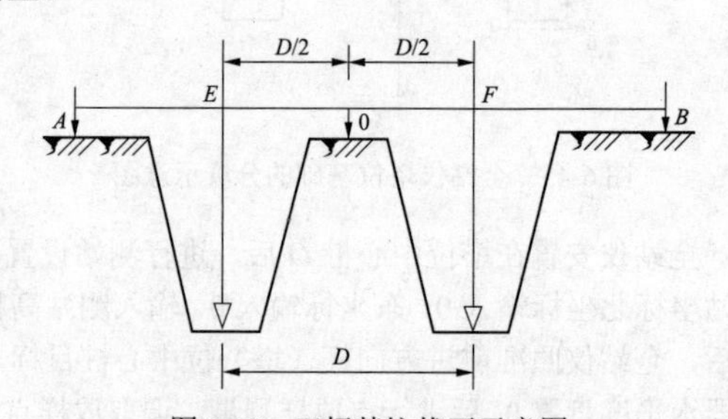

图 6-50　双杆基坑找正示意图

（2）有地脚螺栓铁塔基础坑的操平找正。有地脚螺栓的基础有现浇基础和预制基础两种形式。现浇基础是按照基础设计施工图的各部尺寸，先准备所需的模板，而后采用精确测量方法把模板组装在基础坑下，再按设计要求把扎制的钢筋笼和地脚螺栓放入模板中的正确位置，然后浇灌搅拌均匀的混凝土，同时捣固。

待混凝土达到一定强度后拆除模板，在坑内分层填土夯实。预制基础是预制厂按照设计基础施工图的各部尺寸和要求，将基础的立柱和底板分别浇制好，再运到现场进行组装。下面将介绍工程中常用的现浇基础的操平找正方法。

1）正方形塔有地脚螺栓现浇基础找正。有地脚螺栓现浇基础各部尺寸图如图 6-51 所示。按照式（6-26）～式（6-30）计算出施工所需的数据。

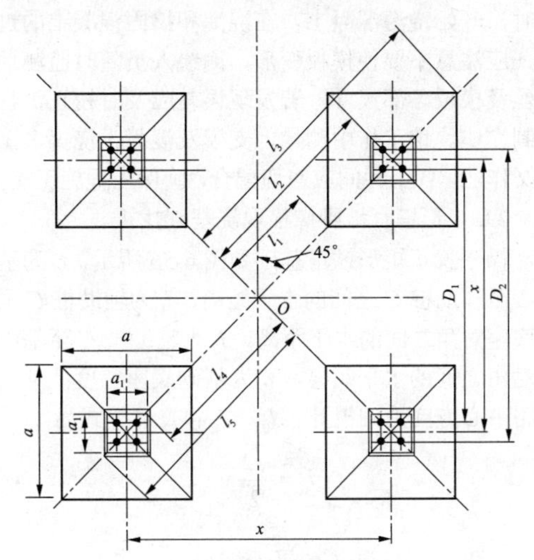

图 6-51　有地脚螺栓现浇基础各部尺寸图

塔位中心 O 点至基础底座对角之间的水平距离 l_1 为

$$l_1=\frac{\frac{1}{2}(x-a)}{\sin 45^\circ}=\frac{\sqrt{2}}{2}(x-a) \tag{6-26}$$

塔位中心 O 点至基础中心之间的水平距离 l_2 为

$$l_2=\frac{\frac{x}{2}}{\sin 45^\circ}=\frac{\sqrt{2}}{2}x \tag{6-27}$$

塔位中心 O 点至基础底座对角之间的水平距离 l_3 为

$$l_3=\frac{\frac{1}{2}(x+a)}{\sin 45^\circ}=\frac{\sqrt{2}}{2}(x+a) \tag{6-28}$$

塔位中心 O 点至基础方柱对角之间的水平距离 l_4 为

$$l_4=\frac{\frac{1}{2}(x-a_1)}{\sin 45^\circ}=\frac{\sqrt{2}}{2}(x-a_1) \tag{6-29}$$

塔位中心 O 点至基础立柱对角之间的水平距离 l_5 为

$$l_5=\frac{\frac{1}{2}(x+a_1)}{\sin 45^\circ}=\frac{\sqrt{2}}{2}(x+a_1) \tag{6-30}$$

式中　a——基础底座宽度；

a_1——基础立柱宽度；

x——基础根开。

根据计算数据找正基础，其施测操作步骤如下：

步骤 1：基础施工控制桩的测量如图 6-52 所示，将仪器安置在塔位中心桩 O 点上，前视或后视相邻的线路中心桩，将水平度盘读数置零，然后顺时针水平旋转仪器分别在 45°、135°、225°和 315°方向上定立 A'、D'、B'和 C'四个控制桩，要求四个控制桩顶面与塔位中心桩顶面等高，并在桩顶上定一小铁钉为中心标记，在其与塔位中心桩的小铁钉之间拉一细线，并拉紧拉平。自 O 点起用钢尺在细线上精确量取 l_1 和 l_3 的长度，并在这两点的位置上做出标记。

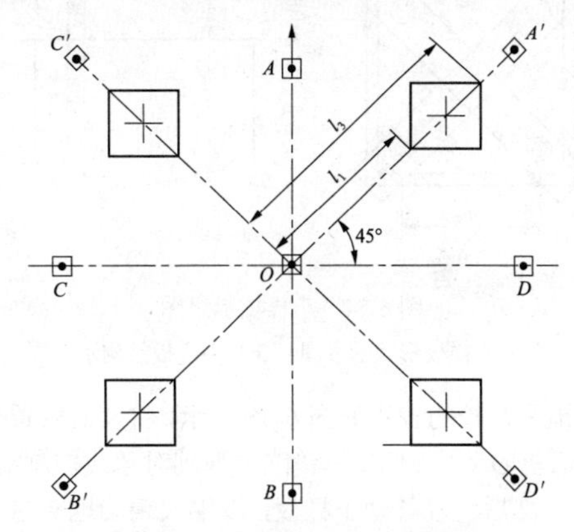

图 6-52　基础施工控制桩的测量

步骤 2：当基础底座模板在基坑内按设计尺寸组合后，即可进行底座模板的操平找正；底座模板的操平找正如图 6-53 所示，分别在 l_1 和 l_3 标记处悬挂垂球，待垂球静止时，移动模板对角顶点与垂球重合，同时使模板邻边互相垂直，此时模板合已处于正确位置了，用钢管或其他器材将模板合与坑壁之间相对固定。然后进行底座模板操平。

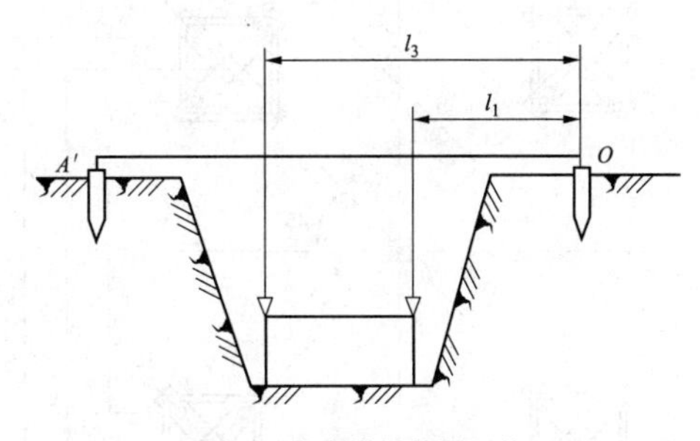

图 6-53　底座模板的操平找正

步骤 3：进行坑底模板操平找正，底板钢筋绑扎且主筋固定后，根据计算的 l_4 和 l_5 的距离，将立柱模板按底层的支模方法找正并对立柱模板顶面四角进行操平，然后进行立柱模板固定。依同样的方法，操平找正各腿模板。

步骤 4：地脚螺栓操平找正。施工时通常采用小样板来操平找正地脚螺栓；小样板的形状和结构示意图如图 6-54 所示，小样板是由 1 块比立柱模板上口对角线稍长一点的槽钢或钢板焊接制成，宽度约为 10cm（视地脚螺栓而定），其厚度一般为 3～4cm（钢板厚度应为 7～10mm）。在样板上按地脚螺栓直径和对角尺寸钻孔，对角孔间距离按地脚螺栓间距 $\sqrt{2}\,b$ 确定。然后将小样板放置于立柱模板顶面，地脚螺栓的上端穿过小样板的孔洞，使螺栓上端与基础顶面的距离符合设计 d 值要求，拧上螺帽。

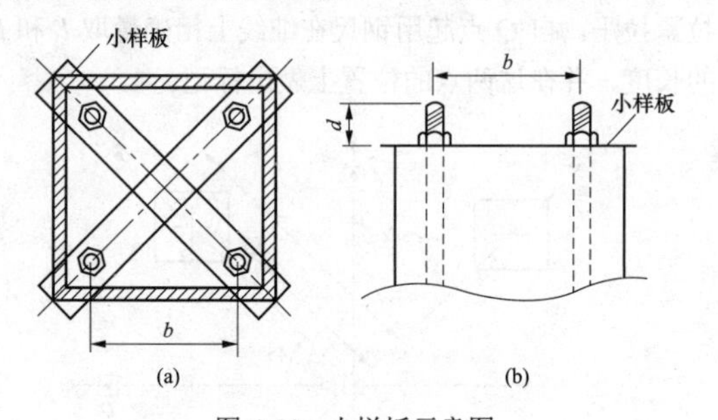

图 6-54　小样板示意图

（a）小样板形状示意图；（b）小样板结构示意图

地脚螺栓的找正如图 6-55 所示，将仪器安置于塔位中心桩 O 点上，使望远镜瞄准基础对角线控制桩（如 A'桩），然后轻轻移动小样板，以钢尺精确地丈量塔位中心桩 O 点至小样板上两直线交点（基础中心）间的距离 l_2 的值，使 $l_2=\sqrt{2x}/2$ 的长度。同时还使小样板上的两地脚螺栓中心的连线和中点相交线与望远镜中十字丝相重合，此时基础的操平找正施测工作完成。检查是否符合设计要求。如有不符合，应复查找出原因，调整小样板，直至各部尺寸符合设计数据要求，然后把小样板与立柱模板固定在一起，以防混凝土浇铸过程中地脚螺栓出现偏心现象。

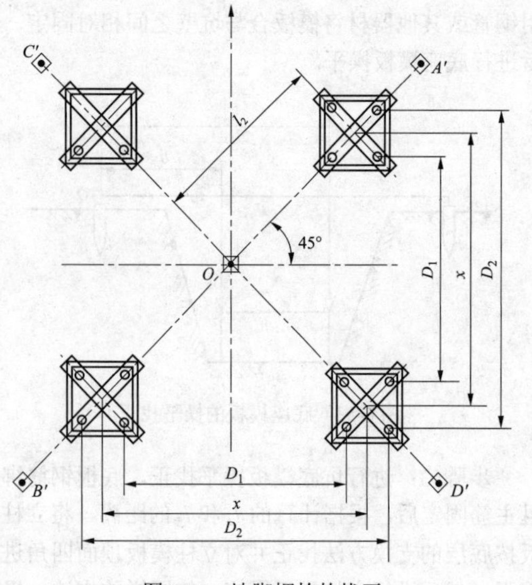

图 6-55　地脚螺栓的找正

步骤 5：其他三个基础也按上述方法进行操平找正，然后对整基基础进行全面检查。首先检查基础根开的值、两基础地脚螺栓之间的距离 D_1 和 D_2 的值是否符合设计数据，它们中点是否在顺线路或垂直线路方向上，以及地脚螺栓距模板内边缘的距离当对各部尺寸全面检查之后，如均符合要求或误差不超过允许值时，开始浇灌混凝土。在浇灌和捣固混凝土的过程中，应注意不要使模板变形，测绘人员随时监测地脚螺丝及模板各部尺寸，若发现误差应及时校正，直至浇制完毕。该工作中测量、支模及混凝土浇捣多工种交叉作业，各工种间应密切配合，确保工程施工质量。

2）矩形塔有地脚螺栓现浇基础找正。

操平找正矩形铁塔基础如图 6-56 所示，l_0 为基础中心至辅助桩 C 之间的水平距离，l_1 为辅助桩 C 至基础底座对角之间的水平距离，l_2 为辅助桩 C 至基础底座对角之间的水平距离，a 为基础底座宽度；y 为沿线路中心方向基础根开。l_0、l_1 和 l_2 计算式为

$$l_0=\frac{\sqrt{2}}{2}y$$

$$l_1=\frac{\sqrt{2}}{2}(y-a)$$

$$l_2=\frac{\sqrt{2}}{2}(y+a)$$

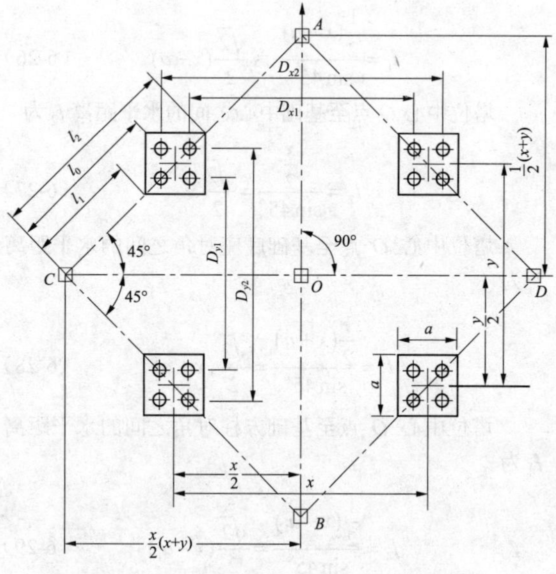

图 6-56　操平找正矩形铁塔基础

在塔位中心桩 O 点设置仪器，前视相邻杆（塔）位中心桩，在此方向线上，以 O 点为零点量取 $OA=\dfrac{1}{2}(x+y)$ 定立辅助桩 A；分别在 90°、180°和 270°

方向上量取 $OD=\frac{1}{2}(x+y)$、$OB=\frac{1}{2}(x+y)$ 和 $OC=\frac{1}{2}(x+y)$，并定立 D、B、C 三个辅助桩。A、B、C、D 是基础施工的控制桩，因此，在施工中一定要保证控制桩的准确性。

控制桩确定后，采用正方形塔有地脚螺栓现浇基础找正方法作业。当 $x=y$ 时，矩形铁塔基础就变成了正方形铁塔基础，正方形铁塔基础只是矩形铁塔基础的一种特殊形式。一般情况下（地形较好时），正方形铁塔基础的找正方法也最好采用矩形铁塔基础找正的方法，因为该种方法分坑时 4 个辅助桩是闭合的，校对 4 个辅助桩的相互距离无误后，可保证基础坑的位置及找正各层模板及地脚螺栓位置的准确性。

2. 塔脚插入式基础的操平找正

（1）等高插入式基础的操平找正。插入式基础角钢主材的背棱印记是塔材加工时按设计要求位置打上的冲印，等边角钢背棱印记处的横截面示意图如图 6-57 所示，b 为边宽度，d 为边厚度，r 为内圆弧半径，O 为角钢厚度中心线的交点。O 点是设计的塔角半根开位置。角钢两个厚度中心平面的交线称为角钢的准线。

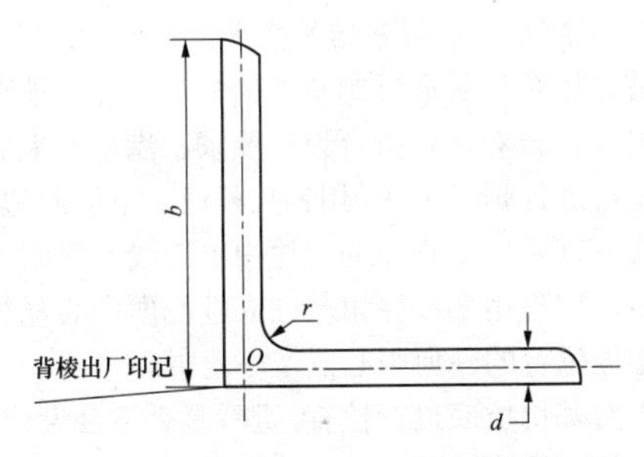

图 6-57　等边角钢背棱印记处横截面图示意

等高插入式基础剖面示意图如图 6-58 所示，L_1 为基础根开，$L=L_1+d$，L 为背棱根开，d 为角钢厚度，背棱根开作为操平找正时的主要观测点。

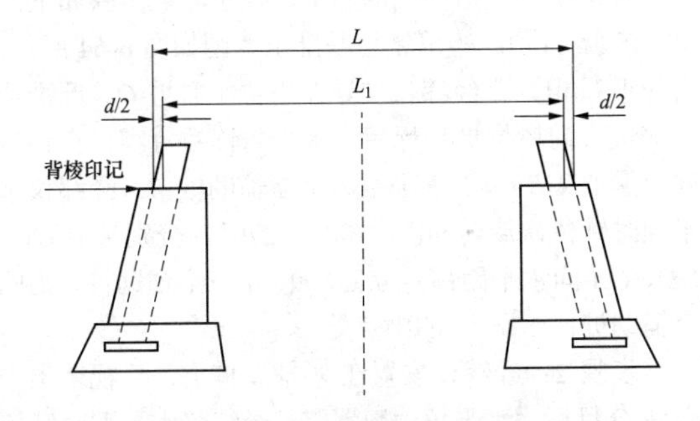

图 6-58　等高插入式基础剖面示意图

为便于基础施工操平找正，等高插入式基础剖面示意图如图 6-59 所示，在根开印记向上量取相等长度 h，在背棱处做上新的标记，背棱新印记作为新根开。根据图 6-60 所示的设计坡度，计算新根开 $L'=L-2d'$，一侧根开缩减的根开距离：$d'=\frac{a}{c}\times h$，两印记垂高：$h'=\frac{b}{c}\times h$。

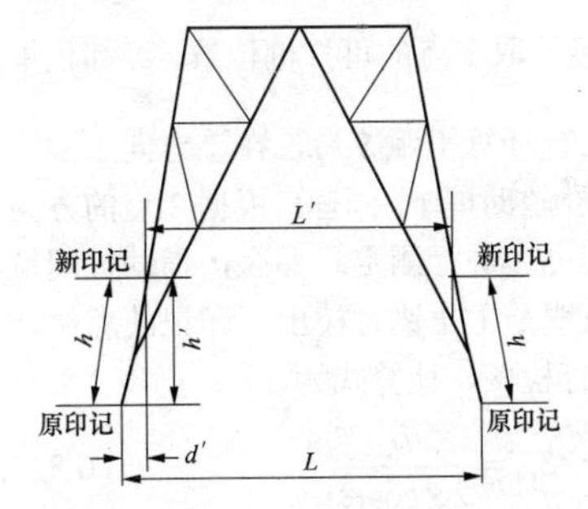

图 6-59　等高插入式基础剖面示意图　　图 6-60　设计坡度示意图

等高插入式基础的操平找正步骤如下：

1）坑底初步找正。基坑经检查后，用垂球吊线确定坑底的基坑中心，根据铁塔底部尺寸，确定混凝土垫块位置，垫块布置好后应以砂浆固定。将两侧塔材装好后，放到坑下垫块附近，再将第一节塔材组装好（注意螺栓不要拧得太紧）后放到垫块上。

2）将经纬仪安置在塔位中心桩上，照准沿线路中心方向相邻塔位桩目标，水平度盘置零。在顺线路及垂直线路方向，量取 $L/2$ 半根开定立辅助桩，桩高位于施工基准面上。

3）塔角的操平，经纬仪水平视线印记处向上量取一定长度（以观测者的视线略低一些）做好标记点，角钢内侧也做好标记点。在角钢内侧标记点用胶带纸尺（带毫米分划）10cm 长，零端对准标记点向下竖向粘贴，用作操平时观测读数。经纬仪水平视线，照准塔角胶带纸尺，读数要求四个塔角的读数大致相同，不满足时，可在塔角底垫铁进行操平。

4）找正工作，量取由塔角出厂印记至相邻辅助桩的平距与 $L/2$ 半根开相等。经纬仪水平旋转到塔角中心应有的水平角读数方向上，移动塔角，使角钢出厂背棱印记处内角中心与经纬仪竖丝重合。满足要求后，其他三塔角按本步骤进行操平找正，作业过程中，注意对已调整完的塔角采取保护措施。

5）观测四个胶带纸尺，以最小读数为基准，用楔形垫铁垫高其他塔角，直至四塔角高差一致。检查半根开尺寸，不满足要求的要进行微调，直至符合要求，及时拧紧部分螺栓。经纬仪检测四塔角水平角角度，观测目标为角钢印记处内角中心。还要检查铁塔四侧第一节上部水平铁中心位置是否发生偏移。无问题后，可进行基础模板的支护工作。

如果是转角塔，当内角侧两塔角基础高于外角侧两塔角基础时，可采用如下方法。

首先定立 8 个辅助桩，插入式一个基础平面图示意图如图 6-61 所示，为一个插入式基础平面图，顺线路和垂直线路方向定立辅助桩 1、2，桩高位于施工基准面上，铁塔中心桩至辅助桩 1 平距的计算式为 $S=\dfrac{L}{2\times\sin\alpha}$。现场选取 1 点的可打桩位置，经纬仪根据水平角度读数 α，计算平距 S 后，在该方向上由 O 点量取平距 S，定立辅助桩 1。同理，根据 2 点的方向值，重新计算平距 S，进行测定。那么，辅助桩间拉成十字线，其交点既是主角钢背棱出厂印记的点位。量取 1、B 边长进行检核，计算式为

$$S_{1B}=\frac{L}{2\times\cos\alpha} \tag{6-31}$$

其他 3 塔角按此要求做，直至 4 个塔角满足要求。

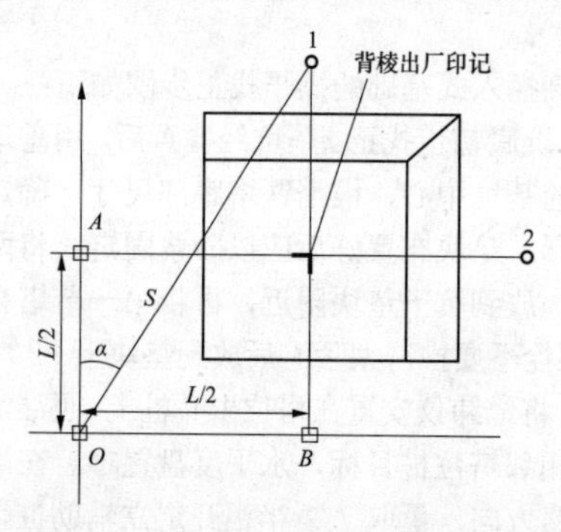

图 6-61　插入式一个基础平面图示意图

（2）不等高插入式基础的操平找正。不等高插入式基础的操平找正方法与等高插入式基础操平找正方法基本相同。不同点是：测定高低腿两辅助桩，因高差较大，钢尺量距误差较大，可使用全站仪加棱镜三脚架方式测量平距。辅助桩高程用水准仪施测。

不等高塔腿基础有其自身的特点：两对基础之间存在着一段高差，基础的大小也不相等，正面根开与侧面根开不等距。插入式基础俯视简图如图 6-62 所示，塔腿根开有 4 个数据所确定，分别为长腿根开 x，短腿根开 y 以及 $x/2$、$y/2$。

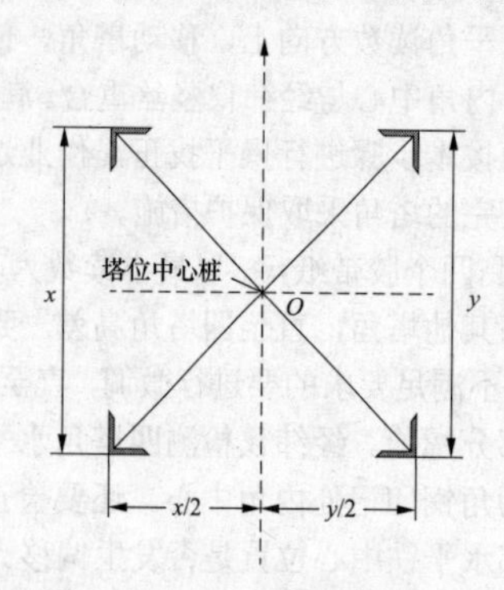

图 6-62　插入式基础俯视简图

不等高插入式基础第一节塔体简图如图 6-63 所示，4 个塔角主角钢坡度比一致，在短腿根开处所处在的水平面，根开相等。因此，以短腿角钢背棱印记处量取主角钢到第一节与水平塔材螺孔中心连接孔中心长度 H，再从两长腿水平塔材螺孔中心向下量取等长 H 到背棱处，做好新印记。然后，按等高插入式基础的操平找正要求进行操作。对于高差特别大的长短腿可单基坑找正，操平可俩长腿、两短腿分组进行。主角钢要支护结实，防止碰动。

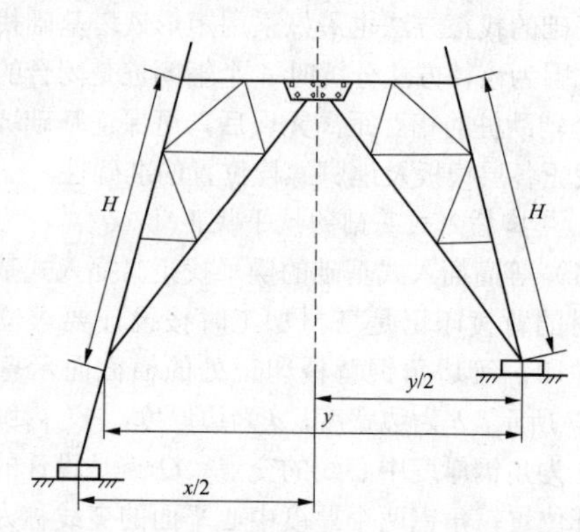

图 6-63　不等高插入式基础第一节塔体简图

3. 预制矩形铁塔基础的操平、找正

首先用钢尺量取预制基础的外观尺寸、地脚螺栓位置尺寸，查看是否符合设计要求，满足要求后可对基础底台进行画线工作，用钢尺量取上下面四边中点，用墨线分别弹出上顶面的对边中点连线和侧面竖向中点连线。同理用墨线弹出基础立柱侧面中心竖线，画出四螺栓位置的几何中心点（塔角中心）。

再对基坑坑底进行检查，查看是否符合设计要求，如设计给出坑底高程一致，一般是以所测的最深坑坑底为基准，其他坑底与基准坑底处于同一水平面上。若最深坑深超过限差要求，就要对坑地进行处理，使之满足要求。

预制矩形铁塔基础的操平、找正测量步骤如下：

步骤 1：预制矩形铁塔基础示意图如图 6-64 所示，x、y 基础根开，经纬仪安置在塔位中心桩 O，照准线路前进方向塔位桩目标后，水平角读数置零，在该方向上量取 $OB=y/2$ 水平距离定立辅助桩 B；经纬仪水平顺时针依次旋转 90°、180°、270°，分别量取 OC、OD、OA 间水平距离定立 C、D、A 三个辅助桩，则四个辅助桩位于 x、y 的中点处。

步骤 2：经纬仪安置在 A 辅助桩上，后视塔位中心桩 O 目标，水平角读数置零，经纬仪水平顺时针依次旋转 90°、270° 分别在合适位置定立辅助桩 1、2，同理测定出 3～8 辅助桩，要求辅助桩顶略高于基础顶面几厘米。

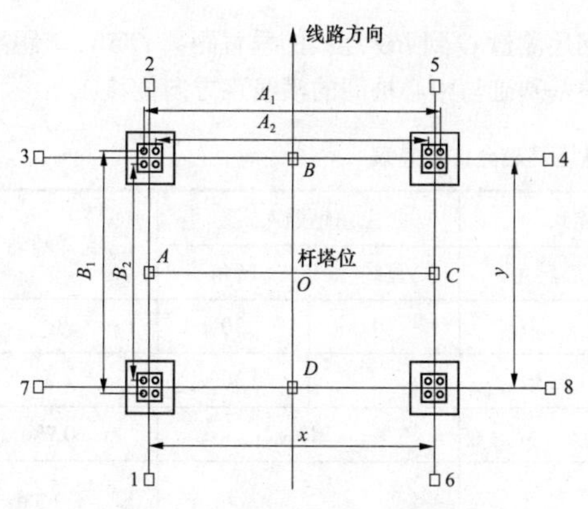

图 6-64　预制矩形铁塔基础示意图

步骤 3：基础底台的找正，依据辅助桩间拉线，其交点既是基础中心，可手持垂球的吊线，靠近坑边，两脚跨在 12 拉线两侧，球尖悬垂对准拉线中心，调整单眼视线使垂球线与 12 拉线完全重合，立刻指挥坑下作业人员移动基础底台，一直到侧面中心竖线弹线、顶面弹线与垂球线完全重合为止，同理，依次在其他侧面进行找正，直到四个侧面符合要求为止，基础底台找正结束。其他 3 个基础底台按本步骤进行找正。

步骤 4：四个底台顶面使用水准仪进行操平。

步骤 5：基础立柱的操平、找正，将基础立柱立于基础底台中心处，基础立柱底部找正按四侧底部单线对准基础底台顶面弹线，按步骤 3，指挥作业人员使用垫铁、移动手段，使基础立柱侧面弹线与垂球线重合；直至四面符合要求为止。

步骤 6：检查根开及地脚螺栓间距，用钢尺检查塔角中心至附近辅助桩水平距离（既铁塔半根开）、外侧内地脚螺栓水平距离（A_2、B_2 值），与设计值进行比较，不满足设计要求的要进行调整，直至符合设计要求。然后使用水准仪检查四个基础立柱顶面高差，应在同一水准面上。高差超限的应对低的基础立柱底面加垫铁进行调整。检查无误后，预制矩形铁塔基础的操平、找正测量结束。

基础底台和基础立柱结合部混凝土灌浆处理后，进行土方填埋夯实过程中，测绘人员要对桩基进行监测，发现问题，及时纠正。

（四）杆（塔）基础检查测量

基础浇注完毕，经过凝固期拆模后，这时须对基础的本体和整基基础的各部尺寸，进行一次全面检查测量。杆（塔）基础检查测量应根据施工及验收规范要求进行，检查无误后方可回填、夯实。

1. 基础的本体检查测量

（1）基础几何尺寸检查测量。

1）对基础立柱及底座断面尺寸进行检查测量，采用钢尺量距，限差要求–1%，既满足 $L-a>a\times(-1\%)$ 要求，L 为测量值，a 为设计值。

2）直立式单柱基础的倾斜检查测量。

直立式单柱基础立柱示意图如图 6-65 所示，用钢尺量取 a、d 边长 a_1，取中于 1 点做好标记。同理，量出 2、2′、1′点。在顶面中心线 21 直线上 e 处悬挂垂球，待垂球静止后，用直角三角尺（或直角钢尺）的直角边对准垂球尖，另一直角边靠上基础下边缘，尺平面呈水平状态，读取 1′点尺的读数δ，δ即为直线 1′2′的倾斜距离，量取 dd'的高 h'，要求$\delta/h'<1\%$。

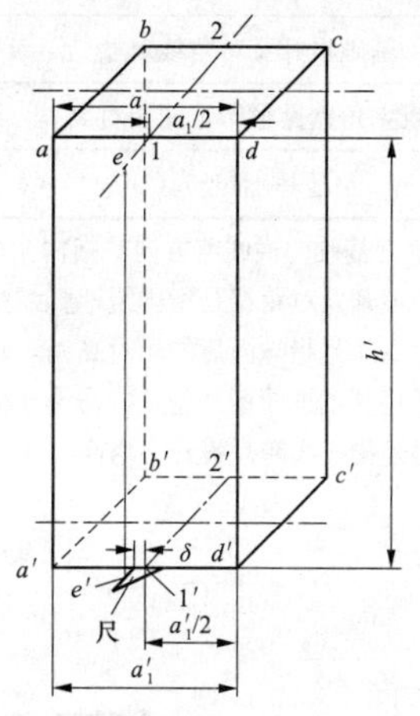

图 6-65　直立式单柱基础立柱示意图

（2）地脚螺栓中心对立柱中心偏移检查测量。立柱中心确定，用钢尺量取基础顶面四边四个中心点，选对边中点连直线段，两条直线段交点中心即是立柱的几何中心。

同组地脚螺栓中心确定，选对角螺栓根部，连内切直线段，两内切直线段交点即是同组地脚螺栓的几何中心。

用钢尺量两中心距离，一般要求限差在 10mm 以内视为合格。

（3）地脚螺栓露出混凝土面高度检查测量。用小钢尺直接量取高，与设计值比较，一般要求$-5\text{mm}\leqslant L-H\leqslant 10\text{mm}$，$L$ 为量取长度，H 为设计长度。

2. 整基基础检查测量

检查项目主要有：整基基础中心与中心桩间的位移、基础根开及对角线尺寸、基础顶面或主角钢操平印记间相对高差和整基基础扭转，表 6-11 为 GB 50233—2005《110～500kV 架空送电线路施工及验收规范》整基铁塔基础允许误差表。

（1）整基基础中心偏移的检查测量。

1）直线铁塔基础的偏移检查如图 6-66 所示，按照确定同组地脚螺栓中心的方法，可根据本体检查测量所确定的同组脚螺栓中心点，O_1、O_2、O_3、O_4，以细线连接 O_1 及 O_3，再连接 O_2 及 O_4，两对角线的交点处吊一垂球在地面处定出 O'点，O'点即为整基基础的实测中心。塔位中心桩为 O，A、B 为沿线路中心方向辅助桩，C、D 为横线路方向辅助桩，用细线连接 BO，用钢尺测量 O'到 BO 连线的垂直距离 $O'B'$，该距离即为整基基础与中心桩间的横线路方向位移。

表 6-11　　110～500kV 架空送电线路整基铁塔基础允许误差表

项　目		地脚螺栓式		主角钢插入式		高塔基础
		直线	转角	直线	转角	
整基基础中心与中心桩间的位移（mm）	垂直线路方向	30	30	30	30	30
	沿线路中心方向		30		30	
基础根开及对角线尺寸		±2‰		±1‰		±0.7‰
基础顶面或主角钢操平印记间相对高差（mm）		5		5		5
整基基础扭转（′）		10		10		5

注　1. 转角塔基础的横线路方向是指内角平分线方向，沿线路中心方向是指转角平分线方向。
2. 基础根开及对角线是指同组地脚螺栓中心之间或塔腿主角钢准线间的水平距离。
3. 相对高差是指抹面后的相对高差。转角塔及终端塔有预偏时，基础顶面相对高差不受 5mm 的限制。
4. 高低腿基础顶面标高差是指与设计标高之比。
5. 高塔是指按大跨越设计，塔高在 100m 以上的铁塔。

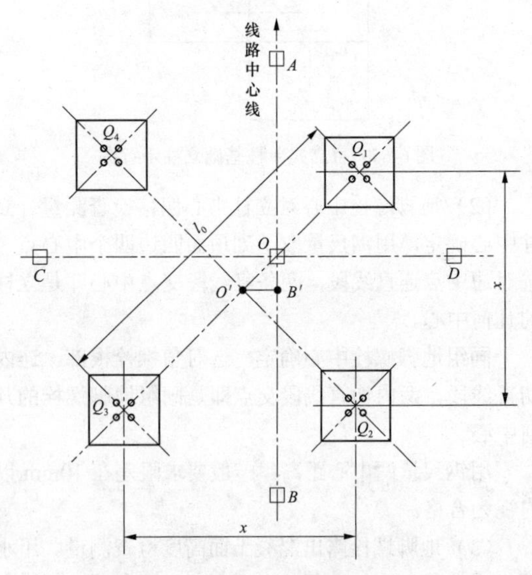

图 6-66　直线铁塔整基基础偏移的检查

2）转角铁塔基础的位移检查，方法与直线塔相同，多一项顺线路位移，可用细线连接 C、O，用钢尺测量点 O'至 CO 连线的垂直距离 $O'C'$，该距离为整基基础与中心桩间的顺路线方向位移。

3）插入式基础可在对角的角钢内角处拉线得出交点 O'，检查方法同上。

（2）基础根开及对角线尺寸检查测量。根据地脚螺栓中心对立柱中心偏移检查测量所确定的同组地脚螺栓中心点，基础根开用钢尺直接量取相邻塔角同组地脚螺栓中心点水平距离，对角线尺寸量取对角同组地脚螺栓中心点的水平距离。

当对角线塔角高差较大，量取水平距离困难时，可用经纬仪（全站仪）安置在塔位中心桩上，量取塔位中心桩至同组地脚螺栓中心点斜距，标尺立于同组地脚螺栓中心点测量高差，根据斜距高差计算平距。也可量取经纬仪（全站仪）侧面横轴点至地脚螺栓中心点的斜距，读取所测斜距方向的天顶距，计算平距。

（3）基础顶面或主角钢操平印记间相对高差检查测量。对地脚螺栓整基基础的顶面高差进行检查测量，将水准仪安置塔位中心，标尺分别立于基础顶面，读取标尺读数。计算得出基础顶面高差。

对插入式主角钢操平印记间相对高差检查测量。

（4）整基基础扭转的检查。整基基础扭转检查如图 6-67 所示，在整基基础顶面同高情况下，可将同组对角螺栓用细线以内切线方式绑出中心点，以便用作观测目标，其他三个塔角照此办理；插入式基础可在角钢底部附近内角弧顶中心用红蓝铅笔画出短竖线作为观测目标。

检查方法 1：将经纬仪安置在塔位中心桩 O 点上，望远镜瞄准前视方向线路塔位桩或直线桩（检查转角塔基础时，应瞄准线路转角平分线），并将水平度盘读数置零，顺时针依次观测各目标，读取水平角分别为：α_1、α_2、α_3、α_4，其差值计算式为：$\beta=\alpha-\alpha_0$，α 为观测值，α_0 为理论设计值。以算术平均值作为整基基础扭转的角度值，其计算式为

$$\overline{\beta}=\frac{1}{n}\sum_{n}^{1}(\beta_1+\beta_2+\cdots+\beta_n) \tag{6-32}$$

通过计算可得到各个偏差值 β_1、β_2、β_3、β_4。取算术平均值作为整基基础扭转的角度值，整基基础扭转的角度值为：

$$\overline{\beta}=\frac{1}{4}(\beta_1+\beta_2+\beta_3+\beta_4) \tag{6-33}$$

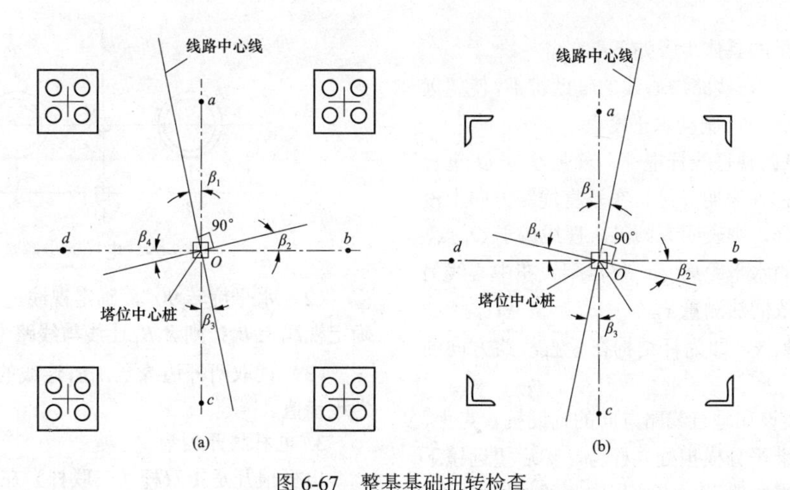

图 6-67　整基基础扭转检查

（a）正方形地脚螺栓基础；（b）塔脚插入式基础

对于整基基础顶面不在同一高程面时，上方两塔角中心看不到时，可采取用三脚架悬挂垂球，垂球尖对准同组地脚螺栓中心，以垂球线为观测目标即可。

检查方法 2：对于正方形或矩形基础也可按图中所示，a、b、c、d 分别是实测基础根开的中心。

检查时，将仪器安置在塔位中心桩 O 点上，使望远镜瞄准前视方向线路塔位桩或直线桩（检查转角塔基础时，应瞄准线路转角平分线），并将水平度盘读数置零，观测此时望远镜视线方向竖丝是否与两侧的基础根开中心 a 点重合，如不重合，则松开照准部的制动螺旋使望远镜瞄准 a 点，测出β_1扭转角。然后用同样方法测得三个方向的水平角β_2、β_3、β_4角。整基基础扭转角计算式为

$$\overline{\beta}=\frac{1}{4}(\beta_1+\beta_2+\beta_3+\beta_4) \qquad (6\text{-}34)$$

如是梯形基础，可量取大根开中点和小根开中点，那么整基基础扭转角计算式为

$$\overline{\beta}=\frac{1}{2}(\beta_1+\beta_2) \qquad (6\text{-}35)$$

整基基础扭转的检查方法的采用要因地制宜。

四、杆塔施工测量

架空输电线路杆塔是组立在基础之上，支撑导线、地线、OPGW（兼具地线与通信双重功能）及其附件的构筑物；其作用是在各种可能的大气环境条件下，使得导线之间、地线之间、导线与地线之间、导线与杆塔之间以及导线对地面、交叉跨越物和邻近地面障碍物之间的距离，符合电气绝缘安全和工频电磁场限制条件的要求。

杆塔施工测量工作，是整个送电线路施工测量至关重要的环节，可及时发现杆塔组立存在的缺陷，指导施工单位及时处理，确保架线工作顺利开展。杆塔施工测量包括混凝土双杆施工测量和自立式铁塔施工测量等两种主要内容。

（一）混凝土双杆施工测量

混凝土双杆施工测量的内容包括结构倾斜、迈步、根开、横担高差、焊接弯曲、拉线对地角测量等项目，而结构倾斜又包括直线双杆倾斜及转角终端杆（双杆）应向受力反方向侧倾斜（偏移）。

1. 结构倾斜测量

（1）双杆倾斜测量。双杆倾斜测量示意图如图 6-68 所示。

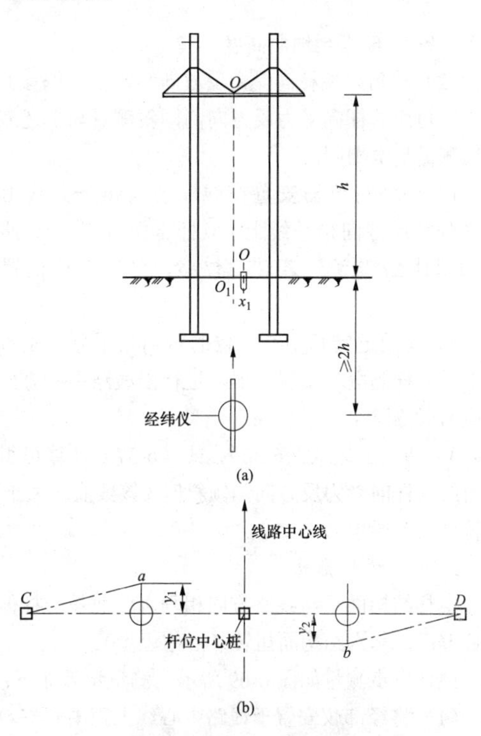

图 6-68　双杆倾斜测量示意图

（a）垂直线路方向，（b）沿线路中心方向

双杆倾斜测量的具体步骤如下：

1）将仪器安置在线路中心线的辅助桩上，使望远镜瞄准横担的中点 O'，制动水平度盘。

2）将望远镜俯视直线杆根部，若竖丝与 O 重合（O 为双杆中心桩），表明杆结构在垂直线路方向上没有倾斜；若不重合，则表明有倾斜，视线偏于 O_1 点，量出 O 与 O_1 间的水平距离 x_1；仪器架设在中心线另一侧辅助桩上，依同法测量 x_2。

3）计算均值 Δx，即为杆结构在垂直线路方向的倾斜值。

4）将仪器架设在垂直线路方向的辅助桩 C 点上，使望远镜视线瞄准平分横担处之杆身，然后望远镜下旋俯视杆底部，视线偏于 a 点，量取竖丝与杆根中线间的距离 y_1 值。

5）再将仪器移至杆的另一侧安置，依同法测出倾斜值 y_2，则杆结构在沿线路中心方向的倾斜值为

$$\Delta y = \frac{|y_1 \pm y_2|}{2} \tag{6-36}$$

注：当 y_1 与 y_2 在中心桩的同侧时，取“+”号；不同侧时，取“−”号。

则双杆结构倾斜率计算如下：

$$倾斜率 = \frac{\sqrt{\Delta x^2 + \Delta y^2}}{h} \times 100\% \tag{6-37}$$

式中　h——横担至地面高度。

（2）转角终端杆向受力反方向侧倾斜（偏移）测量。转角终端杆向受力反方向侧倾斜测量与上述双杆倾斜测量基本相同。

1）分别将仪器安置在线路转角角平分线上和角平分线反方向延长线上（双杆正面），进行线路横向倾斜值 Δx 观测（若转角位移，应以位移位置为中心）。

2）在通过转角中心桩位的转角角平分线垂直方向上（双杆侧面）安置仪器，进行沿线路中心方向倾斜值 Δy 观测。

3）通过上述式（6-36）、式（6-37）计算可得到转角终端杆向受力反方向侧倾斜值（该数值应大于 0，并符合设计要求）。

2. 电杆迈步测量

电杆结构面不与线路方向相垂直，而是一杆偏前一杆偏后，称为结构面扭转（俗称迈步）。

电杆迈步测量如图 6-69 所示，测量步骤如下：

（1）将经纬仪安置于线路中心线上距中心桩 O 约 0.5～1m 的 O_1 上，将望远镜对准杆位辅助桩，水平度盘置零。

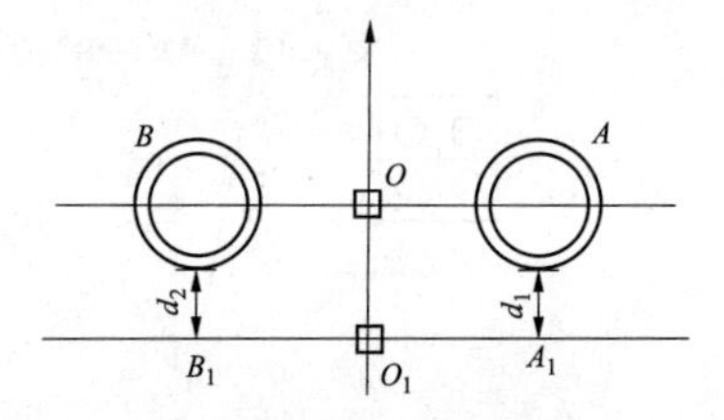

图 6-69　电杆迈步测量

（2）水平旋转 90°，确定视线上 A_1 点；再倒镜，确定视线上 B_1；则 A_1B_1 连线与线路方向垂直。

（3）读取两杆边缘至 A_1B_1 连线的垂距，则 $|d_1 - d_2|$ 为迈步值。

3. 电杆根开测量

电杆根开是指双杆（三联杆）在平面上的杆与杆中心间距。

（1）钢尺量距法。电杆根开测量如图 6-70 所示，将钢卷尺沿两杆垂直线路方向拉直呈水平状态，在电杆根部读取钢尺与电杆相切处 A、B 间的距离，在另一侧再次测量，取两次测量的平均值为根开值。

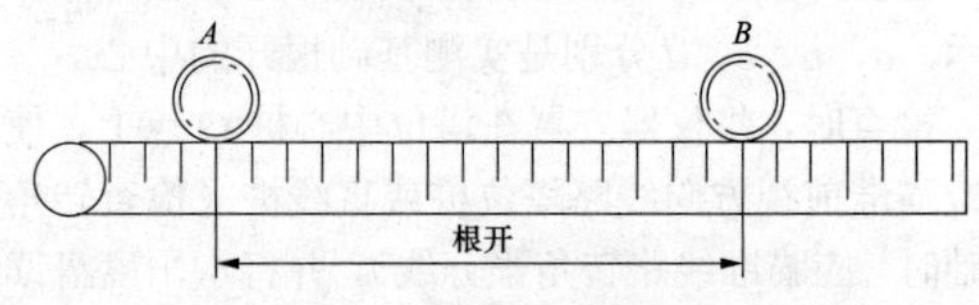

图 6-70　电杆根开测量

（2）周长法。在已组立电杆地面附近处，用特制并带有刻划的皮尺水平围绕两电杆外缘测量其总周长 l_1，再于该处测量一根电杆的周长 l_2。实测根开值：

$$l = (l_1 - l_2)/2 \tag{6-38}$$

（3）根开偏差。

$$根开偏差 = \frac{实测根开 - 设计根开}{设计根开} \times 100\% \tag{6-39}$$

4. 双柱杆横担高差测量

双柱杆横担高差就是双柱杆横担在主柱连接处的高差。测量该项目前，先查明杆身有无倾斜或扭转。

（1）全站仪测量法。

1）将全站仪安置于线路中心线上，并距中心桩约 2 倍杆高处。

2）使用免棱镜模式分别测量测站至横担与左右杆连接处两螺栓高度。

3）计算两高度值之差即为横担高差。

（2）水准仪测量法。

1）水准仪法测量横担高差如图 6-71 所示，在杆塔焊接完成后，在横担连接处用钢卷尺向下段杆身量一段距离 L，在该处画一操平印记 P，该点于地面的高度在 1.2～1.6m 处。

2）将水准仪支在两杆前后 1m 线路中心线上；视具体情况，水准仪也可以支在杆塔中心桩处。

3）仪器安置好后，将水准仪视线在杆塔的切点处画上印记，自操平印记至水准仪视线印记用直尺量出 H_1、H_2 的值，如两数不等，其差即为横担与立柱连接处的高差。

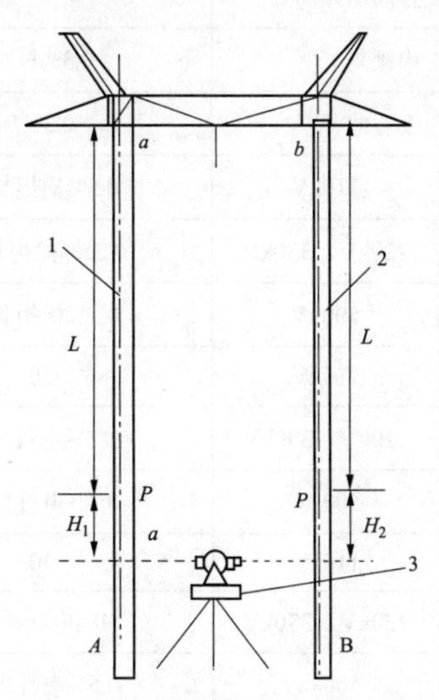

图 6-71　水准仪法测量横担高差

（3）操平水管法。

1）操平水管法与水准仪法类同，首先在杆身上距地面 1.2～1.6m 处做好标记。

2）将操平水管的一端的水平面和 A 杆操平印记 P 点重合。

3）待水管水平面稳定后，另一端的水平面放在 B 杆上画印记。

4）量出 P 点至超平印记的长度 h，h 值即为横担与立柱连接处的高差。

（4）横担高差率计算。

$$\text{横担高差率} = \frac{\text{实测高差值}}{\text{两螺栓间距}} \times 100\% \qquad (6\text{-}40)$$

5. 拉线杆受力后挠曲值测量

拉线杆受力后挠曲值测量一般应做两次测量后经计算求得。拉线杆受力后挠曲检查之前应检查拉线受力是否均匀，如发现拉线点有变形应调整后再检查。拉线杆挠曲测量如图 6-72 所示。

拉线杆受力后挠曲值测量的具体步骤如下：

（1）在挠曲平面的垂直方向约 2 倍杆高位置安置经纬仪；在靠近杆根处水平放置一钢尺（平行于挠曲面）。

（2）将望远镜十字丝分别对准杆顶边缘、挠曲最大处杆边缘、杆根边缘等三处，竖直旋转望远镜，在地面的钢尺上分别读数为 a_1、c_1、b_1。

（3）由此可计算出拉线杆挠曲 f_1 为

$$f_1 = c_1 - \frac{a_1 + b_1}{2} \qquad (6\text{-}41)$$

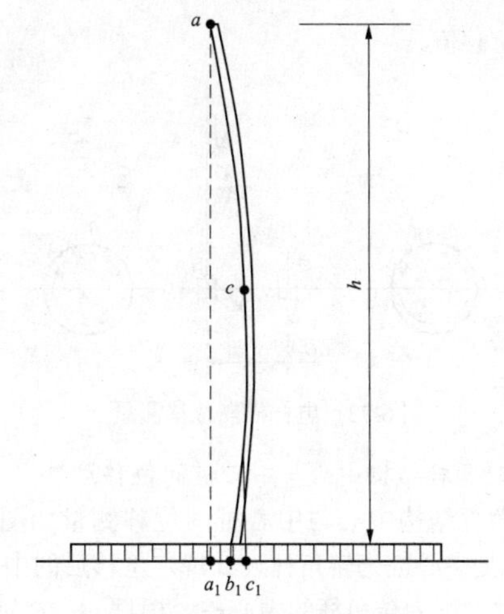

图 6-72　拉线杆挠曲测量

拉线杆挠曲率为

$$\Delta f = \frac{f_1}{h} \times 100\% \qquad (6\text{-}42)$$

6. 电杆焊接弯曲测量

电杆焊接弯曲测量应在电杆焊接后组装之前进行，沿杆身的上平面及两侧面进行检查。分段及整根电杆的弯曲率不应超过对应长度的 0.3%，超过时应割断调直，重新焊接；若电杆已组立起来，可按拉线电杆受力后挠曲的测量方法进行测量再计算弯曲率。

（1）弦线法。

1）上平面弯曲测量。在电杆两端置以厚度为 5cm 的钢垫，其上拉紧铁线，用钢尺直接量取电杆弯曲处的电杆外边缘至铁线的距离值 d_1，若 $d_1 < 5$cm，电杆向上鼓肚，其弯曲值为 $5 - d_1$；若 $d_1 > 5$cm，电杆向下鼓肚，其弯曲值为 $d_1 - 5$。

2）侧向弯曲值。可将细铁丝直接贴紧电杆两端外边缘，用钢尺量出弯曲值 d_2。

3）计算电杆焊接弯曲值为 $\sqrt{(5-d_1)^2 + (d_2)^2}$。

4）弯曲率＝弯曲值/相应电杆长度×100%。

（2）全站仪法。

1）将仪器架设在距焊接杆 1～1.5 倍杆高处。

2）在电杆两端上平面及侧面焊接处（最大弯曲处）设置测量标志（作标记或贴反射片）。

3）测量各标志点位坐标，并计算焊接处点位与两端点位连线的偏移值。

7. 直线杆塔横向位移测量

电杆横向位移测量如图 6-73 所示，O 点为线路中心线上的中心桩。用钢尺定出两杆根开的中心点 O_1，量取 OO_1 即为横线路方向的位移值。

如杆位中心桩丢失，可按相邻两杆中心桩的连线与被测杆位两杆连线的交点 O 视作中心桩，按上述方法测量位移值。

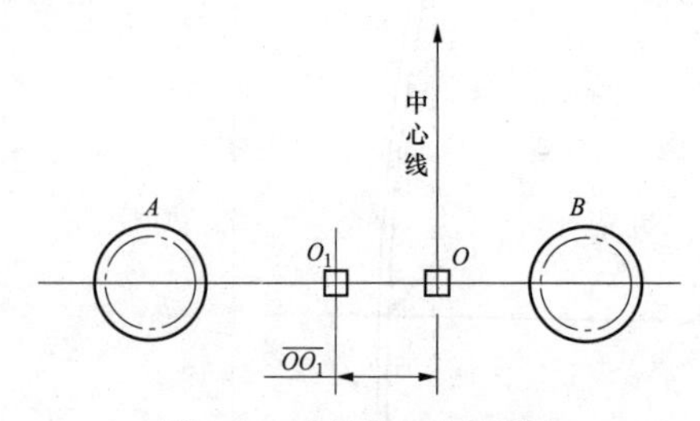

图 6-73　电杆横向位移测量

8. 转角杆结构中心与中心桩间位移测量

转角杆结构中心与中心桩间位移测量如图 6-74 所示，此处中心桩为转角杆设计规定位移后的中心桩。若无位移，则为转角杆的中心桩。根据 A、B 两杆的 1/2 根开找出结构中心 O_1，沿两杆连线上的 O_1X_1 为横线路方向位移，沿两杆连线的垂直方向上的 O_1Y_1 为沿线路中心方向位移。

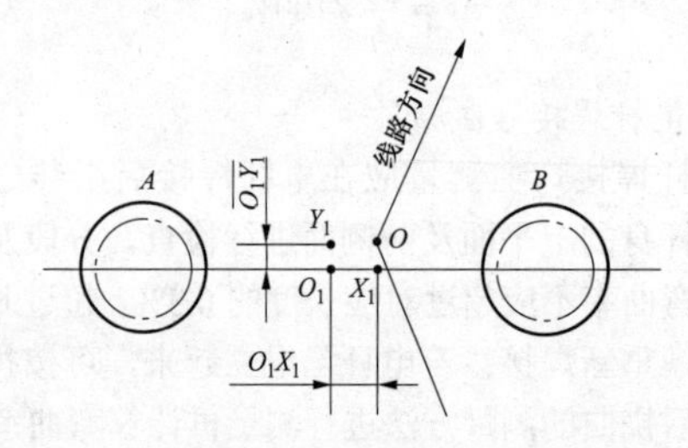

图 6-74　转角杆结构中心与中心桩间位移测量

9. 混凝土杆测量允许偏差

混凝土杆测量允许偏差表见表 6-12。

表 6-12　　混凝土杆测量允许偏差表

续表

测　量　项　目		允许偏差（mm）
转角、终端杆向受力反方向侧倾斜		大于 0，并符合设计要求
导线不对称布置时拉线点向受力反方向侧倾斜		大于 0，并符合设计要求
结构倾斜		0.3%杆高
焊接弯曲		0.3%L
横担高差	110kV	0.5%横担长度
	220kV、330kV	0.35%横担长度
	500kV	0.2%横担长度
根开	110kV	30
	220kV、330kV	0. 5%电杆根开
	500kV	0.2%电杆根开
迈步	110kV	30
	220kV、330kV	1%电杆根开
	500kV	0.5%电杆根开
拉线对地角		1°
横线路方向位移		50
拉线杆受力后挠曲		0.3%拉线点对地高度

注　L 为因焊接而造成分段或整根电杆弯曲的对应高度。

（二）自立式铁塔施工测量

自立式铁塔，指不带拉线、不依靠外力支撑的铁塔，也称刚性铁塔。自立式铁塔施工测量的内容包括结构倾斜测量、主材弯曲测量项目。

1. 直线塔结构倾斜测量

铁塔结构倾斜是指整基塔结构中心与其结构中心铅垂线间偏离，铁塔结构倾斜测量如图 6-75 所示。

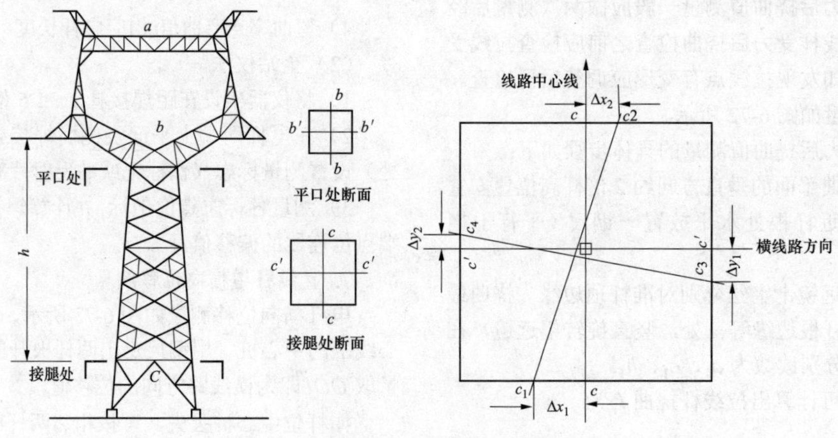

图 6-75　铁塔结构倾斜测量

（1）全站仪法。

1）间接测量。

a. 将全站仪架设于线路中心线上，相距铁塔约 2 倍塔高处。

b. 输入测站点及方向点坐标，设站并定向。

c. 望远镜十字丝对准铁塔腿部上方水平材中心（以螺栓位置为准），依次测量前后水平材中心坐标（若不能观测到后方水平材中心，则搬站至铁塔背面测量）。

d. 将望远镜自下向上移动，测量并记录各断面水平材中心及铁塔顶部横担正面中心点（以螺栓位置为准）的坐标。

e. 将仪器架设于横线路方向，同法测量铁塔各断面水平材中心及铁塔顶部横担侧面中心点坐标。

f. 导出数据后，绘制平面图。

g. 连接相应的点位，交会得到各断面中心位置。

h. 以塔腿部中心为基准点，计算各断面中心点的相对偏移量 S。

i. 依据各断面间高差 h，计算铁塔的倾斜率。

2）直接测量。若使用免棱镜全站仪坐标解析法，能直接观测到铁塔顶部相位中心点，则可直接测量获取其空间坐标。

a. 可根据实际地形，选择合适的架站位置，以清楚观察到塔顶中心螺丝为宜。

b. 架设仪器，设站并定向。

c. 可通过 GNSS RTK 或全站仪测量方式获取铁塔底部中心点坐标。

d. 望远镜瞄准铁塔顶部中心处螺丝，以免棱镜测量方式获取其空间坐标（可多次设站，取其平均值）。

e. 根据坐标在 Auto CAD 上绘制相应平面图，量测就可得到测量点位垂直线路、顺线路的偏移量。

f. 并依据测量点位高差与铁塔全高关系换算出铁塔倾斜量。

（2）激光铅直仪测量。

1）将激光铅直仪安置在塔位中心桩上，并进行严格对中、整平。

2）在塔顶中心放置绘有坐标格网的接收靶。

3）开启激光准直仪，激光斑点所指的位置即为底部中心的铅直投影点。

4）读取投影点与顶部相位中心的水平偏移值和位移方向。

5）根据塔高即可计算铁塔的倾斜率。

2. 转角、终端塔倾斜测量

自立式转角塔和终端塔基础面应向受力反方向侧倾斜，由于基础面小而制作面倾斜工艺难于实施，因此常采用抬高一侧两个基础面或三个基础面实现转角塔和终端塔倾斜（预偏），其倾斜值（预偏值）由结构设计人员根据铁塔的刚度和受力大小确定，其倾斜测量方法与前述直线塔结构倾斜方法相同。架线挠曲后塔顶端仍不应超过铅垂线而偏向受力侧，若超过铅垂线而偏向受力侧，应会同业主、设计、监理等方进行及时处理。

3. 主材弯曲测量

主材弯曲示意图如图 6-76 所示，主材弯曲在铁塔组立完成后进行测量。

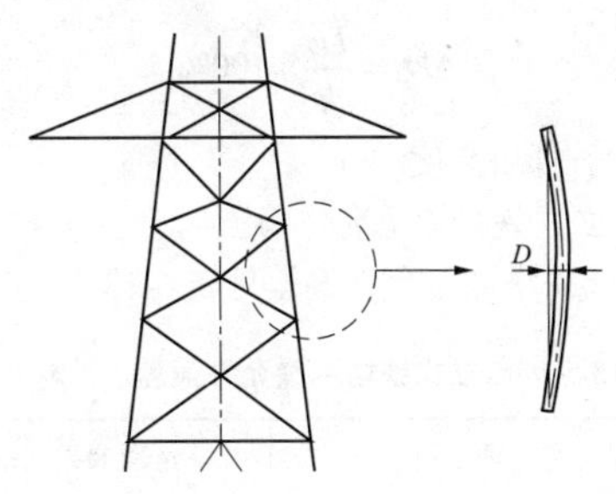

图 6-76　主材弯曲示意图

（1）弦线量测法。

1）采用质地坚韧的琴线或 20 号镀锌铁线（无挠曲、金钩等外伤），将其两端放置于节点处主材边缘处绷直。

2）使用钢尺量取主材最大弯曲处与弦线的偏移值。

（2）倾斜经纬仪法。

1）架设经纬仪，使其竖丝倾斜度与主材斜度基本一致。

2）十字丝瞄准主材上端节点处边缘，制动水平度盘。

3）向下旋转望远镜至下端节点位置。

4）此时十字丝与主材边缘可能有一定偏距；调整脚螺旋使十字丝移动至该偏距的一半位置。

5）重新对准上端边缘，制动水平度盘，下移至下端节点，再次调整脚螺旋至一半偏距。

6）重复此流程，直至竖丝与主材斜率严密平行。

7）将十字丝瞄准弯曲最大部位，使用钢尺量取至主材边缘的垂距，即为最大弯曲值。

（3）主材弯曲度。

主材弯曲度＝最大弯曲值/节点间主材长度（6-43）

4. 转角、终端塔受力挠曲值

为正确判断铁塔在受力后产生的挠曲值，必须作两次检查：第一次在架线前，螺栓应全部紧固；第二次是架线后。两次对比即架线产生的挠曲值。为保证检查的精确度，前后两次检查，经纬仪应尽量置于同一位置。

第一次检查为受力前结构倾斜值，其测量方法与直线塔倾斜相同。

第二次检查为受力后在受力方向结构的倾斜值。

将塔头位置的两次倾斜值相减得塔身最大挠曲值。

设第一次测量倾斜值为D_1，第二次测量倾斜值为D_2，架线挠曲值D_0为

$$D_0 = D_1 \pm D_2$$

式中　D_2——向外角倾斜时取“–”，向内角倾斜时取“+”。

最大挠曲率ΔD_0

$$\Delta D_0 = \frac{D_0}{h} \times 100\% \qquad (6\text{-}44)$$

式中　h——杆塔高度，m。

5. 自立式铁塔测量允许偏差

自立式铁塔测量允许偏差见表6-13。

表6-13　　自立式铁塔测量允许偏差

测　量　项　目		允许偏差（mm）
节点间主材弯曲		1/750测量长度
转角、终端塔向受力反方向倾斜		大于0，并符合设计要求
直线塔结构倾斜	一般塔	0.3%塔高
	高塔	0.15%塔高

五、架线施工测量

架线施工也是架空输电线路三大工序中关键的一道工序，其任务是将导线、地线及OPGW按照设计的架线应力（弧垂）架设于组立的杆塔上；一般要求当线路全线杆塔组立完毕，并经检查合格后，方可施工；架线施工测量主要任务就是配合架空线展放和附件安装测量等，而架空线展放时测量的主要工作就是紧线时弧垂的计算和放样。

（一）架空线展放

放样前，测绘人员须按照施工测量精度进行测量和核查观测档的档距、悬挂点高度等有关涉及弧垂计算的数据；同时还应进行弧垂观测档和观测点的选择、弧垂观测档的弧垂计算、弧垂观测方法的选择及有关计算等；若采用张力放线方式，测绘人员还应配合放线人员进行牵张场地的选择与测量工作。

1. 牵张机场地测量

牵张机场地地形图，应使用设计提供的线路路径图或实地测量1:500地形图，牵张机场地测量时，应联测邻近杆（塔）平面位置和高程，并现场放样线路中心线与每相导线的方向。

2. 弧垂观测档和观测点的选择

（1）弧垂观测档的选择。紧线施工前，施工单位需要根据塔位明细表中耐张段的技术数据、线路平断面排位图及现场实际情况，选择弧垂观测档。弧垂观测档选择应符合下列要求：

1）紧线段在5档及以下时靠近中间选择一档。

2）紧线段在6～12档时靠近两端各选择一档。

3）紧线段在12档以上时靠近两端及中间各选择一档。

4）观测档宜选择档距较大和悬挂点高差较小，且接近代表档距的线档。

5）弧垂观测档的数量可以根据现场条件适当增加，但不得减少。

弛度观测档的选择还应兼顾下列要求：

1）观测档位置应分布比较均匀，相邻观测档间距不宜超过4个线档。

2）观测档应具有代表性。如连续倾斜档的高处和低处，较高悬挂点的前后两侧，相邻紧线段的结合处，重要被跨越物附近应设观测档。

3）宜选择对临近线档监测范围较大的塔号作测站。

4）不宜选邻近转角塔的线档作观测档。

（2）弧垂观测点的选择。为保证观测精度，弧垂观测点（即观测视线与架空线的相切点）应尽量设法切在中点弧垂处或者附近。当利用角度法放样时，切点仰角或者俯角不宜过大，以保证弧垂有微小改变亦能引起仪器读数的明显变化，一般要限制在10°以下，且视角还应尽量接近高差角。

3. 弧垂放样

放样弧垂是架空输电线路工程紧线施工最关键的环节，弧垂值一旦超过限差，将会给架空输电线路的长期安全稳定运行带来严重的安全隐患。弧垂放样是指按照设计弧垂的要求，根据现场工况（主要考虑温度）采用适当测量方法来控制和调整实际弧垂，使实际弧垂和设计弧垂的差值符合规范要求的过程。按照DL/T 5445—2010《电力工程施工测量技术规范》的要求，紧线施工测量允许偏差见表6-14。

表6-14　　紧线施工测量允许偏差

测　量　项　目		允　许　偏　差
对交叉跨越物及对地距离		符合设计要求
导地线弧垂（紧线时）	110kV	–1.0%～+2.5%设计弧垂
	220kV及以上	1.0%设计弧垂
	大跨越	0.5%设计弧垂，且不大于0.5m
导地线相间弧垂偏差（mm）	110kV	200
	220kV及以上	300
	大跨越	500

续表

测量项目	允许偏差		
同相子导线间弧垂偏差（mm）	无间隔棒双分导线裂		0～+100
	有间隔棒其他分裂形式导线	220kV	80
		330～500kV	60

架空线弧垂放样方法很多，一般有等长法、异长法、角度法和平视法。在具体使用时，应该根据实际情况，考虑测量仪器的种类，待放样区域的地物、地貌等情况，选择不同的放样方法来放样架空线的弧垂。在放样弧垂时，应准备好必备的资料和工器具，包括百米弧垂架线表、孤立档及进线档的弧垂架线表、连续爬坡悬垂线夹安装位置调整表、放样明细表、测量仪器、温度计、计算器等。

放样弧垂的计算宜在现场根据实测实时温度进行。

（1）等长法。等长法又称平行四边形法，是以目视或者借助弛度观测仪进行观测，受观测人员视力及观测时视点与切点间水平、垂直距离的误差等因素限制，本观测法一般只适应于悬点高差 $h \leqslant 10\%l$ 、观测档档距小于 500m、地势较为平坦、弧垂最低点不低于两侧杆塔根部连线、便于目测或借助于弛度观测仪观测的情况。

等长法观测弧垂示意图如图 6-77 所示，分别在观测档的两根杆塔上，由架空线悬挂点或者横担（若挂线段为耐张绝缘子串）向下量取距离 f 至 A、B 处，各绑一块弧垂板。紧线时，在观测端的弧垂板处直接用目视观测或者借助弛度观测仪观测弧垂，并指挥架线人员调整架空线的张力，当架空线稳定且最低点与 AB 连线相切时，即达到设计要求，弧垂放样完毕。

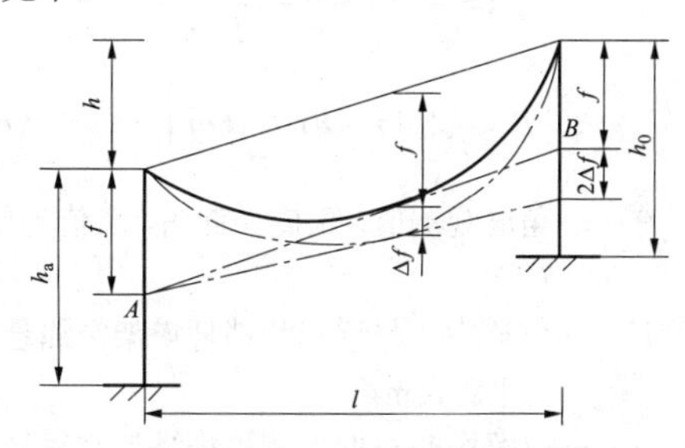

图 6-77　等长法观测弧垂示意图

在放样弧垂过程中，若气温升高或者降低而与计算时使用的温度不一致，应立即重新计算弧垂值，同时调整弧垂板。具体方法：保持视点端弧垂板不动，在观测端调整弧垂板，当气温升高时，应将弧垂板向下移动一小段距离 Δa；当气温降低时，应将弧垂板向上移动一小段距离 Δa，Δa 的值为

$$\Delta a = 2\Delta f \tag{6-45}$$

式中　Δa ——观测端因气温变化而应上下移动的距离，m；

Δf ——因气温变化观测档弧垂的变化值，m。

由于气温变化调整一侧弧垂板导致观测视线与弧垂的切点位置发生变化，为了保证弧垂放样的精度，一般规定，当气温变化≤10℃时，可按上述办法调整，当气温变化＞10℃时，应同时调整观测端和视线段的弧垂板位置，调整值等于弧垂的变化值，温度升高时向下调整，温度降低时向上调整。

（2）异长法。异长法和等长法一样，也是不借助专业测量仪器而通过目视或者借助弛度观测仪进行观测来放样弧垂的方法。它适用于悬点高差 $h \leqslant 20\%l$ 、弧垂较小且弧垂最低点不低于两侧杆塔根部连线的情况。相对于等长法，异长法指的是观测档两端挂线点与弧垂板绑扎距离不等长而进行的弧垂放样。如图 6-78 所示，采用异长法放样弧垂时，由两侧架空线悬挂点或者横担头（若挂线段为耐张绝缘子串）分别向下量取距离 a、b 至 A、B 处，各绑一块弧垂板。紧线时，在测站端的弧垂板处直接用目视观测或者借助弛度观测仪观测弧垂，并指挥架线人员调整架空线的张力，当架空线稳定且最低点与 AB 连线相切时，即达到设计要求，弧垂放样完毕。采用异长法放样弧垂关键是在观测端选择一适当的 a 值，同时计算视点段的 b 值。

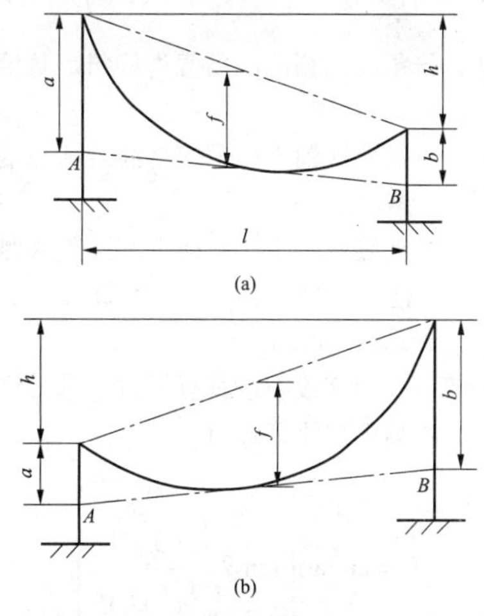

图 6-78　观测档内不连有耐张绝缘子串的异长法观测弧垂

（a）观测端在高悬挂点测；（b）观测端在低悬挂点测

和等长法一样，在放样弧垂过程中，若气温升高或者降低而与计算时使用的温度不一致，应立即重新计算弧垂值，同时调整弧垂板。具体方法：保持视点端弧垂板不动，在观测端调整弧垂板，当气温升高时，

应将弧垂板向下移动一小段距离 Δa；当气温降低时，应将弧垂板向上移动一小段距离 Δa，Δa 的值为

$$\Delta a = 2\Delta f\sqrt{\frac{a}{f}} \tag{6-46}$$

式中　Δa ——观测端因气温变化而应上下移动的距离，m；

Δf ——因气温变化观测档弧垂的变化值，m。

（3）角度法。对于大档距（大弧垂）特别是架空线悬挂点高差较大的观测档，为了保证放样弧垂的准确性及提高放样弧垂的效率，架线施工中，更多的通过设定经纬仪的竖直角来放样弧垂。用等长法、异长法观测弛度往往需要作业人员登杆观测，而角度法可直接在地面观测，比较安全方便。

角度法放样弧垂，由于经纬仪摆放位置的不同，分为档端角度法、档内角度法、档外角度法、档侧角度法四种情况。

1）档端角度法。

档端角度法放样弧垂示意图如图 6-79 所示，经纬仪架设在挂线点垂直下方，转动经纬仪使视准轴方向和架空线方向一致，上下调整经纬仪视准轴，设定垂直度盘度数为 $90^{\circ}-\theta$，通过对讲机等通信设备指挥紧线作业人员，调整架空线的张力，使架空线稳定时的弧垂与望远镜的横丝相切，弧垂放样完毕。

观测角 θ 的计算公式为

$$\theta = \arctan\left(\frac{h-4f+4\sqrt{af}}{l}\right) \tag{6-47}$$

式中　θ ——角度观测值，正值为仰角，负值为俯角（°）；

a ——仪器横轴中心至架空线悬挂点的垂直距离，m；

h ——观测档架空线悬挂点间高差（测站端悬挂点低时为正，反之为负），m；

f ——弧垂，m。

仪器架设在架空线中线垂直下方，偏转观测两边线弧垂时，观测角的计算式为

$$\theta' = \arctan\left(\tan\theta\sqrt{\frac{\dfrac{l^2a}{4f}}{\dfrac{l^2a}{4f}+D^2}}\right) \tag{6-48}$$

式中　θ ——仪器架设在中线垂直下方观测中线的观测角，（°）；

θ' ——仪器架设在中线垂直下方观测边线的观测角，（°）；

D ——观测档中相线与边相线间的距离，m。

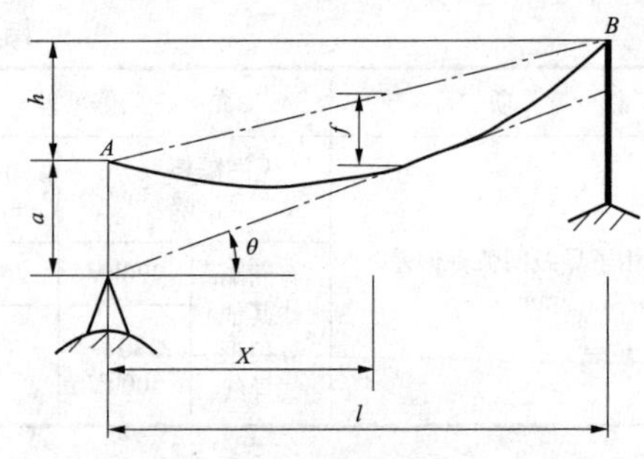

图 6-79　档端角度法放样弧垂示意图

限制弧垂误差率在 0.5%以内时，仪器架设在中线下方观测边线时不作调整（即以 θ 代替 θ'）的条件式为

$$D \leqslant 0.07\sqrt{la\left(2-\frac{\sqrt{a}}{f}\right)\cot\theta} \tag{6-49}$$

2）档内角度法。档内角度法放样弧垂示意图如图 6-80 所示，和档端角度法操作相同，只是仪器架设在观测档内架空线的下方。档内角度法观测角 θ 的计算公式为

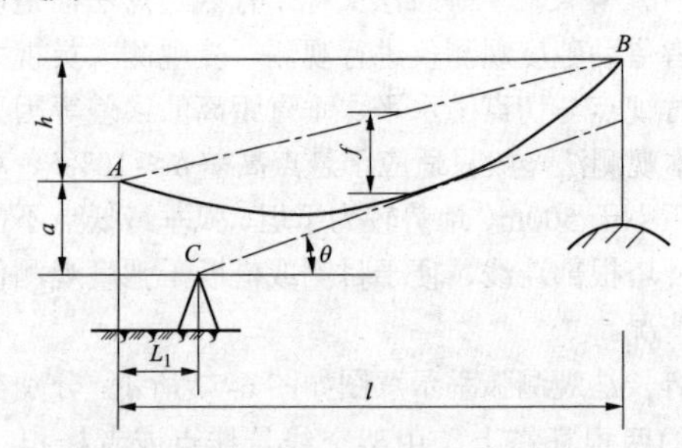

图 6-80　档内角度法放样弧垂示意图

$$\theta = \arctan\left[-\frac{A}{2}+\sqrt{\left(\frac{A}{2}\right)^2-B}\right] \tag{6-50}$$

其中，

$$A = \frac{2}{l}\left(4f-h-\frac{8fl_1}{l}\right)$$

$$B = \frac{1}{l^2}[(4f-h)^2-16af] \tag{6-51}$$

式中　θ ——角度观测值，正值为仰角，负值为俯角，（°）；

l_1 ——仪器中心与近观测档杆塔架空线悬挂点的平距，m；

a ——仪器中心与近观测档杆塔架空线悬挂点的垂距，m；

h ——观测档架空线悬挂点间高差（测站距杆塔低悬挂点近时为正，反之为负），m。

仪器置于中相线下方，偏转观测两边线弧垂时，仪器的观测角计算式为

$$\theta' = \arctan\left[\tan\theta\sqrt{\frac{(X-l_1)^2}{(X-l_1)^2+D^2}}\right] \quad (6\text{-}52)$$

其中，

$$X = \frac{l}{2}\sqrt{\frac{a-l_1\tan\theta}{f}} \quad (6\text{-}53)$$

式中　X ——近仪器的架空线悬挂点至视线切点间的距离，m。

3）档外角度法。档外角度法放样弧垂示意图如图 6-81 所示，与档端、档内角度法操作相同，只是仪器架设在观测档外架空线的下方。档外角度法观测角 θ 的计算公式为

$$\theta = \arctan\left[-\frac{A}{2}+\sqrt{\left(\frac{A}{2}\right)^2-B}\right] \quad (6\text{-}54)$$

其中

$$A = \frac{2}{l}\left(4f-h+\frac{8fl_1}{l}\right) \quad (6\text{-}55)$$

$$B = \frac{1}{l^2}[(4f-h)^2-16af] \quad (6\text{-}56)$$

式中符号与档内角度法计算公式中符号含义基本相同，只是此时仪器架设在档外。

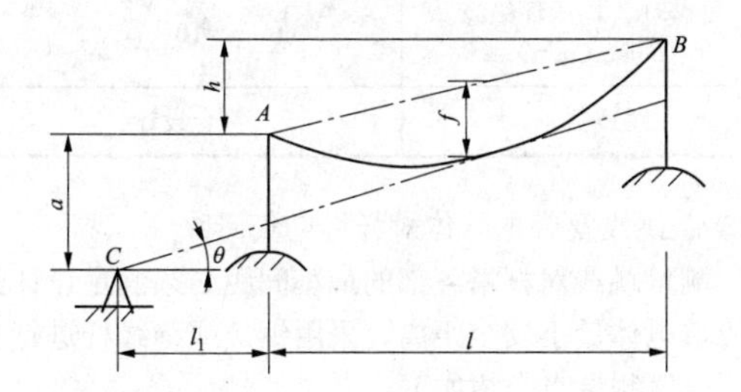

图 6-81　档外角度法放样弧垂示意图

仪器置于中相线下方，偏转观测两边线弧垂时，仪器的观测角计算式为

$$\theta' = \arctan\left[\tan\theta\sqrt{\frac{(X+l_1)^2}{(X+l_1)^2+D^2}}\right] \quad (6\text{-}57)$$

限制弧垂误差率在 0.5%以内时，仪器架设在中线下方观测边线时不作调整（即以 θ 代替 θ'）的条件式为

$$D \leqslant 0.2\sqrt{f(l_1+X)\left(1-\frac{X}{l}\right)\left(\frac{X}{l}\cot\theta\right)} \quad (6\text{-}58)$$

4）档侧角度法。档侧角度法是在观测档任一侧任一点放样弧垂的一种方法。档侧角度法放样弧垂如图 6-82 所示。

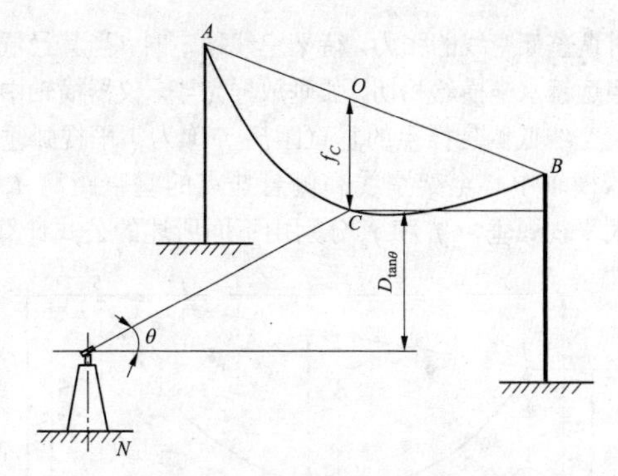

图 6-82　档侧角度法放样弧垂

经纬仪架设在与线路方向垂直，垂足为 O 的 N 点上，计算 C 点观测角 θ 的计算公式为

$$\theta = \arctan\left(\frac{H_O - f_C - H_N}{D}\right) \quad (6\text{-}59)$$

$$H_O = H_A - \frac{l_1}{l}(H_A - H_B) \quad (6\text{-}60)$$

式中　H_A ——架空线悬挂点 A 的高程，m；

H_B ——架空线悬挂点 B 的高程，m；

f_C ——C 点弧垂，m；

H_N ——仪器横轴中心的高程，m；

D ——仪器中心与 C 点的平距，m；

l_1 ——A 与 C 之间的平距，m。

采用档侧角度法放样弧垂的方法（以经纬仪观测方法为例）如下：

a. 根据现场实际情况，选择观测点 N，确保 N 点与 A 和 B 及其所在杆塔通视。

b. 在 N 点架设仪器，分别在 A 和 B 点的铅垂下方地面点立尺，测量 N 点与 A 和 B 点之间的平距，同时测量悬挂点 A 和 B 的竖直角及以 N 点为中心的水平角 $\angle ANB$，给仪器中心假设一个高程，分别计算悬挂点 A 和 B 的高程，利用余弦定律计算和校核 AB 之间的平距，利用 NA、NB、AB 之间的平距计算 $\angle BAN'$，再在 ΔNAO 中分别计算 $\angle ANO$、l_1、D。

c. 根据实测温度，计算中点弧垂 f、f_C 和 θ。

d. 弧垂放样时，望远镜对准 A 点，设置水平角度盘为 0，按照 $\angle ANO$ 水平旋转望远镜，制动水平方向，调整竖直角为 $90°-\theta$，制动垂直方向，指挥紧线施工人员调整弧垂，使弧垂方向与视线相切，该架空线弧垂放样完毕。

（4）平视法。平视法放样弧垂如图 6-83 所示，平视法放样弧垂是角度法放样弧垂的一种特殊形式。当架空线经过大高差、大档距或者视线切点距悬挂点过近，前面所述的几种方法不能观测或者不能保证弧垂放样精度时，可采用该方法放样弧垂。采用平视法放样弧垂时，测量仪器的望远镜视线处于水平状态，紧

线时调整架空线的张力，待架空线稳定时，当其最低点与望远镜水平横丝相切，弧垂放样完毕。仪器横轴中心至架空线低侧悬挂点的垂直距离 f_1 称为小平视弧垂，仪器横轴中心至架空线高侧悬挂点的垂直距离 f_2 称为大平视弧垂，f_1 和 f_2 分别由下面所述的公式计算。

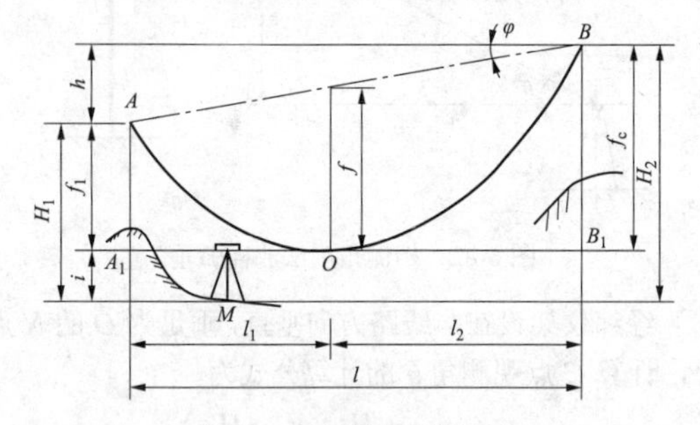

图 6-83 平视法放样弧垂

1）观测档内不联耐张绝缘子串。

$$f_1 = f_\varphi \left(1 - \frac{h}{4f_\varphi}\right)^2 \tag{6-61}$$

$$f_2 = f_\varphi \left(1 + \frac{h}{4f_\varphi}\right)^2 \tag{6-62}$$

式中 f_φ——档距中点弧垂，m；

h——观测档两悬挂点间的高差，m。

2）观测档内联有耐张绝缘子串。

a. 高悬挂点侧联有耐张绝缘子串。

$$f_1 = f_\varphi \left(1 + \frac{\lambda^2 \cos^2\varphi}{l_2} \times \frac{g_0 - g}{g} - \frac{h}{4f_\varphi}\right)^2 \tag{6-63}$$

$$f_2 = f_\varphi \left[\left(1 + \frac{\lambda^2 \cos^2\varphi}{l^2} \times \frac{g_0 - g}{g} + \frac{h}{4f_\varphi}\right)^2 - \frac{h}{f_\varphi} \times \frac{\lambda^2 \cos^2\varphi}{l_2} \times \frac{g_0 - g}{g}\right] \tag{6-64}$$

b. 低悬挂点侧联有耐张绝缘子串。

$$f_1 = f_\varphi \left[\left(1 + \frac{\lambda^2 \cos^2\varphi}{l_2} \times \frac{g_0 - g}{g} - \frac{h}{4f_\varphi}\right)^2 + \frac{h}{f_\varphi} \times \frac{\lambda^2 \cos^2\varphi}{l_2} \times \frac{g_0 - g}{g}\right] \tag{6-65}$$

$$f_2 = f_\varphi \left(1 + \frac{\lambda^2 \cos^2\varphi}{l_2} \times \frac{g_0 - g}{g} + \frac{h}{4f_\varphi}\right)^2 \tag{6-66}$$

c. 观测档内两侧均联有耐张绝缘子串。

$$f_1 = f_\varphi \left[\left(1 - \frac{h}{4f_\varphi}\right)^2 + 4\frac{\lambda^2 \cos^2\varphi}{l_2} \times \frac{g_0 - g}{g}\right] \tag{6-67}$$

$$f_2 = f_\varphi \left[\left(1 + \frac{h}{4f_\varphi}\right)^2 + 4\frac{\lambda^2 \cos^2\varphi}{l_2} \times \frac{g_0 - g}{g}\right] \tag{6-68}$$

采用平视法放样弧垂时，首先测定两悬挂点的高差 h 值，计算大、小平视弧垂 f_1 和 f_2 的值，再根据观测档间的地形情况测定观测点 M 的位置。

（二）附件安装测量

在架线施工测量中，除了放样架空线弧垂外，还要进行附件安装测量。按照 DL/T 5445—2010《电力工程施工测量技术规范》的要求，附件安装测量允许偏差见表 6-15。

表 6-15 附件安装测量允许偏差

测 量 项 目	允许偏差	
跳线及带电导体对杆塔电气间隙（mm）	±2	
悬垂绝缘子串倾斜	5°（倾斜长度最大 200mm）	
防震锤及阻尼线安装距离（mm）	±30	
绝缘避雷线放电间隙（mm）	2	
间隔棒安装位置（mm）	第一个	1.5%设计次档距
	中间	3.0%设计次档距
屏蔽环、均压环绝缘间隙（mm）	10	
跳线弧垂	符合设计	

1. 跳线及带电导体对杆塔电气间隙

测量跳线对杆塔各部的最小间距必须满足设计给定的带电体最小安全距离。采用钢尺或绝缘杆进行丈量，一般测量点介绍如下。

（1）在耐张塔挂线处拉一直线至跳线最近点的距离。

（2）跳线至下层横担最近点的距离。

（3）跳线对塔身最近点的距离。

各部测量尺寸以最小距离为该相跳线电气间隙值，其值必须大于或等于设计值，并注明最小电气间隙所在的部位。

带电导体对杆塔电气间隙测量可参考跳线对杆塔电气间隙测量方法。

2. 悬垂绝缘子串倾斜

紧线施工时，由于各种各样的原因，悬垂绝缘子串可能出现倾斜。按照 DL/T 5445—2010《电力工程施工测量技术规范》，其在沿线路中心方向与垂直线路方向的倾斜角不超过 5°，且其最大偏移值不应超过 200mm。

悬垂绝缘子串倾斜测量包括沿线路中心方向和垂直线路方向两个方向的倾斜测量。可采用经纬仪投影的方法来进行测量，两个方向倾斜测量的程序和方法基本相同，以沿线路中心方向的悬垂绝缘子串倾斜测量为例：经纬仪架设在过悬垂绝缘子串挂点的垂直线路方向，为便于观测，测点距悬垂绝缘子串挂点的距离宜大于两倍悬挂点高度，在待测悬垂绝缘子串正下方沿线路中心方向放置钢尺，利用经纬仪分别把悬垂绝缘子串的上点和下点投影到钢尺上，计算两次读数之差，即为倾斜量 Δl，设悬垂绝缘子串长度为 l，则悬垂绝缘子串倾斜角 θ 可用下式计算

$$\theta = \arcsin\frac{\Delta l}{l} \tag{6-69}$$

3. 绝缘避雷线放电间隙与屏蔽环、均压环绝缘间隙测量

绝缘避雷线放电间隙值的选取与避雷线上的感应电压、绝缘子的型式、间隙的结构和型式及其熄弧性能等多种因素有关，为了保证架空输电线路的安全运行，必须保证绝缘避雷线放电间隙符合设计要求；均压环和屏蔽环均为保护金具，其作用为控制绝缘子串及金具上的电晕。绝缘避雷线放电间隙与屏蔽环、均压环绝缘间隙测量可采用钢尺直接测量。

4. 间隔棒安装位置放样

间隔棒虽然是一种附属金具，却关系到分裂导线的运行安全和使用寿命。间隔棒的作用主要是防止导线发生鞭击，保持相分裂子导线距离，并有防振作用。

（1）间隔棒安装距离的测量方法。

1）用测绳直接在导线上丈量。第一个间隔棒至线夹（端次档距）及间隔棒相临之间的距离（次档距）设计均已给定，应该按照设计给定的距离进行测量画印。由于测绳测量的距离为线长，而端次档距和次档距为水平距离，所以应该进行线长增量的改正。

当悬挂点间高差较大时（$h/l \geqslant 10\%$），次档距线长增量 ΔL_1 按式（6-70）计算

$$\Delta L_1 = \frac{l_a}{N-1}\left(\frac{1}{\cos\varphi} - 1 + \frac{l_a{}^2 g^2 \cos\varphi}{24\sigma^2}\right) \tag{6-70}$$

式中　ΔL_1 ——每一个次档距的线长增量，m；

l_a ——两端间隔棒之间的档距，m；

N ——安装档的间隔棒数量；

φ ——安装档的导线悬挂点间高差角；

g ——自重比载，N/（m·mm²）；

σ ——安装档的导线水平应力，N/mm²。

端次档距增量的计算按式（6-71）计算

$$\Delta L_D = \frac{l_D(N-1)}{l_a}\Delta L_1 \tag{6-71}$$

式中　l_D ——端次档距，m。

在线上丈量距离放样间隔棒时，应当以 $l_D + \Delta L_D$ 或者 $l_1 + \Delta L_1$ 进行丈量，其中 l_1 为此档距值。

当悬挂点间高差较小时（$h/l < 10\%$），次档距线长增量 ΔL_2 按式（6-72）计算

$$\Delta L_2 = \frac{l_a{}^3 g^2}{(N-1)24\sigma^2} \tag{6-72}$$

端次档距增量的计算按式（6-73）计算

$$\Delta L_D = \frac{l_D(N-1)}{l_a}\Delta L_2 \tag{6-73}$$

2）用测绳或经纬仪在地面根据设计规定测出水平距离，定上标桩或其他明显标记，然后用垂球对准标桩在导线上画印，即得间隔棒位置。此法只适用于在平原地带地面无障碍物且风力影响不大时使用。

3）用测距计程器装于飞车上或者由高处作业人员在导线上推动测量间隔棒之间的距离。目前，由于计程器的精确度和造价昂贵，应用还不广泛。

4）利用全站仪可以直接测量水平距离的特点直接放样间隔棒的位置。根据现场实际情况，把全站仪架设在架空线的正下方，考虑到高度角过大，全站仪仰角太大不易观测，可以把全站仪安置在待放样档的档外，首先测量全站仪距架空线悬挂点的平距 l，按式（6-74）计算放样水平距离 D

$$D = l + l_D + \frac{l_a}{N-1}\times n \quad (n = 1, 2, \cdots, N) \tag{6-74}$$

若档外全站仪架设位置受限或者通视条件不好，也可以采用把全站仪安置在大号侧，放样小号侧间隔棒，待仰角太大时，把仪器安置在小号侧，放样大号侧间隔棒的方法来交叉放样间隔棒。

5）把经纬仪架设在线路外侧，通过待放样距离来计算需放样角度的方法来确定间隔棒的位置，这是目前应用较多的一种方法。

6）把全站仪架设在线路外侧，测量档距两侧悬挂点坐标，并根据待放样间隔棒与两侧悬挂点的相对位置求取各间隔棒的坐标，可通过坐标来放样间隔棒的位置，为了叙述方便，把这种方法称为坐标定位法。

（2）角度法放样间隔棒位置。根据经纬仪架设的位置，分为任意设站法和档端垂直法。

1）任意设站法。在线路外侧选择一测站 O，在此架设经纬仪，使其能够同时观测到间隔棒安置档及其相邻直线档。任意设站法放样间隔棒位置如图 6-84 所示，A、B、C 表示三个杆塔号，用经纬仪测 $\angle AOB = \alpha$，再测得 $\angle AOC = \alpha_1$，如此，可由式（6-75）计算得 β 角

$$\cot\beta = \frac{l_A}{l_B}(\cot\alpha - \cot\alpha_1) - \cot\alpha_1 \tag{6-75}$$

式中　l_A ——间隔棒安装档档距，m；

l_B ——与间隔棒相邻的线档档距，m。

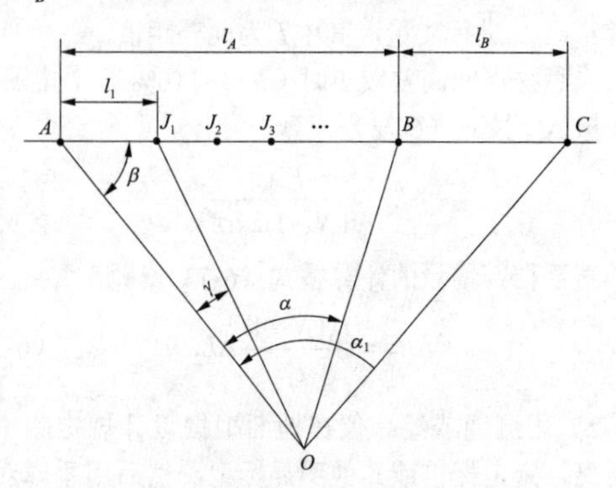

图 6-84 任意设站法放样间隔棒位置

为了确定间隔棒 J_1 位置，极端垂直法放样间隔棒位置如图 6-85 所示，只要求得 γ 即可，根据推导，γ 值计算式为

$$\gamma = \operatorname{arccot}\left[\frac{l_A}{l_1}(\cot\alpha + \cot\beta) - \cot\beta\right] \tag{6-76}$$

式中 l_1 ——间隔棒 J_1 至 A 号塔间的距离，由设计图纸给定。

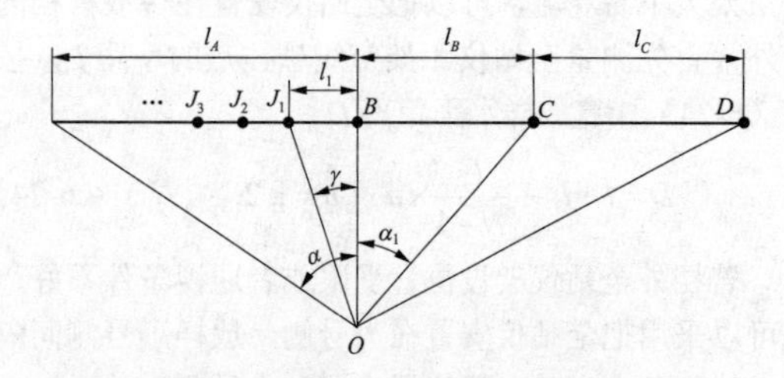

图 6-85 档端垂直法放样间隔棒位置

当确定 J_2 间隔棒位置时，可按设计图纸给定的 l_2 值（A 号塔至 J_2 点的距离），计算并放样 γ_2，即得该间隔棒位置。J_3、J_4、…可依此类推。

如果间隔棒安装后需要检查其位置是否正确时，首先测得 α、α_1、γ，然后计算出 β 角，最后按下式计算 J_1 间隔棒安装距离

$$l_1 = \frac{\cot\alpha + \cot\beta}{\cot\gamma_1 + \cot\beta} \times l_A \tag{6-77}$$

2）档端垂直法。在线路外侧选择一测站，该测站与杆塔间的连线必须垂直线路方向，档端垂直法放样间隔棒位置如图 6-85 所示。

测量 α 角或者 α_1 角，按照下式计算测站 O 至 B 号塔间的水平距离 S_{OB}

$$S_{OB} = \frac{l_A}{\tan\alpha} \tag{6-78}$$

或

$$S_{OB} = \frac{l_B}{\tan\alpha_1} \tag{6-79}$$

根据间隔棒安装距离 l_1 和 S_{OB} 求间隔棒放样角为 γ

$$\gamma = \arctan\frac{l_1}{S_{OB}} \tag{6-80}$$

检查间隔棒安装距离时，测出实际的 γ，按下式计算

$$l_1 = S_{OB}\tan\gamma \tag{6-81}$$

（3）坐标定位法放样间隔棒位置。如图 6-85 所示，全站仪架设在 O 点，瞄准点 A，水平度盘置零，分别测量 A、B 点坐标，设测得 A、B 点平面坐标为 (x_a, y_a)，(x_b, y_b)，计算 AB 点平距为 S

计算 J_1 点坐标

$$x_{J_1} = x_a + \frac{l_1}{S}(x_b - x_a) \tag{6-82}$$

$$y_{J_1} = y_a + \frac{l_1}{S}(y_b - y_a) \tag{6-83}$$

把 J_1 点坐标输入全站仪，通过放样坐标来放样 J_1 的间隔棒，同理放样 J_3、J_4、…。

5. 防振锤及阻尼线安装放样

微风振动引起架空线疲劳断线、金具磨损和杆塔部件破坏等，必须采取防振措施，常用的防振措施包括防振锤和阻尼线。防振锤和阻尼线的安装放样可参照间隔棒安装位置放样方法。

六、竣工验收测量

为确保架空输电线路正常运行，应在架空输电线路施工过程中和施工完成后，对工程质量进行必要的验收检查。工程验收应按隐蔽工程验收、中间验收和竣工验收的规定项目和内容进行。竣工验收测量是在竣工验收的现场验收环节中辅助验收的测量工作，根据现场验收的需要为竣工验收提供数据支撑，从而实现对工程质量的控制。在现场验收过程中，由于基础工程的验收多属于隐蔽工程验收，因而竣工验收测量内容主要包括杆塔工程以及架线工程中的检查项目。

（一）竣工验收测量前的准备工作

（1）熟悉图纸资料和验收要求。组织参与验收的有关人员熟悉设计文件和施工图纸，学习相关设计和验收规范。

（2）制定验收测量方案。验收方案应明确各测量小组的分工和人员组织，明确各测量小组的工作任务和要求。同时，应根据相应规范明确验收工器具和测量仪器的配置，如确定各工作小组配备仪器种类、数量和型号等。此外，还应明确开展验收测量工作所应采用的测量方法及测量成果的记录方式。

（3）准备有关设计文件和图纸，查证有关设计参

数。如转角及终端杆塔的预偏值、导地线弧垂等。

（二）杆塔竣工验收测量

根据杆塔结构形式的不同，杆塔分为自立式铁塔、钢管电杆，在竣工验收中不同类型杆塔的验收项目也有所不同。

根据 DL/T 5445—2010《电力工程施工测量技术规范》的有关规定，在对铁塔进行验收时，需进行的测量项目及允许偏差应分别符合表 6-16 和表 6-17 的规定。具体的验收检查方法可参照本章第四节中的相应内容。

表 6-16　自立式铁塔竣工验收测量项目及允许偏差

检查项目	允许偏差	
节点间主材弯曲	1/750 测量长度	
转角塔、终端塔顶部向受力反方向侧倾斜	大于 0 并符合设计要求	
直线塔结构倾斜	一般塔	0.3%塔高
	高塔	0.15%塔高

表 6-17　钢管杆竣工验收测量项目及允许偏差

检查项目	允许偏差
电杆弯曲率	0.2%
直线电杆结构倾斜率	0.5%

（三）架线施工竣工验收测量

架线工程按照施工工序可分为紧线工程与附件安装工程，其中紧线工程部分的验收主要涉及对交叉跨越物及导地线弧垂的检查，附件安装工程部分的验收则主要是对附件安装位置进行检查。

1. 紧线施工竣工验收测量

（1）紧线施工竣工验收测量项目及允许偏差。根据 DL/T 5445—2010《电力工程施工测量技术规范》中的有关规定，在对紧线工程进行竣工验收时，测量项目及允许偏差应符合表 6-18 的规定。

表 6-18　紧线工程测量项目及允许偏差表

检查项目			允许偏差
对交差跨越物及对地距离			符合设计要求
导、地线弧垂（mm）	110kV		+5%，−2.5%设计弧垂
	220kV 及以上		±2.5%设计弧垂
	大跨越		±1%设计弧垂（最大 1m）
导线、地线相间弧垂允许偏差值（mm）	110kV		200
	220kV 及以上		300
	大跨越		500
同相子导线间弧垂偏差（mm）	无间隔棒双分裂导线		+100
	有间隔棒其他分裂形式导线	220kV	80
		330kV 及以上	50

（2）紧线施工竣工验收测量方法。

1）对交叉跨越物及对地距离的测量。检查导线对地及交叉跨越物的距离，可以采用比较直观的直接测量法，用测绳（或绝缘绳）抛挂在导线上直接测量出导线对地或交叉跨越物的距离，也可采用经纬仪或全站仪进行测量。工作中常使用经纬仪或全站仪测量，具体操作步骤如下：

a. 换算到跨越点架空线的中点弧垂。

先求出跨越点的架空线弧垂 f_n，如图 6-86 所示，跨越物到邻近杆塔的距离为 l_x，则根据任意点弧垂公式可得：

$$f_n = 4f\frac{l_x}{l}\left(1-\frac{l_x}{l}\right) \tag{6-84}$$

式中　f_n——跨越点处架空线弧垂，m；

f——跨越档架空线中间弧垂，m；

l_x——跨越物至相邻近杆塔的水平距离，m；

l——跨越档档距，m。

换算到所在地最高温度和蠕变后的中点弧垂 $f_{\max}$：

$$f_{\max} = \sqrt{f^2 + \frac{3l^4}{8l_{\mathrm{p}}^2}(t_0 - t)\alpha} \tag{6-85}$$

式中　l_{p}——该耐张段的代表档距，m；

t——弧垂观测时温度，℃；

t_0——所在地最高温度，℃；

α——线膨胀系数。

换算跨越点架空线最高温度和蠕变后弧垂 $f_{n,\max}$：

$$f_{n,\max} = 4f_{\max}\frac{l_x}{l}\left(1-\frac{l_x}{l}\right) \tag{6-86}$$

b. 测量并计算其净空距离。如图 6-86 所示，将仪器安置在架空线与跨越线交叉角角平分线上 A 点处（距交叉点约为塔高 2 倍距离），观测测站至交叉点间距离 D；望远镜照准交叉跨越处导线并测得 θ_n，求出 $\overline{ON}$，由 $\overline{NN_1} = f_{n\max} - f_n$ 得出 $\overline{ON_1}$：

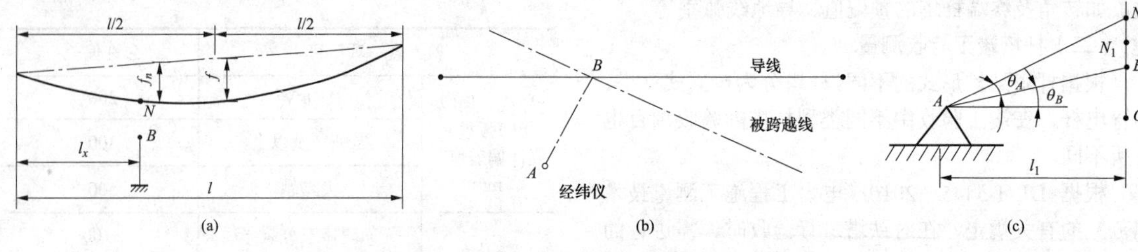

图 6-86　对交叉跨越物及对地距离测量示意图

（a）正面图；（b）俯视图；（c）A-B 断面

望远镜瞄准交叉跨越处被跨越导线并测得 θ_B，求出 $\overline{OB}$；

通过 $\overline{ON_1}-\overline{OB}$ 计算交叉跨越距离 $\overline{N_1B}$ 并与设计值进行比较。

2）导地线弧垂测量。在检查导地线弧垂时，架线至验收往往要经过一段时间，在导线张力的影响下，导线会出现自身塑变和蠕变伸长，会出现验收时的观测弧垂比架线时观测弧垂大的现象。因此，验收时应使用计算了初伸长的弧垂值作为标准。此外还应对施工中的弧垂观测方法进行校验，原则上在竣工验收时应采用施工中的弧垂观测方法。

a. 等长法弧垂观测。

适用范围：悬挂点高差 $h\leqslant10\%l$，观测档档距小于 500m，便于目测或借助弛度观测仪观测。

检查原理：等长法弧垂观测示意图如图 6-87 所示，观测视线 $A'B'$ 与弧垂相切后与对侧杆塔相交，交点与对侧杆塔悬挂点的垂直距离为 b，则实测弧垂值：

$$f=\frac{f_g+b}{2} \tag{6-87}$$

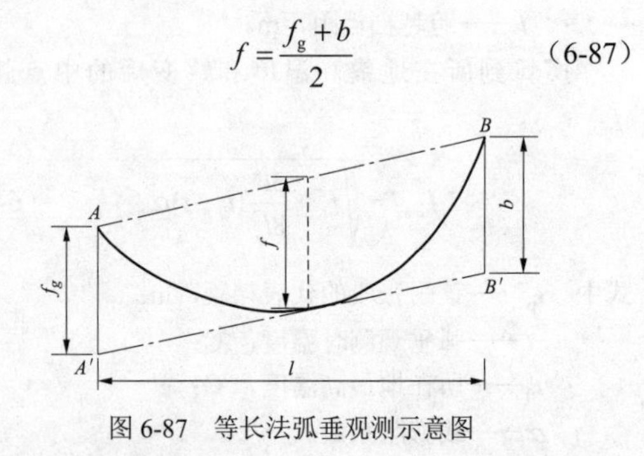

图 6-87　等长法弧垂观测示意图

观测步骤如下：

a）根据当前的环境温度以及检查档的档距，在弧垂曲线表上查出对应的弧垂值 f_g。

b）在检查档一侧杆塔上从悬挂点向下垂直测量理论弧垂值 f_g，并绑扎弧垂板。

c）透过弧垂板，视线 $A'B'$ 与弧垂相切后，与对侧杆塔相交，测量对侧杆塔悬挂点至相交点的垂直距离 b。

d）按式（6-87）计算出实测弧垂值 f，并比较其与该观测档的设计弧垂 f_g 之间的差值是否满足规范要求。

b. 异长法弧垂观测。

适用范围：悬挂点高差 $10\%l<h\leqslant20\%l$，弧垂较小且最低点不低于两侧杆塔根部连线。

检查原理：异长法弧垂观测示意图如图 6-88 所示，一侧杆塔悬挂点垂直向下距离为 a，观测视 $A'B'$ 与弧垂相切后与对侧杆身相交。交点与悬挂点的垂直距离为 b，则实测弧垂值：

$$f=\frac{1}{4}(\sqrt{a}+\sqrt{b})^2 \tag{6-88}$$

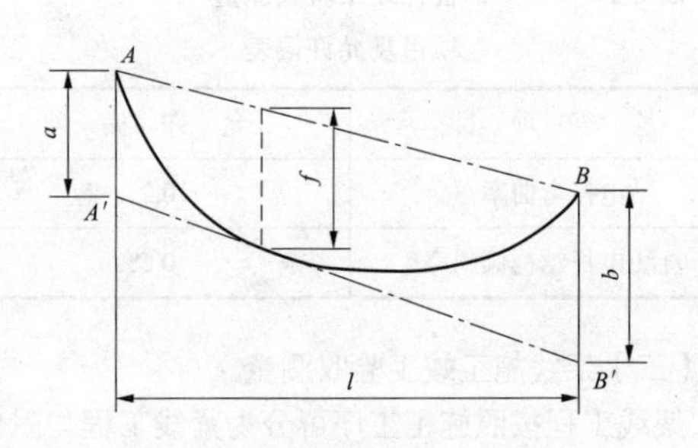

图 6-88　异长法弧垂观测示意图

观测步骤如下：

a）根据当前的环境温度以及检查档的档距，在弧垂曲线表上查出对应的弧垂值 f_g。

b）在观测档一侧距离挂线点距离 a 处绑弧垂板。

c）观测人员透过弧垂板，视线 $A'B'$ 与弧垂相切并与对侧杆塔相交，测量交点与对侧杆塔悬挂点的垂直距离 b。

d）按式（6-88）计算出实测弧垂值 f，并比较其与该观测档的设计弧垂 f_g 之间的差值是否满足规范要求。

c. 角度法弧垂观测。角度法是在实际工作中运用较多的弧垂观测方法，角度法放样弧垂的方法在本节杆塔施工测量中已叙述，该方法同样适用于弧垂观测。所不同的是，在弧垂放样时，根据弧垂 f 值计算出观测角 θ 值并进行测量；而在弧垂观测时，则实测出 θ 角，反求弧垂 f 值。因此，这里以档端角度法为例介绍弧垂观测的具体方法，相应的档外角度法、档内角度法及档侧角度法观测弧垂的方法可参照本节的相应内容。

适用范围：仪器至悬挂点的垂直距离 a 与弧垂值 f 之间满足 $a<3f$。

检查原理：档端角度法弧垂观测示意图如图 6-89 所示，两杆塔悬挂点间的高差为 h，一侧杆塔悬挂点至仪器中心距离为 a，仪器与弧垂相切的垂直角为 θ。与对侧杆塔悬挂点的垂直角为 θ_1。则实测弧垂值为：

$$f=\frac{1}{4}(\sqrt{a}+\sqrt{a-l\times\tan\theta+h})^2 \tag{6-89}$$

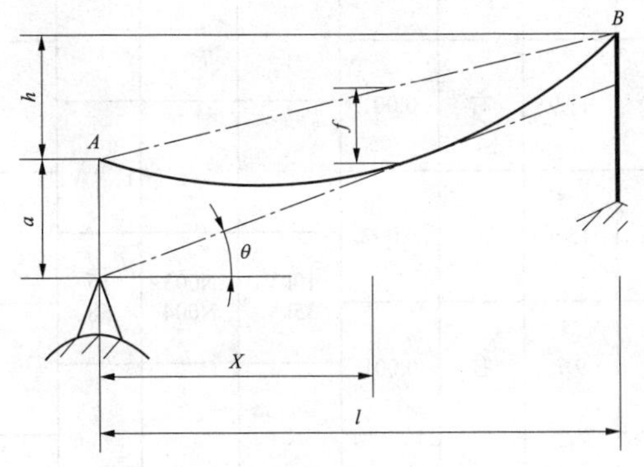

图 6-89　档端角度法弧垂观测示意图

具体检查步骤如下：

a）根据当前的环境温度以及检查档的档距，在弧垂曲线表上查出对应的弧垂值 f_g。

b）将仪器架设在一侧杆塔悬挂点的垂直正下方，量出仪器中心线与悬挂点的垂直距离 a 并实测检查档的档距 l，并实测挂线点高差 h。

c）调整望远镜令观测视线与架空线弧垂相切，记录此时垂直角为 θ。

d）按式（6-89）计算出实测弧垂值 f，并比较其与该观测档的设计弧垂 f_g 之间的差值是否满足规范要求。

3）弧垂偏差的计算。弧垂偏差的计算包括导地线间弧垂偏差的计算以及同向子导线间弧垂偏差的计算。在观测各导地线弧垂后，若各导地线弧垂值与设计弧垂间的差值均满足规范要求，则可计算各导、地线间及各同向子导线间弧垂差值，而后将计算出的最大差值与规范允许值比较，检查是否合格。

2. 附件安装竣工验收测量

根据 DL/T 5445—2010《电力工程施工测量技术规范》的有关规定，在对金具安装工程进行竣工验收时，测量项目及允许偏差应符合表 6-19 的规定。具体的验收方法可参照本章第五节中相应内容。

表 6-19　附件安装质量竣工验收测量允许偏差表

检 查 项 目	允 许 偏 差	
跳线及带电导体对杆塔电气间隙（mm）	±2	
悬垂绝缘子串倾斜（°）	5（最大 200）	
防振锤及阻尼线安装距离（mm）	±30	
绝缘避雷线放电间隙（mm）	2	
间隔棒安装位置（mm）	第一个	1.5%设计次档距
	中间	3%设计次档距
屏蔽环、均压环绝缘间隙（mm）	10	
跳线弧垂	符合设计	

七、资料与成果

架空输电线路施工测量，应根据有关电力工程施工测量技术规范要求进行施测；并应依据架空输电线路施工及验收规范内容及要求，实施转序检查测量、中间验收测量和竣工验收测量。

在施工测量和检查、验收测量中，外业施测的原始数据，须记录在统一的施工记录表格上（施工单位自定），要求做到原始、正确、完整、工整，如采用电子手簿记录，宜打印一份原始数据，并刻录光盘，将打印稿和光盘妥善保管；计算工作应做到依据正确、方法科学、严谨有序、步步校核、结果正确；提交资料，需按照架空输电线路工程施工质量检验及评定规程的要求，并参照电网工程项目文件归档有关要求，进行整理。由于提交资料附录表格为综合性内容，测量专业只需填写相应内容即可。

施工测量除了施工单位应妥善保管各种原始测量记录（包括电子手簿记录）和中间计算记录外，还应提交如下的成品资料：

（1）路径复测记录表（线记 1）见表 6-20；

（2）普通基础分坑及开挖检查记录表（线记 2）见表 6-21；

（3）现浇铁塔基础（含插入式基础）检查及评级记录表（线基 1）见表 6-22；

（4）岩石、掏挖基础检查及评级记录表（线基 2）见表 6-23；

（5）灌注桩基础检查及评级记录表（线基 3）见表 6-24；

（6）自立式铁塔组立检查及评级记录表（线塔 1）见表 6-25；

（7）导线、地线及 OPGW 紧线施工检查及评级记录表（耐张段，线线 4）见表 6-26；

（8）导线、地线及 OPGW 附件安装施工检查及评级记录表（线线 5）见表 6-27；

（9）风偏及对地开方检查及评级记录表（线线 9）见表 6-28；

（10）交叉跨越检查及评级记录表（线线 10）见表 6-29。

表 6-20　　路径复测记录表（线记 1）

塔号	杆塔型式	档距（m）			线路转角（°　′　″）		塔位高程（m）		桩位移（m）		被跨越物（或地形凸起点）			备注
		设计值	实测值	偏差值	设计值	实测值	设计值	实测值	方向	位移值	名称	与邻杆塔最近水平距离 桩号	与邻杆塔最近水平距离 距离（m）	
N001	110DSN-12				右 5 34 27	右 5 34 33	10.5	10.6	左	0.001				
		130	130.1	0.1										
N002	110SZ1-15						12.0	11.9	右	0.001				
		125	125.1	0.1										
N003	110SJ4-18				右 58 20 26	右 58 20 20	15.8	15.9	左	0.002				
		207	206.9	−0.1							10kV 35kV	N003 N004	15 58	
N004	110SZ1-18						9.8	9.7	右	0.001				
		185	185.3	0.3										
N005	110SZ1-15						11.6	11.6	右	0.001				
		215	214.8	−0.2										
N006	110SZ1-15						11.1	11.0	左	0.002				
		165	165.1	0.1										
N007	110SJ2-21				右 15 55 36	右 15 55 40	13.2	13.3	左	0.001				
		216	215.9	−0.1							10kV 铁路	N007 N008	38 90	
N008	110SJ4-18				右 23 00 10	右 23 00 15	12.5	12.4	右	0.002				
		95	95.2	0.2										
N009	110SJ2-21				左 44 18 35	左 44 18 29	10.8	10.9	右	0.894				
		74	73.9	−0.1							220kV	N009	25	

监理：史××　　专职质检员：来××　　施工负责人：蒋××　　检查人：何××

表 6-21　　普通基础分坑及开挖检查记录表（线记 2）

施工桩号	1	运行塔号	1	塔型	7735	基础型式	Ⅰ、Ⅳ3024 Ⅱ、Ⅲ2814	施工日期 2010 年 5 月 8 日
				呼称高（m）	24	施工基面（m）	1.5	检查日期 2010 年 5 月 29 日

序号	检查项目	允许偏差	检查结果	备注
1	转角塔角度	设计值：左 19°34′ 允许偏差：1′30″	实测值：左 19°34′05″	合格

续表

<table>
<tr><th>序号</th><th>检 查 项 目</th><th colspan="2">允 许 偏 差</th><th colspan="4">检 查 结 果</th><th>备注</th></tr>
<tr><td>2</td><td>直线塔桩位置</td><td colspan="2">横线路：50mm</td><td colspan="4">实测偏差：2mm</td><td>合格</td></tr>
<tr><td rowspan="3">3</td><td rowspan="3">基坑根开及对角线尺寸（mm）</td><td>设计值</td><td>AB：6170　BC：6170
CD：6170　DA：6170
AC：8724　BD：8724</td><td>AB</td><td>6170</td><td>BC</td><td>6171</td><td rowspan="3">合格</td></tr>
<tr><td colspan="2" rowspan="2">±2%</td><td>CD</td><td>6169</td><td>DA</td><td>6172</td></tr>
<tr><td>AC</td><td>8726</td><td>BD</td><td>8723</td></tr>
<tr><td rowspan="2">4</td><td rowspan="2">基础坑深（mm）</td><td colspan="2">设计值：2200　1200</td><td>A</td><td>B</td><td>C</td><td>D</td><td rowspan="2">合格</td></tr>
<tr><td colspan="2">+100，−50</td><td>2200</td><td>1225</td><td>1210</td><td>2210</td></tr>
<tr><td rowspan="2">5</td><td rowspan="2">基础坑底尺寸（mm）</td><td colspan="2">设计值：3000　2800</td><td rowspan="2">3050</td><td rowspan="2">2810</td><td rowspan="2">2850</td><td rowspan="2">3020</td><td rowspan="2">合格</td></tr>
<tr><td colspan="2">−1%</td></tr>
</table>

注　不等高基础以两个半根开和两个半对角线表示。

监理：龚××　　专职质检员：高××　　施工负责人：章××　　检查人：李××

表 6-22　现浇铁塔基础（含插入式基础）检查及评级记录表（线基 1）

<table>
<tr><td rowspan="2">施工桩号</td><td rowspan="2">32</td><td rowspan="2">运行塔号</td><td rowspan="2">32</td><td>塔型</td><td>J22-18</td><td rowspan="2">施工基面（m）</td><td rowspan="2">0</td><td>施工日期</td><td>2013 年 6 月 10 日</td></tr>
<tr><td>基础型式</td><td>J3835-3228</td><td>检查日期</td><td>2013 年 6 月 13 日</td></tr>
</table>

<table>
<tr><th rowspan="2">序号</th><th rowspan="2">检查（检验）项目</th><th rowspan="2">性质</th><th colspan="3">质量标准（允许偏差）</th><th colspan="4">检 查 结 果</th><th rowspan="2">评级</th></tr>
<tr><th colspan="2">合 格</th><th>优 良</th><th>A</th><th>B</th><th>C</th><th>D</th></tr>
<tr><td>1</td><td>地脚螺栓、插入角钢与钢筋规格、数量</td><td>关键</td><td colspan="2">符合设计</td><td>符合设计、制作工艺良好</td><td colspan="4">符合设计
制作工艺良好</td><td>优良</td></tr>
<tr><td rowspan="2">2</td><td rowspan="2">混凝土强度</td><td rowspan="2">关键</td><td colspan="3">设计值：C30</td><td colspan="4" rowspan="2">试块强度：31MPa
试验报告编号：</td><td rowspan="2">优良</td></tr>
<tr><td colspan="3">不小于设计值</td></tr>
<tr><td rowspan="2">3</td><td rowspan="2">底板断面尺寸（mm）</td><td rowspan="2">关键</td><td colspan="3">设计值：3800×3800　3200×3200</td><td rowspan="2">3800×3799</td><td rowspan="2">3800×3805</td><td rowspan="2">3210×3201</td><td rowspan="2">3200×3185</td><td rowspan="2">优良</td></tr>
<tr><td colspan="2">−1%</td><td>−0.8%</td></tr>
<tr><td rowspan="2">4</td><td rowspan="2">基础埋深（mm）</td><td rowspan="2">重要</td><td colspan="3">设计值：3500　2800</td><td rowspan="2">3495</td><td rowspan="2">3501</td><td rowspan="2">2802</td><td rowspan="2">2810</td><td rowspan="2">优良</td></tr>
<tr><td colspan="2">+100，−50</td><td>+100，0</td></tr>
<tr><td rowspan="2">5</td><td rowspan="2">立柱断面尺寸（mm）</td><td rowspan="2">重要</td><td colspan="3">设计值：800×800</td><td rowspan="2">800×795</td><td rowspan="2">800×801</td><td rowspan="2">801×800</td><td rowspan="2">798×801</td><td rowspan="2">优良</td></tr>
<tr><td colspan="2">−1%</td><td>−0.8%</td></tr>
<tr><td>6</td><td>钢筋保护层厚度（mm）</td><td>重要</td><td colspan="3">−5</td><td>45</td><td>47</td><td>48</td><td>46</td><td>优良</td></tr>
<tr><td>7</td><td>混凝土表面质量</td><td>重要</td><td colspan="2">符合 DL/T 5235—2010 第 6.2.13～6.2.14 条规定</td><td>符合规定、表面平整</td><td colspan="4">符合规定、表面平整</td><td>优良</td></tr>
<tr><td rowspan="2">8</td><td rowspan="2">整基基础中心位移（mm）</td><td rowspan="2">重要</td><td>顺线路</td><td>30</td><td>24</td><td colspan="4">8</td><td>优良</td></tr>
<tr><td>横线路</td><td>30</td><td>24</td><td colspan="4">6</td><td>优良</td></tr>
</table>

续表

序号	检查（检验）项目	性质	质量标准（允许偏差）			检查结果				评级
			合格		优良	A	B	C	D	
9	整基基础扭转（′）	重要	一般塔	10	8	5				优良
			高塔	5	4					
10	回填土	重要	符合 DL/T 5235—2010 第 5.6 条、5.8～5.11 条规定		符合规定、无沉陷、防沉层整齐美观	符合规定、无沉陷、防沉层整齐美观				优良
11	同组地脚螺栓中心或插入角钢形心对立柱中心偏移（mm）	一般	10		8	5	4	4	6	优良
12	基础顶面或主角钢操平印记间高差（mm）	一般	5			0	–2	3	4	优良
13	基础根开及对角线尺寸（mm）	一般	设计值	AB：5540　BC：5540 CD：5540　DA：5540 AC：7834　BD：7834		AB：5541		BC：5542		优良
						CD：5539		DA：5540		
			螺栓式 插入式 高　塔	±0.2% ±0.1% ±0.07%	±0.16% ±0.08% ±0.06%	AC：7835		BD：7833		
注 1：高塔是指按大跨越设计且塔全高在 100m 以上的铁塔。 注 2：不等高基础以两个半根开和两个半对角线表示。						评级		优良		

监理：牛××　　专职质检员：邢××　　施工负责人：赵××　　检查人：周××

表 6-23　　岩石、掏挖基础检查及评级记录表（线基 2）

施工桩号	TC4	运行塔号	4	塔型	22ZMC142-30	施工基面（m）	0.5	施工日期	2014 年 3 月 8 日
				基础型式	A/B：T11B C/T11D D/T11C			检查日期	2014 年 3 月 28 日

序号	检查（检验）项目	性质	质量标准（允许偏差）		检查结果				评级
			合格	优良					
1	地脚螺栓（锚杆）及钢筋规格、数量	关键	符合设计		符合设计				优良
2	土质、岩石性质	关键	符合设计		符合设计				优良
3	混凝土强度	关键	设计值：C30 不小于设计值		试块强度：32MPa 试验报告编号：				优良
4	底板断面尺寸（mm）	重要	设计值：4800×4800		A	B	C	D	优良
			–1%	–0.8%	4801×4801	4800×4802	4801×4802	4801×4801	
5	基础埋深（mm）	重要	设计值：A/B：3300 C：4300 D：3800		3310	3320	4280	3790	优良
			+100，–50	+100，0					
6	锚杆埋深（mm）	重要	设计值： +100，0		—	—	—	—	—
7	锚杆孔径（mm）	重要	设计值： +20，0		—	—	—	—	—
8	钢筋保护层厚度（mm）	重要	–5		–4	–3	–4	–2	优良

续表

序号	检查（检验）项目	性质	质量标准（允许偏差）						检查结果				评级
			合格			优良							
9	混凝土表面质量	重要	符合 DL/T 5235—2010 第 6.2.13、6.2.14 条规定			符合规定、表面平整			表面平整	表面平整	表面平整	表面平整	优良
10	立柱断面尺寸（mm）	重要	设计值：800×800						802×801	800×801	802×800	801×801	优良
			−1%			−0.8%							优良
11	整基基础中心位移（mm）	重要	顺线路	30		24			23				优良
			横线路	30		24			22				
12	整基基础扭转（′）	重要	一般塔	10		8			5				优良
			高　塔	5		4							
13	回填土	重要	符合 DL/T 5235—2010 第 5.6 条、5.8～5.11 条规定			符合规定、无沉陷、防沉层整齐美观			符合规定、无沉陷、防沉层整齐美观				优良
14	同组地脚螺栓中心对立柱中心偏移（mm）	一般	10			8			3	2	3	3	优良
15	基础顶面高差（mm）	一般	5						1	2	1	2	优良
16	基础根开及对角线尺寸（mm）	一般	设计值		A	B	C	D	A	B	C	D	优良
			设计值	正	3435	3435	3435	3435	3437	3435	3436	3435	
			设计值	侧	3435	3435	3435	3435	3436	3438	3437	3436	
			设计值	半对角	A	B	C	D	A	B	C	D	
			设计值	半对角	4858	4858	4858	4858	4856	4860	4857	4861	
			螺栓式 插入式 高　塔		±0.2% ±0.1% ±0.07%		±0.16% ±0.08% ±0.06%		—				
17	防风化层	外观	符合设计		符合设计、牢固、外形美观				符合设计、牢固、外形美观				优良
注 1：高塔是指按大跨越设计且塔全高在 100m 以上的铁塔。 注 2：不等高基础以两个半根开和两个半对角线表示。									评级		优良		

监理：林×× 专职质检员：宋×× 施工负责人：刘×× 检查人：郝××

表 6-24 **灌注桩基础检查及评级记录表（线基 3）**

施工桩号	28	运行塔号	28	塔型	SZT235-39	施工基面（m）	0.5	施工日期	2015 年 6 月 2 日
				基础型式	GZZ1			检查日期	2015 年 6 月 13 日

序号	检查（检验）项目	性质	质量标准（允许偏差）		检查结果				评级
			合　格	优　良	A	B	C	D	
1	地脚螺栓及钢筋规格、数量	关键	符合设计		符合设计				优良
2	混凝土强度	关键	设计值：C30		试块强度：32 MPa 试验报告编号：				优良
			不小于设计值						
3	桩深 mm	关键	设计值：15300		15310	15325	15320	15315	优良
			不小于设计值						
4	桩体整体性	关键	符合设计，无断桩		符合设计，无断桩				优良

续表

序号	检查（检验）项目	性质	质量标准（允许偏差）			检查结果				评级
			合　格		优　良	A	B	C	D	
5	清孔	关键	符合设计			符合设计				优良
6	充盈系数	关键	单桩设计：12.67 计算体积：50.68m³			实际灌注量				优良
						14.56	15.00	15.64	16.34	
			一般土	不小于1	不小于1.1	充盈系数				
			软土	不小于1	不小于1.2	1.16	1.18	1.24	1.26	
7	桩径（m）	重要	设计值：1000 符合DL/T 5235—2010第6.3.2条规定			1003	1004	1004	1005	优良
8	连梁（承台）标高（m）	重要	设计值： 符合设计			—	—	—	—	—
9	桩顶清理	重要	符合二次浇筑要求		清淤彻底	清淤彻底	清淤彻底	清淤彻底	清淤彻底	优良
10	混凝土表面质量	重要	符合DL/T 5235—2010第6.2.13、6.2.14规定		符合规定、表面平整	表面平整	表面平整	表面平整	表面平整	优良
11	桩钢筋保护层厚度（mm）	重要	水下	−20	−16	−4	−3	−5	−3	优良
			非水下	−10	−8					
12	连梁（承台）断面尺寸（mm）	重要	设计值：			AB　A	BC　B	CD　C	DA　D	—
			−1%		−0.8%	—　—	—　—	—　—	—　—	
13	连梁（承台）钢筋保护层厚度（mm）	重要	−5			—　—	—　—	—　—	—　—	—
14	整基基础中心位移（mm）	重要	顺线路	30	24	12				优良
			横线路	30	24	10				优良
15	整基基础扭转（′）	重要	一般塔	10	8	4				优良
			高塔	5	4	—				—
16	同组地脚螺栓中心对立柱中心偏移（mm）	一般	10		8	A	B	C	D	优良
						5	4	3	4	
17	基础顶面间高差（mm）	一般	5			0	3	4	2	优良
18	基础根开及对角线尺寸（mm）	一般	设计值	AB：8478 CD：8478 AC：11988	BC：8478 DA：8478 BD：11988	AB：8480		BC：8482		优良
						CD：8479		DA：8481		
			螺栓式 高塔	±0.2% ±0.07%	±0.16% ±0.06%	AC：11990		BD：11991		
注1：充盈系数是指实际灌注量与按设计桩身直径计算体积之比。 注2：高塔是指按大跨越设计且塔全高在100m以上的铁塔。						评级		优良		

监理：黄××　　　专职质检员：张××　　　施工负责人：鲁××　　　检查人：杨××

表 6-25　　自立式铁塔组立检查及评级记录表（线塔 1）

施工桩号		运行塔号	2	塔型	SJ3	呼称高（m）	24.0	施工日期	2012 年 4 月 9 日
						塔全高（m）	38.5	检查日期	2012 年 4 月 18 日

序号	检查（检验）项目	性质	质量标准（允许偏差）合格	质量标准（允许偏差）优良	检查结果	评级
1	部件规格、数量	关键	符合设计		符合设计	优良
2	节点间主材弯曲	关键	1/750	1/800	1/850	优良
3	转角塔、终端塔向受力反方向侧倾斜角（°′″）	关键	大于 0，并符合设计		架线前 7.5‰ 架线后 2.5‰	优良
4	直线塔结构倾斜（%）	重要	一般塔：0.3	0.24	0.23	优良
			高塔：0.15	0.12	0.10	
5	螺栓与构件面接触及出扣情况	重要	符合 DL/T 5235—2010 第 7.2.2 条规定	符合规定、紧密一致	符合规定、紧密一致	优良
6	螺栓防松	重要	符合 DL/T 5235—2010 第 7.2.2 条规定	符合规定、无遗漏	符合规定、无遗漏	优良
7	螺栓防卸	重要	符合 DL/T 5235—2010 第 7.2.2 条规定	无遗漏	无遗漏	优良
8	脚钉	重要	符合 DL/T 5235—2010 第 7.2.9 条规定	齐全紧固	齐全紧固	优良
9	螺栓紧固	一般	符合 DL/T 5235—2010 第 7.2.5 和 7.2.6 条规定，且紧固率：组塔后不小于 95%；架线后不小于 97%		架线前 97%，架线后 99%	优良
10	螺栓穿向	一般	符合 DL/T 5235—2010 第 7.2.3 条规定	符合规定、一致美观	符合规定、一致美观	优良
11	构件接触面贴合率	一般	不少于 75%	不少于 85%	88%	优良
12	保护帽	外观	符合设计或 DL/T 5235—2010 第 7.211 条规定	符合规定、平整美观	符合规定、平整美观	优良
注：高塔是指按大跨越设计且塔全高在 100m 以上的铁塔。					评级	优良

监理：刘××　　专职质检员：张××　　施工负责人：陈××　　检查人：蔡××

表 6-26　　导线、地线及 OPGW 紧线施工检查及评级记录表（耐张段，线线 4）

线类	极别	线别		观测时温度℃	设计弧垂（mm）	实测弧垂（m）	子导线偏差（m）	极间偏差（m）	设计弧垂（m）	实测弧垂（m）	子导线偏差（m）	极间偏差（m）	设计弧垂（m）	实测弧垂（m）	子导线偏差（m）	极间偏差（m）
耐张段施工桩号	1号～2号				观测档档距：287m				观测档档距：　　m				观测档档距：　　m			
耐张段运行塔号	1号～2号				施工桩号		1号～2号		施工桩号		号～　号		施工桩号		号～　号	
					运行塔号		1号～2号		运行塔号		号～　号		运行塔号		号～　号	
导线	左（上）	左	上	25	2550	2550	0	0								
			下													
		右	上													
			下													
	中	左	上	25	2550	2580	+30	30								
			下													
		右	上													
			下													
	右（下）	左	上	25	2550	2550	0	0								
			下													
		右	上													
			下													
OPGW/地线		左		25	2430	2450	+20	+20								
		右														

序号	检查（检验）项目	性质	评级标准（允许偏差）		检查结果	检查结果评级		施工日期	
			合　格	优　良		总数	优良数		
1	极位排列	关键	符合设计	符合设计、标志正确美观	标志正确美观	优良		2013年6月5日	
2	对交叉跨越物及对地距离	关键	详见交叉跨越记录表		符合规范要求	0处	0处		
3	耐张连接金具、绝缘子规格和数量	关键	符合设计		符合设计	优良		检查日期	
4	导线、地线及OPGW弧垂（紧线时）（%）	重要	一般档距±2.5	±2	导1.18% 地0.82%	1档	1档		
			大跨越：±1（最大1m）	±0.8（最大0.8m）	—	—	—	2013年6月15日	
5	导线极间地线（不含OPGW）两线间弧垂偏差（mm）	重要	一般档距：　300	250	导30 地20	1档	1档	评级	优良
			大跨越：　500	400	—	—	—		
6	导线同极子导线弧垂偏差（mm）	一般	50		—	—	—		
7	导地线弧垂	外观	符合GB 50233—2005要求	线间距均匀协调美观	线间距均匀协调美观	1档	1档		

监理：姚××　　　专职质检员：李××　　　施工负责人：刘××　　　检查人：尹××

表 6-27　　导线、地线及 OPGW 附件安装施工检查及评级记录表（线线 5）

<table>
<tr><td>施工桩号</td><td>Z3</td><td rowspan="2">塔型</td><td rowspan="2" colspan="2">2ZC1-18</td><td rowspan="2" colspan="2">绝缘子串型号</td><td rowspan="2">S369S-D01-05</td><td>施工日期</td><td>2014 年
3 月 15 日</td></tr>
<tr><td>运行塔号</td><td>T3</td><td>检查日期</td><td>2014 年
3 月 15 日</td></tr>
<tr><td rowspan="2">序号</td><td rowspan="2" colspan="3">检查（检验）项目</td><td rowspan="2">性质</td><td colspan="3">评级标准（允许偏差）</td><td rowspan="2">检查结果</td><td rowspan="2">评 级</td></tr>
<tr><td colspan="2">合 格</td><td>优 良</td></tr>
<tr><td>1</td><td colspan="3">金具规格数量</td><td>关键</td><td colspan="3">符合设计及 Q/GDW 153 要求</td><td>符合设计及
Q/GDW 153 要求</td><td>优良</td></tr>
<tr><td rowspan="4">2</td><td rowspan="4">跳线</td><td rowspan="2">弧垂
（m）</td><td>左</td><td rowspan="4">关键</td><td colspan="3">设计值：—</td><td>—</td><td>优良</td></tr>
<tr><td>右</td><td colspan="3">符合设计</td><td>—</td><td>优良</td></tr>
<tr><td rowspan="2">对铁塔
间隙
（m）</td><td>左</td><td colspan="3">设计值：≥1.5</td><td>—</td><td>优良</td></tr>
<tr><td>右</td><td colspan="3">符合设计</td><td>—</td><td>优良</td></tr>
<tr><td>3</td><td colspan="3">跳线联板</td><td>关键</td><td colspan="2">符合 DL/T 5235—2010
第 8.5.15 条规定</td><td>平整、光滑</td><td>平整光滑</td><td>优良</td></tr>
<tr><td>4</td><td colspan="3">开口销及弹簧销</td><td>关键</td><td colspan="3">规格符合设计，齐全并开口</td><td>齐全并开口</td><td>优良</td></tr>
<tr><td>5</td><td colspan="3">绝缘子的规格、数量</td><td>关键</td><td colspan="3">符合设计</td><td>符合设计</td><td>优良</td></tr>
<tr><td>6</td><td colspan="3">跳线制作</td><td>重要</td><td colspan="2">符合设计和 DL/T
5235—2010 要求</td><td>曲线平滑、美观，
无歪扭</td><td>曲线平滑美观
无歪扭</td><td>优良</td></tr>
<tr><td>7</td><td colspan="3">跳线绝缘子串数量</td><td></td><td colspan="3">符合设计</td><td>符合设计</td><td>优良</td></tr>
<tr><td>8</td><td colspan="3">地线及 OPGW 悬垂
绝缘子串倾斜偏差
（mm）</td><td>一般</td><td colspan="2">50</td><td>40</td><td>40</td><td>优良</td></tr>
<tr><td>9</td><td colspan="3">导线悬垂绝缘子串
倾斜偏差（mm）</td><td>一般</td><td colspan="2">200（高山大岭 300）</td><td>160（高山大岭 240）</td><td>20</td><td>优良</td></tr>
<tr><td rowspan="2">10</td><td rowspan="2" colspan="3">导线防振锤及阻尼线
安装距离（mm）</td><td rowspan="2">一般</td><td colspan="3">设计值：1500</td><td rowspan="2">8</td><td rowspan="2">优良</td></tr>
<tr><td colspan="2">±30</td><td>±25</td></tr>
<tr><td rowspan="3">11</td><td rowspan="3" colspan="3">地线及 OPGW 防振锤
安装距离（mm）</td><td rowspan="3">一般</td><td rowspan="2">设计：</td><td>地线</td><td>650</td><td>地线 645</td><td rowspan="3">优良</td></tr>
<tr><td>OPGW</td><td></td><td rowspan="2">OPGW</td></tr>
<tr><td colspan="2">±30</td><td>±25</td></tr>
<tr><td>12</td><td colspan="3">绝缘地线放电间隙
（mm）</td><td>一般</td><td colspan="3">±2</td><td>+1</td><td>优良</td></tr>
<tr><td>13</td><td colspan="3">屏蔽环、均压环安装</td><td>一般</td><td colspan="2">符合设计</td><td>端正、无歪扭</td><td>端正无歪扭</td><td>优良</td></tr>
<tr><td rowspan="2">14</td><td rowspan="2" colspan="3">间隙棒安装
施工桩号：
号～　　号</td><td rowspan="2">一般</td><td colspan="3">数量：3×8</td><td rowspan="2">第 1 个：±0.5% 1′
中间：±1.2% 1′</td><td rowspan="2">优良</td></tr>
<tr><td colspan="2">第 1 个：±1.5% 1′
中　间：±3.0% 1′</td><td>±1.2% 1′
±2.4% 1′</td></tr>
<tr><td>15</td><td colspan="3">OPGW 接线盒安装</td><td>重要</td><td colspan="2">符合设计</td><td>规范、美观</td><td>规范、美观</td><td>优良</td></tr>
<tr><td>16</td><td colspan="3">OPGW 引下线安装</td><td>一般</td><td colspan="2">符合设计</td><td>统一、整齐、
美观、牢固</td><td>规范、美观</td><td>优良</td></tr>
<tr><td>17</td><td colspan="3">铝包带缠绕</td><td>一般</td><td colspan="2">符合 DL/T 5235—2010
第 8.5.9 条规定</td><td>统一、美观</td><td>统一、美观</td><td>优良</td></tr>
<tr><td>18</td><td colspan="3">绝缘子锁紧销子及
螺栓穿入方向</td><td>外观</td><td colspan="2">符合 DL/T 5235—2010
第 8.5.7 条规定</td><td>穿向一致、
整齐、美观</td><td>穿向一致、
整齐、美观</td><td>优良</td></tr>
<tr><td colspan="8">注：1′ 为次档距。</td><td>评级</td><td>优良</td></tr>
</table>

监理：熊××　　专职质检员：王××　　施工负责人：李××　　检查人：任××

表 6-28　　风偏及对地开方检查及评级记录表（线线 9）

位置	档距（m）	项目	距最近铁塔距离（m）	测量对地距离（m）	测量时温度（℃）	换算至中点弧垂时对地距离（m）	设计标准（允许净距）（m）	评级
1～2 号	127	对地	1 号　+3	11.85	30	11.82	6.0	优良
2～3 号	171	对地	3 号　−6	13.68	30	13.46	6.0	优良
3～4 号	310	对地	3 号　+90	10.05	30	9.96	6.0	优良
4～5 号	316	对地	4 号　+91	23.50	30	23.35	6.0	优良
5～6 号	307	对地	6 号　−3	9.95	30	9.90	6.0	优良
6～7 号	342	对地	6 号　+5	10.10	30	10.05	6.0	优良
7～8 号	87	对地	7 号　+8	11.89	30	11.80	6.0	优良
8～9 号	524	对地	8 号　+173	33.50	30	33.26	6.0	优良
9～10 号	120	对地	10 号　−3	13.85	30	13.80	6.0	优良
10～11 号	244	对地	11 号　−20	10.05	30	10.00	6.0	优良
11～12 号	162	对地	11 号　+5	12.04	30	12.00	6.0	优良
12～13 号	280	对地	13 号　−8	11.56	30	11.48	6.0	优良

监理：牛××　　专职质检员：黄××　　施工负责人：吴××　　检查人：周××

表 6-29　　交叉跨越检查及评级记录表（线线 10）

跨越桩号	跨越塔号	跨越档档距（m）	被跨越物名称	距最近杆塔塔号及距离（m）	交叉角（° ′）	交叉点净距（m）	测量时温度（℃）	换算至最高温度时的净距/温度（m/℃）	标准（允许净距）（m）	测量人	判定
G1～G2 号	1～2 号	75	10kV	1 号 26	70 15	6	25	40/5.9	3.0	孙××	优良
G5～G6 号	5～6 号	341	10kV	6 号 74	85 30	12.7	25	40/12.6	3.0	孙××	优良
G12～G13 号	12～13 号	257	通信线	12 号 112	86 10	11.4	25	40/11.3	3.0	孙××	优良
G13～G14 号	13～14 号	280	通信线	13 号 128	85 45	12.6	18	40/12.5	3.0	孙××	优良
G13～G14 号	13～14 号	280	通信线	13 号 158	85 45	15.8	18	40/15.7	3.0	孙××	优良
G13～G14 号	13～14 号	280	通信线	14 号 90	75 16	10.5	18	40/10.4	3.0	孙××	优良
G22～G23 号	22～23 号	285	35kV	22 号 88	84 35	5.6	18	40/5.5	3.0	孙××	优良
G22～G23 号	22～23 号	285	35kV	22 号 108	84 35	5.7	18	40/5.6	3.0	孙××	优良
备　注									评级	优良	

监理：王××　　专职质检员：田××　　施工负责人：姜××　　检查人：胡××

第七章

大跨越工程测绘

架空输电线路跨越大江大河、湖泊、海峡港湾或山区峡谷等，因档距较大（一般在1000m以上）或塔的高度较高（一般在100m以上），许多河流或海峡还有通航要求，导线选型或塔的设计需要予以特殊考虑，且发生故障时严重影响航运或修复特别困难的线路区间段，需要对该段线路进行特殊设计。

大跨越线路段在勘测设计时通常作为独立的工程单元开展工作，称为大跨越工程。输电线路大跨越工程往往是整条输电线路设计的瓶颈，设计条件严苛，安全技术复杂，单位投资大，施工难度高、周期长。因此，在大跨越输电线路工程中必须作广泛、深入、细致的工作，进行设计优化。

架空输电线路大跨越工程测绘阶段的划分与非大跨越线路设计阶段相适应，分为可行性研究阶段测绘、初步设计阶段测绘和施工图设计阶段测绘。大跨越工程测绘各阶段的工作深度与一般输电线路有所区别，通常整个大跨越工程的大部分工作在可行性研究阶段和初步设计阶段完成。当大跨越方案确定且条件简单时，可将各阶段合并，但需同时满足各阶段设计专业的要求。当工程有特殊要求时，亦可增加相应的勘测阶段或测绘内容。

第一节　可行性研究阶段测绘

输电线路大跨越工程可行性研究阶段，测绘人员配合设计人员对大跨越工程线路路径预选方案进行比选，并推荐最佳路径方案。主要测绘工作有：搜集与设计方案相关的线路沿线测绘资料；对测绘资料进行内业处理形成大跨越工程线路设计所需资料；对影响线路路径方案和工程造价的地物地貌、重要交叉跨越等进行实地调绘和测绘，补充、完善设计所需资料。

一、资料收集

接受任务书后，应充分了解大跨越工程概况、跨越路径预选方案及设计专业的配合要求，配合设计专业搜集设计过程所需的基础测绘资料，为项目的经济技术合理性、行政审批的合规性提供技术依据。

1. 搜集资料内容

需要收集以下几方面的测绘资料：

（1）收集大跨越工程区域已有工程的相关测绘成果。

（2）从国家测绘成果管理部门或相关测绘单位收集沿线中小比例尺地形图。

（3）航空摄影资料，包括航空摄影影像及参数、验收资料等。

（4）卫星遥感影像资料。

（5）数字高程模型（DEM）。

（6）已知平面及高程控制点成果等基础测绘资料。

2. 技术要求

（1）收集涉密测绘成果，应根据国家涉密测绘成果购买行政审批流程，由有测绘资质的单位负责购买并按相应密级进行保密管理。

（2）地形图可以是纸质版或电子版，比例尺通常为1:10000或1:50000。地形图应有较好的现势性。同一比例尺地形图的坐标、高程系统要保持一致。

（3）航空影像摄影比例尺，平丘地区不应小于1:30000，山区不应小于1:40000。

（4）卫星影像地面分辨率不宜低于2.5m。多光谱影像的波段数不应少于3个，影像应层次丰富、图像清晰、色调均匀、反差适中；影像云层覆盖应小于5%，且不能覆盖重要地物；应选用成像季节相近的影像，且相邻影像之间应有不小于影像宽度4%的重叠。

（5）数字高程模型（DEM）的格网间距不应大于10m，最大不应大于15m。数据格式应满足软件处理的要求。

（6）控制点成果应包括控制点名、精度等级、坐标系统、高程系统、坐标和高程，以及提供控制点成果的单位及其印章等。

二、室内工作

室内工作是对搜集的地形图、航摄与遥感影像、数字高程模型等资料进行内业处理，构建大跨越工程区域的三维立体模型，进行线路路径的选择、优化、预排位及测绘概略平断面图，形成满足设计要求的路径方案图、数字正射影像图、数字高程模型、平断面图、转角坐标等资料。

（一）数据处理

1. 地形图数据处理

根据大跨越预选路径，将纸质地形图进行拼接，供设计人员在地形图上进行路径比选，形成路径方案图。纸质地形图拼接结合误差要小，范围应能够满足设计要求。

对电子地形图进行预处理，将坐标、高程基准转换一致，并拼接转换后的电子地形图，供设计人员在电子地形图上进行路径比选，形成路径方案图。

2. 影像数据预处理

卫星影像数据预处理主要包括以下几项：几何及正射纠正、影像融合、影像镶嵌与裁剪、影像整饰及出图几个环节。

（1）影像几何及正射纠正。使影像具有统一的坐标系统，具有地理坐标和投影，步骤如下：

1）选取控制点：一景影像上宜选择10个左右控制点，控制点均匀分布在图像内，或者均匀分布在工程路径范围内，不可过于集中。控制点应在图像上有明显和精确定位的识别标志，尽量选取变化不大的明显地物。

2）选取合理的数学模型，一般选取多项式几何纠正模型。

3）对影像逐像元进行纠正，纠正误差要求控制在1～2个像元之内，符合要求后进行影像重采样。

4）利用卫星影像的RPC文件、DEM进行无控制点的正射纠正或利用控制点正射纠正。

（2）卫星影像融合。卫星影像融合分基于像元级、基于特征级、基于决策级。一般采用基于像元级，主要融合方法有代数法、HIS 变换、小波变换、主成分变换（PCT）、K-T 变换等。

（3）卫星影像镶嵌与裁剪。将多景影像拼接在一起然后根据工作范围进行裁剪。

（4）卫星影像整饰及出图。标注坐标网格、添加各类注记，添加图例及指北针等。

3. 影响大跨越路径的资料处理

测绘人员配合把设计及相关专业搜集的对大跨越路径选择有影响的规划、国土、市政、水利、交通、航运、军事等部门的资料，如规划区、采空区，矿区、气象区、林区以及电力、通信、铁路、公路、油气管线等转绘到地形图、影像图上。

4. 数字高程模型处理

在数字高程模型（DEM）数据基础上生成等高线，将等高线与影像图叠合。

5. 建立三维地形模型

将DOM和DEM数据进行格式转换，加入到三维辅助优化设计平台建立三维地形模型。将设计及相关专业搜集的对大跨越路径选择有影响的资料加入到三维辅助优化设计平台。

（二）配合设计专业进行大跨越路径方案比选

配合设计专业进行大跨越路径方案比选通常有以下三种方式：

（1）在地形图上进行大跨越路径方案比选，在电子地形图或纸质地形图绘制比选方案形成路径方案图。

（2）在影像图上进行大跨越路径方案比选，在影像图上绘制比选方案形成影像路径方案图。

（3）在三维辅助优化设计平台上进行大跨越路径比选，输出路径方案图。

（三）室内量测预选方案跨越档的档距、高差、平断面图以及塔位坐标

利用在三维辅助优化设计平台、影像图、地形图进行数据提取，经处理后向设计专业提供与跨越方案相关的测绘基础数据，包含跨越档的档距、高差、概略平断面图及跨越塔塔位坐标等信息。

三、外业工作

（1）控制点踏勘。踏勘已搜集的国家或地方平面和高程控制点，了解其分布和保存情况。

（2）平面和高程联测。必要时在线路大跨越范围设置控制点并与已知国家或地方控制点进行坐标和高程联测。

（3）实地选定线。配合设计人员踏勘不同的预选方案，将室内大跨越预选方案在实地进行选定线。

（4）调绘、校测及补测。调绘影响大跨越陆上路径方案的地物、重要交叉跨越，调绘主要经济作物及林木分布状态，标注在路径方案图上；室内生成的平断面图等数据的校测及补测；设计人员现场确定需要测绘的内容。

（5）专业测绘。配合设计专业测绘大跨越水域、潮位、通航限制条件等数据；配合水文专业测量水位计算所需的数据。

第二节　初步设计阶段测绘

初步设计阶段测绘的主要工作内容包括资料收集、平面及高程联测、定线测量、平断面图测绘、专项测绘。专项测绘包括交叉跨越测绘、房屋分布图测绘、地形测绘、林木测绘与调查、水文测量、勘探点定位测量。

一、资料收集

根据测绘任务书的要求充分收集和利用已有资料，主要是大跨越区域基础控制成果，作为大跨越测绘工作的起算基准。搜集的平面和高程控制点成果，应包括其名称、等级和系统等信息。大跨越两岸分别收集的平面及高程控制成果系统宜保持一致，单侧的平面已知点与水准点成果数量不宜少于 2 个。

二、平面与高程联测

（一）平面联测

1. 测量精度要求

平面联测精度，在城市规划区，塔位中心的点位误差不应大于该城市规划用图图面所示的 0.6mm，有特殊要求时，应按其要求确定平面联测精度。大跨越两侧的联测，整个控制网中的最弱点相对于起算点的点位中误差不超过 10cm。

2. 测量方法

平面联测通常采用 GNSS 测量、导线测量等方法。

（1）GNSS 测量。平面联测优先采用 GNSS 测量方法。

1）GNSS 平面联测应遵循如下基本原则：

a. 平面联测大跨越两端采用统一的平面坐标系统，两端纳入统一 GNSS 控制网。

b. 大跨越平面联测及首级网控制测量，应选择使用静态或快速静态作业模式。

c. 与附近高等级国家控制点联测时，通常联测不少于 2 点，且需对高等级国家控制点成果进行检核。

d. 根据设计方案审批环节需要可采用 1954 年北京坐标系、1980 西安坐标系、国家 2000 坐标系、WGS84 坐标系或地方坐标系。大跨越工程坐标系统一般与线路坐标系统保持一致，需独立设定中央子午线时，应保证投影变形值≤10cm/km。通常采用高精度全站仪测距的形式对投影变形进行校核，测量精度等级可以按照一级导线的精度。一级导线观测精度及技术要求见表 7-1。

表 7-1　一级导线观测精度及技术要求

等级	测距仪级别	每边测回数		测距中误差（mm）	测距相对中误差
		对向	同向		
一级	≤10mm	1	2	±25	1/16000

投影变形检验通过后，将控制点数据作为成果使用。当检验结果超出要求时，需要对 GNSS 控制网进行投影变形处理。通过变换中央子午线或改变投影面高度来消除投影变形。

e. GNSS 平面联测及首级控制网测量精度等级不应低于一级 GNSS 网或一级导线网，其测量技术要求可参照本手册第一章第二节的相关内容。

2）GNSS 控制网的布设应遵循以下原则：

a. 大跨越首级控制网与系统联测网可以统一布网，已知点与测区之间距离超过 GNSS 网联测等级对距离的限定值时，需要在联测已知点与大跨越首级控制网之间增加转点。

b. GNSS 控制网应根据实际需要和交通情况进行布置，以布设多边形网为宜。控制点布设需要考虑测区环境条件并参照本手册第十二章第二节的相关内容。如果现场条件无法满足要求时，建议控制网分级布设，在高等级控制网的基础上，再布设能够满足实际需要的次级网。

c. 在考虑网型合理的前提下，两岸应分别布设不少于 3 个控制点，且单侧控制点之间保证每个点至少与另外一点通视。

3）GNSS 测量观测的具体实施过程与要求可参照本手册第十二章第二节的相关内容。

4）观测结束后应及时进行观测数据的检查和质量分析，完成基线解算及精度评定，并对每个时段进行同步环和异步环闭合差检核。当检查或处理数据过程中发现观测数据不能满足要求时，应对 GNSS 成果进行全面分析，并对其中部分数据进行补测或重测。符合精度要求后进行 GNSS 网平差计算。基线解算、环闭合差计算、网平差过程及技术要求，成果整理可参照本手册第十二章第二节的相关内容。

（2）导线测量。在采用 GNSS 测量条件不允许的情况下采用导线测量的方法。

1）大跨越控制网联测过程中导线测量精度不应低于一级导线精度。导线最弱点相对于起算点的点位中误差小于 10cm。

2）导线布设主要包括附合导线和附合导线网两种形式。两端控制网与国家高等级控制点间联测一般从大跨越的一侧引入，再传递到另一端。在进行两岸之间控制网的联测时，通常布设四边形网，增加多余观测量，加强网形强度。例如可以建立如图 7-1 所示的附合导线网。

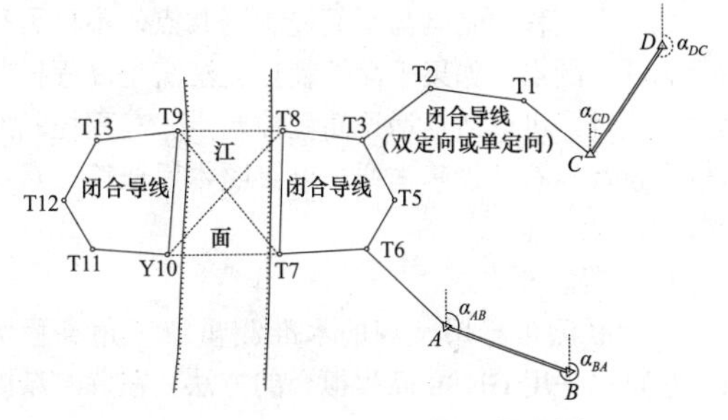

图 7-1　大跨越常用导线网示意图

导线控制点位置选择需注意以下要点：

a. 相邻导线点间通视良好，便于进行角度和距离测量。

b. 点位选择在视野开阔、便于保存且适合安放仪器之处。

c. 点位应均匀分布于整个测区。

3）导线测量包括距离测量与转折角测量两个主要环节，测量的基本要求可参照本手册第一章第三节的相关内容。控制网间的联测由于相隔较远，边长会超出规范的要求，需要在测量大跨越段导线网时增加校核条件，一般是在跨越网点测站增加连接角测量。

4）数据的内业整理及计算过程可参照本手册第一章第三节的相关内容。

（二）高程联测

高程联测是为大跨越测绘区域引入国家高程系统，建立大跨越塔位、洪（潮）水淹没区、洪痕点及洪水位高程测量数据的统一高程基准，同时实现大跨越两端高程系统的统一，为设计及水文专业提供基础设计依据。高程联测包含国家高程系统引入和两岸高程系统的统一两项基本工作。

1. 测量基本原则

（1）高程系统宜采用1956年黄海高程系或1985国家高程基准等国家高程基准。在没有国家高程基准可以联测时，可以选择采用跨越水系所用高程系统。

（2）保证大跨越区域高程系统与整条线路采用的高程系统一致。高程系统无法统一时需提供大跨越所采用高程系统与线路所采用高程系统之间的换算关系。

（3）高程系统的引入联测与两岸之间高程系统统一性联测宜同时开展，且在较短时间内完成。

（4）跨越点桩位应纳入高程联测控制网内。

（5）大跨越塔位桩、洪（潮）水淹没区域、洪痕点及洪水位高程的联测，应采用不低于五等水准测量、五等三角高程测量或五等GNSS高程测量。当联测的距离大于10km时，应采用四等水准测量、四等三角高程测量或四等GNSS高程测量。有特殊要求时，应按其要求确定高程测量精度。

2. 高程控制网的布设

原则上高程控制网与平面控制网共点，不再另行布设高程控制点，如果平面控制点无法满足高程控制网的需要时，可以适当增设高程控制点。高程控制网点位布设及标石埋设基本要求可参照本手册第二章第二节的相关内容。

3. 高程联测方法

高程联测可采用常规的水准测量或三角高程测量，也可以采用GNSS高程拟合的方法。在联测精度要求较高，联测距离适中且路径通畅、地势平坦的条件下，宜采用水准测量的方式。对于部分地势陡峭，跨越空旷水面或植被密集的高程控制可以采用三角高程测量。在高程系统引入联测过程中，高程已知点距离测区过远时可以考虑采用GNSS测量方式。

（1）水准测量。四、五等水准测量的主要技术要求，水准测量的观测方法、观测及记录要求、仪器i角的检验等可参照本手册第二章第二节的相关内容。水准测量的数据处理要求如下：

1）应计算水准网中各测段往返测高差不符值及附合或闭合网闭合差。水准网平差计算各测段往返测高差不符值，在此基础上计算每千米水准测量偶然中误差，计算公式如下：

$$M_{\Delta}=\pm\sqrt{\frac{1}{4n}\left[\frac{\Delta\Delta}{R}\right]} \tag{7-1}$$

式中　M_{Δ}——每千米水准测量偶然中误差，mm；

Δ——往返测段高差不符值，mm；

R——测段长度，km；

n——测段数。

附合水准路线及闭合环线的测量，在计算出环闭合差W后，还应根据环闭合差W计算每千米水准测量全中误差。计算公式如下：

$$M_{W}=\pm\sqrt{\frac{1}{N}\left[\frac{WW}{F}\right]} \tag{7-2}$$

式中　M_{W}——水准环闭合差，mm；

F——计算各W时，相应的路线长度，km；

N——水准环数。

2）平差计算应使用经过验证的计算机软件。高程控制网平差结果应以解算报告的形式出具，其内容应包括项目名称、水准等级、高程系统、完成时间、测量人员、水准网图、已知数据、测量输入原始数据、平差精度、平差数据成果等。五等水准可进行简单配赋平差；平差按测站数定权时，应将程序输出的每测站中误差乘以每千米平均测站数的平方根，以求得每千米高差全中误差。高程成果的取值，四等应取位至1mm，五等应取位至1cm。

（2）三角高程测量。在不具备进行水准测量条件时，可采用三角高程方式进行高程控制测量。要求如下：

1）电磁波测距三角高程测量，四等三角高程起讫点的高程精度等级不低于三等水准，五等三角高程起讫点的高程精度等级不低于四等水准。主要技术要求参照本手册第二章相关章节的内容。

2）三角高程控制点应尽量与平面控制点共用，无法满足观测条件时可增加三角高程控制点位。

3）三角高程观测方法、观测的技术要求、记录要求、内业计算及注意事项可参照本手册第二章第三节的相关内容。

（3）GNSS 高程测量。在采用水准测量方式布设高程控制网或进行高程联测难度较大的区域，可采用 GNSS 高程测量方法布设四等或五等高程控制网或进行高程联测。联测时联测边控制在 5km 以内，否则加高程异常改正。GNSS 高程测量的精度要求见表 7-2。点间大地高差精度要求见表 7-3。

表 7-2　　GNSS 高程测量的精度要求

等级	每千米高差全中误差（mm）	固定误差 a（mm）	比例系数误差 b（1×10^{-6}）	重复基线大地高差较差（mm）	图形闭合差（m）	相邻点平均边长（km）
四等	10	≤8	≤5	$\leqslant 2\sqrt{2}m_{\mathrm{H}}$	$\leqslant 2\sqrt{n}m_{\mathrm{H}}$	1～5
五等	15	≤10	≤10			0.2～1

其中大地高差中误差按式（7-3）计算，即

$$m_{\mathrm{H}} = \pm\sqrt{a^2 + (bd)^2} \tag{7-3}$$

式中　m_{H}——大地高差中误差，mm；

a——固定误差，mm；

b——比例误差系数，mm；

d——相邻点间边长，km。

表 7-3　　点间大地高差精度要求

大地高差类别	固定误差 a（mm）	比例误差系数 b（1×10^{-6}）
主控制网点间大地高差	≤10	≤15

GNSS 高程控制网的布设、观测、数据处理等环节可参照本手册第十二章第二节的相关内容。

（4）跨河水准联测。大跨越的典型特征是跨越宽阔水面或深谷等障碍，无法按照常规要求进行两岸控制网之间的水准联测。大跨越跨越障碍物的宽度往往都要超过 200m，根据视线长度和仪器设备情况，可选用直接读数法、光学测微法、经纬仪倾角法、测距三角高程法等，还可以利用 GNSS 静态观测拟合的方式进行跨河水准作业。有关操作具体规定可参照 GB 12898《国家三、四等水准测量规范》的相关内容。

三、定线测量

定线测量是为配合设计专业将初步设计阶段所确定的方案放样在实地，核实跨越方案的空间位置与路径走向，解决因可研阶段地形图不准确造成设计方案与大跨越设计制约因素产生的矛盾。现场调整选定大跨越塔位和耐张塔塔位位置、加测直线桩，测量桩间距离和高差，为下一步详细测绘工作的开展提供参照基准。

（一）测量要求

（1）大跨越定线测量中，以两跨越塔中心连线为基准线，其他直线桩位偏离直线方向的角度值不应大于 ±1′。

（2）直线桩要设在便于距离测量、高差测量、平断面图测绘、交叉跨越测量、定位测量之处且能便于长期保存。

（3）桩间距离除特殊情况外一般不超过 400m，塔位桩应增设前后方向桩，方向桩与塔位桩间距离一般大于 80m。

（4）塔位桩、直线桩、转角桩按顺序分别编号。应埋设半永久性或永久性标桩。

（二）测量方法

大跨越工程测绘定线测量宜采用 GNSS RTK 测量或全站仪测量。全站仪测量又分采用直接定线法和间接定线法。

1. GNSS RTK 定线测量

GNSS RTK 定线测量时，根据选线确定的大跨越路径，利用 GNSS RTK 放样线路直线桩位和转角桩位，并测量直线桩和转角桩的坐标和高程，然后计算出桩间距离、累距、高程、转角等数据。

GNSS RTK 测量可采用单基站 GNSS RTK 测量和网络 GNSS RTK 测量。

（1）单基站 GNSS RTK 定线测量应满足下列要求：

1）基准站应尽量避开高压线、通信基站、电视转播塔等无线电干扰源和强反射源的干扰。GNSS RTK 基准站应选择在地势较高、视野开阔、交通方便，远离电力线、通信塔、树林和房屋的地方，避开大面积水域等。

2）采用 GNSS RTK 进行放样直线桩、塔位桩时，应采用双频接收机。

3）GNSS RTK 流动站与基准站间的距离不宜超过 8km。

4）GNSS RTK 测量，同步观测卫星数应不少于 5 颗，显示的坐标和高程精度指标应在 30mm 范围内。当显示的偏距小于 15mm 时，即可确定直线桩、塔位桩，并应记录实测数据、桩号和仪器高。

5）采用 GNSS RTK 进行基准站传递或者桩位测量时，应加强校核。

6）直线桩至少有一个方向通视，直线桩间距不宜小于 200m，山区可根据地形条件适当放长。

7）两跨越塔塔位桩（或跨越的两直线桩）相对坐标中误差应小于 7cm；一般相邻塔位桩（或相邻两直线桩）相对坐标中误差应小于 5cm。高差中误差应小于 15cm。

8）同一耐张段内的直线桩、塔位桩宜采用同一

基准站进行放样。当更换基准站时，应对上一基准站放样的直线桩或塔位桩进行重复测量。两次测量的坐标较差不应大于 7cm，高程较差不应大于 10cm。

（2）网络 GNSS RTK 测量应满足下列要求：

1）网络 GNSS RTK 测量应在 CORS 系统的有效服务区域内进行。

2）网络 GNSS RTK 测量及其精度也应符合单基站 GNSS RTK 定线测量的要求。

（3）单基站 GNSS RTK 定线测量的作业流程如下：

1）获取坐标转换参数。GNSS RTK 测量数据为 WGS84 坐标，而测量需要实时显示国家或地方坐标，就需要坐标转换参数实时进行坐标转换。获取坐标转换参数的方式：直接利用测区已有的坐标转换参数；利用同时具有国家坐标或地方坐标及 WGS84 坐标的已有控制点进行转换参数的计算，控制点无 WGS84 坐标时应进行静态或快速静态观测获取，参加计算的控制点位以能够控制整个测区为原则；CORS 信号覆盖区域，利用 CORS 测量控制点的地方坐标，再用静态测量 WGS84 坐标成果，然后计算坐标转换参数。

2）基准站的设置与检测。将坐标转换参数、已知控制点、放样点的坐标数据导入 GNSS 控制器。在控制点上架设 GNSS 基准站，GNSS 流动站对其他控制点进行检测。

3）桩位放样测量。将选线测量的转角坐标输入控制器，将转角桩放样。利用 GNSS RTK 控制器内置放样测量软件直线放样功能，选定需放直线桩的两个转角点数据，构建参考线，确定起始点、方向点，在 GNSS RTK 放样操作界面中就会显示出需放样点与参照线的相对关系；通过移动 GNSS RTK 流动站接收机位置，使得点位位置不断地趋近于参照直线。当界面显示 GNSS RTK 平面定位精度小于 3cm，高程定位精度优于 3cm 时，且点位相对于直线偏离度小于 15mm 时，确定点位测设成功。

放样直线桩位时，需要进行重复测量，当两次重复测量的较差小于 1cm 时，取其平均值作为最终结果。

（4）网络 GNSS RTK 定线测量的作业流程如下：

1）流动站的配置。在进行网络 GNSS RTK 作业前，需要用 GNSS RTK 控制手簿设置网络参数，包括 IP 地址、端口、源列表、CORS 用户名、密码、APN 等参数。

2）获取坐标转换参数。流动站需要设置椭球基准及中央子午线，如果 CORS 系统播发的差分数据中含有七参数及高程拟合等参数，则不需要再设置，反之则还需要输入或现场求解转换参数。

3）桩位放样测量。放样作业过程与单基站 GNSS RTK 定线测量一致。

2. 全站仪直接定线测量

全站仪直接定线法与普通架空输电线路工程测绘相同，详细作业方法可参照本手册第六章第四节的相关内容。直接定线应满足下列要求：

（1）避免后视距离短、前视距离长，相差过大现象。

（2）正倒镜分中法前视点两次点位之差，每百米不应大于 0.06m。采用全站仪正倒镜分中法定好前视桩桩位后，观测水平角一测回，其允许偏差 ±30″。

（3）直接定线测角时对中允许偏差不应超过 3mm，水平度盘气泡允许偏移值不应超过 1 格。

（4）照准的前、后视目标应竖直，宜瞄准目标的下部。当照准目标在平地 100m 以内无遮挡物时，应以细小标志指在桩钉位置。当前后视距离小于 40m 时，仪器应严格对中、整平，照准的目标应直、细（如测钎、铅笔尖等）。

（5）采用前后视法加定直线桩桩位时，应先用正倒镜分中法定好远视直线桩桩位，然后在其间加定直线桩。所加直线桩桩间距离，应力求均匀，且不宜过短。

3. 全站仪间接定线测量

（1）全站仪间接定线测量可采用矩形法、等腰三角形法、支导线法等。水平角测量应使用不低于 2″级仪器。其技术要求应符合表 7-4、表 7-5 的规定。

表 7-4　　间接定线测距技术要求

测距仪级别	仪器对中允许偏差（mm）	水平度盘气泡允许偏离值（格）	点位设置		全站仪测距		
			方法	限差（mm）	方法	对向测距允许较差的相对误差	
						矩形法、等腰三角形法	支导线法
不低于10mm级	≤2	≤1	正倒镜两次点位取中	两次点位之差每10m不大于2mm	对向观测	1/4000	1/5000

注　1. 当采用支导线时，导线边数不得超过 4 条，边长力求均匀，不得相差过大。起始点与后视边长宜大于 100m；距离测绘读至毫米，计算成果取至毫米。

2. 当采用矩形法、三角形法时，垂直于路径的距离不应小于 25m。

表 7-5　　间接定线测角技术要求

仪器类型	观测方法	测回数	半测回差（″）	测回差（″）	读数（″）	成果取至（″）
2″级	方向法	1	10		1	1

（2）采用间接定线法定线时，应根据实测条件进

行精度估算。所有过渡点均应钉立木桩，无闭合或附合条件时，应有重复测量作校核。

（三）桩间距离与高差测量

1. 基本技术要求

（1）大跨越桩间距离测量的相对误差应小于1/1000，有特殊要求时，应按其要求精度执行。

（2）采用全站仪测量大跨越档距，宜为对向观测各一测回。当采用同向观测时，应变动仪器高或觇标高，共观测两测回，两测回中数为最终成果。

（3）大跨越塔位桩桩间高差全站仪测量两测回观测高差不应大于0.4*S*m，*S*为塔位桩桩间距离，以千米计。

（4）直线桩桩间高差测量当采用三角高程测量时，应对向观测各一测回，对向观测的较差限差不应大于0.4*S*m，*S*为测距边长，以千米计，小于0.1km时按0.1km计。仪器高和棱镜高均量至0.01m，高差计算至0.01m，成果采用两测回高差的中数，取至厘米。

2. 桩间距离测量方法

大跨越桩间距离测量可采用GNSS RTK测量或全站仪测量、三角解析法测量方式。

（1）全站仪测量。采用全站仪直接测量间距，一般为对向观测各一测回或同向两测回。

光电测距读数较差限值按表7-6的规定。

表7-6 光电测距读数较差限值

仪器等级	一测回读数较差（mm）	单程测回间较差（mm）	往返较差（mm）
≤5mm级	5	7	2（$a+bD$）
5mm～10mm级	10	15	

注 1. 往返较差应将斜距规划到同一高程面上进行比较。
2.（$a+bD$）为全站仪的测距标称精度。

（2）GNSS RTK测量。采用GNSS RTK直接采集桩位的平面坐标，利用坐标计算桩间距离。

（3）三角解析法。当桩位之间无法通视，又无法利用GNSS RTK直接测量桩位坐标时，可利用三角解析法施测桩间距离。以已知基线为起算方位按照导线计算方法依次推导出两桩位的坐标，利用坐标推算桩间距离。

3. 桩间高差测量

大跨越桩间高差测量可采用GNSS静态测量、GNSS RTK测量或全站仪测量方式。

（1）全站仪高差测量。高差测量应与测距同时进行，应采用三角高程测量两测回。桩间高差按式（7-4）计算。

$$h = S\cos\alpha + i - l \tag{7-4}$$

式中 S——桩间实测斜距，m；

α——测站垂直角，（° ′ ″）；

i——测站仪器高，m；

l——测点棱镜高，m。

当边长超过400m时，应进行地球曲率和折光差改正，改正数按式（7-5）计算，桩间高差按式（7-6）计算。

$$r = \frac{(1-k)S^2}{2R} \tag{7-5}$$

$$h = S\cos\alpha + i - l + r \tag{7-6}$$

式中 S——桩间距离，m；

r——地球曲率及折光差改正数，m；

k——折光系数，取0.13；

R——地球平均曲率半径，km；当纬度为35°时，R=6371km。

（2）GNSS高差测量。两种方法：①将桩位纳入GNSS控制网，通过静态观测，进行高程拟合计算，解算出桩位高程及桩间高差；②利用GNSS RTK方式进行测量，直接测量桩位高程，计算桩间高差。

四、平断面图测绘

（一）测绘原则与要求

1. 基本原则

（1）平面图测绘内容包括沿线路中心线左右两侧一定范围内的地物、地貌测绘；断面图测绘包括线路中心线、左边线、右边线、风偏横断面、风偏点的测量。断面图测量前与设计专业明确线路中线至边线的距离、最大风偏距离等。

（2）平面图测绘带宽，500kV及以下电压等级输电线路为中心线两侧各50m范围，500kV以上电压等级输电线路为中心线两侧各75m范围。

（3）平断面测绘，直线路径应以后视方向为0°，前视方向为180°。当在转角桩设站测绘前视方向断面点时，应对准前视桩方向，前后视断面点施测范围，应以转角角平分线为分界线。

（4）现场平断面测绘应绘制草图，无法按图式绘制时需进行文字说明。

2. 平断面图测绘要求

（1）应根据任务书要求，确定平断面测绘的范围，测绘规定区域内的建（构）筑物、道路、水系、架空物及地下电缆管道等地形地物，并绘制于平断面图上，同时应注记重要地形地物相对线路中心线的垂直距离和绝对高度。

（2）跨域涉及林区、果园、苗圃、农作物及经济作物区时，应实测区域边界，并注明作物名称、树种、现状生长高度及密度（棵/m²）等信息。

（3）对被交叉跨越的 35kV 及以上输电线路，既要测绘平面位置，还要测绘交叉跨越点（包括中心断面及边线）的高度，并注明被交叉跨越线路相邻两杆塔的杆号、杆型、杆塔高度。

（4）大跨越线路与通信线路平行接近，经设计估算有危险影响时，注记大跨越线路与弱电线路交叉角度。

（5）当边线地形比中心断面高出 0.5m 时，需要加测边线断面，施测位置按设计确定的导线间距而定。路径通过缓坡、梯田、沟渠、堤坝时，应选测有影响的边线断面点。

（6）选测的断面点应能反映地形起伏变化和地貌特征，对线路中心线与边线之间突出的地形地物，应施测其平面位置及高程。

（7）断面点间距离一般不大于 50m，导线对地距离可能有危险的地段，应适当加密施测断面点。

（8）线路通过缓坡、台地、沟渠等或与梯田斜交时，应选测正确的边线位置，对山脚、山谷、断崖深沟等无影响地段可不测，断面线可中断。

（9）线路经过陡坡附近时，应根据坡度情况选测风偏断面。

（10）当在大跨越的水域中立塔时，应施测水下断面，测绘过程可在水下地形图测绘时一并完成。

（11）在平断面跨越段内，需用虚线表示适时水位及施测日期、水文专业要求标注的设计洪水位及设计最高通航水位。跨越通航河流时应标注跨越里程，并标注在平断面图上。

（二）测量方法

平断面图测量方式与通常的地形图测量方式基本相同，可以采用 GNSS RTK 测量法、全站仪测量法或数字航空摄影测量进行。

1. GNSS RTK 测量

GNSS RTK 测量平断面是直接获取平断面点的三维坐标。采集平断面点位时，一般以相邻两转角坐标建立参考直线，根据点位与参考直线（断面线）的相对关系，进行断面点和其他点测量，数据以三维坐标形式存储。

GNSS RTK 法测量平断面图过程中应注意的事项：

（1）利用 GNSS RTK 进行平断面测量时，同步观测卫星数不少于 5 颗，PDOP 值应小于 6，并应记录固定解成果。

（2）利用 GNSS RTK 测量平断面图时，同一耐张段内宜采用同一基准站。当更换基准站时，应对上一基准站放样的桩位进行校核测量。两次测量的坐标较差应小于 ±0.07m，高程较差应小于 ±0.1m。

（3）GNSS RTK 三维坐标原始数据中宜保留平面、高程精度指标，指标超限时应予剔除。

2. 全站仪测量

全站仪法进行平断面测量，仪器架设在直线桩或转角桩上，对选定的平断面点进行实测。转角处前后视断面点施测范围，是以转角平分线为分界线的。

当桩间距离较大或地形与地物条件复杂时，应加设临时测站。采用全站仪加设临时测站，应同向两测回或对向各一测回施测，距离较差相对中误差不大于 1/1000，高差较差不应大于 0.4*S*m，*S* 为测距边长（小于 0.1km 按 0.1km 计），km。

断面点应在就近桩位上观测。测距长度不应超过 300m，超过 300m 时则应进行正倒镜观测一测回，其距离较差的相对中误差不应大于 1/200，垂直角较差不应大于 1′，成果取中数。

全站仪可记录原始观测数据也可记录三维坐标数据。

3. 数字航空摄影测量

利用数字摄影测量系统测绘全路径平断面图是在现场落实了线路转角坐标后，利用影像立体模型进行平断面图数据采集，将数据文件经过接口及格式转换后，在平断面绘图系统中绘制平断面图。作业流程如下：

（1）数据准备。需要准备下列资料：

1）控制点文件、测区结合表、像点坐标文件。

2）影像文件、控制片、调绘片。

（2）立体模型定向。各定向环节应满足下列要求：

1）内定向，采用框标定向，框标坐标量测误差不得大于 ±0.01mm。

2）相对定向，定向点上的残余上下视差不大于 ±0.005mm，个别不得大于 ±0.008mm。

3）绝对定向，平面坐标误差应符合下列要求：平地、丘陵地区不大于 ±0.0002*M*（单位：m，*M* 为成图比例尺分母），个别不大于 ±0.0003*M*，山地、高山地区不大于 ±0.0003*M*，个别不大于 ±0.0004*M*。绝对定向高程定向误差，平地、丘陵地不大于 ±0.3m，山地、高山地不大于 ±0.5m。

（3）转角坐标输入。以现场落实路径后转角坐标值作为直线断面的起止点数据，并保证转角坐标导入或输入正确。

（4）数据采集。采集断面数据时，高程采用手动方式，步距为图上 0.5～1.0mm，同时将调绘信息全部转绘到平断面图上。一般在一个耐张段内不更换作业员，保证资料衔接的准确性。

（5）数据转换。进行数据格式转换，形成平断面图绘图系统可以识别的格式，保证信息不丢失。

（三）数据处理

数字航空摄影测量系统获得的数据可在软件中直接转换成为平断面图绘图系统的格式，GNSS RTK 及全站仪测量方式获得的数据资料，需要进行相应的数据处理与变换。数据处理包括极坐标计算直角坐标，高程计算，直角坐标转换为线路坐标。

（四）交叉跨越测量

交叉跨越点相对于邻近直线桩测量允许偏差：高程误差限差不应大于 0.3m，距离相对误差为 1/200。对于一二级通信线、35kV 以上送电线路、有危险影响的交叉跨越物，应就近桩位观测一测回。

交叉跨越测量流程、方法及技术要求可参考本手册第六章第五节的相关内容。

（五）平断面图绘制

根据现场所测数据，按照现行图式、统一规格的图例绘制大跨越平断面图，平断面图应能准确真实地表示地物、地貌的平面位置和高度。交叉跨越的数据信息在平断面图上绘制，位置信息绘制在平面图上，高程信息绘制在平面位置对应的上部断面图内。文字符号应标注正确，图面应清晰美观。

平断面图比例尺，一般采用垂直 1:500、水平 1:5000 或垂直 1:200、水平 1:2000，出图比例尺的选择应根据任务书的要求确定。风偏断面图绘于平断面图中，比例尺一般采用 1:500。大跨越工程平断面图示例见附录 A。大跨越线路为双回路且两个耐张塔与线路不垂直对称时应提供两张平断面图。

五、房屋分布图测绘

房屋分布图测绘包括房屋分布测绘和房屋基础信息调查工作。房屋测绘及信息调查的工作流程、测量方法、精度及技术要求可参考本手册第六章第五节的相关内容。

六、地形测绘

线路大跨越地形测绘项目主要包括塔位地形图、塔基断面图、带状地形图、局部地段大比例尺地形图、水下地形图等。针对不同的设计需要，上述测绘项目应按照不同区域、不同技术要求分别实施。

塔位地形图、塔基断面图的测绘作业流程、测量方法、技术要求及样图，可参照本手册第六章第五节的相关内容。

1. 带状地形图测绘

大跨越带状地形图是设计人员选择确定线路走向，规避协议区划，调整跨越塔位置，减少环境影响设计的重要依据。

（1）控制测量。大跨越带状地形图测绘基准宜与整条线路测绘基准保持一致，通常采用联测的国家坐标系统及高程系统。可以使用线路坐标系统及高程系统，但事后应与国家或地方测绘基准进行联测，并提供两套系统之间的转换关系。

平面控制首级控制网测量精度等级不应低于一级 GNSS 网或一级导线网。控制测量应不低于四等水准或四等三角高程。GNSS 各项要求可参照本手册第十二章第二节的相关内容。导线网的各项要求可参照本手册第一章第三节的相关内容。水准及三角高程测量的作业流程及技术要求可参照本手册第二章第二节的相关内容。

（2）测绘要求。

1）精度要求。带状地形图上地物点相对于临近图根点的点位中误差，图上地物点的点位中误差见表 7-7。

表 7-7　图上地物点的点位中误差

区域类型	点位中误差（mm）
一般地区	0.8
城镇建筑区、工矿区	0.6
水域	1.5

隐蔽或施测困难的一般地区，测绘精度可适当放宽 50%。1:500 以上大比例尺水域或深度超过 20m 水域测图，测绘精度可适当放宽至 2.0mm。

2）测绘基本要求。带状地形图比例尺一般为 1:1000 或 1:2000。跨越水面部分可不测河床地形，图面可断开，但跨越两端应统一平面坐标系统和高程系统。可采用全站仪全野外采集数据或 GNSS RTK 测量的形式。采集的要求可参照本手册第三章第二节的相关内容。带状地形图图面上应标明塔位、直线桩和线路跨越方向。

2. 局部地段大比例尺地形图测绘

对需要进行护坡、护堤、岸边预防冲刷处理的地段，应根据测绘任务书要求测绘局部地段的陆上或滩地大比例尺地形图，其比例尺一般为 1:500、1:1000，也可视设计需要采用其他比例尺。测绘方法可参照本手册第三章第二节的相关内容。

3. 水下地形测绘

在大跨越工程中，需要在水域中立塔时，应根据线路电气和水文设计要求进行水下地形测量。

（1）基本要求。水下地形测绘应符合以下要求：

1）在江、河、湖、海水域中立塔时，根据水文专业要求的范围进行水下地形测绘，比例尺为 1:2000 或 1:5000。

2）对水中立塔地段，按照水文及结构专业要求应测绘塔位水下地形图，比例尺为 1:200 或 1:500。应根据水文专业要求，对需要进行护坡、护堤、岸边预防冲刷处理的地段进行水下地形测量，比例尺为 1:500、1:1000 或 1:2000。测线间距为图上 2cm，同一测线上测点间距为图上 1cm。

3）按照输电设计专业的要求，进行大跨越中心线水下断面和两边线水下断面测量，比例尺为1:100/1:1000或1:200/1:2000。跨越位置由输电设计人员指定。

4）平面定位精度，以测深定位点在图上点位中误差表示，不应大于图上1.5mm；当测图比例尺大于1:500或水域浪大流急、水深超过20m时，不应大于图上2mm。

5）水深测量精度，当水深不超过20m时，测点深度测量中误差不应超过0.2m；当水深大于20m小于100m时，深度测量中误差不应大于水深的0.5%，水深大于100m时深度测量中误差不应大于水深的1%。

6）大跨越水下地形测量与陆上地形测量应相互衔接，坐标系统和高程基准应与大跨越设计的基准保持一致。应充分利用两岸上经检查合格的控制点；当控制点的密度或精度不能满足工程需要时，应布设适当数量的控制点，或应重新布设控制网。

7）平面控制网的精度等级不应低于一级GNSS网或一级导线网。高程控制网的精度等级不应低于四等水准。应进行水位观测，水尺零点高程的联测不应低于图根水准测量的精度。

8）在基本确定了水中立塔位置后，需要测绘立塔区域水下地形图。地形图的比例尺一般采用1:500或1:200。

（2）水下地形测绘。水下地形测绘过程一般包括平面定位、水深测量、断面测绘、塔位水下地形图测绘。

1）水下地形测绘平面定位可采用GNSS定位法、交会法、极坐标法等。使用GNSS进行平面定位的方式更普遍。GNSS定位法宜采用GNSS RTK或GNSS RTD测量方法。

2）水深测量可采用单波束水深测量或多波束水深测量方式，一般按照大跨越的技术要求，采用单波束水深测量即可满足设计需要，而且作业效率较高。

3）水下断面测绘通常与大面积水域地形测绘共同开展，断面位置由设计专业指定。水下断面的测绘方法与水下地形图的测绘方法基本一致，只是在测线设计时将断面位置设计成为测线即可。

4）塔位水下地形图的详细作业方法及技术要求，可参照本手册第三章第三节的相关内容。

（3）水下地形图检查测量。水下地形测绘完成后，需要采取交叉测绘的方式进行验证。一般采取垂直于测线方向布设校核测线，校核测线间隔保持图上10cm。深度检查较差见表7-8。

表7-8　　深度检查较差

水深 H（m）	H≤20	H>20
深度检查较差 Δ（m）	Δ≤0.4	Δ≤0.02H

七、林木测绘与调查

输电线路大跨越跨越林区时，需要对跨越段的林木分布信息进行调查与数据采集，包括林木分类区域边界、林木种类、密度、胸径、现状高度等。绘制林木分布图或编制跨越林木信息统计表。林木测绘与调查方法及要求与普通输电线路测绘相同，可参照本手册第六章第五节的相关内容。

八、勘探点定位测量

为配合岩土勘察专业的需要，现场需要对设计专业布设的陆域或水域勘探点孔位进行实地放样，并提供实测坐标与高程成果。勘探点定位精度要求见表7-9。

表7-9　　勘探点定位精度要求

类别	对临近平面控制点的点位中误差（图上mm）	对临近高程控制点的高程中误差（m）
1	±0.6	±0.1
2	±0.8	±1/3h

注　1. 类别中的1类、2类分别对应施工图阶段、可研及初步设计阶段。
2. 勘探点放样误差可以参照上表放宽1倍，水上钻孔放样误差可以放宽1～2倍。
3. h指等高距，m。

1. 陆域勘探孔位测量

陆域勘探点测量分为放样与复测两个环节，可采用全站仪极坐标法或GNSS RTK法测量，具体实施作业过程可参照本手册第六章第五节的相关内容。

2. 水域勘探孔位测量

在水面上进行勘探时，需要在漂浮钻场上搭建钻探平台。钻探孔位的测量包括平面定位与高程测量两部分工作，按照先平面定位后测量孔口高程的流程开展。

（1）平面定位测量。水上平面定位通常采用全站仪法和GNSS RTK法。由于水面作业船只较难就位，一次测量操作完成水上钻孔定位一般是无法实现的，因此需要在测量仪器引导下辅以其他作业手段，实现钻探船只的精确就位，保证钻探孔位的平面位置精度。如图7-2所示，将漂浮钻场引导至大致确定的设计孔位T点，利用其他机动船只抛好如图所示的前后4个铁锚，铁锚距离T点的距离应不小于50m，然后测绘人员利用仪器指挥漂浮钻场上的作业人员通过对前锚和后锚长度的调节调整漂浮钻场的位置，将钻探平台中的钻机机头的位置逐步趋近到允许的误差范围内。

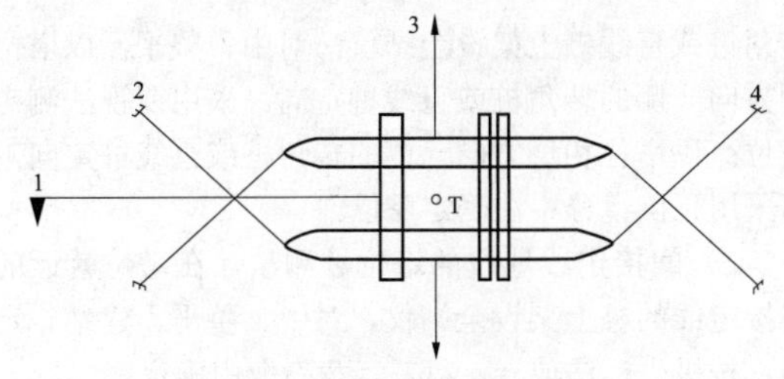

图 7-2　漂浮钻场抛锚示意图

1—主锚；2—前锚；3—边锚；4—后锚

钻探机头调整到位之后，收紧漂浮钻场各条锚索，固定漂浮钻场。由于受外部环境的影响，即使将钻探孔位瞬时放样调整到位后，在后续的操作过程中亦会发生变动。因此，在完成钻探作业后，应及时对实际孔位进行复测。

（2）孔口高程测量。高程测量是在平面位置既定，漂浮钻场就位的情况下实施的，其难度相对较小，可以根据环境及设备配置情况采用三角高程或 GNSS RTK 方式进行测量。

水上钻孔孔口位于水底，一般无法直接测量高程，而是采用直接测量钻孔上部水面或钻杆固定部位高程，再加测水深及钻杆固定部位至水面高度，按式（7-6）、式（7-7）间接计算水底孔口高程。计算公式如下：

$$H_{\mathrm{k}} = H_{\mathrm{sm}} + h \tag{7-7}$$

$$H_{\mathrm{k}} = H_{\mathrm{zg}} + h + \Delta h \tag{7-8}$$

式中　H_{k}——孔口高程，m；

H_{sm}——水面高程，m；

H_{zg}——钻杆高程，m；

h——孔口部位水深，m；

Δh——钻杆测高部位至水面高度，m。

（3）钻探孔位复测。基于漂浮钻场受水流、涌浪以及风力的影响，在钻孔定位过程中会发生移动，钻探完成后的位置及高程需要复测，测量钻探孔位的实际位置及高程数据。测量方法同上。

第三节　施工图设计阶段测绘

施工图设计阶段测绘是在初步设计方案审批通过后，将设计杆塔的位置落实到实地，对初步设计阶段测绘资料进一步校核检验。测绘工作内容有塔位定位测量、塔基断面图测绘、塔位地形图测绘、勘探点定位测量、检查测量等。

一、塔位定位测量

1. 资料准备

进行塔位定位测量前应取得下列资料：

（1）预排塔位成果表。

（2）具有塔位及导线对地安全线的定位平断面图。

（3）直线转角成果表、基准站成果表、填有定线交叉跨越测量成果的交叉跨越对照表。

2. 定位测量技术要求

（1）定位前应对照平断面图进行实地巡视检查，发现重要地形地物漏测或与实地不符时，应进行补测修改。

（2）采用 GNSS RTK 放样塔位，应根据初步设计阶段确定的直线塔和耐张塔坐标进行放样。大跨越两侧宜采用同一个基准站，相邻桩位的相对坐标中误差应小于 0.05m，相对高程中误差应小于 0.15m，坐标系统应与初步设计阶段系统保持一致。

（3）GNSS RTK 放样前应校核直线桩或控制点数据，坐标较差应小于 ±0.07m，高程较差应小于 ±0.1m。当更换基准站时，应对上一基准站放样的塔位桩或直线桩进行重复测绘。两次测绘的坐标较差应小于 ±0.07m，高程较差应小于 ±0.1m。当放样距离超过 3km 时，应将 3km 左右处的塔位桩符合到已知控制点上，如 GNSS 主控网点、转角桩、直线桩等。当无已知控制点时，需利用已放样的塔位桩做复核测量并检查其精度。

（4）GNSS RTK 进行塔位放样，同步观测卫星数不少于 5 颗，显示的坐标和高程精度指标应小于 ±30mm，当显示的偏距小于 ±15m 时，即可确定塔位桩，并应记录实测数据、桩号。

（5）当利用 GNSS RTK 测量的塔位坐标计算转角角度时，应使用转角桩及转角桩前后的塔位坐标进行计算。转角桩及转角桩前后的塔位坐标应在同一基准站上测量。

（6）采用全站仪放样塔位，应同向两测回或对向各一测回进行塔位放样，同向两测回间应变化棱镜高或变换仪器高进行施测。对于耐张分塔中心点位的放样，应采用全站仪正倒镜两次定向后取中。塔位桩间的距离和高差，应在就近直线桩位上测定。仪器对中误差小于或等于 3mm、水平气泡偏移小于或等于 1 格，仪器高和觇标高均应量至厘米，采用正倒镜分中法测定塔位时，正倒镜前视点两次点位每百米之差小于或等于 0.06m。采用全站仪进行同向两测回距离和高差测量时，其距离较差的相对误差应小于 1/1000，允许高差较差为 0.05m，成果取中数。高差应计算至厘米，成果应采用两测回高差的中数。距离超过 400m 时，高差考虑地球曲率和大气折光差改正。

（7）塔位桩应埋设固定标桩。转角塔位桩附近应加定方向桩，其他塔位桩也可加定方向桩。

（8）因现场条件无法落实塔位时，需在设计塔位附近实测或根据图纸提供塔位里程和高程，并在塔位附近直线方向埋设副桩。

（9）当塔位无法实地落实需埋设副桩时，宜在直线塔位所在线路直线上连续埋设 2 个副桩，宜在转角桩位所在两段直线上埋设不少于 3 个直线桩，桩间距离不应小于 50m，测绘技术要求与线路桩位放样的规定相同。

3. 定位测量方法

塔位桩的定位测量可以采用 GNSS RTK 放样测量或全站仪放样测量两种方法。

（1）GNSS RTK 放样。采用 GNSS RTK 进行塔位放样，需要依据初步设计阶段留存的控制点，放样及测量流程如下：

1）在 GNSS RTK 测量手簿中建立项目，输入控制点坐标、正常高及 WGS84 大地坐标和椭球高，求解 GNSS RTK 转换参数。

2）架设 GNSS RTK 基准站，设置基准站数据（点号、仪器高）。

3）设置 GNSS RTK 流动站，测试数据链连接，并校测控制点，确保 GNSS RTK 转换参数、基准站数据和流动站数据准确无误。

4）利用 GNSS RTK 测量手簿定义位置参照线及距离参照点，参照线以塔位小号和大号两侧的转角点号为直线端点建立；参照点一般取塔位小号的转角点号，然后根据设计预排塔位成果表中塔位和转角的里程，计算出塔位至参照点的距离。

5）设置流动站对中杆高度，在参照线上按距离放样塔位，并实测塔位坐标和高程。

（2）全站仪放样。全站仪可采用前视法、正倒镜分中法、极坐标法进行放样，测量塔位桩的里程和高程。放样及测量流程如下：

1）直接定线地段的塔位桩测量，在塔位就近的转角桩或直线桩上架设全站仪，对中、整平，以塔位同方向一侧的转角桩或直线桩定向，采用前视法测定塔位；以塔位相反方向一侧的转角桩或直线桩定向，可采用正倒镜分中法确定塔位。

2）间接定线地段的塔位桩测量，在塔位就近的间接定线的桩上架设全站仪，对中、整平、建站、定向，按极坐标法放样，盘左、盘右取中确定塔位。

3）采用全站仪测量塔位桩到测站的距离和高差，计算里程和高程。

二、塔基断面图及塔位地形图测绘

因设计过程中发生塔位变动（包括塔位移位或基础变动）时，对原有塔位地形图及塔基断面图进行补充更新，或对新的立塔位置重新测绘塔位地形图与塔基断面图。测绘要求及过程参照本章第二节的相关内容。

三、勘探点定位测量

配合岩土勘察专业的需要，对跨越塔及锚塔等实地勘探孔位进行放样与复测，并提供实测坐标与高程成果，作业要求及方法参照本章第二节的相关内容。

四、检查测量

1. 图纸数据对照检查

定位时应对照平断面图和地形图加强对沿线的地形、地物巡视检查，确保图面反映的信息与地面实际情况一致。发现漏测地形地物或与实地不符时，应进行补测。

2. 检查测量技术要求

大跨越工程定位测量前和定位中应进行检查测量，检查项目及技术要求见表 7-10。

表 7-10　检查项目及技术要求

内　容	方　法	允许较差		
		距离较差相对误差	高差较差（m）	角度较差
直线桩间方向、距离、高差	判定桩位未被碰动或未移位可不作检测。否则应重新测量	1/500	±0.3	±1′30″
被交叉跨越物的距离、高差	10kV 及以上电力线半测回检测	1/200	±0.3	—
危险断面点的距离、高差	在邻近桩半测回检测		平地±0.3，山地、丘陵±0.5	
转角桩角度	方向法半测回检测	—	—	±1′30″
间接定线的桩间距离、高差	判定桩位未被碰动或未移位可不作检测。否则应重新测量	点位横坐标每百米较差 2.5cm	±0.3	—
第三个直线塔位桩偏离前两个相邻直线塔位桩延长线的横向距离	采用 GNSS　RTK 判定耐张段的直线性	5cm	—	—

第四节 测绘资料与成果

输电线路大跨越工程的测绘资料与成果应根据设计阶段和要求，单独成册和归档。各项资料与成果应内容齐全、数据准确、图面清晰、质量符合要求。

一、可行性研究阶段

可行性研究阶段测绘资料与成果宜包括下列项目：

（1）测量技术报告。

（2）搜集的各大跨越方案 1:10000 地形图、航空及卫星遥感影像图、平面及高程控制等基础测绘成果资料。

（3）各大跨越方案平断面图，协议区或复杂地段的平面图。

（4）水中立塔时，搜集的各大跨越方案水下地形图或海图。

（5）重要交叉跨越平断面图。

（6）拥挤地段平面图。

（7）通信线危险影响相对位置图。

（8）大跨越起讫点长度，大跨越档距和塔位高程。

二、初步设计阶段

初步设计阶段测绘资料与成果宜包括下列项目：

（1）测量技术报告。

（2）大跨越平断面图。

（3）平面及高程联测资料及成果。

（4）定线测量资料。

（5）桩间距离与高差测量资料。

（6）平断面测量资料。

（7）交叉跨越测量、跨越分图资料及成果。

（8）房屋分布图测量资料及成果。

（9）通信线危险影响相对位置图。

（10）拥挤地段平面图。

（11）林木分布图或跨越林木信息统计表。

（12）水下地形图、断面图。

（13）大跨越带状地形图。

（14）水文断面测量成果。

（15）塔基断面图及塔位地形图。

（16）控制点成果及杆塔位成果。

（17）线路路径方案图。

（18）塔基勘探点坐标和高程成果表。

三、施工图设计阶段

施工图设计阶段测绘资料与成果宜包括下列项目：

（1）测量技术报告。

（2）大跨越平断面图及定位成果。

（3）大跨越带状地形图。

（4）大跨越塔位地形及塔基断面图。

（5）大跨越校核测量及检测资料。

（6）房屋分布图测量资料及成果。

（7）通信线危险影响相对位置图。

（8）拥挤地段平面图。

（9）林木分布图或跨越林木信息统计表。

（10）水下地形图、断面图。

（11）大跨越带状地形图。

（12）水文断面测量成果。

（13）塔基断面图及塔位地形图。

（14）控制点成果及杆塔位成果。

（15）大跨越线路路径图。

（16）塔基勘探点坐标和高程成果表。

第八章 地下电缆工程测绘

地下电缆常用直埋、排管、电缆沟和隧道等敷设方式，地下电缆工程测量是指对敷设地下电缆路径有影响的地下障碍物所进行的探查和测量工作，各个设计阶段主要测量工作内容如下：

（1）可行性研究阶段测量工作，包括资料搜集、现场踏勘、局部重要交叉管线测量及拥挤地段测量，提供设计所需的地形资料，协助确定可行的路径方案。

（2）初步设计阶段测量工作，包括资料搜集、控制测量、带状地形图测量、地下障碍物探测及线路测量，对各类成果进行综合处理，提供设计所需地形图、地下管线图及纵断面图等资料，协助确定初步合理的路径方案。

（3）施工图设计阶段测量工作，包括地形图补测、补充地下障碍物探测、线路测量及钻孔放样，对各类成果综合处理，提供设计所需的详细的、具有现势性的地形图及地下障碍物成果资料，协助确定最终的路径方案。

（4）竣工图测量工作，包括控制测量、中线测量、纵断面测量及竣工图编绘等。竣工图测量要在新建、改建、扩建的地下电缆覆土前或电缆隧道完成后进行，主要目的是检查地下电缆工程施工质量是否符合设计要求，为电力管道的检修、设备安装提供测量数据，为日后的维护管理提供基础资料。

当路径方案明确且条件简单时，可将各测量阶段合并，但需同时满足各阶段对测量工作的要求。当有特殊要求时，可进行专题测量。地下电缆工程测量主要内容包括带状地形测量、地下障碍物探测、线路测量及竣工图测量等。

第一节 带状地形测量

地下电缆主要敷设于城区或地物较多、不容易拆迁的区域，为了合理规划地下电缆路径，需要测绘地下电缆路径周边区域带状地形图。主要测量工作包括控制测量和带状地形图测量。

一、控制测量

地下电缆工程控制测量工作一般在初步设计阶段进行，所采用的平面坐标系统和高程系统宜与当地城市平面坐标系统和高程系统相一致，否则，应与当地城市坐标系统建立换算关系。

控制测量等级应根据地下电缆工程的规模和精度要求来确定，平面控制测量精度等级可采用四等、一级或二级；高程控制测量精度等级，对于地形图测量和管线探测宜满足四等水准测量，其他地下电缆工程应满足五等水准测量。控制点个数不得少于3个，平面控制点和高程控制点宜共点布设，加密控制网可以越级布设或者同等级扩展。平面控制测量可采用GNSS测量和导线测量等方法；高程控制测量可采用水准测量，三角高程测量和GNSS高程拟合等方法。

地下电缆路径一般沿道路中心或两侧布设，测区成带状，因此，可在路径首尾各布设两个控制点，中间间隔一定距离增加控制点，控制点间宜构成直伸三角网状图形；控制点相邻边长度比不应小于1/3，控制网应覆盖地下电缆路径区域。

控制点可布设在建、构筑物顶牢固位置，用水泥灌制；控制点布设于地面时，应选择在远离高层建、构筑物，通视良好及不易被损坏的硬化路面，如道路十字交叉口、道路中间绿化带及隔离安全岛等区域。

二、带状地形图测量

带状地形图是设计人员优化地下电缆路径的重要参考资料。测量人员根据设计初步确定的路径方案、设计需求和大比例尺地形图测量要求，对路径区域的地貌、地物（建构筑物、道路、桥梁、电力线、通信线等）进行测绘，并为设计提供地下电缆带状地形图。

对于较小测区，图根控制可作为首级控制。图根点可采用钢标、道钉或十字标志刻画于路面等方式固定于道路路面，当图根点作为首级控制点或等级点稀少时，可埋设适当数量的混凝土标石。图根控制点布设应兼顾后续地形图测量、管线探测、定线、定位测量、平断面测量及勘探点放样等测量工作。图根点测量精度，相对于邻近等级控制点的点位中误差不应大于图上 0.1mm，高程中误差不应大于基本等高距的 1/10。

带状地形图测量可采用常规测图、航空摄影测量、地形图数字化等成图方法，测图比例尺宜采用 1:500 或 1:1000。具体测量方法、要求及内业整理可参考本手册第三章相关内容。

三、资料与成果

（1）搜集的测量资料。

（2）测量原始记录。

（3）测量技术报告。

（4）控制点点之记。

（5）控制点成果。

（6）控制点点位布置及其图幅分幅索引图。

（7）带状地形图（1:500 或 1:1000），图样见附录 B。

（8）路径方案图。

第二节 地下障碍物探测

地下障碍物探测就是按照设计路径和勘测设计要求，调查和探测路径区域地表以下的地下管线、地下管道、地下隧道和人防巷道等地下障碍物的走向、空间位置、附属设施及其有关属性信息。测量工作内容包括资料搜集、现场踏勘、探测、内业处理等。

一、资料搜集与现场踏勘

根据地下电缆工程任务需求，向有关单位或部门了解、调查和搜集测区范围内可以利用的测绘资料和成果。资料搜集是地下电缆工程测量一项重要工作，特别是城市地下电缆工程。地下管线探测通常采用盲探方法，测量工作量大，漏探或错探现象较多，因此对已建、在建地下障碍物的资料应以调查、搜资为主。

现场踏勘是对地下电缆路径区域内可能影响路径走向的地貌、地物和地下障碍物进行现场察看、调查和调绘；对搜集的地下障碍物、控制点和地形图等资料的完整性和正确性进行比对、检查和修测。

（一）资料搜集

地下电缆路径区域的地物和地下障碍物所涉及的部门较多，因此需要向不同部门充分搜集相关资料，可能涉及的部门及搜集资料见表 8-1。

表 8-1 搜集资料内容表

搜集资料单位	搜集资料内容及提要
测绘部门	路径区域内平面、高程控制资料；1:2000、1:5000 或 1:10000 比例尺地形图
规划部门	路径区域内规划资料；1:500 或 1:1000 比例尺综合地下管线图、专业地下管线图；地下管线资料元数据、管线表格数据、文档资料等
燃气管理部门	路径区域内已有燃气管线资料
自来水管理部门	路径区域内已有自来水管线资料
市政管理部门	路径区域内雨水、污水及路灯等市政管线资料
电力公司	路径区域内电力电缆等资料
热力公司	路径区域内热力管线等资料
电信部门	路径区域内电信、移动及联通等地下通信管线资料
军事管理部门	路径区域内军用设施、管线的位置及影响范围
文物部门	路径区域内地下文物资料
其他部门	路径区域影响路径方案的管线、重要建构筑物及公共设施的权属部门相关资料，如隧道、空防等部门

（二）现场踏勘

现场踏勘应在搜集、整理和分析已有资料的基础上进行。现场踏勘内容包括：

（1）将搜集的地形图与实际地物进行比对，对路径起点、终点、转弯点、变坡点、工井位置和地下障碍物分布出露情况等路径关键位置进行核查，评价资料的可信度和可利用程度。

（2）对路径沿线的道路、河流、建（构）筑物、地下管网、障碍物等进行调查与核实。

（3）核查测区测量控制点的位置及保存状况。

二、探测

地下障碍物探测可分为金属管线探测，非金属管线探测，地下建、构筑物探测等。

地下障碍物的开挖、调查，应经管线所属单位的许可，并与专业人员配合进行。电缆和燃气管道的开挖，必须有专业人员的配合。下井调查，应采取防护措施，以确保作业人员安全。

（一）探测原则和精度要求

1. 仪器探测原则

仪器探测地下管线应符合下列原则：

（1）从已知到未知。

（2）从简单到复杂。

（3）优先采用轻便、有效、快速及成本低的方法。

（4）复杂条件下宜采用多种探测方法相互验证。

2. 地下障碍物探测精度

地下障碍物探测精度应符合下列要求：

（1）隐蔽地下障碍物的探测精度：平面位置限差 $\delta_{ts}=0.10h$；埋深限差 $\delta_{th}=0.15h$，其中，h 为地下管线的中心埋深，cm，当 $h<100$cm 时以 100cm 代入限差公式计算。

（2）地下障碍物的测量精度：平面位置测量中误差 m_s 不应大于 ±5cm（相对于邻近控制点），高程测量中误差 m_h 不大于 ±3cm（相对于邻近高程控制点）。

（3）地下障碍物测绘精度：地下管线与邻近的建筑物、相邻管线以及规划道路中心线的间距中误差 m_c 不应大于图上 0.6mm。

（二）资料准备

资料准备主要是对已埋设的各种地下障碍物资料进行搜集、分类和整理，转绘各种地下障碍物到基本比例尺地形图上，制作地下障碍物探测工作底图并编制地下障碍物成果表。资料准备应根据工程范围和要求进行，工作完成后应提交工作底图和地下障碍物成果表。

搜集的地下障碍物资料主要包括地下障碍物设计图、施工图、竣工图、栓点图、示意图、竣工测量成果或外业探测成果；技术说明资料及成果表；报批的红线图；现有基本比例尺地形图等。对搜集资料进行整理、分类，将地下障碍物位置、连接关系、管线构筑物或附属物、规格（管径或断面宽高）、材质、电缆根（孔）数、压力（电压）等管线属性数据转绘到基本比例尺地形图上，编制地下障碍物现状工作底图。根据地下障碍物竣工图、竣工测量成果或外业探测成果编制地下障碍物现状工作底图。缺少竣工图、竣工测量成果或外业探测成果时，可根据施工图及有关资料，按地下障碍物与邻近建、构筑物、明显地物点、现有路边线的相互关系编制。地下障碍物现状工作底图上应注明资料来源。

（三）实地调查

实地调查是在地下障碍物探测工作底图的基础上，对出露的地下障碍物及附属设施进行实地详细调查、量测和记录。实地调查的内容包括地下障碍物点位设置、埋深量测、偏距量测、规格量测、地下管线的材质调查、建（构）筑物和附属设施调查及其他属性调查等。调查结束后，应填写地下障碍物探测记录表。

1. 地下障碍物点位设置要求

（1）检查井：在检查井中心位置设置管线点，当井位中心偏离管线中心线距离大于 0.2m 时，应量测和记录偏心距。

（2）地下管线管廊（沟）应在地下管线管廊（沟）的几何中心设置管线点。

（3）地下管线小室：在检查井中心设置管线点，并以检查井中心为参考点，量测小室地下空间的实际范围。

（4）对于同种类双管或多管并行的直埋管道，当两最外侧管线的中心间距小于或等于 lm 时，应在管线几何中心位置设置管线点；大于 lm 时，应分别在各管线的中心位置设置管线点。

2. 地下障碍物埋深量测要求

（1）管线点埋深宜采用经检验的钢尺直接开井量测，不能用钢尺直接量测时，应采用 L 尺在地面进行量测，L 尺的长轴方向应保持与地面线垂直，读数时应在地面拉水平线，水平线与 L 尺长轴方向的交点即为读数起始位置。

（2）管线点深度的计量单位为米，读数时精确至厘米。埋深量测的位置应按表 8-2 规定的内容项执行。

表 8-2　地下障碍物实地调查项目的规定

管线类型		埋深		断面尺寸		材质	取舍标准	其他要求
		外顶	内底	管径	宽×高			
给水		*	—	*	—	*	内径≥50mm	—
排水	管道	—	*	*	—	*	内径≥200mm	注明流向
	方沟	—	*	—	*	*	方沟断面≥300mm×300mm	
燃气		*	—	*	—	*	干线和主要支线	注明压力
热力	直埋	*	—	—	—	*	干线和主要支线	注明流向
	沟道	—	*	—	—	*	全测	
工业	自流	—	*	*	—	*	工艺流程线不测	—
	压力	*	—	*	—	*		自流管道注明流向
电力	直埋	*	—	—	—	—	电压≥220V	注明电压
	沟道	—	*	—	*	*	全测	注明电缆根数
电信	直埋	*	—	*	—	—	干线和主要支线	—
	管块	*	—	—	*	—	全测	注明孔数

注　1. 表中“*”表示应实地调查的项目。

2. 管道材质主要包括钢、铸铁、钢筋混凝土、混凝土、石棉水泥、陶土、PVC 塑料等。沟道材质主要包括砖石、管块等。

（3）当检查井被掩埋物、淤泥等覆盖（包括给水管线的阀门手孔、煤气管线的抽水缸等），不能直接量测埋深时，应采用仪器探测、打样洞等方法查明地下管线的埋深，同时应在记录表中注明定深方法。

3. 地下障碍物规格量测要求

（1）管线规格用钢卷尺下井量测。电缆管块或管组的计量单位用厘米表示，其他用毫米表示。

（2）回形断面量测其内径；排水管沟量测矩形断面内壁的宽和高；电缆沟道量测沟道断面内壁的宽和高；电缆管块或电缆管组量测其外包络尺寸的宽和高；地下综合管廊（沟）量测矩形断面内壁的宽和高；直埋电缆的管线规格用条数表示。

（3）量测结果应与地下管线现状调绘图对照，两者不一致时，以实地量测内容为准。

（4）同一规格的地下管线其管线规格记录应统一。

（5）埋设于地下管沟或管组、管块中的电力或电信电缆，宜查明电缆根数或管组、管块孔数。

4. 地下障碍物调查要求

（1）对明显管线点上出露的地下管线及其附属设施应作详细调查、记录和测量，查清每一条管线的情况，并填写明显管线点调查表。在明显管线点上应实地量测地下管线的埋深，误差不得超过 ±5cm。

（2）在窨井（包括检查井、闸门井、仪表井、人孔和手孔等）上设置明显管线点时，管线点的平面位置应设在井盖的中心。当地下管线中心线的地面投影偏离管线点，其偏距大于 0.2m 时，应量测偏距及其方位。

（3）地下障碍物实地调查项目，应执行表 8-2 的规定。

（4）地下管道及埋设电缆的管沟应量测其断面尺寸。圆形断面应量测其内径；矩形断面应量测其内壁的宽和高，单位用毫米表示。

（5）人防巷道应量测其内底埋深及内壁的宽和高。

（6）测区缺乏明显管线点或在已有明显管线点上尚不能查明实地调查中必须查明的项目时，应开挖地下管线进行实地调查和量测。

（7）调查结束后，应填写地下障碍物探测记录表，见表 8-3。

表 8-3　　地下障碍物探测记录样表

工程名称：××地下电缆工程　　工程编号：××　　管线类型：消防水发射机型号、编号：××

权属单位：××　　测区：××　　图幅编号：××　接收机型号、编号：××

管线点号	连接点号	管线点类别		材质	管线规格（mm）	载体特征		隐蔽点探测方法			埋深（cm）			偏距（m）	埋设方式	备注
		特征	附属物			压力（电压）	流向（根数）	激发①	定位②	定探③	外部（内顶）	中心				
												探测	修正后			
C147	C146			钢	DN259		1		4	6	1.18			11.6	直埋	消防水管
C148	C147			钢	DN300		1		4	6	1.69			-20.8	直埋	消防水管

探测单位：××　探测者：××　探测日期：××　检核者：××　第×页　共×页

① 激发方式：1—直接连接；2—夹钳；3—感应（直立线圈）；4—感应（压线）；5—其他。

② 定位方式：1—电磁法；2—电磁波法；3—钎探；4—开挖；5—据调绘资料。

③ 定探方法：1—直读；2—百分法；3—特征点；4—钎深；5—开挖；6—实地量测；7—雷达；8—据调绘资料；9—内插。

（四）仪器探测

仪器探测是在实地调查的基础上，根据不同地球物理条件，采用物探方法来确定地下障碍物平面位置及埋深。仪器探测完成后，应绘制外业草图，并编制仪器探测记录表和地下障碍物成果表。仪器探测的主要作业内容介绍如下。

1. 作业前准备

作业前为确定探测方法和了解选用仪器的有效性、精度及有关参数，应进行方法试验和一致性校验。探测仪一致性校验应包括定位一致性校验和定深一致性校验。地下障碍物探测仪一致性校验应按下列方法进行：

（1）在一已知单管线上，选择一种信号施加方式，以相近的工作频率、发射功率和收发距，用接收机探测地下管线的平面位置和埋深。

（2）用钢卷尺量测仪器探测的平面位置与地下障碍物实际平面位置间的差值，计算仪器探测的深度与地下障碍物实际深度间的差值，将结果记录在规定的表格中。

（3）变换接收机，重新进行上述工作，直至所有投入使用的地下障碍物探测仪均进行了校验。

（4）方法试验应在探测区域或其邻近的已知地下障碍物上进行。试验完成后，应编写物探方法试验报告。在用电磁感应类探测仪器进行方法试验后，应确定最小收发距、最佳收发距、最佳发射频率和功率，最佳磁矩，并确定修正系数。不同类型探测仪器，方法和效果不同，因此应分别进行试验。

2. 金属管线的探测

（1）仪器设备。管线探测仪是利用电磁感应原理，探测金属类管线（包括金属管线、电缆/光缆，以及一些带有金属标志线的非金属管线）的物探设备，管线探测仪如图 8-1 所示。管线探测仪设备一般由发射机和接收机两大部分组成。发射机是给被测管线施加一个特殊频率的信号电流，一般采用直连法、感应法和夹钳法三种激发模式；接收机内置感应线圈，接收管道的磁场信号，线圈产生感应电流，从而计算管道的位置、深度和走向等。

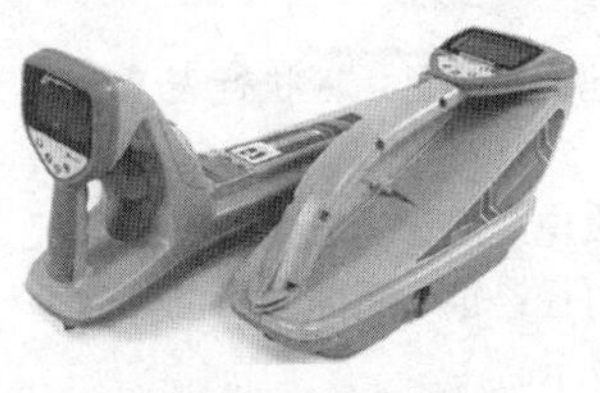

图 8-1 管线探测仪

（2）探测方法。金属管线具有良好的导电性，所以在外界干扰较小的地段，其异常值较容易在背景值中区分出来。使用方法主要为直接法、夹钳法、感应法、被动源法等。

1）给水、燃气管道的探测。给水、燃气等金属管道一般具有较好导电性能，激发方式用直接法或感应法均可，旁侧干扰较小时，一般用 H_x 或 ΔH_x 的极大值定位，用直读法或比值法定深。使用直读法应尽可能使用较低频率，采用不同方法多次读数离散程度较大时，不应继续追踪探测。

2）电信管线的探测。此类管线多以管块或直埋方式埋设，主要采用夹钳法，部分地段也采用感应法进行探测。采用夹钳法探测，信号强，定位、定深精度高，且不易受邻近管线的干扰，方法简便，是最常用的探测方法之一。在电信电缆无出露点无法采用夹钳法时，可采用感应法，亦能取得良好的探测效果。

3）电力管线的探测。电力电缆一般采用管沟或直埋方式，对沟（槽）方式埋设的电缆，一般直接量取沟槽的中心位置，开盖量取其深度。无法开盖量取时可采用 50Hz 被动源法，用常规方法定位定深并作适当修正。对直埋电缆可用感应法激发，常规方法定位定深，并作修正。

（3）非金属管线的探测。

1）仪器设备。探地雷达是利用电磁波原理探测地下管线，也可用于地下掩埋物体的查找，俗称探地雷达，也被称为管线雷达，如图 8-2 所示。探地雷达几乎能探测所有材质的地下障碍物，但主要用来探测非金属管线。

图 8-2 探地雷达

2）探测方法。测区内非金属管线主要是排水管线及部分燃气管线，其埋藏较深，一般在 1～5m 之间，由于其断面较大且有一定的分布规律，所以具有较好的地球物理条件，对高频电磁波有强烈的反射作用。因此，对非金属管线的探测主要采用探地雷达法或地震波法。当非金属管线的探测采用探地雷达时，探测方法是横切管线布设探测剖面，逐点观测，取得来自管线的反射回波图形，从而确定其平面位置及埋设深度。

（4）对电缆路径有影响的建筑物、铁塔及桥梁的基础等地下障碍物的探测，由于测区内特殊地段由于地形变化大，地下管线交叉无序，或空中高压电线形成干扰磁场等，使得探测信号不确定，背景值不明显，从而形成疑难管线点。地下障碍物探测一般采用地质雷达及钻机打样洞方法。对于疑难管线点的探测方法，一是采用分析研究调绘图，摸清其分布再进行探测；二是采用几台仪器、几种方法交叉探测，从中找出较可靠的异常值；三是向权属单位尤其是向直接参与敷设管线的人员了解管线的分布情况，甚至在可能的地段进行钎探、开挖验证，最大限度地确保疑难点探测精度。

（5）技术要求。探测应根据方法实验确定的仪器设备和探测方法，按照仪器使用说明书的要求，采用合理的作业流程，进行现场作业。探测过程中，按要求使用仪器，避免不正确操作造成对仪器设备的损坏。

一般沿管线走向进行追踪探测，先探测主管后对分支管进行补充。根据收集掌握到的管线资料及现场一些管线的出露情况，判断管线的大致分布位置，可采用感应法快速沿道路横断面方向作平行扫描加以确定。当目标管线邻近有较多平行管线或管线分布情况较复杂时，可根据具体情况，选择不同的激发方式、激发位置、激发频率、激发功率，以提高区分能力和提高探测精度。

地下障碍物的地面标志统一用红颜色油漆做“+”记号表示，并在特征点附近明显且能长期保留的建筑物或地面上，标注特征点代号。不宜用油漆标记的地段，用统一规格的桩钉标注。管线点应设置在管线特征点（包括分支点、转折点、变坡点、起止点以及管线附属设施等的中心点）在其地面投影位置上。在没有特征点的管线段，应在其直线段中间增设管线点，以控制管线走向，宜每 50～100m 设一个管线点。实地标注的管线点代号，应与草图上管线点代号和数据点记录代号一致。技术要求如下：

1）采用探测仪器探测地下障碍物时，应进行重复扫描以确保管线无遗漏。

2）采用直接法时，应把信号施加点上的绝缘层刮干净，保持良好的电性接触，接地电极应布设合理。接地点应有良好的接地条件；采用夹钳法时，夹钳应套在被查管线上，夹钳接头应保持通路。用电磁感应法探测地下管线时，应选择最佳激发位置、收发距离和发射频率。

3）电磁感应类地下管线仪探测地下管线平面位置时，首先应采用扫描方式探测出管线的大致位置，再进行追踪定位，并运用峰值法进行管线定位，无干扰时宜采用零值法加以验证。

4）转折点、分支点应采用交会法定位。定位前应先查明管线走向和连接关系，在管线走向的各个方向上均应至少测三个点，且三个点位于一条直线上，然后通过交会定出特征点的具体位置。

5）电磁感应类地下管线仪探测地下管线埋深时，应符合下列要求：

a. 根据实际条件可选择使用直读法、百分比法、45°法或综合方法等。

b. 定深应在对管线进行精确定位之后进行，在管线走向变化的各个方向均应测量地下管线的埋深。定深点的位置宜选择在管线点附近至少 3～4 倍埋深范围内是单一的直管线，中间无分支或弯曲，且相邻管线之间距离较大的地方。

c. 在管线走向的各个方向用同一方法至少应对管线的埋深进行两次探测，当两次探测的结果较差在 $0.05h$（h 为管线的中心埋深，m）之内，采用其均值作为管线的埋深值；当两次探测的结果较差大于 $0.05h$ 时，应重新进行探测。当被测管线周围存在干扰时，应采用其他适宜的方法确定管线的埋深。

6）采用地质雷达探测非金属管线时，应符合下列要求：

a. 要在探测点附近的已知管线上作雷达剖面以确定介电常数和波速。

b. 选用与探测对象的埋深和管径相匹配的发射频率和相应的接收天线。

c. 在一个探测点应作两次以上的往返探测，如探测对象无明显异常，应改变参数重新探测。

d. 对不规整的管线异常应进行验证。

e. 地质雷达探测工作结束后，应单独编写地质雷达工作总结报告，并附每条地质雷达剖面图记录和成果表，成果表内容包括波速、双程走时、地下管线平面位置和埋深以及同等地电条件已知地下管线的实验数据。

（6）资料成果整理。探测时应将地下障碍物点位、走向及埋深描绘于外业草图上，并及时进行成果整理，编制探查记录表和地下障碍物成果表。地下障碍物探测记录样表见表 8-3，管线点成果样表见表 8-4。

表 8-4　　**管线点成果样表**

测区：××地下电缆　　工程管线类型：××　　污水调查日期：××年×月×日

管线点预编号	连接点号	埋设方式	管线材料	管径或断面尺寸ϕ（mm）	管线点类别		平面坐标（m）		高程（m）			埋深（m）	电缆根数或总孔数/已用孔数	管孔排列（行×列）	电力电压	备注
					特征	附属物	X	Y	地面	管顶（沟块）	管内底（沟块）					
WS1	WS27	管埋	混凝土	600	拐点	检查井	19581.979	104020.942	4.161		2.01	2.15				
	WS3	管埋	塑胶	600	拐点	检查井	19581.979	104020.942	4.161		2.04	2.12				
WS2	WS27	管埋	混凝土	600	三通	检查井	19557.251	104035.745	4.262		1.73	2.53				
	WS4	管埋	混凝土	600	三通	检查井	19557.251	104035.745	4.262		1.66	2.60				
	WS5	管埋	混凝土	600	三通	检查井	19557.251	104035.745	4.262		1.70	2.56				
WS3	WS1	管埋	塑胶	600	拐点		19589.301	104102.976	4.180		2.18	2.00				
	WS29	管埋	塑胶	600	拐点		19589.301	104102.976	4.180		2.18	2.00				
WS4	WS2	管埋	混凝土	600	直线点	检查井	19557.452	104033.140	4.298		1.83	2.47				
WS5	WS1	管埋	塑胶	300	四通	检查井	19558.175	104070.576	3.889		1.69	2.20				
	WS2	管埋	混凝土	600	四通	检查井	19558.175	104070.576	3.889		1.59	2.30				
	WS7	管埋	混凝土	1000	四通	检查井	19558.175	104070.576	3.889		1.59	2.30				
WS6	WS11	管埋	塑胶	300	起始点	检查井	19581.953	104073.656	4.473		2.37	2.10				

制表：×××　　校对：×××　　检查：×××

（五）地下障碍物测量

地下障碍物测量包括图根控制测量和已有地下障碍物测量。地下障碍物测量资料包括图根控制点成果、地下障碍物测量数据文件及地下管线点测量成果表。

1. 图根控制测量

地下障碍物测量前，应收集测区已有控制点和基本比例尺地形图资料，对缺少控制点测区，应建立图根控制网。

2. 已有地下障碍物测量

已有地下障碍物测量包括对地下障碍物地面标志平面坐标和高程联测、计算特征点坐标和高程及编制地下管线点测量成果表。

地下障碍物的平面位置测量可采用GNSS RTK或极坐标法。管线点的高程测量可采用三角高程测量和GNSS RTK方法。

地下障碍物测图比例尺一般为1:500或1:1000，测绘宽度，规划道路以测出两侧第一排建筑物或红线外20m为宜，非规划路根据需要确定。测绘内容按照管线需要取舍，测量要求与地形图测量要求相同。

3. 技术要求

（1）采用GNSS RTK测量地下障碍物平面位置时，作业方法和精度要求参照本手册第十二章有关规定执行；采用极坐标法时，水平角观测半测回，光电测距不宜超过150m。

（2）地下障碍物高程测量可采用水准、三角高程和GNSS RTK测量方法。

（3）同时测定地下障碍物坐标和高程时，水平角和垂直角均宜测一测回。若采用带有自动记录装置的仪器测绘时，可观测半测回，测距长度不应超过150m，仪器高和棱镜高量至毫米。

（4）地下障碍物平面坐标和高程均应计算至毫米，取位至厘米。

（5）隧道、人防设施应测量其起点、终点、转折点、交叉点、变坡点等，解析法可采用导线联测法与极坐标法施测测点。极坐标法水平角和垂直角观测一测回，数字化成图时高程可采用半测回，测距长度不得大于150m。

（6）地下障碍物测量成果质量检查应符合下列要求：

1）原始手簿应齐整。

2）计算应正确。

3）坐标、高程测量的各项误差应符合相关要求。

4）展绘误差应在限差以内。

5）管线连接关系应正确。

6）成果表抄录应正确。

（7）地下障碍物测量成果应进行质量检验，并应符合下列要求：

1）随机抽查不少于地下障碍物测量点总数的5%。

2）复测地下障碍物平面位置和高程，应分别计算测量点位中误差和高程中误差。

（8）质量检查报告内容。质量检查报告内容宜包括工程概况、检查工作概述、问题及处理措施、精度统计和质量评价。

三、内业处理

地下障碍物探测内业处理包括地下障碍物探测数据处理、数据检查和地下障碍物图编绘。地下障碍物数据处理应在地下障碍物探测完成后并经检查合格的基础上进行，包括数据处理、数据检查和地下障碍物图编绘等内容，其成果资料为综合地下障碍物图和规定格式的地下障碍物成果数据。

1. 数据处理工作内容

地下障碍物数据处理宜包括下列工作内容：

（1）录入或导入测区地下障碍物探测成果资料。

（2）导入测区地下障碍物测量成果资料。

（3）对录入或导入的成果资料进行检查。

（4）地下障碍物图形连接与属性录入。

（5）地下障碍物图形与属性检查。

（6）编绘地下障碍物图形，生成地下障碍物规定格式数据。

2. 数据检查内容

采用地下障碍物数据检查软件对录入或导入的探测数据和测量数据进行检查，对检查出的错误应进行核查、改正，改正后应重新进行检查。检查宜包括下列内容：

（1）地下障碍物探测数据中的重复点号。

（2）特征点测量数据中的重复点号。

（3）地下障碍物探测数据与特征点测量数据点号一致性。

（4）测点性质、管线材质的规范性。

（5）地下障碍物埋深的合理性。

（6）地下障碍物连接关系（拓扑关系）的正确性。

3. 地下障碍物图编绘内容

地下障碍物图编绘内容包括下列内容：

（1）地下障碍物图包含各专业管线、管线的附属设施、地下建构筑物和基本比例尺地形图。编绘前应取得测区基本比例尺地形图和经检查合格的综合地下障碍物数据等资料。

（2）地下障碍物上下重叠或相距较近而不能按比例绘制时，宜在图内以扯旗的方式说明。扯旗线应垂直管线走向，扯旗内容应放在图内空白或图面负载较小处。

（3）地下障碍物图上应标注下列内容：

1）特征点编号。

2）各种管道应标注管线规格，燃气管线加注压力。

3）电力电缆应标注电压，沟埋或管埋时，应加注管线规格，直埋电缆标注缆线根数。

4）电信电缆应标注管块规格，直埋电缆标注缆线根数。

5）隧道、人防设施应注记通道的材料、结构、断面、地下建构筑物的容积及设施名称。

4. 技术要求

（1）地下障碍物数据处理宜采用数据处理软件，数据处理软件宜具有下列功能：

1）软件应经过鉴定并符合最新图式要求。

2）数据输入或导入。

3）数据检查：对导入的数据应能进行常规错误检查。

4）数据处理：能根据已有数据生成管线图形、注记和管线点、线属性数据和元数据文件。

5）图形编辑：对管线图形、注记应可进行编辑，可对管线图图形按任意区域裁剪或拼接。

6）成果输出：应具有绘制任意多边形窗口内的图形与输出相关成果表的功能。

7）数据转换：软件应具有开放式的数据交换功能。

8）元数据可进行检查与修改。

（2）录入或导入地下管线探测成果资料应按“地下管线探测记录表”的内容进行；导入地下障碍物测量资料应根据特征点的测量成果进行。地下障碍物探测成果资料录入完成后，应对录入的数据进行 100% 核对，并改正录入过程中产生的错误。

（3）数据处理后生成的地下障碍物图应叠加对应的基本比例尺地形图，与地下障碍物探测草图进行人工对照检查，检查结果应符合下列要求：

1）地下障碍物类别应正确。

2）特征点符号应正确。

3）地下障碍物连接关系应正确。

4）不应遗漏已探测的障碍物。

5）特征点坐标应正确。

6）地下障碍物属性内容应正确。

7）相邻图幅、相邻工区接边处的障碍物类型、空间位置应一一对应，同一障碍物的属性应一致。

（4）对检查出的数据错误应进行核查、改正，改正数据错误时应对地下障碍物图形文件、注记文件和数据库文件进行关联改正，改正后应重新进行检查，直至无错误。

（5）地下障碍物图编绘应符合下列要求：

1）地下障碍物图编绘工作步骤：确定地下障碍物图比例尺、获取地下障碍物图形数据、地下障碍物图编辑及输出。

2）编绘地下障碍物图应采用地下障碍物探测采集的数据或地下障碍物竣工测量数据。

3）地下障碍物图应在地下障碍物数据处理完成并经检查合格的基础上编绘。

4）编绘用的地形图的坐标系统和高程基准，应与地下障碍物测量所用系统一致。

5）综合地下障碍物图的比例尺应为 1:500 或 1:1000，图幅规格及分幅应与城市基本比例尺地形图相一致。

6）地下障碍物图的图幅与编号，宜与测区原有地形图保持一致。也可采用现行设计图幅尺寸 A0、A1、A2 等。

7）地下障碍物图的图式和要素代码，应符合相关规范要求。

8）综合地下障碍物图中管线、地物及其他地形要素，按照不同地物类别分层设色。地下障碍物代号和颜色见表 8-5。

表 8-5　地下障碍物代号和颜色

管线名称		代号		颜色
给水		JS		天蓝
排水	污水	PS	WS	褐
	雨水		YS	
	雨污合流		HS	
燃气	煤气	RQ	MQ	粉红
	液化气		YH	
	天然气		TR	
热力	蒸汽	RL	ZQ	橘黄
	热水		RS	
工业	氢	GY	Q	黑
	氧		Y	
	乙炔		YQ	
	石油		SY	
电力	供电	DL	GD	大红
	路灯		LD	
	电车		DC	
	交通信号		XH	
电信	电话	DX	DX	绿
	广播		GB	
	有线电视		DS	
综合管沟		ZH		黑
隧道		SD		深蓝
人防		RF		浅蓝

四、资料与成果

地下障碍物测量工作完成后，形成的主要资料、成果有：

（1）搜集资料。

（2）原始记录。

（3）地下障碍物探测成果表。

（4）综合地下障碍物图，图样见附录C。

第三节　线　路　测　量

地下电缆工程线路测量是为初步设计和施工图设计提供所需的测量资料。线路测量包括选定线测量、曲线测设、定位测量、房屋分布测量及平断面测绘等工作。

一、选定线测量

选定线测量是根据初步设计阶段批准的路径方案，配合设计人员实地确定转角位置与方向的测量工作。选择路径时，要全面考虑各方建设利益，解决所涉及的各种协议关系，充分研究比较各种地形、地质条件，选择经济合理，施工方便，运行安全的路径方案。选定线测量包括室内选线和实地选定线测量。

（一）室内选线

地下电缆一般建设在城区，可依据比例尺为1:500或1:1000地形图选线。有条件的情况下可借助数字摄影测量系统进行选线。

室内选线工作一般由测量和电气专业人员配合进行。

（二）实地选定线

实地选定线就是根据室内选择路径方案，实地测定线路中心线和转角位置，沿线路将起讫点、转角点及转角点间直线段按照一定距离将标桩精确标定在实地，并测定各桩位坐标，作为定位测量和平断面图测量依据的工作。

各桩位确定后，在实地钉好标桩，用油漆做好标记。条件允许的情况下，可在桩位附近插红白旗布作为标志。

实地选定线可采用全站仪或GNSS RTK进行测量。

实地选定线一般要求测量、地质、电气及结构各专业相互配合。

（三）技术要求

选定线测量技术要求介绍如下：

（1）根据批准的初设路径，配合设计人员进行选线工作。选线工作可使用仪器在实地完成。

（2）定线测量应符合下列规定：

1）以相邻两直线桩中心为基准延伸直线，其偏离直线方向的水平角值不应大于1′。

2）全站仪定线测量时，所用仪器应符合表8-6的要求；直线桩及转角桩的水平角测量应符合表8-7的要求。

表8-6　　定线仪器基本要求

仪器型号	仪器对中误差（mm）	水平气泡偏移（格）	正倒镜两次点位之差（m）
6″级仪器	≤3	≤1	每百米不超过0.06

表8-7　　水平角测量精度要求

仪器型号	观测方法	测回数	2C互差（′）	读数（′）	成果取值
2″级仪器 6″级仪器	方向法	1	1	0.1	′

注　当采用DJ2型经纬仪观测时，测角读至秒。

3）GNSS RTK定线测量时，卫星截止高度角不小于15°，同步观测卫星数不应少于5颗；显示的坐标和高程精度指标在±30mm范围内时记录；每点独立观测次数不少于两次，其较差应小于±70mm。

二、曲线测设

地下电缆转弯部分线路一般采用圆曲线或缓和曲线等连接方式埋设。线路曲线测设是将设计的曲线路径测设于实地的工作，曲线测设属于选定线工作的特殊内容。

线路路径采用曲线方式埋设时，应明确曲线各部分的连接形式，并进行曲线测设。曲线测设时，应根据实测转角和规定的曲率半径，现场计算出曲线元素（切线长、曲线长和外矢距），测定曲线起点、终点、中点的高程和位置，并推算曲线段累积距。

地下电缆曲线路径一般采用单曲线形式，且转弯角度小、半径大，实际定线作业中，常将曲线路径分成若干段直线段，用“以直代曲”的方式进行测定，而不采用曲线测设的常规方法（偏角法、切线支距法及弦线支距法等）。

曲线测设可采用极坐标法、GNSS RTK直接放样法等。曲线测设的点位精度要求与选定线测量相同。

三、定位测量

定位测量是根据选线确定的路径方案的路径起点、工井位、转角点、终点的坐标，逐一测定并埋设标桩于实地，作为平断面测量的基准。

按照设计提供的点位坐标进行现场放样，埋设标桩于实地。现场路面未固化时，用木桩直接标定；路面为水泥或柏油时，标桩可采用道钉或油漆。定位点按照线路累积距顺序编号，一般编号形式：直线桩为“Z+序号”，转角桩为“J+序号”。

工井位测定时，一般应测定出工井位的四个角点位置，现场按工井号及角点序号进行编号，并用道钉或油漆标定于现场。

桩间距离、高差、转角可采用全站仪测量，测定桩位坐标可采用全站仪测量或GNSS RTK直接测量。

使用GNSS RTK定位测量时，同步观测卫星数不应少于5颗，显示的平面和高程精度指标应在±30mm范围内。

四、房屋分布测量

房屋分布测量包括房屋平面测量和房屋分布调查两部分内容。房屋分布测量是对路径区域内房屋分布情况进行测绘，测量房屋外墙占地实际范围、房屋高度及院落占地范围，并绘制房屋分布图。房屋分布调查是对房屋属性信息进行调查并填写房屋属性信息表。

地下电缆工程房屋分布测量方法及要求可参考本手册第六章第五节相关内容。

五、平断面测绘

地下电缆平断面测绘包括平面测量、断面测量和平断面图绘制。平断面测绘的目的是为了绘制平断面图，用以确定路径深度及工井埋设位置，判断电缆路径对交叉跨越物的距离是否符合安全距离要求。路径平面测量是测量路径中心线两侧一定范围（一般宜为路径两侧各10～15m范围）内地物的平面位置。路径断面测量是在路径定线工作完成后，沿路径中心方向或垂直方向，测出地形变化点坐标，绘制线路断面图。断面测绘包括纵断面测量和横断面测量。

（一）平断面测量

（1）平断面测量可采用全站仪或GNSS RTK直接测定其坐标和高程。

（2）断面点的密度视现场情况而定，以合理表达地形变化为原则。局部高差变化大于20cm时，应测量其断面变化；高差变化不大于20cm的平坦地，宜按照20～25m的距离间隔采集断面点。

（3）纵断面测量应绘制草图，路径两侧各10～15m范围内的河流、道路、建筑物及管线等地物，应绘于平面示意图中。

（4）线路路径经过河流、水塘和冲沟等地形变化较大区域时，应加测断面点。

（5）地下电缆采用直埋、排管及电缆沟的敷设方式时，由于采用大开挖的施工方式，一般应加测断面点或进行横断面测量。

（6）边线外地形起伏变化较大的区域，可按照设计要求进行横断面图测量，横断面图测量位置和条数根据需要来确定。

（二）平断面图绘制

1. 绘图软件功能要求

目前市场上有多种线路平断面图绘制软件，功能与流程略有差别，但应满足以下基本功能要求。

（1）导入外部GIS管线段数据库，对于属性差异能够配置转换。

（2）导入外业勘测数据，并自动识别分类、连接管线并自动提取计算相关属性。

（3）录入、编辑、查询管线属性。

（4）自动管线分类设色与管线属性标注。

（5）根据路径设计坐标绘制与编辑线路路径对象。

（6）根据路径自动提取管线交叉跨越，以用于管线断面的绘制。

（7）根据路径提取转换平面图数据，绘制满足制图要求的地下电缆平断面图。

2. 平断面的绘制流程

（1）导入搜集的管线数据，对照实测数据进行管线数据检查与编辑，包括管线连接、埋深检查、属性编辑与标注等。

（2）根据路径提取管线交叉跨越数据。

（3）提取线路路径数据。

（4）根据路径提取测量点线路坐标（包括地物点及管线点）。

（5）粗绘断面图，包括参数设置和上述数据导入，生成初始断面图。

（6）根据路径以及规定宽度裁剪管线平面图并转换为线路坐标平面图。

（7）将初始断面图和线路坐标平面图进行拼接、检查与编辑，生成符合要求的平断面图。

（8）提交平断面图成品资料。

3. 平断面图绘制要求

（1）路径平断面图比例尺一般为横向1:500、纵向1:50；或横向1:1000、纵向1:100。横断面图的水平与垂直比例尺宜相同，可采用1:200或1:500。

（2）绘出转角桩、直线桩、加桩等的投影线，注明里程、桩号、桩顶标高。里程注至分米、标高注至厘米。

（3）绘出与路径交叉的电力线、通信线、铁路、公路，并注明交叉点的里程、类别、标高。电力线、通信线应绘出导线下线标高，以1mm小圆绘示，其圆心表示导线标高。铁路应在断面图上绘出道床形状。

（4）绘出与路径交叉的地下障碍物截面，注明交叉点的里程、管线类别、管径或沟道截面尺寸、管底高程、地面高程。里程注至分米，沟道截面尺寸、管径注至毫米，标高注至厘米。

（5）电缆路径与地下障碍物交叉时，如交叉角较小，交叉的沟道截面应采用斜截面表示。

（6）路径纵断面上，有多条交叉地下障碍物的平面投影位置重叠时，根据障碍物对路径影响程度，进行注记移位。一般而言，对路径影响较大的障碍物，注记原位表示；对路径影响较小障碍物，注记移位表示。

（7）绘出与路径交叉的建、构筑物，诸如墙、房屋、涵洞等，涵洞净空部分以虚线表示。交叉的架空管道其管道部分绘实线，未交叉的构架绘虚线。

（8）钻孔、试坑、钻探井在纵向线上注出其名称、编号及标高。

（9）路径起点、终点、分叉点、转角点在投影线上注明坐标。

（10）绘有分图时，在地面线上 10cm 处绘分图符号，符号宽 5mm，长以分图起讫点为标准。同一图上绘制的分图符号应位于同一高度上。

六、资料与成果

地下电缆工程测量完成后，形成的主要测量资料有：

（1）桩位成果表。

（2）路径平断面图。

（3）拥挤地段平面图。

（4）包含影像资料的房屋分布图。

（5）房屋权属调查表。

第四节 竣工图测量

地下电缆竣工图测量在新建、改建、扩建的地下电缆覆土前进行，以检查地下电缆工程施工质量，为电力管道的检修、设备安装提供测量数据等基础资料。地下电缆竣工图测量内容包括资料搜集与整理、控制点校测、地形图修测、中线测量、断面测量及竣工图编绘等。

一、资料搜集与整理

充分搜集设计和施工资料，包括测量控制点、电缆路径图（基于带状地形图）、电缆埋设断面图（基于路径平断面图）、地下管线报批红线图及设计变更资料等。

利用搜集资料前，应对搜集资料进行实地对照检核，评价所搜集资料的可信度和可利用度，不符之处予以实测。

二、控制点校测

竣工图控制测量一般直接利用施工控制网资料，不需重新进行竣工控制测量，使用前应检核前期成果资料。如果施工控制点多数破坏或已不存在，应重建竣工控制测量网，其坐标、高程基准应与施工控制测量基准一致。

竣工图控制测量，还应满足以下要求：

（1）控制测量等级要求和精度要求和施工控制网要求相同。

（2）地下电缆以直埋、排管、电缆沟形式敷设时，应利用原控制网进行布设。

（3）地下电缆以隧道形式敷设时，施工平面控制测量应满足一级 GNSS 或导线测量要求；施工高程控制测量，对小型隧道洞口投点测设应符合四等水准测量要求，对大型隧道洞口投点测设应符合二等水准测量要求。

三、地形图修测

地下电缆竣工图的地形图修测主要是对管线覆土、地面定型后的地貌和新增地物进行修测和补测。

测绘内容可适当取舍，临路（街）建（构）筑物飘篷、飘楼、骑楼及临时建筑物可不测绘；应调查有关建（构）筑物的结构、层数、分间线，适当注记门牌、单位名称和散点高程。

测量范围：管线两侧为宽阔地带时，测至线路两侧 20m 的地形为宜；通视条件较差的山区或密林地带等可测至两侧 10m；临近管线 20m 以内有建（构）筑物时，测至两侧第一排建（构）筑物。

四、中线测量

中线测量应在地下电缆覆土前进行，现场测量地下电缆中心线上特征点的实际平面坐标和高程。地下电缆中心线上特征点包括通道中心线的起止点、转折点、分支点、交叉点、变径点、变坡点及间隔适当距离的直线点等。大面积施工的地缆信道工程，可直接布设图根导线测量地下管线的特征点，待管线覆土地面定型后再测管线的地面高程。

仓促覆土来不及施测时，可先用固定地物点或邻近控制点采用距离交会法拴定点位，测出地下电缆点与固定地物点的高差，待日后恢复点位后再进行联测。

对于电缆沟可以测量其边线及宽度后计算中线位置。

电缆隧道主要检测隧道中线点，中线桩可根据隧道建筑中心线恢复。中线点应打临时中线桩或加以标记（用于测量隧道净空断面）。对于已埋设的永久中线桩（施工时埋设的稳固标石）应加以检测以核对偏离中线的程度。

地下电缆竣工图阶段中线测量技术要求如下：

（1）利用施工放样的护桩恢复线路施工前原有的

中心控制桩，或以隧道建筑中轴线恢复中线桩进行线路中线贯通测量。

（2）曲线段应先定出直线方向，然后用相邻直线重新测绘交点。新测得的曲线偏角与原定测（或复测）偏角较差在 ±30″以内时，仍采用原偏角。对曲线的切线长、控制点、直线转点间的距离应进行丈量，新丈量结果与原定测（或复测）结果的误差应在 1/2000 以内时，仍采用原测结果，曲线横向闭合差应不超过±5cm。

（3）中线测量完成后的基桩埋设要求：直线地段每 300～500m 埋设混凝土包铁芯的基桩；曲线地段的曲线始终点、缓圆点、曲线中点、圆缓点、曲线交点或副交点均应埋设混凝土包铁芯的基桩。

（4）地下电缆里程应采用全线换算后的连续里程，在施工过程中和施工设计图中的断链应予取消。

五、断面测量

一般情况下，采用直埋、排管、电缆沟方式敷设的地下电缆只需测量其纵断面。检查人员利用该断面与设计断面比较以判断埋设深度是否满足要求。

直埋、排管电缆测量其外顶高程，电缆沟测量沟底高程，电缆隧道测量其内底高程。纵断面测量可与中线测量同步进行。

对电缆隧道除纵断面测量外，还应测量净空横断面。横断面应垂直于建筑物主轴线，断面位置应先在设计断面位置布设，再在结构变化处布设，最后按断面间距要求布设。

断面测量技术要求参照第六章第五节相关内容。

六、竣工图编绘

竣工图是工程完成后符合实际情况的施工图，是竣工测量的主要成果，是工程验收的关键资料。

一般情况下，竣工图主要基于施工设计图进行编绘，其坐标系统、比例尺、图式等应与设计图一致。地下电缆施工设计图包括电缆路径带状平面图和地下电缆路径平断面图。

竣工图编绘前应准备的资料包括竣工测量资料、设计变更资料、施工检测记录以及其他相关资料。通过复测检测及竣工实测，陆续获得施工放样和竣工测量资料，展绘细部坐标、高程、以及各种必要元素，用实测数据修改设计数据以及变化地形数据。最后统一补测、编辑、整饰，形成地下电缆竣工图。

七、资料与成果

地下电缆竣工图阶段测量工作完成后，形成的主要资料与成果有：

（1）技术设计书、技术报告。

（2）计算资料。

（3）细部点成果表。

（4）竣工总图（1:500 或 1:1000）。

（5）路径平断面图（横 1:500；纵 1:50）。

（6）检查报告、验收报告。

第九章

海（水）底电缆工程测绘

海（水）底电缆工程是指在海（水）底敷设电缆用于电力传输的工程，可分为直流输电工程和交流输电工程。主要应用于大陆与岛屿联网、跨海输电、海上再生能源发电并网、向海洋孤岛及石油钻探平台供电以及在内陆沿河流敷设电缆进行长距离输电。

海（水）底电缆工程的路径称为电缆路由，电缆路由一般为海域两侧终端站（一侧为送端，另一侧为受端）之间的电缆路径，包括登陆段和海域段。路由中心线两侧一定宽度内的区域称为电缆路由区，测量专业主要针对路由区开展工作，其目的是为海底电缆路由方案设计及施工提供基础测绘资料。

海（水）底电缆工程分为路由预选阶段和路由勘测阶段，路由预选阶段主要工作是选定敷设电缆的路径，以搜集资料为主结合现场踏勘，配合设计及相关专业完成桌面路由预选报告。路由勘测阶段根据选定的路径开展勘测工作，测绘海（水底）地形图、绘制海（水）底面状况图、绘制电缆路由断面图等，最终完成勘测阶段测量技术报告和海底电缆路由勘察报告（测量部分）的编写。

第一节　路　由　预　选

路由预选工作的主要任务是根据电缆的总体布局选择登陆点及海（水）域路由位置，提出不少于两个比选方案。测量专业通过搜资、踏勘、资料整理等工作，提供满足本阶段要求的测量报告和成果图件，并为《预选路由勘察报告》编制提供相关的测绘基础资料，配合相关设计专业完成路由预选审查等工作。

一、资料搜集

路由预选阶段配合设计人员搜集本阶段所需海图（水下地形图）、海底已有管线信息、登陆段地形图、海洋规划与开发活动等直接关系到预选方案确定的资料。

路由预选阶段需要搜集的资料见表9-1。表9-1中的资料内容一般由工程相关专业进行搜集，测量专业人员配合完成部分资料的搜集。

表9-1　路由预选阶段需要搜集的资料

序号	搜集资料单位	搜集内容提要
1	测绘部门	搜集控制点资料、两岸登陆区地形图资料
2	海洋渔业部门	搜集海图资料、水文资料、海洋开发活动等资料
3	航运管理局	搜集航道资料、习惯性航道资料、锚地、码头、禁锚区等资料
4	规划部门	搜集海洋开发规划资料、海底管线资料
5	旅游部门	搜集旅游开发规划及现状资料
6	石化、燃气管理部门	搜集海底石油、燃气管线资料
7	电信公司、邮电设计单位	搜集海底通信电缆情况
8	电力公司、电力设计单位	了解已有海底电缆的情况，并搜集相关的设计资料和运行资料
9	交通部门	搜集海底隧道、大桥资料
10	市政部门	了解排污管道等资料
11	海洋开发活动实施单位	了解具体开发活动范围
12	矿产部门	了解矿产资源规划及开发现状
13	军事管理部门	了解军事设施位置、影响范围及有关规定

二、踏勘

路由预选阶段的资料大多为搜集的历史资料，往往与实地情况不同。因此，需要对搜集到的资料进行实地踏勘，通过调查、补充测量等方式对资料进行验证及补充。

陆地踏勘的主要内容包括电缆登陆段的居民区分布、土地利用状况、海岸性质以及利用现海滩（潮滩）地形、冲淤特征、登陆点至终端站的距离、登陆点附近海洋开发活动等。登陆点的选择应当符合海洋功能区划、离登陆站近、与其他海洋规划及开发活动交叉少并有利于电缆管道登陆施工和维护的区段。

在考虑路由方案时，除自然条件、造价、电气技术、施工难度等控制因素外，海洋规划和开发活动等限制因素也是重点关注对象。因此，对海域段进行踏勘时，主要工作是验证海洋规划和开发活动的调查资料。对路由区域附近的管线资料、渔业捕捞及养殖资料、航线资料、旅游开发情况、矿产开发情况、填海情况、海籍调查资料等进行现场踏勘验证。

三、资料整理

资料整理包括海洋调查资料整理、测绘资料整理。

（一）海洋调查资料整理

海洋调查资料整理主要包括以下内容。

（1）渔业：路由区渔船数量、捕捞方式、捕捞作业季节、休渔区、休渔期、浅海和滩涂养殖区等。

（2）矿产资源开发：海洋油气田和砂矿区等的分布、资源开发规划与开采现状、海上平台和输油气管道的位置等。

（3）交通运输：主要航线及船只类型（所使用的锚型）、密度、航道疏浚及抛泥等。

（4）通信：海底光缆。

（5）电力：海底输电电缆。

（6）水利：海堤及围海、填海工程等。

（7）市政：排污管道等。

（8）海洋自然保护区：各种海洋自然保护区分布状况。

（9）海底人为废弃物：如沉船、集装箱、锚等。

（10）其他：如旅游区、倾废区、科学研究试验区、军事活动区等。

（二）测绘资料整理

测绘资料整理包括平面坐标系统转换及高程基准转换。

1. 平面坐标系统转换

搜集到的资料可能是不同坐标系的图纸，需要进行转换，用于路径图的制作及进行室内选线工作。

不同坐标系统下的数据统一至同一坐标系统时，可以通过不同坐标系统间的转换参数来实现。如果在测区附近已搜集到不同坐标系下的公共控制点，可以利用公共控制点计算转换参数。如果没有公共控制点资料，可委托测绘管理部门对部分点位数据进行坐标系统转换，而后利用公共坐标点数据进行转换参数计算。

2. 高程基准转换

海洋高程基准的表示方法与陆地有所不同，为了说明不同高程基准之间的转换，首先必须理解深度基准面的概念。受潮汐变化等因素影响，海平面是随时间变化的，不同时刻测量同一点的水深是不相同的。这个差数随各地的潮差大小而不同，在一些海域十分明显。为了修正测得水深中的潮高，必须确定一个起算面，把不同时刻测得的某点水深归算到这个起算面上，这个面就是深度基准面。确定深度基准面的原则是既要保证舰船航行安全，又要考虑航道利用率。深度基准面通常取在当地多年平均海面下深度为 L 的位置，深度基准面示意图如图 9-1 所示。由于各国求 L 值的方法有别，因此采用的深度基准面也不尽相同。我国是将理论最低潮面作为海洋测绘的深度基准面，而理论最低潮面是根据验潮站多年潮位资料推算出的理论上可能的最低潮位面。

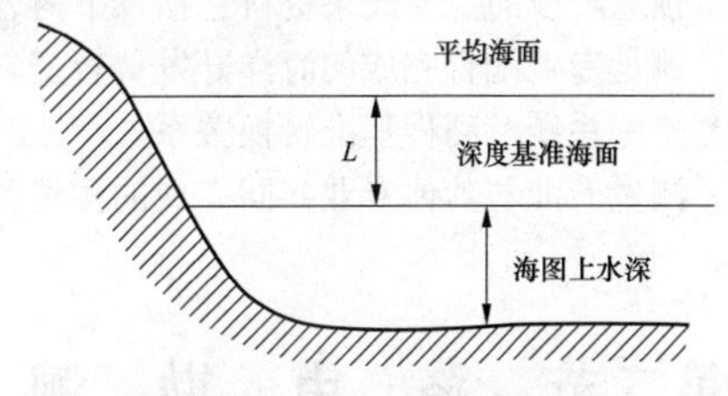

图 9-1　深度基准面示意图

搜集的海图或其他海洋资料所用的高程基准通常是海图所在地水深的起算面，又称海图基准面，我国在 1956 年以后采用理论最低潮面（即理论深度基准面）。这个基准面必须与陆域测量通常使用的国家或地方高程基准进行换算。换算关系可以在当地的海洋部门或测绘部门搜资得到。某地深度基准换算关系如图 9-2 所示。

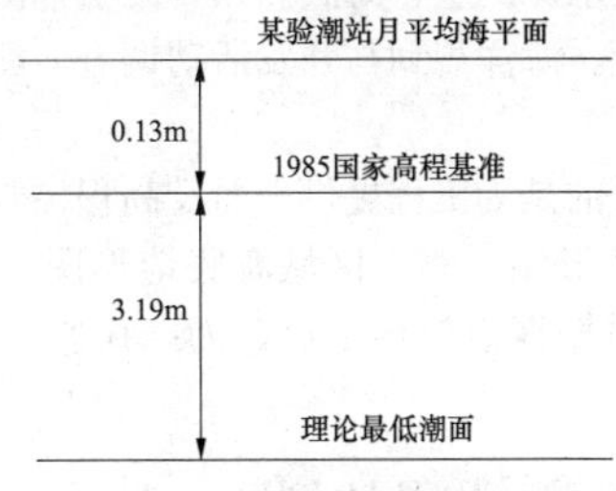

图 9-2　某地深度基准换算关系

四、预选路由勘察报告编写

预选路由勘察报告编写包括以下内容。

（1）概述，介绍任务来源与工程背景、预选路由海区范围、工作技术依据、工作流程等。

（2）登陆点地理位置及其周边环境描述。

（3）路由区工程地质条件描述，主要包括工程区域的地质背景、海底地形与地貌特征、海底地质及其工程特性、海床冲淤活动性等。

（4）路由区海洋水文气象要素，主要包括气象条件、海洋水文条件。

（5）路由区域海底腐蚀性环境。

（6）路由区海洋开发活动，主要包括海洋功能区划及规划、渔业活动、海上交通、已建海底电缆管道工程、海底矿产资源开发活动、水利工程、海洋自然保护区、倾废区、旅游区等。

（7）预选路由条件评价及建议，主要包括预选路由方案、预选路由条件综合评价、结论与建议。

以上内容需要测量、岩土、水文气象等勘测专业共同编写完成，测量专业根据需要完成相关章节的编写。

五、成果资料

路由预选阶段的主要成果资料包括以下内容。

（1）测量专业配合完成的海洋开发调查资料。

（2）坐标系统及高程基准转换关系。

（3）测量专业与其他专业共同完成的预选路由勘察报告。

第二节　路　由　勘　测

路由勘测阶段主要通过搜资、调查和测量等手段，获取路由区登陆段地形、海域段水下地形、海底状况以及路由区海洋规划与开发活动等资料，参与编写海底电缆路由勘察报告，并配合完成路由勘察审批。

一、任务目的

路由勘测阶段的测量任务包含控制测量、登陆段地形测量、水深测量、海底侧扫、磁法探测、勘探点放样及测量、海洋规划与开发活动调查、配合路由勘测审查等。

勘测目的是为工程提供平面及高程控制成果、测绘登陆段地形图、路由区域海底地形图、海底面状况图、地质勘探点放样定位、为路由影响评价提供依据等。

二、勘测范围及比例尺

（一）勘测范围

海底电缆测量通常沿路由中心线两侧一定宽度的走廊带内进行，具体范围以 GB/T 17502《海底电缆管道路由勘察规范》和设计要求为准。当海缆路由方案比较确定时，对海缆路由中心带区域，即拟推荐路由中心线两侧各 500m 范围内，应适当加密设计的测深线和测点间距，局部加大成图比例尺。按照勘测区域的不同可分为陆域地形测量和海（水）域地形测量。

1. 陆域地形测量

陆域地形测量应当采用与海域测量相同的坐标系统进行陆地电缆两端（送端及受端）地形图的测绘。

当首级控制网点的密度无法满足地形图测图的实际需要时，需要在首级控制网的基础上布设图根点，可以采用图根导线测量或 GNSS RTK 测量。陆域地形测量一般包括送端和受端两块区域，按照常规方式进行，可采用全站仪、GNSS RTK 测图或两种方法联合作业。

陆域地形测量成果应当提供送端至入海点、登陆点至受端路由中心线两侧 250m 以内的地形图，路由中线的断面图。

陆域地形测量的基本方法和要求参见本手册第三章第二节相关内容。

2. 海（水）域地形测量

海（水）域地形测量是为了获得水下地形点位的平面坐标、点位实时水面至水底垂直距离、水位改正数据或点位实时水面高程三类数据，从而确定水底地形点的三维坐标，构建等深线，生成水深图。工作内容包括水位测量、导航定位测量、水深测量、侧扫声纳探测等。

海（水）域地形测量是海（水）底电缆路由勘测的重点。一般测量范围如下：

（1）测量走廊带的宽度在登陆段和近岸段一般为 500m；在浅海段一般为 500～1000m；在深海段一般为水深的 2～3 倍。

（2）海底分支器处的测量在以其为中心的一定范围内进行，在浅海段测量范围一般为 1000m×1000m；在深海段测量范围一般为 3 倍水深宽的方形区域。

（3）路由与已建海底电缆管道交越点的测量在以交越点为中心半径 500m 范围内进行。

（4）不同船只同时开展测量工作时，作业区段交接处的重叠调查范围，在浅海段一般为 500m，在深海段一般为 1000m。

（5）登陆段地形测量范围指包括登陆点岸线附近的陆域、潮间带及水深小于 5m 的近岸海域，以预选路由为中心线的测量走廊带宽度一般为 500m，自岸向海方向至水深 5m 处，自岸向陆方向延伸 100m。

（6）设计人员可能会根据路由附近海域的具体情况，适当调整路由区的范围。

（二）海（水）底地形图测量比例尺

测图比例尺应根据实际需要和海底地质地貌的复杂程度确定，一般规定：

（1）登陆段，比例尺 1:500。

（2）近岸段，比例尺不小于 1:5000。

（3）浅海段，比例尺 1:5000～1:25000。

（4）深海段，比例尺 1:50000～1:100000。

（5）路由中心带，比例尺 1:500～1:2000。

三、海上勘测

（一）总体方案

首先制定海上勘测作业计划，布设平面及高程控制网（详见本手册第一章、第二章相关内容），利用单波束测深、多波束测深、侧扫声呐等技术手段绘制路由区域范围内的海（水）底地形图、海底面状况图等，探测海底各种障碍物，以及进行海（水）上钻探定位服务等。

（二）平面控制测量

1. 基本原则

（1）在海（水）底电缆工程测量中，为建立统一的平面基准，需要在路由测区布设平面控制网。布设应遵循从整体到局部，从高级到低级，分级布设的原则，也可同级扩展或越级布设。

（2）控制点宜布设在两侧登陆点区域外缘，两端各布设2～3个首级控制点。两端首级控制点应统一构网，统一观测，统一平差，以保证坐标系统的统一。根据实际需要，可适当加密控制点。

（3）坐标系统视需要可采用2000国家大地坐标系、1980西安坐标系、1954年北京坐标系或WGS84坐标系，也可以选择独立坐标系统。投影方式采用高斯正形投影，可选择标准带或任意带进行投影。

（4）平面控制网应联测国家或地方高等级控制点，作为起算点的高等级控制点不宜少于3个。

（5）首级GNSS平面控制网等级以不宜低于四等。

（6）平面控制网的建立可采用卫星定位测量、导线测量等方法。考虑到通常海域广阔，海缆两端距离较大，推荐使用卫星定位测量方式进行首级平面控制网测量。

（7）为保证电缆的顺利铺设，控制网的布设应当考虑电缆两端（送端与受端）与海底路由部分坐标系统的一致性，因此电缆路由及两端的控制网布设工作应当同步完成。

2. 搜资及踏勘

搜集适宜比例尺地形图用于图上控制网设计及路径规划设计，搜集测区及附近已有的平面控制点成果及相关技术报告等资料用于控制点联测。对测区进行踏勘，为控制点选点埋石作准备，必要时可利用手持卫星定位仪进行控制点概略位置测量。

3. 测量方案设计

根据搜资及踏勘的情况，制定测量方案，主要包括以下内容。

（1）测量人员组织及计划完成时间。

（2）仪器设备、交通工具等准备。

（3）测量方法及技术要求。

（4）坐标系、起算控制点及控制点等级的选择。

（5）控制点观测实施方案设计。

（6）控制点平差方案设计。

（7）其他关于质量、环境、职业健康安全管理相关内容。

4. 选点埋石

根据控制点的概略位置，现场进行选点和埋石。

（1）应充分利用已有点位，并使之构成良好图形。

（2）控制点应埋设混凝土固定桩，控制点不可重名，利用已有点标石时应采用原有点名。

（3）控制点位应选在靠近路由、交通方便、视野开阔、便于保存的位置。特别注意控制点不得埋设在可能被潮水淹没的区域。

（4）控制点周围应设置明显的标识，并实地绘制点之记。

5. GNSS测量

GNSS控制网的布设要求、精度指标及数据处理要求参见本手册第一章第二节相关内容。

（三）高程控制测量

海底电缆工程高程控制网的建立可采用水准测量方法、三角高程测量方法、GNSS拟合高程测量方法。

（1）测区范围内应布设一定数量的高程控制点。高程控制点宜与平面控制点共用点位，高程控制测量与平面控制测量工作同期开展。

（2）水位观测站附近应布设至少一个高程控制点。

（3）高程基准可以采用1956年黄海高程系、1985国家高程基准或其他地方高程基准，同时需要推算出高程基准与理论最低潮面（理论深度基准面）的关系。

（4）一个测区宜采用同一高程基准。有两个或两个以上的高程基准时，应给出其相互关系。

（5）首级高程控制测量等级不应低于四等。

（6）高程控制测量可以采用水准测量，三角高程测量和GNSS高程测量等方法。

高程控制网的建立与测量方法可参见本手册第二章相关内容。

（四）跨海面高程测量

1. 基本原则

（1）当采用水准测量方法时，跨越距离应小于400m。

（2）长距离跨海面传递高程可采用电磁波测距三角高程测量法或GNSS高程测量法，也可利用水面传递高程。跨海面距离大于3.5km时，应根据测区具体条件和精度要求进行专项设计。

（3）用海水面传递高程，其潮汐性质应相同，可采用高低潮法或同步期平均海面法。

（4）一般情况下，GNSS高程测量法周期较短，工作量较小，利用海水面传递高程法周期较长，工作量较大，电磁波测距三角高程法的工作量随着跨海距离增加而变大，同时受天气等外界影响较大。

（5）高程传递方法应当根据工程实际情况进行选择，必要时可采用其中几种方法进行验证和检核。

2. 跨海面高程测量外业施测

跨越地点应选在水面狭窄、地基稳固之处，观测时视线距离水面的高度宜大于3m。

当采用水准测量方法时，两岸测站和立尺点应对称布设。跨海（河）水准观测的主要技术要求应符合表9-2的规定。

表9-2　跨海（河）水准观测的主要技术要求

跨越距离（m）	半测回远尺读数次数	测回数	测回差（mm）	
			三等	四等
<200	2	1	—	—
200～400	3	2	8	12

注　1. 一测回的观测顺序：在一岸先读近尺，再读远尺；仪器搬至对岸后，不动焦距先读远尺，再读近尺。
2. 当采用双向观测时，两条跨海视线长度宜相等，两岸岸上视线长度宜相等，并大于10m；当采用单向观测时，可分别在上、下午各完成半数工作量。

采用电磁波测距三角高程代替四等水准跨水面测量时，宜在阴天进行观测。对向观测时的气象等外界条件宜相同，两岸跨海（河）对向观测位置应基本等高。垂直角观测的测回数及其他技术指标应符合表9-3的规定。

表9-3　电磁波测距三角高程跨水面时的垂直角测回数

跨越距离（km）			<1.0	1.0～2.0
观测方法	中丝法	测回数	4	6
	三丝法		—	3

利用海水面传递高程的原理是：近似认为在一定的海域范围内，同一段时间内海域各位置高低潮海面或平均海面是相同的，如果同时在陆海进行一定时间的验潮，即可实现陆海高程的传递。短期验潮站距离一般不超过100km，以保证海面地形变化不超过2cm。大江大河出海口附近一般不宜用该方法进行高程传递。

水尺零点高程应按四等水准测量要求进行引测，传递工作结束后，还应对水尺零点高程进行校核。

采用高低潮法进行海水面高程传递时，应以各组高低平潮平均值推算高差的平均值作为传递高差值；高低潮法观测时间间隔和推算高差互差限值应符合表9-4的规定。

表9-4　高低潮法观测时间间隔和推算高差互差限值

距离（km）	高低平潮观测组	观测时间间隔（min）	各组平潮平均值推算高差互差限值（mm）
<1	2	5	40
1～5	4	5	40

注　1. 高潮或低潮1h前开始观测，至落潮或涨潮时观测停止；当互差超限时，应查明原因，予以重测。
2. 高低平潮观测组是指相邻的一个高平潮和低平潮。

采用同步期平均海面法进行海水面传递高程时，应以同步期平均海面推算高程作为传递高程值，其连续观测时间及观测时间间隔应符合表9-5的规定。

表9-5　同步期平均海面法连续观测时间及观测时间间隔

距离（km）	连续观测时间（昼夜）	观测时间间隔	
		高低平潮前、后半小时之间（min）	其他观测时间
<10	3	10	整点
10～50	7	10	整点

注　高程传递距离超过50km时，应根据潮汐的具体情况适当增加连续观测时间。

（五）水位测量

水位测量包括以下内容。

1. 搜集资料

利用有关单位观测的潮汐资料，应重点了解以下内容：验潮仪器的型号、观测方法和精度；水准点设立的位置、稳定性，与水尺零点、验潮站零点（即水位零点）的关系；采用的深度基准面；计时钟表校正情况；设站期间是否有中断观测。

2. 验潮站布设及水尺设立

对于海缆工程测量来讲，水位控制作业是为了测定水深测量时的实时水面高程，如果水深测量采用GNSS RTK进行定位，同时采集水面实时高程，可不进行水位控制。

验潮站布设的密度应能够控制全测区的潮汐变化。相邻验潮站之间的距离应满足最大潮高差不大于0.4m，最大潮时差不大于1h，且潮汐性质应基本相同。

水尺前方应选在无浅滩阻隔，海水可自由流通，能充分反映当地海区潮波传播情况的地方。设立的水尺要牢固、垂直于水面、高潮不淹没、低潮不干出；设置两根或两根以上水尺时，两相邻水尺的重叠部分不宜小于 0.3m。

3. 验潮站的水准测量

每个验潮站附近应在地质坚固稳定的地方埋设一个工作水准点。

工作水准点可在岩石、固定码头、混凝土面、石壁上凿标志，再以油漆记号。不具备上述条件时，亦可埋设牢固的木桩。

工作水准点按四等水准测量要求与国家水准点联测。

在验潮站附近的水准点和三角点，经检查合格，可作为工作水准点。

水尺零点可按图根水准测量要求与工作水准点联测。

水位观测过程中，如发现或怀疑水尺零点有变化时，应进行高差联测。当水尺零点变动超过 3cm，应重新确定其相互关系，并另编尺号。

设置两根或两根以上水尺时，应选择其中一根作为基尺。深度基准面已经确定时，水尺零点宜与深度基准面一致。

4. 水位观测时间要求

验潮用的钟表，每天至少与北京标准时间校对一次。测深期间，水位观测宜提前 10min 开始推迟 10min 结束，观测时间间隔应根据水情、潮汐变化和测图精度要求合理调整，以 10～30min 为宜。在高低潮前后适当增加水位观测次数，其时间间隔以不遗漏潮位极值水位值为原则。

5. 水位观测读数要求

水面波动较大时，宜读取峰、谷的平均值，读数精确至 1cm。当风浪较大、水尺读数误差大于 5cm 时，应当停止工作。

（六）导航定位测量

导航定位测量包括以下几种方法。

1. 卫星定位

目前海底电缆工程测量中使用最多的卫星定位方式为信标差分定位和 RTK 定位，均属于差分 GNSS 定位。信标差分定位是利用国家已经建立的海上无线电信标台，在其所发射的信号中加一个副波调制以发射差分修正信号，提供亚米级精度导航定位。目前，我国的信标台已经覆盖了全部的沿海区域，在距海岸线 300～400km 的海域，以及距海岸线 200～300km 的陆域均可收到信标信号。信标差分定位广泛用于水深测量、海底侧扫、磁法探测等海上测量作业的导航定位。RTK 定位即实时动态差分定位，又称载波相位差分技术，可实时求解出厘米级的流动站动态位置。由于 RTK 作业距离的限制，一般用于近岸段水上作业的导航定位，在大比例尺水下地形测量和无验潮模式下的水下地形测量中应用。

卫星定位须满足以下要求：

（1）测图比例尺大于 1:5000 时，定位中误差不应大于图上 1.5mm，测图比例尺不大于 1:5000 时，定位中误差不应大于图上 1.0mm。

（2）数据链通信作用范围覆盖作业区域。

（3）能连续、稳定、可靠作业。

（4）定位数据更新率优于 1 次/s。

（5）应有差分信号，有效观测卫星数不应少于 5 颗，卫星高度角应大于 10°，定位几何因子（PDOP）不应大于 6，差分信号更新率不大于 30s。

（6）RTK 流动接收机的测量模式、基准参数、转换参数和数据链的通信频率等，应与参考站相一致，并应采用固定解成果。

（7）每日测量作业前、结束后，应将流动 GNSS 接收机安置在控制点上进行定位检查。作业中，发现问题应及时进行检验和比对。

2. 水下定位

目前在海底电缆工程测量中使用最多的水下定位方式为超短基线定位，主要用于海底侧扫声呐、海洋磁力探测等系统的水下拖曳探头的定位，水下应答器安装在探头中，根据测量船定位设备与水下声答器的位置关系，进行探头定位。在工作开始前应对定位系统进行安装姿态校正。

3. 光学定位

光学定位只能用于近岸段水下测量的定位，在采用人工测深方式进行水深测量时，可采用该方法进行定位，一般采用交会法和极坐标法进行。

交会法、极坐标法定位，应符合下列规定：

（1）测站点的精度，不应低于图根点的精度。

（2）作业中和结束前，均应对起始方向进行检查，其允许偏差，经纬仪应小于 1′，超限时应予改正。

（3）交会法定位的交会角宜控制在 30°～150°。

（七）水深测量

水深测量可采用人工测量法、单波束测深法和多波束测深法。

1. 人工测深

人工测深是指利用测深杆和测深锤进行水深测量，其中测深杆在水草密集或者水深极浅等声呐设备无法工作的地方能有效地发挥作用。测深锤适用于水深较小、流速不大的浅水区，测深时应使测深锤的绳索处于垂直位置，再读取水面与绳索相交的数值。

人工测深方法适用于水深在 20m 以内、流速不大的海域。测深点深度中误差见表 9-6。

表 9-6　测深点深度中误差

水深范围（m）	测深仪器或工具	流速（m/s）	测点深度中误差（m）
0～4	测深杆	—	0.1
0～10	测深锤	<1	0.15
10～20	测深锤	<0.5	0.20

注　1. 水底树林和杂草丛生水域宜使用测深杆和测深锤。
2. 当精度要求不高，作业特殊困难、用测深锤测深流速大于表中规定或水深大于 20m 时，测点深度中误差可放宽 1 倍。

2. 单波束测深

单波束测深是利用声波对水体的穿透性，由测量装置记录由海面向海底垂直发射的声波信号从发射到返回的时间间隔。通过计算得到水体的深度。

单波束测水深测量测线布设：使用单波束测深仪测深时，测线方向应垂直等深线总方向。

近岸段、浅海段的测线应平行预选路由布设，测线数量一般不少于 3 条，其中一条测线应沿预选路由布设，其他测线布设在预选路由两侧，测线间距一般为图上 1～2cm，检查测线应垂直主测线布设，其间距不大于主测线的 10 倍。重要海区的礁石或小岛周围应布设成螺旋形测深线。测深线间隔一般为图上 0.25cm。

3. 多波束测深

多波束测深系统组成部分包括多波束声学系统（MBES）、多波束采集系统（MCS）、数据处理系统和外围辅助传感器。其中换能器发射并接声波信号，多波束采集系统将收集到的声波信号转换为数字信号，并反算其距离或记录声波往返换能器面和海底的时间。外围设备主要包括定位传感器（如 GNSS）、姿态传感器（如姿态仪）、声速剖面仪（CTD）和电罗经，实现测量船瞬时位置、姿态、航向的测定以及海水中声速传播特性的测定；数据处理系统以工作站为代表，综合声波测量、定位、船姿、声速断面和潮位等信息，计算波束脚印的坐标和深度，并绘制海底地形图。

使用多波束测深时，测线方向应平行等深线的总方向。

使用多波束测深系统进行水深测量时，应对路由走廊带进行全覆盖测量。主测线布设应使相邻测线间保持 20%的重复覆盖率。

单波束测深系统和多波束测深系统的使用参见本手册第十一章第三节相关内容。

（八）障碍物探测及勘探点定位

1. 侧扫声呐探测

利用侧扫声呐进行海底扫测的目的是为了探测海底的沉船、礁石、电缆、水下障碍物及水下建构筑物等目标的位置，以及沙带、沙波、断层、海底沟槽等地貌情况。

侧扫声呐测线布设分为普扫和精扫测线布设。普扫测线布设的原则就是保证足够的重叠带宽度，与水深测量同步，测线布设的方向是平行于水流方向。如发现可疑图像需要布设精扫测线，精扫测线的布设应覆盖可疑图线区域，并垂直于普扫测线成“井”字形布设。

侧扫声呐系统的使用参见本手册第十一章第三节相关内容。

2. 勘探点定位

路由勘测阶段需要在陆地电缆区域和海上路由区域进行勘探工作。

陆地电缆区域的勘探点定位可采用 GNSS RTK 方法或全站仪法进行定位。

海域勘探点放样一般采用 GNSS RTK 方式进行。利用 GNSS RTK 导航，指挥测量船到达目标海域附近，放置勘探点标志，调整标志到准确位置，测量其坐标。放样时须要用测深锤或测深杆测量水面到水底的高度。勘探点的标志由基石、牵引绳和浮标组成，牵引绳长度根据水深及潮位确定，需要保证浮标始终在水面以上。

海上钻探通常采用大型钻探船或搭建双船钻场，专业钻探平台固定在钻探船上，实际钻探（钻杆）位置与钻探点的放样位置会有偏差。钻探平台搭建完毕后，还要准确测量其钻探中心位置坐标，并量出海水深度，计算勘探点三维坐标。

海上勘探点放样完成后，应根据登陆段地形图和水下地形图，检查放样成果，与图面高程重合点（图上 1mm 以内）深度不符值限差：水深 20m 以内不大于 0.4m，水深超过 20m 的，不大于水深的 2%。如果发现错误，应寻找原因并重新进行测量。

（九）海上勘测注意事项

海（水）底路由勘测工作大部分在测量船上开展，如遇出海作业，需要数日才能返回港口，因此工作开始前应当进行充分的准备工作。

首先是人员物资的配置，海（水）上测量如果连续进行，则需要进行轮换制度，则对相应的岗位应当配备轮值人员。海（水）上作业人员的吃、住、用都在测量船上，因此应当携带充足的食物、水、燃料等物资。

其次是设备、资料准备。应当保证上船设备性能良好，有相应的电源、电池准备。各种数据资料也应该准备充分。若有与陆地人员协同工作的测绘项目还需要与陆地工作人员拟定工作计划，制定相应的工作方案，以免协调不畅耽误工作。

海（水）上勘测受天气条件影响较大，船只在水面摇摆会有造成人员落水的不安全因素。因此开展工作前应当制定相应的作业计划及安全防范措施。具体安全操作要求见本手册第十三章相关内容。

四、质量检查

（一）测深检查

测深过程中或测深结束后，应对测深断面进行检查。检查线与主测深线宜垂直相交，单波束检查线长度不宜小于主测深线总长度的5%，多波束测深检查线长度不得少于总测线长度的1%。

对于多波束测量，采用多波束进行检查线测量时，应使用中央波束。

单波束测深不同作业组的相邻测段应布设一条重合测深线；同一作业组不同时期测深的相邻测深段应布设两条重合测深线。

重合点（图上1mm以内）深度不符值限差：水深20m以内不大于0.4m，水深超过20m不大于水深的2%，超限点数不得超过参加比对总点数的15%。

（二）补测或重测

（1）出现以下情形之一的，应进行补测。

1）测深线间距大于设计测线间距的1.5倍。

2）测深仪记录纸上的回波信号中断或模糊不清，在纸上超过3mm，且水下地形复杂。

3）测深仪零信号不正常或无法量取水深。

4）对于非自动化水深测量，连续漏测2个及以上定位点，断面的起点、终点或转折点未定位。

5）当用多波束测深系统全覆盖测深时，如因偏航、船只规避等原因导致测线间有未覆盖区域时。

6）GNSS卫星定位时，卫星数少于3颗，连续发生信号异常以及GNSS精度自评不合格的时段。

7）测深点号与定位点号不符，且无法纠正。

8）测深期间，验潮中断时。

（2）出现以下情形之一的，应进行重测。

1）不同时间、不同系统的深度拼接、比对结果达不到测深检查的要求。

2）确认有系统误差，但又无法消除或改正。

3）其他严重违反本手册要求的情况。

五、成果资料

路由勘测后应当提供的成果资料包括：

（1）测量报告。

（2）陆域地形测量成果。

（3）水位控制测量数据资料。

（4）水深测量原始数据。

（5）水深测量成果［海（水）底地形图］。

（6）海（水）底面状况图。

（7）海（水）底路由断面图。

第三节　竣工图测量

一、目的及方法

竣工图测量是为了探查已建海底电缆的施工是否满足设计要求，探查施工影响对海底面状况造成的变化情况。测量工作内容为查明已建海底电缆的海底沟槽开挖与电缆附近的海底面状况、管道的平面位置、埋设深度、悬跨高度、悬跨长度及管道保护层外观状况等。

海域段的电缆和海底面状况测量可采用单波束测深系统、多波束测深系统、侧扫声呐探测、水下机器人（ROV）调查等方法进行。

二、海域测量

（一）比例尺

海域测图比例尺一般为1:2000～1:5000，复杂区域为1:1000。复杂区域是指海底管道发生悬跨、有水泥盖垫或有砂石盖层的区段。登陆段陆域测图比例尺为1:500。

（二）测线布设

测线布设应符合下列要求：

（1）纵向测线平行路由布设三条，其中一条测线应沿路由布置，其余测线布置在路由两侧，测线间距为25～100m。

（2）横向测线垂直路由布设，测线长度不小于50m，间距为50～250m，在复杂区域应适当加密。

（三）技术方法

海域测量方法与路由勘测阶段相同，包括单波束测深、多波束测深及侧扫声呐探测技术。

单波束测深、多波束测深配合导航定位及水位测量技术用于获取海底电缆路由区域的地形图。侧扫声纳探测可以获取电缆路由的海底影像，用以判断海底电缆的埋设情况。

进行测深及海底扫测时应当注意以下几个方面：

（1）采用单波束测深系统进行水深测量，应配备涌浪补偿系统消除涌浪的影响，应进行系统时延校正，应沿横向测线进行。

（2）采用多波束测深系统进行水深测量，应根据水深和仪器性能，选择合理的测线间距，保证相邻测线间有100%的重叠覆盖率，应沿纵向测线进行。

（3）进行侧扫声呐探测时，应选择合理的声呐量程和测线布设间距，保证在调查走廊带内有100%的重叠覆盖率，应沿纵向测线进行。对于特殊复杂的区域应当适当重复扫侧，以查明电缆敷设情况。

三、水下调查

水下调查是利用仪器设备对已铺设的电缆进行摄影、录像、定位，以确定海底电缆的敷设情况，判断是否有悬空等不安全因素。

（一）仪器介绍

水下调查方式一般有人工潜水摄影调查和水下机器人（ROV）调查两种方式，对于重要或复杂的海底电缆工程，一般使用水下机器人调查。水下机器人即无人遥控潜水器（remote operated vehicle），系统组成包括动力推进器、遥控电子通信装置、黑白或彩色摄像头、摄像俯仰云台、用户外围传感器接口、实时在线显示单元、导航定位装置、自动舵手导航单元、辅助照明灯和凯夫拉零浮力拖缆等单元部件。用于海底电缆调查的观察级 ROV 的核心部件是水下推进器和水下摄像系统，有时辅以导航、深度传感器等常规传感器。本体尺寸和重量较小，负荷较低。

水下机器人的水下摄影系统对水域环境要求较高。在水质浑浊，水流较急的地方适用性差。同时由于水下机器人的平面位置和高程难以精确确定，因而这种方法仅适合于特定目标形状的获取，难以应用于大面积的地形测量。水下机器人的优点是由机器人代替人工深潜水下，在接近水底时用水下摄影的方式获得水下目标的影像，安全可靠、作业时间长、获取的实时影像直观清晰。水下调查的成果主要是已铺设海底电缆附近的影像资料，用于查明电缆附近的海底面状况和电缆保护层外观状况等，作为判断海底电缆是否安全的依据。水下机器人外形图如图 9-3 所示。

图 9-3　水下机器人外形图

（二）仪器要求

（1）ROV 应能在流速小于 2 节条件下正常工作；配备运动传感器、水下声学定位系统、水下罗经、水下摄像机；可以搭载水深测量设备、高分辨率导航声纳、侧扫声呐、浅地层剖面仪、管线跟踪仪等调查设备；具有足够的数据传输通道。

（2）ROV 工作母船应配备动力定位系统、DGNSS、罗经及水下声学定位系统；有良好的操作稳定性以及长时间保持低速（一般小于 1 节）航行的能力；有足够的甲板面积和吊装设备用于 ROV 的安装和调查过程中的收放。

（三）调查过程及要求

（1）各种调查设备应进行校准、调试，直至达到正常工作状态，才能投入使用。

（2）调查作业前，应进行 ROV 工作母船、导航定位系统与 ROV 等调查设备的联调，直至检测目标、ROV 工作母船、ROV 的相对位置在 ROV 控制室和调查船驾驶室有正确的显示。

（3）当工作母船位于调查开始点附近时，将船艏向调整到最有利于作母船就位和 ROV 进行收放作业位置，吊放 ROV 设备。

（4）ROV 作业的前进速度通常小于 2 节，根据水下能见度和设备采样率，调整前进速度达到最佳探测效果；进行海底电缆调查时，ROV 距离海底高度不应大于 0.2m；进行海底管道调查时，ROV 距离海底高度应小大于 1.0m。

（5）在作业中 ROV 的所有仪器参数和视频信息都应传输到 ROV 控制室和工作母船驾驶室，并及时保存数据。

（6）停止调查时，应提前通知工作母船驾驶室和 ROV 控制室关闭数据采集记录系统，并在结束点处作标记，同时将 ROV 回收到甲板。

（7）相邻区段调查的重叠范围不应小于 50m。

四、成果资料

（一）成果要求

测量成果应满足以下要求。

（1）确定海底电缆或管道附近的障碍物和海底面状况。

（2）对裸露的海底管道应确定其位置、裸露高度、悬跨长度和偏离设计路由距离等参数，有管道沟槽时还应确定沟槽的深度、宽度及海底管道与沟槽的接触关系。

（3）对已掩埋的海底管道应确定海底管道位置及掩埋深度。

（4）对有水泥盖垫或有砂石盖层的区段应确定海底管道位置及盖垫或盖层的厚度、覆盖范围等。

（5）确定海底管道保护层外观状况。

（6）登陆段电缆的位置和埋深。

（二）竣工报告内容

竣工测量报告应包含以下内容：

（1）工程背景、任务由来和调查目的。

（2）调查技术依据、ROV 工作母船和仪器设备。

（3）调查方法和调查程序。

（4）资料处理与解译方法。

（5）海底管道裸露、悬跨或掩埋状况。

（6）海底电缆管道附近海底障碍物和海底面状况。

（7）海底电缆管道铺设状况综合评价。

第　三　篇

测绘新技术应用篇

随着科技发展，测量手段、设备以及测绘技术也得到了巨大发展，不断成熟的各种新技术被应用到电力工程测绘中。第十章介绍了航测、遥感与激光扫描技术的应用，从数据获取、数据处理、控制及像控、产品生成以及检测修正讲述了三种技术的作业流程；第十一章介绍了海洋测绘区别于陆域测绘的特点，以及海洋测绘中所使用的新技术和新设备；第十二章介绍了全球卫星导航系统 GNSS（global navigation satellite system）技术的应用，讲述了 GNSS 静态、GNSS RTK、CORS 和精密单点定位 PPP（precise point positioning）的作业流程与要求；第十三章介绍了地理信息系统 GIS（geographic information system）技术在电力建设各阶段的应用，从设计开发、系统建设和系统维护几方面讲述了电力 GIS 建设与维护。

第十章

航测、遥感与激光扫描技术应用

自从1901年荷兰人富尔卡德（Fourcade）发明了摄影测量的立体观测技术以来，立体摄影测量已成为获取地表三维数据最精确和最可靠的技术，是国家基本比例尺地形图测绘的重要技术和建立国家基础地理信息库的主要手段。即使在数字摄影测量技术成熟了以后，立体摄影测量的工作流程基本上还是没有太大的变化，都要经历航空摄影、摄影处理、地面控制测量（空中三角测量）、立体测量以及制图这个基本的生产模式。航空摄影测量学随着科学技术的发展，航测制图技术也经历了模拟、解析和数字化3个阶段。在这期间，航空摄影测量仪器和设备、产品形式、生产工艺、理论和方法都经历了相应的变革。

20世纪80年代，由于陆地卫星的上天，遥感技术出现了第一次发展高潮。它不仅使遥感技术成为很多行业跨入高新技术门槛的有力手段，而且也大大促进了遥感学科的研究工作。同时，遥感技术的出现，也打破了航空摄影测量学长期以来过分局限于测制地形图的局面。遥感技术正朝向多种传感器、多级分辨率、多频谱、多时相的信息获取和快速实时的智能化信息处理的方向发展。高分辨率卫星摄影系统、高分辨率成像光谱仪、合成孔径雷达等新型传感器及其影像信息处理系统日益受到普遍重视并获得广泛应用。

激光扫描测量技术是近年来不断发展成熟的一种新的三维测绘技术，按其搭载平台的不同可分为机载激光雷达测量和地面激光扫描测量，机载激光雷达测量技术是近年来逐渐发展起来的一种测量新技术，主要用于获取大范围的三维空间数据。机载激光雷达系统是将激光扫描、全球定位系统（GNSS）、惯性测量系统（INS）三种技术有机结合在一起的系统。作为一种崭新的空间对地观测技术，机载激光雷达测量技术已经在灾害监测、环境监测、海岸侵蚀监测、资源勘察、森林调查、测绘与军事等方面得到了广泛的应用，在发变电及输电线路工程测量中主要应用机载激光扫描测量技术进行相关测量。对地面激光扫描技术的研究已经成为测绘领域中的一个新的研究热点，地面激光扫描测量采用非接触式高速激光测量的方式，能够获取复杂物体的几何图形数据和影像数据，最终由后处理数据的软件对采集的点云数据和影像数据进行处理，并转换成绝对坐标系中的空间位置坐标或模型，能以多种不同的格式输出，满足空间信息数据库的数据源和不同项目的需要，目前这项技术已经广泛应用到文物的保护、建筑物的变形监测、三维数字地球和城市的场景重建、堆积物的测定等多个方面。

航测遥感技术和机载激光扫描测量技术在发变电及输电线路工程测量中已经得到了广泛应用，本章从航测遥感数据获取、数据处理、产品制作、数字测图以及外业检测修正等方面对这一技术进行全面介绍，而对于地面激光扫描测量技术，因为在当前发变电及输电线路工程测量的应用中并不广泛，本章仅对其作简要介绍。

第一节　数　据　获　取

一、航空摄影测量

航空摄影测量技术作为快速测取地形数据的一种重要手段，广泛用于电力工程设计的各个阶段。近年来，随着航空摄影相关科学技术的迅速发展，以无人机、动力伞、三角翼、飞艇等为载体的低空摄影的应用越来越广泛，飞行平台与航摄仪的组合越来越灵活，因此获取数据的方法越来越多，数据类型呈多样化发展。摄影测量按飞行航高的不同可分为高空摄影和低空摄影，根据DL/T 5138《电力工程数字摄影测量规程》的规定，高空摄影是指利用有人驾驶飞机进行的空中摄影，通常情况下其相对航高大于1000m，低空摄影是指利用低空飞行器进行的空中摄影，通常情况下其相对航高小于1000m。

除了组织航空摄影获取数据的方式外，搜集已有航片资料也是数据获取的一个重要途径。搜集现有航片一般通过国家测绘主管部门、地矿部门以及各类专业测绘单位，搜集资料应注意现有航片资料的现势性。

（一）航空摄影工作流程

航空摄影的主要工作内容包括：搜集资料、现场踏勘、制订航空摄影计划、航空摄影实施、成果验收等环节。

航空摄影一般包含以下工序：首先，根据任务需求提出技术要求，与航空摄影单位商谈签订航空摄影合同，按地方测绘管理条例和民用航空局的相关规定报当地空域主管部门申请空域，低空摄影时需遵守《低空空域管理使用规定》的相关规定；然后，航空摄影单位根据合同和技术要求制订航空摄影技术方案，实施航空摄影，进行摄影时需将航空摄影资料报航管部门完成保密审查；最后，根据合同技术规定对成果资料进行检查验收。

1. 搜集资料

一般搜集与工程位置相关的规划设计图纸、地形图或影像图以及数字高程模型等资料，了解空域所属军区及测区周边的军用或民用机场，以及军事设施相关信息，以便于开展空域协调工作。资料的保管和使用应严格遵守国家相关保密规定。

2. 现场踏勘

利用无人机进行低空摄影以及IMU/GNSS辅助航空摄影时需要进行现场踏勘。对于无人机航空摄影，现场踏勘的工作内容为选择无人机起降场地，并获取起降场坐标信息，以便于无人机航带设计。根据无人机起飞降落的方式不同，对起降场地的要求也有所不同，一般要求地面平坦、视野开阔、人少无树，场地可在测区附近灵活选择。对于IMU/GNSS辅助航空摄影，现场踏勘的工作内容为选择检校场和地面基站的位置。检校场和地面基站的布设原则和选址应遵守GB/T 27919《IMU/GPS辅助航空摄影技术规范》的相关规定。若检校场现场条件不能满足像控点、检查点点位清晰成像、精确定位的要求，应当在航空摄影实施前布设人工标志，并采取必要措施确保航空摄影期间所有标志完好无损。

3. 制订航空摄影计划

航空摄影计划通常包括以下内容：

（1）选择飞行平台。一般情况6000m以上航高使用密封舱飞机，6000m以下高空摄影使用国产的运5、运12等飞机，1000m以下低空摄影使用无人机或飞艇。通常对风力发电场、输电线路等测区面积较大工程航空摄影时，选择高空摄影，可以提高航空摄影效率和降低数据处理工作量。在对发电厂、变电站等测区面积较小工程航空摄影时，选用低空摄影。无人机航空摄影系统的选择应综合考虑实际地形、海拔、任务要求、起降条件、续航能力、通信系统辐射范围、爬升能力、抗风能力等因素，并满足相关规范的要求。

（2）选择航空摄影相机。航空摄影仪器包括两类，一类是专业的航空摄影仪，包括框幅式数码航空摄影仪和推扫式数码航空摄影仪，专业航空摄影仪制造精密，像幅宽、自动化程度高，重量和体积大，通常在高空摄影平台搭载使用，能够高效率大规模获取高质量的影像数据，最高能满足1:500比例尺地形图测绘的要求，选择时应当注意飞机的开孔与航空摄影仪相匹配，以保证设备能正常安装；另一类是用于低空摄影的中大画幅普通数码相机，低空飞行平台上通常搭载普通数码相机，稳定性较差，镜头畸变大，相机像幅小，数据处理工作量较大，能够满足1:1000的成图要求。

为减少地面控制点数量，提高作业效率，降低成本，进行较大规模航空摄影时可采用IMU/GNSS系统与航空摄影仪配合使用。加装高精度IMU/GNSS设备时，应当确认与航空摄影仪有相应通信接口。

（3）选择影像地面分辨率和基高比。通常成图比例尺由图纸的用途来决定，摄影比例尺或地面分辨率根据测量成图比例尺确定。

表10-1列出了发变电工程各设计阶段选用的测图比例尺，以及测图比例尺与地面分辨率的对应关系。

表10-1 测图比例尺、地面分辨率与图纸用途对照表

测图比例尺	地面分辨率（cm）	图纸用途
1:500	<8	适用于变电站（所）、发电厂、换流站、风能、太阳能施工图设计；当前技术条件下无人机最大成图比例尺为1:1000
1:1000	<10	
1:2000	15～20	适用于变电站（所）、发电厂、换流站、风能太阳能等选址规划测图
1:5000	20～40	适用于火力发电厂储灰场、天然冷却池初步设计和施工图设计
1:10000	30～50	发变电可行性研究阶段以及火力发电厂地下水源地初步设计和施工图设计

除了地面分辨率外，基高比也是影响测图的高程精度的重要因素，基高比应尽量大。

线路平断面图航测测图基本比照1:2000地形图的技术要求执行，当使用胶片摄影时，摄影比例尺分母应控制在成图比例尺分母的4～6倍，即1:12000～1:8000，使用数码摄影时，应保证地面分辨率不低于0.2m。

为了满足立体测图的要求，摄影测量的航向重叠度和旁向重叠度指标应在航空摄影计划中明确。

（4）选择摄影航高。在平原和地形高差不大的平缓地区，航空摄影基准面高程是指测区最大高程和最小高程的平均值。摄影航高指摄影平台至摄影区域基准面的垂直距离。摄影平台相对于平均海水面的垂直距离称为绝对航高，相对于地面上某一基准面的垂直距离称为相对航高。相对航高一般根据工程成图精度要求、地形特征、无人机自身条件等因素确定，计算公式为

$$H=\frac{f\times GSD}{a} \tag{10-1}$$

式中　H——摄影航高，m；

f——镜头焦距，mm；

a——像元尺寸，mm；

GSD——地面分辨率，m。

（5）设计航线。航线设计是对航空摄影区域按照航测成图和航空摄影规范要求，设计飞行线路，为航空摄影飞行提供依据。一般情况航线按照东西向直线飞行。航空摄影飞行设计主要包括航线位置、航线数量、航线间隔、曝光点间隔、曝光点个数等内容。目前航带设计通常使用的是数码航空摄影仪或者无人机飞控系统配套的航线设计软件，可以实现飞行过程中按位置或者固定时间间隔自动曝光。航线设计底图通常选择摄区最新的地形图、影像图或数字高程模型，其比例尺一般根据测图比例尺按表10-2的规定选用。

表10-2　　设计用基础地理数据

测图比例尺	设计用图比例尺	设计用数字高程模型
1:500	1:10000	≥1:50000
1:1000		
1:2000		
1:5000	1:50000	
1:10000		

（6）选择基站与检校场。采用IMU/GNSS辅助航空摄影时需设计基站位置和检校场航线。推扫式航空摄影仪由于IMU内置，位置相对固定，通常只要架设基站，不需要布设检校场。地面基站与摄区的距离根据成图比例尺选择，具体可参照DL/T 5138《电力工程数字摄影测量规程》，必要时布设2个基站互为备份。基站通常选择在测区的首级控制点上。航空摄影实施时地面基站与机载GNSS系统同步观测并保持连续。当测区内CORS站分布能够满足要求时，可以利用CORS站连续观测数据差分解算机载GNSS数据。

检校场一般布设在摄区范围内，检校场的基准面应尽量与摄区基准面一致。

（7）选定航空摄影的季节和时间。适合航空摄影的季节应当符合晴天日数多、大气透明度好、光照充足的条件，尽量保证地表植被及其覆盖物（如洪水、积雪、农作物等）对摄影和成图的影响最小。摄影时间最好选择在10～15点，尤其是高差特大的陡峭山区，要限定在当地正午前后1h内摄影，沙漠、戈壁滩等地面反光强烈的地区，一般在当地正午前后各2h内不应摄影。时间的选定既要保证具有充分的光照度，又要避免过大的阴影及过强的反射。

4. 航空摄影实施

航空摄影单位承担航空摄影的实施工作。前期制订航空摄影计划时应办理相关报批手续，在执行航飞任务前还应向相关部门提出飞行申请。

高空数码航空摄影应遵守GB/T 27920《数字航空摄影规范》的相关规定。采用IMU/GNSS辅助航空摄影时，设备安装、飞机准备和地面基站架设等内容的实施应遵守GB/T 27919《IMU/GPS辅助航空摄影技术规范》的相关规定。低空无人机航空摄影实施应遵守CH/Z 3001《无人机航摄安全作业基本要求》的相关规定，包括飞行前的检查、飞行操控、飞行后的检查以及资料的整理。同时也应遵守DL/T 5138《电力工程数字摄影测量规程》的相关规定。

（二）技术要求

1. 飞行质量要求

航空摄影的飞行质量主要包括像片重叠度、像片倾角、像片旋偏角、航线弯曲度、航高保持。具体要求如下：

（1）像片重叠度。像片重叠度应满足表10-3的要求。摄影区内不应有绝对漏洞和相对漏洞。

表10-3　　像片重叠度

项目	航向	航向极限	旁向	旁向极限
高空	60%～65%	下限56% 上限75%	30%～35%	下限15%
低空	60%～80%	下限53%	15%～60%	下限8%

（2）像片倾角。对于高空摄影，像片倾角不宜大于2°，1:500、1:1000、1:2000测图最大不应大于4°，1:5000测图最大不应大于3°。对于低空摄影，像片倾角不宜大于5°，最大不应大于12°，出现超过8°的片数不应多于总数的10%；对于特别困难地区，像片倾角不宜大于8°，最大不应大于15°，出现超过10°的片数不应多于总数的10%。

（3）像片旋偏角。航空摄影的旋偏角应符合表10-4的规定。

表10-4　　航空摄影的旋偏角

摄影比例尺		>1:5000	≤1:5000
旋偏角	高空	不宜大于15°，最大不应大于25°	不宜大于10°，最大不应大于15°
	低空	不宜大于15°，最大不应大于30°	

注　1. 对于高空摄影，在同一条航线上连续达到或接近最大旋偏角的像片数都不应大于3片，在一个摄区内出现最大旋偏角的像片数不应大于摄区像片总数的4%。

2. 对于低空摄影，在同一航线上旋偏角超过20°的像片数不应超过3片，超过15°的像片数不应超过分区像片总数的10%。

（4）航线弯曲度。航线弯曲度在平坦地区可以按像片索引图检查，有起伏的地区按每条航线分别检查。用直尺量测航线两端像主点之间直线的长度和偏离该直线最远的像主点到直线的垂距，即为航带弯曲度。高空摄影航线弯曲度不宜大于1%，最大不应大于3%。

（5）航高保持。对于高空摄影和低空摄影，同一航线上相邻像片航高差不应大于30m，最大航高和最小航高之差不应大于50m，摄影分区内实际航高与设计航高之差不应大于50m。当航高大于1000m时，实际航高与设计航高之差不应大于设计航高的5%。

当摄影区域出现大面积航空摄影漏洞时，应补充摄影。漏洞补摄宜采用与原摄影同类型的航空摄影仪，覆盖范围应超出漏洞外一条基线以上。

2. 摄影质量要求

影像应清晰，层次丰富，反差适中，色调柔和，应能辨认出与分辨率相适应的细小地物影像，能建立清晰的立体模型。影像上不应有云、云影、烟、大面积反光、污点等缺陷；存在少量缺陷时，应以不影响立体量测为原则。

影像应无明显模糊、重影和错位现象。像点位移超限是造成影像模糊重影的主要原因，对于数码相机来说，一般像点位移不应超过1/3像元。为了减小像点位移，应尽可能减少曝光时间，通常要求数码相机的快门速度达到1/1000s以上。专业航空摄影仪多数装有像移补偿装置，可有效降低像移影响。采用无人机搭载普通相机进行航空摄影时，应尽可能将飞行速度控制在100km/h以内，并提高快门速度。

（三）成果资料

航空摄影提交的成果资料主要包括以下内容：

（1）影像数据文件；

（2）摄区范围图（摄区略图）；

（3）摄区航线、相片接合图；

（4）航空摄影技术设计书；

（5）飞行记录；

（6）航空摄影仪检定记录和参数报告；

（7）成果质量检查报告；

（8）机载IMU/GNSS原始观测数据；

（9）基站同步观测数据；

（10）航空摄影资料移交书；

（11）其他有关资料。

二、卫星遥感测量

用户可以根据电力项目需求和卫星遥感影像的技术指标选择合适的卫星遥感影像。卫星遥感影像的主要技术指标包括地面分辨率、光谱分辨率、时相分辨率等。用户取得数据后应及时检查验收，然后根据使用目的进行必要的预处理。

（一）卫星遥感数据获取流程

从用户的角度来看，卫星遥感数据获取的基本流程大体可分为需求确认、数据查询、订购、接收以及成果提交等环节。

用户根据项目需要，确定卫星遥感数据的类型和主要参数指标，如范围、地面分辨率、波段等，向卫星数据代理商查询。代理商根据用户的需求进行查询，反馈卫星数据的采集时间或周期、数据质量、交付方式及费用等信息，有时提供缩略图或样图。用户评估查询结果，如果确认数据符合需求，即可与代理商洽谈签订数据购买合同，明确订购卫星类型、范围、面积、费用、交付时间等细节。代理商完成数据接收后，进行必要的处理，将最终的原始数据或成果数据交付用户。用户应根据合同技术规定对成果资料进行验收。

（二）影像数据获取的技术与质量要求

1. 影像数据技术要求

（1）地面分辨率。地面分辨率是遥感影像最重要的技术参数之一，通常用单个像元对应的地面大小表达。如分辨率为1m表示影像上的一个像元相当于地面1m×1m的面积。地面分辨率与照相机焦距、CCD尺寸及卫星轨道高度等有关。

分辨率越高，通过卫星影像可识别的地物就越多，包含的信息也就越丰富。人们习惯把卫星遥感影像分为中低分辨率、中高分辨率和高分辨率等。发变电工程中一般选择中高分辨率和高分辨率影像，如辅助选址规划设计、建立地理信息系统等可以考虑采用地面分辨率2m左右的影像，大比例尺成图则可能需要优于0.5m的高分辨率影像。输电线路工程根据设计阶段的不同可选用不同分辨率的卫星遥感影像。

需要注意的是，很多卫星所表示的分辨率区分全色波段和多光谱波段。为了同时满足对清晰度和色彩的要求，通常需要同时订购全色和多光谱影像。此外，数据供应商给出的分辨率指标都是指“星下”，即卫星到地球的垂线垂足处，其他位置随着成像角度的增大，分辨率会有所降低。

（2）波段或波谱。光学遥感卫星获取的影像多数包括数个波段，其中全色波段获取的是黑白影像，通常有较高的分辨率，同一卫星的多光谱波段相比较其全色波段而言分辨率较低。多光谱波段通常是红、绿、蓝加近红外，不同卫星的多光谱波段一般不同。多光谱波段的影像除了用于合成彩色影像外，更重要的是可实现多种用途的地物识别、特征提取等，可满足各行各业的需要。红波段波长为0.63～0.69μm，可以在城市人工地物和植被混杂的区域将建筑物与植被很好地区分开来；绿波段波长0.51～0.60μm，可用于森林普查、水体监测等；蓝波段波长 0.45～0.52μm，可以清晰获得地物相交处的边界信息，在绘图中此波段所起的作用很大；近红外波段波长 0.76～0.90μm，在区别水陆交接线和作物分布区域及长势、分类、农作物估产、病虫灾害监测等方面有不可替代的作用。

利用全色影像和多光谱影像可以合成真彩色和假彩色影像，满足不同工作的需要。合成真彩色影像通常需要全色影像和红、绿、蓝三波段的多光谱影像。

（3）编程/存档数据。代理商一般提供两种形式的影像数据产品，一种是编程数据，一种是存档数据。编程数据指的是用户指定区域，卫星运营商按照计划，根据卫星轨道、周期等情况安排卫星前往获取的数据。存档数据则是先前已经获取的相应区域的数据，已经存储在数据库中，属于现成品。与存档数据相比，编程数据的获取周期长、最小订购面积相对较大、价格也增加很多。因此，用户大多优先选择存档数据。

（4）订购面积或幅宽。很多代理商都会规定单个订单的最小起订面积，通常还会规定最短边长，有些也支持按 1 景、1/2 景或 1/4 景的方式采购。所谓“景”的概念来自早期的框幅式光学相机，即一次成像所覆盖的地球表面影像称为一景，后来有的推扫式传感器拍摄到的条带影像也按照幅宽切割形成一幅幅的影像，也称为一景。用户可以根据需求区域的实际面积和形状，比较不同商家的定购政策，选择最有利的产品订购方案。

（5）数据产品级别。卫星获取的原始影像数据在交付用户使用前需要经过必要的处理。运营商根据处理程度的不同，通常把数据产品划分为不同的级别，用户可根据不同的需求，选择合适的产品。如 QuickBird 和 WorldView-1 的产品分为基础产品、标准产品和预正射产品三类，基础产品仅经过传感器校正，标准产品使用了一个粗略的 DEM 模型进行校正，地物、地貌被规格化到 WGS 84 参考椭球上，而预正射产品则利用 1:25000 地形图进行了纠正，定位精度较标准产品提高一倍。多数用户选择订购经过辐射校正和初步几何纠正的产品，自行完成精纠正工作。

2. 影像数据质量要求

（1）云量。卫星在空间轨道上运行，很多时候都会遇到目标区域上方有云雾覆盖的情况。运营商的销售政策中一般都包含合格数据产品的云量标准。存档影像的合格云量标准为 20%，即超出 20%的云量覆盖为不合格影像；编程影像的标准为 15%。事实上代理商一般会对用户查询的存档影像进行预览判读，保证用户所需区域没有被云层覆盖。关键是编程影像规定只要云量覆盖小于 15%，即便用户实际需要区域被云层覆盖，也被认定为合格数据，这就意味着用户将承担费用损失的风险。

（2）拍摄倾角。当卫星飞行轨道高度固定时，视场角决定了卫星一次成像的地球表面宽度。为了获得更宽范围内的图像，采用侧摆的方式获取飞行轨迹两侧地区的图像，但这大大降低了分辨率。目前高分辨率卫星的传感器视场角都比较小。卫星遥感影像的拍摄倾角增大时，不仅地面分辨率降低，也会给后期的数据处理带来一定的难度。一般来说，倾角不大于 25°时，所获取的影像效果基本相当于垂直俯视，属于合格产品。用户订购编程影像时可以自行指定拍摄倾角，以便获取特殊效果或提高获取速度，但一般不应超过 35°。

（3）时相。不同季节、不同时间段获取的影像数据的色调、饱和度等光谱特征差异很大。用户应根据自身需求，选择能满足数据处理和应用需要的产品。尤其是用于地物识别与分类时，更应注意影像的时相。

（4）时效性。订购存档影像数据时需要注意产品的获取日期，越新的数据时效性越好。特别是经济发展速度比较快的区域，一两年前的存档数据可能已经失去了使用价值。

（三）立体像对

根据飞行轨道和拍摄时机，卫星立体成像主要分为同轨成像和异轨成像两大类。立体像对是在同一卫星不同轨道上得到的，是异轨成像方式。立体像对是在同一卫星上同时得到的，属于同轨成像方式，同轨成像方式几乎能在同一时刻以同一辐射条件获取立体像对，避免了由于获取时间不同而存在的辐射差，大大提高了获取成功率。

三线阵 CCD 立体相机由具有一定交会角的前视、正视和后视 3 个线阵 CCD 相机构成，正视相机沿飞行方向垂直对地成像，前视相机向前倾斜，后视相机向后倾斜成像，前、后视相机具有一定的交会角。三线阵相机立体成像示意如图 10-1 所示。

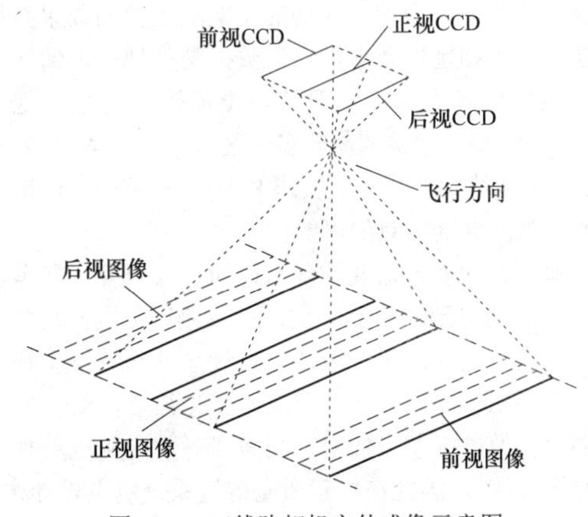

图 10-1　三线阵相机立体成像示意图

三、激光扫描测量

（一）飞行准备阶段

1. 飞行平台及搭载设备选择

机载激光雷达测量的飞行平台主要有固定翼飞机、直升机、动力三角翼、飞艇等。各类飞行平台均有其优缺点：固定翼飞机需要从机场起飞，限制因素较多，但稳定性最好，抗风能力强；直升机、动力三角翼使用较为灵活，可低空飞行，能够获取高密度点云，但单次飞行带宽有限；飞艇可慢速飞行，能够获取超高密度的点云数据，但抗风能力有限，容易偏离航带。具体采用何种飞行平台可结合实际工程特点以及搭载设备进行选择。

搭载设备需要根据工程的技术要求及其本身的性能参数来进行选择，主要考虑的性能参数包括：最小最大测距能力、最大脉冲频率、扫描频率、扫描视场角、最大飞行高度、测距精度以及测角分辨率等。目前工程中常用的激光雷达测量系统大多由国外测绘仪器厂商生产，价格一般较为昂贵。近年来，也有个别国产机载激光雷达测量系统面世。

2. 飞行设计

飞行设计宜采用现势性较好的 1∶10000、1∶50000 比例尺地形图或具有坐标参考的中高分辨率遥感影像作为航飞设计底图，也可以直接利用网络公开的地理信息资源，如 GoogleEarth、天地图等。

在航飞设计底图中依据设计要求，标绘出飞行范围，并调查该范围是否位于军事管制区，附近是否存在机场。

在发变电工程测量中，对于地形起伏变化较大的测区，应依据同一分区内地面高差不大于航高的 1/3 进行飞行分区，并保证分区之间至少存在 500m 的重叠。如果存在多个飞行分区，应依次对每一飞行分区进行航线设计。航线设计的基本原则是基于所采用的飞行平台和搭载设备（主要为激光扫描仪和数码相机）的技术参数，以合理、经济的方案满足预期成果数据的技术要求和精度要求，点云数据密度视地形情况和工程具体要求而定，一般植被覆盖较少的平丘地带 1～4 个点/m^2，植被覆盖较多的区域宜要求 4 个点/m^2 以上，植被特别密集时宜要求 8 个点/m^2 以上，以增大获取植被区域地面点的可能性。

航线设计前，需要明确工程的点云密度（参考表 10-5）、影像分辨率等具体要求以及测区范围。发变电工程测区一般为面状区域，宜布设区域网进行飞行。通常数码相机的飞行参数要求比激光扫描仪低（如果需要对影像进行空三加密，则需要对数码相机单独进行航飞设计），因此在机载激光雷达系统航飞设计中，主要考虑激光扫描仪的飞行参数设计。

表 10-5　　点云密度要求

序号	成图比例尺	DEM 格网间距（m）	点云密度（点/m^2）
1	1∶500	0.5 或 1.0	16
2	1∶1000	1.0 或 2.0	4～16
3	1∶2000	1.0 或 2.0	1～4
4	1∶5000	2.5 或 5.0	1/4～1

在输电线路工程测量中的飞行设计参考发变电工程 1∶2000 地形图测量的相关要求。

激光扫描仪的主要飞行参数如下：

（1）瞬时视场角。瞬时视场角（instantaneous field of view，IFOV）又称激光发散角，是指激光束发射时其发散的角度。瞬时视场角的大小取决于激光的衍射，是发射孔径 D 和激光波长 λ 的函数，计算公式为

$$IFOV = 2.44\frac{\lambda}{D} \tag{10-2}$$

（2）视场角。视场角（field of view，FOV），也就是激光束的扫描角，指激光束通过扫描装置所能达到的最大角度范围。

（3）脉冲频率。脉冲频率是单位时间内激光器所能够发射的激光束数量。一般而言，脉冲频率越大，地面激光脚点的密度就越大。

（4）扫描频率。扫描频率指线扫描方式每秒钟所扫描的行数，即扫描镜每秒钟摆动的周期。很明显，扫描频率越大，每秒钟的扫描线就越多，对应的效果就越好，如图 10-2 所示。

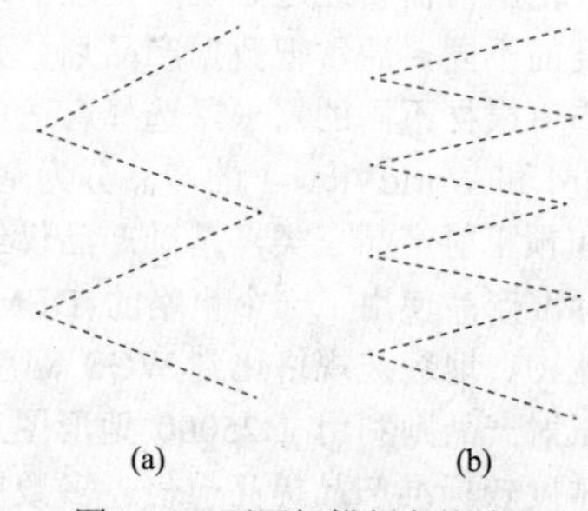

图 10-2　不同扫描频率的效果

（a）扫描频率小；（b）扫描频率大

（5）垂直分辨率。垂直分辨率是脉冲通过的路径上所能够区分不同目标间的最小距离，主要是针对多次回波而提出的。激光脉冲在其传播路径上可能遇到不同的物体，如穿过树叶和树枝，形成多次回波。要区分不同目标的回波，就必须考虑垂直分辨率。垂直分辨率的大小一般与脉冲宽度有关，脉冲宽度越小，能区分不同目标的间距就越小。所以，垂直分辨率表示为

$$H_{\min} = c\frac{t_{\min}}{2} \tag{10-3}$$

式中 H_{min} ——垂直分辨率，m；

t_{min} ——脉冲宽度，ns。

若脉冲宽度为10ns，则在一个脉冲宽度内，不同目标距离至少为1.5m，其回波能量才可能经接收器检出，并区别开来。

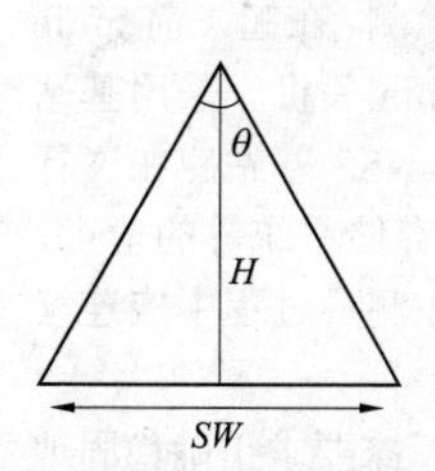

图10-3 扫描带宽

（6）扫描带宽。扫描带宽（SW）是指系统扫描时形成的带状扫描区域的宽度，如图10-3所示。一般来说，激光束扫描角 θ（激光扫描视场角）是一个已知量，在确定飞行高度的情况下，可按式（10-4）计算出扫描带宽

$$SW = 2H\tan(\theta/2) \tag{10-4}$$

式中 SW ——扫描带宽，m；

H ——飞行高度，m；

θ ——光束扫描角，（°）。

（7）每条扫描行上的激光脚点数。每条扫描行上的激光脚点数 N 关系到扫描量测点的密度，根据脉冲频率 F（即每秒钟发射激光脉冲的次数）和扫描频率 f_{SC}（即每秒钟扫描行数），可计算出每条扫描行上的激光脚点数

$$N = F/f_{SC} \tag{10-5}$$

式中 N ——每条扫描线上的激光脚点数，个；

F ——脉冲频率；

f_{SC} ——扫描频率。

（8）航向激光脚点点距 dx_{along}。沿飞行方向扫描点之间的距离，可以用航向每秒飞行的距离与飞行方向每秒采集的点数的比值来计算，即

$$dx_{along} = v/f_{SC} \tag{10-6}$$

式中 v ——飞行速度；

f_{SC} ——扫描频率。

对于Z型扫描方式，由于有两种定义扫描行的方式，计算飞行方向点距也有两种方式，式（10-6）计算的是一个扫描周期内的点数，如果半个周期算一条扫描线，则结果应该再除以2。

（9）旁向激光脚点点距 dx_{across}。旁向激光脚点间距指一条扫描线上相邻激光脚点的间距，旁向激光脚点间距与扫描带宽 SW 和每条扫描线上的激光脚点数 N 相关，即

$$dx_{across} = SW/N \tag{10-7}$$

由于激光波长、脉冲频率、扫描频率、飞行速度、视场角通常为恒定值或厂家推荐值，所以航线设计时可调整的变量主要为飞行高度。在设计飞行高度时，除满足上述相关参数的技术指标要求之外，必须考虑飞行对地安全距离和激光的安全等级。

航线设计结束后应导出航线导航表，宜采用WGS84坐标，以方便机组人员使用，航线表格见表10-6。

表10-6 ×××××项目航线导航表

航线名称	起始坐标（WGS84）	结束坐标（WGS84）	航向（deg）	航线长度（m）
A01	30°××′51.73″ 119°××′42.01″	30°××′30.65″ 119°××′36.82″	≤10°	1200
A02	30°××′28.50″ 119°××′45.71″	30°××′47.55″ 119°××′21.50″	≤10°	2300

3. 飞行控制网布设

根据测区实际需要和交通情况，在设计底图上布设飞行控制网，飞行控制网应与工程的首级控制网进行联测，联测平面控制点和水准点数都不应少于3个，同时，控制点位应均匀分布且能控制全网。

根据测区范围，从飞行控制网中选取不少于两个平高控制点作为激光雷达测量时的基站点，一般情况下应保证测区任意位置与最近基站点间距不宜超过30km，相邻两基站点间距离不宜超过 50km，困难地区可适当放大。基站宜设在测区范围内，视野开阔，附近无电磁波干扰，站点交通和通信条件良好，地质地形条件稳定，便于保存的地点。基站点应至少具备工程坐标系和WGS84两套坐标，若无WGS84坐标，可采用静态观测的方式获取。

4. 激光点云检校场布设

由于机载激光雷达是一个众多设备的集成系统，受到其各个组成部分的误差影响，这些误差会导致所得到的激光脚点坐标与真值存在一定误差。总体而言，机载激光雷达误差包括定位误差、测距误差、测角误差和集成误差四大类。定位误差一般指与GNSS有关的误差，测距误差包括仪器自身误差、大气折光引起的误差以及同反射面有关的误差，测角误差通常指扫描角误差和IMU/GNSS组合姿态确定时带来的误差，系统集成误差指硬件安置误差和机载数据处理误差。

为了在后期数据处理过程中消除系统误差，在进行机载激光雷达飞行作业之前，需要在测区范围内或附近选择一小块区域作为检校场，一般选择在起飞场地附近，有如下布设原则：

（1）检校场地形平坦，有明显倾斜地形或线性关系好的明显地物（如尖顶房等）。

（2）检校场不存在激光回波高吸收地物，即检校场内目标应具有较高的反射率。

（3）选择地形平坦且局部具有典型线性地物（如“人”形房屋）的区域进行重叠飞行用于侧滚角和俯仰角的检校。

（4）检校场飞行设计时宜采用两个航高、6 条航线，其中低航高 2 条交叉航线、高航高 2 条交叉航线、1 条对飞航线、1 条平行航线（旁向 50%重叠度）。飞行示意如图 10-4 所示。

（5）检校飞行的视场角以测区使用的最大参数为准。

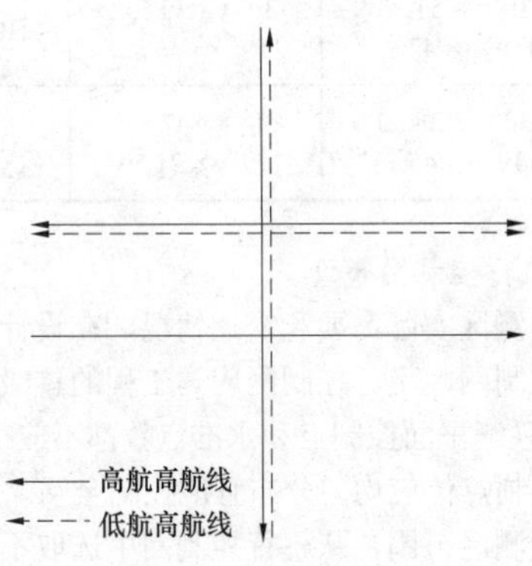

图 10-4 检校航线

5. 成果资料

飞行准备阶段需要提交的资料：

（1）航空摄影参数计算表；

（2）航飞路径图；

（3）飞行控制网技术设计书；

（4）检校场选址报告。

（二）航飞实施阶段

1. 飞行实施准备

根据机载激光雷达测量系统的特点及航飞要求，数据采集主要包含以下步骤：空域申请、飞行季节和飞行时间的选择、飞行准备、飞行状态控制、数据采集、补飞与重飞、数据搜集、检查与验收。

（1）空域申请。空域申请是项目的飞行计划制订和项目正常进行的重要组成部分和前提条件。飞机飞行空域的申请要依据《民用航空预先飞行计划管理办法》的规定进行申报。

（2）飞行季节和飞行时间的选择。航空摄影飞行应选择气象条件最有利的飞行时间，避免积雪、低云、雾等不利气象条件的影响。其中，积雪会对激光的反射率产生不利影响；低云、雾影响数码相机的拍摄质量。因此应根据激光扫描仪所采用的激光器的波长选择合适的飞行时间，保证脉冲信号有效传播和接收。在使用数码相机获取数码影像时，应确保具有足够的光照度，且避免过大的阴影，应符合 CH/T 8024《机载激光雷达数据获取技术规范》和 DL/T 5138《电力工程数字摄影测量规程》等的相关要求。

（3）飞行准备。飞机停机位四周视野开阔，视场内障碍物的高度角应不大于 20°，避免 GNSS 信号失锁。机载设备在起飞前进行加电检测，在起飞前 5min 开机，落地后滑行到停机坪后 5min 关机。采用基站方法对 POS 进行解算时，所有 GNSS 基站应在飞行前 30min 开始观测，完成电源、存储系统等的检查，做好观测准备，所有 GNSS 基站在测量过程中应连续观测。

机载激光雷达测量设备需按厂家要求正确稳固地安装。POS 系统与激光扫描仪、数码相机之间的位置和角度关系，在每个项目实施前均需进行系统综合检校，按表 10-7 格式填写偏心分量，其中偏心分量应使用钢尺准确测量，读数精确至毫米级，角度关系可按设备厂商提供的值为参考。应准备备用飞行方案，以备由于客观原因导致飞行困难时采用。

表 10-7 偏 心 分 量 测 定

基本信息	摄区代号	001	摄区名称	××地区
	飞机型号	RT-912	飞机编号	SE-RT01
	激光扫描仪型号	SE-J1200A	激光扫描仪编号	SE-J02A
	IMU 型号	SE-M100A	IMU 编号	SE-IMU03
	机载 GNSS 接收机型号	NULL	机载 GNSS 天线型号	NULL
	相机型号	飞思 IXR	相机编号	SE-IXR01
备注				
项目	GNSS 偏心分量	IMU 偏心分量	相机偏心分量	
航向 u（mm）	−0.18	0	−0.0460	
旁向 v（mm）	+0.75	0	−0.1960	
竖直方向 w（mm）	+1.73	0	-0.0009	

（4）飞行控制。航空摄影飞行时，航高应保持在激光扫描仪的有效测距范围内。作业区域内，飞行速度应保持一致。实际航高与设计航高高差应小于 50m，当航高大于 1000m 时，则两者之差应小于设计航高的 5%。

飞行时每架次进入测区前应先平飞然后做“8”字飞行，在出测区后应先做“8”字飞行然后平飞（部分激光雷达设备可不作此要求）。航线的俯仰角、测滚角一般不大于 2°，最大不超过 4°。飞机转弯时，倾斜角应小于 20°。航线弯曲度不大于 3%。进入航线宜采用左转弯和右转弯交替的方式飞行。

2. 数据获取

（1）飞行控制测量。利用机载激光雷达测量技术进行电力工程测量，应在摄区内进行飞行控制测量，提供航线轨迹解算的基站数据。

飞行控制测量工作内容包括：搜集资料，布设地面基站和控制网点，选点埋石，测量及联测已知点，并进行相应的数据处理。飞行控制测量通常采用地面基站差分、CORS 站差分或精密单点定位，所设置的坐标系统宜与工程首级控制网一致，当采用地面基站差分时，应在地面基站的基础上开展控制网测量工作；采用 CORS 站差分时，控制网起算点应采用相应的 CORS 站数据进行差分解算；采用精密单点定位时，控制网起算点也应采用精密单点定位技术解算。

外业结束后应及时进行观测数据的处理和质量分析，当发现观测数据不能满足要求时，应对 GNSS 成果进行全面分析，并对不满足要求的数据进行补测或重测。

（2）检校场测量。为保证摄区影像与激光点云数据相匹配，保证数据精度，应进行检校场测量。检校场测量包括检校场点云检查点测量和影像像控点测量。通过检校场测量解算出的外方位元素精度满足 DL/T 5138《电力工程数字摄影测量规程》要求时，不需要布设摄区像控点；不满足要求时，应按照要求布设像控点。

检校场检查点与像控点测量应在飞行控制测量成果的基础上进行。检查点测量应符合 CH/T 8024《机载激光雷达数据获取技术规范》的要求，宜先在室内选定检校场区域内的地物和地形特征点，然后进行现场测量，宜采用 GNSS RTK 方式进行。

检校场内特征线应不少于 2 条，且具有一定夹角，宜垂直布设，根据工程经验每条特征线不宜少于 10 个点，每 5m 采集一个点；特征面应不少于 2 个，宜选择较平整的坚硬地面，周围无障碍物遮挡，且每平方米采集一个点。

像控点测量采用 GNSS 快速静态测量时，流动站与基准站的距离应小于 7km。采用 GNSS RTK 进行测量时，每次观测历元数不应少于 20 个，采样间隔 2～5s，各次测量的平面坐标较差不应大于 4cm，各次测量的大地高较差不应大于 4cm，各次结果取中数作为最后成果，保证坐标准确无误。

像控点、检查点观测数据应在观测日当天进行检查，并保证其刺点与整饰的准确性和规范性，对点位不明和精度不高的点，应进行补测。在检校场测量过程中，可能出现检校场检查点与像控点选点误差较大，导致检校场的检校精度较低的问题。其原因主要为检校区域内地物种类单调、地物稀少，不利于检查点与像控点的精确选刺。针对上述问题，可预先对拟定的检校场区域进行实地踏勘，若无法满足精确刺点要求时，航空摄影前应在检校场内布设人工地标点，并确保作业期间地标点的完整无损，且在航摄像片上成像清晰完整。

（3）飞行数据采集。

1）检校场数据采集。检校场数据采集应按照设计的检校场方案进行航飞，需要飞行 6 条航线：低航高 2 条交叉航线、高航高 2 条交叉航线、1 条对飞航线、1 条平行航线。其中，同一航高反向对飞的两条航线可用于检校侧滚角和俯仰角，同一航高的两条平行航线可用于检校航偏角，高低空十字对飞航线可用于进行距离检校，利用平坦地面沿直线建立的地面控制点数据和垂直于地面控制点的航线数据可进行扭转检校，利用同一航高反向对飞的两条航线可进行俯仰角倾斜误差检校。

检校场数据采集可按下述流程开展工作：

a）进行检校场数据采集前需对设计的检校方案进行确认，保证检校场各航带起止点坐标及检校场方案准确无误；

b）在航空摄影设备及激光扫描没有开启之前，先通知地面基站开机，得到地面站正常工作确认后才能启动设备；

c）进行检校场飞行前需确保 POS 系统处于正常工作状态；

d）进行检校场数据采集时，应严格按照设计好的航线飞行并严格控制航飞质量；

e）检校场数据采集可在摄区数据采集前进行，也可在摄区数据采集后进行；

f）多架次飞行后，也可以根据数据质量情况进行重新检校。

2）摄区数据采集。摄区数据采集前应首先设置激光设备工作参数（如扫描镜摆动角度、扫描频率等）和数码相机工作参数（如相机的曝光度、快门速度、ISO 值等），并按照方案设计的航线开展航摄作业，自动获取激光点云数据和影像数据。通过数码影像显示屏，可以实时看到影像的实拍效果，如效果不理想，可以随时调整相机参数。激光点云数据和数码影像数据通过高速数据传输线直接保存到系统的专用硬盘中。

利用机载激光雷达测量设备对摄区进行数据采集应注意以下问题：

a）对摄区进行数据采集时，需确保 POS 系统处于良好的工作状态，重点观察 GNSS 信号失锁现象，根据实际情况及时处理，如出现 GNSS 信号失锁时，应立即中止数据采集，并在信号恢复正常 5min 后再进入航线进行数据采集，若 GNSS 信号始终无法恢复正常，应立即终止本架次飞行，并查明原因；

b）对摄区进行数据采集时，需确保回波接收状况良好；

c）每条航线的飞行时间不超过 30min，以保证获得最佳的采集数据；

d）飞机停稳后，POS 系统应继续观测 5min 以上，再关闭航空摄影扫描系统，最后关闭飞机发动机。

飞行完成后应按表 10-8 格式填写飞行记录单。

表 10-8　　飞行记录单

项目名称	××风电场	摄区名称	××地区
参加人员	×××	记录员	×××
航飞日期	2014 年 11 月 20 日	天气	晴
扫描参数	扫描角：±30°；扫描带度：700m；扫描频率：50kHz；旁向点间距：0.7m；航向点间距：0.7m；激光重叠宽度：300m	相机参数	焦距：45mm； 像素大小：5.2μm
开设备时间	14:40	关设备时间	16:55
起飞时间	14:55	降落时间	16:48
备注			

航线号	影像起止编号	飞行速度	飞行高度	备注
1	1410218905-14102110097	80km/h	600m	
2	14102110097-14102112081	80km/h	650m	

（三）数据整理阶段

1. 数据质量检查

（1）地面 GNSS 基站原始数据检查。检查记录数据数量、大小是否正常，分析该数据是否可以用于后处理。检查是否按规定填写基站同步观测情况记录单。

（2）机载 IMU/GNSS 数据检查。检查数据文件数量、大小是否正常，GNSS 数据有无失锁现象发生，如果有失锁现象发生，观察失锁发生的区间，并对该数据质量进行评价分析，确定因失锁导致数据不完整而需要对测区进行补摄的范围。

（3）激光扫描数据及影像数据检查。下载激光数据，查看文件数量、大小是否正常，检查有无数据漏洞。下载影像数据，检查影像数量，确定是否漏片，影像曝光是否正常，云影、清晰度、色彩是否满足要求；检查是否存在绝对漏洞；如果影像需要作为立体像对使用，检查航向、旁向重叠度是否达到要求。

完成数据质量检查后，应填写项目激光航空摄影数据质量检查表，见表 10-9。

表 10-9　××××××项目激光航空摄影数据质量检查表

工程名称	××××××	
测区情况介绍	本次数据采集的地理位置为××省××市，海拔高度约为 30～100m，落差较小，测区面积约 $60km^2$。 测区范围为：东经××°××′33″～××°××′30″，北纬××°××′16″～××°××′50″。属 UTM 投影 6°分带的第 50 带，中央子午线东经 117°	
原始影像质量	航向重叠	70%
	旁向重叠	55%
	航偏角	像片倾斜角：≤15° 像片旋偏角：≤±5°
	检查意见	通过
激光数据	点云完全覆盖测区，并超出测区范围约 100m； 点云数据正常，相邻航带重叠区点云差值均小于 0.1m	
影像数据	影像色彩、饱和度方面好，影像分辨率为 0.2m	
激光需补飞的部分	无	
影像需补飞的部分	无	
备注		
检查人：	日期：	

2. 补飞与重飞

数据采集完成后，需要及时对数据质量及完整性进行检查，出现如下问题时，需要进行补飞或重飞：

（1）POS 系统局部数据记录缺失或精度不够；

（2）出现数据漏洞；

（3）数据重叠度不能满足设计要求；

（4）点云数据密度不能满足设计要求；

（5）数据遮挡严重等情况。

补飞或重飞航线的两端宜超出补飞范围外 500m，并应满足技术设计书要求。

（四）成果资料

提交的成果资料主要包括以下内容：

（1）摄区范围图（检校场及摄区略图）；

（2）检校场及摄区航线、像片结合图；

（3）影像数据文件、影像索引图；

（4）原始机载 IMU/GNSS 数据；

（5）激光测距数据；

（6）基站观测数据及分布图、CORS 站数据、精密单点定位数据；

（7）偏心分量测定表；

（8）飞行记录单；

（9）相机检校文件；

（10）航空摄影飞行数据检查分析表；

（11）激光航空摄影数据质量检查表；

（12）移交清单；

（13）航空摄影技术报告。

第二节 数据预处理

一、航空摄影测量技术

数据预处理是将航空摄影仪或数码相机获取的原始影像数据、机载 IMU/GNSS 数据、飞行控制测量数据、检校场的数据进行处理，获得能够直接提供给数字摄影测量系统使用的数码影像以及影像相关的外方位元素。

（一）数据预处理工作流程

数据预处理主要内容包括航空摄影影像数据预处理、IMU/GNSS 数据与飞行控制测量数据的联合解算以及检校场空三解算等内容。其中影像数据预处理包括格式转换、辐射纠正、几何纠正等内容。对于 IMU/GNSS 辅助航空摄影则包括了 IMU/GNSS 数据与基站数据联合解算影像外方位元素以及检校场数据空三解算内容。图 10-5 完整地描述了框幅式数码航空摄影仪搭载 IMU/GNSS 设备航空摄影的典型数据预处理流程。

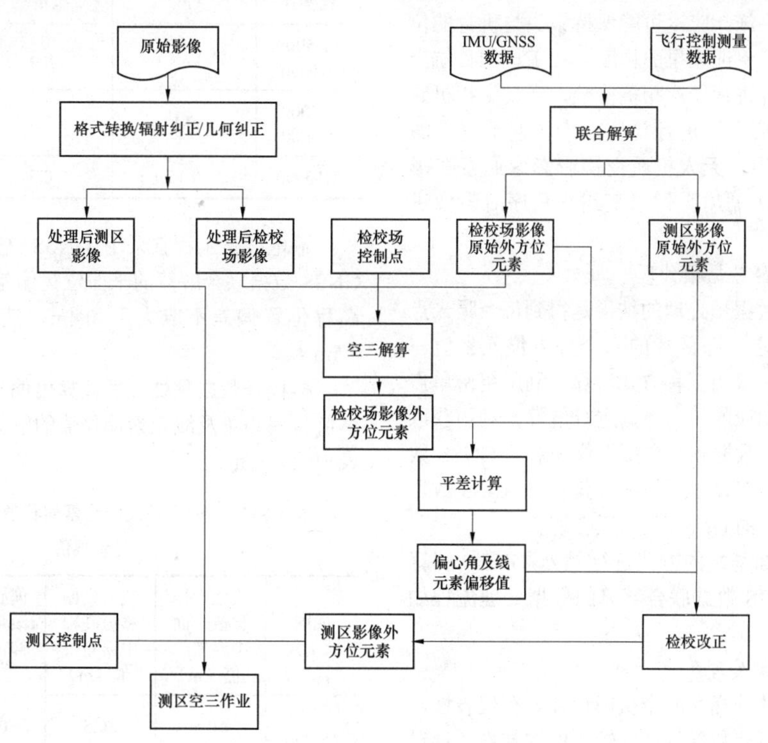

图 10-5 数据预处理流程图

推扫式数码航空摄影仪成像原理与框幅式数码航空摄影仪的成像原理不同，其数据预处理内容主要包括 L0 级数据下载、IMU/GNSS 数据解算。由于有些软件只能处理 L1 级影像数据，数据预处理则需要使用 IMU/GNSS 数据对 L0 级数据进行纠正生成 L1 级数据。

1. 影像辐射纠正

影像辐射误差的主要来源包括镜头非均匀性、光电转换系统特性、大气影响、太阳位置等引起的辐射误差。数码航空摄影仪后处理软件集成了基于大气校正的辐射校正模型，按软件设计的方法和步骤，逐步对影像进行处理即可消除影像辐射误差。无人机影像辐射纠正，通常采用基于影像辐射增强算法的辐射校正模型对影像进行处理，改善影像的视觉效果，增强目标地物的影像差异或特征，突出重要目标地物，消除噪声和边缘，提高影像质量。

2. 影像几何纠正

影像几何纠正是减小或消除因镜头畸变、地形起伏、地球曲率、大气折光等原因引起的影像上各类地物的几何位置、形状、尺寸、方位等特征与在参考坐标系统中的表达要求不一致所导致的几何变形。大幅面数码航空摄影仪按照成像方式的不同分线阵相机和面阵相机，面阵相机分拼接面阵和整帧面阵。由于数码航空摄影仪制造工艺高、成像复杂、自动化检校程度高，在实际工程应用中利用航空摄影仪随机附带的后处理软件，按照参数用户选择处理步骤，操作比较简单。

低空无人机航空摄影通常搭载非量测相机，其镜头畸变和CCD成像面畸变较大，相机机身和镜头连接不稳固，加上飞行和运输过程中的颠簸、振动等影响，其内方位元素和畸变参数往往变动很大。除了采取额外的加固和保护措施，应尽可能保持镜头与机身的位置关系不变。为了保证成果的精度，在工程项目航空摄影实施前后应各进行一次相机检校，当发生相机磕碰等意外情况时应立即进行检校。为了便于空三加密和后续测图使用，无人机航空摄影影像通常在影像预处理的过程中利用影像畸变纠正程序对影像进行处理。

3. IMU/GNSS数据预处理

IMU/GNSS数据预处理的结果是得到每个曝光点的准确位置和姿态，即像片的六个外方位元素值。IMU/GNSS数据可采用三种方式解算：利用精密单点定位技术，下载相应的星历数据进行解算；利用获取的连续运行参考站数据和航空摄影仪获取的GNSS数据联合解算；利用架设地面基站所获得的GNSS数据和航空摄影仪获取的GNSS数据联合解算。

采用架设地面基站的方式进行差分GNSS解算以及IMU和GNSS数据联合解算的数据处理流程如图10-6所示。

4. 检校场数据处理

由于检校场的选择和航空摄影设计具有代表性，外业测量获取了足够数量且精度较高的控制点，通过外控点空三解算或联合平差的方法解算检校场航片的外方位元素，可将解算结果视为真值，和IMU/GNSS数据联合解算获取的航片外方位元素进行比较，计算出偏心角及线元素分量偏移值等系统误差参数。利用该偏心角及线元素分量偏移值改正摄区影像的外方位元素，获得检校后的测区影像外方位元素。

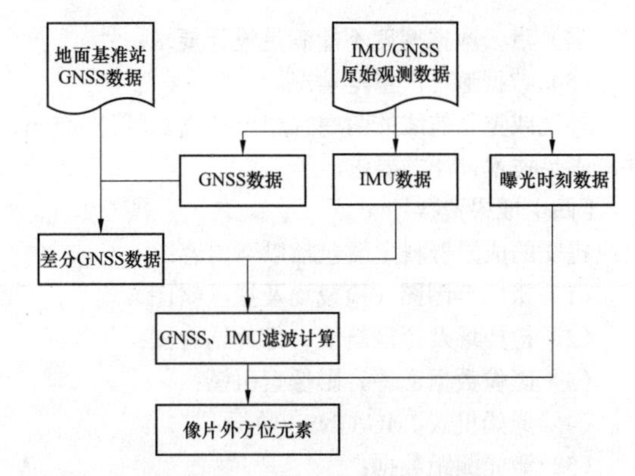

图10-6 地面基站解算流程图

（二）技术要求

发变电工程采用地面基站和连续运行参考站定位方式时，IMU和GNSS数据联合解算的平面、高程和速度偏差不应大于表10-10的规定。

表10-10 IMU和GNSS数据联合解算偏差限值

成图比例尺	平面偏差限值（m）	高程偏差限值（m）	速度偏差限值（m/s）
1:500 1:1000	0.08	0.3	0.4
1:2000 1:5000	0.1	0.4	0.5
1:10000	0.15	0.5	0.6

输电线路工程宜采用GNSS差分定位，IMU和GNSS数据联合解算的平面位置偏差不应大于0.1m，高程位置偏差不应大于0.4m，速度偏差不应大于0.5m/s。

检校场数据预处理后计算出偏心角以及线元素偏移值。偏心角及线元素偏移值的解算中误差不应大于表10-11规定。

表10-11 偏心角及线元素偏移值中误差限值

成图比例尺	线元素偏移值平面中误差限值（m）	线元素偏移值高程中误差限值（m）	偏心角侧滚角、俯仰角中误差限差	偏心角航偏角中误差限差
1:500 1:1000	±0.5	±0.5	±0.03°	±0.02°
1:2000 1:5000	±1.0	±0.8	±0.03°	±0.03°
1:10000	±2.0	±1.0	±0.04°	±0.04°

对于输电线路工程，相应的技术指标参考1:2000地形图技术指标。

（三）成果资料

数据预处理提交的成果资料主要包括以下内容：

（1）预处理后的影像数据；

（2）IMU 和 GNSS 数据联合解算成果；

（3）检校计算后偏心角和线元素偏移值；

（4）对于低空摄影，需要提供曝光点坐标及姿态参数文件；

（5）其他相关资料。

二、遥感技术

卫星影像数据的预处理包括格式转换、轨道参数提取、影像增强、去噪、去云、匀色等，其中一些环节由数据提供商完成，用户通常只进行影像增强、去云处理、色彩调整等几项处理。

（一）影像增强

对于一般的原始影像来说，受到光学系统固有缺陷、不良天气条件、光照不均等因素的影响，通常一幅原始影像内部存在渐晕效应或其他形式的密度或色彩不均。对于此类影像，需要采用软件进行数字匀光、匀色处理，有很多单位使用 Photoshop 等通用图像处理软件，以人工局部加工的手段来改善这些影像，效率较低；也可以利用数字摄影测量软件自带的模块进行批量处理。

采用线性变换、分段线性变换和直方图均衡化等方法可实现影像反差增强。实验结果表明，线性拉伸、分段线性拉伸和直方图均衡化在一定程度上改善了影像的对比度和灰度动态范围，影像质量明显提高，增强了影像的可读性，提高了地物的可分辨性。但它们对各种地类具有不同的增强效果，应根据影像增强的具体目的选择相应的增强方法。

（二）去云处理

云雾覆盖等因素是影响遥感数据尤其是高地面分辨率遥感数据获取质量的主要噪声之一。云雾覆盖类型不同，消除云雾的方法也不同。对于较厚云雾覆盖区，由于地面景物信息几乎完全被掩盖，只能寻找相同地区前、后时相的无云雾覆盖的影像进行插补。但是，该方法需要的插补数据获取较困难，成本也较高，其实用价值受到极大的限制。对薄云雾覆盖区域，地面景物的光谱特征仍在一定程度上得以保留，因此可以通过大气纠正或数字图像处理的相关技术有效除去云雾影响，恢复地面景物信息。目前，薄云雾覆盖区信息恢复的途径主要有四种：

（1）利用水汽的吸收波段反演云雾造成的路径辐射值，然后从原始可见光波段上减去云雾造成的路径辐射值，从而达到消除云雾的目的。该方法可以有效消除遥感影像中的云雾噪声而不损失其他信息，但是要求具有对水汽吸收敏感的波段数据，此外还涉及较为复杂的大气辐射传输过程，从而限制了该方法的广泛应用。

（2）基于多源数据融合技术进行图像恢复。其原理是利用不同传感器获取的同一地区的影像数据进行空间配准，然后通过数据融合插补云雾覆盖区数据。由于这种方法所采用的图像源具有不同的地面分辨率和光谱波段，数据融合可能影响影像地面分辨率和光谱特征。

（3）直方图匹配去云方法。该方法首先假设薄云雾覆盖区除去云雾影响后的图像特征与无云雾覆盖区图像特征相同，因此可以利用同一幅图像中非云雾覆盖区的图像特征作为参照，使云雾覆盖区的图像直方图与之匹配，达到消除云雾影响的目的。这种方法不足之处在于假设条件有时并不满足。此外，精确的云雾覆盖区范围的确定也有一定困难。

（4）利用同态滤波方法。根据薄云雾覆盖信息在频率域上通常占据低频信息的特点，将图像通过傅立叶变换转换到频率域，然后使用高通滤波器对影像进行空间滤波，除去云雾等低频信息。该方法忽略了影像的低频成分中除薄云雾以外还包含大量的其他背景信息的事实，因此在除去低频云雾成分的同时该方法也会削弱影像的其他背景信息，从而改变了一些区域特性。

（三）色彩调整

由于成像日期不同，存在辐射水平差异，导致同名地物在相邻遥感影像上的亮度值不一致。如果不进行色彩调整，直接镶嵌拼接，即使几何配准的精度很高，重叠区符合得很好，仍会出现明显的接缝线，既不美观，又影响后续的影像信息识别与分析。因此，需要对影像某些波段进行参数调整，使镶嵌后的影像色调基本保持一致。有些场合，受拍摄时相或天气条件的影响，获取的影像有偏色现象，也需要进行色彩调整，以获得较为满意的效果。

三、激光扫描技术

数据预处理的目的是获取激光点云数据的空间坐标和影像外方位元素，为后期制作 DSM、DEM、DOM、数字线划图和施工图测量提供数据。

数据预处理时需要使用的数据包括原始激光点云数据、原始数码影像数据、IMU 数据、机载 GNSS 数据和地面飞行控制网数据等。数据预处理内容包括偏心角改正、GNSS 解算、偏心分量计算、空三加密、坐标转换等。

数据预处理前需保证检校场精度满足规范要求、数据检查合格、航飞无漏洞、GNSS 数据资料齐全、偏心分量已量测。

数据预处理通常利用激光雷达设备生产厂商提供的

配置软件来进行，其工作流程一般为：将地面GNSS基站数据、CORS站数据或精密星历数据与机载POS数据进行联合解算；然后利用检校场点云数据对偏心角进行修正，利用检校场检查点消除激光测距误差和线元素偏移误差；最后对检校后的点云数据进行坐标转换，生成满足要求的点云数据；利用检校场像控点进行空三加密，解算出机载GNSS偏移值和相机偏心角，从而得到准确的影像外方位元素。数据预处理流程如图10-7所示。

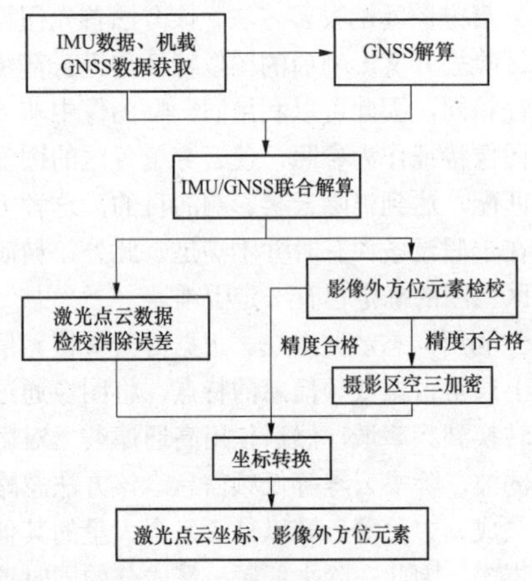

图10-7 数据预处理流程图

（一）IMU/GNSS数据联合解算

利用GNSS偏心分量、IMU偏心分量和相机偏心分量，采用差分技术，融合IMU数据，联合解算获取影像的初始外方位元素和激光扫描仪的航迹文件，航迹文件包含激光扫描仪在各个GNSS采样时间的位置信息、姿态信息及速度。根据激光扫描仪的航迹文件和激光扫描数据的回波强度和回波次数等信息，计算激光点云在WGS84坐标系下的三维坐标。

（二）影像的外方位元素检校

影像外方位元素检校包含IMU与航空摄影仪之间的偏心角检校和GNSS天线与航空摄影仪之间的线元素检校，通常使用飞行检校场的方法来确定。

通过相对定向后影像的角元素和影像初始的角元素获取三个偏心角差值，分别计算各架次中三个偏心角的平均值，将该平均值迭代入同一架次的解算数据中，从而得到每张影像准确外方位元素的角元素。

利用绝对定向解算出外方位元素的线元素和影像的初始外方位元素的线元素获得偏心分量的差值，分别计算各架次中三个线元素偏心分量的平均值，并代入同一架次的解算数据中，从而得到每张影像准确的外方位元素的线元素。

（三）激光点云数据检校

在航飞过程中，IMU和激光扫描仪安装角度不同引起的误差或仪器固有误差等对激光数据将产生较大影响，需要在激光点云数据检校过程中予以消除，这些误差主要包括偏心角误差、距离误差、扭转误差、俯仰角倾斜误差等。偏心角误差主要是IMU和激光发射器在侧滚、俯仰、偏航三个角度的偏差；距离误差是激光扫描仪中电子器件延迟所产生的误差，这个误差一般是一个常数；扭转误差是指实际的镜面位置与编码器计算的位置之间的误差；俯仰角倾斜误差指条带中心和边缘的俯仰角值的差值。

1. 偏心角检校

数据检校参数通常是指侧滚角（roll）、俯仰角（pitch）和航偏角（heading）的偏心角分量。其计算原理如下：

侧滚角的影响是造成条带沿飞行方向旋转，其检校方法是利用检校场反向对飞的两条重叠激光点云，选择一块横跨航带的平地区域，如：平坦的大路，测量两条带横截面航带宽度和垂直分离值，通过分离值除以宽度得到的值来纠正侧滚角误差，如图10-8所示。

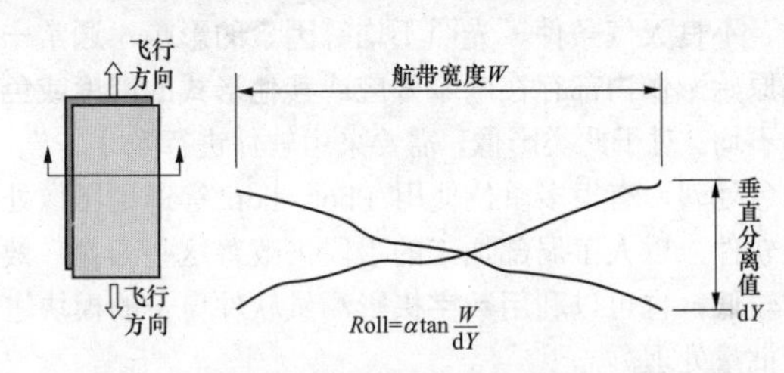

图10-8 侧滚角计算原理图

俯仰角的影响是造成条带沿飞行方向前后位移，因此为了测量其值，要在检校场反向对飞的两条重叠激光数据上，沿飞行方向寻找尖顶的房子或坡面，量测两条带水平分离值和飞行高度，用分离值除以2再除以飞行高度得到俯仰角误差值，如图10-9所示。

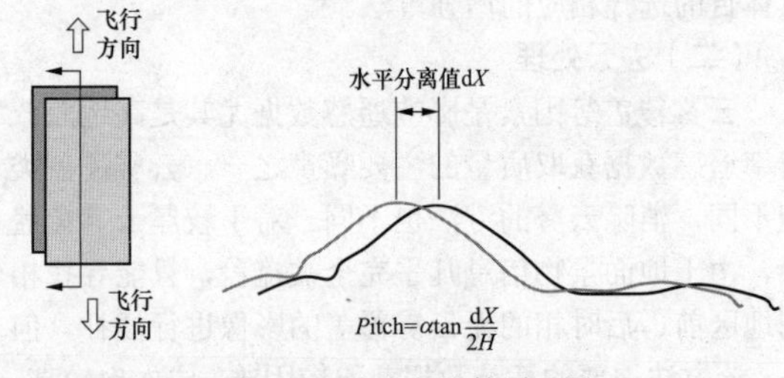

图10-9 俯仰角计算原理图

航偏角的误差会使激光条带沿雷达线旋偏，这时需要选择同一航高的两条平行航线，在其中一条航线的边缘和另一条航线的中心位置重叠区内，寻找尖顶房或坡面，量测平均水平分离值和到条带中心的距离，如图10-10所示。

实际生产中，通常先选择一块典型地形的数据进行检校，得到理想的检校参数后再运用于整个检校场，若仍然存在问题，则微调检校参数，再重复上述操作，确保不同航带的数据都能很好地匹配，如图10-11所示。

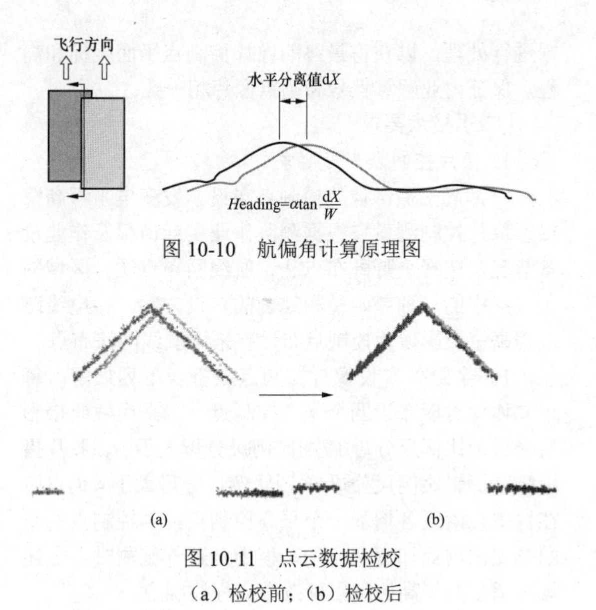

图 10-10　航偏角计算原理图

图 10-11　点云数据检校

（a）检校前；（b）检校后

2. 距离检校

距离检校需要利用检校场飞行中高低空十字对飞的条带数据，通过对检校场的高程检查点来判断对激光点距离进行整体增加或整体减小，从而完成距离检校。

3. 扭转检校

在平坦地面沿一条直线进行像控点测量，选择垂直于像控点的航线数据，并利用像控点计算航线数据的平均高程残差值，完成扭转检校。

4. 俯仰角倾斜误差检校

选择一对飞行方向相反的航线数据，选择条带边缘尖顶房断面测量分离值、距离底点的 FOV 雷达角度和飞行高度。则俯仰角倾斜误差改正值为

$$\varphi = h / 2\alpha H \tag{10-8}$$

式中　φ ——俯仰角倾斜误差改正值，（°）；

h——条带边缘尖顶房断面测量分离值，m；

α ——距离底点的 FOV 雷达角度，（°）；

H——飞行高度，m。

（四）坐标转换

检校后的激光点云数据为 WGS84 坐标系，一般需要转换成项目所需的工程坐标系。工程平面坐标系一般为国家 2000 年坐标系、1954 年北京坐标系、1980 年西安坐标系或当地独立坐标系，工程高程坐标系一般为 1985 年国家高程基准、1956 年黄海高程系或地方独立高程基准。

利用飞行控制点的 WGS84 坐标系和工程坐标系坐标解算坐标系的转换参数，使用该参数对激光点云数据进行坐标转换。

（五）成果资料

数据预处理工作完成后需提交如下资料：

（1）纠正后的点云数据；

（2）纠正后的影像；

（3）空三成果；

（4）坐标转换参数。

第三节　基 础 控 制 测 量

在进行外业控制测量前应进行工程基础控制网测量，基础控制网的布设应遵循全面规划、因地制宜、经济合理、考虑发展的原则，而且基础控制网平面控制点与高程控制点宜布置为共点。

输电线路工程与厂站工程的基础控制网的建立一般采用 GNSS 测量方法。GNSS 基础控制网应根据测区实际需要和交通情况布置，尽量布置在交通便利、方便后续使用的地方，基础控制网控制点应埋设固定桩。

对于输电线路工程，基础控制点间距离不应大于 10km，GNSS 基础控制网平面测量精度，最弱边相对中误差不大于 1/20000；高程测量精度，每公里高差全中误差不大于 15mm。GNSS 基础控制网应与国家平面和高程控制点联测，联测点数分别不应少于 3 个。若线路较长，每隔 100km 应再联测 1 个国家控制点。联测的国家平面控制点，宜在线路起止端进行；联测的国家高程控制点，宜均匀分布且能控制全网。线路跨越江、河、湖泊时，应联测水文资料高程系统与线路高程系统之间的关系，并将水文资料转换至线路高程系统后标注到平断面图上。

对于厂站工程基础控制测量，厂站工程基础控制网宜与工程的首级控制网一同布设。平面控制网的精度等级按 GNSS 测量和导线测量分别划分。GNSS 测量控制网依次分为三、四等和一、二级；导线及导线网依次分为四等和一、二级。各等级平面控制网均可作为测区的基础控制。当测区范围大于 0.5km^2 时，基础控制网等级不应低于一级。

第四节　像片控制测量与调绘测量

一、航空摄影测量

像片控制测量是在实地测量像片控制点平面坐标和高程的工作，一般采用 GNSS 静态或 GNSS RTK 测量方式进行，其主要工作内容包括测前准备、像片控制点布设、像片控制点选刺与整饰、现场测量及数据处理、资料整理等。像片控制点分为平面控制点、高程控制点和平高控制点三种。

（一）像片控制测量作业流程

像片控制测量作业流程见图 10-12。

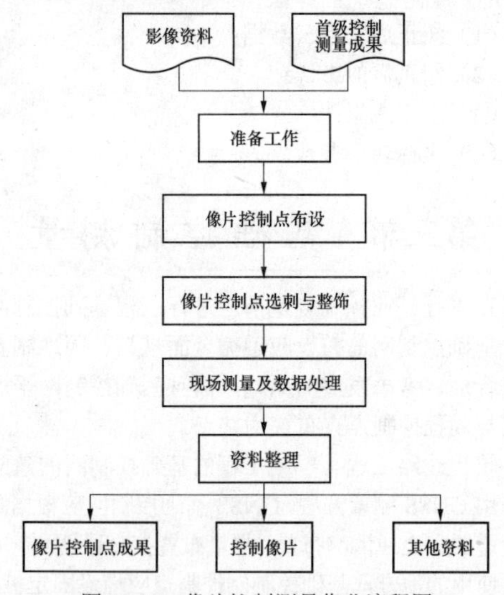

图 10-12　像片控制测量作业流程图

1. 准备工作

像片控制测量前需要进行资料搜集、人员安排、仪器设备及车辆准备等。

资料搜集主要包括影像资料（控制像片、镶嵌图等）和首级控制测量成果。对使用的测量仪器设备和车辆应进行检查，对使用的仪器设备列出清单，便于测前准备和测后的清点工作。

2. 像片控制点的布设

像片控制点的布设是指根据工程需要和相关技术要求，结合像片比例尺、航空摄影质量、测区地形等诸多因素进行总体考虑和布网，对需联测的平面控制点和高程控制点的数量和密度、联测网形进行规划设计，在室内确定像片控制点的大致位置，为外业选点测量提供依据。

像片控制点可在航飞前布设人工标志，以提高控制精度。人工标志可首先按照航线设计范围和布点方案在 Google Earth 标定选点位置，然后现场进行布设，布置成圆或十字等形状，表面颜色以白色或红色为宜，大小为影像地面分辨率的 2～3 倍，当航高较高时应适当增大，要求在影像上成像明显、清晰。

3. 像片控制点选刺与整饰

像片控制点选刺与整饰是在实地选择符合要求的像片控制点点位并进行测量，刺于控制像片上并加以说明，为内业转刺提供依据。像片控制点应统一编号，编号一般由像片控制点类型标识、像片号（或航带号）、流水号组成，并在控制像片正面、反面按要求进行整饰。像片控制点选刺与整饰应经第二人检查，以便及时发现错误并处理，对于共点的点位需要重点检查，保证点位在各个影像上的位置都能满足要求。

4. 现场测量及数据处理

现场测量是在实地确定的点位上架设仪器进行外业观测，并填写观测手簿，便于观测完成后对原始数据进行处理，以获得最终的像片控制点平面坐标和高程，保证内业解算点号和刺点像片相一致。

（二）技术要求

1. 像片控制点布设要求

（1）高空摄影像片控制点布设。发变电工程高空摄影像片控制测量宜根据测区作业实际情况及作业设备情况，选择全野外布点法、航线网布点法、区域网布点法中的一种或两种相结合的布设方案。输电线路工程高空摄影像片控制点布设宜采用航线网法布点。

1）全野外布设像片控制点应符合下列规定：每个立体像对应布设四个平高控制点；当采用数码摄影航空摄影比例尺分母/成图比例尺分母大于 6、胶片摄影航空摄影比例尺分母/成图比例尺分母大于 4 时，应在像主点附近各增加一个平高控制点；当控制点的平面位置由内业加密完成，高程由全野外施测时，上述规定增加的平高控制点可改为高程控制点。

2）航线网布设像片控制点应符合下列规定：航线网法布点（见图 10-13）应在每条航线首末两端各布设一对平高控制点，中间根据航线长度均匀布设若干对平高控制点，每条航线的平高像片控制点个数不应少于 6 个；在两条航线的结合处宜布设公共像片控制点，当无法布设公共像片控制点时，应分别布点。

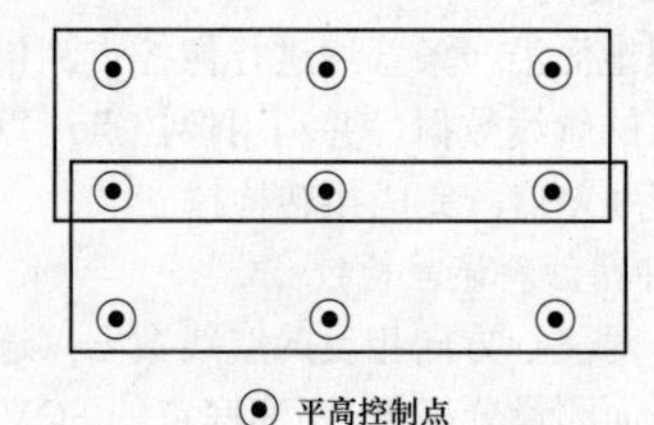

图 10-13　航线网法布点示意图

发变电工程高空摄影航空摄影影像片控制点航向跨度可按照数码和胶片航空摄影加密点平面和高程中误差计算公式进行估算，应符合 DL/T 5138《电力工程数字摄影测量规程》相关规定。

对数码航空摄影影像，每相邻两对平高控制点之间的航向跨度可按距离间隔法布点，1:500、1:1000、1:2000、1:5000 地形图数码影像平高控制点航向距离跨度应符合表 10-12 的规定。

表 10-12　地形图数码影像像片平高控制点航向距离跨度表　（km）

成图比例尺	平高控制点航向距离跨度			
	平坦地	丘陵地	山地	高山地
1:500	1.2～2	1～2	1～1.5	1～1.5
1:1000	2～4	2～3.5	2～3	1.8～3
1:2000	5～7	5～7	4～5	4～5
1:5000	11～13	11～14	10～13	9～12

3）区域网法控制点布设应符合下列规定：

a）区域网的图形宜呈矩形或方形，区域网包含的航线数不应超过表 10-13 的规定。

表 10-13　区域网航线数

成图比例尺	数码航空摄影航线数	胶片航空摄影航线数
1:500	6～8	4～5
1:1000	6～8	4～6
1:2000	3～6	2～4
1:5000	3～4	2～4

b）平高控制点宜采用周边布点法，根据情况宜采用周边 6 点法或周边 8 点法（见图 10-14）布设，相邻平高控制点间的旁向和航向跨度应符合航线网法中的规定。

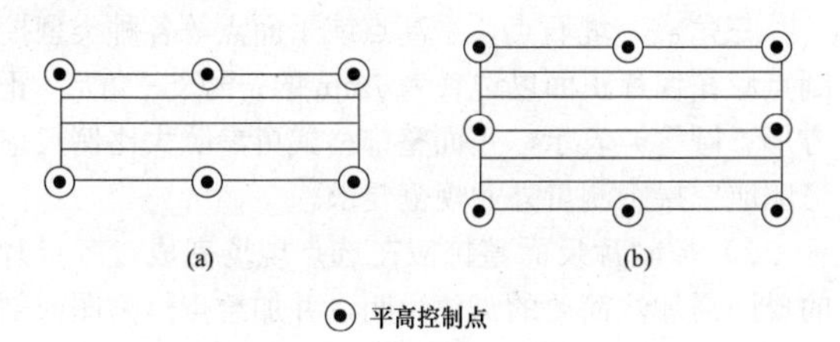

图 10-14　区域网法平高控制点布点方案

（a）周边 6 点法；（b）周边 8 点法

c）高程控制点宜采用横条竖排的网格布点法，在每条航线首末两端上下分别布设一个高程控制点，高程控制点间旁向和航向跨度也应符合航线网法中的规定。

d）受地形条件限制时，可采用不规则区域网布点。不规则区域网在凸角转折处应布设平高点，凹角转折处应布设高程点。当凹角点和凸角点之间的距离超过两条基线时，凹角点处也应布设平高控制点。区域周围两控制点间沿航向方向的跨度超过 7 条基线时，应在中间补加 1 个高程控制点。

（2）低空摄影像片控制点布设。采用区域网布点时，应在航线首末两端各布设一排平高控制点，中间根据航线长度等分布设若干排平高控制点。平高控制点跨度根据成图比例尺确定，应符合表 10-14 的规定。

表 10-14　平高控制点跨度

成图比例尺	相邻控制点航向基线跨度	相邻控制点旁向航线跨度
1:1000	6～8	2～3
1:2000	8～10	2～4
1:5000	10～12	2～4

区域网内应布设若干检查点。每幅图内不应少于 1 个平高检查点，并均匀分布于测区内。

平地、丘陵地通过缩小像片控制点跨度后，空中三角测量结果仍不能达到相应比例尺成图的精度要求时，宜采用平面或高程全野外控制布点。

输电线路工程中低空摄影测量采用单航线布点时，应在航线首末两端各布设一对平高控制点，中间根据航线长度等分布设若干对平高控制点。航向控制点跨度宜为 10～15 条基线，最大不宜超过 20 条基线。

（3）IMU/GNSS 辅助摄影像片控制点布设。发变电工程检校场布设宜采用 4 条航线方案。每个检校场布设像控点不应少于 9 个，像控点间隔不应超过 3 条基线，点位位于像片标准点位处，在像控点区域内布设不少于 2 个平高点作为检核。

发变电工程应根据摄区面积划分加密分区大小。每个加密分区宜选取 4～5 条航线，每条航线不宜超过 20 张像片。每个加密分区采用四角布点法（见图 10-15），即在区域网四个角点处布设平高控制点，四角宜采用双点布设，平坦地区区域网中根据需要加布高程控制点；当布设构架航线时，可适当减少控制点数量。

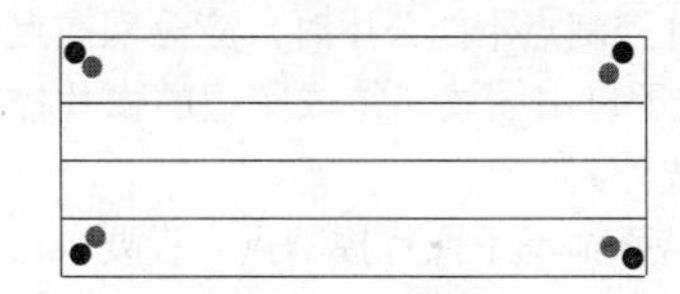

图 10-15　IMU/GNSS 辅助摄影像片控制点布设方案图

输电线路工程检校场布设宜采用 2 条航线方案。每个检校场布设像控点不应少于 6 个，像控点间隔不应超过 3 条基线，点位位于像片标准点位处，在像控点区域内布设不少于 2 个平高点作为检核。检校场像控点、检查点点位应可清晰成像，能精确定位，GNSS 测量方便，且位于像片成像的重叠区。当经测区踏勘发现无法选取满足上述要求的点位时，应在航空摄影前布设人工标志，并采取措施确保航空摄影期间标志完好。像片控制点在航线上的布设宜采用 5 点法，即航线首末两端各布设一对平高控制点，航线中间位置布设一个平高控制点。

（4）推扫式摄影像片控制点布设。推扫式摄影像片控制点可按照四角布点法（见图 10-16）进行，也可根据工程实际情况，在中心位置另外布设一个平高点，作为检核和补充。

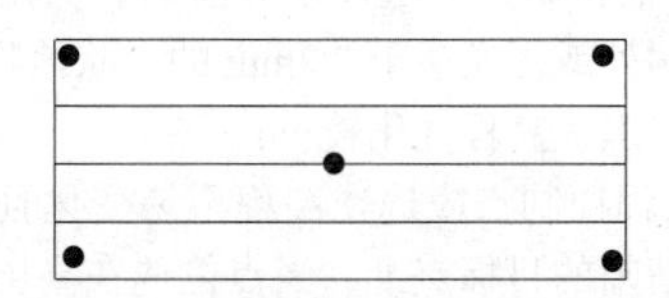

图 10-16　推扫式像片控制点布点方案图

2. 像片控制点选刺与整饰要求

（1）像片控制点刺点位置要求。

1）像片控制点距像片的各类标志应大于 1mm。

2）像片控制点距胶片摄影的像片边缘应大于 15mm，距数码摄影的像片边缘应大于 5mm。

3）像片控制点宜布设在航向三度重叠范围内和旁向重叠中线附近，测段首、末或困难地区可布设在航向二度重叠范围内。

4）像片控制点不宜选在旋偏角较大、航空摄影比例尺相差过大、大片云影、阴影、落水的像对上。

5）单航线像片控制点离开方位线距离不宜小于像幅高度的 1/5，困难地区可不受方位线远近的限制，但上、下像片控制点的距离不应小于像幅高度的 1/2。

6）区域网布点时，当旁向重叠度过大，不能满足上述要求时，上、下航线应分别布点；当旁向重叠度过小，像片控制点在相邻航线不能共用时，应分别布点，此时控制范围在像片上裂开的垂直距离不应大于 1cm。当条件受限制时，也不得大于 2cm。

7）航区或分区接合处像片控制点的布设应选在接合处两侧航线的重叠范围内，邻区像片控制点宜公用；当像片控制点不能公用时，应分别布点。

8）位于自由图边、待成图边的像片控制点应布设在图廓线外。

（2）特殊情况下像片控制点布设要求。

1）当航向重叠小于 56%产生航空摄影漏洞时应分别布点，并对漏洞处用野外测图方法补测。

2）旁向重叠小于 15%时，应分别布点。当选定的控制点离开像片边缘大于 1cm，且重叠部分影像清晰，其范围内无重要地物时，除应分别布点外，还应在重叠部分加测 2～3 个高程点，否则重叠不足部分应采用野外测图方法补测。

3）当像主点或标准点位处于水域内，或被云影、阴影、雪影等覆盖以及其他原因使影像不清，或无明显地物时，当落水范围的大小和位置尚不影响立体模型连接时，可按正常航线布点。当像主点附近 3cm 范围内选不出明显目标，或航向三度重叠范围内选不出连接点时，落水像对应采用全野外布设像控点。当旁向标准点位落水，且在离开方位线 4cm 以外的航向三度重叠范围内选不出连接点时，落水像对应采用全野外布设。

（3）像片控制点选刺要求。

1）平面控制点应选在影像清晰且交角良好的固定地物交角处或影像小于 0.2mm 的点状地物中心，且点位地面平坦，高程变化较小。

2）高程控制点应选在高程不易变化且各相邻像片上影像清晰的目标点上。当点位选在高出或低于地面的如屋顶、围墙、陡坎等地物上时，应量出其与地面的比高，注至厘米，并详细绘出点位略图和断面图。

3）平高控制点的点位目标应同时满足平面和高程控制点对刺点目标的要求。

4）像片控制点应选刺在便于 GNSS 架站、观测的点位上，且点位实地的辨认精度不应大于 0.1mm。

5）像片控制点刺点应刺透，平面点和平高点的刺点误差不应大于像片上 0.1mm，不应出现双孔。

6）三角点、水准点、导线点及其他埋石控制点宜刺在航片上，并应绘制点位略图、量注控制点标志与地面的比高，精确至 1cm。

（4）像片控制点整饰要求。

1）控制片的刺点应在正面整饰，航线间公用像片控制点应在相邻航线基本片上转标，并应标注出刺点航线号和像片号；单航线像片控制点编号宜采用航带号加流水号的方式编写，区域网像片控制点编号宜采用分区号加流水号的方式编写。

三角点、埋石点、平高点或平面点等各种类型控制点应在像片正面以边长为 7mm 的符号（三角形、正方形、圆等）表示，正面整饰格式可参照大比例尺地形图航空摄影测量外业规范要求。

2）控制片反面整饰应在选点现场完成，刺点片的反面需加注简要的点位说明，并加绘点位略图或剖面图；当精度要求较高时，可对点位拍摄；点位说明和点位略图指示方位时，应以像片号字头标定上、下、左、右，并使孔位、点位、说明、略图相一致。

反面整饰宜采用黑色铅笔整饰，以相应符号标出点位，在相应位置绘 2cm×2cm 大小的点位略图，略图方位要与实地对应，并用文字准确描述点位位置，方向以像片编号字头方向为上，用上下左右表示，同时应签署刺点者、检查者姓名和日期，反面整饰格式见图 10-17。

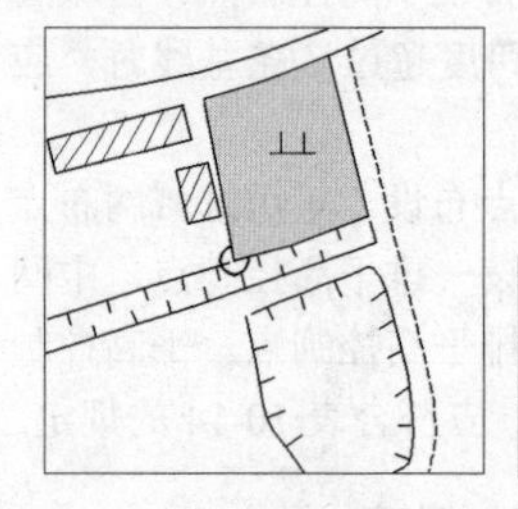

PG1001　刺在黑色地块的左下角
刺点者：　××××年××月××日
检查者：　××××年××月××日

图 10-17　控制像片反面整饰格式

3）电子刺点片整饰要求。随着便携式 PC、网络通信等技术的发展，为提高资料提交的准确性与及时性，在外业进行像片控制点选刺时也可采用电子刺点片进行。

3. 像片控制点测量及精度要求

发变电工程测量像片控制点相对于相邻控制点的点位中误差应在图上 ±0.1mm 范围内，高程中误差不应大于测图基本等高距的1/10。

输电线路工程测量像片控制点相对于相邻控制点的平面点位中误差不应大于0.2m，高程中误差不应大于0.1m。

像片控制点应在测区控制网基础上测量，像控点与起算基础控制点的距离不大于7km，其测量方法和要求可参照GNSS卫星定位技术应用中GNSS静态和RTK测量的相关内容。

（三）成果资料

像片控制测量完成后，宜提交以下资料：

（1）已知点成果表；

（2）平面、高程控制测量观测手簿；

（3）计算书；

（4）像片控制点分布略图；

（5）控制像片、像片控制点成果表。

二、卫星遥感测量

地面接收站提供的卫星遥感影像数据一般为经过处理的“准核线”数据，立体像对的重叠度约为100%，每个立体像对还有两个对应的卫星轨道参数文件，记录了卫星获取影像时的轨道参数，用以建立影像立体模型与地面模型的关系。利用高分辨率卫星遥感立体像对可以建立立体模型，进行数字化测图，生成DLG、DOM、DEM产品。

卫星影像的立体测量处理技术方法主要有以下几种：

（1）基于经典的共线方程的摄影测量方法；

（2）基于卫星轨道物理模型的影像处理严密方法；

（3）基于仿射变换的方法；

（4）基于有理多项式的方法。

基于经典的共线方程的摄影测量方法计算时需要精确测定卫星摄影中的外方位元素，目前卫星摄影中测定的外方位元素都不够精确，因此计算有很大的误差。

基于卫星轨道物理模型的影像处理严密方法，需要获知不同传感器的参数。由于保密、安全等限制，卫星数据提供商基本上不会提供传感器的一些关键参数，如星轨道参数、原始影像和严格的几何模型等，所以这种方法不适用一般用户。

基于仿射变换的方法是利用像点坐标和对应的地面点坐标通过一个仿射变换模型建立方程，求解仿射变换系数，求解时不需要卫星轨道参数。

由于有理多项式（rational polynomial coefficients，RPC）的方法可以大大简化高分辨率卫星影像的处理流程，可用于不同传感器平台、不同分辨率卫星影像的联合区域网平差定向，是目前最常用的处理方法。

基于有理多项式卫星立体影像处理的作业流程见图10-18。

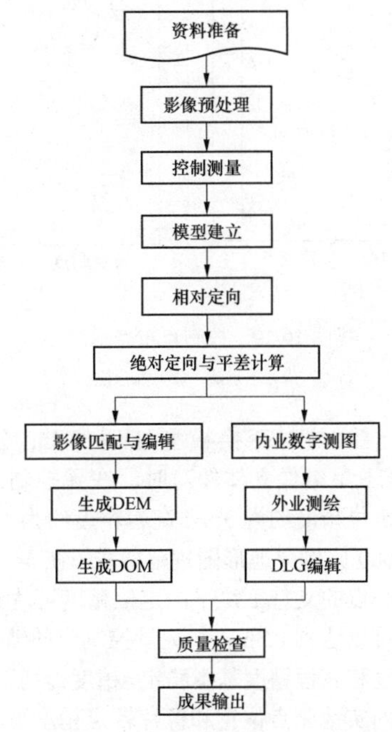

图10-18　卫星立体影像处理作业流程

（一）资料准备

资料准备主要包括卫星遥感影像立体像对、卫星轨道参数资料、技术设计书及所需的其他技术资料。

（二）影像预处理

由于所获取的原始卫星影像色调偏暗，影像的反差较小，会影响影像的判读和后续数据处理。因此首先采用预处理算法对原始影像进行增强处理；然后根据卫星影像的成像机理分析卫星影像的星历参数、姿态角数据资料，构建其严格几何成像模型，计算其严格几何成像模型的替代模型RPC的参数，再根据计算所得参数对原始影像进行转换处理。必要时，应将单色影像与全色影像进行融合处理。

（三）控制测量

控制点用于精化RPC，提高基于立体像对同名点解算物方坐标精度。像片控制测量可采用GNSS RTK（或CORS）技术进行测量，一般应根据测量精度和范围大小的要求在测图区域周边均匀布设若干个平面及高程控制点，一种典型的控制点布点如图10-19所示。具体控制点个数根据采用的不同补偿模型函数来确定，一般宜布设在像片重叠区域的四周和中间。在影像条带较长的情况下，控制点的地面间隔应在一条基线长度内，应尽量分布在影像重叠范围中线附近，并考虑影像的时相差异。一般模型函数的选择不应高于二阶多项式补偿模型，因为高阶多项式对控制点精度要求高，且对地面高程变化敏感。

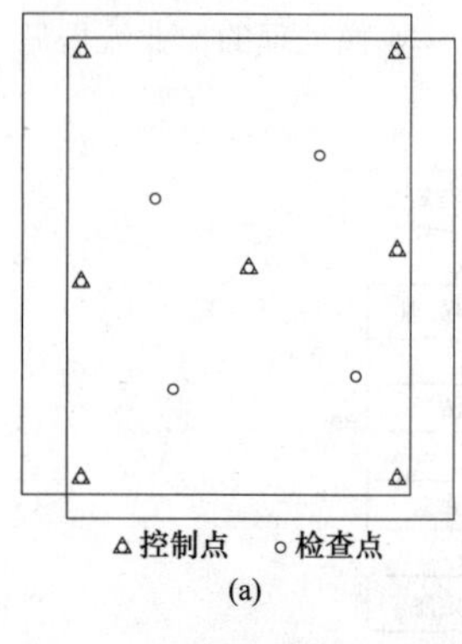

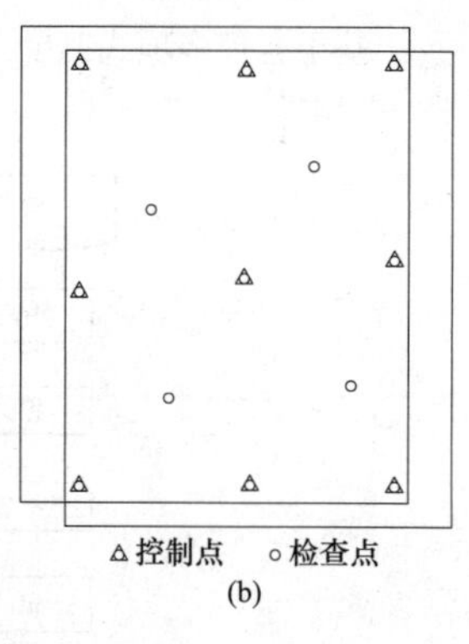

图 10-19 控制点布点示意

（a）七点法；（b）九点法

采用一阶仿射变换模型处理 0.5m 分辨率的 GeoEye-1 卫星影像立体像对时，在无控制点的情况下，平面定位精度约为 3m，高程精度约为 6m，可以满足 1:10000 比例尺地形图规范要求；在 5～9 个合理分布的控制点的支持下，平面定位精度可达到 0.4m，高程精度可以达到 0.5m；在大量控制点的情况下，平面定位精度和高程精度基本稳定，精度提高不再明显，但控制点的实地刺点位置和像片转点精度影响空三平差的结果，为了提高精度，控制点应选择在影像清晰、定位明确的地物上，像片转点应在立体模式下进行。

三、调绘测量

调绘是内业编辑及制作最终地形图的主要依据，是航空摄影测量与卫星遥感测量的重要组成部分，它的主要任务是实地确定地物、地貌的真实性质，根据图件需要表示的内容要求取舍影像上的地物、地貌，并对影像上没有的新增地物、地貌进行补测，实地调查、注记地理名称，其最终目的是为了使测绘成果图件符合规范、图式的标准、要求，满足电力工程设计的需要。

为提高工作效率，在实际工程测量中，一般采用先内业测图后外业调绘的方式，内业数字测图方法可参照内业数字测图相关内容。外业调绘时应采用 GNSS RTK 或全站仪直接对地形图进行修测或补测，并标注属性数据。

（一）调绘内容

外业调绘应重点对建筑物、地下管线、新增地物、变化地形和微地物、微地貌及其他内业测图不明确的地物进行检查、修改和补充，主要包括以下内容和要素：

（1）各等级电力线、通信线的等级、名称等。

（2）地面及架空管线、地下电缆、地下管道的标桩、名称、输送物质等。

（3）等级公路、铁路的名称、道路材质、通向等；道路附属设施如桥、涵、里程碑等名称。

（4）各种地上建（构）筑物名称、用途、材质、房屋层数和垣栅等。

（5）水系及附属设施。

（6）独立地物如烟囱、水塔、路标、水井、广告牌、无线电发射塔、独立坟、宗教设施与地物的性质、名称等；坟群中坟头的数量。

（7）林地、植被、经济作物的种类和范围；林地的树种、所属林场等。

（8）居民地、城镇街道、厂矿企业、学校、医院、山沟、河流、水库、沟渠和道路等的名称。

（9）地貌和土质，包括不能用等高线反映的天然或人工地貌元素，以及各种天然形成和人工修筑的坡、坎等。

（二）调绘技术要求

1. 调绘要求

调绘应做到判读准确、描绘清楚、位置正确、图式符号运用恰当、清晰易读，对于输电线路工程应开展路径调绘工作，路径调绘应在路径优化前或与像片控制测量工作同步进行。对线路路径有重要影响的地物主要包括炸药库、采石场、矿场、油库油站等工矿设施，以及电视发射塔站、无线电塔站、民航导航台、地震监测站、军事设施、庙宇、高大树木及文物古迹等。

（1）发变电工程中调绘具体应符合以下规定：

1）各种数字和文字注记以及符号、线型等应按现行地形图图式表示，常用的、重复次数频繁的符号可简化，大面积的植被可采用文字注记。

2）地物、地貌的综合取舍应满足设计用图要求。同一位置不能同时按实际位置描绘两种以上符号时，则应分清主次或将次要的移位表示，但移位后的地物、地貌，其相对位置不应改变。

3）工矿企业、城镇、电力排灌区等电力线、通信线较多时，调绘可综合取舍。居民地内的低压线以及通往乡村的地上通信线可不表示；当同一杆上有多种线路时可只表示主要线路。电杆、铁塔和工矿区的管道支架等杆位以及电力线调绘区的变压器应逐个调绘。

4）地面上有明显标志的地下电缆、地下光缆、油气管道和其他地下管线应在地形图上标注其类别及位置；地面上无明显标志的，应配合设计专业人员实地调查。

5）调绘时应重点对新增地物和隐蔽地物进行补调；航空摄影后拆除的地物，应在地形图上删除。

6）现场调绘涉及军事禁区、保密单位等时，应执行国家军事设施保护法律、保密规定或其他相关法律法规。

（2）输电线路工程详细调绘可在线路路径确定后、终勘前或与终勘工作同时进行。

2. 详细调绘要求

详细调绘的范围和线路平断面成图范围一致，对于500kV以上等级线路为路径左右75m内，500kV及以下等级线路为路径左右50m内，但当线路路径存在不定因素时，调绘范围应扩大。详细调绘的方法宜采用实地调查和仪器实测方法，实测方法可用全站仪全野外数字测图的方法和GNSS RTK进行测量，以及悬高测量等。

详细调绘应注意以下技术问题：

1）对交叉跨越或平行接近的架空电力线应在调绘图上标明电压等级，并标出杆高；对电压等级35kV及以上的电力线，应现场实测出路径附近的杆塔高，并标注杆塔编号和杆塔型式，并将杆塔平面位置准确刺出，必要时测量线路跨越点的高度。

2）对交叉跨越的架空通信线应在调绘片上标注其类型、等级、杆型、杆高。

3）地面上有明显标志的地下电缆、地下光缆、油气管道和其他地下管线应在调绘片上标注其类别及位置；地面上无明显标志的，应配合设计专业人员实地调查。

4）架空索道、架空水渠等地物应在调绘片上标注其位置及高度。

5）对交叉跨越的公路和铁路应标注名称、去向及跨越点的里程；对交叉跨越的通航江河应标注出名称、流向，宜标注跨越点航道里程。

6）对于一、二级通信线及地下电缆、油气管道等与线路的交叉角，当难以判断是否接近临界值时应实测。

7）当线路与交叉跨越物的交叉角较小时，其中线与边线的跨越点可能相距较远，应注意边线的跨越以及风偏影响。

8）对线路走廊范围内的果园、苗圃等经济作物和森林应在调绘图上标出范围、类别名称、树种、胸径、密度及高度等。

9）对于线路附近的宗教建筑设施和民俗建筑与林木，以及宗教场所、文物古迹的范围应调绘标注。

10）像片调绘应判读清楚、描绘清楚、图示符号运用恰当、位置正确、各种注记准确无误，并应做到清晰易读。

11）调绘者、检查者应在调绘片上签署姓名和日期。

（三）成果资料

调绘完成后，宜提交以下资料：

（1）调绘像片、调绘像片结合图或其他调绘图。

（2）地形图，适用于发变电工程测量。

（3）交叉跨越及其他高度测量的观测手簿和计算成果等，适用于输电线路工程测量。

（4）调绘报告。

第五节　DEM和DOM制作

一、航空摄影测量

（一）空中三角测量

空中三角测量是立体摄影测量中根据少量的野外控制点，在室内进行控制点加密，求得加密点的平面位置和高程的测量方法。其主要目的是为测绘地形图提供定向控制点和相片定向参数。

1. 作业流程

目前空中三角测量采用数字摄影测量系统来完成。数字摄影测量系统基于数字影像或数字化影像完成摄影测量作业。数字摄影测量系统主要包括数字影像处理、摄影测量、模式识别及辅助功能模块等。

数字摄影测量系统的空中三角测量一般作业流程如图10-20所示。

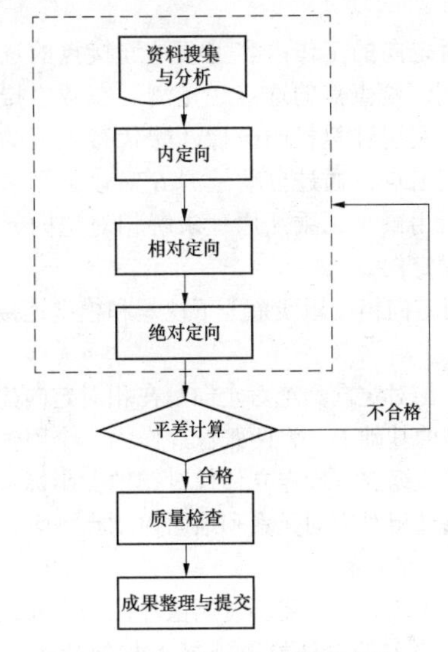

图10-20　空中三角测量流程

由于成像方式不同，推扫式航空摄影测量系统的空中三角测量作业流程与以上流程略有不同，不包括内定向的过程；以每条航线为单位，一条航线为一幅影像，因此飞行方向影像无需拼接，相对定向时每条扫描航对应一组外方位元素；平差计算的方法也有所不同。

2. 作业内容

空中三角测量的主要内容包括资料搜集与分析、内定向、相对定向、绝对定向、平差计算、质量检查、成果整理与提交等。

（1）资料搜集与分析。资料搜集包括：测区首级控制测量资料；测区内现有小比例尺地形图及控制点成果；像片控制测量资料；像片控制点联测成果及刺点片等。对搜集的所有资料进行整理分析包括：查看控制测量成果，分析控制测量基本情况，像片控制点的数量、分布、目标点位等。

（2）内定向。内定向的主要工作是确定框标坐标系与扫描坐标系之间的转换参数。对数字化影像需要进行内定向，而数字影像（数码航空摄影影像）则不需要进行内定向。

框幅式数字航空摄影仪获取的影像需使用主距、像素大小、像素行数与列数、像素参考位置等航空摄影鉴定资料，扫描数字化航空摄影影像需使用主距、像主点位置、框标坐标与距离、畸变纠正参数等航空摄影仪鉴定资料，采用仿射变换进行框标坐标计算。

内定向精度用框标坐标残差来表示。

（3）相对定向。相对定向只恢复两张像片的相对位置和姿态，建立的立体模型为相对立体模型，是相对于选定的像空间辅助坐标系，其比例尺和方位是任意的。

相对定向的工作内容主要是连接点的选点、转点、量测，检查点的选点、量测。在数字摄影测量系统中，利用计算机的影像匹配代替人眼的立体观测识别同名点，通过自动量测 6 对以上同名点的像片坐标，用最小二乘法原理求解相对定向元素完成自动相对定向。

相对定向精度用残余上下视差和模型连接较差来表示。

（4）绝对定向。绝对定向是在相对定向建立相对定向模型的基础上，将两张像片作为一个整体进行平移、旋转、缩放，确定立体像对在地面坐标系中的位置，即通过相对定向元素和地面控制点恢复每张像片外方位元素的过程。

在绝对定向前，需要量测像片控制点和检查点。然后采用平差的方法检查连接点与像片控制点的粗差，根据平差结果剔除或修测粗差点，从连接点中挑选和确认加密点。

IMU/GNSS 辅助空中三角测量，在进行数据预处理时，已按相关精度要求，完成 IMU 和 GNSS 数据联合解算，得到 IMU 偏心角以及线元素偏移值、外方位元素等成果，可将解算出的外方位元素作为空三解算初始参数，进行空三加密作业。

绝对定向一般用基本定向点残差、检查点误差、公共点较差来判断精度。

（5）平差计算。电力工程中，框幅式影像在没有 IMU/GNSS 数据时采用光束法区域网进行平差计算，有 IMU/GNSS 数据时采用影像预处理后获得的外方位元素联合平差。推扫式影像也采用影像预处理后获得的外方位元素联合平差。

1）光束法区域网空中三角测量是以投影中心点、像点和相应的地面点三点共线为条件，以单张像片为解算单元，借助像片之间的公共点和野外控制点，把各张像片的光束连成一个区域，根据中心投影的共线条件方程进行整体平差。由每个像点的坐标观测值可以列出两个相应的误差方程式，按最小二乘准则求出每张像片外方位元素的 6 个待定参数，分别为摄影站点的 3 个三维空间坐标和光线束旋转矩阵中 3 个独立定向参数，然后依据这些参数求得各加密点的坐标。

2）对于 IMU/GNSS 辅助空中三角测量，导入摄站点坐标、像片外方位角元素进行联合平差，应注意 GNSS 天线分量、IMU 偏心角系统改正值。

3. 技术要求

（1）框标坐标残差绝对值一般不大于 0.010mm，最大不超过 0.015mm。

（2）数码航空摄影仪获取的影像连接点距离影像边缘在精确改正畸变差的基础上，可放宽至 1mm，相对定向连接点上下视差限值应符合表 10-15 的规定。

表 10-15 相对定向连接点上下视差限值

影像类型	连接点上下视差中误差	连接点上下视差最大残差
高空数码航空摄影影像	±1/3 像素	2/3 像素
低空数码航空摄影影像	±2/3 像素	4/3 像素
扫描数字化航空摄影影像	0.01mm（1/2 像素）	0.02mm（1 像素）

注 沙漠、戈壁、沼泽、森林等特殊困难地区可放宽 0.5 倍。

（3）发变电工程影像平差计算后，连接点相对于最近野外控制点的平面点位中误差不应大于表 10-16 的规定。

表 10-16 发变电工程连接点相对于最近野外控制点的平面点位中误差 （m）

区域类型	点位中误差
一般地区	$0.4M\times10^{-3}$
城镇建筑区	$0.3M\times10^{-3}$

注 1. M 为测图比例尺分母。

2. 沙漠、戈壁、沼泽、森林等特殊困难地区可放宽 0.5 倍。

发变电工程影像平差计算后，连接点相对于最近野外控制点的高程中误差不应大于表10-17的规定。

表10-17　发变电工程连接点相对于最近野外控制点的高程中误差　（m）

地形类别	高程中误差
平坦地	$0.3h_d$
丘陵地	
山地	$0.5h_d$
高山地	

注　1. h_d为基本等高距。
　　2. 隐蔽地区测图可放宽0.5倍。

影像平差计算后，基本定向点残差为连接点中误差的0.75倍，检查点中误差为连接点中误差的1.0倍，区域网间公共点较差为连接点中误差的2.0倍。

（4）输电线路工程影像平差计算后，连接点相对于最近野外控制点的平面点位中误差不应大于表10-18的规定。

表10-18　输电线路工程连接点相对于最近野外控制点的平面点位中误差　（m）

区域类型	点位中误差
一般地区	0.8
城镇建筑区	0.6

输电线路工程影像平差计算后，连接点高程中误差不应大于表10-19的规定。

表10-19　输电线路工程连接点相对于最近野外控制点的高程中误差　（m）

地形类别	高程中误差
平坦地	0.3
丘陵地	0.5
山地	0.5
高山地	0.8

注　隐蔽地区测图可放宽0.5倍。

4. 成果资料

按照技术设计要求对空中三角测量成果进行整理和提交，主要包括：

（1）空中三角测量计算书；

（2）空中三角测量成果。

5. 常见问题及处理措施

常见的问题及处理措施见表10-20。

表10-20　常见的问题及处理措施

作业阶段	常见问题	处理措施
相对定向	模型连接点分布和密度不合理	手动均匀量测3～5个同名点，重新相对定向
	存在粗差点	人工手动编辑连接点，将错误的点和粗差点删除，必要时还要手动转刺或量测部分同名点，然后重新相对定向
绝对定向	控制点、检查点的坐标系不正确	将控制点、检查点的地面坐标转换为摄影测量坐标系坐标
	控制点、检查点精度不符合要求	量测错误的应删去，并重新量测，有误差的应调整控制点位置。尽量保证控制点在上下航线间六度重叠，如果有个别像片的点位不好，可删除该像片。误差较大的点位可以根据误差的数据变化，在立体模式下进行调整。由于控制点野外成果不准确造成的量测不正确，需要和外业人员协调，找出问题。另外也可能是该点受周围控制点的影响导致出现的误差，所以要综合考虑
	控制点的权值设置不合理	控制点的权较小时，平差得到的像点精度是比较可靠的。对控制点的要求较低时，可以避免控制点分布的畸形
	检查点布设不合理	一般每个测区应布设若干个代表性的检查点。有时，检查点平面、高程残差超限，这可能存在系统误差，需要从上述各个环节查找原因，重新计算

（二）DEM制作

数字高程模型（digital elevation model，DEM），在生产中具有很高的利用价值。在测绘中可用于绘制等高线、坡度图、立体透视图、立体景观图，制作正射影像等；在工程中可用于体积和面积的计算、各种剖面图的绘制及线路设计等；还可用于制作电子沙盘等。发变电工程可以很方便地利用DEM进行填挖方平衡的计算和土石方量的计算。其表示形式主要有规则矩形格网GRID、不规则三角格网TIN等。

1. DEM制作流程

DEM制作主要包括资料准备、定向建模、生成核线影像、特征数据采集、内插建立DEM、DEM数据编辑、DEM数据镶嵌和裁切、质量检查、成果整理输出等环节。

制作DEM的主要流程如图10-21所示。

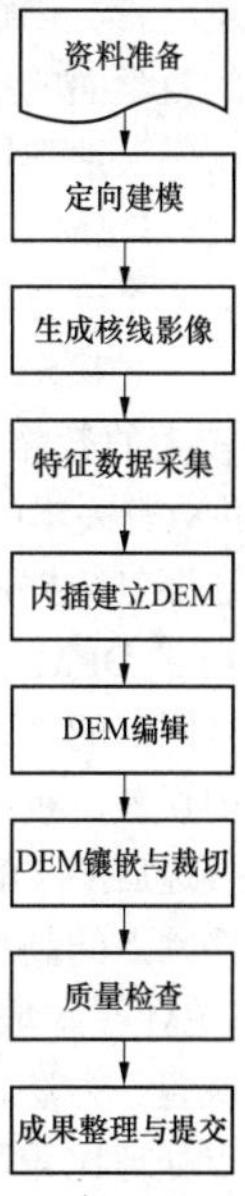

资料准备
定向建模
生成核线影像
特征数据采集
内插建立DEM
DEM编辑
DEM镶嵌与裁切
质量检查
成果整理与提交

图10-21　DEM制作流程

（1）资料准备。资料准

备主要包括原始像片或扫描影像、相机检校文件，航带、像片索引图、已有空三成果资料等。

（2）定向建模，生成核线影像。定向建模就是通过对航片进行内定向、相对定向和绝对定向，建立立体像对模型。

模型进行了相对定向后就可以生成非水平核线，即对原始影像沿核线方向保持 X 不变，在 Y 方向进行核线重采样，这样生成的核线影像保持了原始影像的信息量和属性。因此当原始影像倾斜时，核线影像也会有同样的倾斜。模型进行了绝对定向后就可以生成水平核线，即将核线置平。由于两种核线影像匹配结果是完全不同的，因此在实际作业时，一定要保证每个作业步骤使用同一种核线影像。

（3）特征数据采集。内插 DEM 前应对所有地形特征点、线进行三维坐标量测，还包括与高程有关的其他要素的采集，如水岸线、断裂线、边界线、水域、森林区域等。

（4）内插建立 DEM。由于采集的数据点可能是一系列的离散点，建立 DEM 时，需要根据这些数据点，通过内插的方法来建立。这些数据点可以是特征点、高程注记点、沿地貌结构线和边界线分布的点，也可以是等高线、沿断面分布的无规律的离散点。

综合这些特点，不可能同时对很大范围进行 DEM 内插，一般是将测区或图幅划分为较小的单元，它的尺寸应根据地形复杂程度和数据源的比例尺确定（推荐以成图图幅为单位），并顾及特征点、线和采集方法，采用局部函数进行内插。风电场大面积区域和地形特征变化较大的区域应进行分区内插建立 DEM，在每一分块上展铺一张数学面，相邻分块之间要求有适当宽度的重叠带，以保证数学面能够比较平滑地与它相邻分块的数学面的拼接。分区方法与 GB/T 13989《国家基本比例尺地形图分幅和编号规范》保持一致。

（5）DEM 编辑。DEM 数据编辑是对内插生成的格网点逐个进行编辑。数据编辑是将采集的数据点用图解的方式显示在屏幕上，从中发现错误的数据点、误差较大的数据点及某些范围可能还需要补测数据点，并检查采集的数据点的逻辑关系，如线性关系等。有时还要对数据进行压缩，减少数据量。

相邻 DEM 数据检查接边重叠带内的相同平面坐标的格网点的高程，若出现高程较差大于 2 倍 DEM 高程中误差，视为超限，需要对其进行重新编辑、接边。接边后的 DEM 格网不应出现错位，相同平面坐标的格网点的高程应一致。

DEM 在水域地区常出现大面积山峰或沟谷，需采取水域置平方法，这是一个批量选点的过程，对于选中的点处理比较简单，一般直接赋值为 0。房屋密集区、森林植被覆盖区使高程整体升降，最终将视差曲线修正到地面。

（6）DEM 镶嵌与裁切。将相邻的 DEM 数据进行镶嵌，重叠部分应超过 2 个格网，重叠部分的同名点高程较差不超限时应取其平均值。按照格网点起始坐标和终止坐标进行裁切。裁切时一般向外扩充一排或多排 DEM 数据格网。

2. DEM 的技术要求

DEM 的技术要求内容包括空间参考系、高程精度、逻辑一致性和附件质量检查。

格网点高程检查可以通过将 DEM 与立体模型叠加，人工采集特征点、线进行高程比较检查或与已有的线划图叠加进行比较，高程中误差应符合相关要求。DEM 接边检查主要是检查 DEM 重叠范围内同名格网点高程较差，应小于高程中误差的 2 倍；DEM 镶嵌检查主要是检查 DEM 重叠范围，应超过 2 个格网间距，同名点高程应一致；逻辑一致性检查主要检查各特征点的逻辑关系；附件质量指随 DEM 成果上交资料的完整性及能否反映 DEM 质量情况。

数字高程模型 DEM 的精度用点高程中误差来表示。

（1）发变电工程 DEM 成果采用的格网间距宜符合表 10-21 规定。

表 10-21　数字高程模型的格网间距　（m）

比例尺	1:500	1:1000	1:2000	1:5000	1:10000
格网间距	2.5			5	

发变电工程 DEM 高程中误差应符合表 10-22 规定。1:500～1:2000 比例尺 DEM 的高程取值到 0.01m，1:5000～1:10000 比例尺 DEM 的高程取值到 0.1m。发变电工程 DEM 的精度评定应采用外业实测的方法测量检查点，检查点与模型插值点较差不应大于表 10-22 中 DEM 高程中误差的 2 倍。

表 10-22　数字高程模型精度指标　（m）

比例尺	地形类别			
	平坦地	丘陵地	山地	高山地
1:500	±0.20	±0.40	±0.50	±0.70
1:1000	±0.20	±0.50	±0.70	±1.50
1:2000	±0.40	±0.50	±1.20	±1.50
1:5000	±0.5	±1.2	±2.5	±4.0
1:10000	±0.5	±1.2	±2.5	±5.0

由于发变电工程测量作业范围相对较小，且高程精度对工程设计和建设影响较大，所以要求对高程精度进行外业检查。

（2）输电线路工程在可行性研究阶段 DEM 成果格网间距不应大于 25m，初步设计和施工图设计阶段 DEM 成果格网间距不应大于 5m，由于线路边线范围内的 DEM 数据直接影响线路设计排位的方案，所以要求 DEM 精度最高，要求 DEM 精度满足一级精度要求，线路两侧 100m 范围内精度不宜低于二级，其他范围相对影响较小，要求 DEM 精度不低于三级，具体的高程中误差见表 10-23。

表 10-23　输电线路工程 DEM 高程中误差　（m）

地形分类	高程中误差		
	一级	二级	三级
平地	0.40	0.50	0.75
丘陵地	0.50	0.70	1.05
山地	1.20	1.50	2.25
高山地	1.50	2.00	3.00

（三）DOM 制作

数字正射影像图（digital ortho photo map，DOM），具有像片的影像特征和地图的几何精度，精度高、信息丰富直观、制作周期短、具有良好的可判断性和可量测性。在发变电工程选址和设计时，设计人员可很直观地看清建筑物、河流、交叉跨越等地物，以及地表的现状，植被覆盖的程度，还可根据测量人员和地质人员提供的信息，判断特殊的地质现状，从而合理避让，从而优化选址和合理设计。还可以把 DEM 与 DOM 叠加生成三维场景，在三维场景下对站址进行分析、量测等。DOM 通常采用带坐标信息的影像进行存储，常用的有 GeoTiff、TIF+TFW、JPG+JGW、IMG 等格式。

1. DOM 制作流程

航空摄影测量 DOM 制作是采用立体建模微分纠正或单像片微分纠正进行。制作 DOM 的一般流程如图 10-22 所示。

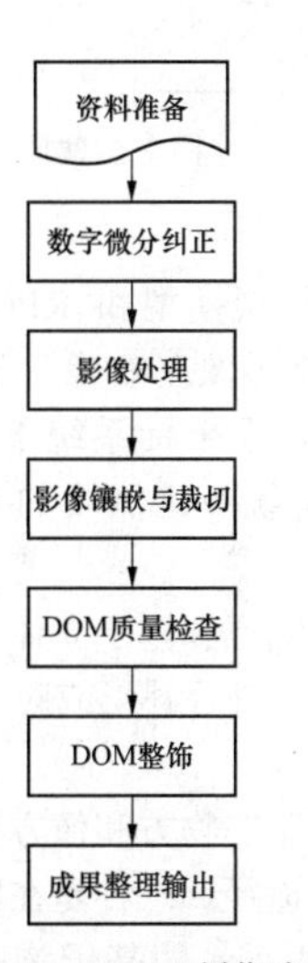

图 10-22　DOM 制作流程

（1）资料准备。资料准备主要包括原始影像、已有空三资料、DEM 等。

（2）数字微分纠正。数字微分纠正是基于共线方程，利用像片内外方位元素定向参数以及 DEM，对数字航空影像进行微分纠正重采样来完成。因为正射影像上空间像素的几何完整性需要可靠的高程精度，所以高程模型点的精度一定要与正射影像的比例尺相适应。

纠正时可以在建立立体模型后对左右像片同时进行纠正，也可以单独对左像片或右像片进行纠正，依次完成所有像片的纠正。

对于高架桥等容易出现错位的地物进行微分纠正时，需修改拼接线，拼接线尽量从桥墩的地方经过，然后重新用 DEM 纠正影像。

（3）影像处理。影像的处理主要是色彩调整，主要指影像匀光处理和影像匀色处理。

影像匀光匀色处理是为了消除影像色彩（色调）上的差异。由于受到航空影像获取的时间、外部光照条件及其他外部因素的影响，导致获取的影像在色彩上存在不同程度的差异，为了消除这种差异，需对影像进行色彩平衡处理，即影像匀光匀色处理。

影像的色彩不平衡可以分为单幅影像内部的色彩不平衡和区域范围内多幅影像之间的色彩不平衡。为了保证产品影像的影像质量和数据应用质量，一般需要对这两种情况分别进行处理。

影像匀光匀色处理一般采用专业影像处理软件进行。

（4）影像镶嵌与裁切。影像镶嵌是按照图幅范围选取所有需要的正射影像，在相邻影像之间选择镶嵌线，按镶嵌线对单片正射影像进行裁切，自动完成单片正射影像之间的镶嵌，生成需要的正射影像。

自动生成的镶嵌线有可能会穿过房屋、沟坎、道路等线状地物，造成影像错位，因此需要编辑镶嵌线，使其绕过房屋、沟坎等高程起伏较大的区域，以免造成影像出现偏移；另外，镶嵌线应尽量经过影像色彩差异比较小的区域，避免影像拼接造成明显的色彩对比，使色调尽量均匀。

DEM 的覆盖范围会对影像的镶嵌质量产生间接的影响。因此，DEM 数据范围应大于原始影像覆盖区域。分幅 DEM 数据接边不应存在错位、缺失等严重错误。

根据 GB/T 13989《国家基本比例尺地形图分幅和编号规范》要求，影像按照内图廓线最小外接矩形范围，根据设计要求外扩一排或多排栅格点影像进行裁切，生成正射影像文件。

（5）DOM 整饰。

1）数据整编工作内容包括地名、道路、河流、注记等编辑工作。根据工程需要，将相关的外控资料、调绘成果、规划区、风景区、矿区及影响工程设计的其他资料展绘到 DOM 上，有时还将等高线图叠合到 DOM 上。

2）图廓整饰工作内容包括图名、图号、图幅结合表、密级、图廓线、坐标格网及其注记、影像获取时间、制作单位及时间、坐标系统、比例尺等。

最后按照要求对镶嵌好的 DOM 数据按图幅或设计要求进行裁切输出。

2. DOM 的技术要求

DOM 的技术要求内容包括空间坐标系、精度、影像质量、逻辑一致性和附件质量检查。

精度检查的方法主要有野外检测、与已有等高线图或线划图套合法、用左右正射影像构成零立体的特征检查法等。

影像质量检查主要是影像的亮度、色彩的质量以及影像错位、扭曲、变形、漏洞等。检查的方法主要使用目视检查法。检查的内容包括：整张影像色调是否均匀、反差及亮度是否适中，影像拼接处色调是否一致，影像上是否存在斑点、划痕或其他原因所造成的信息缺失的现象，高架桥、立交桥、大坝等引起的影像拉伸和扭曲等。相邻像片的数字正射影像应检查镶嵌的接边精度，正射影像镶嵌的接边误差不应大于 2 个像元，接边后不应出现影像裂隙或影像模糊现象。

DOM 的精度指标主要用平面位置中误差表示，在平地、丘陵地 DOM 的平面位置中误差一般应在图上 ±0.6mm 范围内，山地、高山地一般应在图上 ±0.8mm 范围内。

DOM 的精度受 DEM 的精度影响，一般宜采用表 10-22 中精度要求的 DEM 产品，特别困难地区，也可选用精度放宽 1 倍的 DEM 进行纠正。

DOM 的地面分辨率一般应大于 0.0001M（M 为成图比例尺分母），见表 10-24。

表 10-24　数字正射影像图地面分辨率　（m）

比例尺	1:500	1:1000	1:2000	1:5000	1:10000
地面分辨率	≤0.05	≤0.10	≤0.20	≤0.50	≤1.00

发变电工程在可行性研究阶段，DOM 的地面分辨率应满足 1:10000 影像图要求，初步设计和施工图设计阶段，DOM 比例尺一般为 1:500、1:1000、1:2000 或 1:5000，地面分辨率不低于 1m。

输电线路工程在可行性研究阶段，DOM 的地面分辨率应满足 1:50000 或 1:100000 影像图要求，初步设计和施工图设计阶段，DOM 比例尺一般为 1:10000，地面分辨率不低于 1m。

（四）成果资料

按照技术设计要求对 DEM 成果进行整理和提交。DEM 制作提交的成品资料宜包括：

（1）DEM 数据文件及元数据文件；

（2）DEM 范围与工程范围的对应关系；

（3）DEM 数据结合表；

（4）精度检查记录。

按照技术设计要求对 DOM 成果进行整理和提交。DOM 制作提交的成品资料宜包括：

（1）DOM 数据文件；

（2）DOM 定位文件；

（3）DOM 数据文件接合表；

（4）DOM 质量检查记录。

二、卫星遥感测量

（一）模型建立与相对定向

卫星遥感测量方法进行 DEM 与 DOM 制作时，其资料准备、影像预处理、控制测量的作业方法参见本章第四节的卫星遥感测量，在像片控制测量完成后进行模型建立与相对定向。卫星影像可以根据左右影像及相应的 RPC 直接定位，然后根据左右影像的同名点进行相对定向，建立立体像对模型，这样建立的立体像对模型误差较大。但是，无论是在地面还是像平面，其误差都具有很强的系统性，具有一致的方向，并且误差主要随纬度或影像行（飞行方向）的变化而变化。因此可考虑进行系统误差补偿来提高立体定位的精度，也可以利用地面控制点进行 RPC 参数精化处理，削弱系统误差。基于 RPC 卫星遥感影像立体模型构建原理如图 10-23 所示。

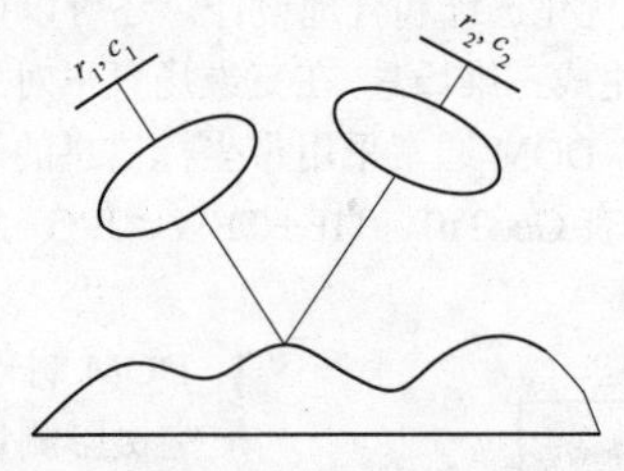

图 10-23　基于 RPC 卫星遥感影像立体模型构建原理

（二）绝对定向与平差计算

绝对定向是基于系统误差补偿模型和 RPC 参数或精化后 RPC 参数，将卫星影像左右像片通过仿射变换和影像重采样归算到地面坐标系统下，使其变换为与地面坐标一致，具有统一比例尺的立体模型。

空三平差计算是根据地面控制点和基于立体像对的同名像点坐标对像对的系统误差进行补偿或对 RPC 参数进行精化处理。

（1）系统误差补偿。由于误差在物方和像方都有明显的系统性，所以有两种补偿途径，一种是在物方直接对定位结果进行系统误差纠正，即基于物方的系统误差补偿法；另一种是先纠正像平面内的误差，即基于像方的系统误差补偿法，实验证实该方法效果较好。

（2）RPC参数精化处理。RPC参数精化处理是根据控制点坐标（X，Y，Z）及其对应的左右像片同名点像方坐标（x，y），对RPC参数进行精化，削弱系统误差。

（三）立体测图

根据前面绝对定向后所建立的立体模型就可以进行立体测图，测图过程与航空摄影测量过程基本一致，应按照DL/T 5138《电力工程数字摄影测量规程》的内容和技术要求在建立的立体模型中进行全要素测图。测图过程中地物采集的顺序通常为居民地、独立地物、道路、水系、管线、植被等。当影像分辨率较低时，点状地物的采集应充分依据调绘片在影像找到相应的位置进行采集，线状地物采集时，应将影像放大合适的倍数（一般为3倍左右），并根据线状地物上相邻像素的灰度值变化进行判断。应对有疑问的要素做好标记，外业调绘（补调）时解决。外业调绘结束后，应根据外业数据对数字线划图进行编辑或补绘。测图完毕后，应对各类要素进行符号化，并对要素间的关系进行编辑处理，分幅图之间应进行图形接边和整理工作，每幅图还应进行图廓整饰，各种注记编辑，最后输出数字线划图。

（四）DEM制作

DEM制作前，首先应进行影像匹配。为了提高影像匹配的计算速度，一般还应进行核线影像采集。影像匹配是通过一定的算法，在影像之间识别同名点。常见的基于灰度的影像匹配算法有相关函数法、协方差函数法、相关系数法、差平方和法、差绝对值和法、最小二乘法等，基于物方的影像匹配算法有铅垂线轨迹法，另外还有基于像方特征的跨接法、金字塔多级影像匹配等。对于不同传感器影像采用多种匹配模式相结合的方式，以保证匹配的精度和可靠性。在匹配条件较差时，可以手动添加同名点，进行影像匹配。

DEM生产时，在立体模型中采集地形特征信息，主要包括等高线采集、特征线（断裂线、山脊线、山谷线）、水涯线、离散点采集等，可以充分利用立体测图中采集的等高线、高程点、路网、水网线等信息。处理流程包括数据检查、结构线生成、粗差检测与消除、建立TIN生成Grid、质量检查和接边处理等。

（五）DOM制作

由于DOM消除了相机倾斜、地形起伏以及地物等所引起的畸变，使地面信息表达更为直观、易于理解。在厂站选址时，设计人员可很直观地看清建筑物、河流、道路等地物，以及地表的现状，植被覆盖的程度，还可根据测量人员和地质人员提供的信息，判断特殊的地质现状，从而合理避让，进行优化选址。还可以把DEM与DOM叠加生成三维场景，在三维场景下对厂站进行模拟分析等。由于卫星遥感影像其地面分辨率较高、数据更新快、覆盖范围广，所以利用卫星遥感影像制作DOM具有广泛的应用前景。

DOM制作应保证层次丰富、清晰易读、色调均匀、反差适中、色彩要接近真实自然，影像应无明显的偏色、噪声、斑点、坏线、拼接痕迹。所以用于制作正射影像图的遥感影像应有不小于4%的重叠，时相较新、倾角较小、获取时间尽可能一致、云层覆盖少于5%且不能覆盖重要地物，分散云层总和不应大于15%。遥感影像的地面分辨率应满足DOM应用的要求。

DOM的颜色可以采用单色或彩色。单色DOM的制作一般选用全色遥感影像或单波段遥感影像；彩色DOM的制作一般选择不少于3个波段的多光谱遥感影像。

DOM制作主要分为利用非立体卫星影像或立体像对两种。采用卫星影像立体像对制作DOM的过程在本章第三节已有介绍，这里只介绍利用非立体卫星影像制作DOM的过程。

非立体卫星影像制作DOM的一般流程如图10-24所示。

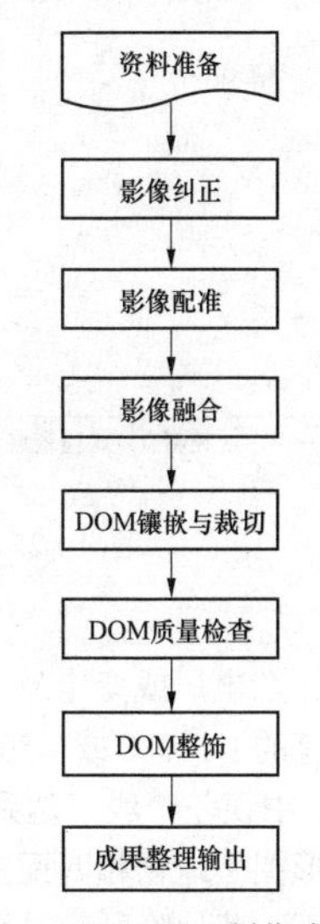

图10-24　DOM制作流程

1. 资料准备

资料准备主要包括卫星遥感影像及轨道参数、参考影像资料、控制点成果、DEM成果、技术设计书及所需的其他技术资料。

2. 影像纠正与配准

影像纠正主要是利用收集到的参考影像、控制点或DEM成果，根据严格的物理模型或数学有理函数模型（或二次多项式拟合方法），通过同名控制点的像素坐标与大地坐标计算控制点坐标误差、点位残差及中误差，求解模型参数，然后对影像进行重采样正射纠正。

全色影像的正射纠正是在影像上选取控制点，然后基于严格的物理模型或数学有理函数模型进行纠正。多光谱影像通常利用纠正好的全色影像进行纠正和配准。

利用地面控制点（ground control point，GCP）和

数字高程模型 DEM 对各种因素引起的图像几何畸变进行纠正，并将影像纳入用户所需的坐标系统。根据有关的数学模型对原始影像进行纠正，使其转换为正射影像。一般采用一阶多项式或二阶多项式进行纠正，阶数过高反而可能导致精度降低。

利用地面控制点进行纠正时，根据纠正模型的不同，需要的控制点最少个数也不同，纠正后的精度也不同，具体要求见表 10-25。

表 10-25 影像纠正算法及所需点数

序号	方法	最少控制点数	备注
1	Hemlert	2	仿射
2	Affine	3	一阶多项式
3	Project	4	投影变换
4	2nd order affine	6	二阶多项式

控制点布设时位置可选择在图 10-25 中的 5 个或 9 个位置，具体可根据实际进行优化选择。检查点根据具体情况进行布设，一般不应少于 3 个。

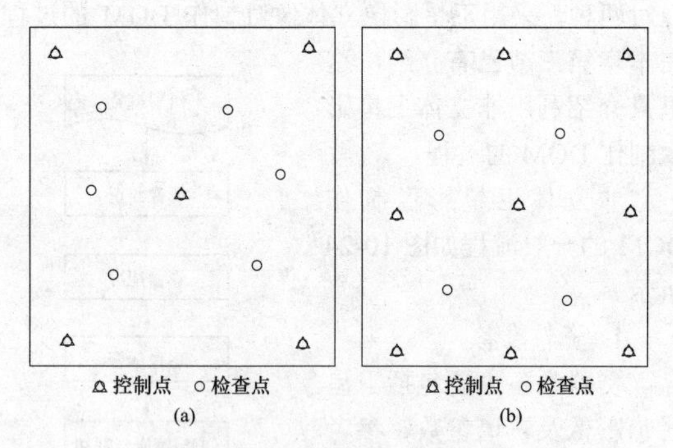

图 10-25 控制点分布示意图

（a）五点法；（b）九点法

在电厂或变电站可行性研究选址阶段，可以使用已有的1:10000或1:50000地形图作为地面控制点的来源，中误差一般可达到5～10m。可以在影像上找出和地形图上地物相匹配的明显地物作为地面控制点进行纠正。其他阶段应采用 GNSS 实测地面控制点进行纠正，中误差可达到0.5～1 个像元。

地面控制点选择一般应分布均匀，影像的边缘部分要有控制点分布，同时在不同的高程范围最好布设有控制点，地面控制点的数量由纠正模型和地形地貌的复杂程度而定。影像中间的控制点对纠正精度影响较大，当影像中间的控制点精度较低时，将大幅降低影像纠正精度。

影像配准（matching）是将同一地区不同传感器、不同日期、不同波段或传感器在不同位置获取不同特性的影像在几何上互相匹配，即实现影像与影像间地理坐标及像元地面分辨率上的统一。

配准方式可分为相对配准和绝对配准。相对配准是以某一参考图像为基准，经过坐标变换和插值，使其他图像与之配准。绝对配准是将所有的图像校正到统一的坐标系。

3. 影像融合

影像融合也是很常见的一项重要工作。为了更好地识别地物，用户通常会同时购买同一区域分辨率较高的全色影像和分辨率较低的多光谱影像。融合后的数据既具有全色波段的高地面分辨率特性，又拥有多光谱数据的光谱分辨率特性。遥感影像融合的关键就是选择合适的融合方法，遥感数据融合的算法有很多，目前还没有统一的数据融合模型和融合结果的有效评价方法，选用何种算法有效在很大程度上与遥感数据源的种类和融合的目的有关。根据不同的应用目的，数据融合可分为两种：

一是用于变化信息提取的数据融合。将同一时相的全色数据和多光谱数据进行融合，主要是为了增强地类边界的清晰度，提高目标识别精度；将不同时相的多源影像数据进行特征变异融合，主要是为了突出变化信息，保证变化数据的统计精度。因此，在数据融合前，对原始数据的处理，不能产生光谱扭曲，以利于建立解译标志，减少判读的不确定性。

二是用于背景图制作的数据融合。要求数据融合的结果图像清晰，色彩鲜艳，有较好的目视效果，以利于非专业人员的应用。

目前，多数遥感处理软件都提供几种不同的影像融合算法，供用户根据不同的使用目的进行选择。

4. 影像镶嵌与裁切

DOM影像镶嵌与裁切和航空摄影测量DOM影像镶嵌与裁切的要求一致，具体参见本节“航空摄影测量”DOM 制作流程相关内容。

5. DOM 质量检查

DOM质量检查与航空摄影测量DOM制作的技术要求一致，具体参见本节“航空摄影测量”DOM 技术要求相关内容。

6. DOM 整饰

DOM 的整饰主要包括数据整编、图廓整饰、裁切输出。

（1）数据整编工作内容包括对地名、道路、河流、注记等进行编辑工作。根据工程需要，将相关的外控资料、调绘成果、规划区、风景区、矿区及其他数据展绘到 DOM 上，有时还将等高线图叠合到 DOM 上。

（2）图廓整饰工作内容包括图名、图号、图幅结合表、密级、图廓线、坐标格网及其注记、影像获取时间、制作单位及时间、坐标系统、比例尺等。

（3）按照要求对镶嵌好的 DOM 数据按图幅范围进行裁切输出。

（六）质量控制

质量控制贯穿于整个制作过程中，每完成一个环节都要进行质量检查。质量检查主要包括原始资料使用正确性检查、立体像对的影像质量检查、RPC 参数及其精化的结果检查、定向结果的正确性检查、立体模型的精度检查、产品质量检查等方面。

（1）原始资料使用正确性检查。主要是检查立体像对的影像质量是否符合规范要求。控制点的平面和高程坐标值是否正确，多余控制点的平面和高程坐标值是否正确，是否有被遗漏未用的外业像片控制点等。

（2）立体像对的影像预处理后的质量是否满足要求。主要包括：影像的色彩、色调是否一致；是否有云雾遮挡；影像时相差异是否满足要求等。

（3）RPC 空中三角测量结果是否满足要求。主要包括：RPC 参数是否正确，影像坐标系是否正确，基本定向点、多余控制点的平面和高程值的正确性及残差是否满足要求。

（4）平差精度检查：主要是检查相对定向、绝对定向和区域网接边等精度是否满足要求。

（5）产品质量：主要包括使用的坐标系统、DEM 成果的质量是否满足要求。

（七）成果资料

按照技术设计要求对 DEM 数据成果进行整理和提交。提交的资料主要包括：

（1）成果清单；

（2）RPC 模型文件；

（3）像片控制点坐标；

（4）连接点和测图定向点像片坐标和大地坐标；

（5）检查点大地坐标；

（6）DEM 数据文件及相应的元数据文件；

（7）技术设计书、技术总结、检查报告和验收报告以及其他资料等。

按照技术设计要求对 DOM 数据成果进行整理和提交。DOM 数据成果提交的主要内容：

（1）DOM 数据文件；

（2）DOM 定位文件；

（3）DOM 数据文件结合表；

（4）DOM 质量检查记录；

（5）技术报告等。

三、激光扫描测量

机载激光雷达测量数据产品的生产一般需要利用专业软件，目前工程中较常用的软件为 Terrasolid，该软件包含 TerraScan、TerraMatch、TerraModeler、TerraPhoto 等多个模块，能够读取海量点云数据，并提供了大量自动分类算法和人机交互分类辅助工具用于点云数据分类，同时还可以基于地面点云数据构建数字地面模型，室内自动或手工提取像控点，用于生产正射影像。

（一）激光点云数据分类

在利用专业软件进行激光点云数据分类时，首先，应将明显高于或低于整体数据的噪声点进行滤除，阈值宜根据工程实际情况确定。然后，基于激光点云反射强度、回波次数、地形起伏及地物分布情况，采用合适的算法或算法组合对其进行自动分类，分离出地面点。自动分类的参数由工程所在地区地形所决定，若无类似地形激光点云数据处理经验，则需要反复修正分类地形参数，直到分类效果较为理想为止。若工程覆盖范围跨度较大，可根据地形起伏将该工程点云划分为多个分区进行处理，每个分区采用不同的分类参数，最后将各分区成果拼接在一起即可。

经过自动分类的激光点云数据必须经过人工检查，改正自动算法的分类误差，以确保地形的完整、连续、准确、可靠。人工检查可辅助使用光照、三维浏览、影像对照等方法来提高判断的准确性。

（二）DSM 和 DEM 制作

基于点云数据的 DSM 和 DEM 制作方法和流程基本一致，都是利用点云先构建地表或地面三角网，再通过数据内插生成规则的格网数据，以方便后期使用，制作流程如图 10-26 所示。所不同的是，进行数据内插时，制作 DSM 所用的点云数据为去噪后的全部点云，包括地面点和非地面点；而制作 DEM 所用的点云数据仅仅为分类提取后的地面点，因此在制作 DEM 时，要特别注意点云分类的质量，对于植被较密集或地形较复杂的区域，应以自动分类算法为辅、人工干预为主，以避免出现错误的地面点，最终影响 DEM 的质量。

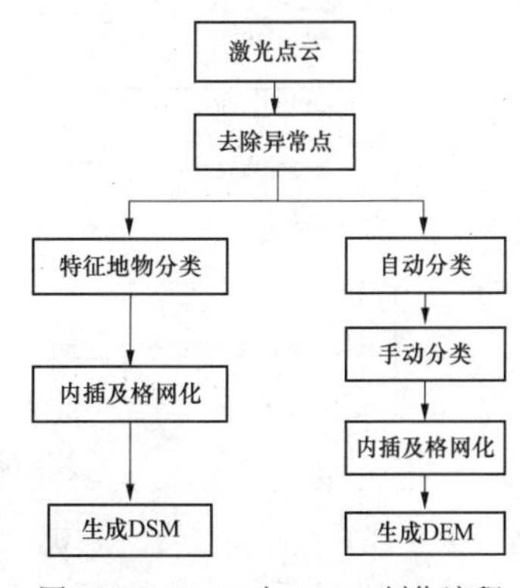

图 10-26　DSM 与 DEM 制作流程

DSM 和 DEM 的一项重要技术指标就是格网分辨率，一般在工程技术要求中会加以明确。在实际数据生产中过程中，DSM 和 DEM 的格网间距除应满足工程技术要求外，一般应与地面点云的平均间距一致，格网太大会丢失地形细节，格网太小会产生数据冗余。

制作 DEM 时还需特别注意点云"黑洞"的处理，所谓点云"黑洞"，一部分是没有激光反射点的水域，另一部分是点云分类滤除建筑物点后留下的空白区域。为了保证拟合后 DEM 所表达的地形连续和完整，需要在构建三角网时，既能避开水域，又能对建筑物滤除后留下的空白区域进行平滑，为此就需要设置三角网停止生长的条件，一般以房屋的平均尺寸作为约束值。这个值若设置过小，一些建筑所在区域的地面将得不到平滑而出现插值漏洞；设置过大，则为导致一些小面积的水域（如水塘）也会被平滑为地面。

DSM 和 DEM 的存储格式宜采用通用浮点型栅格数据格式，如 TIF、IMG、ASC 等，并应具备地理参考和坐标系统信息。

（三）DOM 制作

在传统航测 DOM 生产中，需要经过相对定向和绝对定向两个过程，在绝对定向时一般还需要外业测量获取一定数量的像控点。机载激光雷达测量系统由于直接获取了测区的地形模型，因此在生产正射影像时，相对定向和绝对定向实际是一步完成的，即在内业提取影像同名点的同时，通过影像初始外方位元素和地面模型迭代计算出该影像同名点对应的精确地面坐标，最后统一平差，生成正射影像。影像同名点可以利用影像匹配算法自动识别，但当地形较复杂或航带不规则时，自动提取的同名点粗差点较多，因此一般建议人工识别。为保证产品质量，通常情况下每两幅有重叠的影像需保证至少 6 个同名点，若影像重叠区同名点不易寻找，同名点个数可适当减少，但不能少于 4 个。所有同名点都必须是地面点且分布均匀，且距离影像边缘应大于 1.5 个像素，一般宜选择小路交叉或拐弯点，如图 10-27 所示。

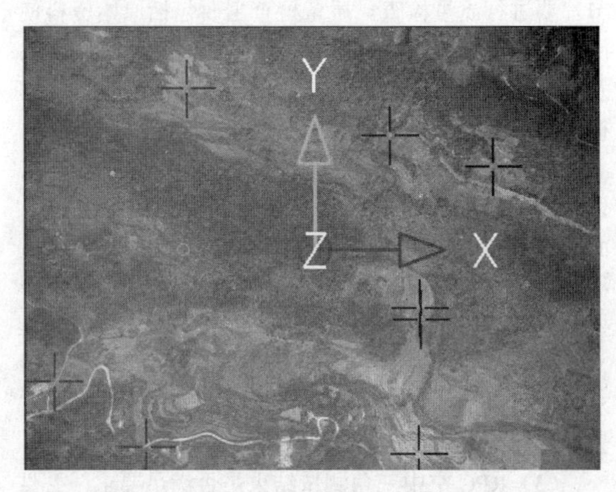

图 10-27 影像同名点分布图

原始影像正射纠正后，需进行影像镶嵌、匀色和分幅，才能生成最终的 DOM 成果。DOM 成果宜采用带地理参考和坐标系统的 TIF 或 IMG 格式存储，影像分辨率和平面精度应满足技术设计要求，且保证影像清晰，反差适中，色调正常。当需要利用 AutoCAD 平台使用 DOM 时，则 DOM 宜转换为 JPG 格式，且单幅图像文件大小不宜过大。

（四）数据质量检查

成果精度直接体现产品的最终质量，也是证明生产成果是否符合精度要求的主要依据，具体检查方法为对项目生产成果的平面精度和高精度进行检查。其检查流程如图 10-28 所示。

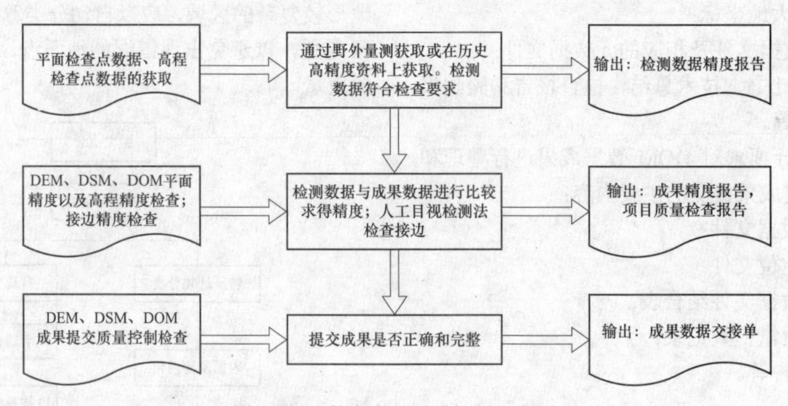

图 10-28 数字产品质量控制示意图

利用外业采集或者更高精度资料上获取的平面和高程检查点，检查 DEM 高程精度和 DOM 平面精度。填写 DEM 高程精度检查表和 DOM 平面精度检查表，并计算中误差。

DEM/DSM 成果检查的主要内容如下：

（1）DEM/DSM 覆盖范围，格网尺寸的准确性。

（2）地面点云数据使用的准确性。

（3）DEM/DSM 接边误差是否符合设计要求。

（4）DEM/DSM 高程精度是否满足设计要求。

应符合 GB/T 18316《数字测绘成果质量检查与验收》的相关要求。

DOM 成果检查的主要内容如下：

（1）DOM 覆盖范围，影像地面分辨率的准确性。

（2）影像是否清晰，色调是否均匀。

（3）DOM 接边误差是否符合设计要求。

（4）DOM 平面精度是否满足设计要求。

（五）成果资料

（1）分类后点云数据。

（2）DEM 数据及分幅索引图。

（3）DSM 数据及分幅索引图。

（4）DOM 数据及分幅索引图。

（5）数据质量检查报告。

第六节 内业数字测图

一、航测及遥感测量

内业数字测图是使用全数字摄影测量工作站，将影像数据构建三维模型，将摄影测量的基本原理与计算机视觉（其核心是影像匹配与识别）相结合，从数字影像中自动、半自动、人工操作提取所摄对象用数字化的方式表达的几何与物理信息，进而生成所需的工程图件，满足不同设计阶段的要求。发变电工程中，内业数字测图主要用于获取地形图和断面图，以满足工程设计及施工要求。地形图是按一定精度，用各种符号和文字对地表形态的真实反映，其绘制应根据工程性质、测区地形、测图比例尺，掌握重点，合理取舍，真实形象地反映地面上的地物地貌。发变电工程中地形图内业测图主要包括厂（场）址、站址地形图测图，进厂（场）、进站道路、运灰道路带状地形图测图，管线带状地形图测图等内容；所测断面主要包含取排水管线、灰管线、公路等断面。在输电线路工程中，内业数字测图主要是获取平断面图，线路设计人员依据平断面图进行排杆定位，以选择经济、合理、安全的立塔地点，尽量避开沟、路、大面积水域以及陡峭的山坡，满足不同设计阶段的要求。采用的数字影像有航空摄影影像、卫星遥感影像等。

（一）作业流程

内业数字测图的作业流程主要包括资料准备、恢复立体模型、内业测图、图面整饰。

在进行内业数字测图前，需要对测图所用资料进行准备、检查、分析，确保所用资料的准确性。内业测图前需准备的资料宜包括作业指导书、航空摄影仪鉴定表、影像数据文件、影像资料检查验收报告、摄区像片索引图、空三加密成果、首级控制网及外控测量成果、刺点片、调绘像片及调绘相关成果、测区坐标或范围。

恢复立体模型时，需要在数字摄影测量系统中建立工程目录，并统一定义工程项目名称、测区名称、文件名命名规则和共用数据文件，为内业测图提供基础数据。

立体模型恢复后，可在全数字摄影测量系统中联机调取测区立体像对模型，实施联机数据采集，开展内业测图工作，主要包括建构筑物测绘、交通与附属设施测绘、管线测绘、水系及附属设施测绘、地貌测绘、植被测绘等内容。

（二）发变电工程内业数字测图原则

（1）内业测图必须采用立体联机方式采集数据，数据采集软件和符号库应能根据测图需要，按用户要求进行目标编码，自动地从符号库中提取相应要素的符号，并且在屏幕上进行实时图形显示及编辑。

（2）地物测绘应做到无错漏、不变形、不移位。地物的类别、属性应以调绘片为准，位置、形状应以立体模型为准。

（3）数字测图应按实地位置进行测绘，遇到位置相重叠的要素按优先原则采集，相距很近的要素也应按真实位置测绘，如公路与铁路，采集时不要偏移。

（4）对于有向线或有向点，数据采集时应注意其数字化的方向与顺序。

（5）测绘依比例尺表示的地物时，测标中心应切准轮廓线或拐角测点连线；测绘不依比例尺表示的地物时，测标中心应切准其相应的定位点或定位线进行测绘。测绘独立地物时，依比例尺表示的应实测外廓，填绘符号；不依比例尺表示的应表示其定位点或定位线。

（6）按相应图例符号绘制各等级控制点，展绘点位、标明点号与高程，并参照调绘片上的刺点说明及点位略图，使点位与地物相吻合。

（7）山脊线、山谷线、坡脚线等地形特征线均应进行量测。

（8）进行建构筑物及其主要设施测绘时，可根据测图比例尺或用图需要，对测绘内容和取舍范围适当加以综合。当建构筑物轮廓凸凹部分在 1:500 比例尺图上小于 1mm 或在其他比例尺图上小于 0.5mm 时，可用直线连接；进行房屋、街巷测量时，对于 1:500 和 1:1000 比例尺地形图，应分别测绘；对于 1:2000

比例尺地形图，宽度小于 1m 的小巷，可适当合并；对于 1:5000 比例尺地形图，连片的小巷和院落可合并测绘；街区凸凹部分的取舍可根据用图的需要和实际情况确定；对于地下建构筑物，可只测量其出入口和地面通风口的位置和高程。

（9）进行交通与附属设施测绘时，出现双线道路与房屋、围墙等高出地面建筑物的边线重合的情况，可以建筑物边线代替道路边线，道路边线与建筑物的接头处应间隔 0.2mm；铁路与道路水平相交时，铁路符号应连续绘制，道路符号在相交处间隔 0.2mm 绘制；不在同一水平相交时，道路的交叉处应绘以相应的桥梁符号；公路路堤（堑）应分别绘出路边线与堤（堑）边线，两者重合时，可将堤（堑）边线移动 0.2mm 绘制；当测绘 1:2000、1:5000 比例尺地形图时，可适当舍去密集区域的附属设施，小路可选择表示。

（10）进行管线测绘时，城镇建筑区内电力线、通信线可不连线，但应绘出连线方向；同一杆架上有多种线路时，表示其中主要的线路，各种线路走向应连贯、线类分明；架空的、地面上的有管堤的管线应测绘，当架空管线支架密集时，可适当取舍；测量管线断面时中心断面线宜连续，如遇水域、沟渠等内业无法采集断面数据时，应进行外业补测，当野外无法采集断面数据时，应在平面图上进行注记说明。管线断面图式样宜按照 DL/T 5138—2014《电力工程数字摄影测量规程》附录 S 执行。

（11）进行水系及附属设施测绘时，河流遇桥梁、水坝、水闸等应中断绘制；水涯线与陡坎重合时，可用陡坎边线代替水涯线，水涯线与斜坡脚重合时，仍应在坡脚绘制水涯线；水渠应测注渠顶高程，堤、坝应测注顶部及坡脚高程；当河沟、水渠在地形图上的宽度小于 1mm 时，可用单线表示。

（12）进行地貌测绘时，宜切准地面测绘等高线，当在植被覆盖区只能沿植被表面切准时，应进行植被高度改正，绘制等高线，或采集地形特征点内插生成等高线；崩塌残蚀地貌、坡、坎和其他地貌可用相应符号表示；山顶、鞍部、山脊、凹地、山脚、谷口、沟底、双线水渠的渠底（无水时）及渠边、双线河流水涯线上、堤顶、坑底、谷底及倾斜变换处等均应测注高程点；露岩、独立石、土堆、堤、坎、坑等应注记高程或比高。

（13）进行植被测绘时，可按其经济价值和面积大小适当取舍，农业用地的测绘宜按稻田、旱地、菜地、经济作物地等进行区分，并配置相应符号；地类界与线状地物重合时，可只绘线状地物符号；梯田坎的坡面投影宽度在地形图上大于 2mm 时，应实测坡脚，小于 2mm 时，可量注比高，当两坎间距在 1:500 比例尺地形图上小于 10mm、在其他比例尺地形图上小于 5mm 或坎高小于 1/2 等高距时，可适当取舍；稻田应测出田间的代表性高程，当田埂宽在地形图上小于 1mm 时，可用单线表示。

（14）测图后应对地形图进行整饰，可根据需要在图廓间注出境界通过的区划名称、重要高程点等，测图说明加注航空摄影和调绘日期。

（三）输电线路工程内业数字测原则

输电线路工程内业数字测图宜采用全数字摄影测量工作站。所使用的软件宜与线路设计软件有数据接口。工作站系统中应建立统一工程项目名称，作业前应对仪器进行自检。为方便平面与断面对照使用，常将平断面合并绘制，其样式参照 DL/T 5138—2014《电力工程数字摄影测量规程》附录 R 执行。测图时分别测取。平断面量测前应取得所测线路的起点至终点转角资料、设计专业要求施测的线路中心至边线间距离、平面测量宽度、最大风偏距离、成图比例尺、图幅分幅要求、沿线调绘资料等相关资料。

1. 平面测量

（1）建立工程目录、平断面图文件。

（2）联机调取测区立体像对模型，实施联机数据采集。联机数据采集时，数据采集软件和符号库应能根据测图需要，按用户要求进行目标编码，自动地从符号库中提取相应要素的符号，并且在屏幕上进行实时图形显示及编辑。

（3）输电线路转角附近地物的施测应以地物距中心线最近的一方向段进行施测，以保证地物距线路方向间距最短。

（4）距中心线两侧一定范围内的地物应测绘其平面位置。建构筑物、道路、管线、河流、水库、水塘、水沟、渠道、坟地、悬崖、陡壁、行树、独立地物、水井、水塔等，应在数字立体模型像对上量测。内业无法辨别地物的地方宜根据调绘资料在平面图上量测出来并加以注记。

（5）当线路通过森林、果园、苗圃、农作物及经济作物时，平面应以地类界绘制范围并根据调绘资料注明作物名称、树种及高度。

（6）跨越已有电力线时，内业根据调绘资料量测其平面位置，外业测量其线高度、塔高等，并检测平面位置；跨越已有公路、铁路时，内业量测其平面位置、路面高程。

（7）当线路路径经过地物拥挤地段时，根据需要测绘比例尺为 1:1000 或 1:2000 的平面图。平面图样式宜按照 DL/T 5138—2014《电力工程数字摄影测量规程》附录 N 执行。

（8）线路平行接近通信线、地下光缆、其他电力线时，应量测其平面位置，断面测注杆高，必要时宜施测1:1000或1:2000的平行接近线路相对位置的平面分图。平面分图样式宜按照 DL/T 5138—2014《电力工程数字摄影测量规程》附录 P 执行。

（9）线路中心线两侧的房屋和其他厂、矿建筑物应进行量测。房屋测量的范围应根据电压等级和设计需要确定。中心线两侧房屋的测量应按实际每栋房屋形状，以滴水房檐为准，单独测量。每栋房屋要测注地面高程和房屋高度。

2. 断面测量

（1）输电线路工程断面图宜施测三条线断面，即中心线断面、左边线断面和右边线断面。断面如遇沟渠、塘、河流等水系时断面线宜断开。断面有树高影响的地方还需加测树高线。

（2）采集断面数据可采用自动扫描方式或手动方式。对于地物和植被稀少的地区可采用自动扫描方式。自动扫描时，应人工跟踪立体。扫描步距宜为实地距离 5～10m；行距为边线至中线的垂距，行数为中线和左、右边线三条。对于有房屋、多地物和植被茂密的地区宜采用手动方式跟踪测量。

（3）断面数据采集时，断面点应选在能充分反映地形变化和地貌特征的点位上。手动方式采集断面点时其断面点间的间距不宜大于实际地面距离 25m。在导线对地距离可能有危险影响的地段，断面点应适当的加密。对山谷、深沟等不影响导线对地距离安全之处断面可中断。

（4）当边线地形比中心断面高出 0.5m 时，必须施测边线断面，施测位置应按设计确定的导线间距而定。路径通过缓坡、梯田、沟渠、堤坝时，应选测有影响的边线断面点。

（5）当线路跨越森林、果园、苗圃及有高度的长年生长植被时，应加测三条断面线上相对较高的植被高度的树高线。

（6）线路中心线两侧的房屋和其他厂、矿建筑物应进行量测。房屋测量的范围应根据电压等级和设计需要确定。中心线两侧房屋的测量应按实际每栋房屋形状，以滴水房檐为准，单独测量。每栋房屋要测注地面高程和房屋高度。在断面图下的平面图内，相应做出示意图。房屋是尖顶或平顶时，应在纵断面图上加以区别。

（7）当遇边线外高度比为 1:3 以上边坡时，应测绘风偏横断面图或风偏点。风偏横断面图的水平与垂直比例尺应相同，可采用 1:500 或 1:1000，一般以中心断面点为起画基点。

根据设计要求，确定风偏点测至距中心点的距离。各点以分式表示，分式上方为点位高程，下方为垂直中线的偏距，偏距前面冠以 L（左风偏点）或 R（右风偏点）。

风偏可分以下三种：

1）一般地形风偏。高出中心断面的风偏点，一般不影响导线的安全对地距离。

2）线间风偏。当路径与山脊斜交时，至少要选测线路左、右两个以上的风偏点。中心线与边线之间如有高出地形，应在其之间加测风偏点。

3）开方风偏。根据设计要求，考虑导线受最大风力作用产生风偏位移，对接近的山脊、斜坡、陡岩和建筑物安全距离不够而构成的危险影响，保证电气对地有一定的安全距离，应施测开方风偏横断面或风偏危险点。在等效档距导线弧垂最低点，风偏影响施测的参考最大宽度见表 10-26。

表 10-26　等效档距时风偏影响施测的最大宽度　（m）

档　距	300	400	500	600	700
离线路中心线的水平距离	24	28	32.5	38.5	46

对于悬崖峭壁，考虑导线最大风偏，凡在危险风偏影响内，应在断面图上标注危险点。

因考虑导线最大风偏和电场场强影响，应测示屋顶，屋顶材料标注于断面图上，并标注出危险点。

（8）风偏横断面的绘制，宜以中心断面为起画基点。当中心断面点处于深凹处不需测绘时，可以边线断面为起画基点。风偏横断面取点各点连线应是垂直于输电线路的纵向，如图 10-29 所示。而在山区，输电线路的纵向多数与山脊呈斜交，如图 10-30 所示。对于第一种情况应按有关规定及图示测绘，对于第二种情况根据电气影响范围适当选测点位，以风偏点形式表示。

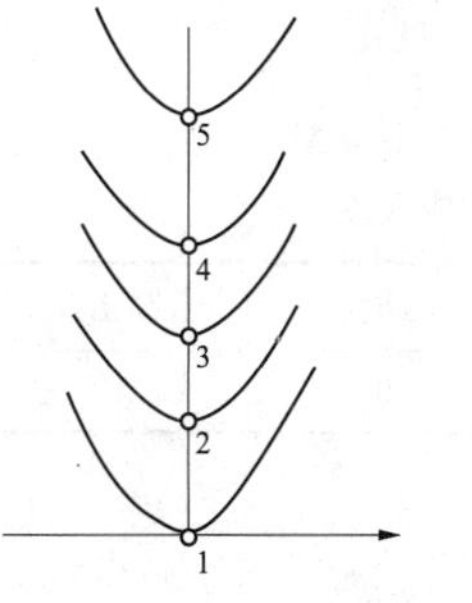

图 10-29　线路纵向与山脊垂直

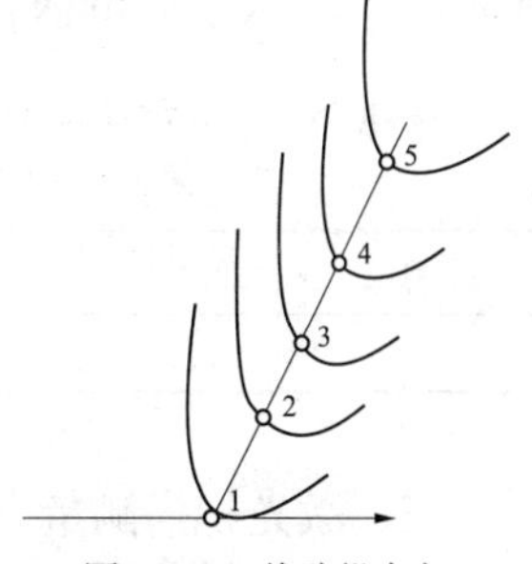

图 10-30　线路纵向与山脊斜交

（9）平断面图提交的数据文件和图形文件应一致。图形文件输出，应按照所采用的图形编辑软件的要求，统一文件编号，以规定的文件格式输出图形文件。图面修饰、文字注记和图幅接边等宜采用离线编辑。当需要进行格式转换时，应保证信息不丢失。

（四）技术要求

进行内业数字测图时，除了应满足地形测量的相关要求外，还应满足以下要求：

（1）测图软件应使用经过专业鉴定的软件，并应满足测量专业和设计专业的要求。

（2）内业数字测图时不应超出图上定向点连线外40mm。数字影像测图时距离影像边缘不应小于1mm；胶片数字化影像测图时距离影像边缘不应小于10mm。超出定向点连线40mm以外的陆地部分应采用工程测量方法补测。

（3）恢复立体模型后，精度应符合空中三角测量精度要求。

（4）像对之间应在测图过程中进行图形接边和属性接边。像对间地物接边差和等高线接边差应满足图上地物点的点位中误差和等高（深）线插求点的高程中误差的要求。接边处地物的属性应根据外业调绘内容标注，同名地物属性应一致。

（5）输电线路平断面图比例尺，宜采用纵1:5000，横1:500。500kV及以下输电线路平面带宽宜为中心线两侧各50m，500kV以上输电线路平面带宽宜为中心线两侧各75m。根据设计需要进行分幅。输电线路工程内业测图地物点对邻近桩位点的点位中误差，不应大于表10-27的规定。

表10-27 输电线路工程内业测图地物点的点位中误差 （m）

区域类型	一般地物	重要地物
点位中误差	1.6	1.2

输电线路工程内业测图断面点对邻近桩位点高程的中误差不应大于表10-28的规定。

表10-28 输电线路工程内业测图断面点高程中误差 （m）

平坦地	丘陵地	山地	高山地
0.5		1.0	1.5

二、激光扫描测量

机载激光雷达测量技术获取的高分辨率正射影像及高精度DSM、DEM数据，可用于室内大比例尺地形图测绘（1:1000及以上），其中正射影像可用于地物矢量化，一般需要专业软件人机交互进行，而DSM和DEM数据的配合使用，一方面可用于获取地物的高度（如房高），另一方面可用于自动生成等高线和提取高程点。

（一）数据准备及平台搭建

对于发变电工程来说，内业数字测图主要为地形图测量。在测绘地形图前，需要对正射影像数据、高程数据进行质量检查，确保数据的分辨率、精度能够满足地形图的生产技术要求。同时，检查数据的坐标系统，如与地形图要求的坐标系统不一致，则需进行坐标转换。由于发变电工程测绘范围一般不大，因此正射影像和高程数据的平面位置可用四参数转换法，需要至少2个平面控制点，高程数据的转换一般先求出测区范围的原坐标系统和目标坐标系统的高程平均差值，再直接对原高程数据进行高程的加减运算，需要至少一个高程控制点。对于输电线路工程来说，主要为测量平断面图。

基于激光扫描数据的地形图测绘主要技术环节包括地物矢量化和等高线及高程点自动提取，需要专业软件，可利用现有平台，也可自主开发平台，其最基本的功能需求如下：

（1）能够读取机载激光雷达生产的海量多源数据（如正射影像、DEM、DSM），并能与其他数据（如外部CAD图、外业GPS测量数据）进行叠加显示。

（2）按照国家地理要素标准分类代码和地形图图示的要求，提供足够丰富的地物矢量化工具和相应的矢量编辑工具，以满足各种类型地物的绘制、注记、几何形状修改、属性修改等功能需求。

（3）能够自动按指定等高距构建等高线，并能区分计曲线和首曲线。

（4）能够自动按一定格网大小提取高程点，并在图上进行标绘。

（5）能够进行地形图分幅和整饰（添加图廓、比例尺等地图元素）。

（二）发变电工程内业数字测图

1. 地物矢量化

地物矢量化是基于激光雷达数据测绘数字地形图的一项重要步骤，其基本步骤是通过人工判读，提取目标地物的几何特征和高程信息，并用特定的地物符号和文字注记加以表示和说明。

根据几何形状的不同，可将地物分为点状地物（如控制点、电杆、散树等）、线状地物（如沟、路、电力线等）和面状地物（如房屋、水塘、水稻田等），依据几何形状的不同，需要选用不同的矢量化工具。在绘制地物几何形状时，对于有一定高度的地物（如房屋、电力线等），需要特别注意是否存在投影差，当投影差较大或不明确时，可局部加载点云数据与正射影像进行叠加，以辅助判断地物正射的位置，在展绘点云数据时，需要保证点云数据的平面坐标系统与正射影像的坐标系统一致。

地物特征点的高程信息一般从 DEM 数据中直接获取，如有特别需要，也可从分类后的点云数据（只包含地面点）中直接提取，在提取前需要确定点云数据的平面和高程坐标系统是否与成果数据一致，如不一致则需要进行坐标转换。

当绘制房屋时，需要同时利用 DSM 和 DEM 数据计算房高，如房屋为平房，则取房屋范围内的平均高度，如房屋为尖顶房，则取房屋范围内的最大高度。

当绘制坎时，需要在坎上和坎下分别拾取高程点计算坎的高度。

2. 等高线及高程点自动提取

等高线和高程点是地形图的重要元素，在利用机载激光雷达测量技术生产数字地形图时，一般可通过分类后的地面点云数据进行提取和生成。在提取和生成等高线及高程点之前，需要根据地形图的技术要求明确等高距以及高程点密度，此外还需检查点云数据的平面和高程坐标系统是否与要求的成果数据坐标系统一致，如不一致则需要进行坐标转换。

等高线和高程点的提取一般由软件自动完成，其中等高线的提取过程是先构建三角网，再依据等高距由最低高程值向最高高程值逐条进行内插。

3. 地形图整饰

由于地形图的地物矢量化和等高线及高程点自动提取两个过程是分开独立进行的，且地物矢量化一般由多人同时进行（等高线及高程点一般整体输出），因此在地形图整饰和分幅前，一方面需要将不同作业员的地物矢量化成果进行拼接，另一方面还需要将拼接后的地物矢量化成果数据与等高线及高程点数据进行合并。在地物矢量化成果拼接过程中，要特别注意接边误差。在两类数据合并过程中，需要对穿越地物的等高线进行修剪，对于冗余的高程点加以去除，保证地形图图面的整洁和美观。地物接边、等高线修剪和冗余高程点去除都可以利用专业软件来代替人工自动进行分析和处理，以提高作业效率，但仍需作业员进行检查。

原图经过数据拼接和数据合并后，应按相关规范和技术设计书要求进行整饰和分幅输出。在提交最终成品前，还应对地形图进行质量检查。

（三）输电线路工程内业数字测图

在电力工程应用实践中，机载激光雷达测量一般在初设阶段组织实施，因此在初步设计阶段，获取的高分辨率影像和高精度 DEM 数据，不仅可以用于优化选线，也能直接用于室内绘制和提取平断面，并且可以作为施工图阶段的初始平断面图用于外业现场修测和补测。激光雷达数据产品的高分辨率和高精度，能够保证平断面测绘的绝大部分工作可以在室内完成，外业只需在定位测量时，校核重要影响地物及危险点，调查房屋、林木等重要地物的属性信息即可。平面图的绘制范围，除特高压工程外，一般为左右各 50m。断面边线的取值根据设计要求确定。

利用激光雷达数据进行内业平断面测绘时，一方面需要对数据的坐标系统进行统一，宜采用工程坐标系，以免后期再进行坐标转换；另一方面需要搭建相应的激光雷达平断面成图平台，一般是以优化选线平台为基础进行功能扩展，主要增加地物人机交互调绘、断面自动提取、平断面图整饰输出等功能。目前，国内主流的数字摄影测量系统均针对输电线路平断面提取开发了单独的模块，可以借助使用，但由于其本身针对传统航测开发，一定程度上无法发挥激光雷达数据的优势。因此，建议有条件的单位开发或引进专门的激光雷达平断面成图系统。

平断面图平面图采集可参考地形图内业数字测图相关内容。断面采集主要包括中心断面点、边线断面点、风偏断面点以及交叉跨越点的采集，其中交叉跨越点的采集方法在前文已进行了论述，这里不再重复。

（1）中心断面点采集。宜基于 DEM 数据，以固定步距自动进行采集，步距一般设置为 DEM 的单元格网大小。中心断面跨越水系时，应断开，并在平面移除所有落入水域的断面点。若特殊情况下有塔位落入池塘、沟渠中，此时需要现场实测塔位水下高程。

（2）边线断面点采集。宜参照现场工程测量方式，基于 DEM，搜索左右边线与中心线之间的最高点，或者直接以左、右边线所切位置的高程点作为左边线和右边线断面点。

（3）风偏断面点采集。基于 DEM，以本线路预估的平均档距，分段搜索最大边线外宽高比处的风偏断面点。当自动搜索的结果不理想时，也可以事先设定风偏断面待采集点，然后再批量进行自动采集。

断面采集的质量与 DEM 的质量密切相关，因此在断面采集之前，必须对 DEM 的质量进行检查。自动提取的中心断面和边线断面，在地形平坦区域存在大量的冗余点，为了减小平断面图的数据大小，需要去除这些冗余点，可以参考矢量数据压缩的相关算法，如道格拉斯算法。

（四）成果资料

发变电工程内业数字测图完成后应提交以下资料：

（1）内业地形图；

（2）地形图分幅接合表；

（3）检查点内外业坐标及高程差值统计表；

（4）外业修正后的数字地形图。

输电线路工程内业数字测图完成后应提交以下

资料：

（1）内业平断面图；

（2）内业房屋分布图；

（3）房屋面积统计表；

（4）交叉跨越统计表。

第七节　外业检测与修正

将数字摄影测量技术与激光扫描技术应用于电力工程测量工作中，由于受获取影像的载体姿态、外界环境等因素影响，直接影响影像质量，进而影响立体测图精度。尽管利用外业控制测量成果进行影像纠正处理，但其成果仍可能存在误差或粗差。此外，由于内业测图时会存在部分地物难以观测、漏测地物或与实地不符的情况。因此，对于利用数字摄影测量技术、激光扫描技术得到的地形图、平断面图等工程图件要进行野外检测，必要时进行补测、修测。工程图件外业检测前应取得内业相关的技术报告、图幅接合表等资料，并对图件测绘所采用的平面坐标系统和高程系统的正确性进行确认。当检测工程图件的平面、高程精度不满足规范要求时应进行修正。

一、发变电工程图件检测与修正

（一）外业检测内容与方法

内业数字测图获取的地形图和断面图应进行外业检测，外业检测应布设检测点。

发变电工程外业检测内容包括对内业所测图件进行实地检测和巡视检查，具体包括平面要素与高程精度检查、属性精度与完整性检查等，并根据补测、检测、巡视成果修正地形图、断面图。

实地检测是在野外测量地形检测点和断面检测点，获取检测点及重要地物的平面坐标和高程，实现对图件质量的检查控制；巡视检查是在实地检查内业所测图件是否有漏测、测错的情况，重点对属性分类正确性、属性注记正确性、各地物的几何关系正确性进行检查，补测内业难以测量或漏测的地物，如地下管线、电力线的走向及等级、水塘的水深等，调查地物的属性，如林木的种类、房屋的结构层数等。

地形图及断面图的检测一般采用全站仪或 GNSS RTK 进行。检查时宜以图幅为单位，按照 15%～25% 的比例进行随机抽样检查。抽样时应兼顾不同的地形类别、困难程度和环境特征等因素，均匀分布于整个测区。属性正确性检查应巡视检查样本图幅内各类要素，统计错绘、漏绘的个数，以及属性注记差错、遗漏的个数。

外业检测中发现的各类质量问题应按照外业数据进行修测或返工，直至符合质量要求。

（二）检测点布设

地形检测点和断面检测点应根据测区情况、内业空中三角测量成果及分幅情况布设，地形检测点应在样本图幅范围内均匀选取位置易于辨认的地物点，每幅图内不宜少于 20 个点，且总数不少于 50 个点；断面检测点应考虑空中三角测量成果及植被情况，点位宜布设在模型连接稳定性较差的区域、植被密集区域等对断面图有影响的地方。

检测点与修正控制点一次性布设时，可从中选取部分点作为修正控制点，其余点作为检测点；检测点与修正控制点分步布设时，可在进行像片控制测量阶段在测区均匀布设检测点，或根据地质定孔数据、水文断面数据等成果获取检测点，在图件精度不满足规范要求时前往测区布设修正控制点。

（三）精度统计与要求

地形图外业检测可分为平面检测与高程检测，检测时将实测检测点坐标与内业测图成果比较，计算检测中误差，统计计算一般采用软件进行。

当地形平面检测中误差不满足图上地物点的点位中误差的要求、地形高程检测中误差不满足等高（深）线插求点的高程中误差的要求时，应进行地形图外业修正；当断面外业检测数据与内业断面数据误差超过 1 倍中误差时，应进行断面外业修正。

（四）外业修正误差分析

发变电工程中，利用内业数字测图方式获取的发变电工程图件不满足规范要求时，可根据情况确定相应的外业修正方法。

利用数字摄影测量技术获取的发变电工程图件的精度可能会受到航空摄影影像质量、像片控制点测量误差、定向误差、内业测图误差等的影响。在进行外业修正前可先分析误差源和误差大小，确认影响工程图件精度的原因。在确认误差源时，可采用排除法同时结合误差大小对上述可能导致误差的原因逐个进行分析。

在发变电工程中使用低空摄影方式较为常见，而低空摄影平台会出现飞行姿态不稳定的情况，这会对工程图件的精度产生较大影响，其主要误差源包括内业测图误差、定向误差、像片控制点测量误差、航空摄影影像质量导致的误差等。进行外业修正前应分析得到主要误差源。

外业修正是提高内业数字测图精度的一种辅助手段，但工程图件的精度并不能完全依赖外业修正，仍要依赖于严格控制各工序的成果质量，降低各种误差对工程图件精度的影响。

（五）外业修正方法

1. 地形图平面修正方法

发变电工程中，基于空三成果数据所测地形图的平面精度一般较容易符合规范要求，在需要对地形图平面进行外业修正时，可采用局部修正法。

地形图平面修正方法采用局部修正法。根据修正控制点局部修正内业地物，将内业地物局部修正到外业测量坐标点位上，该方法是平面修正中较为常用方法，修正后应进行精度检查和质量评定，并满足图上地物点的点位中误差的要求。

对于激光扫描测量获取的地形图，将地物特征点与正射影像及内业数字地形图进行叠加，然后以外业测绘的地物特征点为准，补绘或改正目标地物的平面位置。如果外业平面检查点坐标与内业成果坐标相差很大时，还应对内业成果数据（包括点云和正射影像）再次进行质量检查，查找出错原因，如是局部投影差，可直接利用外业测绘地物特征点进行改正，如出现整体偏差，则需重新处理点云和正射影像，再对内业数字地形图进行纠正。

2. 地形图高程修正方法

发变电工程中，对内业所测地形图进行高程修正的方法很多，如加权均值法、多项式拟合法、多面函数曲面拟合法等，下面以多项式拟合法为例介绍地形图高程修正方法。利用多项式拟合法对高程进行修正，也就是将内业获得的高程数据采用三角形面状拟合的方法进行修正，改正到外业实测高程面上，该方法可按以下步骤开展工作：

（1）修正前在所要进行高程拟合的区域内布设一定数量的检测点，检测点所构成的三角网要包围整个测区，并根据航测内业高程点构造三角网，对于落在内业点所构成三角网内的检测点，利用内业点三角网解析实测点位的内业高程，将此高程与外业实测高程进行比较并计算高程差值，对于在内业点三角网外的检测点，可以采用人工输入差值，确保每一个外业实测点均有高程差值。

（2）根据航测内业高程值计算出每个检测点的高程差值，分析差值分布，进行拟合前精度评定，确定是否需要进行修正。

（3）利用外业修正控制点构造三角网，每一个用于拟合的平面三角形的三个顶点均含拟合高程差值，这三个差值构成一个拟合高程差值平面。

（4）根据各三角形顶点的坐标及拟合高程差值，拟合计算三角形区域内各内业点的高程差值，得到修正后的高程。

（5）进行修正后精度检查和质量评定，应满足等高（深）线插求点的高程中误差的要求。

对于激光扫描测量获取的地形图，校测与补测的数据成果应与内业数据进行融合，以对地形图各元素进行修正。将高程精度满足要求的全部检查点与其对应的 DEM 插值高程进行核对。如不满足，则需与分类后的地面点云数据进行融合，重新制作等高线和高程点。

3. 断面修正方法

断面修正可采取线性插值方法，即利用野外测量的多个断面修正控制点，对断面点间的内业断面进行线性内插。对一段差值断面内的多个连续野外断面修正控制点进行一次线性内插为区域线性插值；对不多于 3 个断面修正控制点进行一次线性内插为局部线性插值。

局部线性插值：以部分检测点对局部断面进行选择性线性插值。

区域线性插值：以全部检测点对选择检测点区域断面进行线性插值。

修正后应进行精度检查和质量评定，外业检测数据与内业断面数据误差不得超过 1 倍中误差。

二、输电线路工程图件检测与修正

（一）外业检测与点位布设

由于航测遥感数据受多种因素的影响，内业断面数据与野外实地测量数据不符，需要进行断面检测。同时根据内业提供的空中三角测量成果，有针对性布设断面修正控制点、断面检测点。

1. 断面修正控制点与断面检测点的布设

断面修正控制点应根据设计杆塔排位情况、内业空中三角测量成果及植被信息等情况布设。断面修正控制点的布设应能反映地形断面变化，点位宜布设在模型连接差变化显著位置、塔位附近和对杆塔排位有影响的地方。

断面修正控制点与断面检测点可以一次性布设，也可以分步布设。对于一次性布设，从中选择部分点作为断面控制点，其余点作为检测精度统计点；对于分步布设，在选定线阶段，布设断面修正控制点，在终勘定位阶段，根据杆塔排位情况及线路导线弧垂控制情况，有针对性布设检测点（即关键断面点）。

断面修正控制点一般为断面桩位，并结合杆塔预排位情况布设，控制点密度一般为 300～500m。由于植被的密集程度对内业测图影响较大，对于植被稀少区域，在模型连接差均匀情况下，断面修正控制点可均匀布设。植被密集区域，断面修正控制点应布设在对导线弧垂控制有影响的区域，以控制对杆塔排位的影响。

关键断面点应根据设计排位情况布设，一般布设在线路导线弧垂（包括导线风偏）对地或建（构）筑物最小距离或最小净空距离临界值的地段和其他有影响的地段。

2. 平面检测点的布设

平面检测点主要布设在线路导线边线弧垂（包括导线风偏）对建（构）筑物最小距离临界值附近。

（二）检测内容与方法

输电线路工程外业检测内容包括对内业图件进行实地检测和巡视检查。实地检测和巡视检查的内容有：断面点、危险点高程，重要地物的平面位置及高程，房屋及林木信息，图面信息的准确性和完整性等，并根据补测、检测、巡视成果修正平断面图。平断面图的检测一般采用 GNSS 或全站仪进行。

巡视检查包括平坦地区主要察看有无重要地物和交叉跨越物遗漏。对山区地形，主要察看是否有山头漏测，判断边线、风偏点漏测和测点不足等情况。

平断面图的断面修正控制点宜采用 GNSS 或全站仪进行测量，断面修正控制点密度宜为 300～500m。

终勘定位阶段应对关键断面点进行检测。关键断面点应根据设计排位情况布设，宜布设在线路导线弧垂对地或建（构）筑物最小距离（或最小净空距离）临界值的地段和其他有影响的地段。

（三）精度统计分析

野外断面修正控制点（包括断面检测点）与内业断面应进行高程差值统计计算，统计计算一般采用软件进行。在输电线路测量中一般在定线测量、交叉跨越测量阶段及在杆塔定位阶段进行高程差值比较统计。以评定内业断面精度及最终成图精度。

平断面图的修正和检查应分步实施，并分别统计误差值，断面修正控制点和断面检查点可同时在外业施测，也可以分工序分别施测。检查点的平面中误差、高程中误差分别按式（10-9）计算

$$m = \pm\sqrt{\sum_{i=1}^{n}(\Delta_i\Delta_i)/n} \tag{10-9}$$

式中 m——检查点中误差，m；

Δ——检查点野外实测值与内业测量值的较差，m；

n——检测点个数。

1. 内业断面与直线桩（转角桩）高程比较

在定线量距及交叉跨越测量阶段中，需要对外业测量数据进行统计分析。编制内业断面与直线桩（转角桩、检测点）高程比较表，见表 10-29，并进行精度统计分析。

表 10-29 内业断面与直线桩（检测点）高程比较表

桩号（检测点号）	高程差值（ΔH）	备 注
××	××	ΔH=外业实测高程－内业测量高程

2. 内业断面与塔位桩高程比较

在杆塔定位及检测阶段中，也需要外业测量数据进行统计分析。编制内业断面与塔位桩（检测点）高程比较表，见表 10-30，并进行精度统计分析。

表 10-30 内业断面与塔位桩（检测点）高程比较表

桩号（检测点号）	高程差值（ΔH）	备 注
××	××	ΔH=外业实测高程－内业测量高程

3. 内业地物平面与外业检测值比较

在杆塔定位及检测阶段中，需要对拆迁临界值左右 3m 范围内建（构）筑物的平面位置进行检测，对外业测量数据进行统计分析。编制内业地物平面与外业检测值比较表，并进行精度统计分析，见表 10-31。

表 10-31 内业地物平面与外业检测值比较表

桩号（检测点号）	坐标差值ΔX	坐标差值ΔY	备 注
××	××	××	ΔX=外业实测坐标 X－内业测量坐标 X
			ΔY=外业实测坐标 Y－内业测量坐标 Y

（四）平断面精度要求

（1）地物点平面精度要求。输电线路工程内业测图地物点对邻近桩位点的点位中误差要求不应大于表 10-27 的规定。

（2）断面点高程精度要求。输电线路工程内业测图断面点对邻近桩位点高程的中误差不应大于表 10-28 规定。

（3）拆迁临界的建（构）筑物检测要求。拆迁临界值左右 3m 范围内建（构）筑物的平面位置应进行检测，其检测数据与图面数据差值不应大于 0.1m。

（4）关键断面点高程要求。输电线路工程关键断面点高程检测允许差值应满足表 10-32 的规定。

表 10-32 输电线路工程关键断面点高程检测允许差值 （m）

地形类别	允许高程差值
平坦地	0.3
丘陵，山地，高山地	0.5

三、成果资料

发变电工程图件检测与修正一般提交以下材料：

（1）检查测量记录；

（2）发变电工程地形图成果文件及数据文件；

（3）进厂（站）道路地形图、断面图成果文件及数据文件；

（4）管线地形图、断面图成果文件及数据文件；

（5）地形图修正说明；

（6）检查结论或说明。

输电线路工程图件检测与修正一般提交以下资料：

（1）平断面图成果文件及数据文件；

（2）房屋分布图成果文件及数据文件；

（3）内外业断面差值统计表；

（4）交叉跨越及断面检测记录；

（5）断面修正方法与断面修正记录；

（6）平断面图检测与修正说明。

第八节　地面激光扫描测量技术应用

三维激光扫描测量技术是测绘领域一项新兴的测量方法，它利用三维激光扫描仪获取被测量物体的表面各点的空间三维坐标，然后用这些点的坐标数据重构出被测量的物体的三维模型，是一种高精度的全自动测量技术。以前的测量方式（包括以水准仪、全站仪等为主要仪器的传统测量技术和 GPS 测量技术）全部是单点采集数据，获取的是单点数据，而三维激光扫描仪在测量时不需要棱镜和水准尺等合作目标，可以高自动化、快速、精确、大面积的获取被测量物体表面密集点的三维坐标数据，即测量结果是表示实体特征的“点云”数据（point clouds），从而使传统的“点测量”方式变成了“形测量”方式。

地面三维激光扫描测量技术的核心是激光反射镜、激光发射器、光机电自动传感装置、激光自适应聚焦控制单元和 CCD 技术等。但是三维激光扫描仪具有不同类型，而且其工作原理也是不同的，常见的原理大致有三种类型。第一种运用相位干涉的方法进行扫描，使用激光连续波发射，利用光学干涉原理来确定干涉相位的测量方法，这样的测量使用于近距离的测量，测量范围一般小于 50m，采样点的速率可以达到 10000～50000 点/s。第二种使用脉冲测距技术，主要是从固定中心沿视线测量距离，通常的测距大于 100m，采样速率在 1000 点/s 以上。第三种利用立体相机和机构化光源，可以获得两条光线信息，从而建立立体投影关系，这种方法适用于近距离的测量，测量范围在 20m 以内，采样点的速率是 100 点/s。

就目前的地面三维激光扫描测量技术来看，大多数激光扫描仪的工作原理是脉冲激光测距，即使用无接触式高速激光进行测量，通过点云形式获得扫描物体表面阵列式几何图形的三维数据。运用这一工作原理的仪器主要有扫描系统（如常见的地面激光扫描系统）、激光测距系统、支架系统，以及集成数字摄影和仪器内部校正等系统。使用三维激光扫面技术的三维激光扫描仪，主要采用 TOF 脉冲测距法，是一种具有高速激光测时、测距的技术。该技术获取扫描目标点云坐标的工作原理，是根据仪器内部精密的测量系统获得发射出去的激光光束的水平方向角度和垂直方向角度以及由脉冲激光发射到仪器的距离，然后根据扫描反射接收的激光强度对扫描点实施颜色灰度的匹配工作。

地面激光扫描系统又可分为移动式激光扫描系统和固定式的激光扫描系统两类。移动式激光扫描系统一般以汽车为平台，将激光扫描仪、CCD 相机、数据记录装置、GPS 定位系统等必要装置集成于车载平台上，可以方便、快速、连续地利用三维激光扫描仪对被测量物体进行数据采集，而且由于车内的 POS 系统，移动激光扫描系统可以直接获得地理坐标。固定式激光扫描系统由激光扫描仪、数码相机、装有系统配套软件的笔记本电脑以及电源等组成，它与全站仪的不同之处是三维激光扫描仪采集的数据是大量的点云数据，可以直接用做三维建模，数码相机配合扫描仪获取被测物体的纹理信息。

在电力工程中，地面激光扫描测量目前主要应用于发变电工程测量，地面激光扫描仪类似于传统测量中的全站仪，它由一个激光扫描仪和一个内置或外置的数码相机，以及软件控制系统组成。其与全站仪的不同之处在于激光扫描仪采集的不是离散的单点三维坐标，而是一系列的“点云”数据，这些点云数据可以直接用于地表或模型表面三维建模，而数码相机的功能就是提供对应模型的纹理信息。

在发变电工程中，地面激光扫描仪主要应用于地形测量、变形监测和设备建模。

一、地形测量

在发变电工程地形测量中，当场址位于危险困难地区，且测绘面积较小不适宜航测时，采用地面三维激光扫描技术是一个较好的选择，特别是在植被覆盖较小且十分陡峭的西部山区，其优势更为明显。基于三维激光扫描技术进行地形测绘的主要作业流程包括外业数据采集、点云数据配准、非地貌数据的剔除、地物的提取与绘制、等高线自动生成以及地形图整饰等步骤，如图 10-31 所示。

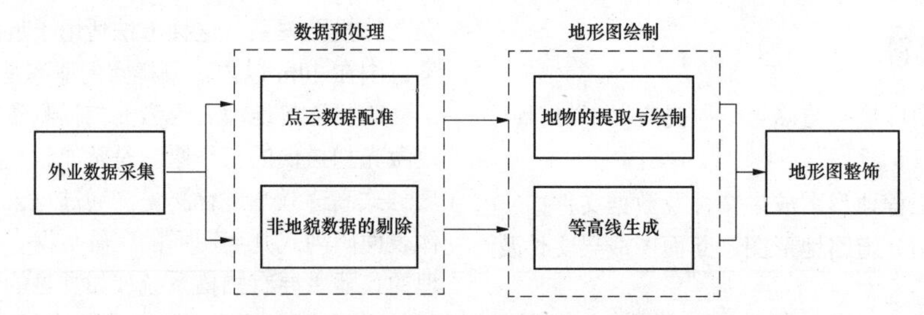

图 10-31 三维激光扫描地形测量流程图

除制作大比尺地形图外，复杂地区填挖方计算是地面三维激光扫描用于发变电工程地形测量另一个十分重要的应用方向，其精确程度、作业效率以及自动化程度都是传统测绘方式难以比拟的，如图 10-32 所示。

图 10-32 三维激光扫描填挖方计算

二、变形监测

在水电站的边坡滑坡监测中，三维激光扫描是一种较理想的手段，可在瞬间快速获取监测对象表面海量点云数据，且其主动式扫描，使野外测量工作不受时间与空间限制，可随时随地进行。在监测数据分析中，其建立的表面模型可以十分逼真地反映实体原形，使分析结果更为客观、全面。结合扫描影像，还可实现对特定监测点的变形监测，无需设置标志，真正实现无接触测量。

三、设备建模

设备建模及逆向工程是目前三维激光扫描技术的主要应用方向，在发变电工程中，一些老的变电站或电厂在维修和改扩建时，光靠年代久远的设计图纸已无法满足需求；此外，当前电力行业的资产管理方式有由二维图纸向三维模型转换的趋势。以上应用均需要对现有设备进行三维数字化，而三维激光扫描技术的特点使其成为最理想的三维数据采集方式。目前，主流的电厂三维设计软件如 PDMS，提供了专门的功能模块用于地面激光扫描数据三维建模，为电厂内部改造或扩建提供准确的三维设备档案。

地面三维激光扫描测量技术是对传统地面数据采集技术的创新和发展，是空间点阵扫描技术和激光无反射棱镜长距离快速测距技术发展而产生的一项新测绘技术。随着地面三维激光扫描测量技术研究的深入，它的应用范围不断扩大，在地形测量、变形监测、设备建模等领域将发挥越来越重要的作用。

第十一章

海洋测绘中新技术应用

第一节　海洋测绘特点及现状

一、基本知识和概念

（一）海域状况及海洋能

我国既是一个幅员辽阔的大陆国家，又是一个拥有漫长海岸线、优良海湾、众多岛屿、辽阔海域和开阔大陆架的海洋国家，海洋能资源非常丰富。海洋能主要包括潮汐能、潮流能、海流能、波浪能、温度差能和盐度差能等，它是一种可再生的清洁能源，属新能源范畴。海洋能来源于太阳辐射能与天体间的万有引力，有较稳定与不稳定之分。海流能、温度差能和盐度差能是较为稳定的能源；潮汐能与潮流能是不稳定变化且有规律的能源，而波浪能则属于不稳定而又无规律的能源。

（二）海洋测绘含义及其特点

海洋测绘是海洋测量和海图绘制的总称，其任务是对海洋及其邻近陆地和江河湖泊进行测量和调查，获取海洋基础地理信息，编制各种海图和航海资料，为航海、国防建设、海洋开发和海洋研究服务。海洋测绘的主要内容包括海洋大地测量、水深测量、海洋工程测量、海底地形测量、障碍物探测、水文要素调查、海洋重力测量、海洋磁力测量、海洋专题测量和海区资料调查以及各种海图、海图集、海洋资料的编制和出版，海洋地理信息的分析、处理及应用。

海洋测绘与陆域测量相比，有其独有的特点，主要体现在以下方面：

（1）陆地上所测定点的平面坐标和垂直坐标可以同步测定，也可以分别测定；但在海洋测量中必须同步测定。

（2）陆上的测站点与在海上的测站点相比，可以说是固定不动的；但海上的测站点是在不断的运动过程中的，因此测量工作采用连续观测的工作方式，随时将这些观测结果换算成点位。

（3）在陆地测量中一般必须使用低频电磁波信号；而在海水中，则采用声波信号源，其声速受到海水盐度、温度和深度的影响。

（4）陆地上测定的是高程，即某点高出大地水准面多少；而在海上测定的是海底某点的深度，即其低于大地水准面或水深基准面多少。

（5）在陆地的观测点往往通过多次重复测量，得到一组观测值，经平差后可得该组观测值的最或是值；但在海上，测量工作必须在不断运动着的海面上进行，因此就某点而言，无法进行重复观测。

二、电力工程海洋测绘

（一）工作任务

海洋测绘任务根据其目的可以划分为科学性任务和实用性任务两大类。科学性任务包括研究地球的形状、研究海底地质构造的运动及研究海洋环境等。实用性任务包括自然资源的勘探与海洋工程、航运救捞与航道、近岸工程、渔业捕捞划界及其他海底工程中的测绘工作。滨海电力工程是海洋工程一部分，主要包括滨海火力发电厂、滨海核电站、海上风力发电场、潮汐能电站，海上大跨越、海底电缆等有关海洋能开发项目。

（二）应用范围

在滨海电力项目中，海洋测绘技术主要应用在以下范围：

（1）项目设计与施工阶段。进行控制测量、地形测量、水深测量、施工放样测量及变形测量。

（2）项目建设和运行阶段。对海洋和江河湖泊水域及毗邻陆地进行水深和岸线测量及底质、障碍物深测。

（3）海洋测绘信息处理方面。发变电项目中的海图及航道图的设计、编绘等内业工作。

（三）主要内容

从发变电工程和输变电工程应用方面看，海洋测绘工作主要包括海洋控制测量、海洋定位测量、海洋水文观测、水深测量、海道及海底地形测量、海底地貌扫测等内容。

（1）海洋控制测量。海洋控制测量分为平面控制测量和高程控制测量。海洋测量的平面及高程控制基础是在国家大地网（点）和水准网（点）的基础上发展起来。海洋平面控制网又分为海岸控制网和海底控制网，这些控制网可实现陆地与海洋平面基准的一致，为海底地形测量提供平面控制，为海上或水下高精度定位提供保障。

（2）海洋定位测量。在海洋测量工程中测量任一几何量或物理量，如水深、重力、磁力等，都必须固定在某一种坐标系统相应的格网中，通常是指利用两条以上的位置线，通过图上交会或解析计算的方法求得海上某点位置的理论与方法，目前主要方法有天文定位、光学定位、陆基无线电定位、卫星定位和水声定位等。

（3）海洋水文观测。是指在某点或某一断面上观测各种水文要素，并对观测资料进行分析和整理的工作。其主要观测内容是海流、海水温度、盐度、密度、含沙量、化学成分、潮汐、潮流、波浪、声速等要素，为编辑出版航海图、海洋水文气象预报、海洋工程设计与建筑以及海洋科学研究提供资料。海洋水文观测是海洋调查中重要的工作内容。

（4）水深测量。就是测定水底点至水面的高度和点的平面位置的工作，是海道测量和海底地形测量的中心环节，测量水深所使用的工具和仪器一般有测深杆、水砣（测深锤）和回声测深仪等。20 世纪 70 年代以来，开始使用多波束测深系统和激光测深系统，大大提高了工作效率。

（5）海道及海底地形测量。是指除了获得海底地形、水文等基本信息外，还需要对水下工程建筑、沉积层厚度、沉船等人为障碍物、海洋生物分布区界和水文要素等进行的测量工作，是为海上活动提供重要资料的海域基本测量。

（6）海底地貌扫测。是通过海底地貌探测仪，来探测海底的沉船、礁石、电缆、水下障碍物及水下建筑物等目标位置，以及沙带、沙川、断岩、沟槽等海底地貌的工作，障碍物探测是海底地貌扫测工作的一部分。目前探测的手段主要有多波束测深、声呐侧扫、海洋磁力探测、浅地层剖面探测、拖底扫海及人工探摸等。

三、海洋测绘发展趋势

海洋测绘发展的总趋势是向高精度、全覆盖、全过程自动化方向发展，结合我国的具体国情以及国外的研究进展，具体表现在以下几个方面：

（1）海洋大地测量基准、大地水准面及海洋无缝垂直参考基准面的研究。基于长程超短基线定位、GNSS 水下定位和永久浮标等技术，通过系统研制、数据处理理论研究，可在我国所辖海域建立一个完善的海上大地控制网，便于海洋开发和利用。需大力发展船载、机载以及星载重力测量技术，建立所辖海域完善的重力资料；同时，对所辖海域进行水下地形测量，构造我国大陆架内海床 DEM，联测沿海水准网，与陆地数据联合，建立我国高精度的海洋大地水准面。海洋垂直基准的不连续问题成为 GNSS 高精度定位技术在海洋测绘应用的瓶颈，研究无缝垂直参考基准的选择及高程系统转换显得越来越迫切。

（2）信息获取和表示的方式将由积木组合式向集成综合式转化。在信息获取领域，一个系统多种功能的集成和多个系统的有机集成都会引起变革。卫星遥感领域的合成孔径雷达（SAR）和水深测量领域的合成孔径声呐是一个系统多种功能集成的代表产品，可圆满地解决作用距离和分辨率之间的矛盾。测深和侧扫声呐是两个系统相结合的统一体。更多系统的集成是发展的必然结果。在信息表示领域，多源、多分辨率信息的有机集合也是发展的必然趋势。由卫星、飞机、船只获得的信息；由光学、声学、雷达获得的信息均能有机地结合在一起，从多种角度、以多种分辨率展现海洋的全貌。

（3）信息服务形式将由三维静态向四维动态转化。随着科学技术的发展，社会对海洋测量成果的需求将趋向动态变化和实时性。研究海洋几何要素和物理要素的时变规律将十分重要。尤其是对海洋潮汐现象的全面、透彻研究应放在重要的位置。海洋测量的数字产品、海洋测绘数据库、海洋地理信息系统要有时变特征，用户可通过这些界面了解海洋各要素的变迁情况和规律，推求海洋各要素变化的发展趋势，做出恰当的决策。四维动态信息服务也对海洋测量的精度、密度、可靠性、分辨率、获取和处理信息的速度、分发信息的速度提出了新的、更高的要求。这对测量仪器、测量方法、测量软件、网络技术应用、通信技术应用提出挑战，也提供了机遇。

第二节 控 制 测 量

一、平面控制测量

（一）一般规定

海洋平面控制测量是测定海岸、岛屿及海底控制点平面坐标而进行的测量工作。平面控制网（点）可以为海底地形测量以及海上或水下工程作业的高精度定位提供平面控制基础。

海洋平面控制点主要包括海岸或岛屿上的控制点、海底控制点等。海岸或岛屿的平面控制测量要求和陆域平面控制测量相似，主要通过 GNSS 方法和导线测量方法布设控制网。

海洋平面控制测量应采用统一的坐标系统。考虑到与陆域地形图拼接，通常采用与陆域一致的坐标系。采用其他坐标系时应与国家坐标系统基准进行联测，建立转换关系。按照海洋相关部门要求，同时需提供WGS84坐标。

根据GB 17501《海洋工程地形测量规范》、GB 12327《海道测量规范》、JTS 131《水运工程测量规范》及GB 50026《工程测量规范》相关平面控制测量技术要求，海岸或岛屿的平面控制测量精度等级可分为四等、一级、二级、图根四个级别。

平面控制网的布设应符合下列规定：

（1）首级控制网的布设应因地制宜且适当考虑今后扩展；当与国家坐标系统联测时，应同时考虑联测方案。

（2）首级控制网的等级应根据测区大小、工程性质、测图比例尺和精度要求等条件确定。

（3）加密控制网应逐级布设，在保证精度要求的条件下可跨级布设。

海洋平面控制测量的投影分带包括高斯-克吕格投影和墨卡托投影两种，其中高斯-克吕格投影按其投影中央子午线的不同通常有1.5°、3°、6°高斯投影和任意带投影几类。海洋测绘中，根据测图比例尺的不同，其投影分带的选择也各有差异。海洋平面坐标控制等级基本要求与投影分带宜符合表11-1的规定。

表11-1　海洋平面坐标控制等级基本要求和投影分带规定

测图比例尺 S	最低控制基础	直接用于测量	投影分带
S>1:5000	四等	一级	高斯1.5°
1:10000≤S≤1:5000	一级	二级	高斯3°
1:50000<S≤1:10000	二级	图根	高斯6°
S<1:50000	—	—	墨卡托

注　对1:500地形测图及港口工程施工测量，测区距投影中央子午线的距离大于45km时，可采用任意带投影。

（二）海岸平面控制测量

海岸平面控制网可布设成GNSS网、导线网、三角网以及三边网等。目前主要采用GNSS测量方法施测。在测区范围较小且满足光电导线观测条件情况下，也可采用导线测量、三角测量等方法。

1. GNSS测量

（1）控制网布设。海岸GNSS控制网与陆域GNSS控制网的布设过程基本相同，包括准备工作、图上设计、实地选点埋石等过程。

准备工作一般包括搜集资料、编写GNSS控制测量技术设计方案、现场踏勘等工作。海岸平面控制测量搜集的资料主要包括测量区域各种海图或地形图（1:2000～1:100000）、测区附近的国家高等级大地控制点或者当地独立坐标系统控制点、当地海域的海洋水文气象天文潮汐等资料。

图上设计控制点是根据GNSS控制网的技术设计方案，在搜集的海图或地形图上概略确定控制点的位置和数量。平面控制点的布设应根据相应等级的规范要求进行，并充分考虑实际的海区地形特点合理设计。GNSS网应布设成三角网形或导线网形，或构成有独立检核条件的网形。

实地选点埋石是按照规范要求现场埋设GNSS控制点。埋石点应特别注意点位上空的遮挡情况、点位是否牢固、附近有无强电磁场干扰、有无多路径效应影响等情况，同时选点时应避开海岸潮间带，选择地质条件稳定的地方。

（2）GNSS控制网技术要求。GNSS平面控制网技术要求参见本手册第一章第二节的“卫星定位测量控制网的主要技术指标”。

RTK平面控制测量主要技术要求应符合表11-2的规定。

表11-2　RTK平面控制测量主要技术要求

等级	相邻点间平均距离（m）	点位中误差（mm）	边长相对中误差	与基准站的距离（km）	观测次数	起算点等级
一级	500	±50	1/20000	≤5	≥4	四等及以上
二级	300	±50	1/10000	≤5	≥3	一级及以上
图根	200	±50	1/6000	≤5	≥2	二级及以上

注　1. 点位中误差指控制点相对于起算点的误差。
2. 采用单基准站RTK测量一级控制点需更换基准站进行观测，每站观测次数不少于2次。
3. 相邻点间距离不宜小于该等级平均边长的1/2。

以上为GNSS控制测量主要技术指标，其他技术要求请参考本手册第一章第二节的相关要求。

（3）控制网观测及数据处理。GNSS控制观测及数据处理参见本手册第一章第二节的相关内容。

2. 导线测量

（1）网的布设。导线控制网的布设过程一般分为准备工作、图上概略设计、实地布设等过程。

准备工作包括搜集资料、编写控制测量技术设计方案及现场踏勘等工作。搜集资料包括测区附近的高等级国家控制点及当地独立坐标系统控制点、测区范围的各种海图或地形图（1:100000～1:2000）及测区附近海域水文气象和潮汐资料等。

海洋测绘导线控制网分为一级、二级和图根控制网。除图根外各等级均可以作为测区的首级控制。各等级导线控制网应布设成附合导线、闭合导线或结点网等形式。

实地布设是根据规范要求将控制点埋设在实际位置上。埋设时应根据现场情况既考虑稳定性，又兼顾通视情况，点位埋设时应满足相应等级的导线控制点埋设规范要求。

（2）技术要求。电磁波测距导线主要技术要求参见本手册第一章第三节的相关内容。

（3）观测方法。海洋测绘导线控制网的观测方法与陆地基本相同。

（4）数据处理。导线测量外业观测完毕后应首先检查外业数据的观测质量和记录的完整性。如无误可以进行内业数据处理。一级导线应进行严密平差计算，二级以下可以进行简单平差。测距边在平差计算之前应先归算到参考椭球面上，然后再归算到高斯平面上。计算结果应包括相邻导线边的边长和方位角信息，还应该包括导线网的测角中误差和导线相对闭合差。

导线测量观测及数据处理参见本手册第一章第三节的相关内容。

（三）海底平面控制测量

1. 海底控制点

在远离大陆的深海区或者没有岛礁地区，由于在海面上布设控制点没有固定的承载物，因此只能将控制点布设在海底，称为海底控制点（简称海控点）。海底控制点（网）的照准标志、布设原则和坐标测定方法与陆上控制点相比具有诸多自身特点。

海底控制点因为布设于海底，因此只能采用水声照准标志，而测量手段也只能采取水声测距和定位技术。

海底控制点的结构通常由固设于海底的中心标石和水声照准标志两部分组成。水声照准标志分为主动式和被动式两种。主动式水声照准标志实际上是一种水声声标，它能主动发射出强度足以保证测量船上的水声设备能在其有效作用距离内接收到的信号，或者可以转达应答接收船台发射出的声音信号，并可保证该信号被接收船台接收。图 11-1 所示为主动式水声应答器结构示意图。被动式水声照准标志只是通过自身的物理反射面来反射船上发射的声音信号。图 11-2 所示为用不同材料制成的被动式照准标志所具有的各种形状，其中最具均匀反射声能特点的是球体或半球体形状的照准标志。

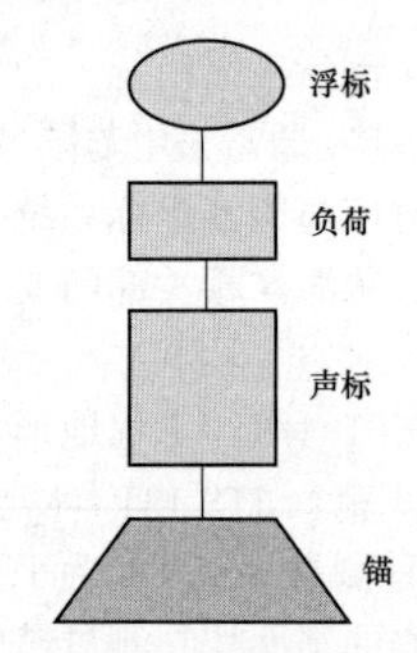

图 11-1　主动式水声应答器结构示意图

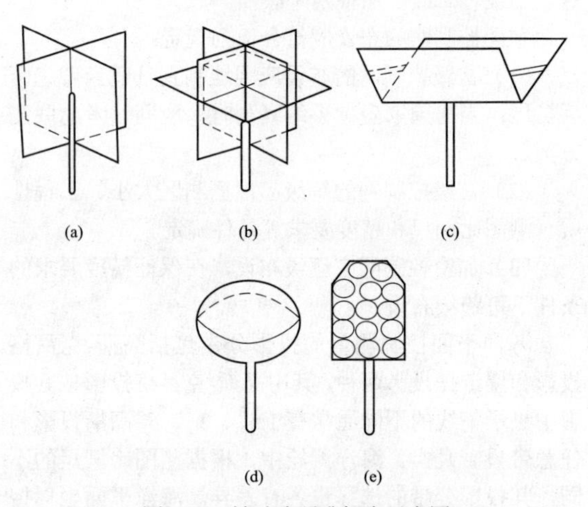

图 11-2　被动式照准标志示意图

（a）钢质正方形反射体；（b）铝质角形反射体；（c）铝质，用于垂直面上的角形反射体；（d）玻璃球反射体；（e）串形玻璃球反射体

2. 海底控制网布设

当利用坐标已知的海底控制点来确定海面或水体中运动目标的位置时，需要满足两个条件：

（1）测量船必须位于作为海底控制点的水声声标的有效范围之内。

（2）至少需要三个这样的控制点，否则无法实施定位。

要同时满足上述两个条件，要求海底控制点应以规则的集合图形布设。海底平面控制网根据声标的作用距离，一般布设成两种形状，一种是以近似正方形构成的海底控制网；另一种是以近似等边三角形构成的海底控制网，如图 11-3 所示。

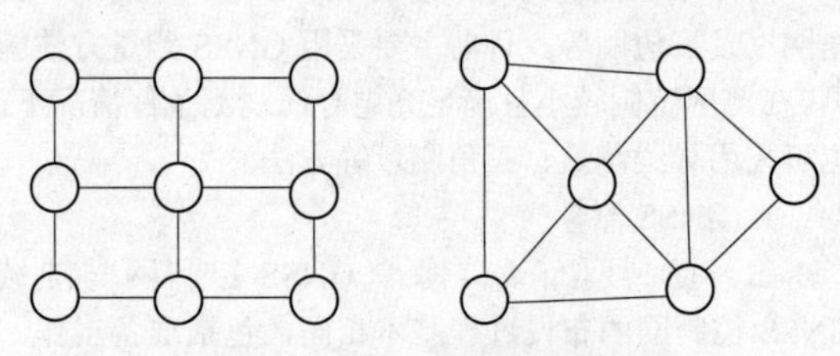

图 11-3　海底控制网布设网型

3. 海底控制网坐标的测定

海底控制点（网）坐标的测定一般分为海底控制点的定标、海底控制点坐标的测定两个步骤。

（1）海底控制点的定标。海底控制网的定标包括分为三个过程，即海底控制点深度的测定、海底控制点间距离的测定和海底控制点方位的测定。

1）海底控制点深度的测定。深度的测定一般采用回声测深仪，记录是声标在平均海面下的深度。与水深测量不同的是，观测深度值是船载换能器与声标之间的最短距离。通过三叶法航行，一个航次穿过每个控制点上方两次算作一个测回，每穿过一次都需要同时记录所测的最小声距及瞬时时刻。每个控制点观测需要三个测回，共测得 6 个深度值，这 6 个深度值分别经过有关改正后在满足限差的情况下取所有测回的平均值作为该控制点的深度。

2）海底控制点间距离的测定。随着 GNSS 技术的发展，海底控制点距离采用广域差分 GNSS 或者非差单点定位技术来实现。即在确定各个控制点深度的同时实时提取信标 GNSS 的位置或者提取 GNSS UTC 时间，采用非差单点定位技术计算该时刻的位置。广域差分 GNSS 测定可以实时进行，定位精度可以达到分米级，非差单点定位技术定位精度可以达到厘米级。

3）海底控制点方位的测定。海底控制点方位的测定通过使船沿与声标连线不相交切的航线航行，航向已知。在航行过程中不断对连线的两个声标进行测距，通过两个声标到航线的不同距离和已知航向进而反算出两个声标连线的方位角，由此推算海底控制点的方位。

（2）单个海底控制点坐标的测定。

1）单个海底控制点坐标的测定方法。单个海底控制点坐标的测定可以采用如下方法：两点交会法、最近路径点测定法、三点空间交会法、距离差法。

2）利用 GNSS 实现海底控制网坐标的联测。它是以测量船为中继站，利用一组已知控制点（如 GNSS 卫星），采用卫星定位方法测定船位，同时通过船上的水声仪器对海底控制点进行同步观测（测距），这样观测可以通过船的移动而进行多次，然后用最小二乘法求解船和海底控制点在统一的坐标系统中的坐标最或然值。这种方法称为双三角锥法，如图 11-4 所示，其中正三角锥采用 GNSS 进行定位，而倒三角锥采用水下声学定位。

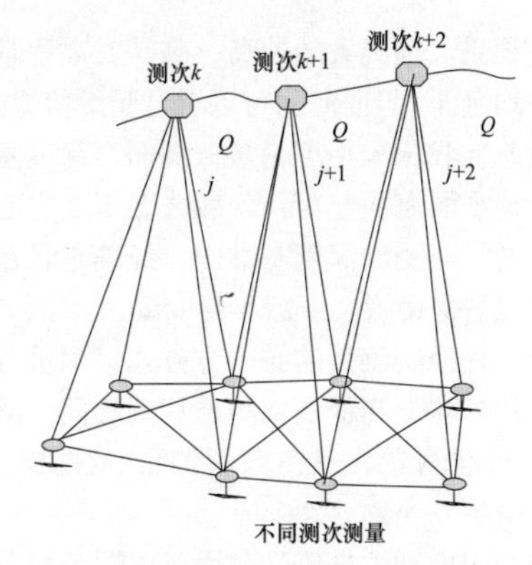

图 11-4 “双三角锥”水下 GNSS 定位示意图

（四）资料与成果

平面控制测量任务完成后，应进行整理，编写简单说明，供工程结束后验收归档使用，应提交的资料及要求如下：

（1）搜集的起算控制点及海图资料；

（2）已知控制点检测方法及结论；

（3）控制测量方案技术设计书；

（4）控制测量技术报告；

（5）平差计算书及成果报告；

（6）控制点的点之记；

（7）其他。

二、高程控制测量

（一）一般规定

海洋高程控制测量为海洋测绘活动提供统一的垂直基准，是为测定控制点高程所做的测量工作。海洋垂直基准分为陆域高程基准和海域深度基准，其空间分布如图 11-5 所示。海洋测绘活动中为了实现陆域高程基准与海域深度基准的无缝衔接，以平均海平面为基础，具有一定的特定关系，如图 11-6 所示。

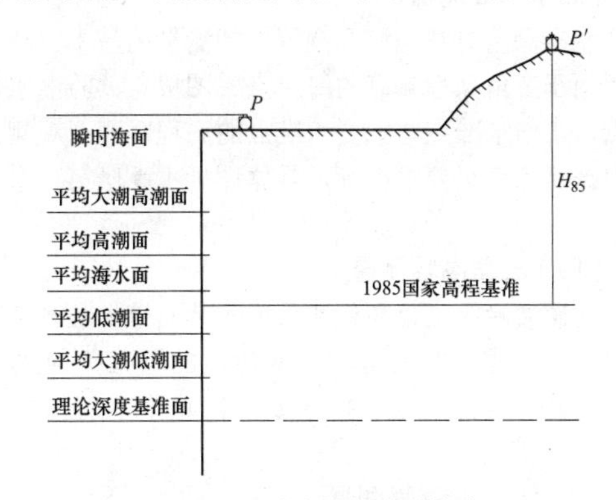

图 11-5　陆海各基准面关系

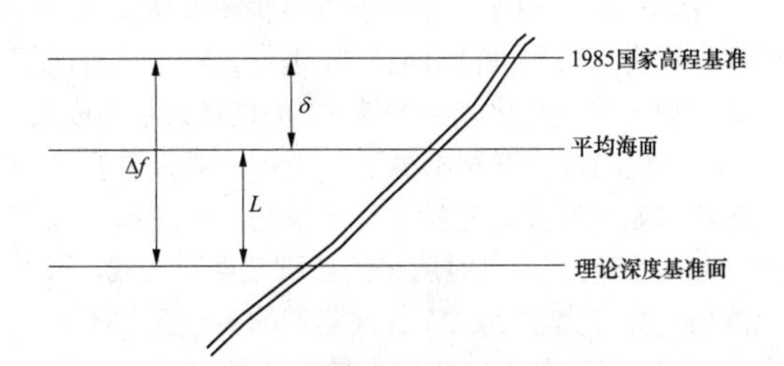

图 11-6　基于平均海面的陆海垂直基准转换关系图

陆域高程基准采用 1985 年国家高程基准或 1956

年黄海高程系，远离大陆的岛、礁，其高程基准可采用当地平均海面。平面海面可以通过验潮等方法确定。

深度基准我国采用理论最低潮面，深度基准面的高度从当地平面海面起算。一般情况下，它应与国家高程基准进行联测。深度基准面一经确定且在正规水深测量中已被采用者，一般不得变动。

海岸高程控制测量的布网方方式、测量方法及数据处理方法与陆上高程控制测量基本相同；测量方法主要包括水准测量、三角高程测量、GNSS 高程测量等。

海岸高程控制测量依次分为三、四等和图根三个级别，各级高程控制宜采用水准测量方法，四等及其以下也可采用 GPS 高程测量、电磁波测距三角高程测量等方法，各级高程控制均可作为测区首级控制。

（二）技术要求

高程控制网的基本精度应符合下列规定：

（1）三、四等高程控制网，相对于起算点的最弱点高程中误差不应超过 20mm；作业困难地区，以四等水准作为测区首级控制时，最弱点高程中误差可放宽到 30mm。

（2）高程控制网应布设成闭合环线、附合路线或结点网等形式，困难地区可布设成支线形式。

（3）高程控制点的点位应选择在不易被水淹没，土质坚实，稳固可靠，便于寻找、观测和埋石的地点。满足规范要求时，高程与平面控制点宜同点布设。

（三）水准测量

水准测量方法是海面高程控制测量的基本方法，主要用于三角高程起算的海控点、图根点、验潮水尺零点、工作水准点与主要水准点的高程联测。观测方法根据相应等级要求进行，具体详见本手册第二章第二节。

（四）三角高程测量

电磁波测距三角高程测量可代替四等水准测量和图根水准测量，但三角高程网各边的垂直角应进行对向观测。观测方法、技术要求详见本手册第二章第三节。

（五）GNSS 高程测量

GNSS 高程测量仅适用于四等和图根高程测量，图根高程也可采用 RTK-DGNSS 进行。对于已有区域性似大地水准面精化成果的地区，可直接采用该成果。GNSS 高程测量应联测不少于 1 个能有效控制测区的高等级起始水准点，起始水准点与测区的距离不宜超过 15km。流动站观测时应采用三脚架架设天线，每次观测历元数应大于 20 个，各次测量的高程互差不大于 40mm 时，可取其平均值作为最终结果。

GNSS 高程测量观测方法、技术要求详见本手册第二章第四节。

（六）跨水面高程测量

跨越地点应选在水面狭窄、地基稳固之处，观测时视线距水面的高度宜大于 3m。当采用水准测量方法时，跨越距离应小于 400m，两岸测站和立尺点应对称布设。

跨河水准观测的主要技术要求，应符合表 11-3 的规定。

表 11-3 跨河水准观测的主要技术要求

跨越距离（m）	半测回远尺读数次数	测回数	测回差（mm）		
			三等	四等	图根
<200	2	1	—	—	—
200～400	3	2	8	12	25

注 1. 观测顺序：在一岸先读近尺，再读远尺；仪器搬至对岸后，不动焦距先读远尺，再读近尺。
2. 观测时，两条跨河视线长度宜相等，两岸岸上视线长度宜相等，并大于 10m；当采用单向观测时，可分别在上、下午各完成半数工作量。

采用电磁波测距三角高程代替四等水准跨水面测量时，宜在阴天进行观测。对向观测时的气象等外界条件宜相同，两岸跨河对向观测位置应基本等高。

长距离跨水面传递高程可采用电磁波测距三角高程测量法或 GNSS 高程测量法，也可利用水面传递高程。跨水面距离大于 3.5km 时，应根据测区具体条件和精度要求进行专项设计。

在静止水域可利用水面传递高程，其两次观测互差，四等不应大于 $20\sqrt{R}$ mm，图根不应大于 $40\sqrt{R}$ mm（R 为两岸观测点标志间的距离，单位为 km）。

（七）跨海高程传递

1. 基本原理

基本原理是可近似地认为在一定的海域范围内，同一段时间内海域各位置高低潮海面或平均海面是相同的，若同时在陆海进行一定时间的验潮，即可实现陆海高程的传递。短期验潮站距离一般不超过 100km，以保证海面地形变化不超过 2cm。

2. 作业流程

该方法的作业流程如图 11-7 所示。

3. 资料搜集

资料搜集应充分搜集测区及邻近海区的潮汐、气象、验潮站等资料和测区所在地区的陆上高程控制测量资料，对高程测量提出精度要求，并用技术文件予以确定。海面水准联测可以根据精度要求和工程性质，设立短期验潮站或临时验潮站进行联测。

4. 技术要求

利用海水面传递高程，其潮汐性质应相同，并应

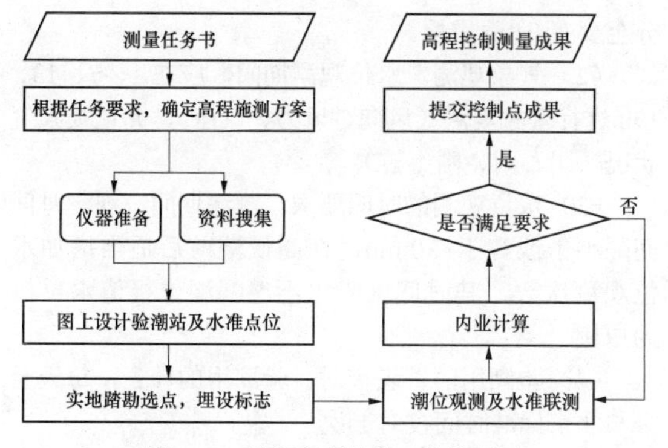

图 11-7　跨海高程传递工作流程图

符合下列规定：

（1）采用高低潮法进行海水面传递高程时，应以各组高低平潮平均值推算高差的平均值作为传递高差值；观测时间间隔和各组高低平潮平均值推算高差互差应符合表 11-4 的规定。

表 11-4　　高低潮法观测时间间隔和推算高差互差限差

距离（km）	高低平潮观测组	观测时间间隔（min）	各组平潮平均值推算高差互差限值（mm）
<1	2	5	40
1～5	4	5	40

注　1. 高潮或低潮 1h 前开始观测，至落潮或涨潮时观测停止；当互差超限时，应查明原因，予以重测。

2. 高低平潮观测组是指相邻的一个高平潮和低平潮。

（2）采用同步期平均海面法进行海水面传递高程时，应以同步期平均海面推算高程作为传递高程值，其连续观测时间及观测时间间隔应符合表 11-5 的规定。同步期平均海平面的计算方法是逐时潮位求和平均法，高差即为求得的两潮位站水尺零点差，同步期高差最大差值是指不同时间段的相同观测时间长度计算结果的最大差异，不同时长高差最大差值是指利用不同观测时长计算的结果比较最大差异，距离为两水位站的实际距离。

表 11-5　　同步期平均海面法连续观测时间及观测时间间隔

距离（km）	连续观测时间（昼夜）	观测时间间隔	
		高低平潮前、后半小时之间（min）	其他观测时间
< 10	3	10	整点
10～50	7	10	整点

注　高程传递距离超过 50km 时，应根据潮汐的具体情况适当增加连续观测时间。

（3）水尺零点高程应按四等水准测量的要求进行引测，传递工作结束后，还应对水尺零点进行校核。

（八）资料与成果

测量任务完成后，应对计算书进行整理，编写简单说明，供工程结束后编写测量技术报告使用。该说明应统一归入计算书中。其说明内容如下：

（1）作业仪器类型、精度；

（2）高程控制网的等级、作业方法；

（3）已知控制点检测方法及结论；

（4）起算高程点的使用情况；

（5）高程系统；

（6）平差方法；

（7）平差结果及精度分析；

（8）控制点的埋石情况；

（9）其他需要说明的问题。

第三节　地形与水深测量

一、水位控制测量

（一）验潮站类型

水位观测是通过在验潮站设置验潮仪或水尺来对海面水位进行一定时间的连续观测的测量过程。根据对观测精度的要求和观测时间的长短，验潮站可分为长期验潮站、短期验潮站、临时验潮站和海上定点验潮站。

（1）长期验潮站，又称基本验潮站。应有一年或一年以上连续观测资料，其观测资料用来计算和确定多年平均海面、深度基准面，以及研究海港的潮汐变化规律等。

（2）短期验潮站。主要用于补充长期验潮站的不足。最少连续观测 30 天，用来计算该地区近似多年平均海面和深度基准面。

（3）临时验潮站。是为了水深测量、疏浚施工、勘察性验潮，以及转测平均海水面和深度基准面等的需要而建立的。

（4）海上定点验潮站。至少应在大潮期间（良好日期）与相关长期站或短期站同步观测一次或三次 24h 或连续观测 15 天水位资料。用于推算平均海面、深度基准面，计算主要分潮调和常数和进行短期潮汐预报。

（二）验潮站的布设原则

为了使观测资料能充分反映当地潮汐变化规律，需选好验潮站站址。验潮站水尺前方应无浅滩阻隔，海水可自由流通，低潮不干出，能充分反映当地海区潮波传播情况的地方。长期验潮站多设在海港内水比较深且有防风浪设施的地点；短期和临时验潮站可设在受风浪和泾流影响较小、能充分反映测区潮汐情况的地点；定点验潮站可设在能反映测区的潮汐特性、测量船可锚泊的海底平坦且风浪和海流较小的海域。

验潮站布设的密度应能控制全测区的潮汐变化。相邻验潮站之间的距离应满足最大潮高差小于或等于0.4m，最大潮时差不大于1h，且潮汐性质应基本相同。

（三）验潮站的高程测量

每个验潮站都要确定一个验潮站零点，作为本站各水尺或验潮仪的统一潮位假定起算零点。为了固定验潮站的平均海面和深度基准面，以及检查水尺或验潮仪零点的稳定性，在长期验潮站和临时验潮站附近，均建有工作水准点，需要进行水准测量。其要求如下：

（1）每个验潮站附近应在地质坚固稳定的地方埋设工作水准点一个。

（2）工作水准点可在岩石、固定码头、混凝土面、石壁上凿标志，再以油漆记号。不具备上述条件时，亦可埋设牢固的木桩。

（3）工作水准点按四等水准测量要求与国家水准点联测。

（4）在验潮站附近的水准点和三角点，经检查合格，可作为工作水准点。

（5）水尺零点可按图根水准测量要求与工作水准点联测。

（6）水位观测过程中，如发现或怀疑水尺零点有变化时，应进行高差联测。当水尺零点变动超过3cm，应重新确定其相互关系，并另编尺号。

（7）海上定点验潮站的水尺零点无法进行水准联测时，其高程测量方法可按三角高程、GNSS 水准、跨海高程测量的方式进行。

（8）验潮站不同水尺零点应归化到统一的验潮站水位零点。

（四）验潮站的水位观测

1. 观测方法

（1）水尺观测。水尺观测，即在选定的地点设置水尺，按照规定的时间间隔进行观测，记录潮高，并绘制水位曲线。水尺观测方法简单方便，但它不能连续自记，而且还需要较多的人力，因此多用于在临时观测站进行潮位观测或永久观测站上的自记水位计的潮位校核。

（2）自记验潮。自记验潮，将自记验潮仪设置在验潮井和验潮房内等地方自动记录。自记水位计观测法具有记录连续、完整、节省人力等优点，因而被一般永久性测站所普遍使用。目前主要使用的验潮仪有浮子式验潮仪和压力验潮仪等。

2. 观测要求

（1）水尺设立的要求。设立的水尺要牢固、垂直于水面、高潮不淹没、低潮不干出；两水尺相衔接部分至少有0.3m重叠。

（2）气象观测。水位观测期间，应在1、7、13、19h进行气象观测（风向、风力、气压），并记载天气状况（阴、雨、晴、雪）。

（3）水位观测的时间要求。测深期间，观测时间间隔小于或等于 30min。在高低潮前后适当增加水位观测次数，其时间间隔以不遗漏潮位极值水位值为原则。

（4）验潮用的钟表校对。验潮用的钟表，每天至少与北京标准时间校对一次。

（5）水位观测读数要求。水位观测读数读到厘米，其误差小于或等于 1cm；当风浪较大、水尺读数误差大于5cm时，应当停止工作。

3. 收集资料要求

利用有关单位观测的潮汐资料，应重点了解以下内容：验潮仪器的型号、观测方法和精度；水准点设立的位置、稳定性，与水尺零点、验潮站零点（即水位零点）的关系；采用的深度基准面；计时钟表校正情况；设站期间有否中断观测。

二、导航定位

海洋导航定位技术包括水上导航定位和水下导航定位，都是为了确定海洋工程中测量目标的空间位置信息。海上导航定位技术包括卫星定位、水下声学定位、光学定位、天文定位和陆基无线电定位等，目前海洋工程测量中导航定位技术主要采用卫星定位技术和水下声学定位技术。

测深定位点点位中误差限差应符合表11-6的规定。

表11-6 测深定位点点位中误差限差 (mm)

测图比例尺	定位点点位中误差限值
>1:5000	图上1.5
<1:5000	图上1.0

（一）水上导航定位

1. 基本内容

海上卫星定位技术主要包括局域差分 GNSS（local area DGNSS，LADGNSS）、广域差分 GNSS（wide area DGNSS，WADGNSS）和精密单点定位技术（precise point positioning，PPP）。目前海洋测绘中常用的定位方法为局域差分，包括信标差分定位（RBN/DGNSS）和 GNSS RTK 定位。

2. 局域差分 GNSS

（1）信标差分定位（RBN/DGNSS）。信标差分定位是利用国家已经建立的海上无线电信标台，在其所发射的信号中加一个副波调制以发射差分修正信号，提供亚米级精度导航定位，属于伪距差分定位。

信标差分定位系统主要由信标基站定位与发射系统（RBN/DGNSS base station）、移动船站系统（RBN/DGNSS move station）、自动采集系统（automatic login system）三部分组成。信标差分系统基站所发射的差分改正信号数据格式完全遵循国际通用标准，差分数据输出协议为RTCM SC-104标准格式，状态数据输入协议为NMEA 0183标准格式。差分数据信号覆盖区域内进行差分作业的任何用户，在拥有RBN信号接收设备后，完全可以采用信标基站发送的伪距改正数据来修正用户自身定位的坐标值。

目前我国的信标台已经覆盖了全部的沿海区域，作为国家基础设施的信标基站，实行全天候运行，实时发射差分改正信号。RBN台站播放的所有信息均为公众服务性质，并免费使用，在距海岸线300～400km的海域内，以及距海岸线200～300km的陆域均可收到信标信号，我国沿海信标基站位置及指标见表11-7，无线电指向频率范围为283.5～325.0kHz，RBN/DGNSS台站采用单频发射制，播放差分修正信息。我国信标差分RBN/DGNSS基站采用WGS-84坐标系，定位精度优于5m。现在的信标接收机均可以自动搜索当前位置可用的信标台站，一般不需要手动设置。

表11-7 中国沿海RBN/DGNSS台站及技术参数表

序号	台名	台站位置	台站识别码	频率（kHz）
1	大三山	38°52′N/121°50′E	DS	301/301.5
2	老铁山	38°44′N/121°08′E	TS	307.5
3	秦皇岛	39°55′N/119°37′E	QH	287/287.5
4	北塘	39°06′N/119°43′E	BT	310/310.5
5	成山头	37°24′N/122°41′E	CS	317
6	王家麦	36°04′N/120°26′E	MD	313/313.5
7	燕尾港	34°29′N/119°47′E	YW	291
8	蒿枝港	32°01′N/121°43′E	HZ	304
9	大戢山	30°49′N/122°10′E	DJ	307/307.5
10	定海	30°01′N/122°04′E	DH	310
11	石塘	28°16′N/121°37′E	ST	295
12	天达山	25°28′N/119°42′E	TD	313
13	镇海角	24°16′N/118°08′E	ZH	320
14	鹿屿	23°20′N/116°45′E	LY	317
15	三灶	22°00′N/113°24′E	SZ	291
16	硇洲岛	20°54′N/110°36′E	NZ	301
17	防城	21°35′N/108°19′E	FC	287
18	抱虎角	20°00′N/110°56′E	BH	310/310.5
19	三亚	18°17′N/109°22′E	SY	295
20	洋浦	19°44′N/109°12′E	YP	313

信标差分定位一般采用GNSS二合一信标机，定位精度在亚米级，作用范围广，广泛用于水深测量、海底侧扫、磁法探测等海上测量作业的导航定位。

（2）GNSS RTK定位。RTK定位即实时动态差分定位，又称载波相位差分技术，包括常规的单基站RTK和网络RTK技术，可实时求解出厘米级的流动站动态位置。

局域差分GNSS的原理是根据基准站与流动站之间空间相关性，在同步观测卫星的情况下，由基准站求得的GNSS综合改正信息通过无线电台发送给用户以提高定位精度。

海洋工程应用中常用的局域差分定位技术有信标差分定位（RNB/DGNSS）和GNSS RTK定位，其各系统性能指标见表11-8。

表11-8 常用局域差分系统性能比较表

局域差分模式 性能指标	信标差分定位	GNSS RTK定位	
		单基站RTK	网络RTK
基站个数	1	1	多个
大气层误差校正	无	无	有
通讯方式	283.5～325.0kHz无线电台	无线电台（UHF/VHF）	网络通信（电信、联通、移动专网）
差分定位模式	伪距差分	载波相位差分	载波相位差分
服务范围	＜300km	＜10km	网内全覆盖，网外30～50km
精度	亚米	厘米	厘米
误差改正	较好	较好	好
基准站配置	双备份设备	单台套设备	双备份设备
基准站运行报警功能	有	无	有
数据可靠性监测	有	无	有
符合国际性标准	好	一般	好
移动站兼容性	好	差	好
系统可靠性	好	一般	差
服务时间	24h/每天	有限时段	24h/每天
使用服务费	无	无	有

3. 广域差分 GNSS

广域差分GNSS侧重于观测误差的分析，对GNSS的卫星轨道误差、卫星钟差及电离层延迟等主要误差源予以区分，并对每一个误差源分别加以“模型化”，计算其误差修正值，通过数据通信链传输给用户，对用户 GNSS 接收机的观测值误差加以改正，以达到削弱这些误差源的影响，改善用户的定位精度的目的。

广域差分 GNSS 系统主要由主站、监控站、数据通信链和用户设备组成。

主站主要根据各监测站的 GNSS 观测量，以及各监测站的已知坐标，计算 GNSS 卫星星历并外推 12h 星历；建立区域电离层延时改正模型，拟合出各种改正模型中的 8 个参数；计算出卫星钟差改正值及外推值，并将这些改正信息和参数传送到各发射台站。

监控站一般设有一台铯钟和一台双频 GNSS 接收机。各测站将伪距观测值、相位观测值、气象数据等通过数据链实时发送给主站。

数据链包括两部分，即监测站与主站之间的数据传递和广域差分 GNSS 网与用户之间进行的数据通信，可以采用数据通信网如 Internet 或数据通信专网，或通信卫星。

用户设备主要包括单站 GNSS 接收机和数据链的用户端，以便用户在接收 GNSS 卫星信号的同时，还能接收主站发射的差分改正数，并据之修正原始 GNSS 观测数据，最后解出用户站的位置。

广域差分 GNSS 提供给用户的改正量是每颗可见 GNSS 卫星星历的改正量、时钟偏差改正量和电离层延时改正模型，其目的就是最大限度地降低监控站与用户站间的定位误差和时空相关性和对时空的强依赖性，改善和提高实时差分定位的精度。

广域差分 GNSS 技术主要的优点在于作用范围广，差分精度和可靠性高，不受作业距离限制，作业精度在亚米级至米级不等。但也存在系统复杂、建设费用高等缺点。在海洋工程测量中主要应用与远海物探定位和石油钻井平台定位等。

4. 精密单点定位技术

精密单点定位技术（PPP）是利用单台 GNSS 双频接收机的观测数据，以及全球若干地面跟踪站的 GNSS 观测数据计算出的精密卫星轨道和卫星钟差，进行基于相位和伪距观测值的高精度定位解算，它可在全球范围任意位置以分米级精度进行动态定位，或以厘米级精度进行静态定位。

精密单点定位技术参见本手册第十二章第五节的相关内容。

（二）海底声学定位

海底声学定位根据系统基线长度及工作模式的差别，一般将其分为长基线系统、短基线系统和超短基线系统，见表 11-9。

表 11-9　海底声学定位系统

分　类	声基线长度
长基线 LBL（long baseline）	100～6000m
短基线 SBL（short baseline）	20～50m
超短基线 SSBL/USBL（super/ultra short baseline）	＜10cm

1. 长基线定位系统

长基线定位系统包括两部分，一部分是安装在船只上或水下机器人上的收发器；另一部分是一系列已知位置的固定在海底上的应答器，由这些应答器之间的距离构成基线。基线长度在百米到几千米之间。长基线定位系统是通过测量收发器和应答器之间的距离，采用测量中的前方或后方交会，对目标实施定位，所以系统与深度无关，也不必安装姿态和电罗经设备。实际工作时，它既可利用一个应答器进行定位，也可以同时利用两个、三个或者更多的应答器进行定位，如图 11-8 所示。

图 11-8　长基线定位系统组成示意图

长基线定位系统的优点是独立于水深值，由于存在较多的多余观测值，因而可以得到非常高的相对定位精度，考虑系统作用深度，一般定位精度在厘米级至亚米级不等，广泛应用于水下机器人、深拖系统等水下设备的导航定位中。

长基线定位系统的换能器非常小，实际作业中，易于安装和拆卸。该系统的缺点是系统过于复杂，操作繁琐；布设数量巨大的声基阵需要较长的布设和回收时间，并且需要对这些海底声基阵进行详细校准测量；同时长基线系统设备比较昂贵。

2. 短基线定位系统

短基线定位系统的水下部分仅需要一个水声应答器，而船上部分是安置于船底部的一个水听器基阵，如图 11-9 所示。换能器之间的距离一般不超过 10m，换能器之间的相互关系精确测定，并组成声基阵坐标系。基阵坐标系与船坐标系的相互关系由常规测量方法确定。

图 11-9　短基线定位系统组成示意图

短基线系统的测量方式是由一个换能器发射，所有换能器接收，得到一个斜距观测值和不同于这个观测值的多个斜距值。系统根据基阵相对于船坐标系的固定关系，结合外部传感器观测值，计算得到海底点的大地坐标。系统的工作方式是距离测量，可按测向方式定位，即方位-方位法；也可按测向-测距的混合方式定位，即方位-距离法。

短基线定位系统绝对定位精度主要依赖于垂直参考单元（VRU）、数字电罗经（Gyro）、差分全球导航定位系统（DGNSS）等外围传感器，定位精度跟作用范围密切相关，一般为斜距的 0.5%～3.0%不等。

短基线定位系统的优点是系统集成化，价格低廉、操作简单，换能器体积小，易于安装；缺点是深水测量要达到较高的精度，基线长度一般需要大于 40m；系统安装时，换能器需在船坞严格校准。

3. 超短基线定位系统

超短基线定位系统由三个以上换能器组成固定位置关系的小型水面基阵与被定位应答器组成，如图 11-10 所示，其根据测量目标的方位角与斜距进行定位。

图 11-10　超短基线定位系统组成示意图

超短基线安装在一个收发器中，组成声基阵，各个声单元之间的相互位置精确测定，组成声基阵坐标系。声基阵坐标系与船体坐标系之间的关系要在安装时精确测定，即需要测定相对船体坐标系的位置偏差和声基阵的安装偏差角度（横摇角、纵摇角和水平旋转角）。系统通过测定声单元的相位差来确定换能器到目标的方位（垂直和水平角度）。换能器与目标的距离通过测定声波传播的时间，再用声速剖面仪修正波束线，确定距离。其中垂直角和距离的测定受声速的影响较大，尤其是垂直角的测量，直接影响定位精度。

超短基线定位系统要确定目标的绝对位置，必须知道声基阵的位置、姿态以及船首向，这些参数可以由 GNSS、运动传感器 MRU 和电罗经提供。

整个系统的构成简单，操作方便，不需要组建水下基线阵，测距精度高；但距离越远，超短基线定位的误差就越大，不同仪器导航定位误差通常在 2‰～1%不等，如果下潜 7000m，误差可能达百米。系统的主要缺点同样是需要做大量的校准工作，绝对定位精度主要依赖于外围传感器 VRU、Gyro、DGNSS 等。

三、水深测量

在海洋测绘中，水深测量是一项主要工作。水深测量是为了获得水下地形点位的平面坐标、水面至水底的垂直距离、水位改正数据或点位实时水面高程三类数据，从而确定水底地形点的三维坐标，构建等深线，绘制水深图。水深测量的对象为海底地形，由于海底地形的不可见性，无法选择地形特征点，通常在测量水深时只能通过布设一定数量的测线，采集测点，用它们来反映海底的地形。

水深测量通常是通过水面船只为载体来开展的。测量时作业船只在运动，水面也在起伏变化，因此导航定位、深度测量、水位观测应联合作业，测量得到海底地形点的三维坐标数据，内业进行处理后，进行图件绘制。

深度测量是水深测量的关键，早期人们采用测深杆、测深锤等人工测深的手段进行深度测量。目前回声测深成为较成熟的水深测量技术，常用的设备有单波束测深仪和多波束测深系统。随着卫星遥感技术和机载激光技术的发展和成熟，因其高效率、高精度、全覆盖等特点，利用卫星遥感测深和机载激光测深的新技术和新方法得到越来越多的运用。

（一）方案设计

1. 测量方法选择

水深测量方法有人工测深、单波束测深、多波束测深、机载激光测深、卫星遥感测深等多种手段。其中单波束测深、多波束测深为目前常用的方法，而在海上养殖区、海底森林和杂草丛生水域等区域应使用测深杆或测深锤等人工测深方法作为辅助手段。

实际测量前，应收集测区海域的相关资料，了解测区范围、水深、海底性质、潮汐、海岸、养殖区等情况，有针对性地选择一种或几种测量方法。

2. 测线布设

（1）基本要求。为了能够采集到海区内足够的海底地形测量数据，以及反映海底地形地貌起伏状况，提高发现海底特殊目标的能力，综合考虑到测量仪器载体的机动性和测量的效率、费用、安全等因素，在海底地形测量前需要设计和布设测线。测线一般布设为直线，又称测深线。测深线分为主测深线和检查线两大类。布设测线时主要考虑测线方向与测线间隔。

（2）单波束测深线。

1）主测深线宜垂直于等深线总方向、挖槽轴或岸线，也可布设成平行线、螺旋线等。

2）测深线间隔的确定应顾及勘测设计阶段、设计海区的重要性、海底地形特征和海水的深度等因素确定。原则上主测深线间隔图上为 10～20mm。螺旋形测深线间隔一般图上为 2.5mm。辐射线的间隔最大图上为 10mm，最小图上为 2.5mm。在一些复杂海区和特殊的要求下，需要加密测深线，加密测深线的间隔一般为主测深线间隔的 1/2 或者 1/4。

3）单波束测深应布设垂直于主测深线的纵向测深线，其间距不宜大于主测深线间距的 4 倍。

4）测深检查线宜垂直于主测深线，检查线长度不宜小于主测深线总长度的 5%。

5）检查线可用纵向测深线代替。

6）单波束测深不同作业组的相邻测段应布设一条重合测深线；同一作业组不同时期测深的相邻测深段应布设两条重合测深线。

（3）多波束测深线。

1）主测深线布设方向应按工程的需要选择平行于等深线的走向、潮流的流向、航道轴线方向或测区的最长边等其中之一布设。

2）主测深线的间距应不大于有效测深宽度的 80%。在重要航行水域，测深线的间距应不大于有效测深宽度的 50%。有效测深宽度根据仪器性能、回波信号质量、潮汐、测区水深、测量性质、定位精度、水探测量精度以及水深点的密度而定。

3）确定测深线长度时，应综合考虑水位改正、声速变化、数据安全维护等因素。

4）检查测深线应垂直于主测深线均匀布设，并至少通过每一条主测深线一次；检查测深线总长应不少于主测深线总长的 5%；检查测深线采用单波束或其他多波束测深系统进行测量，当使用多波束测深系统做检查测深线测量时，应使用其中心区域的波束。

3. 测量参数确定

主要包括投影参数、椭球体参数、坐标转换参数、测区范围、改正参数等。其中改正参数包括如下几个方面：

（1）声速改正。海水是一种非均匀流体，其内各层的盐度、温度和压力是不同的，声波在不同水体中的传播速度和路径也明显不同。多波束测深仪除了中心波束是垂直入射外，其余波束均具有一定的波束入射角，而这种角度越是靠边缘则越大。由于不同水层中声速的差异，导致了波束传播路径的弯曲，这种弯曲会产生测量误差与图像变形，通过声速剖面测量则可以消除因声线弯曲带来的误差，修正测深仪的测深数据。

在使用多波束测深仪测量水下地形时，需要在测区内现场采集适当数量的声速剖面，时间密度不小于每天一次，对多波束系统的测量水深数据进行实时校正，声速剖面的精度和有效性是影响多波束测深精度的主要误差来源之一。

正式测量前，应提前确定声速剖面的测量地点和时间。在大区域测量时，测量前应该在测区不同位置、不同时间段进行声速测量，以选择最佳声速测量时间和地点。最好垂直于岸线在测区中部布设一条声速测量断面线，沿断面线测量每隔 5km（如遇河流或岸线变化较大，要适当增加测量密度）测量一个声速剖面，同时在测区内的开阔区域，分别每隔 2h 测量一次声速剖面，通过分析比较不同地点和不同时间段的声速剖面变化情况，选择最有代表意义的声速测量时间和地点。在河口区域，在测区中部布设两条分别垂直和平行河口方向的声速测量断面线，每隔 2km 测量一个声速剖面，同样选择最有代表意义的声速测量时间和地点。在春秋季节，由于天气变化比较剧烈，此时应该增加声速测量密度。声速改正包括实测声速剖面改正和后处理改正。

实测声速改正需要对实测的原始资料进行再加工，以达到去伪存真、提高精度的目的。声速资料预处理主要有消除虚假信号，消除探头下放前、海底面和出水后的错误数据，数据平滑，数据筛选等工作。声速剖面的精度应达到 1m/s。

声速后处理是为了进一步提高多波束声速改正精度而引入的室内多波束测深数据的处理方法，其内容是利用更精确或更接近真实的声速剖面以及在无法确切了解声速结构变化状况的情况下，通过引入一些原则对多波束测深数据进行再处理。声速后处理主要有折射改正法、几何改正法、等效声速剖面法等。

（2）吃水改正。吃水改正指水面至换能器的距离，分为静态吃水改正和动态吃水改正。当动态吃水变化大于 5cm 时，必须进行动态吃水改正。动态吃水改正可通过试验进行确定，选择海底平坦区域作为试验区，在船只静止情况下测深和不同航速下测深数据进行深度比对，应重复进行多次，取平均值。多波束换能器安装应填写记录表，样式见表11-10。

表 11-10 多波束换能器安装记录表

工程项目：	测量区域：
安装换能器时间：	
船头限位装置到位情况： 船体紧固件的到位情况： 换能器静态吃水测定：	
其他安装情况说明：	
安装负责人：	审核负责人：

（3）位置改正。测深系统安装后，如果定位中心和换能器中心不在一条垂线上时，应进行位置改正。目前，绝大多数的单波束测深仪都无需进行该项改正，而大多数的多波束测深系统则需要进行改正。改正的方法是通过建立测量船坐标系，在软件中进行自动改正。测量船坐标系的原点，一般选择在船体重心或多波束换能器中心的位置，纵轴 Y 通过坐标系的原点，平行于测量船的艏艉线，船艏方向为正；横轴 X 通过坐标系的原点，垂直于纵轴，船的右侧方向为正；垂直方向 Z 轴通过坐标系的原点，方向向下为正。坐标轴的方向应根据软件所定义的方向进行调整。

（4）其他改正。

1）改正内容。对于多波束测深系统来讲，还应进行定位时延、横摇偏差、纵摇偏差、艏向偏差的改正。

a. 定位时延指由于定位数据滞后，定位与测深时间不同步，导致水深点位置与实际位置发生偏移，定位滞后的时间为定位时延。

b. 横摇偏差指多波束换能器及姿态传感器在横向上的安装角度与设计的安装角度存在的总偏差。

c. 纵摇偏差指多波束换能器及姿态传感器在纵向上的安装角度与设计的安装角度存在的总偏差。

d. 艏向偏差指多波束换能器在艏向上的安装角度与罗经安装时零点指向与设计的指向存在的总偏差。

2）改正方法。横摇偏差、纵摇偏差、艏向偏差都包含一个动态分量和一个静态分量，在测量实施过程中，动态分量都通过涌浪补偿器和罗经校正，只需获取正确的静态分量值与定位时延，即平时所说的校正参数，即可把波束形成校正到正确的位置。

在一定的水深且变化明显的水域作为校正场，进行四对测线的测量，分别用于定位时延、横摇偏差、纵摇偏差、艏向偏差的校正。要求如下：

a. 定位时延：同向，不同速度，同一条测线，垂直于斜坡或从特征物正上方通过，仅使用正下方波束数据。

b. 横摇偏差：反向，正常测量船速，同一条测线，平坦区域，使用横向数据。

c. 纵摇偏差：反向，正常测量船速，同一条测线，垂直于斜坡或从特征物正上方通过，仅使用正下方波束数据。

d. 艏向偏差：同向，正常测量船速，两条平行测线，垂直于斜坡或从距特征物两倍水深处通过，使用两倍水深处的数据。

校准参数计算的先后顺序非常重要，按“定位时延—横摇偏差—纵摇偏差—艏向偏差”的顺序进行，且进行下一个参数校正时要先输入已校正好的值，以排除校正时其他参数的影响。同时，潮位将引起结果误差，因此做校正计算时要注意潮位改正问题。

（二）单波束测深

1. 基本原理及设备

（1）基本原理。声波在均匀介质中做匀速直线传播，而在不同界面上产生反射。单波束测深仪就是利用这一原理，选择对水的穿透能力最佳、频率在1500Hz左右的超声波，换能器在海面上垂直向海底发射声波信号，并记录声波信号从发射到由水底返回的时间间隔，通过模拟或直接计算，测定水体的深度。根据式（11-1）计算水深，单波束水深测量示意如图11-11所示。

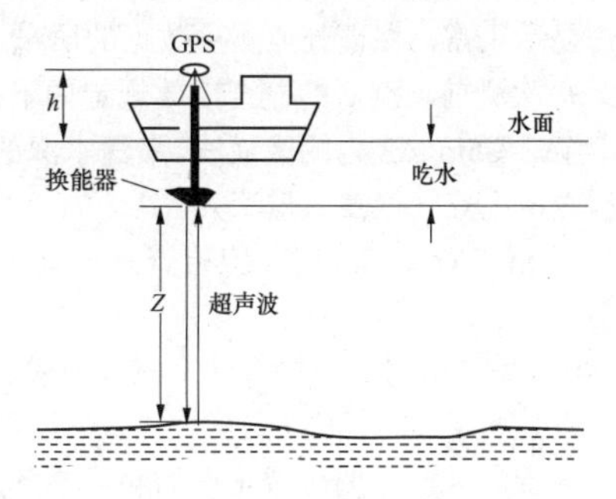

图 11-11 单波束水深测量示意图

$$Z=Ct/2 \tag{11-1}$$

式中 Z ——从探头到水底的深度，m；

C ——声波在水中的传播速度（假定为已知恒速），m/s；

t ——测量超声波往返海底的时间，s。

Z 加上探头吃水就是水深。在实际工作中，由于在一定深度范围内声速 C 随外界温度、盐度等因素影响变化不大，理论计算时可以近似取为常数，但如果声速 C 受外界影响较大时需要计入补偿。

单波束测深仪的出现，在绝大部分的水深测量中取代了测深锤和测深杆，主要用于内陆地区湖泊、河道、水库及浅海水下地形测绘。但是传统的单波束测深时通常布设平行测线，但是仪器只能测量船正下方的水深，测线之间的水下地形，特别是一些孤立的特征地形很容易被漏测。

（2）系统组成。系统组成主要包括换能器和测深仪主机、定位系统、安装配件及数据线、数据后处理软件及计算机。

2. 基本流程

单波束测深流程，如图 11-12 所示。

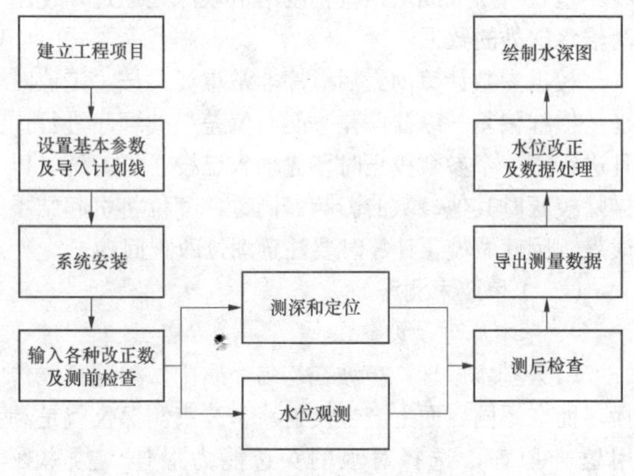

图 11-12 单波束测深流程图

3. 深度测量

（1）测深前，对测深仪主机、换能器、连接杆、通信、串口、模拟记录等设备进行必要的设置和连接测试，确保各设备连接畅通，各种参数设置合理，各种指示灯显示正常，保证外业测量数据的质量。

（2）每次测前、测后的检查点数规定如下：

1）当$\Delta Z \leqslant 5$m（ΔZ为测区最浅、最深水深的差值）时，应检查两个点（最浅、最深）；

2）当 5m$<\Delta Z \leqslant$10m 时，应检查三个点（最浅、中间、最深）；

3）当$\Delta Z>$10m 时，应检查四个点（最浅、最深、中间两个点）。

（3）测深时，测量船应按布设的测线逐条施测。实际测深线不能偏离超过设计测线间距的 50%，或漏测超过图上 5mm。

（4）测深仪自动记录数据，测点间距一般图上为 1cm。海底地形变化显著地段应适当加密，海底平坦或水深超过 20m 的水域可适当放宽。

（5）使用数字测深仪测量，在记录数字水深值的同时，也应进行记录纸模拟记录。且采集的数据必须经计算机平滑处理。

（6）测量船航速要均匀、稳定，速度不宜过快，并注意观察测量船是否按照设计测线航行。实际测线偏离设计测线间距的 50%时，要及时补测或列入补测计划。若设计测线遇到海上养殖区等船只无法进入的区域，应利用测深杆、测深锤等人工测深方式进行事后补测。

（7）观察测深仪的定位信号和测深信号显示，出现异常记录或空白记录时要记录时间，如果长时间异常，应停船检查。

（8）仪器操作使用人员应及时记录测线开始、结束、测线号、经纬度、异常事件等。

4. 数据处理及成图

（1）展绘点位数据。外业完成后，将水深数据、定位数据、水位改正数据等数据进行检查后导出，并在制图软件中导入。当导入的测深线上的定位点过密时，可以适当舍去个别定位点，但必须遵循下述原则：

1）其水深值，应与附近深度变化基本一致。

2）航向、航速变化的定位点不能舍去。

3）特殊深度和影响地貌特征的定位点不能舍去。

4）对特殊深度，必须全面检查。

在展点的同时，以定位点为圆心，用 1～2mm 直径小圆圈表示，并注记相应的点号，圆圈之间用实线连接，绘制成测深线航迹图。

（2）水深图绘制。在不影响真实地反映海底地貌的前提下，为使图面清晰易读，可以合理地取舍深度点。但不准舍去如下情况的点：

1）能确切地显示礁石、特殊深度、浅滩、岸边石阪等航行障碍物的位置、形状（及其延伸范围）以及深度（高度）的点。

2）能确切显示港口、航道、岛屿周围的地貌和狭窄水道中的深水航道的点。

3）特殊深度和反映其变化程度的特征点。

4）能正确地勾绘零米线、等深线及显示干出滩坡度的特征点。

当转绘的岸线及其干出部分与水深资料发生矛盾时，应根据实测资料进行分析，正确处理。

（三）多波束测深

1. 基本原理及系统组成

（1）基本原理。多波束测深系统是一个复杂的综合性系统，主要组成部分为多波束声学系统（MBES）、多波束采集系统（MCS）、数据处理系统和外围辅助传感器。其中，换能器为多波束的声学系统，负责波束的发射和接收；多波束采集系统完成波束的形成，将接收到的声波信号转换为数字信号，并反算其距离或记录声波往返换能器面和海底的时间；外围设备主要包括定位传感器（如 GNSS）、姿态传感器（如姿态仪）、声速剖面仪（CTD）和电罗经，实现测量船瞬时位置、姿态、航向的测定以及海水中声速传播特性的测定；数据处理系统以工作站为代表，综合声波测量、定位、船姿、声速断面和潮位等信息，计算波束脚印的坐标和深度，并绘制海底地形图。多波束水深测量如

图 11-13 所示。

图 11-13　多波束水深测量示意图

多波束测深仪具有全覆盖无遗漏测量、高分辨率测量、高精度和高效率测量、多信息测量等优点，但价格昂贵，系统操作较复杂。

（2）系统组成。利用宽条带回声测深方法进行海底测图的系统，包括多波束测深仪、姿态传感器、罗经、声速剖面仪、定位仪、数据采集和处理单元等。

2. 基本流程

多波束测深系统的测深工作流程与单波束测深相似，但是由于多波束系统更加复杂，在正式测深前应建立测量船坐标系对换能器的位置进行定位，还需进行定位时延、横摇偏差、纵摇偏差、艏向偏差的改正等。

3. 深度测量

作业前应对系统设置的投影参数、椭球体参数、坐标转换参数以及校准参数等数据进行检查。

每天作业前，应检查测量船的水舱和油舱的平衡情况，要保持船舶的前后及左右舷的吃水一致。

每天作业前和作业后，应分别量取系统多波束换能器的静态吃水值，如发生变化应在系统参数中及时调整。

每天作业前和作业后，应对系统的中心波束进行测深比对，比对限差应小于测深极限误差的 50%。测深极限误差$\varDelta$按式（11-2）进行计算

$$\varDelta=\pm\sqrt{a^2+(b\times d)^2} \tag{11-2}$$

式中　$\varDelta$ ——测深极限误差，m；

a——系统误差，m；

b——测深比例差；

d——水深，m。

每天应在测区内有代表性的水域采用声速仪测定水下声速，声速测定后应将多波束换能器吃水深度处声速值输入处理器中。声速剖面测量时间间隔应不超过 6h，如测区跨度大，应先调查测区的声速变化情况，如声速变化小于 2m/s，可以不分区测量，否则应分区测量。

测量前，应将测量范围、水下障碍物、助航标志、特殊水深等信息数据输入到系统中。

系统的所有设备稳定工作后，方可进行测深作业。在正式采集数据之前，应按预定的航速和航向稳定航行不少于 1min；在数据采集过程中测量船应保持均匀的航速和稳定的航向。

测量过程中，应实时监控测深数据的覆盖情况和测深信号的质量，当信号质量不稳定时，应及时调整多波束发射与接收单元的参数，使波束的信号质量处于稳定状态。如发现覆盖不足或水深漏空、测深信号质量不满足精度要求等情况，应及时进行补测或重测。如发现障碍物，应从不同方向利用多波束中间区域的波束加密测量。

测量过程中，对测量船的航行速度应进行实时监控，测量时的最大船速按式（11-3）计算

$$v=2\times\tan(\alpha/2)\times(H-D)\times N \tag{11-3}$$

式中　v——最大船速，m/s；

α——纵向波束角，（°）；

H——测区内最浅水深，m；

D——换能器吃水，m；

N——多波束的实际数据更新率，Hz。

测量过程中，应实时监测系统各配套设备的传感器运转、数据记录等情况。当现场质量监测不符合要求时，应停止作业。如果系统发生故障应立即停止作业，待查明原因并对相关设备进行检测和校准后，方可继续作业。

作业过程中，应填写多波束测深系统外业测量记录，真实记录外业测量中检查、比对、发生的各种事件及系统的关键参数设置。

每天测量结束后，应备份测量数据，核对系统的参数并检查数据质量。发现水深漏空、水深异常、测深信号的质量差等不符合测量精度要求的情况，应进行补测。

4. 数据处理及成图

多波束系统采集的数据为点云数据，在高分辨率及高精度的数据建立的三维海底地形图上可以很清晰地看出海底障碍物、海槽、海沟等形状和位置。三维海底地形图可应用于海洋工程设计，也可用于施工前后海底地形变化的对比。数据处理及成图过程中应注意以下要求：

（1）数据处理之前，应先检查数据处理软件中设置的投影参数、椭球体参数、坐标转换参数、各传感器的位置偏移量、系统校准参数等相关数据的准确性。

（2）数据处理时，应结合多波束测深系统外业测

量记录，根据需要对水深数据进行声速改正、水位改正。应对每条测深线的定位数据、罗经数据、姿态数据和水深数据分别进行编辑。

（3）水深数据编辑时，应根据海底地形、各波束测得的水深数据的质量选择合理的参数滤波，然后进行人机交互处理。对于无法判断的点，应从作业水域、回波个数、信号质量等方面进行分析。

（4）在数据经过编辑及各项改正后，应再次对所有的水深数据进行综合检查，根据各水深的传播误差及附近的水深利用表面模型进行评估，剔除不合理水深数据。

（5）发现浅点或可疑点应复测，必要时可采用其他方法验证。

（6）符合质量要求的水深，应根据制图比例尺和数据用途对符合要求的水深数据进行抽稀，水深点图上间距一般不应大于 5mm。

（7）处理后的水深数据格式应与相关的制图系统相匹配。

（8）每条测深线的编辑情况、数据处理的参数及异常点的检查和处理应在多波束测深系统数据处理记录中做好记录，并作为质检人员对数据处理质量进行检查的依据。

（四）其他测深方式

1. 卫星遥感测深

20 世纪 60 年代遥感技术的出现及不断发展，给水深测量技术提供了新的思路。与传统的水深测量方法相比，遥感测深具有覆盖面广、实效性较强、经济性较好和获取方便等优点，可以实现水体深度的宏观动态观测，具有较高的经济效益和社会效益，在一定程度上弥补了传统方法的不足。

太阳辐射在经过大气的吸收、反射和散射等作用后到达水体表面，一部分能量在水-气界面被反射回大气中，大部分能量经水面折射进入水体。受水体对光的吸收和散射作用的影响，当光波进入水体后，其传播的能量会不断衰减，一部分光由于受到水体内分子的影响发生散射作用而离开水体返回大气，只有较少的光到达水底被反射后又穿过水体和大气被卫星传感器接收。

传感器接收到的光辐射主要包括大气信息和水体信息。大气信息中的后向散射和反射可以通过大气校正来消除；水体信息主要包括水体表面直接反射的光信息、水体的后向散射光信息和水底反射光信息。其中水体表面直接反射的光信息只与水体表面有关，可以通过选取深水区的光信息量来近似代替。

水体中的后向散射信息反映了水体中悬浮物的信息，可以通过一定的数学方法来消除；直接由水底反射进入传感器的光信息是水下地形的直接反映，是水深遥感的主要信息来源。对卫星影像进行信息分离，突出水深信息并结合一定的模型运算即可反演出水深数据。

2. 机载激光测深

激光测深（airborne lidar-light detection and ranging）是 20 世纪 70 年代发展，90 年代逐渐成熟的最新测深技术。通过对光在海水中的辐射、散射、透射等性能的研究，人们发现海水中存在一个类似于大气的透光窗口，在该窗口内，光波在海水中具有较好的传播特性，尤其是波长为 0.47～0.58m 的蓝绿光表现出了衰减系数最小的特性。正是利用这一特性，人们研制开发了利用蓝绿激光进行水深测量的机载激光测深系统。

发射两束不同波长的激光脉冲射向水面，红光在水面被直射反射回，而蓝绿光在穿透水底后被海底反射回，这两个光束的接收时间差即为水的深度。机载激光测深示意如图 11-14 所示。

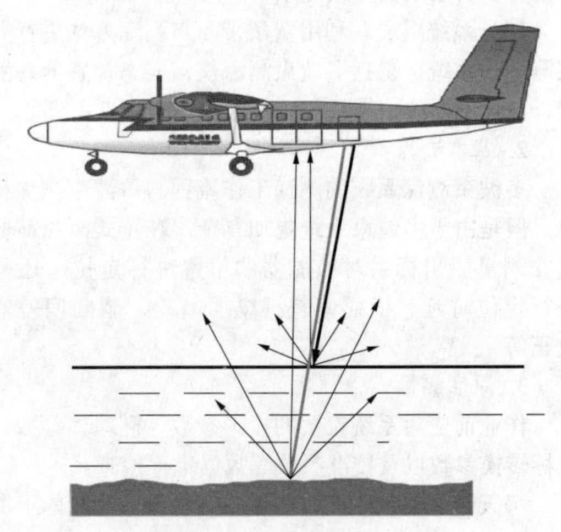

图 11-14　机载激光测深示意图

（五）资料与成果

海洋测绘地形任务完成后，应进行整理，编写简单说明，供工程结束后验收归档使用，应提交的资料及要求如下：

（1）测量原始数据盘；

（2）相关的声速剖面资料；

（3）外符合精度检验资料；

（4）测量航迹线草图；

（5）测量假水深的现场说明；

（6）每条测线累积的标准偏差曲线图；

（7）多波束换能器安装记录表；

（8）设备检查表；

（9）潮位资料；

（10）单波束测深仪检查线测量资料（手簿、测深纸、数据）。

第四节 海底地貌扫测及障碍物探测

海底地貌扫测的目的是探测海底的沉船、礁石、电缆、水下障碍物及水下建筑物等目标的位置，以及沙带、沙川、断岩、沟槽等地貌情况。障碍物探测是海底地貌扫测工作的一部分。目前障碍物探测的手段主要有侧扫声呐探测、多波束扫测、扫床测量、海洋磁力测量、水下机器人探测、海底浅层剖面仪等。

一、方案设计

（一）测量方法选择

使用侧扫声呐系统和多波束测深系统，可以全覆盖调查港口航道和工程海区的海底微地貌情况，以及影响工程海区海底微地貌的起伏形状特征或范围及变化因素；探测工程海区的海底礁石、沉船等障碍物的高度或水深及其大小范围。多波束测深系统只是测深工具而不能成像，无法直观反映海底微地貌起伏情况；侧扫声呐系统可以得到二维海底声图像，能够直接判读障碍物的属性和特征。因此侧扫声呐系统被广泛应用于港口、航道测量、复杂海区的海底地貌探测中，以探测测线之间的障碍物。

海洋磁力探测是对指定海区的磁异常进行探测，能准确探测铁磁物质引起的磁异常，且不受空气、水、泥沙等介质影响，可用于扫测沉船等铁质障碍物、探测海底管道和电缆、沉底水雷、未爆炸弹和潜艇等。但是当目标物体太细太小时，则无法探测出来。海洋磁力探测前期资料收集非常重要，如果确认测区内没有相关的目标物体的话，可不进行磁力探测。

水下机器人可以靠近水下目标物体，依靠自身装备的摄像设备、探测声呐系统等进行探测和收集水下目标的信息，能提供实时视频、声呐图像。水下机器人可在高度危险环境、被污染环境以及零可见度的水域代替人工在水下长时间作业，在石油开发、海事执法取证、科学研究和军事等领域得到应用，但水下机器人运行环境复杂，水声信号噪声大，且成本费用高，因此应用范围还不广。

目前任何单一的海底障碍物探测技术都存在其固有的局限性，而无法达到准确摸清障碍物存在形态的目的。因此，多种探测手段综合应用成为解决这一问题的一个有效途径。

（二）测线布设

1. 侧扫声呐测线

侧扫声呐测线布设分为普扫和精扫测线布设。普扫测线布设的原则就是保证足够的重叠带宽度，与水深测量同步，测线布设的方向是平行于水流方向。如发现可疑图像需要布设精扫测线，精扫测线的布设应覆盖可疑图线区域，并垂直于普扫测线成“井”字形布设。

测线间隔应根据有效作用距离、定位精度、重叠带宽度和导航仪精度等因素确定。根据测线间距选择合理的声呐扫描量程，重要区域相邻测线扫描应保证100%的重复覆盖率，当水深小于10m时可适当降低重复覆盖率。

确定重叠带宽度的目的是确保进行全覆盖探测，无漏扫现象发生，所以测线布设跟所用仪器的侧扫量程和扫海重叠宽度有关系。

（1）侧扫有效作用距离与测区边界重叠带宽度的计算公式为

$$S_0 = K\sqrt{E_0^2 + m_1^2 + m_2^2} + E_1 \quad (11\text{-}4)$$

（2）相邻测线间侧扫有效作用距离外缘重叠带宽度的计算公式为

$$S_1 = K\sqrt{E_0^2 + m_1^2 + m_2^2} + E_1 \quad (11\text{-}5)$$

（3）侧扫声呐近场图像模糊不清或测量船船速超过6节，水深10～40m，近场应有盲区覆盖重叠带。盲区覆盖重叠带宽度的计算公式为

$$S_2 = K\sqrt{E_0^2 + m_1^2 + m_2^2} + E_1 + P_0 \quad (11\text{-}6)$$

（4）拖曳声呐换能器的测量船驶入、驶出测区边界重叠带宽度的计算公式为

$$S_r = K\sqrt{E_0^2 + m_1^2 + m_2^2} \quad (11\text{-}7)$$

$$S_c = K\sqrt{E_0^2 + m_1^2 + m_2^2} + X_0 \quad (11\text{-}8)$$

式中 E_0——测量船的定位中误差，m；

m_1——由测量船测定拖鱼位置的定位中误差，m；

m_2——定位点的记入中误差，m；

E_1——测量船的偏航系统性误差（即定位点之间，因测量船偏航3°以上时，所引起的实际位移），m；

P_0——扫测盲区宽度，m；

X_0——拖鱼离测量船尾部的水平距离，m。

K的范围为1，2，3。

式（11-4）～式（11-8）中的取值范围是根据定位精度、操作水平、导航自动化程度及覆盖或然率等诸因素的要求，考虑覆盖最佳条件选择确定的。

2. 磁力探测测线

磁力探测测线的间距，一般根据任务性质、探测对象的大小、海区的重要性、磁异常变化的强烈程度和技术设备情况，以及经济上的合理性等因素确定，作业单位通常根据测图比例尺要求来选择测线间距。

主测线垂直于地质构造走向，检查线垂直于主测

线，当有大型磁性海山分布时，可以海山为中心做放射状测量。

测线布设时要参考收资的测区资料，根据测区内存在的磁性物体是线状和非线状加以条件限制。主要要求如下：

（1）用于探测海底已建电缆、管道等线性磁性物体时，测线应与根据历史资料确定的探测目标的延伸方向垂直，每个目标的测线数不少于 3 条，间距不大于 200m，测线长度不小于 500m，相邻测线的走航探测方向应相反。

（2）用于探测海底非线状磁性物体时，测线应在探测目标周围呈网格布置，每个目标的测线数不少于 4 条，间距和测线长度根据探测目标的大小等确定。

二、侧扫声呐探测

（一）基本原理及设备

1. 基本原理

由随船行进的换能器产生与船行进方向垂直的扇形声束，声波碰到海底或礁石、沉船等物体就被反射回来，反射回来的信号由接收系统接收、转换放大，然后由处理器以图像的形式记录、显示。侧扫声呐系统的构成示意如图 11-15 所示。

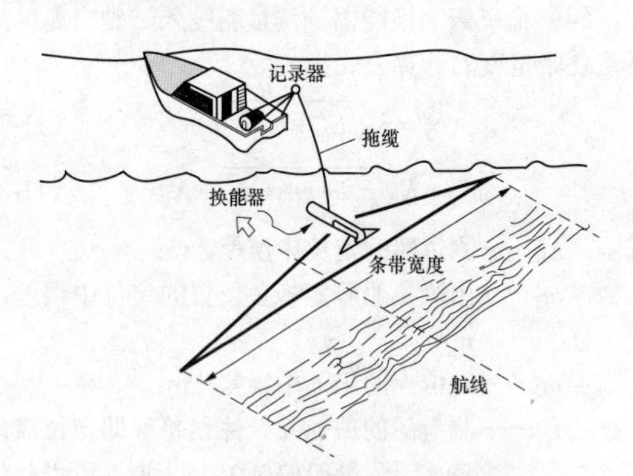

图 11-15 侧扫声呐系统的构成示意图

侧扫声呐工作方式如图 11-16 所示。

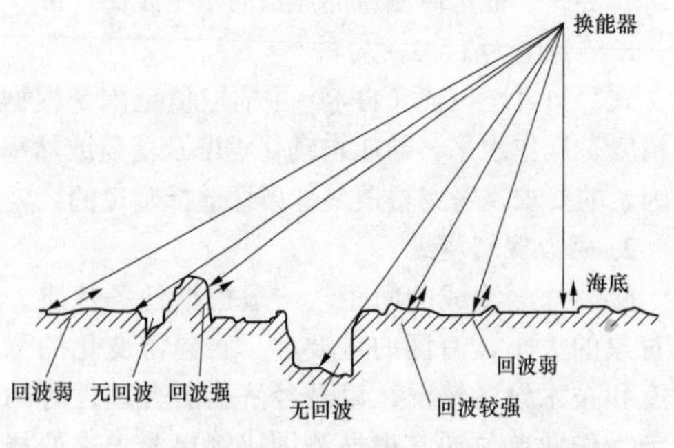

图 11-16 侧扫声呐工作方式

侧扫声呐探测仪的组成一般可分为换能器、发射机、接收机、收发转换装置、记录器、主控电路六个主要部分。

侧扫声呐左右两侧各有一个换能器基阵，发射机与换能器基阵相对应，分左、右发射机，统一于主控同步触发脉冲，产生高频等幅振荡电脉冲，由换能器转换为声波脉冲向海底辐射。

接收机的作用是接收海底回波，对换能器基阵送来的微弱电信号加以选择放大处理、并能压缩回波信号的动态范围，进行处理后送到记录器将信号记录下来，正确反映海底精细地貌的变化。

记录器一般有两个作用，一是产生总机触发信号，送往主控电路，产生同步触发脉冲，协调整机工作；二是同时记录左、右两侧的海底地貌回波信号。

由记录器产生的触发信号，经主控电路整形、延时后产生一定宽度的同步脉冲信号，用来控制整机工作；此同步发射脉冲一路送往左、右发射机，使之发射声波，一路送往左、右接收机，使之产生时间增益控制电压，以达到控制补偿的作用。

2. 设备组成

仪器主要由换能器（装在鱼形容器上拖曳，简称拖鱼）、收发射器、记录装置以及定位系统组成。拖鱼的悬挂方式有尾拖和舷挂两种。某品牌侧扫声呐系统组成如图 11-17 所示。

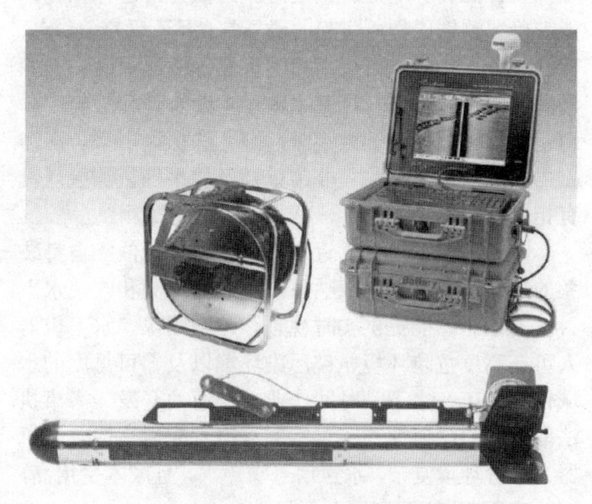

图 11-17 某品牌侧扫声呐系统

其性能要求如下：

（1）工作频率不低于 100kHz，水平波束角不大于 1°，最大单侧扫描量程不小于 200m。

（2）应能分辨海底 $1m^3$ 大小的物体。

（3）具有航速校正和倾斜距校正等功能。

（4）同时有模拟与数字记录。

（5）定位误差在 ±5m 范围内。

（二）基本流程

侧扫声呐扫测流程如图 11-18 所示。

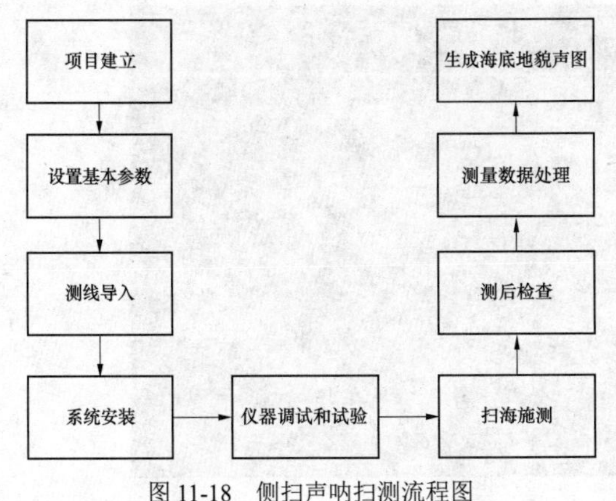

图 11-18 侧扫声呐扫测流程图

（三）工作实施

1. 系统安装

根据拖鱼安装位置的不同，拖鱼的悬挂方式有尾拖和舷挂侧拖两种。根据安装说明，在船上安装侧扫声呐系统。拖鱼距海底的高度控制在 10%～20%扫描量程，当测区水深较浅或海底起伏较大，拖鱼距海底的高度可适当增大。

2. 检校调试

（1）拖鱼和 GNSS 接收机天线位置通常不在一起，需要量测相对关系，进行位置修正。

（2）侧扫之前，使用侧扫声呐在工程海区进行调试检校，使声图的海底混响的灰度适当。在侧扫过程中不得随意变动，仅当水深变化较大且灰度不适当时，可稍微调试仪器，使声图的海底混响的灰度恢复到适当的程度，使侧扫声呐图像清晰。

3. 技术要求

（1）设计时确定的测量船速、施放拖曳电缆长度、换能器离海底高度、仪器工作量程的范围、发射脉冲宽度、走纸速度、近端盲区宽度、远端最大斜距（或平距）、测线方向等，在扫海实施时不得随意变动。调查过程的航速不超过 5 节；拖鱼入水后，测量船不得停船或倒车，应尽可能保持直线航行，避免急转弯；在进入测区之前和出测区后应在测区外 500m 内保持测量船的航向和航速稳定。

（2）当测区水深变化，换能器拖体离海底高度大于设计值时，应及时调整拖缆长度；小于设计值而影响远端扫海距离时，应及时微调机上有关旋钮进行补偿。

（3）经常检查测量船的实际航速，并使之保持在计划航速以内。当换能器拖体离海底高度值变化时，可以改变航速，但不得大于计划值。

（4）拖曳电缆长度大于测区水深时，换线转向应使用小舵角大旋回圈，根据旋回半径大小选择合适测线上线。上线时，应在测区外 1cm（图上）处即应保持航向稳定。

（5）保持扫海航向稳定，不得使用大舵角修正航向；风流压角不得大于 3°。

（6）加强值更瞭望，注意过往船舶、作业渔船和各种网具，防止丢失换能器拖体。

（7）仪器操作使用人员应随时在声图记录纸上注记有关定位、使用状态、现场情况，以助声图判读。调查过程中详细记录调试过程，及时测量仪器与定位天线之间的相对位置，校对测线误差，做好值班记录，记录内容包括记录纸（磁带）卷号、测线号、定位点号、时间、显示量程、拖鱼频率、航速、航向、时间变化增益控制（TVG）、电路调谐状况、拖缆入水长度及特殊地貌形态等；使用微机的侧扫声呐系统，根据调查要求，进行真实航速、水体移去及倾斜距离校正，以获得纵横比为 1:1 的海底平面图像；使用磁带机的系统，应将未经校正的原始信息记录在磁带上，以获取更完整的资料。

（8）扫海实施过程中应随时填写旁侧声呐使用状态表和扫海趟记录表。

（四）数据处理及成图

1. 声图像判读

利用接收机和计算机对返回换能器的脉冲串进行处理，最后变成数字量，并显示在显示器上，每一次发射的回波数据显示在显示器的一横线上，每一点显示的位置和回波到达的时刻对应，每一点的亮度和回波的幅度有关。将每一发射周期的接收数据一线接一线地纵向排列，显示在显示器上，就构成了二维海底地貌声图。声图平面和海底平面呈逐点映射关系，声图的亮度包含了海底的特征。

通过人机交互方式在图上用线条圈出岩礁、沙波、石蛎养殖、沉船等物体轮，实际上是声图像解译的过程，是内业数据处理的一个重要内容。各类图像中的同一类图像都会随着多种因素的变化有所差异，因此，对比各类图像的差异，从中找出各类图像的特征属性，作为判读图像的重要依据。

分析图像相关特性和各自特征的依据是图像形状、色调、大小、阴影和相关体等。形状是指各类图形的外貌轮廓，色调是指衬度和图像深浅的灰度，大小是指各类图像在声图上的几何形状大小，阴影是指声波被遮挡的区域，相关体是指伴随某种图像同时出现的不定形状的图像。

海底侧扫图像可分为目标图像、地貌图像和水体图像等。

（1）目标图像包括沉船、礁石、电缆、水下障碍物及水下建筑物等。根据判读声图的不同需要，还可作进一步分类。

沉船的侧扫声呐图像如图 11-19 所示。

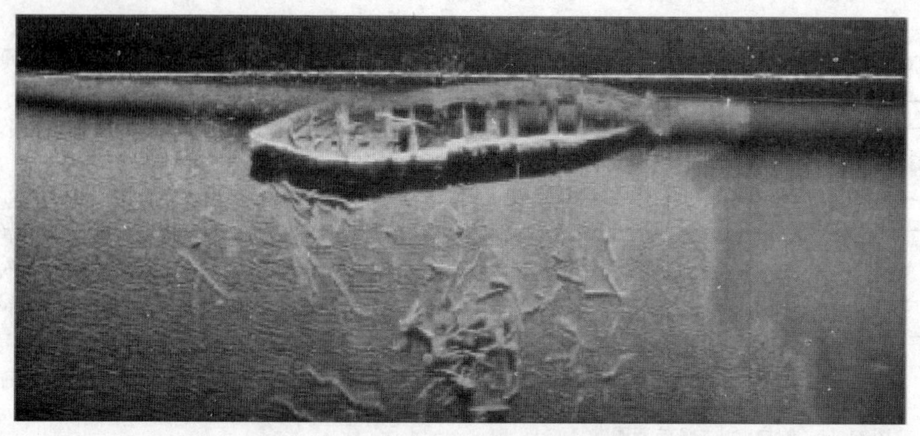

图 11-19 沉船的侧扫声呐图像

礁石的侧扫声呐图像如图 11-20 所示。

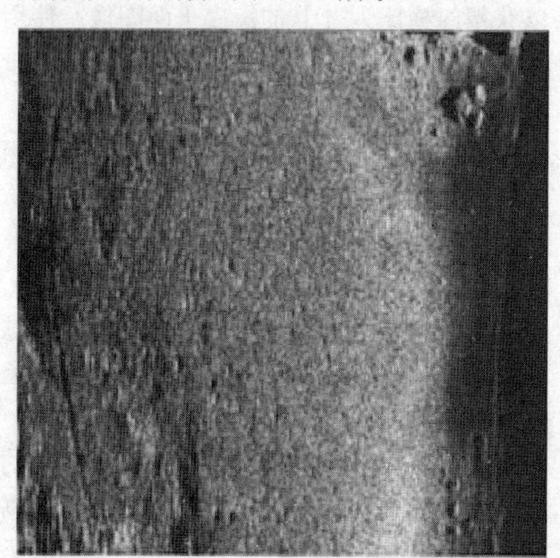

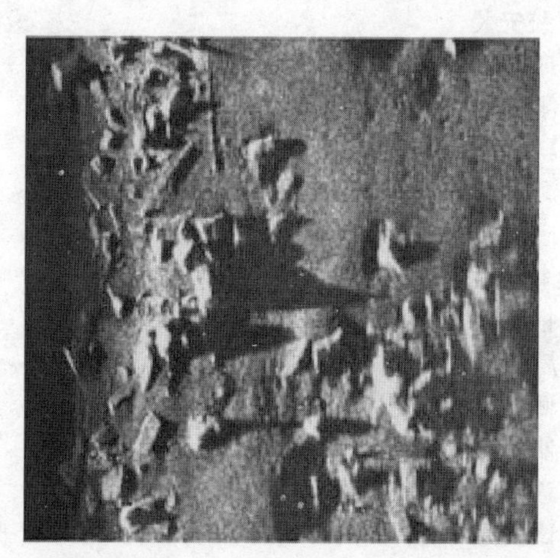

图 11-20 礁石的侧扫声呐图像

（2）地貌图像包括沙带、沙川、断岩、沟槽及各种混合形成的地貌图像。潮沟的侧扫声呐图像如图 11-21 所示。

图 11-21 潮沟的侧扫声呐图像

（3）水体图像包括水中散体条纹、温度跃层、尾流块状、水中气泡等图像。

当各种因素提供充分时，判读目标的成功率就会越高。以海底电缆工程为例，海底面状况侧扫目的主要在于确定测量区域的海底表面是否有基岩出露，是否有深沟存在，并对可能裸露的海底电缆进行声图像判读，确定其位置与走向，故海底电缆工程的侧扫以判读目标图像为主。

2. 海底状况图绘制

外业采集的数据包含位置、拖鱼扫测宽度、后拖长度、拖鱼姿态校正角度及海底面地质信息等，软件处理时先设置中央子午线等坐标校正信息，经软件读取转换后得到每一段图谱的航迹、实际位置地形图，并自动拼图镶嵌成一整幅海底面地形地貌图，再通过人机交互方式在图上用线条圈出岩礁、沙波、石蛎养殖、沉船等物体轮廓，即可自动生成CAD格式的海底面状况基本位置图，如果有进行路由区的磁法探测，应在基本位置图中叠加由磁法探测完成的海底管线及磁性障碍物分布图。再结合现场测深、采样等资料进一步核实确认海底面状况，最终根据所需比例生成声呐扫测海底面状况图。

三、多波束扫测

多波束测深系统是一个复杂的综合性系统，主要组成部分为多波束声学系统（MBES）、多波束采集系统（MCS）、数据处理系统和外围辅助传感器。其中，换能器为多波束的声学系统，负责波束的发射和接收；多波束采集系统完成波束的形成和将接收到的声波信号转换为数字信号，并反算其距离或记录声波往返换能器面和海底的时间；外围设备主要包括定位传感器（如GNSS）、姿态传感器（如姿态仪）、声速剖面仪（CTD）和电罗经，实现测量船瞬时位置、姿态、航向的测定以及海水中声速传播特性的测定；数据处理系统以工作站为代表，综合声波测量、定位、船姿、声速断面和潮位等信息，计算波束脚印的坐标和深度，并绘制海底地形图。

多波束是一种测深工具而并非成像系统，无法直接在记录纸上进行打印，必须先构建数字地形模型DTM，再根据DTM构建地貌影像图，从而能够反映细微的地形起伏所导致的坡度和坡向变化；此外，多波束的中央波束探测效果好，边缘波束效果差；多波束采用三维可视化的方法进行目标判断，在3D GIS系统中可以直接提取目标物的平面位置和高度，还能够从不同的角度进行观察，便于掌握目标物的形状特征。但是，除非在进行测深的同时采集反向散射强度信息，否则无法得到与目标物的底质类型相关的信息。因此多波束比较适合于沉船或者管线等容易根据形状进行判断的目标。

四、扫床测量

扫床（sweeping）也称为扫床测量，属于一种测量方法，目的是探明指定水域中的障碍物位置的作业，在河口区也称为扫海。当不清楚指定水域中的沉船、遗留物、礁石等障碍物位置和碍航程度时，或新开航道和浅滩水深需要准确测定时，均应进行扫床。按照作业工具分类扫床可分为硬式扫床和软式扫床。

（一）软式（拖底）扫测

软式扫床，也称为拖底扫床，扫具是一条链索，两端分别固定在两只小船上，拖带着沿河底同步前进，两条小船保持一定的横向距离。当链索遇突出河床底部的障碍物时，两只小船就被链索拉带着自动靠近，从而可查明障碍物的位置。软式扫床存在着动用船机多，费工、费时、耗资大等缺点。软式扫海具结构分三部分：扫床部分由底索（长度由数百米至数千米）、浮子等组成；定深部分由浮标、沉锤、定深索（长度最大可达100m）等组成；拖带部分由拖缆和稳定索等组成。两艘扫海测量船共同拖曳一台扫海具，扫海具底索（两端大沉锤之间）所扫过的面积为扫海趟，其宽度约为底索长度的80%。为使扫测区内不漏扫，在扫测区边界处，以及在两扫海趟之间应有一定宽度的重叠带。软式扫床工作示意如图11-22所示。

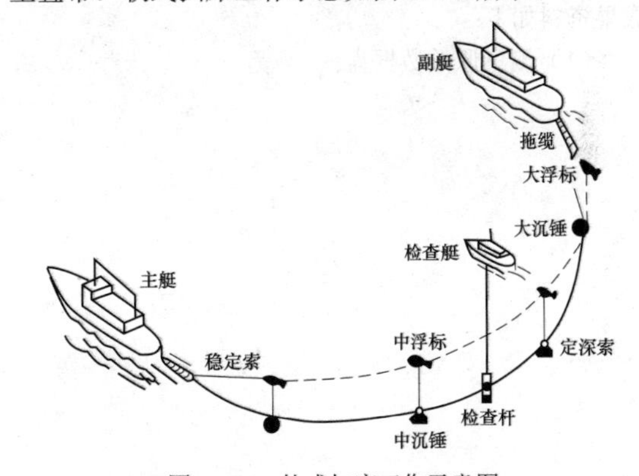

图11-22　软式扫床工作示意图

（二）硬式扫床

硬式扫床，也称为定深扫床，是在吃水浅的船舶下面悬挂活动板或硬质活动杆，板（杆）的下端水平地伸到航道设计水深处，船舶顺水流行驶。一旦遇到障碍物高出航道设计水深时，就会与悬挂板（杆）碰撞，悬挂板（杆）就会发生摆动，从而发现未达到航道设计水深的障碍物位置。硬式扫床适用于石质河床、淤浅严重的河段，或山区自然河流航道；软式扫床适用于平原土质松软、河床稳定的航道。

硬式扫海具可分为固定式和拖曳式两种，均由扫床部分（杆长最大为30m）、定深部分（杆长视情况而定，扫海深度一般为12m），及其他辅助部分组成。定深精度约0.3m，适用于港湾、江河等水域的扫测工作。

不论是进行硬式扫床还是软式扫床，均应配置两艘测量船与一条检查船，必要时还应增加人工摸潜作业，以确定障碍物性质。为了确定障碍物的位置，还应该配备微波定位仪或GNSS等定位设备。硬式扫床设备结构如图11-23所示。

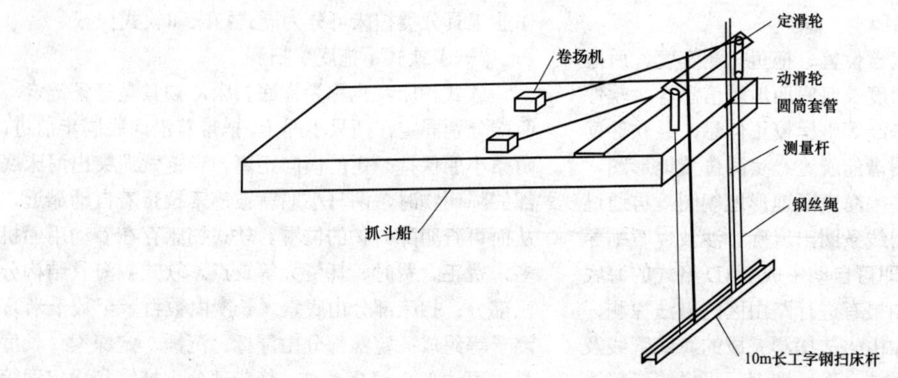

图 11-23　硬式扫床设备结构图

五、资料与成果

海底地貌扫测及障碍物探测任务完成后，应进行整理，编写简单说明，供工程结束后验收归档使用，成果资料如下：

（1）测量原始数据盘；

（2）测量航迹线草图；

（3）设备检查表；

（4）海底面状况图；

（5）局部或全局的声呐图像镶嵌图；

（6）海底侧扫声呐条幅平面图；

（7）对海底底质和微地貌特征等的解释。

第十二章

GNSS卫星定位技术应用

GNSS的全称是全球卫星导航系统，是Global Navigation Satellite System的缩写，目前常用的有美国的GPS、俄罗斯的Glonass、中国的BDS-北斗卫星导航系统、欧洲的Galileo等。

GNSS具有覆盖广、精度高、设备轻便、观测方便、全天候作业等特点，可以实时或通过后续处理获得厘米级或毫米级的位置定位精度，现已广泛应用于电力工程勘测设计测量工作中。随着GNSS技术的发展成熟和GNSS设备的普及，GNSS技术已是电力工程勘测设计测量工作主要技术手段之一。

GNSS在电力工程领域的应用主要是建立不同等级的工程测量控制网和满足航空摄影测量、地形图测量、输电线路测量等多方面的应用需求；根据GNSS测量的作业模式，可以分为GNSS静态测量和GNSS动态测量等，GNSS动态测量又可分为单机站GNSS RTK测量和网络GNSS RTK测量，CORS定位测量是网络GNSS RTK测量的一种。

第一节　GNSS静态测量

一、GNSS静态测量原理

GNSS静态测量的实质是空间距离后方交会。根据卫星运动的瞬间位置（x_i, y_i, z_i）作为已知起算数据，采用空间后方交会的方法确定待定点位置，如图12-1所示。可以测定GNSS信号到达接收机的时间，再加上接收机所接收的卫星星历等其他数据，可以确定四个方程式，即

$$\left.\begin{aligned}[(x_1-x)^2+(y_1-y)^2+(z_1-z)^2]^{1/2}+c(Vt_1-Vt_0)=d_1\\ [(x_2-x)^2+(y_2-y)^2+(z_2-z)^2]^{1/2}+c(Vt_2-Vt_0)=d_2\\ [(x_3-x)^2+(y_3-y)^2+(z_3-z)^2]^{1/2}+c(Vt_3-Vt_0)=d_3\\ [(x_4-x)^2+(y_4-y)^2+(z_4-z)^2]^{1/2}+c(Vt_4-Vt_0)=d_4\end{aligned}\right\} \tag{12-1}$$

式中　x、y、z——待测点坐标的空间直角坐标；

$x_i, y_i, z_i (i=1、2、3、4)$——卫星1、卫星2、卫星3、卫星4在$t$时刻的空间直角坐标，可由卫星导航电文求得；

$Vt_i (i=1、2、3、4)$——卫星1、卫星2、卫星3、卫星4的卫星钟的钟差，由卫星星历提供；

Vt_0——接收机的钟差。

由式（12-1）即可解算出待测点的坐标x、y、z和接收机的钟差Vt_0。

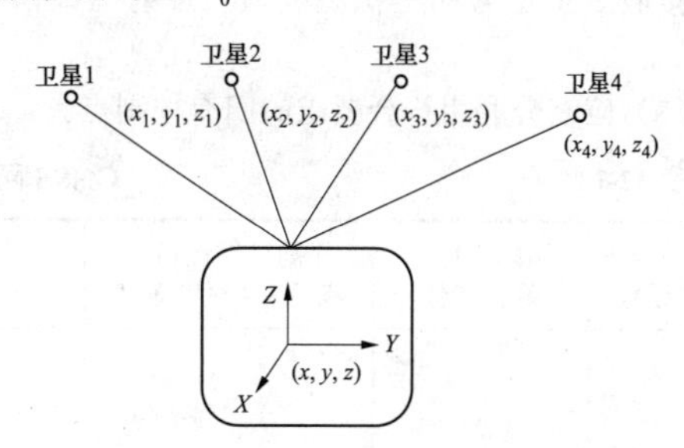

图12-1　空间距离后方交会测量示意图

两台（或两台以上）GNSS接收机分别安置在两个（或两个以上）不同的点上，同步观测卫星载波信号，利用载波相位差分观测值，消除多种误差（卫星轨道误差、卫星钟差、接收机钟差、电离层和对流层折射误差等）的影响，获得两点间高精度的GNSS基线向量。

二、GNSS静态测量作业流程

主要包括资料搜集、GNSS网设计、编制勘测大纲、选点与埋石、GNSS外业观测、GNSS数据处理、GNSS网平差、投影与坐标转换及成果输出等内容，其工作流程如图12-2所示。

三、GNSS静态网设计

（一）GNSS控制点布设要求

（1）GNSS控制点位应选在土质坚实、稳固可靠的地方，并应有利于加密和扩展，每个控制点应至少有一个通视方向。

（2）GNSS控制点位应选在视野开阔，高度角在15°以上的范围内，应无障碍物；点位附近不应有强烈

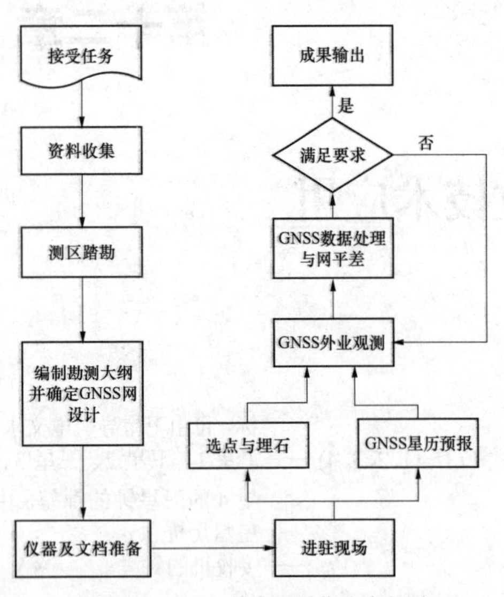

图 12-2　GNSS 静态测量作业流程图

干扰接收卫星信号的干扰源或强烈反射卫星信号的物体。

（3）应充分利用符合要求的旧有控制点。

（二）GNSS 控制网布设要求

（1）GNSS 静态网的设计是一个综合设计的过程，首先应明确工程项目对工程控制网精度的要求，然后确定静态 GNSS 网的基本精度等级。最终精度等级的确立还应考虑测区现有测绘资料的精度情况、计划投入的接收机的类型、标称精度和数量、定位卫星的健康状况和所能接收的卫星数量，同时还应兼顾测区的道路交通状况和避开强烈的卫星信号干扰源等。

（2）应根据测区的实际情况、精度要求、卫星状况、接收机的类型和数量以及测区已有的测量资料进行综合设计。

（3）首级网布设时，由于卫星定位测量所获得的是空间基线向量或三维坐标向量，属于 WGS-84 坐标系，应将其转换至国家坐标系或地方独立坐标系方能使用。实现这种转换须联测若干个已知控制点以求得坐标转换参数，一般联测点不少于 3 个。

（4）对网内的长边，宜构成大地四边形或中点多边形，主要是为了保证控制网图形强度，也是为了减少尺度比误差的影响。通过对 $m \times n$ 环组成的连续网形进行分析，见表 12-1。

表 12-1　　GNSS 网最简闭合环的边数分析

最简闭合环的基线数	网的平均可靠性指标	平均可靠性指标满足 1/3 时的条件	图　形	备　注
3	$\frac{2}{3+\frac{1}{n}+\frac{1}{m}}$	不限	三边形	三边形 点数：$mn+m+n+1$ 总观测独立基线数：$3mn+m+n$ 环数：$2mn$ 必要基线数：$mn+m+n$ 多余观测数：$2mn$
4	$\frac{1}{2+\frac{1}{n}+\frac{1}{m}}$	$n=m\geqslant 2$	四边形	四边形 点数：$nm+n+m+1$ 总观测独立基线数：$2nm+n+m$ 环数：nm 必要基线数：$nm+n+m$ 多余观测数：nm
5	$\frac{3}{7+\frac{3}{n}+\frac{3}{m}}$	$n=m\geqslant 3$	五边形	五边形 点数：$(nm+n+m+1)$ 4/3 总观测独立基线数：$(nm+n+m)$ 2/3 环数：nm 必要基线数：$(nm+n+m)$ 4/3 多余观测数：nm
6	$\frac{1}{3+\frac{1}{n}+\frac{2}{m}}$	$n=m=\infty$	六边形	六边形 点数：$2nm+2n+m+1$ 总观测独立基线数：$3nm+2n+m$ 环数：nm 必要基线数：$2nm+2n+m$ 多余观测数：nm

续表

最简闭合环的基线数	网的平均可靠性指标	平均可靠性指标满足 1/3 时的条件	图　形	备　注
8	$\dfrac{1}{4+\dfrac{2}{n}+\dfrac{2}{m}}$	无法满足	八边形	八边形 点数：$3nm+2n+2m+1$ 总观测独立基线数：$4nm+2n+2m$ 环数：nm 必要基线数：$3nm+2n+2m$ 多余观测数：nm
10	$\dfrac{1}{5+\dfrac{2}{n}+\dfrac{3}{m}}$	无法满足	十边形	十边形 点数：$4nm+3n+2m+1$ 总观测独立基线数：$5nm+3n+2m$ 环数：nm 必要基线数：$4nm+3n+2m$ 多余观测数：nm

注　n 表示列数；m 表示行数。

从表 12-1 中可以看出，三条边的网型、四条边 $n=m\geqslant 2$ 的网型、五条边 $n=m\geqslant 3$ 的网型、六条边无限大的网型都能达到要求。八条、十条边的网型规模不管多大均无法满足网的平均可靠性指标 1/3 的要求。可以得出：GNSS 网中规定构成最简闭合环或符合路线的边数以 6 条为限值。如果异步环中独立基线数太多，将导致这一局部观测基线可靠性降低，平差后间接基线边的相对精度降低。

（5）静态 GNSS 网应由独立观测边构成一个或若干个闭合环或附合路线，各等级网中构成闭合环或附合路线的边数不宜多于 6 条。

（6）各等级静态 GNSS 网中独立基线的观测总数，不宜少于必要观测量的 1.5 倍，必要观测量为网点数减 1，作业时应准确把握以保证控制网的可靠性。

（7）加密网应根据工程需要，在满足精度要求的前提下采用比较灵活的布网方式。

（8）对于采用 GNSS RTK 测图的测区，在首级网的布设中应确定参考站点的分布及位置。

（三）GNSS 控制网布设形式

静态 GNSS 测量一般使用 2 台及以上的 GNSS 接收设备，依据 GNSS 相应等级精度要求，按照同步图形扩展式进行观测。GNSS 控制网应由一个或若干个独立观测环构成，采用同步图形扩展式布设 GNSS 基线向量网时的观测作业方式主要有点连式、边连式、网连式、附合导线、混连式分布网五种形式。电力工程 GNSS 控制网主要有边连式、网连式、附合导线等形式，网中不能出现自由基线。

（1）点连式是指两个同步图形只通过一个公共点连接，布设形式如图 12-3 所示。

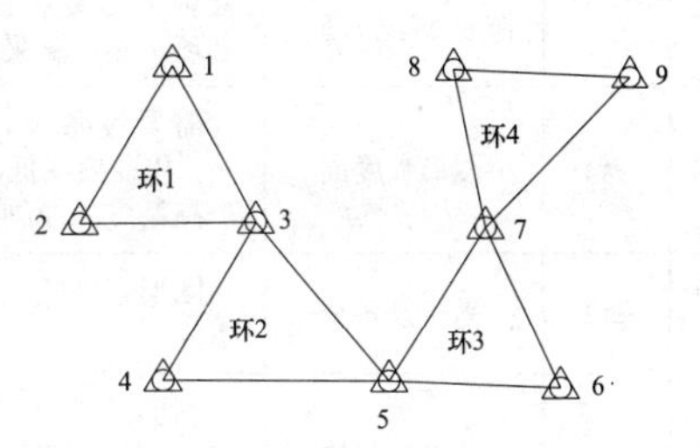

图 12-3　点连式布设形式

（2）边连式是指在观测作业时相邻的同步图形间用一条边（即两个公共点）相连，布设形式如图 12-4 所示。

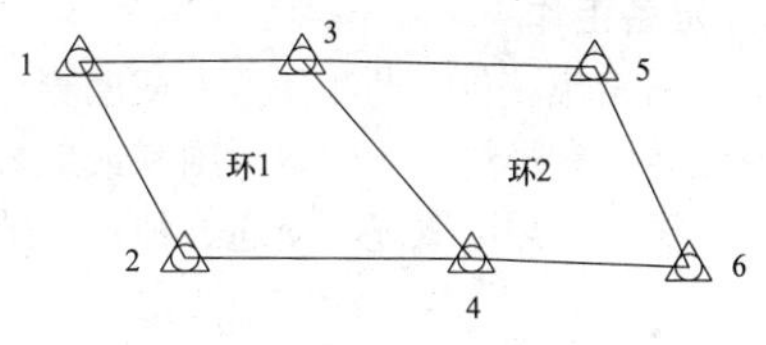

图 12-4　边连式布设形式

（3）网连式是指在作业时相邻的同步图形间用 3 个（含 3 个）以上的公共点相连接，布设形式如图 12-5 所示。

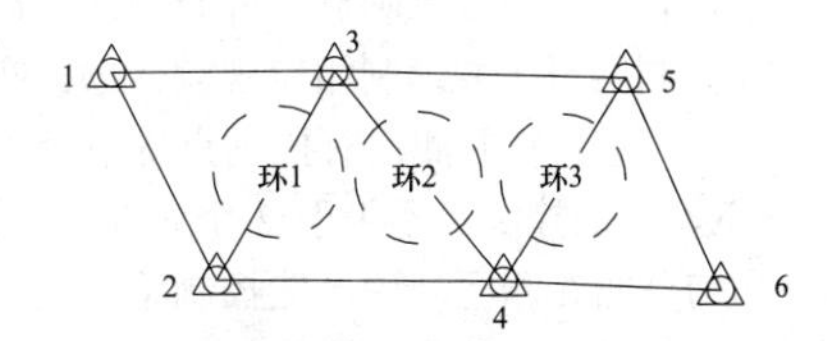

图 12-5　网连式布设形式

（4）附合导线分布网形式是指接收机按导线形式依次在各个控制点上进行观测。布设形式如图 12-6 所示。

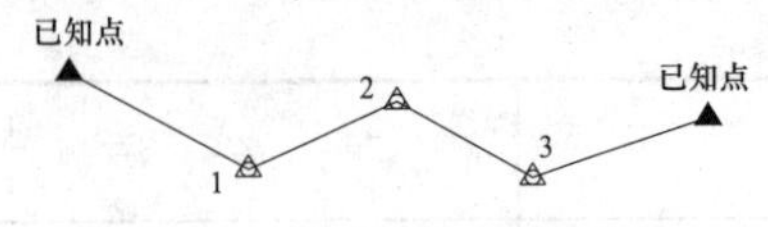

图 12-6 附合导线式布设形式

（5）混连式是指相邻两个同步图形可通过点、边、网等形式连接。

GNSS 网不同的连接方式具有不同的优缺点，具体见表 12-2。

表 12-2 平面控制网布网方式比较

连接方式	仪器数量	优 点	缺 点
点连式	≥3	作业效率高、图形扩展快	图形强度低，连接点发生问题，将影响到后面的同步图形，一般不单独使用
边连式	≥3	图形强度和作业效率较高	需要设备较多，具有较强的重复基线和独立环，被广泛采用
网连式	≥4	图形强度高	需要设备多，成本高，作业效率低，多用于高精度的控制网
附合导线网	≥2	需要设备少	图形强度低、作业效率低
混连式	≥4	图形扩展快	图形复杂、作业调度难，自检性和可靠性较好，能有效发现粗差

四、GNSS 静态外业观测

（一）准备工作

（1）资料搜集。包含勘测任务书或勘测合同等相关资料、测区已有资料、测区附近国家或地方坐标系相关控制点资料、测区概况（交通、植被、地物地貌等）等。

（2）确定 GNSS 静态测量坐标系统。

（3）确定观测方案。

（4）选点、埋石。

（5）拟定作业计划书。根据测区地形及交通状况等因素，结合国家或地方控制点的分布情况，确定合理的 GNSS 控制网形，并编制相应观测计划。布置控制网方案时应注意，需联测已有控制点均不少于 3 个（特殊情况下，平面控制点不少于 2 个），联测的控制点一般应均匀分布在测区周围，能控制整个测区。作业计划书包括外业观测的作业路线和时间、内业数据处理，提交的成果资料等内容。

（6）GNSS 卫星预报。为了保证 GNSS 外业观测工作顺利进行，保障观测成果达到预定的精度，提高作业效率，在进行 GNSS 外业观测之前，应事先编制 GNSS 卫星可见性预报表。预报表应包括可见卫星号、卫星高度角和方位角、最佳观测卫星组、最佳观测时间、点位图形几何强度因子等内容。

（7）观测调度计划。根据参加作业的 GNSS 接收机台数、网形及卫星预报表编制作业调度表，内容应包括观测时间、测站号、测站名称以及接收机号等项内容。

（8）依据勘测大纲确定的控制网等级，确定 GNSS 观测时段和数据采样间隔。GNSS 控制测量作业的基本技术要求见表 12-3。

表 12-3 GNSS 控制测量作业的基本技术要求

等 级		三等	四等	一级	二级
接收机类型		双频或单频			
仪器标称精度		$\geq 10\text{mm}+5\times10^{-6}\times D$			
观测量		载波相位			
卫星高度角	静态	≥15°			
	快速静态	—	—	≥15°	≥15°
有效观测卫星数	静态	≥5°	≥4°	≥4°	≥4°
	快速静态	—	—	≥5	≥5
观测时段长度（min）	静态	20～60	15～45	10～30	10～30
	快速静态	—	—	10～15	10～15
数据采样间隔（s）	静态	10～30	10～30	10～30	10～30
	快速静态	—	—	5～15	5～15
空间位置精度因子 PDOP		≤6	≤6	≤8	≤8

注 D 为 GNSS 边长，单位为 km。

（二）观测

（1）观测组应严格遵守调度命令，按规定的时间进行作业。

（2）开机后经检查有关指示灯与仪表显示正常后，方可进行自测试并输入测站、观测单元和时段等控制信息。

（3）接收机启动前与作业过程中，应随时逐项填写测量手簿中的记录项目。

（4）每时段观测前后应各量取天线高一次，若互差超限，应查明原因，提出处理意见记入测量手簿记事栏。

（5）观测员要细心操作，观测期间防止接收设备振动，更不得移动，要防止人员和其他物体碰动天线或阻挡信号。

（6）所有规定作业项目均已全面完成并符合要求，记录与资料完整无误，方可迁站。

（三）外业记录内容及要求

（1）点名、点号、观测员、记录员，观测日期。

（2）天线高，精确到 1mm。

（3）近似经度、近似纬度、近似高程；近似经纬度记录到分，近似高程记录到 10m。

（4）开始记录时间、结束时间。

（5）点位略图；天气状况。

（6）外业观测中的原始数据文件应及时拷贝成一式两份，专人保管。

（7）原始数据文件存储介质上应注明文件名，还应注明区名、点名、采集日期等。

（8）外业数据文件在转存到外部存储介质上时，不得进行删除或修改。

（9）GNSS 外业观测手簿在现场按作业顺序完成记录，不允许事后补记或追记。

（10）手簿应连续编印页数并装订成册，不得缺损。

（11）GNSS 静态外业观测手簿记录示例见表 12-4。

表 12-4　　GNSS 静态外业观测手簿示例

工程名称：××××××

点名	K1		等级		一级	
观测者	×××、×××		记录者		×××、×××	
接收机型号	LEICA GX1230		接收机编号		№：455268	
天线型号	LEICA ATX1230		天线编号		№：04420080	
定位模式	□静态		□快速静态		天气状况	晴朗
开机时间	9h30min		关机时间		10h15min	
近似经度	118°01′30.5″E		近似纬度		30°23′15.5″N	
近似高程	10m		采样间隔		15s	
天线高（m）	测前	1.016	测后	1.016	平均	1.016
日期	2015 年 1 月 11 日		存储介质编号及数据文件名		CF 卡	
天线高测定方法及略图			点位略图			
垂直偏差 高度读数			宁夏路 15.2m K1 26.2m 15.0m 中山路			
备注：						

五、GNSS 静态内业数据处理

GNSS 静态内业数据处理过程可划分为数据管理、数据处理、GNSS 网平差和投影与坐标转换等四个阶段。GNSS 静态内业数据处理的流程如图 12-7 所示。

（一）数据管理

1. 数据传输

在观测过程中，GNSS 观测数据是存储在接收机的内部存储器或可移动存储介质上的。每日观测结束后，应将接收机内存的数据文件传送到计算机内或转

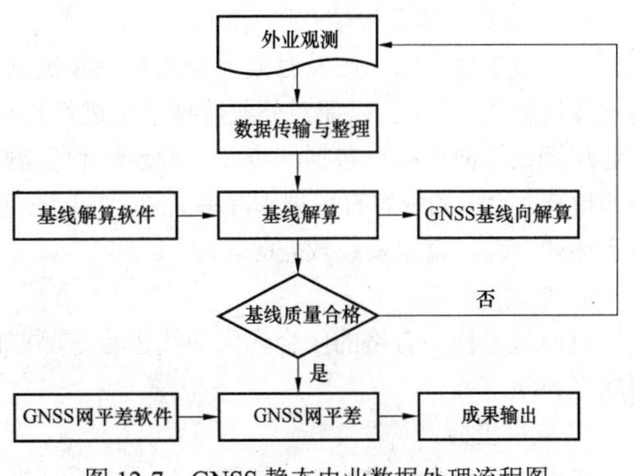

图 12-7　GNSS 静态内业数据处理流程图

录到外存介质上。外业观测数据文件应一式两份，不应进行任何剔除和删改。

2. 格式转换

下载到计算机中的数据一般为GNSS接收机的专有格式，通常只有GNSS接收机厂商所提供的数据处理软件能直接读取这种数据。若采用第三方软件进行数据处理，则需进行数据格式转换，通用的数据格式为RINEX格式数据。

3. 项目管理

GNSS数据管理最终采用项目管理制，即是通过数据处理软件建立一个项目，将GNSS观测的所有数据导入项目中进行处理和管理。

4. 数据编辑

在进行数据处理之前，须对需要输入的控制点名、初始坐标、测站偏心改正、仪器高、天线高度以及固有偏差、天线型号及脚架类型等设站信息进行核对，避免上述信息输入错误，造成输入信息与实际不符。

（二）数据处理

外业结束后及时进行数据的检查和分析，软件一般使用经过业务主管部门检验和鉴定的随机或商用软件。数据处理一般包括单点定位解算（SPP）、基线解算、外业数据质量检核、重测和补测及成果检验。

1. 单点定位解算

主要目的是获取精度较高的WGS-84地心坐标，用于基线解算的起算数据，坐标的精度越高，对基线解算越有利，一个测区数据处理过程中，选用起始点单点定位坐标中误差应小于25m。所以挑出观测条件好、观测时间长的几个点进行单点定位。计算结束后，根据成果质量的高低，选择最优的一个点作为测区的起算点。

2. 基线解算

利用多台GNSS接收机在野外通过同步观测所采集到的观测数据，来确定接收机间的基线向量及其方差协方差阵。通过这些基线向量，可确定GNSS网的几何形状和定向。基线解算结果被用于后续网平差以及检验和评估外业观测成果的质量。基线解算精度的高低是评价基线解算软件好坏的标准之一。

3. 外业数据质量检核

外业观测结束后，应及时采用专业GNSS数据处理软件进行数据处理，以便对外业数据质量进行检核，外业观测数据的检核，包括同步环、异步环和复测基线的检核。检核的内容有数据剔除率、同步环闭合差、异步环闭合差、重复基线较差等。

4. 重测和补测

对质量检核不合格的闭合环、基线进行重测或网型加强补测。

5. 成果检验

成果检验包含一般检验、详细检验（主要是内符合精度的检验）、相容性检验（主要有W检验、T检验等）。

（三）GNSS控制网平差

基线解算满足要求后，将平差所涉及的基线成果存入相应项目，进行无约束平差、粗差剔除、约束平差和平差成果输出等步骤，处理过程中，优化选择精度较高的基线和合理的网形，得到精度较高的的网平差结果。

1. 无约束平差

无约束平差的目的，是为了提供GNSS网平差后的WGS-84系三维坐标，同时也是为了检验GNSS网内符合精度及外业观测的质量。无约束平差后得到的是WGS-84大地坐标系中各点的三维坐标、各基线向量及其改正数和精度。

2. 粗差剔除

无约束平差后，如果信息报告中发现网中存在粗差，并指出出错基线的起始点，每次平差过程仅剔除一个在统计上具有显著性的粗差观测值，剔除粗差后重新平差，如果还有粗差，重复上述过程，直到粗差消除满足要求为止。

3. 约束平差

约束平差是以国家或地方独立坐标系的某些控制点的坐标、边长或坐标方位角作为约束条件进行平差计算。必要时，还应顾及GNSS网与地面网之间的转换参数，对已知条件的约束，可采用强制约束，也可采用加权约束。约束平差的目的是获取GNSS网在国家或地方独立坐标系下的控制点平差坐标。约束平差前须对已知点进行检验，一般采用GNSS基线格网距离与已知点格网距离的比例误差判定，具体判定指标见本手册第一章“平面控制测量”；如果已知点检验不合格，可采用“一点一方向”的方法进行约束平差，“一点一方向”一般是选择距离测区较近的一点固定其平面坐标，以固定点至另一个点的方向作为方向进行约束平差；有些软件不具备“一点一方向”约束平差的功能，需要先解算出方向点的坐标，方向点坐标是利用固定点坐标、固定点至方向点的方向和GNSS基线格网距离进行解算。

4. 精度评定及成果输出

GNSS网无约束平差结果能反映真实精度，加入了约束条件后，由于约束条件本身有误差，所以约束平差后精度会降低，以约束平差后的精度结果来判断GNSS控制网的解算精度是否满足规范要求，具体精度要求参见本手册第一章“平面控制测量”。比较平差结果与规范精度的主要指标如下：

（1）基线向量残差最大值；

（2）平均点位中误差；

（3）平均边长相对中误差；

（4）最大点位中误差；

（5）最大边长相对中误差等。

平差计算完成后，应对所处理的数据及结果进行分析，并输出GNSS网平差成果，形成GNSS网平差解算报告提交校审。GNSS网平差成果的输出一般包括：

（1）图形显示。软件的厂商和版本不同，其操作界面也不尽相同。

（2）GNSS平差解算报告中主要包含控制网网形图、基线解算成果、闭合环检验成果、网平差成果、外部输入数据、坐标系统转换信息、GNSS测量成果数据及精度评定等内容，还应包含平差软件名称、版本、观测日期、观测者和计算者等信息。

（3）平差记录文件内容。一般包括平差类型、观测值一览表、残差的图形与数表描述、方差/协方差阵、粗差诊断、点位的内部可靠性指数、点位的外部可靠性指数、点位坐标的平差结果及计算的置信区间等。

（4）平差记录文件输出。分文件输出和打印输出。

（四）投影与坐标转换

投影面的选择对坐标转换的精度有着直接影响，尤其在投影带边缘和高海拔地区。

1. 投影变形

高海拔GNSS平面控制测量中，实地测量的真实长度经过高斯投影可产生两种变形，即高程归算变形和高斯投影变形。将地面观测的长度归算到参考椭球面上产生高程归算变形ΔS_1，再将参考椭球面上的长度投影到高斯平面上产生高斯投影变形ΔS_2。这样，地面上一段距离经过两次改正，改变了真实长度，这种高斯投影面上的长度与地面真实长度之差称为长度综合变形，其计算公式为

$$\Delta S = \Delta S_1 + \Delta S_2 = -\frac{H_{\mathrm{m}}}{R_{\mathrm{A}}} S + \frac{1}{2}\left(\frac{y_{\mathrm{m}}}{R_{\mathrm{m}}}\right)^2 S_0 \qquad (12\text{-}2)$$

式中　R_{A}——归算边方向参考椭球法截弧的曲率半径，m；

H_{m}——归算边高出参考椭球面的平均高程，m；

S——归算边的长度，m；

S_0——投影归算边长，m；

y_{m}——归算边两端点横坐标平均值，m；

R_{m}——参考椭球面平均曲率半径，m。

投影变形的处理方法：

（1）选择合适的高程参考面，将抵偿分带投影变形。

（2）选择合适的中央子午线来抵偿由高程面的边长归算到参考椭球面上的投影变形。

（3）选择高程参考面和中央子午线，来共同抵偿两项归算改正变形。

在东西向长距离GNSS平面控制测量中，投影变形较大，尤其是投影带边缘，可采用分带平差进行。

2. 坐标转换

坐标转换是指坐标系统之间的相互转换，同时计算坐标转换需要的参数。坐标转换的方法选取取决于国家或地方坐标点的数量、质量、分布，测区环境条件，以及控制点资料的完善程度与可靠性，一般有经典转换法、一步法和插值法三种。

（1）经典转换法。经典三维赫尔墨特转换方法是GNSS测量中应用最多且从数学角度来说是最严格、最精密的转换方法，它含有七个参数，其思路如下：

1）国家或地方坐标系原点相对于WGS-84系统原点（地心）偏差的三个平移参数D_X、D_Y、D_Z。

2）由于国家或地方坐标系的三个坐标轴不可能严格和WGS-84地心坐标系的对应轴平行，所以产生了三个定向参数W_X、W_Y、W_Z。

3）由于两个椭球的大小不一样，存在一个国家或地方坐标系相对于WGS-84地心坐标系的尺度因子m。

优点：能够保持GNSS测量的计算精度，只要国家或地方三维坐标足够精密，公共点分布合理，不管区域大小都能适用。

缺点：必须已知国家或地方坐标系的参考椭球和地图投影参数。如果坐标的精度不精确、不相容，分布不均匀、不合理。会影响测量点转换后的坐标精度。

（2）一步法。一步法可以将平面和高程分开进行转换，在平面转换中将WGS-84地心坐标用横轴墨卡托投影算成平面直角坐标，然后与实际国家或地方坐标资料综合计算两者之间的转换关系。高程转换采用简单的一维高程拟合。

一步法不需要知道国家或地方坐标系统的参考椭球与地图投影的类型及参数，具有经典转换法所不具备的独特优点，在只有一个公共点的情况下进行平面和高程系统的转换。当公用点不大于2个时，参数的适用范围仅局限于邻近公共点的小区域，在采用4个公共点时，转换区域的直径仍然不能超过10km。一步法数据处理方式与平面及高程控制点的数量关系见表12-5。

表12-5　处理方式与平面及高程控制点的数量关系图

转换类型	公共点数	转换方式/产生的转换参数个数
平面坐标	1	二维经典赫尔墨特转换法，仅产生两个平移参数D_X、D_Y
	2	二维经典赫尔墨特转换法，仅产生两个平移参数D_X、D_Y，一个坐标系旋转参数w和一个尺度因子m

续表

转换类型	公共点数	转换方式/产生的转换参数个数
平面坐标	>2	二维经典赫尔墨特转换法，仅产生两个平移参数 D_X、D_Y，一个坐标系旋转参数 w 和一个尺度因子 m。通过平差，各点带有反映转换精度的残差
点位高程	0	不提供高程转换信息
	1	高程按常数差值套合，即提供一个高程转换参数
	2	由两个高程点推算的平均改正数进行套合，提供一个高程转换参数
	3	平面拟合，产生三个高程的转换参数
	>3	平面拟合，产生三个高程的转换参数。各点带有反映转换精度的残差

优点：利用较少的信息即可计算出转换参数，不需要已知国家或地方椭球和地图投影就可以利用最少的点计算出转换参数。值得注意的是当使用一个或两个地方点计算参数时，作为计算的参数仅对于附近的点的转换来说是有效的。

缺点：转换的区域直径限制在 10km 以内。

（3）插值法。将 GNSS 测量成果通过一种合理的、均匀的弹性形变方式，纳入国家或地方格网坐标系统，国家或地方系统的格网是由输入的点位平面坐标所定义的，平面点位与高程在转换中分别做出处理，这就意味着测量的平面点位不一定是高程已知的同一个点，地方高程中的误差将不会传播到平面点位转换部分。

插值转换方法在某些方面较传统的三维经典转换方法有利，如可在无椭球参数和地图投影资料的情况下计算转换参数。另外，高程和平面点位的转换是彼此独立的，这就意味着地方坐标不必要包含高程信息，高程信息可从不同的点位获得。

插值转换方法趋向于将 GNSS 测量值扭曲以适合现有的国家或地方坐标的测量值，这是其优点，但也可能是缺点，由于 GNSS 坐标通常被发现好于现有的国家或地方坐标，即整体均匀性好，这就意味着使用这种方法时，GNSS 坐标的精度可能稍有降低，如果希望将 GNSS 观测值纳入已有的国家或地方坐标系统，可优先选择该方法。

优点：高程误差不影响平面点位的转换；无椭球参数和地图投影资料的情况下可计算转换参数；用来确定平面点位和高程转换的点不一定是同一个点。

缺点：插值转换方法最主要的缺点是严格限制在它可应用的区域内，主要原因是没有将尺度因子应用于投影，在实践中，这种方法适用于直径 10～15km 范围内。

六、资料与成果

静态卫星定位测量数据处理及工作结束后的资料与成果包括下列内容：

（1）勘测大纲；

（2）采用的成果资料；

（3）GNSS 仪器检定证书、检验记录；

（4）作业计划书；

（5）GNSS 控制点点之记；

（6）外业测量手簿、原始观测数据（含电子文档）；

（7）项目技术报告内容包括基线处理报告、网平差报告、基准转换报告、GNSS 控制网展点图、坐标成果表及注释资料等。

第二节 GNSS RTK 测 量

GNSS RTK（real-time kinematic，RTK）测量既可进行平面和高程控制测量，利用高等级起算点求得转换参数，获取等级 RTK 平面控制点和等外高程控制点的国家或地方三维坐标；也可以经过现场点校正的方法求得转换参数，获取厂站工程测量图根点和碎部点的国家或地方三维坐标。

GNSS RTK 测量在电力工程中的应用主要有：

（1）电力工程可行性研究阶段。配合设计进行厂站位置或路径方案选择，对影响较大的重要地物进行 RTK 碎部点测量。

（2）厂站工程初步设计及施工图阶段。对厂站范围内的地形、地物进行 RTK 碎部点测量。

（3）线路工程初步设计及施工图阶段。线路桩位放样、塔位地形图测量、塔基断面图测量等；对影响路径的地形、地物进行 RTK 碎部点测量。

（4）电力工程的规划区、工矿区、军事设施区、收发信号台及文物保护区等地段，进行 RTK 图根精度的联测。

（5）电力工程附近的河流、湖泊、水库、河网地段及水淹地区，应根据水文专业的需要进行洪痕点及洪水位高程的联测，当距离主厂区小于 5km 时，应采用 GNSS RTK 碎部点精度的高程联测，当距离大于 5km 且小于 10km 时，应采用 GNSS RTK 图根精度的高程联测。

（6）电力工程中 GNSS RTK 作业可用于部分控制测量，但目前厂站工程的平面和高程测量中仍以 GNSS 静态观测和水准测量为主。

一、GNSS RTK 测量模式

GNSS RTK 依照其模式，可以分为单基准站 RTK

测量、网络 RTK 测量。

（一）单基准站 RTK 测量

采用单基准站作业，一般作业方法为首先建立作业，架设好基准站，输入基准站坐标，启动基准站，流动站设置好无线电通信频率，工程项目设置好坐标转换参数，即可开始 RTK 测量。

基准站架设在已知点（平面坐标和高程已知）上时，可以直接按照点校正方式输入坐标转换参数；当基准站架设在未知点（任意点）时，需要按照现场点校正方式求解坐标转换参数（四参数至少需要 2 个已知点，七参数至少需要 3 个已知点）。

基准站数据通信，可以采用自备无线电台或者采用手机通信模块的方式。单基准站测量模式中，通常采用自备无线电台通信的方式，但是在基准站无线电通信有干扰的情况下，宜采用手机通信模块法。使用手机通信模块时，根据 RTK 点位精度与基站距离的远近关系，流动站距离基准站距离控制在 30km 之内。

坐标转换一般采用点校正和现场点校正方式，点校正是指利用已知点的地方坐标和 WGS-84 坐标，直接输入坐标求解转换参数，现场点校正方法是只有已知点的地方坐标，没有点位 WGS-84 坐标时，按照 RTK 图根点测量方法，直接测量已知点的 WGS-84 坐标，进而求解转换参数。

（二）网络 RTK 测量

有条件采用网络 RTK 测量的地区，宜优先采用网络 RTK 技术测量。使用网络 RTK 需要向控制中心申请用户使用账号，开通专用数据卡，放入流动站手机通信模块中，按照控制中心给出的说明操作即可获取基准站的差分信息。

二、准备工作

（一）资料收集与整理

（1）收集电力工程勘测任务书、勘测大纲、作业指导书及本工程所依据的规范、规程等相关资料。

（2）收集设计专业提供的电力工程附近的小比例尺地形图。

（3）收集电力工程附近的 GNSS 主控网和 GNSS 外控网平差成果资料，并明确相应平面坐标系统及高程坐标系统。

（4）收集电力工程所在地的通信及电台频率干扰情况，并明确 RTK 基准站与流动站之间的通信模式。

（二）仪器检验

（1）仪器设备完整性检验。在 RTK 外业工作开始前对测量仪器及各种配件进行系统检查，确保使用仪器设备合格。目前 RTK 不同作业方法对应的仪器配件见表 12-6。

表 12-6　RTK 仪器配件表

方法/设备	基准站	无线发射电台	手机通信模块	流动站接收电台	流动站接收机
单基站（自备电台）	√	√		√	√
单基站（手机模块）	√		√	√	√
网络 RTK			√		√

（2）连通检验。包括基准站与流动站的数据链连通检验、数据采集器与接收机的通信连通检验等。

（3）数据链检核。包括调制解调器、电台或移动通信设备等。

（4）GNSS 接收机检验。对选用 GNSS 接收机，必须对其性能和可靠性进行检验，合格后才能参加作业，包括一般性检验、通电检验及实测检验（使用前应与固定基线或光电测距边长做对比检验）。

（三）转换参数的确定

1. 起算点可靠性检验

对测区内的已知点，通过全站仪或 GNSS 进行已知点间距离观测，通过观测的平距与已知点反算的格网平距的比例误差进行判定。判定指标参见本手册第一章第二节“GNSS 平面控制测量”。

2. 转换参数的获取

（1）在已有测区坐标系统转换参数时，可以直接利用已知参数。

（2）在没有测区坐标系统转换参数时，应利用已有成果进行坐标转换。

（3）WGS-84 坐标系与我们所需的目标坐标系（如 CGCS2000 坐标系、1980 年西安坐标系、1954 年北京坐标系或地方独立坐标系）转换参数的求解，起算点应采用不少于 3 点（每点有两套坐标系成果），所选起算点应分布均匀，且能控制整个测区。

（4）转换时应根据测区范围及具体情况，对起算点进行可靠性检验，采用合理的数学模型，进行多种点组合方式分别计算和优选。

3. 转换方法

转换参数求解方法一般采用四参数法、一步法和七参数法。四参数法至少需要 2 个控制点参与转换；一步法是平面按照四参数转换方法，高程一般采用根据已知点线性改正高程异常值的方式；七参数法至少需要 3 个平高控制点参与转换。无论采用哪种转换参数的方法，参与转换的控制点应该能均匀覆盖厂站作业范围，当参与转换的控制点数量大于最低要求时，方能显示出参与转换的控制点转换残差精度。记录表格见表 12-7。

表 12-7 参考点地心坐标与地方坐标的转换残差及转换参数表 （cm）

序号	参考点名	平面残差	高程残差
1	K1	−1.26	−0.29
2	K2	−0.62	0.24
3	K3	−1.04	1.44
4	K4	−0.50	−0.24
5	K5	−0.33	−1.22
…	…	…	…

参考点地心坐标与地方坐标的转换参数

转换参数	*Dx*	*Dy*	*Rz*	*SF*
	*1086.5444m	*6073.4155m	0°1′31.6″	−7.5575ppm

注 1. *表示隐去的数据。由于控制点涉密，为防止泄密，用*隐去部分数据。

2. *Dx*—*x* 轴平移量，*Dy*—*y* 轴平移量，*Rz*—*z* 轴旋转角，*SF*—尺度因子。

三、GNSS RTK 控制测量

GNSS RTK 控制测量主要用于外业数字测图和摄影测量与遥感，可以用于图根控制测量、像片控制测量、碎部点数据采集等。

（一）观测前准备工作

平面控制点可以逐级布设、越级布设或一次性全面布设，每个控制点宜保证有一个以上的通视方向。

RTK 平面控制点观测时应采用三脚架对中、整平，每次观测历元数应不小于 20 个，采样间隔 2～5s，各次测量的平面坐标较差应不大于 4cm，取各次测量的平面坐标中数作为最终结果。记录表格见表 12-8。

表 12-8 同一基准站三次观测点位平面坐标成果表 （m）

基准站名称：K1

序号	点号	第一次坐标		第二次坐标		第三次坐标		平均值	
		X	*Y*	*X*	*Y*	*X*	*Y*	*X*	*Y*
1	K2	*1286.548	*6073.421	*1286.549	*6073.421	*1286.550	*6073.422	*1286.549	*6073.421
2	K3	*1988.553	*6173.831	*1988.552	*6173.832	*1988.551	*6173.830	*1988.552	*6173.831

RTK 高程控制点尽量与平面控制点同桩布设。观测时应采用三脚架对中、整平，每次观测历元数应不少于 20 个，采样间隔 2～5s，各次测量的大地高较差应不大于 4cm，取各次测量的大地高中数作为最终结果。流动站的高程异常可以采用数学拟合方法、似大地水准面精化模型内插等方法获取，拟合模型及似大地水准面模型的精度根据实际生产需要确定。记录表格见表 12-9。

表 12-9 同一基准站三次观测高程成果表 （m）

基准站名称：K1

序号	点号	第一次高程 H_1	第二次高程 H_2	第三次高程 H_3	平均值 *H*
1	K2	1.564	1.552	1.573	1.563
2	K3	2.512	2.525	2.532	2.523

（二）观测要求

1. GNSS RTK 基准站的技术要求

（1）自设基准站如需长期和经常使用，宜埋设有强制对中的观测墩。

（2）自设基准站应选择在高一级控制点上。

（3）用电台进行数据传输时，基准站宜选择在测区相对较高的位置。

（4）用移动通信进行数据传输时，基准站必须选择在测区有移动通信接收信号的位置。

（5）选择无线电台通信方法时，应按约定的工作频率进行数据链设置，以避免串频。

（6）应正确设置随机软件中对应的仪器类型、电台类型、电台频率、天线类型、数据端口、蓝牙端口等。

（7）应正确输入基准站坐标、数据单位、尺度因子、投影参数和接收机天线高等参数。

2. GNSS RTK 流动站的技术要求

（1）用数据采集器设置流动站的坐标系统转换参数，设置与基准站的通信。

（2）GNSS RTK 的流动站不宜在隐蔽地带、成片水域和强电磁波干扰源附近观测。

（3）观测开始前应对仪器进行初始化，并得到固定解，当长时间不能获得固定解时，宜断开通信链路，再次进行初始化操作。

（4）每次观测之间流动站应重新初始化。

（5）作业过程中，如出现卫星信号失锁，应重新初始化，并经重合点测量检测合格后，方能继续作业。

（6）每次作业开始前或重新架设基准站后，均应进行至少一个同等级或高等级已知点的检核，平面坐标较差不应大于7cm。

（7）GNSS RTK平面控制点测量平面坐标转换残差应在±2cm范围内。

（8）数据采集器设置控制点的单次观测的平面收敛精度应优于±2cm。

（9）应取各次测量的平均坐标作为最终结果。

（10）进行后处理动态测量时，流动站应先在静止状态下观测10～15min进行初始化，然后在不丢失初始化状态的前提下进行动态测量。

3. GNSS RTK平面控制点测量主要技术要求

（1）采用基准站GNSS RTK测量一级控制点需至少更换一次基准站进行观测，每站观测次数不少于2次。

（2）采用网络GNSS RTK测量各级平面控制点可不受流动站到基准站距离的限制，但应在网络有效服务范围内。

（3）相邻点间距离不宜小于该等级平均边长的1/2。

除此之外，GNSS RTK平面控制点测量主要技术指标应符合表12-10的规定。

表12-10　GNSS RTK平面控制点测量主要技术指标

等级	相邻点间平均边长（m）	点位中误差（cm）	边长相对中误差	与基准站的距离（km）	观测次数	起算点等级
一级	≥500	−5(含)～+5（含）	≤1/20000	≤5	≥4	四等及以上
二级	≥300	−5(含)～+5（含）	≤1/10000	≤5	≥3	一级及以上
三级	≥200	−5(含)～+5（含）	≤1/6000	≤5	≥2	二级及以上

注　点位中误差指控制点相对于最近基准站的误差。

4. GNSS RTK高程控制点测量主要技术要求

GNSS RTK高程控制点测量主要技术要求应符合表12-11的规定。

表12-11　GNSS RTK高程控制点测量主要技术要求

大地高中误差（m）	与基准站的距离（km）	观测次数	起算点等级
−3（含）～+3（含）	≤5	≥3	四等及以上水准

注　1. 大地高中误差指控制点大地高相对于最近基准站的误差。

2. 网络GNSS RTK高程控制测量可不受流动站到基准站距离的限制，但应在网络有效服务范围内。

（三）数据处理

GNSS RTK控制测量外业采集的数据应及时进行备份和内外业检查。RTK控制测量外业观测记录采用仪器自带内存卡或测量手簿，记录项目及成果输出包括下列内容：

（1）转换参考点的点名（号）、残差、转换参数；

（2）基准站点名（号）、天线高、观测时间；

（3）流动站点名（号）、天线高、观测时间；

（4）基准站发送给流动站的基准站地心坐标、地心坐标的增量；

（5）流动站的平面、高程收敛精度；

（6）流动站的地心坐标、平面和高程成果；

（7）测区转换参考点、观测点网图。

（四）成果质量检查

用GNSS RTK技术施测的控制点成果应进行100%的内业检查和不少于总点数10%的外业检测，平面控制点外业检测可采用相应等级的GNSS静态技术测定坐标，全站仪测量边长和角度等方法，高程控制点外业检测可采用相应等级的三角高程、几何水准测量等方法，检测点应均匀分布测区，高差较差应不大于$40\sqrt{L}$（单位为mm，其中L为检测长度，单位为km，不足1km时按1km计算）。平面检测结果应满足表12-12的要求。

表12-12　RTK控制测量成果检测标准

等级	边长校核		角度校核		坐标校核
	测距中误差（mm）	边长较差的相对误差	测角中误差（″）	角度较差限差（″）	坐标较差中误差（cm）
一级	−15(含)～+15（含）	≤1/14000	−5（含）～+5（含）	14	−5(含)～+5（含）
二级	−15(含)～+15（含）	≤1/7000	−8（含）～+8（含）	20	−5（含）～+5（含）
三级	−15(含)～+15（含）	≤1/4500	−12（含）～+12（含）	30	−5（含）～+5（含）

四、GNSS RTK地形测量

（一）主要技术要求

用RTK进行外业数字测图主要分为图根点测量和碎部点测量。其主要技术要求应符合表12-13的规定。

表12-13　GNSS RTK地形点测量技术指标

等级	图上点位中误差（mm）	高程中误差	与基准站的距离（km）	观测次数	起算点等级
图根点	−0.1(含)～+0.1（含）	1/10等高距	≤7	≥2	平面三级以上、高程等外以上

续表

等级	图上点位中误差（mm）	高程中误差	与基准站的距离（km）	观测次数	起算点等级
碎部点	–0.5（含）～+0.5（含）	符合相应比例尺成图要求	≤10	≥1	平面图根、高程图根以上

注 1. 点位中误差指控制点相对于最近基准站的误差。

2. 用网络 RTK 测量可不受流动站到基准站间距离的限制，但宜在网络覆盖的有效服务范围内。

（二）图根点测量

1. 主要观测技术要求

（1）作业前应该对接收机的天线、基座的圆水准器及管水准器和光学对点器进行检查。

（2）GNSS 的测站作业和记录应符合规范要求。

（3）RTK 图根点测量一般用于厂站地形图测量的图根控制测量。

（4）图根点标志宜采用木桩、铁桩或其他临时标志，必要时可埋设一定数量的标石。

（5）RTK 作业的有效卫星数不宜少于 5 颗，PDOP 值应不大于 6，并应采用固定解成果。显示的坐标和高程偏差应在 ±30mm 范围内，当即可记录实测的数据、图根点号和天线高。

（6）获取测区坐标系统转换参数时，由于主控网已经建立，可以直接利用已知的参数，没有建立主控网的工程，可以采用现场点校正的方法求取转换参数，转换时应根据测区范围及具体情况，对起算点进行可靠性检验。

（7）每天外业开始前，应该对前一天的点位进行检核，满足两次测量的坐标较差限差和高程较差限差要求，才能进行作业。

（8）每天外业结束应及时将 RTK 外业观测数据从数据记录器中导出，并进行备份，RTK 原始三维坐标数据中应该保留平面、高程精度指标。

（9）流动站与基准站距离小于 7km，独立观测不少于 2 次，每次观测历元数应不少于 10 个，并进行数据整理和检核。

（10）RTK 图根点测量应采用“同一基准站断开重新连接法”或“两次基准站法”进行观测，两次测量点位较差应小于 7cm，高程测量两次测量高程较差应小于 10cm，各次结果取平均作为最后成果。

2. 数据处理

RTK 地形测量外业数据应及时从数据记录器中导出并备份。RTK 地形测量外业观测记录采用仪器自带内存卡和数据采集器，记录项目及成果输出包括下列内容：

（1）转换参考点的点名（号）、残差、转换参数；

（2）基准站、流动站的天线高、观测时间；

（3）流动站的平面和高程收敛精度；

（4）流动站的平面和高程成果数据；

（5）数据输出后应及时检查数据精度、收敛精度等各项数据指标满足规范要求。

3. 成果质量检查

用 RTK 技术施测的图根点、碎部点平面成果应进行 100% 的内业检查和不少于总点数 10% 的外业检测，外业检测采用相应等级的全站仪测量边长和角度等方法进行，其检测点应均匀分布测区。检测结果应满足表 12-14 的要求。

表 12-14 RTK 地形测量成果检测指标

等级	边长校核		角度校核		坐标校核
	测距中误差（mm）	边长较差相对误差	测角中误差（″）	角度较差限差（″）	平面坐标较差图上（mm）
图根	–20（含）～+20（含）	≤1/3000	–20（含）～+20（含）	60	–0.15（含）～+0.15（含）

用 RTK 技术施测的图根点高程成果应进行 100% 的内业检查和不少于总点数 10% 的外业检测，外业检测采用相应等级的三角高程、几何水准测量等方法进行，其检测点应均匀分布测区。检测结果高差较差应不大于 1/7 基本等高距的技术要求。

（三）碎部点测量

（1）RTK 碎部点测量一般用于厂站地形测量等。

（2）RTK 作业的有效卫星数不宜少于 5 颗，PDOP 值应不大于 6，并应采用固定解成果。

（3）流动站与基准站距离小于 10km，观测历元数应大于 5 个。

（4）碎部点测量过程中应及时校核，确保精度满足要求。

（5）数据处理及成果质量检查同图根点作业。

五、GNSS RTK 放样测量

1. 厂站放样测量

厂站放样测量主要是对方格网点、地质孔位、精度要求不高的施工点放样等放样工作，由于精度要求不高，技术上可参看本节“碎部点测量”相关技术要求。

2. 线路放样测量

使用 GNSS RTK 进行线路放样测量主要是对直线桩、塔位桩的放样测量，应符合下列要求：

（1）移动站与基准站之间的距离不宜大于 8km。

（2）同步观测卫星数不应少于 5 颗，显示的坐标和高程精度指标应在 ±30mm 范围内时再记录。

（3）进行直线桩、塔位桩放样时，允许偏距为 ±15mm。

（4）同一直线段内的直线桩、塔位桩宜采用同一基准站进行 GNSS RTK 放样。当更换基准站时，应对上一基准站放样的直线桩或塔位桩进行重复测量。

（5）对转角桩、直线桩、塔位桩进行检查测量时，测量的坐标较差应在 ±0.07m 范围内，高程较差应在 ±0.1m 范围内。

（6）控制点应利用 GNSS 控制网点，使用前应确认其可靠性。控制网点的密度、观测条件不能满足要求时，应以 GNSS 控制网点为起算点，采用 GNSS 静态或快速静态模式进行加密。

六、网络 RTK 测量

（一）网络 RTK 前期准备

1. 流动站仪器准备

（1）在网络 RTK 作业前，首先检查设备是否齐全，包括 GNSS 接收机、接收机天线、手簿（控制终端）、流动杆，必要时准备脚架、钢卷尺、扳手、电源连接线等；然后，检查仪器是否正常，包括个人计算机（PC）是否满足工作需要。

（2）利用配套软件在计算机上对接收机进行必要的设置。

（3）由于网络 RTK 作业耗电量大，工作前，应对电池进行充电，准备充足的电源。

2. 设备启动状况检查

（1）开机后，检验有关指示灯与仪表是否显示正常，正常后方可进行自测试并启动软件新建任务，输入测站号（测点号）、仪器高等信息准备作业。

（2）接收机启动后，观测员可使用专用功能键盘和选择菜单，查看测站信息接收卫星数、卫星号、卫星健康状况、各卫星信噪比、相位测量残差实时定位的结果及收敛值、存储介质记录和电源情况，如发现异常情况或未预料情况，应及时做出相应处理。若一切正常可以开始作业。

3. 作业环境条件的选择

网络 RTK 作业时应选择在对流层活跃程度较小的时段进行。

（1）作业时锁定卫星数在 6 颗及以上成果才较为可靠。若少于 6 颗卫星，初始化需要很长的时间，而且解算精度较差，建议停止作业或者更换追踪能力更强的接收机进行作业。

（2）在数据通信信号受影响的点位，为提高效率，可将仪器移到开阔处或升高天线。待数据链锁定后，再无倾斜地移回待定点或放低天线，待信号稳定后再进行测量。

（二）网络 RTK 作业流程

1. 作业内容

利用网络 RTK 技术施测一级 GNSS 控制点、二级 GNSS 控制点、图根控制点，进行碎部点观测。CORS 基准站技术是网络 RTK 技术的一种。

2. 作业步骤

（1）通过蓝牙协议（简称蓝牙）或连接线建立手簿与接收机间的通信。启动测量软件，建立新文件，设置网络 RTK 测量形式的参数。

（2）利用手簿或者接收机上的通信模块拨号，连接到 Internet 网络。

（3）使用网络 RTK 系统管理员提供的用户名和密码，通过 Internet 网络连接到网络 RTK 数据处理中心。

（4）连接数据处理中心，获取源列表，等初始化完成，获得固定解后，开始测量采集数据。

（5）外业完成后，将手簿或者接收机存储的测量数据下载到计算机进行后续数据预处理和图形处理。

3. 观测前的准备

在作业前要检查仪器本身的状态、通信模块的工作状态、软硬件的设置、配置集、用户名的状态、SIM 卡的状态，查看作业区域的星历预报成果等；对于长时间未使用网络 RTK 的，需要进行实测检查。

此外，仪器的准备主要有：

（1）正确设置接收机内的各种参数。

（2）进行观测前应按照 CORS 运营中心提供的有关参数，对手簿控制器、通信模块进行设置。

（3）进行接收机、手簿控制器及网络控制中心之间的数据链接与传输检查。

4. 观测要求

在观测过程中长时间不能获得固定解时，应断开通信链接，重启 GNSS 接收机再次进行初始化操作。重试次数超过 3 次仍不能获得初始化时应取消本次测量，对现场观测环境和通信链接进行分析，可选择现场附近观测和通信条件较好的位置重新进行初始化操作，同时将现场情况向网络 RTK 运营中心通报。用户可采用静态测量的方式，至少观测 10min 时间，进行静态数据后处理。

（1）观测原则。

1）测量时要整平对中，控制点测量时采用摆设脚架，基座对中整平，碎部点可以采用对中杆对中整平。

2）每个点至少采用一个测回的测量次数；每个测回应进行独立初始化，每测回的历元观测数不少于 10 个，且取其平均值作为该测回的观测值；测回间的间隔超过 60s；测回间的平面坐标分量较差不大于 2cm，垂直坐标分量较差不大于 3cm。

（2）一、二级控制点观测要求。

1）利用网络 RTK 技术施测一、二级 GNSS 控制点时，必须采用脚架对中的方式。

2）天线高的量测应精确到毫米，开始作业前天线高应重复量测两次，两次较差小于 3mm 取其平均值，否则重新对中整平仪器。测后应再次量测天线高，量测值与测前平均值较差大于 3mm 时，必须重新进行观测。

3）所有的观测均应在 RTK 固定解稳定收敛后进行。每点应观测四个测回，每测回应观测两次，每次需重新初始化，每次至少采集数据 30 个历元；观测点的最终成果为一测回两次观测的平均值。

（3）图根控制点观测要求。

1）利用网络 RTK 技术施测图根控制点时，应采用脚架对中的方式。

2）所有的观测均应在 RTK 固定解稳定收敛后进行。

3）每点应观测 2 个测回，每测回应观测两次，每次需重新初始化，每次至少采集数据 15 个历元；观测点的最终成果为各测回的平均值。

（4）碎部点观测要求。

1）使用无倾斜改正的流动站，利用网络 RTK 技术施测碎部点时，流动站对中杆的圆气泡必须严格稳定居中。

2）所有的观测均应在 RTK 固定解稳定收敛后进行。

3）每点需观测一个测回，每次至少采集数据 15 个历元。

4）观测点的最终成果为各测回的平均值。

5. 检测要求

在实际应用中，建议采用全站仪作为网络 RTK 测量结果检测的辅助观测手段进行。全站仪观测 RTK 对点的边长、高差以及 3 个点以上互为通视时的夹角。外业检验采用相同精度的检验方法，检验比例及各项精度指标按相应规定的要求执行。

（三）数据处理

1. 数据下载

测量作业完成后进行数据处理，应及时将各类原始观测数据、中间过程数据、转换数据和成果数据等转存至计算机或移动硬盘等其他媒介上。网络 RTK 地形测量外业数据应及时从数据记录器中导出并备份。RTK 地形测量外业观测记录采用仪器自带内存卡和数据采集器，记录项目及成果输出包括下列内容：

（1）转换参考点的点名（号）、残差、转换参数；

（2）流动站的天线高、观测时间；

（3）流动站的平面和高程收敛精度；

（4）流动站的平面和高程成果数据。

2. 数据安全

外业观测数据在转存时，应提交完整的原始观测记录，不得对数据进行任何剔除或修改，同时还应做好备份工作确保数据安全。

3. 坐标转换

网络 RTK 测量直接得到是 WGS-84 坐标，平面可通过 CORS 控制中心提供的相应坐标转换软件进行实时或事后转换为独立坐标；对于规划区内，相应坐标转换软件可提供似大地水准面精化模型实时或事后转换的 1985 年国家高程；同时，平面和高程也可通过静态联测已知点进行区域性坐标和高程转换。

4. 数据输出

记录项目及数据输出包括下列内容：

（1）平面和高程转换参考点的点名、残差、转换参数；

（2）虚拟参考站的编号及发送给流动站的 WGS-84 坐标、WGS-84 坐标的增量（碎部点除外）；

（3）流动站测量点位的点名、天线类型、天线高及观测时间；

（4）流动站（碎部点除外）测量时的 PDOP 值；

（5）流动站（碎部点除外）测量点位的平面、高程收敛精度；

（6）流动站（碎部点除外）测量点位的 WGS-84 大地坐标，包括纬度、经度和大地高成果；

（7）流动站测量点位进行坐标转换后的平面坐标和高程成果，该成果可在内业进行事后转换。

（四）数据检查

网络 RTK 测量成果应进行 100%的内业检查。内业检查内容包括：

（1）原始观测记录的齐全性；

（2）输出成果内容的完整性；

（3）仪器高、卫星数和 GDOP 情况；

（4）测回收敛精度、测回数、同一时段测回间点位坐标平面互差ΔS 和高程互差ΔH、测回时间间隔以及时段时间间隔、时段间点位坐标平面互差ΔS 和高程互差ΔH；

（5）已知点资料及检测资料；

（6）重复测量的时间间隔和较差符合性；

（7）其他各项应当检查的内容。

七、资料与成果

GNSS RTK 测量资料与成果包括以下内容：

（1）观测仪器检定证书、仪器检验记录。包括仪器基座、光学对点器的检验与校正。

（2）起算点成果资料。需要收集测区内高等级控制点的地心坐标、参心坐标、已有坐标系统转换参数和高程成果等资料。

（3）外业观测原始记录文件。基准站点名（号）、天线高、观测时间；流动站点名（号）、天线高、观测时间；基准站发送给流动站的基准站地心坐标、地心坐标的增量；流动站的平面、高程收敛精度。

（4）区域坐标转换参数及精度分析。转换参考点的点名（号）、残差、转换参数。

（5）RTK数据成果：地形特征点三维坐标。

（6）测量检查资料。使用仪器的精度等级、仪器检验记录；转换参考点的点名（号）、残差、转换参数；外业观测资料中各项限差、技术指标情况；记录完整准确性、记录项目齐全性；提交成果的正确性和完整性。

（7）技术总结。技术小结对RTK测量工作进行全面记述，宜包括厂站工程概况、仪器设备检测、区域坐标转换参数及精度、测量方法、提交成果数据、存在的问题及建议等内容。

第三节　CORS 定位测量

随着GNSS技术发展得越来越快，它在工程测绘中的作用也越来越重要。当前，CORS系统已成为GNSS应用和发展的热点之一。所谓CORS系统，就是利用多基站网络RTK技术建立的连续运行卫星定位服务综合系统（continuous operational reference system，CORS），它是卫星定位技术、计算机网络技术、数字通信技术等高新科技多方位、深度结晶的产物。

一、CORS系统的组成

CORS系统主要由基准站系统、数据处理中心、数据通信系统、用户应用系统等四个子系统组成，各子系统之间通过数据通信系统连接成一体，形成一个专用局域网。

1. 基准站系统

由固定的CORS基准站组成，用于实现对卫星信号的采集、跟踪、记录和传输，基准站可布设成一个或多个固定基准站。站与站之间使用数字通信系统访问数据处理中心。

2. 数据处理中心

它是CORS的核心子系统，具有数据处理、系统监控、信息服务、网络管理等功能。主要设备包括网络设备、服务器、计算机、不间断电源等构成的内部局域网和系统核心软件组成。

3. 数据通信系统

CORS各子系统之间的交流是通过数据通信系统完成的，参考站通过无线网络将数据首先发送到数据通信中心，数据通信中心再将数据通过无线网络发送到用户应用终端。

4. 用户应用系统

用户通过GNSS天线接收卫星数据，通过GNSS通信模块将自身的实时信息发送给数据处理中心，并利用数据处理中心发送来的实时差分信息进行改正，从而获取高精度的位置信息。

二、CORS测量的基本原理

CORS测量基本工作原理是利用GNSS导航定位技术，在一个较大的区域内均匀的布设一个或多个永久性的连续运行的GNSS基准站，构成一个基准站网。利用计算机技术、数据通信技术和互联网技术将各个基准站与数据处理中心组成网络，由数据处理中心首先对各个基准站的数据进行预处理和质量分析，然后对整个数据进行统一解算，实时估算出网内各种系统误差的改正项，获取该区域的误差改正模型，然后向需要的用户发送实时差分数据。用户只需一台GNSS接收机，便可实时或事后得到高精度的可靠的定位结果。GORS基本原理示意如图12-8所示。

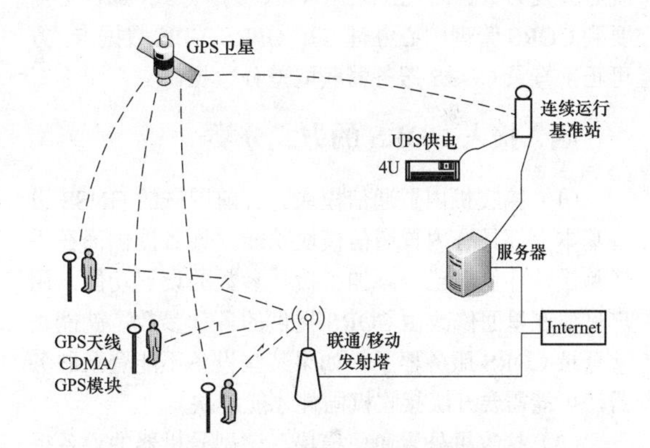

图12-8　CORS基本原理示意图

CORS技术是网络RTK最重要的应用之一。目前国际上主流的网络RTK技术包括虚拟参考站技术（VRS）、主辅站技术（MAC）、区域改正技术（FKP）和联合单参考站RTK技术四种，其中虚拟参考站技术（VRS）是目前全球普及范围最广的网络RTK技术。网络RTK技术对比见表12-15。

表12-15　网络RTK技术对比

内容	VRS	MAC	FKP	联合单参考
解算精度	高	较高	高	一般
解算稳定性	高	较高	非常高	一般
兼容性	高	高	低	很高
最少基站数	3	2	3	1
保密性	高	高	很高	低
普及率	高	一般	低	很高

三、接入 CORS 的必备要素

（1）GNSS 接收机必须支持 CORS 接入。各 GNSS 厂家的一些老型号（2007 年以前）的机型，可能在硬件上就不支持 CORS 的接入，所以在入网前先向设备提供商了解设备情况，确认能够接入 CORS 时，再办理入网手续。

（2）GNSS 接收机具有无线通信功能。GNSS 流动站必须具备网络通信功能，能够进行拨号上网，登录 CORS 系统服务器获取差分数据，有些老型号设备需要添加通信模块，详情需咨询设备提供商。

（3）已从 CORS 管理中心开通 CORS 账号。在确保 GNSS 设备能够接入 CORS，无线通信正常后，可以到 CORS 管理中心申请使用账户，账户信息包含用户名、密码、APN 接入点、IP 地址、端口号、源列表。

由于测绘保密条例的要求，部分省市的 CORS 系统对外发布数据时已经采用 VPN 专用方式，那样还需要到 CORS 管理中心办理专用 GPRS-VPN 数据卡，方可正常登录 CORS 服务器获取差分数据。

四、接入 CORS 的方式分类

（1）接收机内置通信模块。目前国产的 GNSS 设备基本上都具有内置通信模块功能，设备提供商在手簿测量软件里面已经添加了拨号参数的设置功能，用户只要在里面修改由 CORS 提供的各项参数，就能正常登录 CORS 服务器了。如果某些设备不能登录服务器，可能需要升级接收机固件才能解决。

（2）接收机外置通信模块。该型号机器的设备提供商一般都会提供模块设置软件，利用设置软件将拨号参数和 CORS 参数设置给模块，模块通过数据线与接收机连接，手簿测量软件里面配置差分数据的输入端口就可以正常登录 CORS 服务器获取差分数据了。

（3）手簿内置通信模块。手簿内置通信模块分为全内置和 CF 接口上网卡扩展内置两类。手机全内置的可以直接输入拨号参数拨号上网，然后到手簿测量软件里面配置 CORS 各项参数，通过 CF 扩展的需要增加一个 CF 接口的 GPRS 无线上网卡才能建立拨号。

（4）手簿外接蓝牙手机。该型号设备是将蓝牙手机作为一个调制解调器用来上网，手簿与蓝牙手机配对成功后，在手簿上新建拨号，设置拨号参数建立连接，测量手簿软件配置跟内置通信模块配置基本相同。

五、CORS 系统的应用

由于 CORS 系统能够全年 365 天，每天 24h 连续不断地运行，现已全面取代常规大地测量控制网，并在专业测绘领域得到越来越广泛的应用，主要应用在以下几个方面。

（一）基于 CORS 的 GNSS 静态测量

基于 CORS 的 GNSS 静态测量，实质上就是在 GNSS 静态测量中，利用 CORS 不间断、高精度的基准站信息作为起算点，省去了起算点的收集、联测及检核工作。目前全国大部分 CORS 系统具有 CGCS 2000 年大地坐标系和 1980 年西安坐标系，可以方便地实现不同坐标系之间的转换，确保不同生产单位的测绘成果的统一。由于 CORS 基准站具有连续观测、点位稳定、数据精度高、兼容性好等特点，以 CORS 基准站数据作为起算点进行控制网平差，网精度高，完全可以满足不同等级控制测量的精度要求。

以 CORS 基准站数据为起算点进行静态控制网平差时，应该注意以下几点：

（1）由于 CORS 基准站距离控制点的距离一般较远，为了保证静态解算的精度，必须适当增加 GNSS 接收机的观测时间，同时应该同步观测短边，以获取独立基线，保证成果的质量可靠。

（2）CORS 数据是国家重要的基础测绘数据，属于绝密成果。所以基于 CORS 的 GNSS 静态控制测量 GNSS 基线解算和平差的起算数据将常规 GNSS 静态测量的后处理工作移交到 CORS 管理中心来完成，进行主控网的建立、像控点测量和联测等。

（3）由于保密的原因，生产单位无法直接获得 CORS 基站静态观测数据，故需将采集的原始数据转换成 RINEX 数据格式后交 CORS 中心进行解算。CORS 中心选取厂站附近的 CORS 固定站静态观测数据与采集的原始数据统一进行基线解算、网平差，并最终提供控制点成果表。

与常规 GNSS 静态测量相比，基于 CORS 的 GNSS 静态测量有以下几个优点：

（1）在很多情况下可采取单机作业，不需要同步观测，因此对静态观测网形无严格要求，但观测时间、观测方法等与常规静态观测要求基本一致。

（2）不需要联测已知点，其静态解算结果可作为起算点使用。

（3）坐标转换精度可靠，不存在起算点兼容性问题。

（4）不需要联测水准点进行高程拟合。

（二）基于 CORS 的 GNSS 快速静态测量

GNSS 快速静态测量的原理是通过 GNSS 接收机接收 4 颗以上卫星信号，解算卫星到接收机之间的距离，通过卫星在地心坐标系中的位置确定出接收机在该坐标系中的位置，从而解算出多个接收机的相对位置，达到相对定位的目的。

由于 CORS 基准站到控制点的距离一般较远，直接以 CORS 基准站数据作为起算点进行 GNSS 快速静态测量，其精度很难满足要求。一般可以采用“双参考站一次上点法”，利用 CORS 基准站布网，将两台 GNSS 接收机做参考站，剩余 GNSS 接收机作为流动站，双参考站与 CORS 基准站同时进行观测并进行数据解算，流动站以参考站为起算点进行快速静态模式测量。由于双参考站与 CORS 基准站同步观测时间达几个小时，数据精度高，且参考站位置选择灵活，可以缩短流动站与参考站的距离，使用快速静态测量可以在较短时间内获取高精度的基线提高工作效率。

基于 CORS 的 GNSS 快速静态测量平差时应进行分级平差，先利用 CORS 基准站数据作为起算点对快速静态参考站进行平差，然后以快速静态解算出的结果作为起算点对次级控制网进行平差，从而解算出各控制点的坐标。

一般而言，实测发变电站的一级 GNSS 控制网，可以采用基于 CORS 的 GNSS 快速静态测量。

（三）基于 CORS 的 RTK 控制测量

基于CORS的RTK控制测量方法需要首先求取坐标转换参数，根据已有控制资料，使用布尔沙模型计算七参数，并采集测区内控制点参数进行比对，验算坐标转换参数正确后，方可进行后续测量工作。

使用基于 CORS 的 RTK 控制测量时，应首先进行已知点检核，精度满足规范要求时再进行控制测量工作。为了尽可能提高控制点测量精度，测量时每个控制点应独立观测两次，取两者平均值作为控制测量的最或然解。测量时宜采取以下措施：

（1）采用三脚架严格对中整平，精确量取天线高；

（2）第一次得到固定解后不记录，重新初始化，待等二次得到固定解后再记录；

（3）每次记录数据的平均观测次数最好不低于 60 次；

（4）测量完成后，需要进行已知点检核，检查测量的精度及其可靠性。

基于CORS的RTK控制测量可以满足厂站工程的二级、三级控制网及图根控制点精度要求。为了保证测量精度，可以采取两次独立观测结果对比求平均值的方式，提高基于 CORS 的 RTK 控制测量精度。

（四）基于 CORS 的 RTK 测量

基于 CORS 的 RTK 测量模式可以快速、实时、精确的获取测量对象的三维坐标信息。要使用该作业模式，必须具备以下几个条件：

（1）用户使用的 GNSS 接收机具有基于网络的 RTK 作业功能；

（2）用户测量作业区域内有无线通信信号；

（3）用户测量作业区域在 CORS 信号的覆盖范围内。

在满足上述条件下，将基于 CORS 的 RTK 测量模式用在输电线路的塔位及直线放样、厂站工程大比例尺地形图碎部测量、配合测深仪进行水下地形图测量等方面，与传统的单基站 RTK 测量模式比较，已经取得了极大的工作效率。基于 CORS 的 RTK 测量模式具有以下几个优点：

（1）单机作业灵活机动，作业半径较传统的单基站 RTK 测量得到极大的提高；

（2）获取数据速度快而且数据精度高，从初始化到获取固定解只需几秒时间，而且一旦获得固定解，其平面及高程精度即可以达到 5cm 以内的精度。

六、资料与成果

CORS 定位测量资料与成果包括以下内容：

（1）仪器检定证书、仪器检验记录；

（2）起算点成果资料；

（3）外业观测原始记录文件；

（4）区域坐标转换参数及精度分析计算书；

（5）RTK 测量数据成果；

（6）测量检查资料；

（7）测量技术报告。

第四节　精密单点定位（PPP）测量

一、PPP 基本原理及特点

所谓精密单点定位是指利用全球若干地面跟踪站的 GNSS 观测数据计算出的精密卫星轨道和卫星钟差，对单台 GNSS 接收机所采集的相位和伪距观测值进行定位解算。即利用预报的 GNSS 卫星的精密星历或事后的精密星历作为已知坐标起算数据；同时利用某种方式得到的精密卫星钟差来替代用户 GNSS 定位观测值方程中的卫星钟差参数。

精密单点定位包括静态和动态两种模式，静态精密单点定位即在固定的站点架设一台 GNSS 接收机观测，动态精密单点定位即在运动的载体上架设一台 GNSS 接收机观测。

利用单台 GNSS 双频双码接收机的观测数据在数千万平方千米乃至全球范围内的任意位置都可以进行 20～40cm 精度的实时动态精密定或优于 10cm 精度的快速静态定位。精密单点定位技术是实现全球精密实时动态定位与导航的关键技术。但是由于精密单点定位没有使用双差分观测值，很多误差没有消除或削弱，所以必须建立各项误差估计方程来消除误差。国际 GNSS 服务组织（IGS）提供的后处理产品是影响精密单点定位精度的关键，详见表 12-16。

表 12-16　IGS 后处理星历产品及精度

GNSS 卫星星历（轨道）	精度（cm）	滞后时间	更新时间	采样间隔
广播星历	0～100	实时	每天	2h
超快速星历	0～5	实时	世界协调时间：3 时、9 时、15 时、21 时	15m
超快速预报星历	0～3	3～9h	世界协调时间：3 时、9 时、15 时、21 时	15m
快速星历	0～2.5	17～41h	每天 17 时（世界协调时间）	15m
最终星历	0～2.5	12～18d	每周四	15m

二、PPP 数据处理

（一）PPP 观测数据预处理

在精密单点定位中，首先必须进行周跳探测与修复、粗差剔除、初始整周模糊度的确定以及相位平滑伪距等数据预处理工作，以得到“干净”的非差相位观测值和较精确的伪距观测值。

数据预处理工作的好坏将直接关系到精密单点定位的平差处理和解算结果的质量。

（二）常用的 PPP 数据解算策略

（1）位置参数在静态情况下可以作为未知数处理；

（2）在未发生周跳或修复周跳的情况下，整周未知数可以作为常数处理；

（3）在发生周跳的情况下，整周未知数作为一个新的常数参数进行处理；

（4）由于接收机钟较不稳定，存在着明显的随机抖动，因此可以将接收机钟差参数作为白噪声处理；

（5）对流层影响变化较为平缓，可以先利用数学模型改正，再利用随机游走的方法估计其残余影响；

（6）多个历元数据可以采用序贯最小二乘法或卡尔曼滤波法解算。

目前比较流行的、能够处理 PPP 数据的软件有瑞士的 Bernese、美国的 GAMIT、武汉大学自主研发的 PANDA，其中瑞士 Bernese 5.0 在处理数据时的流程如图 12-9 所示。

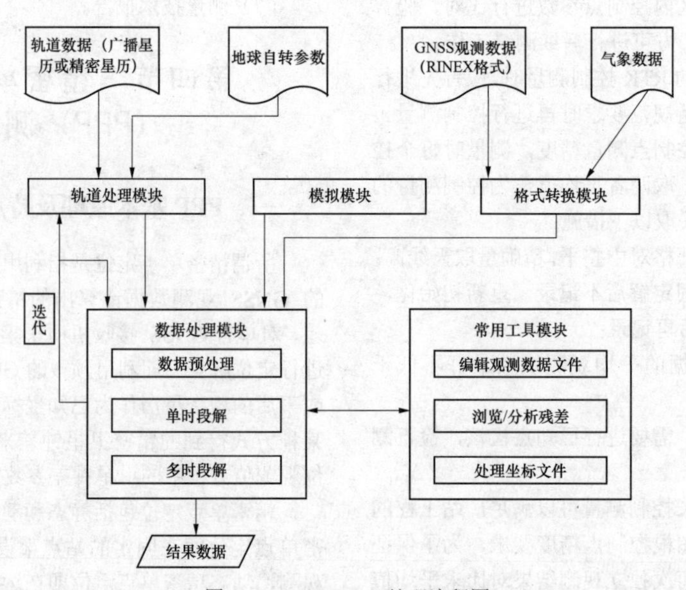

图 12-9　Bernese5.0 处理流程图

三、PPP 技术的应用

随着精密单点定位技术的不断完善，许多专家学者对其精度都进行了分析，且得到了静态精度厘米级，动态精度分米级，长时间观测其定位精度已经与差分定位技术相当的共识。随着 Galileo 系统及我国北斗导航卫星系统的建成，将为精密单点定位技术提供更多的可用卫星，卫星的空中几何图形强度将大大增强，精密单点定位技术的定位精度将得到显著提高，其应用也将越来越广泛。

1. 在控制测量中的应用

在控制测量中，尤其是在海洋控制测量中，对于沿海测区以及远离大陆的岛屿控制测量，由于无法建立基准站或者组网观测，传统的差分定位技术已经不能满足测量需求，而利用精密单点定位技术可以获取高精度的框架坐标或者高精度的起算点坐标，从而解决了远离大陆海岛礁周围缺少高等级国家控制点，无法进行高等级控制测量的难题。

2. 在航空摄影领域的应用

目前已有大量研究证明，PPP 技术已经可以用在航空摄影测量领域。目前航空摄影的摄站中心定位一般采用传统的差分 GNSS 定位技术，为了保证定位的可靠性及精度，一般要求在地面布设一定密度的基准站，这将大大增加人力、物力和财力成本的投入，对于一些难以到达的特殊区域，根本无法布设基准站，RTK 精度将大大降低。精密单点定位技术可以实现长距离、亚分米级的事后动态定位。在进行航空摄影测量时，可以在没有地面基准站的情况下，利用 PPP 技术和用差分 GNSS 定位所获取的摄站坐标在进行 GNSS 辅助光束法区域网平差时其精度是基本一致的，可满足我国现行航空摄影测量规范要求。

3. 在电力工程建设中使用 PPP 技术获取起算点数据

在超高压（或者特高压）输电线路工程进入初步设计阶段时，一般都需要借助全数字摄影测量系统对线路进行进一步优化，为此必须首先完成线路的航外作业。本阶段的主要任务是依据可研阶段确定的线路路径，对航空摄影成果进行 GNSS 外业控制测量及调绘测量，为后期的空三测量及室内优化选线提供数据源，期间搜集国家高等级控制点将成为不可或缺的工作。但是因多种原因，早期建立的国家高等级控制点由于时间久远，多数控制点已经遭到破坏无法使用，少数保存完好的控制点也远离线路，无法满足联测需要。因此可以采用精密单点定位技术获取输电线路主控网或像控网的起算点数据，并将这些起算点数据作为约束条件参加控制网的整体平差，从而解算出全部待求控制点的物方坐标。通过在多个高压输电线路工程中应用证明，采用精密单点定位技术获取的起算点数据可靠，残差小，精度能满足规范要求。

作业时一般可以采用如下技术方案：

（1）起算点不宜少于 3 个且均匀分布于整个测区，由输电线路的总长度和起算点的个数可以确定起算点的间距。如果输电线路跨距较长，尤其是东西方向，应将线路分段进行测量，每段布设不少于 3 个起算点，一般一段线路不宜超过 150km。

（2）起算点和像控点可以同时组网观测（对于有主控网的外控测量，像控点测量可以在主控网的基础上进行加密测量或者利用主控点为基准站进行 RTK 测量），起算点的观测时间不少于 5h。

（3）起算点宜布设在交通条件便利且观测条件良好的地方，点位采用混凝土埋石或者道钉、刻石作为固定标志，以便于施工图阶段线路定线定位时作为基准站使用。

（4）其他要求参照相关测量规范执行。

总之，PPP 技术可实现高精度的定位导航功能，能广发应用于测绘、航空、交通、水利电力国土农业规划海洋石油等国民经济建设领域。

四、PPP 技术优缺点

精密单点定位技术的发展虽然只有十多年的时间，但由于受 GNSS 政策的影响，定位坐标的延后确定仍是难以解决的问题。精密单点定位技术集成了普通单点定位和差分定位的优点，克服了彼此的缺点，改变了以往只能使用双差相位定位模式才能达到较高定位精度的现状，是 GNSS 定位技术中继 RTK/网络 RTK 技术后的又一次技术革命。

（1）以 PPP 为基础的网络 RTK 技术将更为先进，无需架设基准站台，作业半径长，精度将更为均匀。

（2）采用 PPP 技术可以节约用户购买接收机成本，用户使用单台接收机即可获取高精度的静态、动态定位数据。

（3）PPP 技术不受弦长的限制，能实现上千千米乃至全球的高精度定位。

（4）PPP 技术数据处理成果的精度受钟差和精密星历的制约，高精度的 PPP 数据成果需后延后获得，具有滞后性，对电力工程应用具有一定的影响，但如果工序安排科学合理，一般不会影响整个工程的周期。

（5）PPP 定位精度跟观测时段的长短有一定的关系，所以观测时段最好在 5h 以上。

五、资料与成果

PPP 测量资料与成果包括以下内容：

（1）GNSS 观测原始数据；

（2）下载的精密星历文件资料；

（3）野外观测记录资料；

（4）数据处理报告。

第十三章

地理信息系统设计与应用

第一节 地理信息系统发展与电力地理信息系统应用现状

一、GIS 的发展

地理信息系统（geographic information system，GIS）是在计算机硬件和软件系统支持下，把整个或部分地球表面各种信息连同地理位置和有关的视图结合起来，用来采集、存储、管理、检索、显示、转换、分析和输出地理图形及其属性数据的空间信息系统。目前，GIS 技术广泛应用于农业、林业、国土资源、地矿、军事、交通、测绘、水利、通信、电力、公安、社区管理、教育、能源等几乎所有的行业。

同时，GIS 自身也越来越庞大，对数据快速获取和建模、计算速度、存储技术、网络技术的要求越来越高。随着测绘技术和计算机技术的发展，以及社会需求的推动，GIS 技术将和存储技术、互联网技术等结合与集成，在数字城市与智慧城市等方面飞速发展。当前，空间数据仓库、GIS 与云计算的融合、移动 GIS 以及空间信息网络技术与 GIS 结合，是 GIS 发展的主要趋势。

二、电力 GIS

（一）电力 GIS 的含义

电力 GIS 是将电力企业的电力设备、变电站、输配电网络、电力用户与电力负荷和生产及管理等核心业务连接形成的电力信息化生产管理综合信息系统。它将电力设备设施信息、电网运行状态信息、电力技术信息、生产管理信息、电力市场信息与山川、河流、地势、城镇、公路街道、楼群，以及气象、水文、地质、资源等自然环境信息集中于同一系统中，通过 GIS 可查询有关数据、图片、图像、地图、技术资料、管理知识等。

（二）电力 GIS 的特点

电力 GIS 除具备 GIS 的基本特点以外，还具备如下特点：

（1）电力系统运行参数的实时性及信息的动态变化性，需要对瞬间信息及时收集、处理和分析，因此电力 GIS 对数据处理、存储容量和传输速度均有较高的要求。

（2）电网的多属性数据要求电力 GIS 具备足够的稳定性和可靠性。根据电力行业技术标准及电力企业业务需求，系统必须具有良好的可维护性。电力 GIS 能够实现数据的一次输入和多次输出，以保证数据的一致性操作，实现数据的统一管理和多层保护等，构建高可靠性和高准确性的业务系统。

（3）电力系统是一个庞大的复杂系统，电网的广域性和电力设施的分散性及设备的多样性，实时信息量大，系统接口复杂，信息的覆盖面广，电网的各种电压等级及多用户连接等特点需要电力 GIS 具备拓扑分析和转换能力。

（4）电力 GIS 的单机工作站方式已不适合电力企业信息系统实际需要，电力行业目前应用的 GIS 平台安装在局域网环境下，在网络的应用和开发上整合信息，实现资源共享。

（5）电力 GIS 具备安全保护的特点，高精度的电网设备经纬度坐标数据是国家基础地理信息，属于国家安全信息。

（三）电力 GIS 的应用现状

发电、变电、输电等电力系统是一个庞大复杂的系统，信息的覆盖面、深度、广度等都是一般系统无法比拟的。电力企业需要管理庞大的电力设备数据、用户数据、规划数据等。电力系统每天都要产生大量的与地理位置有关的信息，要充分发挥现有设备的能力，必须能及时、准确地掌握这些信息并进行快速的处理与分析。科学的决策在某种程度上依赖于决策者所掌握信息量的大小，如何组织和管理电力系统信息越来越受到人们的重视。国内外经验证明，要做到上述一切，没有一个面向电力行业的地理信息系统是无法想象的。

1. 国外应用现状

在欧美等发达国家，GIS 在电力领域的应用由于起步早，已经深入应用到电力的许多方面，如市场预测、输电管理、配电管理、应急处理、规划设施、辅助设施等。如美国 Environmental Systems Research Institute Inc.（简称 ESRI 公司）在吸收和融合其他相关信息技术的基础上，不断丰富和发展自己的产品，全面引入分布式数据库的概念、多层体系结构、全面开放思想、Web 技术、Java 技术等，提供更加完善、更加开放、可扩展性更强的解决方案以满足用户多层次需要。ESRI 公司的 GIS 平台软件 ARC/INFO 在国外电力方面的用户较多，如加拿大某水电公司开发企业级地理信息系统，主要包括对现有的电力输配电系统的移植、企业级地理数据的开发、输电网管理系统等，系统涵盖发电、输电、配电三个系统，计划将来覆盖到各个用户。

目前，ARC/INFO 的供电和配电模块均已完成并投入使用，可以极大地提高输配电系统的管理效率，具有科学、方便、快捷的特点。不仅可以在工程建设中发挥作用，更可以在电网运行中提高效率。系统将电力规划、电力建设和电力系统运行有效的结合在一起，真实地在计算机中再现了现实世界的地理状况、电力设备以及两者的对应关系。

2. 国内应用现状

电力企业历来非常重视企业信息化建设，近年来，电力企业已经陆续建设一些信息化管理系统，主要有用于管理电网的监控和调度的数据采集与监视控制系统（SCADA）、用于管理电力系统的基础数据信息并进行部分辅助决策工作的企业资源规划（ERP）和管理信息系统（MIS）。根据电力企业的资源（输电、变电、供电设备以及电力客户）分布区域广、电能不能储存的特性和条块性集中性管理并存的特点，用 GIS 技术来管理电力系统的空间设备资源，并集成现有的 SCADA、用电营销系统、MIS、ERP 等应用的新一代生产管理信息系统，逐渐得到广泛认可，为电力企业的现代化管理提供了新的途径和手段。

电力企业最初应用 GIS 于配电网管理，随着信息技术的发展、应用水平的提高和技术的相互渗透，电力 GIS 技术的应用正在深度和广度上不断扩展。近年来，GIS 技术在电力企业的应用经历了技术研究、小区域试验、大规模投入三个阶段，现在已经进入了实用化阶段。例如，电力勘测设计单位研发的电力工程三维数字化及规划设计集成平台，实现了电力工程全过程多专业一体化设计，实现了海量高精度三维电力设施模型的高效渲染、电力规划设计深层次应用；以厂站地下管网三维管理为突破口，针对地下沟管、电缆的特点，建立的基于 GIS 的三维电缆资源管理系统，可真实反映地下隧道和管道的结构、电力管道和其他管道的交叉情况、电缆的敷设情况，为管理决策、检修组织、运行维护、事故处理等服务，为厂站地下电缆的精细化管理打下坚实的基础。

随着电力系统规模的不断扩大，为确保可靠、高效的电力供应，使投资发挥更大效益，各电力勘测设计企业纷纷加大 GIS 在电力行业的应用，建立基于三维 GIS 的电厂、电网综合智能化管理等系统，为全面深化电力设施全寿命周期管理应用，提高电力行业勘测设计水平发挥巨大作用。

第二节　电力工程中 GIS 应用

一、GIS 在勘测设计阶段的应用

电力勘测设计是电力建设的龙头及电力高效运营的基础，是将科研成果、先进技术、先进设备应用到电力系统中的关键环节。目前，将先进的信息化手段应用于电力勘测设计受到越来越多电力设计单位的青睐，尤其是三维地理信息系统技术，以其直观、高效和协同的特点，在电力勘测设计中得到了日益广泛的应用。

（一）方案规划比选和进出线路径优化

目前，厂站选址或输电线路路径选择一般要求提出两个或两个以上的对比方案，以每个站址或路径方案为单元进行有关方面的论述。传统的方法是根据已有的 1:50000 和 1:10000 地形图，并在站址位置用工测方法施测 1:2000 或 1:1000 地形图，由设计人员进行站址规划及方案比较；而对于输电线路则是根据已有的 1:50000 和 1:10000 地形图，并结合实地踏勘取证后，由设计人员进行方案比较。

1:50000 和 1:10000 比例尺的地图成图时间较早，很难反映出现时真实的情况，特别是房屋及其他的建构筑物。而且，在经济发展较快的地区，房屋增长速度快，城市规划、环境保护及房屋拆迁变成了厂站站址或路径选择的主要矛盾。虽然施测了 1:2000 或 1:1000 的地形图，或进行了实地踏勘，但由于实测范围有限，实地踏勘也无法做到面面俱到，很难做出较为经济的方案。

采用 GIS 技术，在厂站或输电线路设计任务下达后，根据所在的区域，利用数字高程模型（DEM）和数字正射影像（DOM）数据，在建立的地理信息系统的基础上开发相应的专业分析功能，提供二维地图、剖面图、三维地图多种视角，将厂站周围或输电线路附近的三维实景搬到室内。可研阶段即可在室内利用 GIS 查看三维地形地貌，把握地形的起伏情况以及周边的环境情况。在减少外业调研的情况下，可以快速选择出大致的站址位置或路径方案，缩短外业工作时间，提高工作效率。设计人员利用地理信息系统空间

分析功能，结合系统落点、当地规划、进站道路、输电线路进出线走廊等要求选择出合理站址或路径，提升前期规划设计工作的质量和效率。

（二）设计专业数据共享

厂站或输电线路设计工作一般分为可行性研究、初步设计、施工图设计等几个阶段，按设计规范的要求以报告、图纸等形式提交成果。各业务流程环环相扣但又相对独立，并由各专业独立的软件支撑，各阶段之间软件的共享性、互通性差，设计周期较长。各环节中采集与设计的相关基础资料和信息没有被很好地利用起来，比如地理数据、工程计算数据等。

厂站或输电线路勘测设计是一个涉及面相当广的综合性工作，它涉及勘测、电气、土建、结构、技术经济等诸多专业间的配合。地理信息系统为专业间的配合协作提供了直观的工具。以往电力勘测设计工作中，由于缺少有效的管理工具和沟通桥梁，经常会导致设计人员、业主、决策者三方信息失真，沟通困难。地理信息系统的应用，可以让业务流程和工程信息清晰可见，并能给三方提供一个实时的信息交互平台，从而大幅度提高工程管理的效率。信息可视化系统为决策者提供理想的可视化环境，从而提高决策效率和正确性。

地理信息系统在厂站或输电线路的勘测设计中的应用，提高了勘测设计的可靠性和准确性，增加前期规划设计的深度，从源头上控制工程费用。三维可视化技术支持差异化设计，全面提高勘测设计水平。

（三）设计优化

利用 GIS 技术进行厂站或输电线路的设计，可以十分方便地将地形、道路及各种建筑物等空间信息融为一体，通过整合开发，打通厂站或输电线路设计数据信息通道，规范设计规则和流程，实现涵盖电力系统从电源到变电的全过程多专业一体化设计应用。

设计人员充分考虑地形、社会环境和生态环境影响等因素，根据经济实用原则，采用模型化结构和一定的优化策略，实现厂站或输电线路的优化设计，并输出符合国家和行业标准的成果。设计优化包含以下几方面：

（1）造价分析。GIS 可根据不同的地形、地质条件、厂站占地、土石方量、基础工程等因素进行综合分析，可得出工程的总体综合费用，使之参与造价比较，进而优选出最佳工程设计方案。

（2）为差异化设计提供了有力支撑。以三维可视化技术为基础，快速模拟厂站或输电线路的三维地形，加上公路、铁路、河流和规划区范围的标定，帮助设计人员很好识别局部地段微环境，有力支持差异化设计。

（3）材料统计汇总。建立各种设备、管线和电缆的数据库，通过 GIS 分析与统计功能可准确地统计材料的管材、电缆长度等，不会出现以往设计中少开或多开材料问题，而且在初步设计阶段即可完成，实现造价的有效控制。

二、GIS 在施工建设阶段的应用

厂站或输电线路等建设施工不仅涉及施工场地、环境、建筑物布置等静态的空间信息，而且还反映地形填挖、运输机具调配等大量动态的空间信息。在施工过程中还要受到工艺流程和生产程序的制约，使各专业和各工种间必须按照合理的施工顺序进行配合衔接，同时还要处理大量的统计报表、设计图纸、施工资料以及文件等。使用地理信息系统对施工建设进行管理不仅可以提高施工速度和质量，还可以为施工人员以及领导决策提供直观的图形显示，真正达到施工管理的科学化。

（一）施工过程管控

在电力工程施工管理中建立 GIS，其应用目标是伴随施工进程，逐步构建一个数字化的三维可视化施工管理平台，渐进地、持续地为工程建设、施工服务，促进工程建设施工管理水平和效率的提升，为工程施工提供直观、实际、有效的辅助工具，实现管理创新和技术创新。

利用 GIS 技术和组件技术可以将建（构）筑物基础、每个建（构）筑物各层的布置与结构和需要安装的设备在地图或三维空间中进行形象地显示，模拟出施工的现场情况。对于每一个实体把它作为 GIS 中的一个对象，每一个对象具有一个唯一的标识，通过数据绑定将各对象联系在一起。这样，只要在系统中对实体进行操作就可以了解到每一个分项工程的工程名称、工程量、工程造价、工程人员和机械调度情况、开工日期、竣工时间、费用支付情况、工程变更情况、影像资料、工程质量等，采用图形、图表、独立值等形象直观地表现实体对象的工程进展情况。除了传统信息系统查询方法外，还可以在三维显示场景下通过缩放、移动、鹰眼等工具、对施工过程进行快速全面的三维模拟显示。

随着施工项目的进行，根据施工的具体情况对施工过程进行优化。通过对施工模型的运行过程进行观察和统计，掌握施工系统的基本特性，借助优化算法，找出施工系统的最优化设计参数，实现对真实施工系统的改善与优化。

（二）数字化移交

对于新设计的厂站或输电线路，成果移交相对于传统的图纸、报告与电子文件，可以采用全数字化、系统模块化、三维可视化等多种独特的形式，提供一套完整的数据管理与分发服务系统，同时将设计用的基础测绘资料、设备信息、各种三维模型等数据和信息一并移交给施工单位，施工单位即刻拥有一套针对厂站或输电线路的信息管理系统，实现设计与施工的无缝交接。施工初始阶段实体数据可以按照设计图进行录入与建模。施工阶段按照工程进展情况进行数据采集，分别对建筑实体不同模块的各个属性参数，如工期、成本、资源、质量等信息进行收集、更新和处理，同时对施工过程中各种变形监测数据进行管理、分析，进行建筑质量安全分析、风险分析等。施工完成后将各种数据通过数据库进行管理，生成厂站或输电线路竣工图数据库，可以方便对数据进行检索查询，同时高效清晰地显示数据。

GIS 从工程源头获取电力工程的三维模型和基本属性信息，给电力工程设计、施工提供唯一、准确的数据源，提高了电力设施资产管理水平，为电力工程的全寿命周期管理奠定基础。

三、GIS 在运营管理阶段的应用

在传统模式下，电力生产运营管理信息的载体是图纸、报表、语言（如调度指令等），传递方式是手工交接。这种机制下，信息的更新滞后于生产数据的变化，导致生产运行管理信息的“不全面、不一致、不及时、不正确”现象。随着科技发展，各种报表数据、运营信息的大量出现，原有的人工加经验的运营管理方式在很大程度上已经制约了厂站或输电线路的运行管理。为了提高企业现代化管理水平，适应信息时代发展的要求，利用 GIS 存储厂站或输电线路各类建筑、设备、管网的图形和属性信息，通过空间分析和实时更新各种信息，为厂站或输电线路的安全生产、管网管理、固定资产管理、运行调度、应急救援等提供了基础数据信息。

（一）厂站地下管网管控

地下管线是厂站的重要基础设施。地下管线现状资料是厂站规划、建设和管理的基础资料，也是地下管线安全运行的保证。随着厂站建设管理水平的不断提高，地下管网建设也迅速发展，在厂站区内形成了大规模的、错综复杂的地下管网。然而，地下管线资料不齐全及精度不高，图文表格不统一，很难进行有效的分类统计、检索查询等应用，尤其在管线空间关系上没有有效的管理手段，管理人员无法对客观存在的诸多管线的空间分布、交叉排列等状况获得明确直观的信息。由于存在管线资料不明确、管线空间分布表述不清楚、缺乏有效的管线信息管理系统等弊端，导致管线设备资产混乱、地下管线日常运行维护困难、事故故障难于及时准确地进行定位等问题，为电厂的发展建设带来不利因素。

利用厂站设计阶段的设计数据和三维模型，采用三维可视化技术、数据库技术、浏览器技术，建立基于 GIS 的三维地下管线管理系统，可真实反映地下管线的结构、电力管道和其他管道的交叉情况、电缆的敷设情况等，为地下管线的精细化管理打下坚实的基础。以空间数据库形式和虚拟现实技术有机储存和表现厂站各种地下管线的空间要素信息，以此为数据平台可实现较为完善的空间分析和统计、属性管理、查询分析、显示浏览等功能，为管理决策、检修组织、运行维护、事故处理等服务，通过对空间数据和属性数据的有效存取，进行科学的模拟分析，从而形成可靠有效、快捷高效、经济实用的管理系统。

（二）电力设备设施管控

厂站或输电线路建成以后，面对已建成的复杂的电力设施，如何有效地对其进行管理，以保证其正常运行，显得十分重要。地理信息系统可以结合厂站运行维护的需求，以直观的方式提供厂站站全数字三维可视化管理。

基于厂站或输电线路的三维可视化平台，将厂站或输电线路各种设施的实际模型与其所在的地形、地貌信息以真实三维的形式反映出来，并将厂站或输电线路的生产区、生活区、办公区、沿线各种管线设施，辅以设备参数进行形象展示及数字化管理。通过搭建厂站或输电线路三维可视化平台，实景模拟厂站或输电线路设备，实现对厂站或输电线路设备的物理结构、设备参数等信息的管理。

利用 GIS 开发的应用系统，由于有不同比例尺的电子地图，特别是大比例尺的电子地图为参考，使得被管理的设备设施对象既有空间位置属性，又有设备固有属性；既有设备设施对象之间的空间关系，又有设备设施与最终用电户的连接和位置关系。因此，利用 GIS 技术不但能对厂站或输电线路进行有效的设备设施管理，还能利用设备图形之间的拓扑关系，进行各种在线和离线计算。

在维修、大修过程中，利用地理信息系统来进行有效准确的维修路径规划并验证维修方案的可行性及计划合理性，提高维修效率，降低维修成本，缩短维修时间。根据设备的维修程序，仿真各部件的拆卸过程，并进行设备的空间布置管理，提高维修人员的熟练程度，减少工作中的事务并缩短工期。

（三）辅助厂站应急救援决策

厂站事故具有突发性、快速性的特点，日常中应做好危险源辨识，进行风险分析及预防，将危险源消除在萌芽状态。应急中如何正确地处理事故，防止事故的扩大，快速有效地组织事故救援工作，尽快恢复机组的正常运行，是目前电厂安全管理工作需要解决的难题之一。

采用 GIS 三维可视化仿真技术，对基础地图数据、应急资源数据、重大危险源数据及其他相关的属性数据进行管理，以三维虚拟现实的方式实现厂站区及周边环境的显示，预测模拟事故演化过程、危害范围等，同时利用人工智能与空间分析技术实现最佳疏散路径及最佳救援方案分析，有助于厂站管理和生产人员的应急演练和安全培训，提高员工应急反应及避险的能力，提高厂站事故突发后的应急救援决策与管理水平。

四、GIS在电力工程其他方面的应用

（一）集成各种专业应用系统

就GIS技术来说，不能只局限于它的地理特性、图形表示特征上，还可以深入到许多电力专业应用的领域。比如在电力系统中的数据采集与监视控制系统（简称 SCADA），传统的电网系统一次图通常是在矢量图或光栅图上叠加电流和电压等实时信息，当电网的规模较大时，只能用简化系统一次图的方法来表现电网拓扑关系；而采用GIS技术后，除能保留SCADA系统的原有功能外，还可以利用GIS在数据表现上的优势，将电网系统用 GIS 层的概念、过滤技术、GIS的面向对象数据模型，从宏观到微观逐步或交叉地表现电网中设备设施的逻辑关系、台账信息、实时状态、运行信息等。

（二）三维仿真培训

基于虚拟现实技术建立三维虚拟发电厂或变电站仿真培训系统，实现网络三维互动，并将电力系统仿真软件与三维虚拟厂站连接起来模拟发电厂或变电站的各种运行状态。与以往的仿真培训系统相比具有以下优点：

（1）充分利用文本、三维图形、三维场景、三维动画和声音等多媒体表现形式刺激学员的视觉、听觉神经，调动学员的积极性和主动性，从而改善培训效果。

（2）既可以降低培训系统的硬件投资，又能方便及时地反映变电站的变化。同时，采用三维虚拟厂站仿真培训系统有助于实现解决培训设备不足、型号落后且难以更新换代等难题。

（3）在基于虚拟现实技术的分布式三维虚拟厂站仿真培训系统环境中，通过模拟教师和培训学员角色进入虚拟仿真系统，可以十分方便地实现教与学的互动，其应用前景十分广阔。

总之，GIS 技术在电力行业中不只用于地理的表现上，还可以跨出地理的概念，用GIS技术和表现手法来为电力行业有关专业服务。在建设一个GIS时，不能只把着眼点放在地理背景图上，要了解GIS专业技术，将GIS专业技术与具体的应用结合起来，解决实际工作中的问题，提高信息化应用的水平。随着GIS技术的不断发展，GIS 技术在电力行业中应用的深度和广度都将不断提高。

第三节 GIS 设计与开发

本节介绍电力GIS主要功能设计，以及电力GIS开发方式、开发要求和设计与主要开发步骤。

一、电力GIS的主要功能设计

（一）电力GIS基本功能

1. 显示功能

GIS 的显示功能应该包含三维交互浏览、地图缩放、鹰眼显示、图形同步显示、二维和三维联动、电力设施三维展示。

2. 电力数据采集功能

GIS 的核心是地理数据库，所以建立信息系统的第一步是将地面的实体图形数据和描述它的属性数据输入到数据库中，即数据采集。为了消除数据采集的错误，系统对图形及文本数据进行编辑和修改，比如对地图进行矢量化、将采集的地物点展点到地图上、修改以往的数据等。

3. 属性数据编辑与分析

属性数据比较规范，适应于表格表示，所以信息系统采用关系数据库进行管理。建立友好的用户界面，以方便用户对属性数据的输入、编辑与查询。除文件管理功能外，属性数据库管理模块的主要功能之一是用户定义各类地物的属性数据结构。由于信息系统中各类地物的属性不同，描述它们的属性项及值域亦不同，所以系统提供用户自定义数据结构的功能，系统还应提供修改结构的功能，以及提供拷贝结构、删除结构、合并结构等功能。

4. 坐标系转换功能

系统应具有多套坐标系（如1954年北京坐标系、1980年西安坐标系、CGCS2000国家坐标系和WGS 84坐标系，地方坐标系和其他坐标系），支持建立多个地理参考系统底图，并能根据需要进行切换。系统采用最新的高程基准。

系统实现控制点库的相关功能，可以对控制点进行可视化地管理，用户可以选择使用控制点来实现不同地理参考的要素转换。

5. 图层控制

（1）数据分层。系统实现对线路、变电站、电厂和塔位等电力工程要素的分层索引，并具有灵活的图层操作功能。

（2）图层说明。电力要素矢量图层包括辅助设计矢量图层和现有电力要素图层两大类。每一个地理参考下，都具有一套辅助设计矢量图层，而现有电力要素图层可以通过坐标转化相关联。

（3）图层属性表结构。不同数据的图层属性表不同，各图层的属性表结构必须依照固定的形式。

（4）外业勘测成果标绘图层。外业勘测成果应该按照相应的图层进行标绘，并能进行适当地统一管理。

6. 操作功能

系统可方便地进行地图操作，还可定制图形的显示效果，可方便快捷地将地图移动到希望显示的区域。可以在指定区域显示指定比例尺的地图以获得指定区域内更详细的地图信息；可以方便地控制对象（发电厂、变电站、线路、杆塔、河流，道路等）的显示与隐藏以定制自己习惯的显示效果；可以方便地控制用户对象（发电厂、变电站、线路，杆塔和兴趣点等）的显示样式；可以在地理背景图、系统结构图、相序图、发电厂、变电站一次接线图等专业图纸之间方便地进行切换。

7. 制图功能

GIS 应是一个功能极强的数字化制图系统。该系统具备指定绘图比例尺、指定绘图精度和指定范围等功能，根据信息系统的数据结构及绘图仪（可虚拟绘图仪）的类型，使用户获得矢量地图或栅格地图的功能。

系统不仅可以为用户输出全要素地图，而且可以根据用户需要分层输出各种专题地图，如电网规划图、变电站选址规划图、线路路径图、行政区划图、土壤利用图、道路交通图、等高线图等；还可以通过空间分析得到一些特殊的地学分析用图，如坡度图、坡向图、剖面图、线路断面图等，并以常用的数据格式输出。

（二）电力 GIS 初步勘测设计功能

1. 各地区信息统计功能

以县为单位，反映各地区概况，包含各县人口、土地面积、GDP、主要工业企业和用电情况、各县规划工业项目、生产能力、用电情况等，并能通过区域和条件选择，以表格、柱状图、饼状图等方式直观地查看统计分析的结果。

2. 空间分析功能

空间分析功能是 GIS 区别其他绘图软件（如 CAD）的一个特有的功能，主要包括空间量测、几何分析（如叠加分析、缓冲区分析）、地形分析（如坡度坡向）、网络分析（如优化路径）、空间统计分析（如空间插值）等。

3. 电网辅助设计

系统可实现输电线路网上选线、模拟定位、数据设置和编辑，网上初拟线路走径，统计线路长度、杆型及线路材料等功能，进而辅助初步设计。

系统可根据地理状况、导线型号、长度等基础信息，可以在软件中模拟设计后的线路状况，如交叉跨越位置选择、线路材料统计、杆型选择等信息。

系统还能将各电压等级的输变电线路图、线路上的各种设备图、单线图、变电站图、专题图以及基础地形图进行分层综合显示。

4. 厂站辅助设计

利用 GIS 技术进行厂站的设计，可以十分方便地将地形、道路及各种建筑物等空间信息融为一体，通过整合开发，打通发电及变电工程设计数据信息通道，规范设计规则和流程，实现涵盖电力系统从电源到变电的全过程多专业一体化设计应用。

设计人员充分考虑地形、社会环境和生态环境影响等因素，根据经济实用原则，采用模型化结构和一定的优化策略，实现厂站的优化设计，并输出符合国家和行业标准的成果。设计优化包含以下几方面：

（1）造价分析。GIS 可根据不同的地形、地质条件、厂站占地、土石方量、基础工程等工程量进行综合分析，可得出工程的总体综合费用，使之参与造价比较，进而优选出最佳工程设计方案。

（2）为差异化设计提供了有力支撑。以三维可视化技术为基础，快速模拟发电厂或变电站的三维地形，加上公路、铁路、河流和规划区范围的标定，帮助设计人员很好识别局部地段微环境，有力支持差异化设计。

（3）材料统计汇总。建立各种设备、管线和电缆的数据库，通过 GIS 分析与统计功能可准确地统计材料的管材、电缆长度等，不会出现以往设计中少开或多开材料问题，而且在初步设计阶段即可完成，实现造价的有效控制。

（三）电力 GIS 施工建设管理功能

1. 系统过程管理

系统实行客户端和服务器端方式运行，系统自动记录某人某时进行过何种方式的操作进程及操作对象，并可进行查询，便于全局化和系统化管理。

2. 用户权限管理

系统提供了可靠的权限管理，在用户管理方面，根据工作性质设置了管理员、各种操作员等，管理员可增加、修改使用者名单，并对每个用户设置各种不同模块的使用权限。在模拟操作方式下，任何角色都可进行所有的系统操作，在此状态下，无操作记录，而且操作结果也不会记入数据库。在联网方式下，首先定义不同人对不同模块、不同库、不同字段的权限矩阵。应用程序菜单自动按权限变化不同角色将具有不同的操作权限，系统将如实进行操作记录，自动记录何人何时进行过何种改变电网运行方式的操作进程及操作对象，并且将所有操作结果记入数据库。在图形编辑模式下，线路及设备的增加、删除也将记入数据库。

3. 空间数据库管理功能

在GIS中既有空间定位数据，又有说明地理的属性数据。对这两类数据的组织与管理并建立二者联系是至关重要的。为保证信息系统有效地工作，保持空间数据的一致性和完整性，需要设计良好的数据库结构和数据组织方法，一般采用数据库技术来完成该项工作。

空间数据库管理功能主要包含入库与更新、目录管理、元数据管理、历史数据库管理、临时库管理、数据安全管理、数据结构动态配置及数据自动提取。

4. 勘测资料数据管理功能

勘测资料数据管理功能包含：

（1）技术文档管理。系统提供了对电力勘测设计的技术文档管理功能，具体包括以下内容：

1）技术文档存储结构的建立；

2）技术文档属性表结构的建立；

3）技术文档入库；

4）技术文档删除；

5）调阅技术文档；

6）技术文档的编辑更新；

7）技术文档的属性设置；

8）技术文档与电力工程要素关联关系的建立；

9）技术文档的导出。

（2）辅助勘测资料管理。系统提供了辅助勘测资料的管理功能，具体包括如下几点：

1）辅助勘测资料存储结构的建立；

2）空间索引的建立；

3）资料入库；

4）调阅显示；

5）删除资料；

6）批量导出；

7）辅助设计。

（3）电力工程要素（图）的管理。对于电力工程要素的管理，有以下几个管理功能：

1）地理底图的建立；

2）电力要素（线路、电厂、变电站、角点、塔位）图的建立；

3）电力要素属性结构的建立；

4）新建电力要素；

5）删除电力要素；

6）编辑电力要素。

（4）勘测资料保密管理。勘测资料尤其是测绘基础资料涉密内容比较多，GIS中应该严格按照保密相关规定对涉密资料进行加密处理，保证GIS满足相关法律规定。

（四）电力GIS运营管理功能

1. 厂站3D模拟显示功能

厂站3D显示能满足电厂生产和管理自动化需要，真实、直观地再现电厂的建筑、设备、地表信息以及地下管道等的三维景观；提供基于网络浏览、查询、检索各种实体的属性信息，包括设备信息、人事档案、设计图纸等；提供准确的三维地理数据，以便更加快捷、准确、节约地进行设备的维修、更换、改造等；提供多种分析处理工具并生成各种专题图纸，以利于决策者分析决策。

2. 电网接线图模拟功能

在模拟电网接线图功能方面，其空间数据的组织能满足配电网自动化的要求，根据实际地理位置布置设备、线路，展示配电网的实际分布，采用层的概念组织图形和管理基础数据，自由分层，层次之间又可以灵活地自由组合。与空间图形数据对应的还有属性数据，即对图形相关要素的描述信息，如配电线路的长度、电缆型号、线路编号、额定电流，及配电变压器型号、编号、名称、安装位置、投运时间、检修情况和实验报告等，这些属性数据可结合相应的图形，并可保存为档案资料，方便后期查询使用。对已经在管理信息系统（MIS）中录入和使用的部分属性数据，可通过共享途径直接获取，未录入的则必须在GIS中进行录入和编辑。

系统可模拟显示电网接线图、线路路径、线路长度、线路型号等相关信息。根据电网发展规划，系统可以设置并在网上发布电网分期地理接线规划图（年末、三年、五年、十年），并能进行实时修订。

二、电力GIS的开发方式

GIS根据其内容可分为两大基本类型：一种是工具型GIS，即在GIS平台上利用GIS工具包和平台语言开发特定的功能；另一种是应用型GIS，将GIS技术在某一领域（如电力、水利等）应用开发。随着GIS技术在不同行业的应用，应用型GIS开发逐渐成为主流。电力GIS作为应用型系统，其开发主要有以下三种实现方式。

1. 独立开发

独立开发方式出现得比较早，在整体上对数据的输入、处理、输出及选用的算法都得自己设计。选用可视化通用语言，对功能进行开发，不必依赖GIS开发工具，降低了开发成本，但对一般的开发者而言，开发难度大、开发周期长，难以入手，时间、能力等因素的限制使独立开发具有明显的局限性。主要针对早期的小型系统的开发，对于大型应用系统的开发非常困难。

2. 单纯二次开发

GIS平台一般都提供二次开发的宏语言，不能完成的数据处理等方面需借助于GIS工具软件提供的开发语言进行应用系统开发。GIS工具软件大多提供了可供用户进行二次开发的宏语言，如 ESRI 的 ArcView 提供了 Avenue 宏语言，用户可以利用这些宏语言，以原 GIS 工具软件为开发平台，开发出适合自己的针对不同应用对象的应用程序。该方式省时省心，但进行二次开发的宏语言，作为编程语言，功能相对较弱。开发语言往往受到多种限制，开发方式不灵活，难以解决复杂的问题。单纯二次开发的方式适用于简单系统的开发。

3. 集成二次开发

是指以通用软件开发工具尤其是可视化开发工具，如 Delphi、VC++、VB、C#等为开发平台，与专业的 GIS 工具软件或 GIS 组件进行集成开发。集成二次开发目前主要有 OLE/DDE（对象链接与嵌入/动态数据交换）方式和 GIS 组件式开发两种方式，其中 GIS 组件式开发成为当前开发的主流形式。

GIS 组件式开发原理为：把各大功能模块根据不同的性质划分不同的控件，每个控件完成不同的功能，将控件嵌入到通用可视化开发工具（如 VC++、VB、C#）中，将两者进行良好地无缝集合，进行应用型系统的开发。

独立开发周期长、难度大，单纯二次开发又受 GIS 工具提供的编程语言的限制，因此结合 GIS 工具软件与可视化编程环境在一起的组件式集成二次开发方式成为目前 GIS 应用开发的主流。它既可以利用 GIS 工具软件对空间数据进行管分析和管理，又可利用可视化编程语言的高效、易学易懂等优点，集二者之所长。开发的系统不仅具有更好的外观效果，而且具有可靠性高、可移植性强、开发方式灵活、便于维护等特点。同时，与利用 OLE/DDE 技术相比，组件式开发速度快、占用资源少，还更易于实现许多底层的编程和开发功能。

三、电力 GIS 的开发要求

（一）二维平台技术指标总体要求

（1）具有良好的开放性，遵循国际主流 IT 标准。网格协议 TCP/IP、HTTP、Soap、WEB、XML，遵循 ISO、FGDC、OGC 规范，支持 UML 统一建模语言。

（2）拥有对 E00、Coverage、Shape File 数据格式支持的能力，可以保证数据的无损转换，提供超过 50 种以上其他数据格式的转换功能。

（3）使用 Access MDB 作为本地中间转换 GIS 数据库，便于直接在数据库里面修改；在平台下可直接打开记载，方便浏览、修改图形信息和属性信息。

（4）支持时空数据类型，时间信息可以存储为矢量、栅格等数据的属性，也可以支持时态数据的类型，如 netCDF 等，并提供时间控制器，实现对时态数据的动态显示控制。

（5）支持 OGC 标准，可以提供标准的 OGC 服务，包括 Web Services、WMS、WFS、KML。

（6）提供可嵌入通用开发环境中的开发模板，并以控件、工具条和工具、组件库方式支持 GIS 核心功能开发，可视化控件能够以.NET 控件，JavaBeans 组件提供。

（7）提供多种开发接口，包括 COM、C++、.NET、Java，支持主流通用开发环境 Visual Studio 2008/2010，以及 JAVA 开发者常用的 eclipse 等。

（8）提供基础的地图浏览、图层管理、自定义符号、空间属性查询、统计、报表、地图符号化以及制图打印功能；支持多种专题图形式，如唯一值、渐变色、多属性符号、饼图、点密度图等。

（9）支持数据浏览形式和出图浏览形式的动态切换，可以在出图布局中添加比例尺、指北针、图例、对象、动态文本等元素，并可将地图输出为 EPS、SVG、PDF、AI 等矢量图像格式。

（10）支持地图输出为位图和矢量格式，格式包括 BMP、JPG、PDF、EPS 等。

（11）支持跨平台，支持各种主流的硬件平台和操作系统，如 Solaris、AIX、HP-UX、Windows2003、Linux 等，支持多种 Web 服务器，如 IIS、Weblogic、Webshpere、Sun One Web Server、Apache 等。

（12）支持在多种主流 DBMS 平台上提供高级的、高性能的 GIS 数据管理接口，如 Oracle、SQL Server、DB2、Informix 等。

（13）直接支持连接到空间数据库、空间服务（Web Services、WMS、WFS），并提供访问数据、调用服务、数据和服务操作等机制。

（14）提供开放空间数据访问接口（C 和 Java API），供其他第三方软件，如 CAD、skyline，访问空间数据。

（15）支持基于增量的分布式异构空间数据库复制功能，且支持多级树状结构的复制。

（16）支持服务器预缓存技术，提高客户端响应速度。支持部分图层的缓存，支持缓存地图服务与非缓存地图服务的叠加。

（二）三维平台技术指标

1. 总体要求

（1）网络三维 GIS 平台，按照三维地形数据制作、数据集成及二次开发、网络应用与发布进行产品架构。

（2）技术领先、相对成熟的大型 3D-GIS 软件平台（类似于 Google Earth），采用先进的三维 GIS 技术，可以实现全球统一坐标下，以“数字地球”为背景的任意飞行浏览、数据查询与分析，能够输出海量数据，并提供给 Intranet/Internet 访问，可进行多用户并发访问；便捷灵活地构建 B/S 及 C/S 网络三维 GIS；满足地上地下一体化服务的基础平台要求。

（3）后期可根据用户需求升级配置网络并发用户数。

（4）支持数据分布式管理，即支持多部门、多单位数据独立建设、维护、上载和网络发布，软件平台能够从不同IP地址的数据库加载矢量数据，不需要将数据集中到数据中心进行预处理，再集中式提交网络发布。

2. 技术特点及服务标准

具备国际先进的三维空间数据网络发布和传输技术，如影像金字塔、小波压缩、流媒体传输等技术，支撑TB级三维地形数据快速传输；遵循OGC服务标准，能高效集成通用的各类栅格及矢量数据，能灵活集成遵循OGC标准的数据服务及发布OGC标准的WMS、WFS、WFS-T服务。

3. 桌面及客户端功能要求

（1）界面友好，功能强大；要求在普通的PC台式机或笔记本电脑上能流畅运行和支撑TB级以上的三维地形场景。

（2）基本的GIS图形操作功能，图形浏览功能包括放大、缩小、全幅显示、自由缩放、旋转、居中、漫游、视点回退，完成图形的无级缩放、迅速定位。

（3）基本测量功能，如距离测量、地表距离量算、空间距离量算，面积测量，高程测量。

（4）高级GIS分析功能，如日照分析功能、通视性分析、视域分析功能、地下漫游功能（能够对地表透明度进行设定）、等高线绘制功能、断面分析功能、坡向分析功能、土石方计算、洪水淹没等功能。

（5）支持常用数据及数据服务。

（6）支持直接面向空间数据库（如Oracle等）矢量数据的互操作、编辑、修改、存储等功能；支持数据动态投影变换及根据栅格数据信息自动读取投影信息；支持流方式加载矢量及图和属性互查功能。

（7）软件平台能够对地形场景数据文件进行抽取，能够抽取出任意部分的地形场景数据文件。

（8）其他应用功能要求，如鹰眼图导航功能；演示汇报自动定制功能；时间戳功能；批量绘制工具、电力线布设工具、管线创建工具、点云模型加载工具、交通设计工具。

4. 二次开发要求

（1）提供一套ActiveX控件的开发包，方便用户使用.NET、VB、VC以及HTML等各种编程通用语言实现系统的功能扩展。

（2）同时支持B/S、C/S及两者混合型系统结构框架，并能够支持分布式数据库。

（3）功能接口封装完善，易学易用。

5. 网络发布及应用要求

（1）采用国际先进的空间地理数据网络发布技术。

（2）根据IP或者域名实现基于局域网或万维网的3D地形数据传输；根据应用要求可进行海量三维MPT地形场景发布。

（3）软件平台要求能够直接支持矢量点、线、面多类型数据网络发布，支持矢量数据Steaming管理方式，实现数据对象无限制量快速导入。

（4）实现普通网络环境下多用户并发访问机制；支持多个工程发布。

（5）采用TCP/IP协议。

（6）支持多级多节点架构；支持多处理器服务器硬件集群服务。

（7）支持OGC标准的WFS、WMS服务，可通过服务器授权模式实现客户端IE浏览器的类似桌面高级应用。

（三）电力GIS的开发平台选择

目前，国际上知名度较高的已进入中国电力市场的GIS软件有AutoCAD MAP、MapInfo、ArcGIS、MGE/FRAMME、Smallworld等。随着我国对国产软件支持力度的增大和国内技术创新能力的提高，国内GIS软件已显露头角，日趋成熟，改变了20世纪GIS软件平台由国外产品一统天下的局面。在国内电力市场知名度较高并已进入电力市场的国产GIS平台有ViewGIS、MapGIS、SuperMap、GeoStar、GROW GIS等。

下面对Mapinfo、ArcGIS、MapGIS与MGE/FRAMME几款常用的软件进行比较分析，详见表13-1。

表13-1　GIS软件平台比较

软件平台	优点	缺点	二次开发支持
MapInfo	操作简便，易于上手，界面友好，价格较低；可视化程度高，易于生成各类专题底图；利用数据库的空间管理组件Spatial存取、管理空间数据，数据处理功能强大	实体编辑能力较差；高级空间分析功能较弱	MapBasic、MapX、VB、Delphi、C#、PowerBuilder等
MapGIS	海量空间数据存储与管理能力；具有标准自适应的空间元数据管理系统，实现元数据的采集、存储、建库查询和共享发布；高性能的空间数据库管理实用的网络分析功能	网络分析、空间统计、分类分析功能不够强大	VB、C++、C#、Delphi等
ArcGIS	具有强大的GIS数据分析、数据处理、数据共享等功能；可在3D环境下对系统进行分析；采用了工业标准的COM体系结构，具有开放、强大、全面的开发环境，可非常容易地实现与系统的集成；具有丰富灵活的拓扑数据模型	软件平台的购置过于昂贵；系统庞大，设备要求高，对人员要求高	MapObjects、VB、Delphi、C#、PowerBuilder等

续表

软件平台	优点	缺点	二次开发支持
InterGraph	采用先进的数据库管理方式，不需中间件就可以对 Oracle、Access 直接进行数据读取；有强大的二次开发环境和强大的信息发布功能	只能运行在 Windows 系统平台上	VB、C++、C#、Delphi 等

四、电力 GIS 设计与开发的主要步骤

电网 GIS 设计与开发的主要步骤分为四个阶段：

第一阶段，系统调查分析。包括需求调查与分析、可行性分析、系统分析。

第二阶段，系统设计。包括总体设计、详细设计。

第三阶段，系统实施。包括硬、软件配置及准备、人员培训、数据采集和数据库建立、模块程序的编制、调试与运行、系统测试、系统验收。

第四阶段，系统运行和维护。

五、成果资料及要求

GIS 设计与开发之后，应主要提交以下资料。

1. 用户需求说明书

（1）引言。包括编写的目的、项目背景、定义、参考资料。

（2）任务概述。包括目标、用户的特点、假定和约束。

（3）需求规定。包括对功能的规定、对性能的规定（内容包括精度、时间特性要求及灵活性等）、输入输出要求、数据管理能力要求、故障处理要求、其他专门要求。

（4）运行环境规定。包括设备、支持软件、接口的规定。

（5）附录。包括用户需求调查及修改记录。

2. 需求规格说明书

（1）引言。包括编写的目的（阐明编写需求说明的目的，指明用户对象）、项目背景（应包括项目的委托单位、开发单位和主管部门；该系统与其他系统的关系）、定义（列出文档中所用到的专门术语的定义和缩写词的原文）、参考资料（可包括项目核准的计划任务书、合同或上级机关的批文；项目开发计划；相关标准和规范）。

（2）项目概述。包括项目目标、内容、现行系统的调查情况、系统运行环境、条件与限制。

（3）系统数据描述。包括静态数据、动态数据（包括输入数据和输出数据）、数据流图、数据库描述（给出所使用数据库的名称和类型）、数据字典、数据加工、数据采集。

（4）系统功能需求。包括功能划分、功能描述。

（5）系统性能需求。包括数据精确度、时间特征（如相应时间、更新处理时间、数据转换与运输时间、运行时间等）、适应性（在操作方式、运行环境、与其他软件的借口以及开发计划等发生变化时，应具有的适应能力）。

（6）系统运行需求。包括用户界面（如屏幕格式、报表格式、菜单格式、输入输出时间等）、硬件接口、软件接口、故障处理。

（7）质量保证。

（8）其他需求。包括可实用性、安全保密性、可维护性、可一致性等。

3. 系统概要设计说明书

（1）引言。包括目的、文档概述、术语与定义、参考资料。

（2）系统概述。包括系统开发背景、建设目标、约束条件与非功能需求（包括开发环境要求、软件系统构架要求、性能要求、质量需求等）、用户（包括组织机构、用户分类等）。

（3）总体设计。包括系统划分、系统架构、概念架构（B/S 架构、C/S 架构）。

（4）细化架构设计。包括逻辑架构（B/S 架构、C/S 架构）、开发架构、运行架构、数据构架、部署构架（系统部署构架、部署设计、网络和硬件配置、软件配置等）。

（5）系统对外接口。包括客户端地图组建接口、业务逻辑层服务接口。

4. GIS 平台数据库成果数据标准与结构设计

内容包括统一的地理坐标系统、统一的分类编码、统一的数据交换格式标准、统一的数据采集技术规程、统一的数据质量标准、统一的元数据标准。

5. GIS 平台详细功能设计

（1）基础图形编辑。主要包括地理图形的分层处理、道路及道路中心线编辑、道路图层的属性编辑；建筑物图层处理、等高线图层处理（三维分析需要）、有影响的通信设备图层的处理等。

（2）厂站或电网图形编辑。主要包括输电线路编辑、电站或发电厂模拟图编辑、电缆通道编辑、厂站分布编辑、系统图编辑等。

6. GIS 平台实施方案

（1）项目启动。包括明确项目目标，指定项目计划，各方的相关工作职责和任务一级设定项目实施的有关管理标准，建立整个项目实施过程组织架构，组织人员到位，召开项目启动大会，进行系统概况培训等。

（2）数据准备。包括基础地理数据、厂站布置及

空间数据、电网空间数据、设备及生产业务数据等；并在数据入库前，做好数据检查工作，在系统中进行数据建模工作。

（3）数据维护。

7. GIS 平台建设方案

（1）系统目标。

（2）业务范围。包括输电、发变电、配电、调度、营销等。

（3）系统功能。包括设备管理（包括设备建模管理、设备查询与统计管理、设备电源分析、供电范围分析、设备专题图抽取等）、运行管理（包括设备巡视、运行、检修记录查询等）。

（4）系统技术结构。

（5）电子地图配置。

（6）系统软硬件配置。

（7）需要购置的软硬件清单。

（8）系统接口。

（9）系统实施规划。

8. 项目测试报告

项目测试报告应包括测试时间、测试地点、测试人员、测试内容、测试方法、测试结果以及最终测试结论等内容。

9. 系统操作手册

10. 平台成果说明

第四节　电力 GIS 建设

电力 GIS 建设主要包含系统平台总体建设、系统数据建设以及技术构架建设三个方面，其中最为重要的就是系统数据的建设，是电力 GIS 建设的核心。

一、系统平台总体建设

电力 GIS 平台总体建设的主要目标是为各类业务应用提供图形管理功能、服务功能、数据库管理功能等。图形管理功能包括基本图形管理、地理接线图管理、智网模型管理；服务的内容包括图形浏览服务、查询定位、图形编辑、拓扑分析、空间分析、智网应用分析、属性数据服务等。在数据层面，确定电力资源数据库的建设和维护方案。

二、系统数据建设

（一）电力 GIS 数据分类

电力 GIS 数据包括地理空间数据、电力属性数据、平台数据三大类数据。其中，地理空间数据为电力地理信息的背景地图，作为电力设备空间参考，包括导航地图数据、矢量地图数据、影像地图数据和三维地形数据，主要用作空间分析、规划设计、故障抢修的参考，具有一定的精确度和现势性。电力属性数据又分为电力设备数据和电力运行数据，电力设备数据包括电力资源空间数据、电力资源属性数据和电力拓扑数据，是电力地理信息平台管理的核心数据，包括发电、输电、变电、配电、用电、公共设施、清洁能源等资源的属性数据和空间数据；电力运行数据是电力设备运行期间实际电力状况量化描述，表征设备实际运行状况，根据时效性可分为电力运行实时数据、电力运行历史数据，电力运行历史数据可为决策支持提供参考依据及修正参数。平台数据是平台运行所需的配置数据、系统日志及用户数据。将电力地理信息平台数据进行整体架构后，可进行具体数据仓库设计及搭建，提高数据逻辑性、集成性、稳定性，为电力 GIS 决策支持模块和高级分析应用数据源提供结构化数据环境。

1. 地理空间数据

（1）含义与要求。地理空间数据是 GIS 平台的重要基础数据之一，主要包含建筑物、道路、水系、植被、地形地貌、注记等内容。建立 GIS 不仅需要完备的地理空间数据，同时要求这些地理空间数据按 GIS 的要求存放，而不是按 CAD 数据格式或无拓扑关系的矢量数据存放。这两者最大的差别在于 GIS 格式的地理数据中一个地理实体表达为电子地图中的一个对象，而 CAD 格式的地理数据往往由多个对象来表达。比如，一栋建筑物，在 GIS 格式的数据中，它是一个唯一的地物对象，而在 CAD 数据中表示为多条组成这个建筑物的线。

从对 GIS 的影响来说，没有 GIS 格式的地理空间数据的支撑，往往使得许多专业应用无法深入，也使得系统的数据更新和数据维护难以进行。对地理空间数据应该做如下要求：

1）地理空间数据必须包含足够多的内容来满足系统平台建设的需求。

2）地理空间数据必须是 GIS 格式。

3）地理空间数据必须符合一定的数据标准。

4）地理空间数据必须有完整的短期和长期的数据更新策略。

（2）主要表现形式。电力 GIS 主要涉及的数据源包括地图数据（影像或数字化格式）、航空摄影测量数据、遥感影像数据、野外采集数据等。这些数据通常以点、线、面的基本形式（详见表 13-2）来表示并进行存储。

表 13-2　数据成果表现形式

地物	要素类	别名	坐标	图层	图层属性
点	CLKZD	测量控制点	(X, Y)	点图层	point

续表

地物	要素类	别名	坐标	图层	图层属性
线	DLX	电力线	$\{(X_1, Y_1), (X_2, Y_2)\}$	线图层	line
面	HC	灰场	$\{(X_1, Y_1), (X_2, Y_2), \ldots\}$	面图层	polygon

常用的矢量数据文件包括 ARC/INFO、COVERAGE、ARC/INFO E00、国家标准输出文件 VTC、AUTOCAD DXF 或 DWG、SHP 等，这些格式之间可以相互转换，但其包含的基本字段和信息是一致的，只是组织方式上有所不同。矢量数据的输入由矢量数据层完成，每个矢量数据文件生成一个矢量数据层对象。

1）点状数据的表示。点的空间数据由标识符、包含该点的多边形标识、X 坐标和 Y 坐标四部分组成，可由包含该点的多边形标识是否大于零判断该点是否是面的数据。

2）线数据的表示。每条线的空间数据由两大部分组成，第一部分主要包括系统标识符、用户标识符、起始结点、终止结点、左多边形、右多边形、点的个数；第二部分主要是坐标序列。

3）多边形的表示。主要包括线数据（弧段数据）和点（结点）数据。对于多边形数据的输入，应在点和线数据输入完成后再进行。在输入过程中，查询点和多边形要素表，提取几何位置信息最终生成本系统需要的多边形数据结构。

4）属性数据。空间地理实体的属性数据和空间数据按同样的顺序排列。属性数据包括属性结构和属性值，不同类型的属性数据分开存储。

2. 电力属性数据

电力属性数据是电力 GIS 中的另外一个重要组成部分。从内容来看，电力属性数据包括电力企业所管理的所有设备设施，如发电设备、杆塔、线路、站所、变压器、开关等，电力数据中应该准确地描述上述各种对象，同一种对象应该有统一的定义和表达，这种定义和表达不仅要准确地再现设备设施的外在形象，同时要体现它们之间的内在关系。

从空间表达来看，电力属性数据包括与 GIS 格式的地理图形数据相匹配的、具有准确空间坐标的设备设施图形数据，以及表达电力设备设施之间逻辑关系而没有空间坐标的设备设施图形数据两部分。电力属性 GIS 数据是与地理 GIS 数据相匹配的设备设施图形或实体数据，这些数据描述了设备设施的空间位置和空间关系，以及设备设施与各种电力用户之间的空间关系。电力逻辑图形数据与电网 GIS 图形数据一样，不仅要表达复杂的电力设备设施对象，而且要表达它们之间的关系，只是这些图形数据不要求有地理坐标，在系统中不仅要表达树状电网之间的拓扑关系，还要表达环状电网和更复杂电网之间的复杂关系。

电力属性 GIS 数据和电网逻辑图形数据要求具有统一的定义、统一的描述和统一的展现，这样才能保证在整个供电企业内部的数据都是无缝集成的，使得数据能在各个部门共享。

（二）地理空间数据采集

近年来，随着全球卫星定位与导航技术、航测遥感技术和激光雷达技术的发展，使得测量专业能为设计人员提供各种不同比例尺和精度的定位数据，及信息新且形式多样的测量产品，也给电力工程建设的勘测设计手段带来了变革，使设计更加合理，勘测设计周期大大缩短。测量专业不仅是为设计专业提供测量成果，而且是空间地理信息的数据采集者，是地理信息产业重要力量。

1. 野外数据采集

这种方法适用于大比例尺、精度要求高、采集面积范围较小的数据获取，主要仪器是全站仪以及具有相应接口的便携机。其基本过程是根据测量学原理，利用野外测量仪器和设备测定地物的空间位置。随着全球卫星导航技术尤其是 GNSS RTK 技术的发展，使得野外数据采集极为方便。

2. 数字摄影测量数据获取

利用数字摄影测量系统，可完成空中三角测量、数字地面模型建立，生成线划等高线和正射影像地图等，提供电力 GIS 中所需的空间信息。数字正射影像图与数字地面模型叠加，可生成覆盖地区的三维景观，即通常所说的电子沙盘，并可进行旋转及比例尺变换等，在厂站选址、勘测设计、成果展示等领域具有实际应用价值。正射影像图如图 13-1 所示。

图 13-1　正射影像图

3. 遥感信息数据获取

遥感技术为电力勘测工作提供了技术保证，高分辨率、高清晰度、信息丰富、现势性强的遥感影像已成为电力勘测工程获取空间信息的重要数据源。利用高分辨率的遥感影像可以完成中小比例尺地理信息的更新，遥感影像是构成大区域电网地理信息系统的基础地理数据和景观数据，利用最新的卫星遥感立体像对，可以快速建立数字地面模型，是构成电力三维 GIS 中所需的空间信息的重要组成部分。遥感影像效果如图 13-2 所示。

图 13-2　处理后的遥感影像

4. 激光雷达测量数据获取

（1）机载激光雷达提供的 GIS 信息。目前，在电力行业以机载激光雷达应用于输电线路测量较为成熟，在厂站选址测量中的应用才刚刚起步。基于激光雷达的数据采集方式可提供 DEM、DSM、DOM 和 DLG。激光雷达系统获取的点云数据和影像数据如图 13-3 所示。

(a)　(b)

图 13-3　激光雷达系统获取的点云数据和影像数据

（a）点云数据；（b）影像数据

（2）激光扫描快速三维建模。针对已建的电厂、变电站地面建构筑物，三维激光扫描仪提供了全新的测量方法。电厂、变电站和电力输送系统，往往结构复杂，同时所处工作环境危险，利用传统的测量手段，工作强度大、时间长、危险性高并且有些地方靠传统的人工测量很难搜集到完整的基础数据信息。通过在地面架设三维激光扫描仪可以在短时间内实现全面的数据采集。通过专业软件，可以快速完成三维的模型建立以及高精度测量，分析计算等功能。图 13-4 所示是某变电站的三维建模截图。

图 13-4　利用激光雷达进行变电站的三维建模

（三）电力属性数据获取

GIS 中属性数据主要是与各种专题地图有关的数量、类别、等级和描述性信息。除了通过统计、观测等直接产生的属性数据以外，还可以从地图图例中提取编码得到，也可以由遥感影像分类提取后产生。此外，用于属性数据管理的属性数据库还可以管理非图形的各种文字记录、表格、说明等。

在属性数据的支持下，空间数据是具有地理意义的地理实体。逻辑运算和地理分析、地理统计等空间操作都是通过属性数据与空间数据的结合与联系而得以实现的。此外，属性数据库也需要影像元数据维护、查询检索等。

（四）GIS 数据质量控制

GIS 数据质量是指空间数据和属性数据的可靠性和精度。GIS 的主要功能之一是综合不同来源、不同分辨率和不同时间的数据，利用不同比例尺和数据模型进行操作分析，这种不同来源数据的综合和比例尺的改变会使 GIS 数据误差问题变得极为复杂。

1. GIS 数据误差来源

空间数据质量通常用误差来衡量，误差是指空间数据与其真值的差值。空间数据误差的来源是多方面的，如 GIS 的原始录入数据本身就包括数据采集过程中引进的误差。另外，原始数据录入到空间数据库以及随后的数据分析处理和结果输出过程中，每一步都会引入新误差，详见表 13-3。

表 13-3　GIS 数据误差来源表

阶段	误差来源
数据采集	实地测量误差，地图制图误差，航测遥感数据分析误差（获取、判读、转换、人工判读误差）

续表

阶段	误　差　来　源
数据输入	数字化过程中操作员和设备造成的误差，某些地理属性没有明显边界引起的误差
数据存储	数字存储有效位不足，空间精度不能满足
数据操作	类别间的不明确、边界误差，多层数据叠加误差，多边形叠加产生的裂缝，各种内插引起的误差
数据输出	比例尺误差、输出设备误差、媒质不稳定（如图纸伸缩）
成果使用	用户错误理解信息、不正确使用信息

2. 空间数据质量控制

数据质量控制是个复杂的过程，要控制数据质量应从数据质量产生和扩散的所有过程和环节入手，分别用一定的方法减少误差。空间数据质量控制常见的方法有传统的手工方法、元数据方法和地理相关法。

GIS 空间数据类型多种多样，如何在空间数据生产过程中将存在的质量问题迅速地查找出，并及时地进行编辑修改是质量控制的关键。可从以下几方面来控制空间数据质量：

（1）首先要了解数字产品的需求及特性，了解数据的标准，了解要素所要表达的形式，制定一个详细检查的方案。

（2）检查员要了解数据制作的整个流程和所使用的软件，从而了解作业中容易出错的地方，以引起注意，找出简便易行的查错方法。

（3）采用检查软件和人机交互检查的方法，检查拓扑关系的正确性及各要素间关系是否合理协调。如厂站管线众多，可建立各种管线的三维模型，通过检查模型的坐标和属性，控制管线空间数据的质量。

3. 属性数据质量控制

对于属性数据通常是在屏幕上逐表、逐行检查，也可打印出来检查，还可编写检核程序，如有无字符代替了数字、数字是否超出了范围等。采用要素分类的正确性、属性编码的正确性、注记的正确性等来反映属性数据质量。

属性数据可以为命名、次序、间隔和比值四种测度中的一种。间隔和比值测度的属性数据误差，可以用点误差的分析方法进行评价；对于命名和次序这类定性数据的属性误差，可采用遥感分类中常用的准确度评价方法评价数据质量。GIS 的属性数据的质量特性如下：

（1）描述空间数据的属性定义必须正确，属性表中各数据项的属性取值及其单位不得有异常。

（2）标示码是区分标识空间数据的码，必须唯一有效、不重复。描述每个地理实体特征的各种属性数据应正确。

（3）空间数据与描述它的属性数据之间一一对应的关系需正确，即空间数据与属性数据必须具有正确的相关性，具有一个以上属性表时，各属性表之间的相关性和网络层次应当正确描述和建立。

三、技术构架建设

电力 GIS 在平台建设上，需要充分考虑通过数据管理，保证逻辑数据一致性。任何服务接点访问平台数据一致，均是通过数据库服务器客户端访问；在复杂的网络环境下满足系统功能应用，能容纳不同类型的服务接点；提供开发的界面及接口，不仅需满足用户通过 C/S、B/S 访问程序，还需要提供非 GUI 的交互界面，以便随着业务需求扩展不断满足其他业务系统的空间数据服务，保证程序高度可扩展性；平台还需具有完备的数据存储、备份管理策略及高度安全性。整体保证电网 GIS 具有先进性、扩展性、标准性、易用性、易扩展性及安全性的原则。

基于上述要求考虑，电力 GIS 的总体技术架构分为数据存储层、数据访问层、应用逻辑层、应用服务层、界面展现层。

（1）数据存储层。以关系型数据库为基础，对地理数据、电网设备数据、电力运行数据、平台数据通过数据层进行统一存储管理。

（2）数据访问层。提供访问地理数据、电力设备数据、电力运行数据、平台数据的接口，应用逻辑组件通过统一的数据访问接口维护存储在数据库和文件中的数据；数据访问层同时提供服务代理功能，用于访问业务系统外以服务方式发布的数据，实现多系统集成中数据交换的功能，根据访问数据类型分为空间数据、属性数据、矢量数据、栅格数据、运行数据、平台数据。

（3）应用逻辑层。构建在通用 GIS 基础平台之上，提供的构件为跨领域、与具体业务无关、通用的逻辑组件，作为数据层和表现层之间连接的桥梁，在平台中起着至关重要的作用。涵盖了图形渲染、图形编辑、电力模型维护、查询定位、统计分析、系统管理和电力业务应用等各类功能，并且将这些功能封装为组件，其中的部分功能的实现可以通过企业服务总线调用其他业务系统功能实现。

（4）应用服务层。在逻辑组件基础上，通过不同组合、接口调用，创建新的服务，满足业务需求，能够提供各类电力设备展现和查询分析服务，同时完成电力高级分析，实现智能电网业务应用。

第五节 GIS 维 护

在 GIS 使用阶段，伴随的是系统维护工作的进行。系统维护的目的是保证 GIS 正常可靠运行，并能不断得到改善和提高。

一、数据维护

建立 GIS 时，可供系统使用的数据通常已经完成建库。而在系统正常运行以后，根据实际变化情况对系统中的数据需要进行维护。

（一）数据更新

随着变电站、电厂和输电线路的投入使用，不可避免会进行技术改造、设备更换与升级，随之产生的 GIS 数据的变化应及时进行数据更新。

数据的更新主要有三种情况，即添加新的数据、修改已有的数据和删除无用的数据。

进行数据更新时，应注意数据逻辑一致性、空间数据的拓扑关系的改变、空间数据与属性数据间的关联的改变，以及数据库表之间逻辑关联的改变等。

1. 地理空间数据更新

是指用来表示空间实体的位置、形状、大小及其分布特征等方面信息的数据。电力 GIS 的基础地理数据包括省会、地级市、县、镇、村、政府机构、公园、大厦、宾馆酒店、医疗、学校、银行、药店、餐饮、公交站、收费站、停车场、超市商城、高速、城市快速路、国道、省道、乡镇村道、地铁轻轨、铁路、轮渡、绿地、水系等。电网空间数据包括 500kV（更高或更低电压等级）变电站、500kV（更高或更低电压等级）输电线路等、电厂中新增大型设备或建构筑物等，该数据主要依靠野外现场采集获取。

2. 电力设备台账数据更新

包括输电设备、变电设备、配电设备。输电系统上需要监管的设备包括主干线路、杆塔、电缆线路、电缆终端头、电缆井等设备。线路台账包括线路的电压等级、运行状态、对应局厂和变电站等台账信息；以及杆塔上设备的生产厂家、铭牌、技术参数、投运日期及相关的档案和运行资料。变电设备包括主变压器、断路器、隔离开关、电流互感器、电压互感器、避雷器、站用变压器、消弧线圈、通用组合电器、并联电容器、并联电抗器、串联电抗器、高压熔断器、高压开关柜、绝缘子等设备。配电设备包括架空线路的干线、埋在地下的电缆、变压器、开关、刀闸等设备。该数据应是来自各地、市电力企业输、变、配电生产管理中心。

3. 电力实时运行数据更新

指反映电网设备运行工况的瞬时信息，系统通过无线网络，实现与电网现场的动态链接，采集反映设备运行状况的实时信息。

由于电网的各种信息与空间地理环境有着密切联系，且电网的地域分布广泛、涉及设备量庞大、设备设施更改频繁。因此，对于系统数据的更新维护显得尤为重要。数据更新维护包括对设备属性数据和图形数据的编辑、录入，以及地理接线图的编辑等。数据更新维护流程如图 13-5 所示。

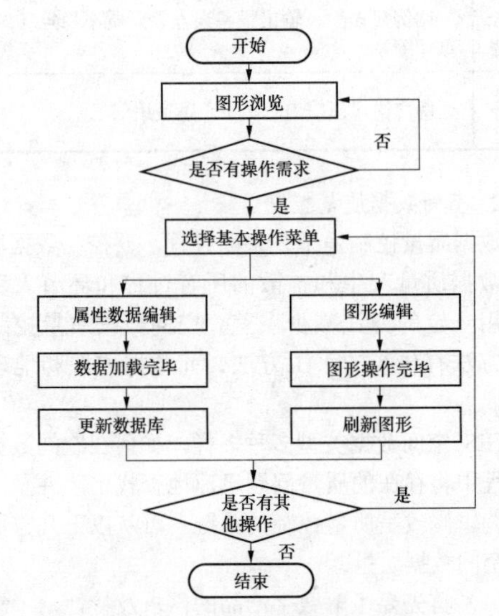

图 13-5 数据更新维护流程图

（二）数据的备份

数据备份是防止系统故障与意外灾害的基础，是指为防止系统出现操作失误或系统故障导致数据丢失，将全部或部分数据集合从应用主机的硬盘或阵列复制到其他的存储介质的过程。传统的数据备份主要是采用内置或外置的磁带机进行冷备份。随着技术的不断发展、数据的海量增加，不少企业开始采用网络备份。

（三）数据的恢复

如果用户数据库存储的设备失效、数据库被破坏或不可存取，通过装入最新的数据库备份以及后来的事务日志备份可以恢复数据库。

（四）历史数据保存与展示

在数据更新的同时，还需要将被更新的数据作为历史数据进行保存，以方便回溯查询展示。

二、系统维护

（一）软件系统维护

GIS 软件系统在开发与使用过程中可能会出现错误需要进行修改，此外，随着用户的需求等方面的变化，要求相适应的软件必须做出相应的变化。软件维护类型分为以下四种。

1. 改正性维护

指改正在系统开发阶段已发生而系统测试阶段尚未发现的错误。所发现的错误有的不太重要，不影响系统的正常运行，其维护工作可随时进行；而有的错误非常重要，甚至影响整个系统的正常运行，其维护工作必须制订计划，进行修改，并且要进行复查和控制。

2. 适应性维护

指为使软件适应信息技术变化和管理需求变化而进行的修改。由于目前计算机硬件价格的不断下降，人们常常为改善系统硬件环境和运行环境而产生系统更新换代的需求；电厂实际情况和管理需求的不断变化也使得各级管理人员不断提出新的信息需求。进行这方面的维护工作也要像系统开发一样，有计划、有步骤地进行。

3. 完善性维护

是为扩充功能和改善性能而进行的修改，主要是指对已有的软件系统增加一些在系统分析和设计阶段中没有规定的功能与性能特征，还包括对处理效率和编写程序的改进。另外，还要将相关的文档资料加入到前面相应的文档中去。

4. 预防性维护

指为了改进软件的可靠性和可维护性、适应未来的软硬件环境的变化，应主动增加预防性的新的功能，以使应用系统适应各类变化而不被淘汰。

（二）硬件系统维护

GIS 数据与系统是存储和运行于计算机及相关硬件组成的系统之中的。硬件系统的维护同样是 GIS 维护中的重要一环。

1. 计算机运行的维护

经常检查供电、空调等设备，包括运行环境的温度、湿度、房间除尘、防磁、防静电、防振等，保证系统有良好的运行环境条件。

2. 硬件系统故障的排除

（1）计算机 CPU 的维护与故障处理。安装与更换时注意 CPU 针脚，使用时防止 CPU 温度过高。

（2）主板的维护与故障处理。需定时清理主板灰尘。

（3）内存优化及内存的故障处理。

（4）硬盘的使用与故障处理及数据恢复。注意合理使用硬盘，以防止给硬盘造成不可修复的物理性伤害，从而导致数据的遗失和破坏。

（5）输入输出设备的维护。包括显示屏、鼠标键盘、打印机、光软驱等设备的维护。

3. 硬件系统更新

随着硬件系统的老化，软件系统的升级，以及 GIS 数据量的增加，计算机硬件系统也需要升级换代，使得 GIS 达到最佳的运行效果。硬件系统更新需要兼顾系统的兼容、转移，及数据的安全与恢复。

三、安全维护

（一）物理安全维护

物理安全维护指的是对系统硬件软件进行物理隔离，目的是保护路由器、工作站、网络服务器等硬件实体和通信链路免受自然灾害、人为破坏和搭线窃听攻击。除了对外部安全进行防护外，更重要的是网络物理隔离。实现网络物理隔离有以下两种技术。

（1）单主板安全隔离计算机。其核心技术是双硬盘技术，将内外网络转换功能做入 BIOS 中，并将插槽也分为内网和外网，使用更方便，也更安全。

（2）隔离卡技术。其核心技术是双硬盘技术，启动外网时关闭内网硬盘，启动内网时关闭外网硬盘，使两个网络和硬盘物理隔离，它不仅可用于两个网络物理隔离的情况，也可用于个人资料既要保密又要上互联网的个人计算机的情况。

此外，对信息发送和输出设备也应进行控制。如对光驱、移动硬盘等硬件进行限制使用；对如 USB 接口、串行端口等输入输出端口也应进行限制。

（二）逻辑安全维护

逻辑安全维护可以对系统与数据进行逻辑隔离。在被隔离的两端之间仍然具有物理上数据通道连线，但通过技术手段保证被隔离的两端没有数据通道，即为逻辑隔离。一般使用协议转换、数据格式剥离和数据流控制的方法，在两个逻辑隔离区域中传输数据。并且传输的方向是可控状态下的单向，不能在两个网络之间直接进行数据交换。

当数据以存储方式进行传送，或者在系统内以文件或数据库形式存储时，为防止泄露，必须对这类数据进行加密保护，加密保护主要包括文件加密保护和数据库的加密保护。对普通数据记录中密级较高的数据项，可用加密算法对其进行加密后，再与记录中的其他数据一起进行储存。另外，还需要对数据存取进行权限控制，以免数据被非法使用和破坏。

第 四 篇

电力测绘工程管理篇

电力测绘工程管理贯穿于整个测绘工作的流程中，本篇对电力测绘工程最初的策划与前期准备、中期的方案实施及过程控制、最后的收尾与服务工作做了详细系统的介绍。第十四章从工作内容及流程、任务接收、资料搜集与分析、现场踏勘、作业指导书编制、资源配置、后勤保障措施、勘测大纲编制以及岗前培训等方面，对电力测绘工程的策划与前期准备工作流程、内容与方法做了系统的介绍；第十五章从工程组织与实施、质量管理与控制、进度和费用的管理与控制、职业健康安全与应急管理、环境保护与控制以及涉密测绘成果保密管理等方面，对电力测绘工程组织与实施的流程、内容以及管理事项做了详细介绍；第十六章从资料整理及成品校审、资料立卷归档、成品交付及服务、工程回访及服务改进等方面，对电力测绘工程收尾与服务工作做了系统的介绍。本篇内容可以帮助电力工程测绘工作者对项目进行科学化、规范化管理，更好地适应当前的电力工程测绘工作环境和技术发展水平，保证测绘成品质量，节约人力资源和工程成本，更高效地完成电力工程测绘工作。

第十四章

策划与前期准备

第一节 工作内容及流程

电力工程测绘具有服务对象多、任务要求复杂、作业工序交叉多、协调难度大、工作牵涉面广、影响因素多、工作反复性大，既有关联性又具独立性等特点。同时，其作业范围从面积几平方千米到数百平方千米，或长度从几十千米到数百千米甚至上千千米的区域内。当测区范围很大时，同一工程测区内的气象条件、地理因素、自然环境、风俗习惯等可能截然不同，这些因素对电力工程测绘的顺利开展和实施具有一定的制约性。因此，做好电力工程测绘的策划与前期准备尤为重要。

电力工程测绘的策划与前期准备是通过搜集资料和调查研究，在充分掌握信息的基础上，针对工程的决策，进行组织、管理、经济和技术等方面的科学分析和论证，保障工程的实施有正确的方向和明确的目的，促使电力工程测绘工作有明确的方向并充分体现工程意图。具体反映在工程的质量提高、实施成本和经营成本的降低、社会效益和经济效益的增长、职业健康安全的保障、实施周期缩短、实施过程的组织和协调以及工程人员生活和工作的环境保护、环境美化等诸多方面。

电力工程测绘以勘测部门接收到任务书为开始标志，依据任务书要求进行资料收集、开展现场踏勘等前期准备工作，并编制作业指导书，针对不同类型电力测绘工程进行资源设备合理优化配置和勘测大纲编制，以满足工程建设的规程规范要求。对于不同的作业区域做好后勤保障措施，确保人员仪器设备在生产和生活中的安全。电力工程测绘策划经过反复论证与科学分析，实现电力工程测绘的顺利开展实施和风险可控性，达到电力工程测绘实施的最终目的，其流程如图 14-1 所示。

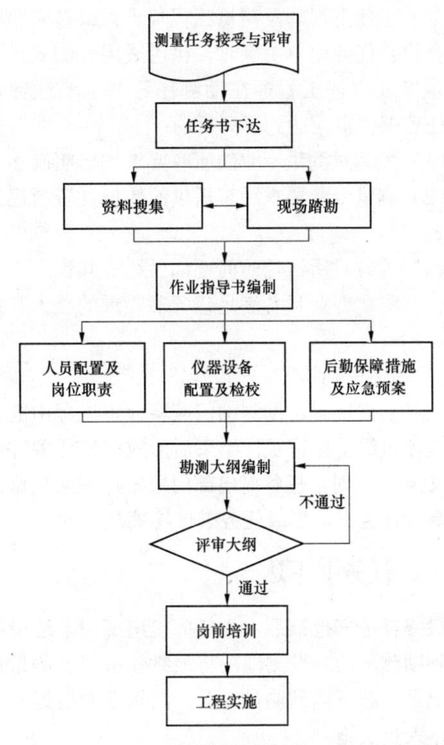

图 14-1 电力工程测绘策划与前期准备流程图

第二节 任 务 接 收

一、任务来源

一般情况下，测量任务主要来源于以下两个方面：

（1）勘测设计单位电力工程项目中包含的测量任务。

（2）勘测部门自营的电力工程测量业务。

二、任务书的内容及其接收与评审

（一）任务书接收

（1）电力工程测量任务书由任务提出部门下达到勘测部门，经评审后下达到测量专业。

（2）勘测部门自营的电力工程测量业务，由勘测部门以任务单的形式下达到测量专业。

（二）任务书的主要内容

（1）项目名称、建设规模、设计总工程师及设计人信息、建设单位及联系人信息。

（2）设计阶段、测区概况。

（3）测量范围、测量目的以及其他特殊要求。

（4）提交成果资料内容及工期要求。

（5）任务书附图。

（三）任务书评审

任务书评审一般采用会议形式，测量专业主管、测量专业主任工程师及测量工程负责人或技术负责人参加会议。任务简单明确时，也可采用传阅式评审，由测量专业主任工程师在勘测任务书上签注评审意见。任务书评审应达到下列目的：

（1）顾客对测量专业的所有要求均已明确。

（2）测量专业要求顾客提供的依据性资料已经得到满足。

（3）各方对所讨论的问题都已达成共识。

（4）测量专业具备满足任务书要求的能力和技术手段等。

（四）评审确认

任务书评审时，勘测部门应将评审过程中的评审意见和评审结论作记录，结束后形成测量任务评审记录（报告）。同时，任务提出部门根据评审意见修改和完善测量任务书，形成任务书最终稿。

三、任务书下达

最终任务书批准后，由任务提出部门下达最终任务书到勘测部门，勘测部门将最终任务书及测量任务评审记录一起下达到测量专业，测量专业根据具体任务安排人员实施。

第三节　资料搜集与分析

一、资料搜集

搜集资料应完整、准确，满足电力工程本设计阶段的需求，且精度符合相关规程规范的要求。对涉密测绘资料应按照相关的涉密资料管理规定保管和使用。

（一）控制点搜集

根据测区位置所属区域搜集各级平面及高程控制点，包括测区内现有的国家及地方各等级控制点、工程前阶段建立的控制点、测区周边项目（包括业主、周边建设项目、周边园林管理方等）建立的控制点等。对搜集到的控制点应注明点名、类型、等级、坐标及高程系统、转换关系、出具资料的单位名称及印章等。

（二）地形图搜集

地形图包括纸质版和电子（数字）版。所搜集的地形图既包括测区范围的国家基本比例尺地形图，也包括工程前期及测区周边项目测绘的地形图。国家基本比例尺地形图的搜集应按照相关部门规定和要求进行，对于所搜集的地形图应有明确的比例尺、坐标系统及高程系统说明，必要时还要搜集坐标系统转换关系。

对于核电厂工程，还应搜集工程建设和土地利用规划图及测区相关的各种专题地图，濒海核电厂工程，根据需要搜集海域地形图，或到水利部门搜集内陆水域的大比例尺地形图。

对海洋测绘工程，应搜集最新陆域地形图及海域地形图，并搜集海图的深度基准转换关系。

（三）其他资料搜集

1. 影像及 DEM 等资料

对于面积较大的厂（场）址地形图测量和路径较长的输电线路工作，可搜集测区或路径范围内各种影像及数字高程模型（DEM）等资料，为航测成图或放样做好准备。

2. 其他专业资料搜集

（1）对于垂直位移测量工程，在设计观测基准点的埋设方案时，需要搜集岩土专业有关报告，了解和掌握测区地质情况，以保证观测基准点的稳定性。

（2）对施工方格网及施工控制网项目，需要搜集已审核的总平面布置图及地下管网图，以保证控制点位置的相对永久性。

（3）对海洋测绘工程需要搜集潮汐资料和气象资料、航道资料、助航标志及航行障碍物的情况等。

（4）对建筑施工放样测量，还应搜集施工图纸，包括土石方开挖图、总平面图、厂房基础图、各楼层平面图、结构模板图、设备基础图、设备安装图及技术条件、管网图等。

（5）风电场还应搜集风电场平面布置图、风机平面布置图、升压站平面布置图、集电线路杆位坐标资料、风机区域场址地质资料，如冻土层深度、基岩深度等数据资料等。

（四）涉外项目的资料搜集

涉外项目的测量资料搜集相对困难，一般需要顾客协助完成。其重点是搜集项目当地大地基准、所采用的椭球、投影方式、坐标转换参数、当地测量所采用的规程规范及对测量成果的形式要求等。

二、资料的分析

根据勘测任务书对现场测量和成果资料的要求，对顾客所提供的相关资料及搜集到各种资料进行初步筛选分析，确定这些资料是否真实可信、是否满足本阶段测量深度要求、是否满足本次测量精度要求，地形图、航空和卫星影像是否具有较好的现势性，DEM精度是否满足要求等。通过分析，初步确定测量控制网的布设形式和图形结构，起始数据及其联测方案，以及控制网的未来扩展等。

第四节　现　场　踏　勘

一、现场踏勘内容

（1）测区行政区划。应查清测区行政区划归属及各境界的划分情况，以便现场作业。

（2）自然情况。作业区的气温、降水、风、雾等气象情况，以及土壤、植被的种类和分布。

（3）人文情况。作业区内民族种类、居民的风俗习惯和语言情况及分布情况，治安、卫生情况。

（4）道路及通信情况。调查测区内现有的车辆通行情况，以及各级道路使用各种交通工具的可能性，了解测区的通信情况，以便安排合适的交通工具和通信设备。

（5）船运情况。对涉及水域测量的工程，应了解作业船只的大小、吃水深度、通信器材、救生设备及水域通航等情况。

（6）海事情况。了解海事法律法规、办理有关审批流程和所需的相关文件资料等；还应了解海上交通、渔业捕捞等海洋开发活动情况及海上紧急情况处理。

（7）人力资源及后勤保障。作业区劳动力、向导、翻译情况，生活用品、食品、饮水、燃料供应情况，木材、水泥、沙、石等的获取或采购情况。

（8）测区内控制点情况。检查测区内现存控制点保存是否完好，标识是否清楚，以便确定如何利用。

二、资料的核实与补充

（1）所搜集的控制点（GNSS点、水准点、导线点、三角点等）的位置，了解觇标、标石和标志的现状及造标埋石的质量，以便确定有无利用价值。

（2）所搜集的地形图是否与现有地物、地貌相一致，重点踏勘新增加的地物。

（3）测区范围规划建设情况、周边工程的建设情况，若有变动应搜集最新的资料。

三、现场踏勘记录

在分析、整理踏勘资料的基础上编写踏勘记录（报告）。踏勘记录中应全面反映测区的范围、地理概况、交通运输、居民及风俗、气象、现有资料的保存和可利用等情况。根据踏勘结果，对技术设计方案和作业给出实质性建议。

第五节　作业指导书编制

作业指导书是测量作业的指导性文件，一般由测量专业主任工程师编制。

一、编制依据

（1）勘测任务书、测量任务单及评审记录。

（2）已有工作成果和已经确认可靠的有用信息。

（3）现行法律法规和规程规范等。

二、编制内容

1. 测量依据、目的和任务

明确设计阶段、工作范围及任务；明确测量工作的依据；明确测量目的。

2. 测量方法及其工作量布置的原则

根据任务书要求确定：

（1）测量技术方案和技术原则。

（2）测量工作的具体工作量。

（3）起算资料及其检验要求。

3. 测量过程质量控制的内容和方法

根据任务书要求和项目的特点，确定测量过程质量控制的内容和方法，具体包括：

（1）执行的相关国家、行业、单位、专业的规程、规范、规定、细则、要求等。

（2）测区内控制点的布设数量、规格及埋设要求。

（3）输电线路工程对平断面图、塔位地形图、塔基断面图、房屋调查记录卡、林木调查记录卡的要求，及对原始数据及杆塔成果表格式的要求。

（4）变形测量对观测点的规格和布置埋设、观测周期和时间、数据整理、精度等的要求。

（5）海洋测绘对海底地形图、各种海洋专题图的编制要求。

（6）拟提交的成果资料等。

4. 其他具体要求或注意事项

（1）现场作业的时间节点、中间资料和成品资料提交的最终时间。

（2）对控制点（桩）、杆（塔）位的交接手续要求。

（3）创优目标。

（4）测量成果质量等级的要求。

（5）对测量工作中常见病、多发病的预防措施。

（6）对现场作业环境、职业健康和安全的要求。

（7）测量现场工作可能对人员和设备造成害的危险源辨识并制定相应的预防措施。

（8）重大工程、重要工程及涉外工程的应急预案，涉及可能的战争、民族冲突、瘟疫等。

（9）其他特殊要求。

第六节　资　源　配　置

电力工程测绘中资源分为人力资源和仪器设备。科学组织人员和合理利用仪器设备关系着工程的安全、进度和质量，对现有资源进行优化组合配置是工程策划的重要环节。

一、人力资源配置

电力测绘工程所涉及的人员主要有管理人员和生产人员。管理人员包括项目经理、总工程师、勘测部门主管、主任工程师、测量专业主管和后勤及综合管理人员。生产人员一般包括工程负责人、技术负责人、作业组长、作业员、安全员和质检员。依据工程规模及具体情况，生产人员可适当兼职。

（一）管理人员配置

1. 项目经理

当电力工程按照项目经理制组织管理时，设置项目经理岗位。项目经理在单位领导的授权下，全面负责工程组织和实施，是工程项目的领导者和组织者。其职责有：

（1）组建工程项目部，组织制定项目管理人员职权职责和各项规章制度。

（2）全面负责工程项目的工期、进度、质量、成本、安全等。

（3）负责协调与业主、其他专业、当地群众的关系，解决工程进行中出现的问题。

（4）负责实施工程项目质量计划、工期计划、成本计划等。

（5）科学地管理工程项目的人、财、物等资源，组织好三者的调配和供应。

（6）严格遵守财经制度，加强经济核算，降低工程成本。

（7）负责项目的竣工验收、质量评定、交工、工程决算和财务预算。

（8）负责工程的一切善后工作。

2. 总工程师

总工程师的主要职责：

（1）对主管的勘测工程的技术和质量负责。

（2）主持召开重大工程、特定工程勘测策划会议，签署策划记录。

（3）审定勘测任务书，批准大型或自然条件复杂工程的勘测大纲。

（4）评定勘测成品质量等级，签署批准勘测报告、图纸等成品。

3. 勘测部门主管

勘测部门主管主要职责：

（1）组织策划和实施本部门的电力工程，负责控制工程进度，负责工程安全工作。

（2）组织召开本部门电力工程的相关会议，评审和批准勘测大纲和竣工报告，审批工程预算和结算。

（3）批准工程负责人。

4. 主任工程师

主任工程师主要职责：

（1）编制作业指导书，确定技术方案和主要技术原则。

（2）审核勘测大纲。

（3）组织和参与工程的中间检查，解决工程中的主要技术问题。

（4）审核工程资料，审签勘测成品，评定成品的质量等级。

（5）参加工程设计审查会和工程设计回访。

（6）参加勘测质量事故调查和处理。

（7）不定期深入工程现场检查，解决现场出现的技术问题。

5. 测量专业主管

测量专业主管主要职责如下：

（1）根据下达的勘测任务书的内容，合理调配人力、设备，保证生产有序开展。

（2）指导和校核勘测大纲，并参与勘测大纲评审。

（3）提出工程负责人人选。

（4）检查工程现场工作进展，督促现场工作如期进行。

（5）负责工程资料的校核。

6. 后勤及综合管理人员

后勤及综合管理人员根据单位的相关规定，依据不同地域、不同海拔、不同气候条件的工程情况，做好工程组现场生活及办公场所的办理、人员的安全保障和生活保障等工作。

（二）生产人员配置

1. 工程负责人

工程负责人的职责如下：

（1）对所承担工程的技术、质量、环境、职业健康、安全等全面负责。

（2）编制勘测大纲，落实测量工作内容和人员分工，并进行勘测大纲交底。

（3）负责工程人员岗前培训。

（4）负责工程的技术、质量、进度、成本、安全等事项的策划与实施。

（5）对工程原始资料进行分析，组织资料搜集，进行现场踏勘和野外测量工作。

（6）负责野外生产和生活的物资、设备、用品的准备。

（7）现场发生不可预测的重大事件时，负责应对，并负责及时上报。

（8）做好内、外业成果的自校、互校和校核的组织工作，保证测量资料正确无误，签署完整。

（9）编制工程日志，记录工程实施过程中各种事项。

（10）做好与相关专业的协调配合工作，加强与相关专业、施工人员的联系配合，勘测完成后应及时联系业主办理测量控制桩位移交手续。

（11）对工程量、成本开支等进行统计分析，编制竣工报告，做好工作总结。

（12）编制测量技术报告，汇总资料的整理、出版与归档。

（13）对水上测量工程，应负责办理水上作业许可证。

2. 技术负责人

技术负责人为工程现场测量技术主管，视工程性质，可由工程负责人兼任。其主要职责如下：

（1）认真贯彻执行规程、规范和本单位质量管理制度。

（2）组织编制工程的作业方案，对工程的质量和技术进行定期检查。

（3）帮助解决工程中的技术问题，对工程的关键和疑难技术问题进行技术交底。

（4）审核工程提出的联系配合资料，校核测量成品和报告。

3. 作业组长

作业组长服从工程负责人的安排，负责作业小组的全面工作。其主要职责如下：

（1）明确工作内容、工期及精度要求，组织本组人员优质、高效、安全地完成任务。

（2）认真执行相关规程、规范、规定及有关制度。

（3）分配、指导作业小组成员的各项工作。

（4）贯彻自校和互校，对不符合要求的资料及时修正。

（5）执行仪器、设备的领取、检验、维护、使用、保管和归还等相关规定。

（6）做好作业小组职业健康安全教育，杜绝人身、仪器及设备事故的发生。

4. 作业员

作业员服从作业组长的安排，认真及时地完成所分配的任务，保证出手成果质量合格。其主要职责如下：

（1）明确分配的任务、工期、精度及其他特殊要求，优质、高效、安全完成任务。

（2）熟悉相关的规程、规范、规定及有关制度。

（3）熟练掌握测绘仪器的使用方法，负责仪器、设备的领取、检验、维护、使用、保管和归还。

（4）熟练掌握测量专业软件的使用。

（5）对测量过程和成果进行自查、互校。

（6）贯彻作业小组职业健康安全教育，杜绝人身、仪器及设备事故的发生。

（7）树立环保意识，将测量活动对环境产生的不利影响降到最低限度，确保测量全过程及产品符合国家和地方的环境法律、法规和其他要求。

5. 安全员

安全员一般由工程负责人指定工程组成员担任，也可由工程负责人兼任。其主要职责如下：

（1）组织开展本工程安全生产活动，排查安全隐患，对参与工程的成员进行安全教育和考核。

（2）负责临时雇用民工的安全生产教育，并签署相关用工及安全生产协议。

（3）监督驾驶员出车前安全例检，确保车辆相关证照齐全，安全防护设施完备，车况良好。

（4）对外业阶段居住的旅馆、民宅等进行安全巡查。

（5）负责本工程人员饮食卫生安全。

（6）对测量仪器设备的使用、充电、存放、搬运等环节进行安全监督。

（7）勘测阶段发生安全事故时，第一时间组织人员进行自救，并及时向工程负责人汇报。

6. 质检员

质检员的主要职责如下：

（1）明确任务、工作量、工期、精度及其他特殊要求，优质、高效、安全完成任务。

（2）熟悉质量管理相关的规程、规范、规定及有关制度。

（3）确保成品质量验收合格率 100%，无重大质量事故，技术资料完整、真实、可靠。

（4）熟练掌握各类测量制图软件、测量平差软件的使用方法，对测量成品资料校核负责。

二、仪器设备配置

在电力工程的勘测过程中，一般配置的测量仪器有 GNSS 接收机、全站仪、水准仪等，有些情况需要配置的仪器有航空摄影仪、数字摄影测量系统、激光扫描仪、测深仪、侧扫声呐、海洋磁力探测仪、天顶仪和天底仪等仪器。

对于国外的电力工程测绘，除了配置需要的测量仪器外，还要准备仪器的合格证、购买发票、检定证书、详细清单（名称、型号、数量、价格等）等，以备仪器的报关和出关用。

1. GNSS 接收机

GNSS 测量分为静态测量和动态测量（GNSS RTK），静态测量用于建立平面坐标系统和高程系统，

GNSS RTK 用于图根控制测量和地形测量、勘探点放样、线路定位等。

GNSS 建立平面控制网时仪器的配置应满足表 14-1 的要求。GNSS 建立高程控制网时仪器的配置应满足表 14-2 的要求。

表 14-1　GNSS 建立平面控制网时测量仪器配置要求

等级	二等	三等	四等	一级	二级
接收机类型	双频	双频或单频	双频或单频	双频或单频	双频或单频
仪器的标称精度	≤10mm+2ppm	≤10mm+5ppm	≤10mm+5ppm	≤10mm+5ppm	≤10mm+5ppm
观测量	载波相位	载波相位	载波相位	载波相位	载波相位
同步观测接收机数目	≥3	≥3	≥2	≥2	≥2
固定误差（mm）	≤10	≤10	≤10	≤10	≤10
比例误差系数（mm/km）	≤2	≤5	≤10	≤20	≤40

表 14-2　GNSS 建立高程控制网时仪器配置要求

等级	四等	五等
接收机类型	双频	双频
固定误差（mm）	≤8	≤10
比例误差系数（mm/km）	≤5	≤10
仪器的标称精度	≤5mm+5ppm	≤10mm+5ppm

GNSS RTK 用于图根控制测量、地形测量、线路定位测量和勘探点放样时，卫星接收机数目应不少于 2 个，一个作为基准站用，另一个作为流动站用。

基于 CORS 的 GNSS 测量也分基于 CORS 的 GNSS 静态测量和基于 CORS 的 GNSS 动态测量（网络 RTK），基于 CORS 的 GNSS 测量只需要一个 GNSS 接收机就可开展工作，仪器的配置要求同 GNSS 测量，可用于主控网的建立、像控点测量和联测等。

进行 GNSS 测量的设备及附件主要有 GNSS 接收机、天线、手簿、电池、三脚架、数据传输线、基座、光学对中器等。开展测量工作前，应对这些设备进行检校，检校的主要内容包括：

（1）检查 GNSS 接收机是否在检定有效期内，设备附件是否齐全。

（2）对新购和经维修后的接收机，应按规定进行全面的检验。接收机全面检验包括一般性检视、通电检验和试测检验和随机数据后处理软件的检测。

（3）作业前对基座的圆水准器、光学对中器、天线量高尺进行检校，在作业期间至少 1 个月检校一次。

1）检验方法。把基座置在三脚架上，整平后，用铅笔沿基座的底板四周将它的轮廓画在三脚架正下方的地板上。在地板上放一张米格纸，读出光学对中器在米格纸上的十字丝位置，然后转动基座并小心地在其他两个位置上把底座板放进铅笔画的轮廓中再转动一次，整平并读出光学对中器十字丝位置。如果三次读数相符，则光学对中器是正确的，否则不正确，就需进行校正工作。

2）校正方法。先找出三个位置所构成的误差三角形的中心，然后用校正拨针把两个水平校正螺栓放松，旋转 45°，使十字丝能随着另一个竖直螺栓的运动而移动。放松竖直螺栓的锁定环，然后旋转这个螺栓，直至看到水平十字丝对准地面标点，再将两水平螺栓拧紧 45°，稍微松开其中一个，并立即上紧另一个螺栓，再拧紧锁定环。对锁定环不宜拧得过紧或过松，否则光学对点器难以保持在校正的位置上。

（4）观测前应对接收机进行预热和静置，同时检查电池容量、接收机内存和可储存空间是否充足。

（5）GNSS 接收机作业前必须对其性能和可靠性进行检验，合格后方能使用。

（6）不同类型接收机参加共同作业时，应在已知基线进行对比测试，超过相应等级限差时不得使用。

（7）GNSS RTK 作业时，采用多个流动站作业，应在同一点上进行对比测试，若超限，应检查流动站的参数设置。

2. 全站仪

全站仪可用于建立平面控制网、高程控制网和地形测量、勘探点放样、变形测量、交叉跨越测量、林木调查测量、房屋调查测量等工作。

全站仪用于建立平面控制网时，仪器配置应满足表 14-3 的要求。全站仪用于建立高程控制网时，只能用于四等及以下的高程控制网，仪器配置应满足表 14-4 的要求。全站仪用于变形测量时，测角精度应优于 1″，测距精度应优于 5mm。

表 14-3　全站仪建立平面控制网时配置要求

等级	测角等级	测距等级
三等	1″、2″	5、10mm
四等	1″、2″	5、10mm
一级	2″、6″	10mm
二级	2″、6″	10mm

表 14-4　　全站仪建立高程控制网时配置要求

等级	测角等级	测距等级
四等	2″	10mm
五等	2″	10mm

在作业前，应对全站仪进行下列项目检校：

（1）一测回水平方向和竖直方向标准偏差及水平方向二倍照准差变化应不大于：一测回水平方向标准偏差（1″级，0.7″；2″级，1.6″；6″级，3.6″；10″级，7″）；一测回竖直方向标准偏差（1″级，1″；2″级，2″；6″级，5″；10″级，10″）；水平方向二倍照准差变化（1″级，5″；2″级，8″；6″级，10″；10″级，16″）。

（2）竖直度盘指标差及竖直度盘指标差变化应不大于：竖直度盘指标差（1″级，10″；2″级，16″；6″级，20″；10″级，30″）；竖直度盘指标差变化（1″级，5″；2″级，8″；6″级，15″；10″级，30″）。

（3）横轴相对于竖轴的垂直度误差不大于：1″级，10″；2″级，15″；6″级，20″；10″级，30″。

（4）照准部误差不大于：1″级，5″；2″级，8″；6″级，10″；10″级，16″。

（5）光学（或激光）对中器的视轴（或竖线）与竖轴的重合度指标。一般不应大于 1mm。

（6）测距标准偏差不大于（单位：mm）：1″级，$\pm(1+1\times10^{-6}D)$；2″级，$\pm(3+2\times10^{-6}D)$，6″级和 10″级，$\pm(5+5\times10^{-6}D)$。

（7）仪器表面、光学零件、操作键盘、显示屏、通信、数据采集质量，水准器、脚螺旋、望远镜旋转性能等。

（8）参数设置。检查仪器的各项参数设置是否正确。

3. 水准仪

水准仪主要用于建立高程控制网和变形测量，不同等级高程控制网水准仪配置应满足表 14-5 的要求，垂直位移观测宜用 DSZ05 型和 DS05 型水准仪。

表 14-5　　水准仪的配置要求

等级	水准仪型号	水准标尺类型
一等	DS05、DSZ05	因瓦标尺
二等	DS1、DSZ1	因瓦标尺
三等	DS1、DSZ1	因瓦标尺
	DS3、DSZ3	双面木质标尺
四等	DS3、DSZ3	双面木质标尺
五等	DS3、DSZ3	单面木质标尺

在作业前，应对水准仪及水准尺进行下列项目检校：

（1）水准仪的检视。

（2）水准仪上概略水准器的检校。

（3）水准仪视准轴与水准管轴的夹角检验，DS1 不应超过 15″，DS3 不应超过 20″。

（4）水准尺的检视。

（5）水准尺圆水准器的检校。

（6）水准尺上的米间隔平均长与名义长之差，对于因瓦水准尺，不应超过 0.15mm；对于木质双面水准尺，不应超过 0.5mm。

4. 航空摄影仪

航空摄影仪分胶片航空摄影仪和数码航空摄影仪，数码航空摄影仪按摄影高度分高空数码航空摄影仪和低空数码航空摄影仪。胶片航空摄影仪的性能一般要满足表 14-6 的要求。

表 14-6　胶片航空摄影仪性能指标要求

项目	要　求
像幅	230mm×230mm
有效使用面积内镜头分辨率	每毫米内不少于 25 线对
焦距	85～310mm
曝光时间	1/1000～1/100s
色差校正范围	400～900nm
径向畸变差	焦距大于 90mm 时，不大于 0.015mm；焦距小于或等于 90mm 时，不大于 0.02mm

高空数码航空摄影仪的性能一般要满足表 14-7 的要求。

表 14-7　　高空数码航空摄影仪性能指标要求

项目	要　求
内方位元素	可精确测定
镜头	综合分解力每毫米内不应少于 40 线对；单相机综合畸变差改正后残差应小于 0.3 个像素
波段	相机的全色波段和天然真彩色波段光谱响应范围应覆盖 400～700nm，多光谱的近红外波段光谱响应范围应覆盖 700～900nm
探测器面阵	连续出现的坏点数不应多于 4 个，总坏点数不应大于总像素数的百万分之一
数据记录和存储	全色影像不应低于 12bit，天然真彩色或多光谱影像每通道不应低于 12bit；数据储存设备应满足一个满架次数据存储要求

低空数码航空摄影仪的镜头应为定焦镜头，且对焦无限远；镜头与相机机身，以及相机机身与成像探测器应稳固连接；成像探测器面阵不应小于 2000 万像

素；最高快门速度不应低于 1/1000s。

航空摄影仪在使用过程中一般进行下列检校：

（1）检查航空摄影仪是否经过检定，并在使用有效期内。

（2）每年正式飞行前，应对航空摄影仪进行试照，对试照结果进行分析，确认符合正常工作状态后才能用于正式航空摄影。

（3）航空摄影仪在使用过程中，因偶然原因发生较大振动或故障后，应及时重新检定。

（4）各类航空摄影附属仪器、仪表的检查、校准，保证正常工作状态。

5. 数字摄影测量系统

数字摄影测量系统包括硬件系统和软件系统，硬件系统包括通用计算机、立体模型显示观测系统和立体模型坐标量测系统，软件系统包括操作系统和数字影像处理系统，各系统的配置要求如下：

（1）通用计算机。性能符合要求的个人电脑和工作站，当前的主流电脑都能满足要求。

（2）立体模型显示观测系统。立体模型的再现和提供作业人员观测，主要配置立体眼镜及发射器。

（3）立体模型坐标量测系统。实现立体模型的三维漫游、高程升降、记录三维坐标等，主要配置手轮和脚盘等。

（4）操作系统。一般选择目前比较常用的操作系统即可，如 Windows XP、Windows7、Windows8 等。

（5）数字影像处理系统。由众多功能模块组成的高度智能化测图软件系统，能进行空中三角测量、测绘地形图、制作 DEM、DOM、DLG 等，是数字影像处理系统的核心。

数字摄影测量系统的检校包括硬件系统和软件系统。硬件系统检校包括计算机硬件、立体模型观测系统和坐标量测系统各部件能否正常工作，能否进行立体模型再现和立体量测。软件系统检校包括操作系统和数字影像处理系统软件的检查，操作系统能否正常启动，是否和数字影像处理系统兼容；数字影像处理系统软件检查包括使用许可检查、软件是否需要升级、软件的功能能否正常使用等。

6. 激光扫描仪

激光扫描仪按搭载的平台不同分为机载激光雷达和地面激光扫描仪。机载激光雷达在电力工程测量中的应用主要包括两个方面：一方面是用于测量大比例尺地形图，适用于工程工期紧、测绘面积大、精度要求高、测区地形复杂的情况；另一方面是用于水下地形测量。机载激光扫描仪的优点是测量速度快，测点精度高。地面激光扫描仪主要用于变电站或电厂的设备建模，也用于小范围地形图测绘，目前在电力工程测量中应用较少。地面激光扫描仪的主要优点为测量速度快、测量点密度和精度高、便于 3D 建模。

机载激光雷达搭载的激光扫描仪应满足以下性能：

（1）激光测距精度和扫描测角精度、系统零点位置经过检校。

（2）激光扫描仪的点云密度和数据精度满足测区成图精度要求。

激光扫描仪分为机载激光扫描仪和地面激光扫描仪。在电力工程勘测中，应用较多的是机载激光扫描仪，地面激光扫描仪应用较少。地面激光扫描仪的检校常采用基线比较法和六段解析法。机载激光扫描仪的检校包含下列内容：

（1）机载激光扫描仪是否经过检定，并在使用有效期内。

（2）每次工作前，应通过扫描测量检校场对机载激光雷达的激光扫描仪与 IMU/GNSS（惯性测量单元与全球定位系统的组合测量设备）、数码相机之间的位置和角度关系进行检校。

7. 测深设备

常用的测深设备有测深杆、水铊、单波束测深系统、多波束测深系统等。测深杆适用于水深小于 5m 且流速小于 1m/s 区域的水深测量。水铊适用于水深小于 10m 且流速小于 1m/s 区域的水深测量。目前水深测量常用单波束测深系统和多波束测深系统。单波束测深系统性能应满足表 14-8 的要求。

表 14-8　　单波束测深系统性能要求

性能	要　求
测深精度	水深小于或等于 20m，测深误差不大于 0.2m，水深大于 20m，测深误差不大于水深的 1%
工作频率	10～220kHz
换能器垂直指向角	3°～30°
连续工作时间	＞24h
适航性	船速不大于 15 节，当船横摇 10°和纵摇 5°的情况下仪器能正常工作
记录方式	模拟记录和数字记录两种
定位精度	测图比例尺为 1/500，定位中误差不大于图上 2mm
	测图比例尺小于或等于 1/1000 且大于或等于 1/5000，定位中误差不大于图上 1.0mm
	测图比例尺小于或等于 1/10000 且大于或等于 1/50000，定位中误差不大于图上 0.5mm

多波束测深系统性能指标满足表 14-9 的要求。

表 14-9　　多波束测深系统性能要求

性能	要　求
测深精度	水深小于或等于 20m，测深误差不大于 0.2m；水深大于 20m，测深误差不大于水深的 1%
换能器波束角	≤2°
定位精度	测图比例尺为 1/500，定位中误差不大于图上 2mm
	测图比例尺小于或等于 1/1000 且大于或等于 1/5000，定位中误差不大于图上 1.0mm
	测图比例尺小于或等于 1/10000 且大于或等于 1/50000，定位中误差不大于图上 0.5mm

测深设备的检校：

（1）测深前在现场对测深设备进行测量深度校准；0～20m 水深用校对法校准，校准时水深应大于 5m，深度校准限差应小于或等于 0.05m；在校对时，必须测定温度；在河口地区测量时，还必须测量盐度；水深大于 20m 时，采用水文资料计算。

（2）测深杆和水铊使用前要进行检校，水铊绳每天测前和测后要进行检验，检验时读数至厘米。

（3）测深前，对单波束测深系统和多波束测深系统应进行停泊稳定性试验和航行试验，具体要求参考 GB 12327《海道测量规范》。

（4）测深前，对多波束测深系统的定位时延、横摇偏差、纵摇偏差、艏向偏差的测定和检校参考 JTT 790《多波束测深系统测量技术要求》。

8. 侧扫声呐

侧扫声呐主要用于探测海底地貌和地物，工作时分粗扫和精扫，粗扫的目的是初步探测目标的位置、高度、形状和走向。精扫是在粗扫的基础上，根据目标的位置、高度、形状和走向确定精扫的扫海趟布设，准确确定目标的位置、高度、范围等。

在海洋测绘中，侧扫声呐应满足下列性能：

（1）工作频率为 50～500kHz，水平波束角小于或等于 1°，脉冲长度小于或等于 0.2ms，作用距离大于或等于 200m。

（2）具有水体移去、航速校正、倾斜距校正等功能。

（3）定位误差不大于 5m。

（4）同时有模拟和数字记录。

扫海测量前，应进行下列测试：

（1）设备进行停泊试验和海上试验，侧扫声呐的调机和试验根据各设备的随机手册要求进行。

（2）在工程海区进行设备调试，确定最佳工作参数，使声图记录清晰。

（3）量测拖鱼和 GNSS 天线的相对关系，进行位置修正。

9. 海洋磁力探测仪

海洋磁力探测仪主要用于确定海底已建电缆、管道和其他磁性物体的位置和分布。选用的磁力探测仪灵敏度应优于 0.05nT，测量动态范围为 20000～100000nT。

探测前应对磁力探测仪进行下列测试：

（1）晶体振荡器调试。

（2）探头配谐和选频放大器配谐的调试。

（3）静态情况下仪器信噪比的测定。

（4）仪器稳定性实验。

（5）仪器系统的稳定性实验。

（6）船体影响试验。

（7）探头沉放深度试验。

10. 天顶仪和天底仪

天顶仪和天底仪用于精密垂准测量，广泛应用于高楼、超高烟囱、高塔的建设，以及核电精密安装。精密垂准测量的等级和精度要求见表 14-10。在电力工程测量中，根据测量的等级选择满足精度要求的天顶仪和天底仪。

表 14-10　　精密垂准测量等级和精度要求

等级	一级	二级	三级	四级
垂准相对中误差	1:300000	1:200000	1:150000	1:100000

不同型号的天顶仪和天底仪检验方法不同，常用的 ZL、NL 光学天顶仪和天底仪的检验包括视线的垂直性检验和水准器的检验。

三、典型工程资源配置

（一）火力发电厂及变电站地形测绘工程

火力发电厂及变电工程在可行性研究阶段、初步设计阶段和施工图阶段的主要任务是地形图测绘，根据工程类别可分为新建工程、改建工程和扩建工程。新建工程的资源配置见表 14-11，改建工程的资源配置见表 14-12。扩建工程对于扩建部分可采用新建工程的人员及仪器配置，已建部分采用改建工程的人员及仪器配置。

表 14-11　　新建工程人员组织和仪器配置

测量内容		仪器配置		人员配置		备注
		仪器名称	仪器等级	技术人员	辅助人员	
控制测量	平面控制测量	GNSS 仪器	双频	1×n	1×n	
	高程控制测量	水准仪	优于 DS3	2×n	2×n	

续表

测量内容		仪器配置		人员配置		备注
		仪器名称	仪器等级	技术人员	辅助人员	
控制测量	控制测量检校	全站仪	测角优于6″，测距优于10mm	$3\times n$	$2\times n$	
数据采集		GNSS RTK	双频	$1\times n$	$1\times n$	基准站1名辅助人员
		全站仪	测角优于6″，测距优于10mm	$1\times n$	$2\times n$	
地形图校测		全站仪	测角优于6″，测距优于10mm	$1\times n$	$2\times n$	

注　n为仪器数量。

表14-12　改建工程人员组织和仪器配置

测量内容		仪器配置		人员配置		备注
		仪器名称	仪器等级	技术人员	辅助人员	
控制测量	平面控制测量	全站仪	测角优于6″，测距优于10mm	$4\times n$	$2\times n$	
	高程控制测量	水准仪	优于DS3	$2\times n$	$2\times n$	
	控制测量检校	全站仪	测角优于6″，测距优于10mm	$3\times n$	$2\times n$	
数据采集		全站仪	测角优于6″，测距优于10mm	$1\times n$	$2\times n$	
地形图校测		全站仪	测角优于6″，测距优于10mm	$1\times n$	$2\times n$	

注　n为仪器数量。

（二）核电厂地形测绘工程

核电工程在可行性研究阶段，宜选择航测方式测量，人员组织和仪器配置见表14-13。表中像控采用GNSS RTK测量，如采用GNSS快速静态测量方式，人员配置与平面控制测量类似。

表14-13　核电工程人员组织和仪器配置

测量内容		仪器配置		人员配置		备注
		仪器名称	仪器等级	技术人员	辅助人员	
控制测量	平面控制测量	GNSS仪器	双频	$1\times n$	$1\times n$	
	高程控制测量	水准仪	优于DS3	$2\times n$	$2\times n$	

续表

测量内容		仪器配置		人员配置		备注
		仪器名称	仪器等级	技术人员	辅助人员	
控制测量	控制测量检校	全站仪	测角优于6″，测距优于10mm	$4\times n$	$2\times n$	
像控及调绘		GNSS RTK	双频	$1\times n$	$1\times n$	基准站1名辅助人员
地形图校测		全站仪	测角优于6″，测距优于10mm	$1\times n$	$2\times n$	
		GNSS RTK	双频	$1\times n$	$1\times n$	基准站1名辅助人员

注　n为仪器数量。

（三）施工控制测量工程

火力发电厂及变电站施工控制测量宜采用平面四等或一级导线测量方法，高程控制测量宜采用二等、三等、四等水准测量方法，人员及仪器配置见表14-14。

表14-14　火电施工控制测量工程人员组织和仪器配置

测量内容		仪器配置		人员配置		备注
		仪器名称	仪器等级	技术人员	辅助人员	
控制测量	平面控制测量	全站仪	测角优于2″，测距优于5mm	$4\times n$	$2\times n$	
	高程控制测量	水准仪	优于DS1	$2\times n$	$2\times n$	

注　n为仪器数量。

核电厂施工控制网分为次级网和厂房微网，控制点精度要求高于火力发电厂及变电站施工控制点精度，人员组织及仪器配置见表14-15。

表14-15　核电厂施工控制网人员组织和仪器配置

测量内容		仪器配置		人员配置		备注
		仪器名称	仪器等级	技术人员	辅助人员	
控制测量	平面控制测量	全站仪	测角优于1″，测距优于5mm	$4\times n$	$2\times n$	
	高程控制测量	水准仪	优于DS05	$2\times n$	$2\times n$	

注　n为仪器数量。

（四）风电工程

风电工程其测量面积较大，宜选择航测方式或卫星遥感方式进行测量，人员组织和仪器配备见表14-16，表中像控采用GNSS快速静态测量方式，如风电场场址面积较小，也采用GNSS RTK测量。

表14-16　风电工程人员组织和仪器配置

测量内容	仪器配置		人员配置		备注
	仪器名称	仪器等级	技术人员	辅助人员	
基准控制测量和像片控制测量	GNSS仪器	双频	1×n	1×n	
	GNSS RTK	双频	1×n	1×n	基准站1名辅助人员
调绘及重要地物补测	GNSS RTK	双频	1×n	1×n	基准站1名辅助人员
地形图校测	全站仪	测角优于6″，测距优于10mm	1×n	2×n	
	GNSS RTK	双频	1×n	1×n	基准站1名辅助人员

注　n为仪器数量。

风电工程微观选址主要为放样风机位，校测重要地物，其控制测量采用可研阶段控制点，人员可简单配置GNSS RTK仪器，技术人员1名，辅助人员2人。

（五）光伏（热）发电工程

光伏（热）发电工程根据设计需要，测量比例尺有所不同，如测量面积较大，测量比例尺为1:2000，可采用航测模式进行人员仪器配置；如设计要求测量比例尺为1:500，宜采用新建火力发电工程测量模式进行人员仪器配置。

（六）水下地形测量工程

上述工程中涉及水下地形测量时，可根据测量面积大小进行人员仪器配置。面积较小时选择传统的作业方法，人员配置与上述工程中人员仪器配置相同。对于面积较大的区域，宜采用测深设备进行水下地形测量。人员组织和仪器配备见表14-17。

表14-17　水下地形测量工程人员组织和仪器配置

测量内容	仪器配置		人员配置		备注
	仪器名称	仪器等级	技术人员	辅助人员	
平面和高程控制测量	GNSS仪器	双频	1×n	1×n	
水下地形测量	GNSS RTK、测深设备、测量船	双频	2×n		辅助人员根据设备类型和测量船容载量确定

注　n为仪器数量。

（七）输电线路外控调绘工程

输电线路初步设计阶段外控调绘测量主要内容为基准控制测量、像片控制测量及调绘测量，人员组织和仪器配备见表14-18。

表14-18　输电线路工程外控调绘测量人员组织和仪器配置

测量内容	仪器配置		人员配置		备注
	仪器名称	仪器等级	技术人员	辅助人员	
基准控制测量	GNSS仪器	双频	1×n	1×n	
像片控制测量	GNSS仪器	双频	1×n	1×n	
调绘测量	GNSS RTK	双频	1×n	1×n	基准站1名辅助人员
交叉跨越测量	全站仪	测角优于6″，测距优于10mm	1×n	2×n	
	GNSS RTK	双频	1×n	1×n	基准站1名辅助人员
内业工作	数字摄影测量系统		1×n		辅助人员根据需要确定

注　n为仪器数量。

（八）输电线路定位工程

输电线路施工图阶段的定位工程，人员组织和仪器配备见表14-19。

表14-19　输电线路施工图定位测量人员组织和仪器配置

测量内容	仪器配置		人员配置		备注
	仪器名称	仪器等级	技术人员	辅助人员	
线路定位	GNSS RTK	双频	1×n	1×n	基准站1名辅助人员
	全站仪	测角优于6″，测距优于10mm	1×n	2×n	

注　n为仪器数量。

第七节　后勤保障措施

电力工程测绘的后勤保障是为现场测绘活动的正常进行而提供的服务性工作，是服务测绘人员及测绘过程，调动人员的积极性和能动性，为工程测量工作的安全实施保驾护航。后勤保障措施，应树立“以人为本，为工程服务”的理念，根据测量工作的内容、规模和特点，建立具有针对性的保障措施。

一、生产保障措施

工程人员应严格执行 DL 5334《电力工程勘测安全技术规程》和本单位所制定的相关制度以及勘测安全生产管理办法，明确勘测大纲制定的安全目标，确保生产安全。工程组应配备工程安全管理人员，对全部工程人员进行安全管理、安全意识教育和安全技能培训，并配发必要的劳动防护用品。

（一）现场危险源辨识和环境影响因素控制

依据勘测大纲内容，工程出发前以及现场作业开始前，及时进行危险源辨识和安全检查，排查安全隐患。对排查出的隐患应逐一制定相应的治理措施，并付诸落实。在现场实施治理措施要注意总结，措施不当或不足的应及时纠正和补充。应加强对所有人员的安全教育，特别应加强对分包方人员和临时雇佣人员的安全教育，实行事先安全培训，合格后再上岗的工作制度，增强人员遵章守纪的自觉性和主动性。对排查出的隐患和制定的治理措施明确告知所有人员，提高人员对隐患防范的认知程度，统一认识和行动，确保工程安全顺利进行。

采用列表方式和经验判断方式填写现场危险源和环境影响因素控制措施表。隐患排查治理工作应建立详细的记录并存档。表格形式可参考表 14-20 所示的式样。

表 14-20　现场危险源和环境影响因素控制措施表（样表）

工程名称：　编号：

交底：　日期：　检查：　日期：

序号	类别	环境因素/危险源	控制措施	自查情况
1	交通	1. 高速行车□； 2. 工地现场的路况差□； 3. 山区路窄、坡陡□	1. 提醒司机不开快车，遵守《道路交通安全法》规定； 2. 遇特殊情况，减速行驶	
2	设备管理	1. 搬运损坏设备□； 2. 摔坏仪器□	1. 仪器要装箱搬运，脚架、对中杆要放在工具箱内； 2. 使用过程中应避免磕、碰、撞、摔等有损仪器设备的情况发生	
3	勘测作业区	1. 作业区有高压线□、变电站□； 2. 作业区有地下管线（网）□	1. 在输、配电线路附近作业，使用塔尺（花杆）、脚架，必须保证对带电物的安全距离。进入发电厂、变电站进行测量，应听从发电厂和变电站的专业人员监护和指挥； 2. 勘探前与业主沟通，了解勘探场地地下管线分布情况，必要时进行专门的管线勘探	
4	住地（营地）	1. 野外营地位置□； 2. 住地饮水□； 3. 住地用电、用火□； 4. 逃生通道□	1. 避免在低洼地区、土地松动地区驻扎营地； 2. 寻找卫生饮用水源，购置矿泉水，不喝生水； 3. 建立安全用电、用火规章制度； 4. 熟悉安全通道的位置和逃生设施	
5	山区勘测	1. 攀爬、坠落□； 2. 松动的危岩□； 3. 地质灾害□； 4. 迷路□	1. 作业人员佩戴安全帽、穿劳保鞋（野外、林区作业同）； 2. 执行 DL 5334《电力工程勘测安全技术规程》，在陡峭山地作业应有 2 人以上组合； 3. 不得冒险攀登悬崖，必要时应有攀登设施才能开展工作； 4. 现场加强地质调查，注意观察，不要踩浮石与攀登浮石	
6	野外测量	1. 雷电□； 2. 中暑□； 3. 山洪□； 4. 台风□； 5. 植物割伤、动物咬伤□； 6. 在公路、铁路上测量□； 7. 突发疾病□； 8. 低温冻伤□； 9. 民族语言和地方风俗□	1. 雷雨天不宜出野外作业，在野外遇到打雷，两脚并拢蹲下，不宜进入野外棚屋，应避开大树等高耸物体，关闭无线收发设备； 2. 高温天气注意防暑，出现不适及时采取预防与治理措施； 3. 作业前应了解当地天气情况，发现异常情况，立即撤离危险区； 4. 在草丛间行走要小心，野外作业要随身携带相应防护药品（包括蛇药），并戴手套工作； 5. 在公路、铁路上测量，应严格遵守相关交通规则，设置明显测量标志及采取必要的安全措施； 6. 进入少数民族地区聘请当地向导，熟悉当地风俗习惯； 7. 发生危急事件执行《勘测野外作业现场应急预案》	

续表

序号	类别	环境因素/危险源	控制措施	自查情况
7	林区测量	1. 违章用火□； 2. 砍伐违章操作□	1. 穿越林区测量时，禁止在林区、荒草丛中吸烟，禁止用明火薰野蜂、烧蚂蚁； 2. 使用斧头把柄必须安装牢固，正确掌握砍伐要领，保证砍伐的树木安全倒地	
8	水上测量	水上作业意外引起的溺水事故□	执行 DL 5334《电力工程勘测安全技术规程》，备有足够数量的救生设备，作业人员必须穿救生衣	

接受教育人签名	1	2	3	4
5	6	7	8	9
10	11	12	13	14

注 交底由本工程兼职安全员在工程开展前实施。工程负责人组织自查，自查情况是评价控制结果是否符合规定或措施的要求。以上内容仅供参考，请根据各工地实际情况予以增删、修改。

（二）建立现场突发紧急事件应急预案

测绘现场突发紧急事件（人员意外伤害和受困、交通事故、火灾事故、中毒事故、疫病感染事故、泄密事故等）应急预案的组织体系包括应急领导机构、应急执行机构、机构内部的隶属关系；突发事故应按照事故报告→预案启动→事故救援→事故善后的流程处置。事后需进行事故责任划分。

二、生活保障措施

生活保障主要是从基本的饮食和住宿以及身心健康等方面加强管理和预防措施。

（一）饮食安全措施

（1）禁食霉烂、变质和被污染过的食物；禁食不易识别的野菜、野果、野生菌菇；禁饮被污染的地表水或井水；生产过程中禁止饮酒，严禁酗酒。

（2）保障工程人员的营养膳食，合理搭配，保证健康。

（二）驻地安全措施

（1）住宿条件应该达到安全卫生标准。

（2）对住宿房间进行安全性检查，熟悉住宿环境和安全通道位置，排查住宿房间的安全隐患。

（3）住宿房间禁止存放易燃、易爆的违禁物品，注意用电安全等。

（4）严禁留宿工程以外的人员，及在房间聚众赌博等违法行为。

（5）野外住宿必须考察周围环境，避开危险地带，防止雷击、崩陷、山洪、高辐射等伤害；住宿周围应有排水、防火措施；治安情况复杂或野兽出没的地区配备安全人员值勤。

（三）身心健康安全措施

（1）及时做好作业人员心理健康辅导工作，消除心理障碍；积极营造愉快欢悦的生活和生产氛围，使作业人员感受到“家”的温暖。

（2）根据环境、气候情况，制定生活保障的具体内容，解决好人员应对这些客观因素的防护用品。

（3）夏季野外作业防止中暑、蚊虫叮咬；冬季野外作业防止低温冻伤，流感。

（4）高海拔地区防止高原病、强紫外线辐射，并进行日常的身体常规检查，建立健康情况监测信息等。

（5）水域配备救生衣、救生圈，并进行水上作业安全培训。

（6）雪域做好防寒保暖，开展寒冷地区紧急情况防范、自救培训。

第八节 勘测大纲编制

勘测大纲是完成现场工作的指导性文件，一般由技术负责人或工程负责人负责编制，主任工程师和测量专业主管指导编制。

一、编制依据

勘测大纲编制主要依据以下内容：

（1）勘测任务书、测量任务单；

（2）作业指导书；

（3）法律法规、规程规范及相关要求；

（4）前一阶段的勘测资料；

（5）所搜集的资料和现场踏勘资料；

（6）顾客方的特殊要求及隐含需要。

二、编制内容

勘测大纲一般包括以下方面的内容：

（1）勘测阶段、勘测依据和目的；

（2）测量范围与工作内容；

（3）所执行的主要规程规范及要求；

（4）场地自然、交通条件及人文情况等；

（5）起算数据和原有资料的分析及拟采用情况；

（6）现场危险源和环境影响因素识别，现场作业安全、环境措施；

（7）实现技术方案的技术组织措施；

（8）测量技术关键点的控制措施；

（9）对海洋测绘，作业时的用船计划和解决方案，水上作业期的通信方案等；

（10）测量人员、测量仪器设备的配置；

（11）工程人员的职责和分工；

（12）现场质量控制措施；

（13）进度计划、成本目标及其控制措施；

（14）对创优工程，应明确创优目标及创优措施；

（15）拟提交的测量成品资料。

三、编制要求

勘测大纲编制应以勘测任务书和作业指导书的要求为依据，充分考虑相关技术标准和现场实际条件，技术措施和工作重点应明确可行，质量、健康安全、工期、成本能有效控制，工作量经济合理，勘测过程、作业人员、重要仪器设备的配置及状态应满足相关技术质量要求。

四、评审和批准

（1）电力工程的勘测大纲一般由勘测部门组织相关人员进行评审，相关人员批准；核电或特殊工程的勘测大纲由设计总工程师或业主组织相关人员进行评审，相关人员批准。

（2）勘测大纲评审重点应评价测量内容是否完整；技术措施是否可靠、是否符合现场勘测条件，拟提交的测量成果能否能满足顾客需求。

（3）国外电力工程勘测大纲需经业主工程师或业主方进行评审、审查和批准。

（4）勘测大纲经批准后由工程负责人组织实施。

五、变更

勘测现场作业过程中，如果出现勘测大纲内容与实际情况不符或者顾客方的需求有变更时，应及时通过以下方式进行大纲内容修改：

（1）一般性修改时，工程负责人可直接提出修改方案，报原审签人确认后执行。

（2）涉及较大的工期调整及费用增加、技术原则发生改变时，应由原勘测任务书提出部门重新下达勘测任务书或修改任务通知单，必要时重新进行勘测大纲编制和评审。

（3）涉及勘测任务书和合同条款时，应征得顾客同意。

（4）涉及专业间工作改变时，应将修改情况及时告知相关专业。

第九节　岗　前　培　训

电力工程测绘中的岗前培训是指在工程启动之初对工程现场人员进行有关工程概况、工作内容、作业方案、技术要求、仪器操作、软件操作、安全防范、应急响应等事项的学习活动。

一、岗前培训的内容

岗前培训一般包括以下几个方面的内容。

1. 勘测任务书

评审后下达的勘测任务书包含测绘范围、测绘基准、工期等要求，作为参与工程的技术人员，在进入现场之前应了解勘测任务书的相关要求，做到明确任务，有的放矢，不盲目随从。

2. 作业指导书

勘测作业指导书是测量专业现场的指导性文件，是现场测绘技术人员进行作业的技术依据，通过学习，使每个技术人员掌握勘测作业指导书的内容及要求。

3. 勘测大纲

勘测大纲是测绘现场作业的操作性文件，包含了工程概况、实物工作量计划、技术组织措施、工程队人员组成及其岗位职责、主要勘测设备和材料清单、勘测工程计划进度表、勘测经费预算表等内容。每位工程人员应仔细学习，明确自己的岗位要求及职责。

4. 技术规程规范

电力工程测量在开展现场作业之前，技术人员应该根据勘测任务书、勘测作业指导书以及勘测大纲的内容，深入学习并掌握与测绘内容相关的技术规程规范，掌握测量作业流程，熟悉技术要求及指标、限差要求，以达到测量过程质量控制的总体目标。

5. 法律法规

在测绘活动开展前组织工程人员有针对性地进行与测绘活动内容相关的法律法规学习，确保测绘活动受法律保护。主要相关的法律法规和行业管理条例如下（不限于此）：

中华人民共和国测绘法；

中华人民共和国测绘成果管理条例；

中华人民共和国保守国家秘密法；

中华人民共和国保守国家秘密法实施办法；

建设工程质量管理条例；

中华人民共和国安全生产法；

建设项目环境保护管理条例；

建设工程勘察设计管理条例；

测绘资质管理规定；

国家测绘局关于加强涉密成果管理工作的通知；

测绘生产质量管理规定。

6. 仪器使用

主要从仪器操作注意事项、仪器常规检校方法、消除人为因素引起的偶然误差的方法等方面进行培训学习。

7. 软件使用

相关软件包括测量仪器传输数据软件、控制测量相关的平差软件、地形图成图软件、坐标转换软件等。

8. 安全培训

电力工程测绘在开展现场工作之前必须对工程人员进行电力工程勘测安全方面的规程规定、后勤保障措施和应急预案内容的培训学习，树立安全生产的意识，提高工程人员对突发事件的处理能力，确保工程安全进行。

9. 其他培训

根据工程具体情况，可能涉及的生存或急救方面的专业常识的学习，不限以下这几条：

（1）水上作业安全常识培训；

（2）消防知识及消防器材的使用；

（3）野外紧急救援的医疗常识培训；

（4）车辆故障简单处理的相关知识及有关工具的使用。

二、岗前培训形式

电力工程测量岗前培训一般采取会议的形式，也可以采用发放纸质或电子文件，指定内容自主学习。岗前培训一般由工程负责人组织实施，必要时邀请主任工程师参加，对工程中的技术难点，关键点提出指导性讲解。对于因故不能参加会议的人员，应由工程负责人将学习内容采用文件或口头形式传达到未参加人员。

三、岗前培训记录

电力工程测量岗前培训作为质量过程控制的一项重要内容，应做好培训记录。培训记录可参照表 14-21 所示的样式。

表 14-21 岗前培训记录表（样表）

培训主持人	赵××	培训时间	××××年××月××日	培训地点	西安
工程名称	××工程			设计阶段	可行性研究
培训内容（要求要具体、针对性强）： 1. 由赵 ××把本工程任务书及作业指导书电子版发放给工程各人员，要求大家了解清晰任务内容。 2. 赵 ××召集全体工程人员会议，共同学习了以下内容： （1）《作业指导书》及《勘测大纲》，就技术方案和实施方案进行交底； （2）DL/T 5001《火力发电厂工程测量技术规程》、GB/T 18314《全球定位系统（GPS）测量规范》及 DL 5334《电力工程勘测安全技术规程》中相关条款，本工程的应急预案。 3. 根据勘测大纲进行人员工作内容分工，要求根据分工，要求会后各自熟悉相关仪器的使用方法和相关测量软件的操作方法。 4. 确定胡 ××为测量仪器管理员，负责本工程测量仪器的借用、运输、充电、安全使用、归还等工作。 5. 确定毛 ××为本工程安全员，负责作业现场、驻地、饮食等方面的安全排查和安全控制，并负责后续现场临时雇工的安全培训。 6. 一旦发生安全事故，各工程人员应积极参与救护，并由赵 ××及时向分公司领导汇报事故情况。					
参加人（签名）	（略）				

第十五章

实施及过程控制

第一节　工程组织与实施

电力工程测绘组织与实施是根据工程类型及特点，依据审批的勘测大纲及相关内容要求展开相应工作。工程组织与实施对保证工程进度、满足工程质量要求至关重要，是电力工程测量的重要环节。

一、工程组织

根据勘测大纲及相关内容要求，依据工程类型性质及特点进行电力工程测绘工程的组织，明确工程工期目标、成本目标和质量目标，从而进行人员设备配备工作。

（一）工程目标

将工程目标分解为工期目标、成本目标、质量目标以及安全目标。

1. 工期目标

依据勘测大纲对工期总目标的要求，将工期目标分解为各个工序工期目标。如典型的电厂地形图测量工程，要通过收集资料、技术设计、控制测量、图根测量、细部测量、检查验收等工序，根据工期总目标制定落实每一个测量工序的工期目标。

2. 成本目标

依据勘测大纲对总成本目标的要求，将成本目标分解为人工成本、设备折旧或租用成本、消耗材料成本三大类，或者将成本目标分解为每一个工序的成本目标。

3. 质量目标

依据勘测大纲对质量目标的要求，对每一项测量工序质量目标进行分解，明确每一项测量工序所要达到的质量等级。对于创优工程，应要求每一项测量工序质量等级达到优。

4. 安全目标

安全生产目标做到安全生产“零事故”。

（二）人员设备配备

根据勘测大纲以及工期目标、成本目标和质量目标的要求进行人员设备配备。

二、工程实施

测绘工程实施是通过对测绘生产过程进行有效控制，保证测绘生产能按生产进度计划正常进行，最终测绘成果能够满足顾客的要求，创造测绘工程最大的经济效益与社会效益。

工程组在所有准备工作完成后，按照勘测部门及任务书要求日期进驻现场。对于一般的测绘工程，由工程负责人全面负责现场工作，对按照项目经理制组织的工程，则由项目经理全面负责。

（一）实施准备

工程组进入现场后，工程负责人应组织全体工程人员，按照工程启动会的分工，进行工程实施前的各项准备工作：

（1）工程负责人会同后勤及综合管理人员办理现场生活及办公场所等后勤工作，现场生活及办公场所的选择应严格执行各单位质量、环境、职业健康管理体系文件的要求。

（2）工程现场建有业主办公室的，工程负责人应第一时间将工程组进驻现场的信息告知现场业主及工程相关方，并会同技术负责人和主要技术人员与工程现场业主进行沟通交流，提出需要业主及相关方配合的工作。需要当地政府部门进行协调的，还应告知业主与当地政府部门进行沟通。对于施工控制测量、变形测量等工程，工程负责人还应与工程监理及施工方就测量技术方案进行协商。

（3）工程负责人应组织技术负责人及主要技术人员进行现场踏勘，踏勘时应按照任务书、作业指导书和勘测大纲的要求，对作业现场进行初步的勘查，并对测量现场环境因素识别与评价清单和危险源辨识、风险评价清单进行重新识别。

（4）工程负责人根据现场踏勘的情况，会同技术负责人拟定具体的测量方案，测量方案如与勘测大纲出入较大，应按照勘测大纲变更的程序进行。

（5）工程负责人按照测量方案进行任务分配，并按照具体任务分配技术人员和测量仪器。

（6）对于重大工程，工程现场由项目经理进行统一管理，项目经理的主要工作内容如下：

1）项目经理应按照工程目标进行工程范围的规划、定义和分解，并根据工程范围的分解进行工作分解。典型地形图测量工作分解结构如图 15-1 所示。

2）项目经理应制订工程实施的里程碑计划。里程碑应根据工程工序划分，里程碑计划应定义每一个工序的开始时间、结束时间、负责人和每一个工序可交付的成果。

3）项目经理按照分解的工作任务建立责任矩阵，明确工程各部门及个人所承担的责任。

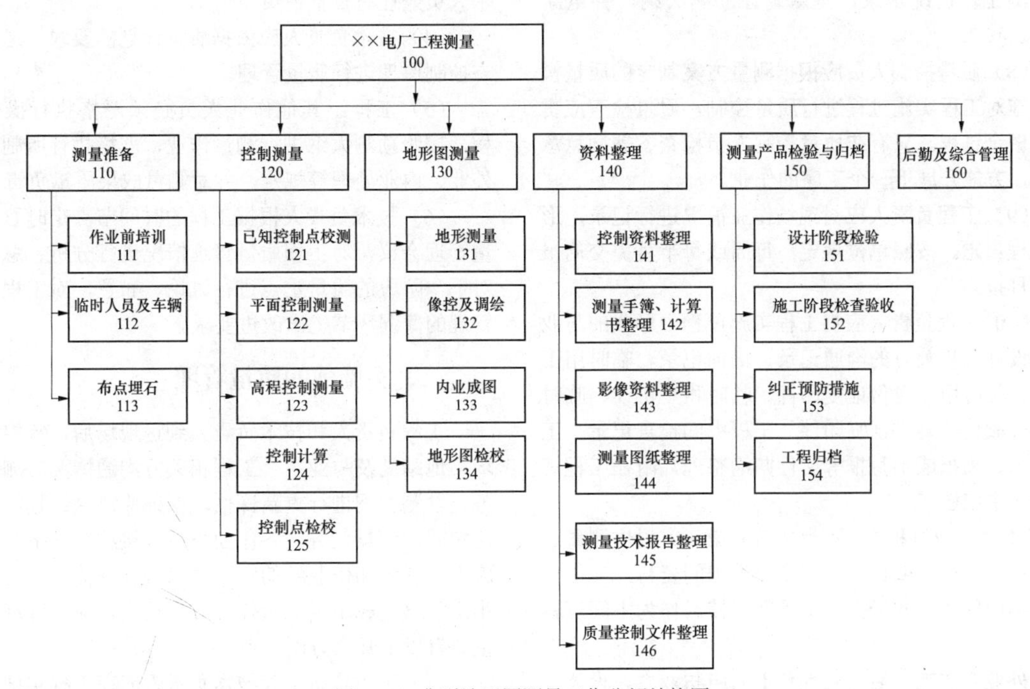

图 15-1 典型地形图测量工作分解结构图

（7）后勤及综合管理人根据勘测大纲雇佣现场辅助测量人员和临时车辆。现场辅助测量人员应保证身体健康，能够胜任工程辅助性工作，每个雇佣人员应签署临时用工协议，并留存身份证复印件归档。临时车辆应保证车况良好，证件及车辆保险齐全，临时车辆司机应有三年以上驾龄，对于临时车辆的行驶证和司机驾驶证应留存复印件归档，并签署临时租车协议。

（8）后勤及综合管理人应对雇佣人员和临时车辆驾驶员进行岗前培训，岗前培训应严格按照单位质量、环境、职业健康管理体系文件的要求进行，培训内容还应包含本工程的概况、工程具体的质量、环境、职业健康管理措施，工程环境因素识别与评价清单和危险源辨识、风险评价清单等。

（二）实施

工程组在进行相应的准备工作后，工程负责人会同技术负责人再次召开工程全体人员会议，会议应详细说明工程的准备情况、具体的测量方案、质量目标、工期目标和成本目标。在工程实施过程中特别需要注意的内容主要有以下几个方面：

（1）工程开始实施后，首先应对已有资料进行分析，检查搜集到的已知控制点的精度是否满足本工程要求；使用航测或遥感影像资料进行作业时，应检查搜集的航片及遥感资料与本工程现场地物地貌是否一致。

（2）各作业小组根据分配的任务组织人员进行测量作业，在每天出发前应对所携带的仪器进行检查，检查仪器是否能够正常工作，是否能够满足当天作业要求。在作业开始前，应按照规范规程的要求对仪器进行检验，满足要求后开始作业。

（3）各作业小组应严格按照测量技术方案进行作业，作业过程中如出现与技术方案出入较大的情况，应通知工程负责人。工程负责人如能够现场处理，应及时处理，如不能处理的，应告知测量专业主管进行协商。

（4）在每天工作完毕后，工程负责人应汇集各作业小组的作业信息，察看各作业小组完成任务情况，解决测量过程中遇到的突发情况。必要时，召集作业小组组长进行协商。

（5）工程实施过程如存在目标滞后的情况，应分析原因，确因原测量方案目标过高，应及时调整方案，重新进行资源的分配。

（6）工程实施后，如遇业主或设计要求重新修改测量任务，造成任务大幅增加，应及时和勘测部门进行沟通。在征得勘测部门同意后，可以采取延长工期或增加资源的方式重新制定测量方案。

（7）调整后测量方案与原方案变化较大的，应填写勘测工作情况记录，重新制订勘测大纲，并重新评审。

（8）质量控制人员应根据测量方案制定的质量检查措施对工程实施过程进行质量控制，质量检查应贯穿测量全过程。只有在质量控制人员检查签署同意意见后，方能开展下一个工序的作业。

（9）工程负责人应对现场作业情况进行记录，形成工程日志。按照单位规定，每周或每半月提交周报或半月报。

（10）工程负责人应将工程实施过程中形成的与业主、设计及相关方的沟通记录、培训记录、临时用工协议、临时用工身份证复印件、临时租车协议、临时租车行驶证和驾驶证复印件、工程中间检查记录、工程日志、周报或半月报等文件归纳整理，附在工程管理档案中归档。

（11）作业过程中，不得擅自向第三方提供测量过程资料，如业主或设计方需要提供中间资料，应征得勘测部门同意，并经主任工程师审核后作为中间资料提交。

外业工作完成后，工程负责人应与业主、设计方或任务下达方进行沟通，明确告知外业工作已结束，完成向业主交桩（双方需在交桩书签字），在其无异议后，征得勘测部门同意后返回。

第二节　质量管理与控制

工程组应遵照所在单位的质量、环境、职业健康安全管理体系文件的要求，建立持续改进质量管理体系，质量管理应坚持预防为主的原则，按照策划、实施、检查、处置的循环方式，完善作业过程控制环节，加强测量设备管理，跟踪质量信息反馈，持续改进测量成品质量。

一、质量管理职责

测绘工程管理应实行质量责任制，工程负责人需明确各层级、各岗位质量责任，将质量目标分解并落实到每一个测绘工序中，工程负责人会同技术负责人及质量管理人员对其质量目标进行监测。一般在每一个工序测量过程中及测量完成后，应进行监测，并形成监测记录，工程组根据监测结果适时组织纠偏。质量管理职责主要内容有以下几个方面：

（1）技术负责人会同工程负责人负责整个工程的质量管理。

（2）工程负责人、技术负责人对工程质量负终身责任，各作业组长、作业员对各自承担的工作负责。

（3）规模较大的工程组应设置专门的质量管理员，规模较小的工程组可以由技术负责人及主要的技术人员兼任质量管理员。

（4）技术负责人应依据质量计划的要求，运用动态控制原理进行质量管理。

（5）工程组其他作业人员必须严格执行操作规程，按照勘测大纲进行测量作业，严格执行所制定的外业、内业处理等规定，并对测量成果质量负责。

（6）技术负责人根据工程的时间节点定时召开质量管理会议，对工程质量管理情况进行分析、总结，对下一阶段的质量重点进行讨论、布置，对工程质量管理的薄弱环节提出改进要求。

二、实施前的质量管理

工程负责人和技术负责人到达现场后，应根据现场实地踏勘及与业主、工程相关方沟通情况对测量任务及勘测大纲进行重新评估，保证原测量计划能够满足实际的测量任务。各作业小组承接测绘任务时，也应根据任务和作业组的实际情况进行评估，保证作业小组能够完成小组测量任务。工程实施前的管理内容主要有以下几个方面：

（1）工程负责人和技术负责人应在工程实施前，针对不同层次员工的质量意识、业务素质和技能水平的高低，及时组织开展质量教育培训，使其掌握基本的质量常识和操作技能。

（2）测绘作业前，应按照规程规范要求对测绘仪器进行常规视检，符合要求后才可使用。

三、实施过程中的质量管理

（一）外业质量管理

测量数据主要来源于外业采集，外业采集的质量决定着整个测量工程的质量，因此要对整个外业过程执行严格的质量管理，其主要内容有以下几个方面：

（1）应对测量过程中的关键工序制定针对性强的测量方案，明确作业人员、质量管理人员的职责，过程中严格进行质量管理，并落实工序质量控制点责任人，落实过程检验责任人。

1）典型的发变电厂（站）、核电站、风电场等厂（站）址地形图测量各工序质量控制点见表 15-1。

2）对于纵横断面测量，平面地形测量质量关键点参考表 15-1，纵断面测量时应考虑断面点的加密，地势变化较大区域的断面点的采集。

3）施工控制测量质量关键点主要为控制点的布

设及埋石深度，起算控制点采用原则，控制点测量可参考表 15-1。

表 15-1　　典型的地形图测量各工序质量控制点

序号	测量工序		质量关键点
1	埋石		埋石数量及布设原则，埋石深度，埋石标准
2	已有资料	已知控制点	已知控制点等级及数量，工程需要的坐标系统和高程系统，校测控制点的精度
		其他搜集资料	搜集的已有地形图与实际地形地貌变化率，搜集的影像现时性及其地形地貌变化率，其他搜集资料是否满足厂（站）址测量
3	控制测量	平面控制测量	起算控制点和检校点选用，测量仪器及控制测量等级，平差计算，平差精度，测区坐标投影改正
		高程控制测量	起算控制点和检校点选用，测量仪器及测量等级，平差计算，平差精度
4	航测	像控及调绘测量	像控：平面、高程及平高控制点的布设、野外刺点的判断和描述准确性。 调绘：地物、地物的类别和性质的判断，新增和拆除地物的判断，调绘图的准确绘制
		内业计算数据采集	空中三角计算：平差精度，连接点、像控点粗差的剔除，接边处理。 数字测图：等高线采集、地形点采集密度，地物的采集，地形图的编辑及检查
5	地形图测量		地形点采集密度，地势复杂区域的地形图地物点的加密，地物的测绘，地形图采集完成后的巡查和检测
6	地下管线测量		地下管线探测精度，开挖验证，管线交叉点、T 接点，管线图的符号绘制

（2）测量地形图时宜按照先控制后测量的顺序进行，无已知控制点时可采用假设坐标进行控制计算，但现场应埋设 3 个以上固定桩，便于收集到已知控制点时进行坐标联测。

（3）测量过程中，前一道工序完成后必须经过检查无误后，才能开始下一道工序。对于控制测量等重要测量工序，应由技术负责人进行检查。

（4）测量过程中的原始记录，应真实准确。原始手工记录，应使用铅笔在记录本上按规定格式认真填写，字迹应清晰、整齐，不得涂改、转抄。对现场发现的记录错误处应整齐划去，在上方另记正确数字或文字，同时应注明删改原因。使用电子方式记录时，可按 CH/T 2004《测量外业电子记录基本规定》、CH/T 2002《导线测量电子记录规定》、CH/T 2005《三角测量电子记录规定》、CH/T 2006《水准测量电子记录规定》的规定执行，电子记录同样不得修改原始记录数据。所有原始记录必须经过校核后方可使用。

（5）测量过程中应采用成熟的技术、工艺，并鼓励积极采用经过实践验证的新技术、新工艺。对于首次采用新技术、新工艺的，应经勘测部门及主任工程师批准，制订详细的计划措施，并采用成熟的技术、工艺进行验证，保证测量工作的质量。

（6）工程应在质量控制的过程中，跟踪收集实际数据并进行整理。将工程的实际数据与质量标准和目标进行比较，分析偏差，并采取措施予以纠正和处置，必要时对处置效果和影响进行复查。

（7）质量计划需修改时，应按原批准程序报批。

（8）分包的质量控制应包括确定采购程序、确定采购要求、选择合格供应单位以及采购合同的控制和测量成品的检验。

（9）工程应建立有关预防和纠正措施的程序，对常见病、多发病应建立预防措施，对于不合格情况应履行纠正程序。

（二）内业质量管理

测量内业主要是对外业采集的数据进行整理和计算处理，并加工成测绘成品，同时内业也承担着对外业的检查和复核工作，因此工程组应选用具有丰富测量经验人员进行内业工作。其主要内容有以下几个方面：

（1）内业工作开始前，需对外业数据进行备份。

（2）内业人员负责检查外业观测记录数据是否符合规范要求，平差计算的精度是否符合规范要求。对检查不合格的项，应进行补测或重测。

（3）内业作业人员应严肃认真，一丝不苟，严格按规范规定的要求整理数据；内业计算资料均应有计算人、复核人、审核人签名。

（4）对原始记录有不清楚的地方，绝不能凭主观推测处理，应询问外业人员确认。

（5）内业操作中使用的软件应验证，作业员应熟练掌握软件的使用方法，避免丢失数据或错误发生。

（6）内业工作结束后，工程负责人或技术负责人编写测量技术报告，交由勘测部门进行检查。

四、质量控制

质量控制贯穿于整个工程中，质量控制的措施包括工程组自查，专业科室、勘测部门及所在单位的质量管理人员内部检查，重大工程还应组织工程或单位所在地的测绘产品检查机构的外部检查。质量控制主要内容有以下几个方面：

（1）工程组应制订质量检验计划并实施。

（2）工程负责人或技术负责人应负责对现场作业全过程的检查，确保测量作业是按照作业指导书、勘测大纲所拟定的测量技术手段和方案执行。主任工程师组织实施现场中间（过程）检查，并填写勘测中间检查记录，重大工程还应形成检查报告。勘测中间检查记录格式见表15-2。中间检查的主要内容如下：

1）勘测大纲执行情况。

2）测量获取的原始数据准确性、完整性、合理性检查；数据编辑、制图过程检查；中间资料自查、互查检查。

3）检查后发现的问题所采取的应对措施执行情况。

表15-2　勘测中间检查记录表（样表）

勘测中间检查记录

工程名称：××工程		工程负责人：孙××
检查人：　张××		检查时间：××××年××月××日
检查依据：法律法规□　技术标准☑　单位“三标”体系相关文件☑　其他相关规定□		
序号	检查内容记录	评价
1	执行单位“三标”体系文件	√
2	执行勘测大纲情况	√
3	使用仪器及软件是否合格有效，仪器日检记录是否齐全	√
4	使用车辆状况良好，配备有灭火器等安全设备	√
5	原始记录整洁，符合规范要求	√
6	GNSS 平差计算、水准网平差计算各项指标符合规范要求	√
综合评价及整改要求：工程现场运行整体良好，建议工程组离开现场前，对已完成的资料进行详细的检查，并与设计人员进行沟通，确认已完成设计要求的所有的任务后，才能离开现场。 检查负责人：张××　××××年××月××日 受检查负责人：孙××　××××年××月××日		
整改闭合情况：工程安排技术负责人对所有的资料进行全面的检查，工程离开现场与设计进行了沟通，测图范围及成品资料能够满足设计要求。 受检查负责人：孙××　　××××年××月××日		

注　1. 评价为符合用“√”表示；基本符合用“—”表示；不符合用“×”表示。
2. 本表格式可根据实际情况调整。

五、质量信息管理

测量质量信息来自于工程建设过程中的任务书评审、大纲修改、检查验证、成品校审、设计确认、施工图质量检查、施工图会审（或交底）、设计修改、工代反馈、工程回访、专业会议、勘测收资、合同谈判、工程招投标、施工监理、质量监督、质量管理体系的内外审以及顾客反馈意见等所反映的问题或值得推广的经验，其主要内容有以下几个方面：

（1）质量信息的主要内容有测量过程中的差错和问题、可推广的成功的测量新手段和新技术、与测量有关的设备、施工、安装和运行方面等各种信息。

（2）勘测部门宜建立专业科室、勘测部门、单位三级管理制度，明确收集相应质量信息的责任人，完善质量信息台账，组建质量信息库，条件允许情况下宜开发计算机质量管理系统，方便信息反馈和应用。

（3）各级测量人员应在各自的工作范围内和所接触的各个部门和单位，随时收集有关测量质量信息。

（4）质量信息宜按照工程组、勘测部门、单位质量管理部门三级进行管理。

六、工程质量创优

工程在策划阶段应评估工程质量创优的可能性，如评估工程在技术、管理、质量和效益等四个方面能够具有一定的优势，应策划进行工程质量创优。工程创优计划由工程负责人和技术负责人组织人员进行编写，经由各级审批后组织实施。工程创优应在满足单位内部创优标准基础上申报省（部）级、国家级优秀工程勘测奖项。

七、持续改进

工程负责人应定期对工程质量状况进行检查、分析，向勘测部门提出质量报告，提出目前质量状况、发包人及其他相关方满意程度、产品要求的符合性以及工程组的质量改进措施。

勘测部门应对工程负责人进行检查、考核，定期进行内部审核，并将审核结果作为管理评审的输入，促进工程的质量改进。勘测部门及工程组应了解业主、任务下达方及其他相关方对质量的意见，对质量管理体系进行审核，确定改进目标，提出相应措施并检查落实。

发生重大的测量质量事故或发现具有典型意义的质量信息时，主任工程师应组织工程负责人、相关技术人员等召开质量分（剖）析会议，总结经验教训，进行质量教育，改进与提高质量，推广成功经验。多数情况下，质量分（剖）析主要围绕着质量事故和质量问题开展活动。持续改进的目的是为了总结教训，推广经验，总结提高。

第三节　进度和费用的管理与控制

一、进度管理与控制

（一）工程进度计划编制

工程组应依据测量任务书或合同文件、作业指导书、工程组人员设备配置等资源条件与内外部约束条件编制勘测大纲中的工程进度计划。编制进度计划的步骤如下：

（1）研究整个工程进度计划。

（2）确定测绘工程进度计划的目标、性质和任务。

（3）进行工作分解。

（4）收集编制依据。

（5）确定工作的起止时间及里程碑。

（6）处理各工作之间的逻辑关系。

（7）编制进度表。

（8）编制进度说明书。

（9）报勘测部门批准。

（10）抄送设计总工程师。

编制工程测绘计划时应对工程各个测量工序进行测量工日核算，编制总体进度计划时还应考虑工程准备时间、工程进点时间等其他因素。

（二）进度控制

经批准的进度计划，应向工程组各作业小组进行交底并落实责任，各作业小组应严格按照进度计划进行测量作业，其主要内容有以下几个方面：

（1）各作业小组应制订实施计划措施，并按照计划措施执行测量工作。

（2）在实施进度计划的过程中，工程负责人应跟踪检查，收集实际进度数据，并将实际数据与进度计划进行对比，分析计划执行的情况。

（3）对于工程偏离进度计划，工程负责人应组织各测量小组采取措施予以纠正。

（4）采取纠正措施后仍然无法保证进度正常进行的应进行进度计划调整。

（5）对于因天气、无法进入测量场地等非主观因素造成的进度延迟，不需进行进度计划调整，直接扣除影响的时间对进度计划顺延，但工程负责人应对非主观因素造成的影响进行详细的记录。

（6）对于由于现场任务变更以及现场测量范围与任务书不一致等情况，工程负责人应及时向勘测部门汇报，可以采取增加资源或重新编制进度计划。

（7）进度计划调整后应编制新的进度计划，并及时与勘测部门及发变电项目经理和任务下达人沟通。

二、费用管理与控制

（一）费用计划

根据工程进度表，编制工程费用计划，主要包括工程实施过程中直接成本和工程人员耗费、交通、车辆（包括租用车辆）、雇佣民工费用等间接成本，其主要内容有以下几个方面：

（1）工程负责人应依据下列文件编制工程成本计划，然后报勘测部门批准。工程成本计划应反映各成本工程指标和降低成本指标。

1）测量任务书。

2）勘测大纲。

3）测区各种资源市场价格信息。

4）单位及勘测部门规定的相关定额。

5）类似工程的成本资料。

（2）编制成本计划时可以按照现场测量所耗费的各项成本参考表 15-3 进行编制。

表 15-3 测绘工程外业工作费用预算表

工程名称	××工程			工程编号	××
计划工作量	控制测量及地形图测量 3.1km²			工程负责人	×××
计划工期	24 天			实际工期	
专业	人员数量（人）	外业工日（天）	实际野外（天）	所需民工数量	备注
岩土	—	—	—	—	
测量	3	24	23	4 人×20 天=80 天	控制测量：4 人×4 天 地形图测量：4 人×16 天
水文	—	—	—	—	
钻探	—	—	—	—	
司机、后勤综合	1	24	23	—	
合计	4	4×24=96	4×23=92	80	

现场成本预算

序号	项目		单价（元）	数量	预算费用（元）	实际费用（元）	备注
1	住宿费		160	2×23 天	7360	7040	
2	伙食补助费		30	30×4×24 天	2880	2760	
3	燃料费	钻探	—	—	—	—	
		交通	2000	1 辆	2000	1850	
4	过路费		500	1 辆	500	485	
5	民工费		150	80 天	12000	12000	
6	租赁费		300	5 天	1500	1500	租车 1 辆
7	材料费		200	6	1200	1200	控制点制作
8	交通费		—	—	—	—	
合计					27440	26835	

注 以上预算项目内容可根据具体工程情况调整。

（二）费用控制

工程负责人依据预算对工程总费用负责，各小组对本小组费用进行控制，后勤管理人员对工程人员耗费、交通、车辆（包括租用车辆）、雇佣民工费用等间接成本进行控制，其主要内容有以下几个方面。

（1）工程负责人应依据下列资料进行成本控制：

1）任务书和作业指导书。

2）工程成本计划。

3）进度报告。

4）工程变更任务书。

5）工程负责人或后勤综合管理人员对每日耗费的成本费用记录。

（2）工程负责人应根据工程大小采取每周或按每个测量工序进行成本费用统计，并与成本计划目标进行比较。

（3）实际成本数据与成本计划发生偏差，应分析偏差原因。

（4）对于非客观原因造成实际成本超过成本计划时，工程负责人应在后续工序中，严格控制成本，避免实际总成本超过成本计划。对于因当地费用上涨等客观原因造成的实际成本上升，应报知勘测部门，增加成本计划。

（5）进度计划变更时，成本计划也应进行相应的变更。

（三）费用核算

工程组应根据财务制度和会计制度的有关规定，建立工程成本核算制，其主要内容有以下两个方面：

（1）明确工程成本核算的原则、范围、程序、方法、内容、责任及要求，并设置核算台账，记录原始数据。

（2）对于大型工程，工程负责人应根据工程时间节点定期进行核算，工程结束后再进行总体结算。小型工程在工程结束后直接进行总体结算。

第四节　职业健康安全与应急管理

工程组应坚持安全第一、预防为主、综合治理的方针，遵守《中华人民共和国安全生产法》等有关安全法律、法规，建立、健全安全生产管理机构、安全生产责任制度和安全保障及应急救援预案；配备相应的安全管理人员，完善安全生产条件，强化安全生产教育培训，加强安全生产管理，确保安全生产。

一、职业健康安全管理

工程负责人必须贯彻“安全第一，预防为主、综合治理”的思想，认真执行测绘职业健康安全生产管理规定，加强监督检查，并保存相关记录。

（一）总体要求

（1）职业健康安全管理目标做到安全生产“零事故”。

（2）工程组应定期组织对外业现场安全进行宣传教育与检查；工程负责人、作业组长、安全员应加强日常性的安全生产教育和监督提醒，发现问题及时协调解决，教育和监督检查情况应予记录，使员工充分认识到外业安全生产工作的重要性，树立安全生产意识并能结合具体情况进行自我保护。

（3）各作业组做到了解当地治安情况及民族风俗，防止因不了解情况，引起民族纠纷和治安事件，有问题及时上报。

（4）外业测绘过程中配发的帐篷、羽绒被服、气垫船等安全防护装备，应定期进行保养和检查，发现不合格品应及时报废更新。材料及仪器设备的管理按安全生产有关规定执行，做好防火、防盗工作。

（5）工程负责人应关注员工健康，积极组织开展自我健身娱乐活动，确保外业员工保持旺盛的精力和热情，做好测绘工作。

（6）工程负责人应安排专人负责全员安全培训工作。

（二）陆域作业安全

陆域作业安全管理措施主要有以下几个方面：

（1）严格遵守作业规程，出收工、装卸、运输、操作仪器时要严格执行仪器使用、保护制度。行程中携带仪器人员不得与仪器分离，并采取防振措施。作业过程中仪器操作员不准离开仪器，作业迁移及收工时要认真检查设备，以免发生损坏、丢失。

（2）爱护仪器设备，不把计算器、手持 GNSS 接收机、对讲机等贵重设备与斧头等杂物混装。不得将垂直杆当手杖使用，防止尖端磨损、中部弯曲。

（3）在施工区域作业时，应和施工单位进行充分协调，统筹施工和测量工作的时间安排，尽量避开施工高峰期。作业时，作业员应戴安全帽，穿警示服，防止施工机械的碰撞和高处坠物。

（4）在工作中使用插、拔电缆插头，要姿势正确，防止电缆扭曲。要了解当地供电电压状况，防止电压过高烧毁充电器、计算机、对讲机等电器设备。要特别注意 GNSS 主机发射导线保护，防止导线断裂引起短路烧毁发射电路板。

（5）野外作业、宿营要注意预防蚊虫叮咬和毒蛇、猛兽侵害，注意保护人身安全。

（6）在城镇道路上作业时，要放置警示牌，作业员要穿戴警示服，防止各种车辆冲撞作业员和仪器。

（7）在高速公路和高速铁路区域进行作业时，应近测量高速公路和高速铁路两侧的路肩，不得横穿高速公路和高速铁路。确需要在行驶区域作业时，应通知高速公路和高速铁路主管部门，采取必要的安全措施。

（8）在高压线路下作业时，要特别谨慎、小心，必须保持人员、垂直杆、尺子等与电线之间的安全距离（高度）。

（9）在变电站、升压站等带电设备区域作业，应征询管理人员同意，作业人员应佩戴安全帽，特殊区域还应穿防电服和绝缘鞋，测量仪器应与带电设备保持安全距离。在核电站等区域作业，作业人员还应穿戴反辐射服装。

（10）酷暑严寒天气，应做好防暑和保暖工作，合理安排作业时间，尽量避开高温或严寒时段让员工长时间在室外工作。

（11）雷雨天气，不在山顶、大树、高压电线杆下和带电区域内停留，不使用金属杆雨伞，以防雷击。

（12）在山区、高处从事攀登作业时，员工应穿戴好个人防护用品，防止挂伤、摔伤，经医生证明员工患有不适合高处作业的疾病或身体不适时，不得从事高处作业。

（13）进入沙漠、戈壁、沼泽、高山、高寒等人烟稀少地区或原始森林地区，作业前须认真了解掌握该地区的水源、居民、道路、气象、方位等情况，并及时记入随身携带的工作手册中。应配备必要的通信器材，以保持个人与小组、小组与工程队之间的联系；应配备必要的判定方位的工具，如导航定位仪器、地形图等。必要时要请熟悉当地情况的向导带路。

（14）外业测绘必须遵守各地方、各部门相关的安全规定，如在铁路和公路区域应遵守交通管理部门的有关安全规定；进入草原、林区作业必须严格遵守《森林防火条例》《草原防火条例》及当地的安全规定；下井作业前必须学习相关的安全规程，掌握井下工作的一般安全知识，了解工作地点的具体要求和安全保护规定；在进入军事要地、边境或其他需要特殊保护地区作业时，应事先征得有关部门同意，并在专人陪同下进行作业。

（15）进入少数民族地区作业时，应事先征得有关部门同意，主动与当地测绘主管部门、公安部门沟通，了解当地民情和社会治安等情况，遵守所在地的风俗习惯及有关的安全规定。聘用少数民族作业人员、向导时，应注意民族团结。

（16）国外测量作业时，应遵守中华人民共和国《境外中资企业机构和人员安全管理规定》和所在国的测绘管理法规。

（三）海（水）域作业安全

海（水）域作业安全管理措施主要有以下几个方面：

（1）船舶驾驶员必须持有效和相应种类的驾驶执照，并有多年的出海经验和具备判断、处置海上紧急情况的能力。

（2）租用海上及登岛作业的船舶，要选定船况良好、船舶证书、船舶技术证书、船员证书齐全，并在检验有效期内的作业船舶。作业船舶应当配置防火、救生、卫星定位和通信等设备，确保无通信障碍，使用有效。租用船舶应当签订租船协议书，明确双方责任和义务。

（3）单位应当为执行海洋测绘任务的外业作业人员办理人身意外伤害保险。出测前，必须组织外业作业人员身体检查，凡不适合外业工作或海上及登岛作业的人员，不得参加外业生产或海上及登岛作业。

（4）单位应当及时了解掌握作业海区气象和海况，严禁作业人员在恶劣天气和海况差的条件下出海作业。在热带风暴来临24h前，作业船舶要及时进港避险，作业人员要全部撤离到安全场所。

（5）单位应当根据作业海区和工作特点，为参加海洋测绘的外业作业人员配备必要的外业生产劳动保护装备，包括安全保护、救生救援、通信设备以及必备的药品等。

（6）单位执行海上及登岛作业任务，应当了解作业区域海岛（礁）地形地貌及海况，并提前与当地政府和有关部门建立必要的工作联系。

（7）作业过程中应密切关注周围锚泊船的情况，尤其是位于上风（或上流）方向锚泊船的动态，以防他船走锚危及本船安全。

（8）海上及登岛作业应当两人以上。作业人员上下船时应当待船舶停稳，拴牢后，按船舶驾驶员或工作人员的指导使用船上设备上下船，以保证人身及仪器设备安全。

（9）海上及登岛作业人员应当定时向单位负责人通报登岛、作业和返回驻地情况。

（10）海上及登岛作业人员应当穿着标准制式的救生衣，带足淡水、食品、蛇药等常用药品、防湿保暖作业装备、救生用具、防水密封火柴等相应的安全保障用品。

（11）海上及登岛作业使用的各种仪器设备应当登记备案，由专人保管，仪器设备的运输、存放应当使用防振、防潮、防火、防盗等保护性能的专用箱，在海上运输应当采取防海水浸泡的措施。

（12）水上作业要了解作业区水深、流向，检查作业船只状况，克服侥幸心理。在大于规定流速的水上作业时，不得使用橡皮船。同时，还应注意上、下游来水情况（如山洪、电站泄洪等）并穿戴救生衣。

（13）所有记录应安全放置好，避免海水打湿或被风刮到水中，造成损失。

（14）在船上作业期间不能喝酒，严禁在船上嬉戏和不按规范作业。

（四）无人机作业安全

1. 航空摄影作业前的应急措施

（1）无人机出现故障后的人工应急干预方法，安全迫降的地点和迫降方式。

（2）根据地形地貌，制定事故发生后无人机的搜寻方案，并配备相应的便携地面导航设备、快捷的交通工具以及通信设备。

（3）协调地方政府，调动行政区域内的社会力量参与应急救援。

2. 非应急性质的航空摄影作业起降场地的安全措施

（1）距离军用、商用机场须在10km以上。

（2）起降场地相对平坦、通视良好。

（3）远离人口密集区，半径200m范围内不能有高压线、高大建筑物、重要设施等。

（4）起降场地地面应无明显凸起的岩石块、土坎、树桩，也无水塘、大沟渠等。

（5）附近应无正在使用的雷达站、微波中继、无线通信等干扰源，在不能确定的情况下，应测试信号的频率和强度，如对系统设备有干扰，须改变起降场地。

（6）无人机采用滑跑起飞、滑行降落的，滑跑路面条件应满足其性能指标要求。

3. 飞行现场的安全措施

（1）指定1名负责人，负责飞行现场的统一协调和指挥。

（2）设备应集中、整齐摆放，设备周围30m×30m范围设置明显的警戒标志，飞行前的检查和调试工作在警戒范围内进行，非工作人员不允许进入。

（3）发动机在地面着车时，人员不能站立在发动机正侧方和正前方5m以内。

（4）发现噪声过大或操作员之间相距较远时，应采用对讲机、手势方式联络，应答要及时，用语和手势要简练、规范。

（5）滑行起飞和降落时，与起降方向相交叉的路口须派专人把守，禁止车、人通过，应确保起降场地上没有非工作人员。

（6）弹射起飞时，发射架前方200m、90°夹角扇形区域内不能有人站立。

（7）无人机伞降时，应确保无人机预定着陆点半径50m范围内没有非工作人员。

4. 起飞阶段安全措施

（1）起飞前，根据地形、风向决定起飞方向，无人机须迎风起飞。

（2）飞行操作员须询问机务、监控、地勤等岗位操作员能否起飞，在得到肯定答复后，方能操控无人机起飞。

（3）机务、监控操作员应同时记录起飞时间。

（4）遥控飞行模式下，监控操作员应每隔5～10s向飞行操作员通报飞行高度、速度等数据。

5. 视距内飞行操控的安全措施

（1）在自主飞行模式下，无人机应在视距范围内按照预先设置的检查航线（或制式航线）飞行2～5min，以观察无人机及机载设备的工作状态。

（2）飞行操作员须手持遥控器，密切观察无人机的工作状态，做好应急干预的准备。

（3）监控操作员应密切监视无人机是否按照预设的航线和高度飞行，观察飞行姿态、传感器数据是否正常。

（4）监控操作员在判断无人机及机载设备工作正常情况下，还应通过口语或手语询问飞行、机务、地勤等岗位操作员，在得到肯定答复后，方能引导无人机飞往航空摄影作业区。

6. 视距外飞行操控的安全措施

（1）视距外飞行阶段，监控操作员须密切监视无人机的飞行高度、发动机转速、机载电源电压、飞行姿态等，一旦出现异常，应及时发送指令进行干预。

（2）其他岗位操作员须密切监视地面设备的工作状态，如发现异常，应及时通报监控操作员并采取措施。

7. 降落阶段操控的安全措施

（1）无人机完成预定任务返航时，监控操作员须及时通知其他岗位操作人员，做好降落前的准备工作。

（2）机务、地勤操作员应协助判断风向、风速，并随时提醒遥控飞行操作员。

（3）自主飞行何时切换到遥控飞行，由监控操作员向飞行操作员下达指令。

（4）在遥控飞行模式下，监控操作员根据具体情况，每隔数秒向飞行操作员通报飞行高度。

（5）无人机落地后，机务、监控两名操作员应同时记录降落时间。

（五）行车安全

行车安全管理措施主要有以下几个方面：

（1）驾驶员应严格遵守《中华人民共和国道路交通安全法》等有关的法律、法规以及安全操作规程和安全运行的各种要求；具备野外环境下驾驶车辆的技能，掌握所驾驶车辆的构造、技术性能、技术状况、保养和维修的基本知识或技能。

（2）外出作业前，驾驶员应检查车辆各部件是否灵敏，油、水是否足够，轮胎充气是否适度；应特别注意检查传动系统、制动系统、方向系统、灯光照明等主要部件是否完好，发现故障即行检修，禁止勉强出车。驾驶员对车辆的出车前检查应有日检记录。

（3）外业测区道路一般路况不好，条件复杂，驾驶员夜间上下工地应特别注意安全，对照明不好、路况不清地段宜绕道行驶，不应冒险通过。

（4）遇有暴风骤雨、冰雹、浓雾等恶劣天气时应停止行车。视线不清时不准继续行车。

（5）在雨、雪或泥泞、冰冻地带行车时应慢速，必要时应安装防滑链，避免紧急刹车。遇陡坡时，助手或乘车人员应下车持三角木随车跟进，以备车辆下滑时抵住后轮。

（6）车辆穿越河流时，要慎重选择渡口，了解河床地质、水深、流速等情况，采取防范措施安全渡河。

（7）高温炎热天气行车应注意检查油路、电路、水温、轮胎气压；频繁使用刹车的路段应防止刹车片温度过高，导致刹车失灵。

（8）沙土地带行车应停车观察，选择行驶路线，低档匀速行驶，避免中途停车，若沙土松软难以通过，应事先采取铺垫等措施。

（六）内业安全

创造安全、舒适的内业工作环境，是保障内业工作顺利进行的重要条件。工程应组织内业生产人员分析、评估内业生产环境的安全情况，制定生产安全细则，确保安全生产。

1. 作业场所安全

（1）计算机等生产仪器设备的放置，应有利于减少放射线对作业人员的危害。各种设备与建（构）筑物之间，应留有满足生产、检修需要的安全距离。

（2）作业场所中不得随意拉高电线，防止电线、电源漏电。通风、空调、照明等用电设施要有专人管理、检修。

（3）面积大于100m^{2}的作业场所的安全出口不少于两个。安全出口、通道、楼梯等应保持畅通并设有明显标志和应急照明设施。

（4）作业场所应按《中华人民共和国消防法》规定配备灭火器具，小于40m的重点防火区域，如资料、档案、设备库房等，也应配置灭火器具。应定期进行消防设施和安全装置的有效期和能否正常使用检查，保证安全有效。

（5）作业场所应配置必要的安全（警告）标志，如配电箱（柜）标志、严禁吸烟标志、紧急疏散标志、疏散示意图、上下楼梯警告线以及玻璃隔断提醒标志等，保证标志完好清晰。

（6）禁止在作业场所吸烟以及使用明火取暖，禁止超负荷用电。使用电器取暖或烧水，不用时要切断电源。

（7）严禁携带易燃易爆物品进入作业场所。

2. 资料安全

（1）作业员对自己的测绘资料安全负责，保证完整、无损。

（2）作业过程中产生的测绘电子文件应及时备份。

（3）上交资料要及时，按工程完善归档手续。

（4）向甲方提供的信息要准确无误。

（5）严格执行资料管理制度，保证借用资料的安全、清洁、完整。

（6）涉密资料应按照保密管理制度执行。

（七）仪器设备安全

测量设备属于精密仪器，其准确度和精密度影响测量成品质量。因此必须建立一套完整的设备管理程序，配备设备管理员，在仪器校准、标识、使用、搬运、储存、维修和保养等各个环节对测绘仪器设备进行严格的控制，使其始终处于完好的状态，以确保测绘数据的准确、可靠。

1. 仪器设备管理

仪器设备管理主要内容有以下几个方面：

（1）应有符合温度、湿度等要求专门的设备仓库贮存设备；无专门设备仓库的，应保证仪器设备保存于符合温度、湿度等要求的环境中。

（2）设备管理员应按照测绘仪器防霉、防雾、防锈等三防要求进行日常维护保养，确保仪器处于良好状态。

（3）使用人员对设备使用期间的维护保养负责。

（4）对于外业使用的测量仪器设备，应明确专人负责和保管，严防私自外借、破坏或丢失。

2. 运送与使用

（1）安全运送。仪器安全运送主要内容有以下两个方面：

1）长途搬运仪器时，应将仪器装入专门的运输箱内。若无防振运输箱，而又需运输较精密的仪器时，可特制套箱，再把装有仪器的箱子装入特别套箱内，仪器箱与套箱内包面之间的空隙处可用刨花或纸片等紧紧填实。

2）短途搬运仪器时，一般仪器可不装入运输箱内，一定要专人护送。对特别怕振的仪器设备，必须装入仪器箱内。

3）不论长短距运送仪器，均要防止日晒雨淋，放置仪器设备的地方要安全妥当，并应清洁和干燥。

（2）使用过程注意事项。仪器在作业过程中的安全注意事项有以下几个方面：

1）仪器开箱前，应将仪器箱平放在地上，严禁手提或怀抱着仪器开箱，以免仪器在开箱时落地损坏。开箱后应注意看清楚仪器在箱中安放的状态，以便在用完后按原样入箱。仪器在箱中取出前，应松开各制动螺旋，提取仪器时，要用一只手托住仪器的基座，另一只手握持支架，将仪器轻轻取出，严禁用手提望远镜和横轴。仪器及所用部件取出后，应及时合上箱盖，以免灰尘进入箱内。仪器箱放在测站附近，箱上不许坐人。作业完毕后，应将所有微动螺旋退回到正常位置，并用擦镜纸或软毛刷除去仪器上表面的灰尘。然后卸下仪器双手托持，按出箱时的位置放入原箱。盖箱前应将各制动螺旋轻轻旋紧，检查附件齐全后可轻合箱盖，箱盖吻合方可上盖，不可强力施压以免损坏仪器。

2）架设仪器时，先将三脚架架稳并大致对中，然后放上仪器，并立即拧紧中心连接螺旋。对仪器要小心轻放，避免强烈的冲击振动。安置仪器前应检查三脚架的牢固性，作业过程中仪器要随时有人防护，以免造成重大损失。

3）仪器在搬站时，可视搬站的远近，道路情况以及周围环境等决定仪器是否要装箱。搬站时，应把仪器的所有制动螺旋略微拧紧，但不要拧得太紧，目的是仪器万一受到碰撞时，还有转动的余地，以免仪器受伤。搬运过程中仪器脚架必须竖直拿稳，不得横扛在肩上。

4）在野外使用仪器时，必须用伞遮住太阳。仪器望远镜的物镜和目镜的表面不能让太阳照射，也要避免灰沙雨水的侵袭。

5）仪器任何部分若发生故障，不应勉强继续使用，要立即检修，否则将会使仪器损坏加剧。

6）没有必要时，不要轻易拆开仪器，仪器拆卸次数太多会影响其测量精度。

7）光学元件应保持清洁，如沾染灰尘必须用毛刷或柔软的擦镜纸清除，禁止用手指抚摸仪器的任何光学元件表面。

8）在潮湿环境中作业，工作结束后，要用软布擦干仪器表面的水分或灰尘后才能装箱。回到驻地后立即开箱取出仪器放置干燥处，彻底晾干后才能装入仪器箱箱内。

9）在连接外部所有仪器设备时，应注意相对应的接口、电极连接是否正确，确认无误后方可开启主机和外围设备。拔插接线时不要抓住线就往外拔，应握住接头顺方向拔插，也不要边摇晃插头边拔插，以免损坏接头。数据传输线、GNSS（监控器）天线等在收线时不要弯折，应盘成圈收藏，以免各类连接线被折断而影响工作。

（八）生活安全

生活安全管理注意事项：

（1）工程负责人应加强日常用电、行车、餐饮及燃气设备等管理和监督检查，及时发现并消除一切不安全因素，防止火灾、人身伤亡、食物中毒等事故发生。

（2）宿舍内严禁使用大功率耗电设备，严禁私拉乱接用电线路。

（3）外业人员应加强自我防范意识，离开宿舍时，应关好门窗、切断电源，防止私有或公用财物丢失或引起火灾。

（4）工程组自建食堂的，炊事员应定期体检，持健康证上岗，要做到讲究卫生，食品防腐、防投毒、防病菌、防止动物病菌传播毒源。不购买腐烂及不新鲜食物，生熟要隔离。未建食堂的，工程人员外出就餐应选择证照齐全的就餐场地。

（5）作业员要严格遵守组织纪律，不得在旅途和驻地参与赌博活动。业余时间不得单独外出，禁止擅自下河、湖洗澡。

（6）在进入测区前，要充分了解当地防疫状况，尤其是针对特殊区域的地方病，要做好防疫知识的学习，配备必需的药品，预防疾病的传播。

（7）在高海拔地区作业，要对不良身体反应高度重视，一旦发现由不适引起的并发症状，应立即接受治疗。

二、应急管理

工程现场应加强对勘测现场危险源的识别及监控，并编制有针对性的应急预案，成立以工程负责人为组长的工程现场应急处理小组，对可能引发生产安全事故或者其他灾害、灾难的一般及以上事故的险情或重要隐患，应采取相应措施积极预防事故发生。

（一）应急响应

1. 及时响应

事故发生后，工程现场应立即启动应急预案，采取有效措施控制事态发展，第一时间采取必要措施抢救伤员、报警、报告，同时要保护好现场，以最快的方法将所发生事故的简要情况报告勘测部门，报告内容为发生事故的类型、时间、地点、伤亡人数、设备和现场的损失情况及采取的应急措施。勘测部门负责人接到事故报告后要立即赶赴事故现场，各应急人员服从现场总指挥的统一指挥。现场指挥部应按照所在单位“事故/事件报告、调查及处理程序”迅速组织人员救助、工程抢险等工作，调配专业人员提供建议和支持，或配合地方与有关部门，调动应急资源，开展应急救援工作。当部门级应急救援不足以应对，则应请单位级应急救援。现场指挥部应保持 24h 通信和车辆交通畅通，随时与单位联系并通报救援进展。

2. 现场救援

现场指挥部启动应急预案后，根据事故的类型采取相应的抢救措施进行现场救援。

交通事故发生后，立即抢救伤员，同时通知当地公安交通管理部门，联系医院，迅速通知勘测部门；保护现场，司机或驾驶员要与当地交警配合，做好各项笔录及调查工作；勘测部门应视事故原因、情节状况，决定是否成立应急指挥部及启动应急预案；在规定时间内通知保险公司，通知单位相关部门和主管领导，需要时迅速派人赶赴现场，协调处理事故，调查原因，做出调查报告，提出处理意见；组织善后工作，安抚受伤人员及家属，承担现场临时费用，保留各项单据和分解费用并与保险公司及单位有关部门协调费用。

触电发生后，应立即切断电源，或用绝缘物体碰撞，使之人与电源断开，就地检查伤者情况；遇呼吸停止应采取人口呼吸心脏按压等方法，使之脱险，待有知觉后，应在通风处静卧；同时立即拨打当地急救电话，同时通知勘测部门。抢救时，应严禁使用金属物件、潮湿物品，观察带电体情况，如遇断落在地上的高压导线，切记不可贸然进入断落点 5m 以内，应采用绝缘物品或绝缘鞋等铺垫，或临时双脚并拢跳跃接近伤者，待证明无电后，方可组织人力就地抢救。勘测部门接警后视情况启动应急预案，派员赴现场协调处理，如需必要应通知家属。现场抢救完成一个阶段后，现场应急救援成员应查看环境，采取有力措施补救，并分析原因，定事故类别，编写事故报告和提出处理意见，按规定送交部门负责人和有关部门。

火灾事故，当火灾发生且危害不大时，现场人员应及时就地扑救。可采取周边杂土掩埋、布料抽打、灭火器喷压等方法；同时呼救和提醒周边人群撤离现场。

在驻地发生火灾时，不要惊慌，及时报警，初起火时可用湿毛巾捂住口鼻，从安全通道迅速逃生，切不可为收拾东西而耽搁时间。烟火大时，要关紧自己房门，用被褥等物塞住缝隙，开窗呼救；如住层低于三层，可利用床单等物品结绳下顺逃生。逃离火场后，应配合有关人员疏散人群，用灭火器等灭火。如有消防队赶到，则应积极配合灭火和调查，参与事后救援工作，并将情况及时通报给勘测部门。火灾事故责任认定与工程人员有关，部门应派人赴现场配合公安机关，安检部门等参与事后处理事宜，并将情况记录在案，一切有关事故资料应齐全，带回单位上报有关部门。发生员工伤亡，要迅速抢救，撤离危险区域，拨打求救电话，及时输送治疗。

当进行输电线路野外勘测发生火灾时，应立即扑救并报警，同时将设备撤离着火区域。火初起时应用周边物品扑打，无明火后应详尽检查，掩埋余烬，防止复燃。火起大后，应在着火区外迅速铲除杂草树木，制造隔离带，防止火势蔓延，并等待救援，同时立即通知单位有关人员，事后配合公安机关，安检部门调查。

遇食物中毒事件发生，应立即拨打急救电话或自行前往医院，进行洗灌肠等处置，并通知单位有关人员前往协调处理。如是自行起伙，应在事件发生后，通知当地防疫部门前来检查，停止使用并消毒炊具食堂。

物体打击事故，抢救重在对颅脑损伤、胸及四肢骨折等部位，应立即采取绑扎止血、固定等措施，同时拨打急救电话，如有必要应联系单位有关人员，应将伤员平躺在通风少干扰的平地处，注意观察有无分泌物等，防止呼吸道堵塞。

工地现场发生设备工伤事故，应及时救助伤者，观察伤口伤情，有条件时可原地进行包扎止血后再送医院救护，如伤情严重，不得擅自移动伤者，拨打急救电话，同时通知单位有关人员。

现场测量遇狗咬伤，应立即送当地医院，清洗伤口，打防狂犬疫苗，并休息 1～2 天观察；如被蛇咬伤，应立即停止行动，用布条等扎紧伤口上端，并采取放血措施，同时将伤者移送医院进行处置。以上情况应通知单位有关人员。

野外遇雷雨天气，应避免在孤立大树下躲避，钻机停工，员工应撤离机械设备，以防雷击，雷雨时一般不要接打手机电话。天气过热时应适当休息并备有防暑药品、饮料等，如有中暑者，应抬放至阴凉处，采取用湿毛巾敷头、掐人中等措施，清醒后可回驻地休养，必要时送医院进行处理。

3. 应急结束

经现场指挥确认应急救援工作已基本结束，事故现场得以控制，环境符合有关标准，可能导致次生、衍生事件隐患基本被消除，现场应急结束。应急结束后，现场应急救援指挥部应于 3 日内完成下列事项：

（1）向事故调查处理小组移交相关资料。

（2）向上级提交事故应急工作总结报告。

（3）编制完成事故后续处理计划。

（二）事故处置

事故处理完毕，事故责任部门应配合部门进行事故的后果影响消除、生产秩序恢复工作。

（1）配合单位有关职能部门完成善后赔偿工作。

（2）部门应在分清主体责任情况下，对责任事故组织事故分析会，制定相应措施，严防类似事故发生，并根据责任确定通报和处罚意见。同时对应急救援能力进行评估和应急预案的修订工作。

第五节 环境保护与控制

工程组遵照 GB/T 24000《环境管理体系要求及使用指南》的要求，建立并持续改进环境管理体系，做到保护环境、文明测量。

一、环境保护目标

各种类别作业区域的自然条件、当地民情、社会治安及风俗习惯等差异很大。工程启动后，工程负责人对现场进行踏勘、识别作业区域类别，根据现场实际情况，按照三标体系文件及作业指导书的要求，制定环境保护目标。环境保护目标应满足以下条件：

（1）确保测绘全过程及成品符合国家和地方的环境法律、法规和其他要求。

（2）节能降耗，做好资源再利用。

（3）避免在勘测过程中造成大面积植被破坏、水土流失等环境破坏事件。

（4）不发生因破坏环境而引起的投诉事件和纠纷。

二、环境保护计划措施

按照制定的环境保护目标，工程组应采取相对应的环境保护计划措施，并下发至工程组所有人员，必要时还应进行专门的现场培训。环境保护计划措施应包括以下内容：

（1）建立环境保护奖惩制度。

（2）认真学习对照有关工程建设、环境保护方面的法律法规，明确重点、规避风险。

（3）确定环境保护责任人。

（4）对勘测现场踏勘并进行环境因素识别。

（5）落实野外工作中产生的垃圾汇集方式，杜绝废弃物；避免使用一次性饮料杯、泡沫饭盒、塑料袋和一次性筷子，用陶瓷杯、纸饭盒、布袋和普通竹筷子来替代。在工地现场设立专门放置垃圾的箱子以及放置废电池的回收袋子，并及时清理垃圾。

（6）工程中产生的废旧电池、电瓶应采用专门回收制度。

（7）主动回避危险动物的攻击，不随意捕杀野生动物。

（8）测量时应尽量避免或减少踩踏青苗。

（9）建立勘测现场明火使用制度。

（10）建立车辆检查制度，要使用带有环保标志的车辆。

（11）节约用纸，节约用水用电。

三、工程现场控制

工程组应按照制定好的环境保护目标和计划措施进行现场控制，现场控制主要分为室内环境控制和野外环境控制两部分。

（一）室内环境控制

工程现场室内主要包括内业作业场所和生活场所，工程组应对工程现场所有的室内场所进行环境控制。其主要内容有：

（1）照明、噪声、辐射等环境条件符合作业条件。

（2）配置合格的消防灭火装置。

（3）安全出口、通道、楼梯等应保持畅通并有明显的标志和应急照明设施。

（4）计算机等设备须有专人管理，并定期检查、维护和保养，禁止带故障工作。

（5）作业场所应配置必要的禁烟、禁明火等安全（警告）标志。

（二）野外环境控制

野外作业过程中，各作业组应按照拟定好的环境因素控制措施进行现场测量作业，避免破坏环境的事情发生。其主要内容有：

（1）控制点选点应选择在不破坏植被的区域，埋石产生的弃土应妥善放置并覆盖。

（2）野外作业时禁止乱丢垃圾，林区作业禁止明火。

（3）采用适当的测量方法进行测量，减少对测区内植被的破坏。

（4）平地作业应尽可能行走田埂、地沟，不踩坏农作物。

（5）居民区作业应注意噪声，合理安排作息时间，防止噪声扰民。

（6）对于使用工程车辆，要建立日检记录，对排放超标的车辆及时维修。

第六节　涉密测绘成果保密管理

测绘成果是自然地理要素或者地表人工设施的形状、大小、空间位置及其属性信息的总和，它是国家重要的基础性、战略性资源。随着信息技术的快速发展和地理信息的广泛应用，涉密测绘成果安全管理面临严峻形势。保密管理的对象、内容、手段和环境发生了很大变化，涉密人员增多，流动性加大，成果形式数字化，涉密载体呈现多样性，同时泄密渠道增多，窃密手段隐蔽性增强，国家秘密控制难度加大。

一、测绘成果国家秘密范围

国家基本比例尺地形图涉及国防安全，属国家机密。涉密测绘成果的公开或泄露，将会产生不同程度的危害。特别严重的会严重损害国家安全、领土完整、民族尊严，导致严重外交纠纷，严重威胁国防战略安全或者削弱国家整体军事防御能力；比较严重的会对国家重要军事设施的安全、对国家安全警卫目标、设施的安全造成严重威胁；一般危害的会使保护国家秘密的措施可靠性降低或者失效，削弱国家局部军事防御能力和重要武器装备克敌效能，对国家军事设施、重要工程安全造成威胁。上述危害程度的标准也是测绘成果划分保密等级的基本依据。

测绘成果的定密标准主要依据《测绘管理工作国家秘密范围的规定》（国测办字〔2003〕17 号）、《遥感影像公开使用管理规定（试行）》（国测成发〔2011〕9 号）等规定。涉密测绘成果目录列于表 15-4 中。

表 15-4　涉密测绘成果目录

<table>
<tr><th>序号</th><th>国家秘密事项名称</th><th>密级</th><th>保密期限</th><th>控制范围</th></tr>
<tr><td>1</td><td>国家大地坐标系、地心坐标系以及独立坐标系之间的相互转换参数</td><td>绝密</td><td>长期</td><td rowspan="4">经国家测绘地理信息局批准的测绘成果保管单位及用户；经总参谋部测绘局批准的军事测绘成果保管单位及用户</td></tr>
<tr><td>2</td><td>分辨率高于 5′×5′，精度优于±1mgal 的全国性高精度重力异常成果</td><td>绝密</td><td>长期</td></tr>
<tr><td>3</td><td>1:10000、1:50000 全国高精度数字高程模型</td><td>绝密</td><td>长期</td></tr>
<tr><td>4</td><td>地形图保密处理技术参数及算法</td><td>绝密</td><td>长期</td></tr>
<tr><td>5</td><td>国家等级控制点坐标成果以及其他精度相当的坐标成果</td><td>机密</td><td>长期</td><td rowspan="6">经省级以上测绘行政主管部门批准的测绘成果保管单位及用户；经大军区以上军队测绘主管部门批准的军事测绘成果保管单位及用户</td></tr>
<tr><td>6</td><td>国家等级天文、三角、导线、卫星大地测量的观测成果</td><td>机密</td><td>长期</td></tr>
<tr><td>7</td><td>国家等级重力点成果及其他精度相当的重力点成果</td><td>机密</td><td>长期</td></tr>
<tr><td>8</td><td>分辨率高于 30′×30′，精度优于±5mgal 的重力异常成果；精度优于±1m 的高程异常成果；精度优于±3″的垂线偏差成果</td><td>机密</td><td>长期</td></tr>
<tr><td>9</td><td>涉及军事禁区的大于或等于 1:10000 的国家基本比例尺地形图及其数字化成果</td><td>机密</td><td>长期</td></tr>
<tr><td>10</td><td>1:25000、1:50000 和 1:100000 国家基本比例尺地形图及其数字化成果</td><td>机密</td><td>长期</td></tr>
<tr><td>11</td><td>空间精度及涉及的要素和范围相当于上述机密基础测绘成果的非基础测绘成果</td><td>机密</td><td>长期</td><td>经省级以上测绘行政主管部门批准的测绘成果保管单位及用户；经大军区以上军队测绘主管部门批准的军事测绘成果保管单位及用户；
该成果测绘单位及其测绘成果保管单位</td></tr>
<tr><td>12</td><td>构成环线或线路长度超过 1000km 的国家等级水准网成果资料</td><td>秘密</td><td>长期</td><td rowspan="6">经县市级以上测绘行政主管部门批准的测绘成果保管单位及用户；经大军区以上军队测绘主管部门批准的军事测绘成果保管单位及用户</td></tr>
<tr><td>13</td><td>重力加密点成果</td><td>秘密</td><td>长期</td></tr>
<tr><td>14</td><td>分辨率在 30′×30′～1°×1°，精度在±5～±10mgal 的重力异常成果；精度在±1～±2m 的高程异常成果；精度在±3″～±6″的垂线偏差成果</td><td>秘密</td><td>长期</td></tr>
<tr><td>15</td><td>非军事禁区 1:5000 国家基本比例尺地形图；或多张连续的、覆盖范围超过 6km^2 的大于 1:5000 的国家基本比例尺地形图及其数字化成果</td><td>秘密</td><td>长期</td></tr>
<tr><td>16</td><td>1:500000、1:250000、1:10000 国家基本比例尺地形图及其数字化成果</td><td>秘密</td><td>长期</td></tr>
<tr><td>17</td><td>军事禁区及国家安全要害部门所在地的航空摄影影像</td><td>秘密</td><td>长期</td></tr>
<tr><td>18</td><td>空间精度及涉及的要素和范围相当于上述秘密基础测绘成果的非基础测绘成果</td><td>秘密</td><td>长期</td><td>经县市级以上测绘行政主管部门批准的测绘成果保管单位及用户；经大军区以上军队测绘主管部门批准的军事测绘成果保管单位及用户；
该成果测绘单位及其测绘成果保管单位</td></tr>
<tr><td>19</td><td>涉及军事、国家安全要害部门的点位名称及坐标；涉及国民经济重要工程设施精度优于±100m 的点位坐标</td><td>秘密</td><td>长期</td><td>经县市级以上测绘行政主管部门批准的测绘成果保管单位及用户；经大军区以上军队测绘主管部门批准的军事测绘成果保管单位及用户</td></tr>
</table>

续表

序号	国家秘密事项名称	密级	保密期限	控制范围
20	遥感影像空间位置精度高于 50m；影像地面分辨率优于 0.5m	秘密	长期	经县市级以上测绘行政主管部门批准的测绘成果保管单位及用户；经大军区以上军队测绘主管部门批准的军事测绘成果保管单位及用户

注　1. 当大于 1:5000 国家基本比例尺地形图的覆盖范围超过 6km^2 时，该批地形图整体上按秘密级管理，单幅地形图不标注密级。

2. 国家安全要害部门，在国家测绘局和国家保密局没有做出新的解释前，暂按《中华人民共和国保守国家秘密法》第二十二条的规定“属于国家秘密不对外开放的场所、部位”的表述掌握。

3. 测绘成果的形式多样且在不断的发展变化，《测绘管理工作国家秘密目录》很难把以后产生的国家秘密测绘成果列入其中，因此不能笼统理解为未列入《测绘管理工作国家秘密目录》的测绘成果均可以公开。

二、涉密测绘成果管理制度

从业人员及单位应遵守国家、行业涉密测绘成果的管理制度，主要制度如下（不限于此）：

中华人民共和国保守国家秘密法；

中华人民共和国测绘成果管理条例；

国家基础地理信息数据使用许可管理规定；

国家测绘局关于加强涉密测绘成果管理工作的通知；

关于加强地形图保密处理技术使用管理的通知；

关于进一步加强涉密测绘成果管理工作的通知；

公开地图内容表示若干规定。

三、涉密信息系统及设备的保密措施

涉密信息系统及设备的保密措施主要有：

（1）涉密计算机必须与国际互联网和其他公共信息系统实行物理隔离，严格遵守“涉密不上网、上网不涉密”的基本原则，禁止将涉密计算机和涉密信息系统直接接入内部非涉密信息系统。

（2）禁止使用非涉密信息系统（包括非涉密单机）存储和处理涉密信息。建立健全防病毒软件（含木马查杀）升级、打补丁机制，及时升级病毒和恶意代码样本库，进行病毒和恶意代码查杀，及时安装操作系统、数据库和应用系统的补丁程序。防病毒软件应使用经国家主管部门批准的防病毒软件。

（3）涉密信息系统用户终端不准安装、运行、使用与工作无关的软件，严禁安装具有无线通信功能的软件。用户终端禁止安装或拆卸硬件设备和软件及更改系统设置。用户终端的应用软件安装情况要登记备案。涉密设备严禁具有无线互联功能，不能安装红外接口、无线网卡、无线鼠标、无线键盘等。涉密信息系统应采取身份鉴别、访问控制和安全审计等技术保护措施。

（4）使用单位应指定专人负责涉密设备和介质的日常管理工作，建立存储介质登记备案、定期核查与信息清理制度。保密办对涉密设备的采购、使用、维修、变更、报废负有指导、监督、检查的职责，对存储介质归口管理。

（5）涉密设备的电磁泄漏发射应符合国家有关保密标准，并采取相应防护措施。涉密设备和传输线路应符合红黑隔离要求，并采取电源滤波防护措施。

（6）用户终端登录识别技术应采用以下两种方式之一：

1）数字证书机制采用 USBKey 与 PIN 口令相结合的方式进行身份鉴别，口令长度设置不少于十位。USBKey 按密件管理，要及时修改初始的 PIN 码，并将 USBKey 妥善保管。

2）密码口令。机密级密码口令长度不得少于十个字符，每周至少更换一次；秘密级密码口令长度不得少于八个字符，每月至少更换一次；口令采用大小写英文字母、数字和特殊字符等两者以上的组合。

（7）在其他信息系统使用过的设备以及新增设备接入涉密计算机和信息系统之前，应进行病毒（含木马）及恶意代码的检测、查杀。

（8）涉密存储介质应根据所存储信息的最高密级划定密级，并在明显位置粘贴密级标识，禁止使用无标识的存储介质。涉密存储介质严禁在连接互联网的计算机和非涉密计算机上使用。存放涉密存储介质的场所、部位和设备应符合安全保密要求。

（9）严禁将个人具有存储功能的存储介质和电子设备（mp3、mp4、优盘、手机、掌上电脑等）接入涉密计算机信息系统；严禁将涉密存储介质带出工作场所，确需携带外出，经本单位领导审批且备案后方可带出，要随身携带，严防被盗或丢失。

第十六章

收尾与服务

第一节　资料整理及成品校审

电力工程测绘资料整理就是按照一定的原则和方法对电力工程勘测设计、施工、运营维护等各阶段所产生的各种原始资料和测绘成果进行系统地、条理地分类整理，使测绘资料有序化、条理化。测绘成品校审是依据相关规程规范及要求，按照检查验收程序，对测绘成品进行质量检验的技术活动。

一、资料整理

测绘资料整理的原则是确保资料的真实性、合格性、准确性、完整性、系统性、统一性和简明性。

工程组应核查测绘原始资料，按项目合同、委托书、任务书、作业指导书及技术标准等要求，综合分析并将资料分类整理。原始文档资料和工程技术资料应以原件整理成册，并提交校审。测绘资料整理工作的主要内容和要求如下。

1. 控制资料

控制资料主要是指平面控制成果、高程控制成果、控制点点之记、埋石类型及等级等资料，包括前期搜集资料和现场进行控制测量所获得的资料。所搜集的控制测量成果资料应加盖提供单位的公章，对于所利用的控制点成果应检验其可靠性和精度，并予以评价。收资审批流程文件应整理归档备查。

2. 原始记录

原始记录资料包括 GNSS 观测记录、角度观测记录、距离测量记录、高程测量记录、地形测量记录、放样测量记录、林木调查记录、房屋测量记录、重要交叉跨越测量记录等。原始观测值和记录项目应在现场用钢笔或铅笔记录在规定格式的测量手簿中，字迹应清晰、整齐、美观，不得涂改、擦改、转抄复制。同一类型测量手簿或记录纸应进行编号。测量成果也可以采用电子记录，电子记录应按现行测量电子记录行业标准执行。各级校审人员应对测量原始记录进行认真细致地检查并签署，若发现问题应及时采取措施。

3. 计算资料

计算资料主要包括平面及高程控制测量平差计算、水准测量平差计算、GNSS 数据平差计算、遥感内业数据计算、变形监测数据处理等。计算资料应用打印机打印或铅笔、签字笔书写，字迹应工整清晰，并加装封面。采用软件计算时，应在计算资料中注明软件名称及其版本，而且软件应是经过鉴定的有效版本。原始数据是计算的重要输入，应将原始数据列于计算资料中。当没有专门软件，需要手算时，应附计算简图、计算公式及计算过程。各级校审人员应对计算资料进行校审并签署。

4. 图纸资料

图纸资料主要包括各种比例尺的地形图、平面图、断面图及图纸目录等。根据电力工程类型不同及各设计阶段的要求，图纸资料整理工作应符合 GB/T 20257.1《国家基本比例尺地图图式　第 1 部分：1:500 1:1000 1:2000 地形图图式》、GB/T 20257.2《国家基本比例尺地图图式　第 2 部分：1:5000 1:10000 地形图图式》、GB 50548《330kV～750kV 架空输电线路勘测规范》、GB 50741《1000kV 架空输电线路勘测规范》、DL/T 5445《电力工程施工测量技术规范》、DL/T 5156.1《电力工程勘测制图标准　第 1 部分：测量》等现行行业规程规范的要求。

5. 影像资料

影像资料主要包括航空摄影影像、卫星遥感影像、LIDAR 观测数据、像控点成果及调绘资料等。影像资料的整理应符合 CH/T 1024《影像控制测量成果质量检验技术规程》、GB/T 6962《1:500 1:1000 1:2000 地形图航空摄影规范》、GB/T 15661《1:5000 1:10000 1:25000 1:50000 1:100000 地形图航空摄影规范》、DL/T 5138《电力工程数字摄影测量规程》等现行规程规范的要求。

6. 技术报告

根据电力工程不同设计阶段的要求，测量技术报告包括（不局限于）下列主要内容：

（1）工程概况。

1）任务来源。工程名称、工程编号、工程规模、工程来源、任务内容等。

2）自然条件。地形概述、交通情况、人文地理等。

3）施工组织。工程负责人、参加人员及分工、仪器设备检测及精度情况、内业所用软件及版本、通信及交通保障、工程起止日期等。

（2）技术依据。包括作业指导书、勘测大纲、创优措施、现行规程规范和技术标准等。

（3）引用资料说明与验证。说明采用的平面和高程系统及其联测方法，控制测量起算点精度分析和利用处理措施。

（4）控制测量。包括埋石规格、埋设情况及数量，控制网形设计，控制测量方法，平差计算及控制测量精度分析、相片控制测量等。

（5）地形测量。包括图根控制测量，调绘测量，地形图测量方法，地形图分层，DEM、DOM 等数字产品制作方法和精度分析，地形图巡检及检测等。

（6）其他测量。包括断面图测量、管线测量、变形测量、线高测量、施工放样等内容。

（7）控制测量成果表。

1）发变电工程。控制点名，平面高程成果及精度等级，埋石类型等。

2）输电线路工程。杆塔编号、平面高程成果、挡距、高差、耐张段长度、总里程、转角度数等。

（8）完成的工作量及提交资料。

（9）工程中存在的问题和建议。

7. 管理文件

管理文件主要包括委托书、任务书（单）、作业指导书、勘测大纲、创优措施、危险源及风险辨识与控制措施、用工协议、租车协议、培训记录、仪器试检记录、过程检查记录、成品校审记录、工程总结报告、工程事故报告、各类会议纪要等文件资料。

8. 其他资料

电力工程测绘应推广应用测绘新技术，如机载激光雷达、地面三维激光扫描、合成孔径雷达等。使用新技术时，相应资料整理应满足规程规范或指导性文件的要求。

二、成品校审

测绘成品检查方法有参考数据比对、野外实测和内业检查。测绘成品通过四级校审并签署后，才能成为有效的成品资料。测绘成品校审记录应完整、规范、清晰，签署应齐全，不得随意更改，并应保存相关记录。

（一）成品校审原则与内容

（1）测绘成品质量检查应坚持“自查、校核、审核、批准”四级检查制度，需要时可委托国家或省级测绘质量检验机构实施质量检验。各级质量检查，应做好相应的检查记录。

（2）测绘成品检查验收应按顺序进行，前一工序检查未通过前，不应进行后一工序检查。四级检查中自校、校核、审核应做到 100%全校。

（3）测绘成品质量检查的主要内容包括：

1）测绘成品通过设计人自校，保证出手质量；通过技术负责人校核，消除计算、统计、绘图、制表、编写文字等差错。

2）通过勘测部门、测量专业两级校审，确认计算方法、计算公式、数据、参数等选用的正确性、图纸的完整性和准确性、报告的全面性和合理性。确认成品资料符合规程规范的规定，满足用户要求。

3）通过各级校审，评定成品资料的质量等级。

4）成品校审时，除内容、图面质量外，应注意到文件的名称正确统一，检索号、编（图）号应符合文件编制要求，文件目录与内部章节应一致，计量单位一律使用国际符号或国家法定单位符号。时间、记数与计量一般均宜使用阿拉伯数字。

5）对发现的缺陷和不足，提出纠正措施并落实，确保测量成品质量满足用户要求。

6）成品质量应形成记录，记录可采用表 16-1 所示样表。

表 16-1　　勘测成品校审单（样表）

勘测成品校审单（首页）

工程（项目）名称	××工程		
成品（卷册）名称	厂区总平面图		
成品（卷册）编号		成品（卷册）负责人	孙 ××
完成工作项目	实物工作量	完成工作项目	实物工作量
四等 GPS 测量	5 点	厂区总平面图（1:1000）	1.3km^2
一级导线测量	8 点/5.4km	厂区管网平面图（1:500）	1.1km^2
二级导线测量	32 点/10.7km		
三等水准测量	8.47km		

续表

<table>
<tr><td rowspan="2" colspan="2">实耗工日合计</td><td colspan="2">基本人员</td><td rowspan="2">民工 300 天</td></tr>
<tr><td>野外 322 天</td><td>室内 168 天</td></tr>
<tr><td colspan="2">成 品 内 容</td><td colspan="3">原始资料（包括原始记录、收资、配合资料、计算书等）目录</td></tr>
<tr><td colspan="2">图纸目录　1　张</td><td>序号</td><td>名　称</td><td>本/页数</td></tr>
<tr><td rowspan="4">图纸</td><td>0 号　2　张</td><td>1</td><td>勘测工程管理档案</td><td>1 本</td></tr>
<tr><td>1 号　5　张</td><td>2</td><td>观测手簿</td><td>5 本</td></tr>
<tr><td>2 号　—　张</td><td>3</td><td>计算书（GPS 平差、导线平差、水准平差）</td><td>3 本</td></tr>
<tr><td>3 号　—　张</td><td>4</td><td>供方产品验证记录</td><td>1 本</td></tr>
<tr><td colspan="2">合计标准张　72　张</td><td></td><td></td><td></td></tr>
<tr><td colspan="2">打印件　21　页</td><td></td><td></td><td></td></tr>
<tr><td colspan="2">工程开始日期</td><td>××××年××月××日</td><td>成品交出日期</td><td>××××年××月××日</td></tr>
</table>

<table>
<tr><td rowspan="2">质量评价</td><td colspan="3">问题性质</td><td rowspan="2">校审是否发现需修改的问题（在选项前打√）</td><td rowspan="2">质量评价</td><td rowspan="2">校审人签名</td><td rowspan="2">日期</td></tr>
<tr><td>原则性错误数</td><td>技术性错误数</td><td>一般性错误数</td></tr>
<tr><td>校核人</td><td>— 个</td><td>— 个</td><td>1 个</td><td>☑ 有 □ 无</td><td>合格</td><td>张××</td><td>××××年××月××日</td></tr>
<tr><td>审核人</td><td>— 个</td><td>— 个</td><td>1 个</td><td>☑ 有 □ 无</td><td>合格</td><td>黄××</td><td>××××年××月××日</td></tr>
<tr><td>批准人</td><td>— 个</td><td>— 个</td><td>— 个</td><td>□ 有 ☑ 无</td><td>合格</td><td>王××</td><td>××××年××月××日</td></tr>
</table>

注 1. 表中双线以上各栏由成品负责人填写。

2. 对校审发现的问题，应填写成品校审单附页。

3. 质量评价分为“需改进”“合格”“优秀”。当发现有原则性或技术性错误或较多一般性错误时，应评为“需改进”；若质量合格，且有技术创新或采用了先进技术或经济性显著或设计质量、图面质量很好时，应评为“优秀”。

勘测成品校审单（附页）

<table>
<tr><td rowspan="3">序号</td><td rowspan="2">校审意见（校审人签名/日期）</td><td colspan="4">问 题 性 质</td><td colspan="2">执 行 情 况</td></tr>
<tr><td rowspan="2">原则性</td><td rowspan="2">技术性</td><td rowspan="2">一般性</td><td rowspan="2">质量改进</td><td rowspan="2">修改人</td><td rowspan="2">校审人</td></tr>
<tr><td>成品（卷册）编号：</td></tr>
<tr><td>1</td><td>F111S-L20151-02 图中厂内道路线型不对
张××
××××年××月××日</td><td></td><td></td><td>√</td><td></td><td>√
孙××
××××年
××月
××日</td><td>√
张××
××××年
××月
××日</td></tr>
<tr><td>2</td><td>F111S-L20151-06 图中氢气管标准符号错误，应用 H_2 表示
黄××
××××年××月××日</td><td></td><td></td><td>√</td><td></td><td>孙××
××××年
××月
××日</td><td>黄××
××××年
××月
××日</td></tr>
</table>

注 1. 由校审人判定问题性质，并在问题性质相应栏中划√。

2. 校审人完成校核后，在校审意见下面签署姓名和日期。

3. 修改人按校审意见修改后，在执行情况相应栏内划√（没有修改时划×，并说明原因），对该校审人的意见全部落实后，签署姓名和日期。

4. 校审人检查修改执行情况，确定完成修改的则在执行情况栏内划√，全部确定后签署姓名和日期。

5. 校审人没有发现问题时，可不填写此页。

（二）质量等级划分

测绘成品质量等级划分为优等品、良等品、合格品和不合格品，质量等级的评定采用百分制，各等级分数线规定如下：

（1）优等品。质量综合评分应在 90 分及以上。

（2）良等品。质量综合评分应在 80～89 分。

（3）合格品。质量综合评分应在 60～79 分。

（4）不合格品。质量综合评分应在 60 分以下。

各等级分数线规定参考 DLGJ 159.5《电力勘测成品质量评定办法》。

（三）质量评定标准

测绘成果校核应综合考虑勘测大纲、现场作业、勘测成品等三个环节的工作内容，各环节内容及评定标准见表 16-2，表中分值仅供参考。

表 16-2　勘测成品质量评分标准表（样表）

工作阶段	工作内容与质量标准	不同勘测阶段标准分参考值		
		可行性研究	初步设计	施工图
勘测大纲	1. 勘测目的和任务（内容、深度和范围）明确	4	5	2
	2. 已有资料收集利用充分合理	3	3	2
	3. 勘测大纲（所采用的方法、手段及其工作量）符合勘测任务书、技术指示书、现行规程规范、现场地形地质和水文气象条件的要求	6	5	4
	4. 人、财、物力和工期安排合理，质量、进度、成本和安全等各项控制措施切实可行	2	2	2
现场作业	1. 严格执行勘测大纲的工作内容。当因现场条件或顾客要求发生变化，需要修改并完善勘测大纲时，亦符合规定的修改工作程序并经检查其执行效果良好	10	15	15
	2. 各种作业技术方法或技术手段的工作质量和工作成果符合现行技术标准和质量标准的要求	10	15	15
	3. 各项观测、记录、计算、检查、校核工作认真负责、成果准确可靠，签署无遗漏	20	20	20
	4. 原始资料齐全，现场中间质量检查和最终作业质量评审合格	15	15	20
勘测成品	1. 各种原始数据的分析与归纳，参数的计算与选取，指标的统计与运用，方法正确，结果可靠	12	8	8
	2. 各类图表的内容、数量及其表示方法，符合相关规程规范的规定，且与报告书的内容互为补充，协调一致，使用方便	8	5	5
	3. 报告书内容完整，简明扼要。条件叙述清楚，计算或评价论据充分，结论明确，建议合理，有关注意事项针对性强	10	7	7

（四）质量差错性质分类

根据质量差错发生及产生后果的严重程度，电力工程测绘质量差错可划分为原则性差错、技术性差错和一般性差错三类。

（1）原则性差错。凡属下列情况的差错须列为原则性差错：

1）测量内容不齐全。范围或深度不能满足测量任务书要求，成品无法提交顾客使用。

2）测量技术手段与实际情况严重不符，导致测量产品不可靠。

3）由于关键性技术问题未能查清，使某些重要的测量成果的计算精度或评价质量受到严重影响，造成设计错误或设计方案摇摆不定，或在成品交验时顾客拒绝接受。

4）经查实确属伪造的测量数据或资料。

（2）技术性差错。凡属下列情况的差错须列为技术性差错：

1）测量任务书中少数工作内容被遗漏，使测量成果不能完全满足顾客要求。

2）测量工作量布置不合理或测量技术方法使用不恰当，或某些重要的技术问题未能查清，必须进行复测或复查，导致工期延误和成本增加。

（3）一般性差错。凡属下列情况的差错须列为一般性差错：

1）勘测计划大纲不够完善，测量资料分析利用不够充分，调查研究工作不够深入，测量技术方案不够优化。

2）执行技术标准不够严格，少数工作质量或工序质量有欠缺，但尚不足以影响测量成果的计算精度和评价质量。

3）由于测量原始记录内容不清晰、不完整、字迹潦草或检校不认真而引起的某些疏漏或差错，但尚未构成较大的质量缺陷。

4）统计计算或评价方法欠妥当，数据、参数或指标的采用不尽合理，或少数结果的偏差超限，但经发现修改后并未造成不良影响。

5）图表内容欠完整或取舍不当，数据、线条、图例、符号或注记不健全不规范，以及图面工艺水平欠佳等，但尚不影响顾客使用。

6）测量技术报告结构不合理、内容繁简不当、文字表达不够清楚，或分析论证条理性、逻辑性不强，结论或建议有缺欠，但不影响顾客接受。

（五）测绘产品质量差错扣分标准

测绘成品质量差错的扣分标准，可按表 16-3 执行。

表 16-3　测绘成品质量差错扣分标准表

差错性质		扣分标准
原则性差错		每项扣 41 分
技术性差错		每项扣 21 分
一般性差错	个别差错	每项扣 0.5 分
	同类型差错	每项扣 1 分
	连锁性差错	每项扣 2 分

（六）不合格品控制

1. 不合格品纠正措施的制定

对测绘过程中产生的不合格品，以及在各项检查中发现的不符合项，测绘部门应及时纠正，消除不良影响，调查分析原因，制定与问题严重性相适应的纠正措施，避免同类问题的再次发生。

2. 不合格品纠正措施的实施

各级校审人员对校审出不合格品的处置应满足如下规定：

（1）各级校审人员在测绘成品校审过程中，依照成品质量要求及质量评定规定确定不合格品（发现有原则性和技术性差错的成品即为不合格品），并在成品校审单中记录不合格问题。

（2）测量人员应对成品校审单记录的不合格问题进行返工修改，直至符合要求；对图纸修改的同时也应对其电子文件进行修改；对涉及相关专业的内容，应及时提出相应的修改资料。

（3）在对不合格品修改后，校审人员应重新校审，确认无误后在测量成品上签字。

3. 不合格品纠正措施的跟踪验证

责任部门应对纠正措施的结果和有效性进行沟通和验证。若评价无效或效果不明显应重新调查和分析，采取新的纠正措施。跟踪验证的主要内容包括：

（1）是否对不合格品/潜在不合格品进行原因分析。

（2）是否针对原因制定并完成纠正措施、实施计划。

（3）纠正措施或预防措施是否达到目的，结果是否有效。

第二节 资料立卷归档

《中华人民共和国档案法》规定："对国家规定的应当立卷归档的材料，必须按规定，定期向本单位档案机构或者档案人员移交，集中管理，任何个人不得据为己有。""机关、团体、企事业单位和其他组织必须按照国家规定，定期向档案馆移交档案。"

电力工程测绘过程中形成的、具有保存价值的原始资料和成品资料属于科技档案，是国家的宝贵财富，是进行设计、施工和运营工作的必要依据和凭证。测绘工作结束后，测绘人员应及时对资料分类编制、整理，做好立卷归档工作，以保证档案的完整、准确、系统。各单位宜建立计算机电子档案管理系统，方便快捷地实现档案的归档、整理、检索、借阅等操作。

立卷归档文件资料分为纸介质文件资料和电子文件资料两种，其中纸介质资料又分为原始文件资料和测绘成品资料两类。

一、纸介质资料立卷归档

（一）原始文件归档范围

原始文件资料按类型又分为文档资料和工程技术资料两类。

1. 文档资料

（1）勘测任务书、项目任务单、合同及协议、中标通知书。

（2）作业指导书。

（3）勘测大纲、创优计划。

（4）中间检查和测绘现场检查资料。

（5）质量评定和成品校审资料。

（6）质量管理文件、质量信息反馈表。

（7）标石委托保管书。

（8）工程重大问题来往函电、文件及处理意见。

（9）工程联系单。

（10）专业互提资料。

（11）工作日志等。

2. 工程技术资料

（1）搜集的控制测量资料、地形图和影像资料。

（2）外业观测记录、踏勘或调绘记录、航测内业记录。

（3）控制片、调绘片及像片镶嵌图。

（4）各级控制测量计算资料、控制网布置图、控制点成果表。

（5）施工测量相关的资料及质量验收表。

（6）测量仪器检验校正记录。

（7）仪器检定证书复印件（必要时）。

（8）测量技术报告原稿（若有）。

（二）测绘成品归档范围

（1）测量技术报告、初（踏）勘报告（说明）。

（2）控制网布置及图幅分幅图；像片控制点布置及图幅分幅图。

（3）各比例尺地形图；纵、横断面图。

（4）总平面图、建（构）筑物成果图、管沟网道成果总图。

（5）输电线路平断面图、塔位地形图、塔基断面图、线路路径图、房屋分布图、拥挤地段平面图、进出线平面图、弱电线路危险影响相对位置图。

（6）竣工图纸及资料。

（7）管沟网道测量成果表。

（8）各类管线、钻孔、像控点、井位、杆位等坐标成果表等。

（三）立卷归档要求

对纸介质资料立卷归档的要求主要有以下几点：

（1）工程负责人或立卷人负责测绘成品资料的归档工作，并负责原始材料的收集、整理、立卷、归档工作，对归档文件不合格项应按规定修正。

（2）档案人员负责对提交资料的接收、整理、编目及档案的保管和提供利用工作，并监督指导工程资料的收集、整理、立卷和归档工作。

（3）归档的原始文件应为 A4 幅面用纸，小于此规格用纸的文件应予以贴裱，大于此规格用纸的文件应按 A4 规格予以折叠，标题、图标等说明文件主要内容的部分应露在最外部。

（4）归档的原始文件应齐全完整，已破损的文件应予以修整，字迹模糊或易褪色的文件应予以复制，原件与复制件同时归档。

（5）成品资料出版完成后应及时归档。

（6）原始资料原则上应在测量工作结束后 3 个月内立卷归档。

（7）测绘成品归档要求：

1）出版白图的文件，仅归档白图 1 套；

2）硫酸底图（透明图）归档 1 套；

3）蓝图归档 1～3 套；

4）竣工图可归档 1 份。

（8）专业配合资料提供单及附件应一并归档。

（9）立卷人按照归档计划要求，提出归档申请，并将测量原始文件交档案人员进行实物归档。经档案人员验收合格后，反馈验收合格信息给归档人员。

二、电子文件立卷归档

勘测设计单位的档案管理部门宜建立电子档案管理系统，对电子文件的形成、整理、归档实施全过程管理，以保证电子档案的质量。

1. 立卷归档范围

勘测设计活动中完成的测绘成品电子文件、专业配合资料、成品校审文件及其他测绘原始文件。

2. 归档方法

电子文件归档宜采用专用介质移交方式归档。

3. 归档要求

电子文件的归档主要应满足以下要求：

（1）工程负责人应确保归档电子文件的完整性、有效性、安全性，图纸修改后应及时修改相应电子文件，保证其内容与归档的纸介质文件一致。

（2）测绘人员须按照成品编号规定正确命名测绘成品电子文件，制图时应使用标准字形文件。

（3）测绘人员使用的专业软件应是其有效版本，在符合计算机软硬件平台的条件下，应保证电子文件能正常被计算机所识别、运行，并能准确输出。

（4）归档光盘应使用只读盘片，不得有擦、划痕，不得沾染灰尘或污垢，归档人员应自行查杀计算机病毒，保证归档电子文件无病毒侵蚀。

（5）归档的电子文件应是原始文件，不得编译或加密，不得包含参考文件。

（6）归档电子文件中的图纸、文字、表格要清晰，无关内容应清除干净，文件中的内容不得旋转或倒置。电子文件的图纸内容应绘制在图框内，图框外的内容应清除。

（7）电子文件的图框、图标、形文件、图线、字体、字形、图形缩放及符号应符合 DL/T 5026《电力工程计算机辅助设计技术规定》、DL/T 1108《电力工程项目编号及产品文件管理规定》等规程规范的要求。

三、归档更改

归档的电子文件需要更改时，应办理变更审批。归档人员将签署齐全的变更记录及电子文件、纸质文件一并交档案部门归档。

档案人员接到变更审批表及更改后的电子文件、纸质文件后，应及时将电子文件、蓝图、底图同时替换。保证提供利用的电子文件与纸质文件一致，并保证归档文件为更改后的正确版本。

第三节　成品交付及服务

一、成品交付

（一）基本要求

测绘成品形成过程中，应对成品进行保护，防止损坏。对于纸质成品文件，测绘部门应明确提出印制的质量与验收标准要求，并签订合同或协议。收件经手人应对测绘成品的印制质量进行检查验收，有质量问题时，应要求返工，直至满足质量要求。测绘成品应以评审纪要、校审签署、检验和试验记录及顾客审查纪要等作为测绘产品通过校核和审查的状态标识。在规定的校审过程完成后，测绘成品的状态标识应该是完整的。没有按照规定标识齐全的测绘产品，不应交付顾客。

向顾客交付测绘成品时，交付委托人应填写资料发出通知单（见表 16-4），由顾客方接受资料经手人签收并返回回执。经顾客签收的资料发出通知单应保存，保存截止时间为与顾客所签订合同约定的权利和义务得到了双方的完全履行之时。交付给顾客的测绘产品，一般应直接送到顾客手中，不应转托其他单位人员代送；对于路途遥远的顾客，可采用邮寄方式。顾客收到的测绘文件有损坏现象时，测绘单位相关负责人员应按程序重新提供无损坏的合格产品。

顾客对交付的测绘产品要求加盖勘测设计章、测绘资质证章以及个人执业资格证章的，应满足其要求。涉密测绘成果的交付，应遵守相关保密管理规定。

表 16-4 资料发出通知单（样表）

下列产品系 ××热电联产 工程 施工图 设计阶段的 厂址地形图测量 文件，现予以交付，请查收。
资料发出单位：××设计院有限公司
发出文件经手人：________ ______ 年__月__日
电话：

专业	卷册编号	文件名称	单位	数量	备注
测量	60-F14911S-L01 01-00	图纸目录	张	3	一式三套
测量	60-F14911S-L01 01-02	测量技术报告	本	3	
测量	60-F14911S-L01 01-03～11	厂址地形图 （1:1000）	张	9×3	

收件单位： ××有限责任公司	收件经手人：××× ××××年××月 ××日

注 此表由顾客保留一份，顾客返回回执一份；勘测部门收到顾客回执前暂留一份。

（二）不合格品控制

若顾客发现交付的测绘成品存在不合格品时，应通过以下程序进行不合格品处理。

（1）顾客接到测绘产品后，经验证发现不符合委托要求时，应及时向测绘单位通报情况；测绘单位主管领导应及时组织实施对不合格产品的分析研究，制定纠正措施；返工后的测绘产品应经校审和批准，并将符合要求的产品提交给顾客。

（2）工程施工后发现测绘产品质量不合格时，主管领导在接收到顾客的情况反映后，应及时组织有关人员分析原因，制定纠正措施；必要时邀请主管总工程师、设计总工程师、项目经理、主任工程师、主设人等对问题分析研究，提出解决方案，形成会议纪要，并予以实施。

（3）执行不合格品纠正措施和预防措施控制程序，填写记录，消除不合格问题及其影响，并评价纠正措施的效果，防止同类问题再次发生。

二、现场服务

根据合同要求，若勘测设计单位需要向施工现场派遣工地代表时，应考虑由参加本工程施工图勘测设计、责任心强并具有实践经验、能独立处理问题的专业技术人员担任。

测量专业工代应受设计经理和测量专业主管的双重领导，工作安排以设计经理为主，对技术上较重要的问题解决方案应征得测量技术主管的同意；应自觉遵守工地有关制度和规定，在现场领导部门的统一指挥和安排下认真做好本职工作；应与顾客和相关方做好沟通，力争满足和超越顾客的需求和期望；应全面了解本专业资料，了解专业之间的接口，提前为现场服务准备好资料、技术标准、办公用具、安全防护用品等；应深入现场，及时了解情况，认真分析解决问题。应以工代月报形式向设计经理和专业处/室反映施工现场情况和发现的质量问题，以及解决方案。测量专业工代月报可见表 16-5。

表 16-5 ××××年 ××月测量专业工代月报

工程名称	××工程	日　期	××××年 ××月 ××日
工　代	××	工代组长	×××

与测量专业相关的主要施工和施工进度情况：
线路 N612～N671 段现场清障

当月测量专业工作情况及问题：
完成测量工作：
1）××输电线路 N612～N692 平断面图复测及周围建筑物测量；
2）完成 ××变电站扩建端范围平面图测量。
存在问题：
1）N702～N731 不通视段的复桩难度较大；
2）跨越 ××河的测量工作难度大

业主、施工单位、监理对测量专业的意见和建议：
采用先进的测量方法，解决 ××河水文断面和 N702～N731 不通视段的复桩工作。
监理：×××

注 此表一式两份，每个月底前分别提交设计项目经理和测量专业处/室。

第四节 工程回访及服务改进

一、工程回访

工程回访的主要任务是听取顾客对测绘工作的意见，深入了解工程设计、施工和运行中测绘工作的亮点和存在的问题及缺陷。

工程回访的主要形式有：

（1）例行性回访。一般定期或不定期地以电话询问、座谈会等形式，了解测绘成果的使用情况和顾客意见，向顾客介绍相关知识和测绘成果使用中的注意事项等。

（2）季节性回访。在雨季、冬季等特殊季节对顾客进行回访，了解并及时解决可能发生的质量问题，如被雨水浸泡后的控制点的形变、建构筑物的形变等。

（3）技术性回访。主要了解采用高新技术所获取的测量成果的使用效果，以便及时解决存在的问题，同时总结经验，提出改进完善和推广的依据及措施。

对于工程回访中提出的问题，应与有关单位或部门逐项落实，分析原因，提出对策，与顾客研究出可行的解决方案，并确定完成时间。涉及方案变更、标准改变、外部因素影响等方面的问题，应请有关单位研究解决。

回访后，测量工程负责人应填写工程回访记录，格式可见表 16-6。

表 16-6　工程回访/走访记录表（样表）

工程名称	××工程	负责人	姜××	日期	××××年××月××日
参加人	魏××、周××、马××				
参加专业	土建、岩土、测量				
工程回访对策					
序号	亮点、问题或缺陷	原因分析	对策措施	负责完成人	完成时间
1	厂区布局合理、紧凑，具有创新性	—	—	—	—
2	沉降观测成果提交不够及时	路途较远；审核周期较长	通过邮件传递、审核沉降观测成果，并将审核后的成果扫描件以邮件形式快速传递给顾客	周××	××××年××月××日

对于在建重点工程宜组织走访活动。走访活动的组织及安排由设计经理与被走访的单位协商确定。走访的主要任务是听取业主、施工单位、监理、调试单位对工程勘测设计的意见，深入了解勘测设计和服务过程中存在的问题和缺陷，对收集的意见和问题应进行记录，并在后续的勘测设计中予以解决。走访活动的记录格式可参见表 16-6。

二、满意度调查

（一）调查内容

调查内容可分为顾客感受调查和市场地位调查两部分。顾客感受调查只针对勘测设计单位自己的顾客，操作简便，主要测量顾客对产品或服务的满意程度，比较勘测设计单位的表现与顾客预期之间的差距，为基本措施的改善提供依据；市场地位调查涉及所有产品或服务的消费者，对勘测设计单位形象的考察更有客观性，不仅问及顾客对勘测设计单位的看法，还问及他们对同行业竞争对手的看法，比起顾客感受调查，市场地位调查不仅能确定整体经营状况的排名，还能考察顾客满意的每一个因素，确定勘测设计单位和竞争对手间的优劣，以采取措施提高市场份额。

（二）调查的作用

（1）评估引起顾客满意的关键指标，能够具体体现“以顾客为中心”的理念。

现在国际上普遍实施的质量管理体系能够帮助勘测设计单位增进顾客满意度。但是，顾客的需求和期望是不断变化的，如顾客提出要求才去满足，勘测设计单位就已经处于被动了，且必然会有被忽略的方面。要获得主动，勘测设计单位必须通过定期和不定期的顾客满意度调查来了解不断变化的顾客需求和期望，并持续不断地改进产品和提供产品的过程，真正做到以顾客为中心。

（2）评估主要竞争者的满意度指标，确定勘测设计单位顾客满意策略。

顾客满意度调查始终要考虑竞争对手的情况，并进行比较，确定勘测设计单位与其主要竞争对手在满足这些期望和要求方面成功的程度，即优势和劣势各处在什么位置。这样可以使勘测设计单位做到知己知彼，制定合适的竞争策略。

（3）控制产品升级及更新换代的全过程，节约勘测设计单位成本，提高经济效益。

顾客满意度调查贯穿勘测设计单位生产经营全过程，从设计产品之初就考虑到顾客的需求和期望，通过满意度调查会越来越了解顾客，能准确地预测到顾客的需求和愿望的变化。这样，勘测设计单位就不用花更多的时间和精力去做市场研究，在很大程度上减少了浪费，压缩了成本，利用有限的资源最大限度地提高经济收益。

（三）调查的方法

1. 设立投诉与建议系统

以顾客为中心的勘测设计单位应当能方便顾客传递他们的建议和投诉，设立投诉与建议系统可以收集到顾客的意见和建议，这些信息流有助于勘测设计单位更迅速地解决问题，并提供了很多开创新领域的创意。

2. 顾客满意度量调查

当顾客对劣质服务不满意时，并不是所有不满意的顾客都会去投诉，大多数顾客会选择别处服务。因此还应该通过调查获得顾客满意的直接衡量指标。目前常用的调查方法有三种：

（1）问卷调查。这是一种最常用的顾客满意度数据收集方式。问卷中包含很多问题，需要被调查者根据预设的表格选择该问题的相应答案，顾客从自身利益出发来评估企业的服务质量、顾客服务工作和顾客满意水平。同时也允许被调查者以开放的方式回答问题，从而能够更详细地掌握他们的想法。顾客满意度调查问卷可见表16-7。

表16-7　　顾客满意度调查问卷

尊敬的客户：

为了更好地了解您的需求，提高××电力设计院有限公司的产品和服务质量，请您根据××××年度××电力设计院有限公司提供的产品和服务，根据您的感受、想法，按下表要求填写，请在相应栏目中打"√"即可。谢谢您的合作！

结构变量	观测变量	很满意	比较满意	基本满意	不太满意	很不满意
企业品牌形象	1. 您对该企业品牌及文化在本项目中的体现是否满意？	√				
顾客期望	2. 与您的希望值相比，该企业的产品和服务让您感受是否满意？	√				
顾客对质量的感知	3. 该企业的质量管理规范程度让您是否满意？	√				
	4. 该企业的技术水平、总体及专业方案让您是否满意？	√				
	5. 您对该企业提供的成品质量是否满意？		√			
	6. 您对该企业成品交付进度是否满意？		√			
	7. 您对该企业的服务质量是否满意？		√			
	8. 您对该企业的沟通情况是否满意？		√			
	9. 该企业与您的关系和谐，对您的要求的重视程度让您是否满意？		√			
	10. 该企业的工代服务让您是否满意？	√				
价值感知	11. 对该企业履行承诺，执行合同的情况是否满意？	√				
顾客满意	12. 您对该企业实施该项目的总体感觉是否满意？	√				
	13. 与同行业其他单位相比，该企业的产品和服务质量让您感觉是否满意？		√			
顾客抱怨	14. 该企业对问题的处理效果和及时性，让您感觉是否满意？	√				
顾客忠诚	15. 您对在本项目中与其合作是否满意，并愿意再次合作？	√				

16. 您最希望该企业改进的方面是什么？请畅所欲言。
希望加强专业之间协同配合，缩短图纸交付周期。

单位名称：×××　工程名称：××　工程日期：

（2）二手资料收集。二手资料大都通过公开发行刊物、网络、调查公司获得，在资料的详细程度和资料的有用程度方面可能存在缺陷，可以作为深度调查前的一种重要的参考。特别是进行问卷设计的时候，二手资料能提供行业的大致轮廓，有助于设计人员对拟调查问题的把握。

（3）访谈研究。包括内部访谈、深度访谈和焦点访谈。内部访谈是对二手资料的确认和对二手资料的重要补充。通过内部访谈，可以了解企业经营者对所要进行的项目的大致想法，同时内部访谈也是发现企业问题的最佳途径。深度访谈是为了弥补问卷调查存在的不足，有必要时实施的典型用户深度访谈。深度访谈是针对某一论点进行一对一的交谈，在交谈过程中提出一系列探究性问题，用以探知被访问者对某事的看法，或做出某种行为的原因。焦点访谈是为了更周全地设计问卷或者为了配合深度访谈，可以采用焦点访谈的方式获取信息。焦点访谈就是一名经过企业训练过的访谈员引导8～12人（顾客）对某一主题或观念进行深入的讨论。焦点访谈通常避免采用直截了当的问题，而是以间接的提问激发与会者自发的讨论，可以激发与会者的灵感，让其在一个"感觉安全"的环境下畅所欲言，从中发现重要的信息。

3. 失去顾客分析

勘测设计单位应当同停止合作或转向其他单位的顾客进行接触，竭尽全力探讨分析失败的原因。从事"退出调查"和控制"顾客损失率"是十分重要的。因为顾客损失率上升，就表明勘测设计单位在使顾客满意方面不尽如人意。

（四）调查的流程

（1）确定调查的内容。开展顾客满意度调查必须首先识别顾客和顾客的需求结构，明确开展顾客满意度调查的内容。不同群体的顾客，其需求的侧重点是不相同的，如有的侧重于价格、有的侧重于服务、有的侧重于性能和功能等。

（2）量化和权重顾客满意度指标。顾客满意度调查的本质是一个定量分析的过程，即用数字去反映顾客对对象属性的态度，因此需要对调查项目指标进行量化。对不同的产品与服务而言，相同的指标对顾客满意度的影响程度是不同的。因此，只有赋予不同的因素以适当的权重，才能客观真实地反映出顾客满意度。

（3）选择调查的对象。对于大多数企业来说，要进行全部顾客的总体调查是非常困难的，也是不必要的，应该选择合适的调查方法进行科学的随机抽样调查。在抽样方法的选择上，为保证样本具有一定的代表性，可以按照顾客的种类进行随机抽样。在样本的大小确定上，为获得较完整的信息，必须要保证样本足够大，但同时兼顾到调查的费用和时间的限制。

（4）顾客满意度数据的收集。顾客满意度数据的收集可以是书面或口头的问卷、电话或面对面的访谈，若有网站，也可以进行网上顾客满意调查。

（5）科学分析。针对顾客满意度调查结果分析，常用的方法有方差分析法、休哈特控制图、双样本 T 检验、过程能力直方图和 Pareto 图等。企业应建立健全分析系统，将更多的顾客资料输入到数据库中，不断采集顾客的有关信息，并验证和更新顾客信息，删除过时信息。同时还要运用科学的方法，分析顾客发生变化的状况和趋势，研究顾客消费行为有何变化，寻找其变化的规律，为提高顾客满意度和忠诚度打好基础。

三、服务与改进

服务质量是影响顾客需求的关键因素，提高服务质量是降低经营成本的有效途径。电力勘测设计企业绩效的增长可以通过提高质量留住每一个给企业带来利润的客户来实现，客户与企业间的关系维持得越久，给企业带来的利润就越高。

在对收集的顾客满意度信息进行科学分析后，企业就应该立刻检查自身的工作流程，在“以顾客为中心”的原则下开展自查和自纠，找出不符合顾客满意的管理流程，制定企业的改进方案，并组织企业员工实施，以达到顾客的满意。

相关部门人员在业务联络、顾客走访/回访等活动中，对于顾客提出的服务改进问题应详细记录并及时反馈给勘测部门。勘测部门对顾客反馈的情况要精心汇总整理，了解顾客反馈意见的解决情况，由相关岗位的干部和员工对较为密集出现的投诉或抱怨情况的原因进行精心分析，制定对应的整改措施、完成时间，并跟踪检查。将投诉或异议整改情况反馈给顾客并与顾客沟通，关注顾客对改善后的服务感受。

附　　录

附录A　大跨越工程平断面图示例

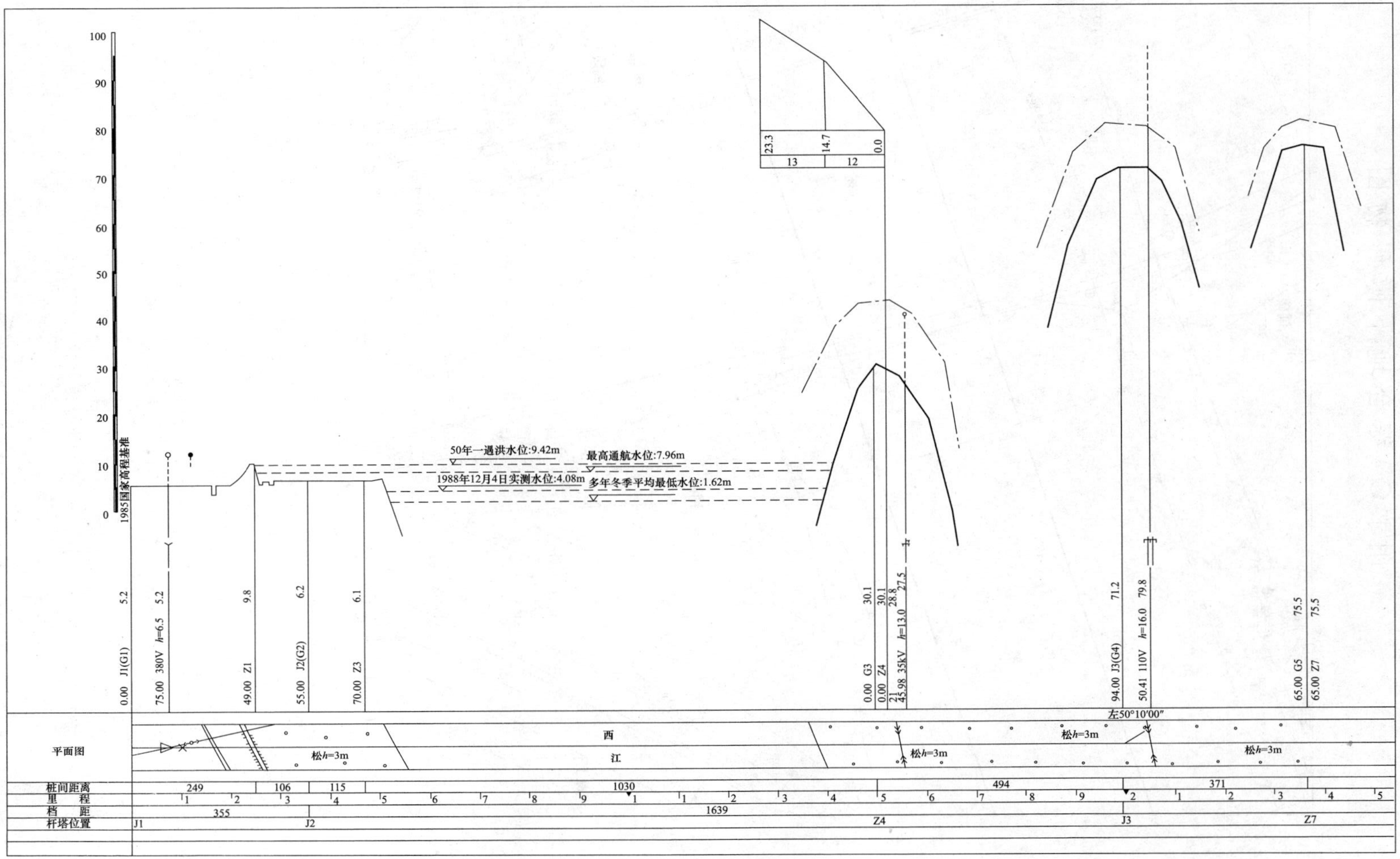

附录C　综合地下障碍物图

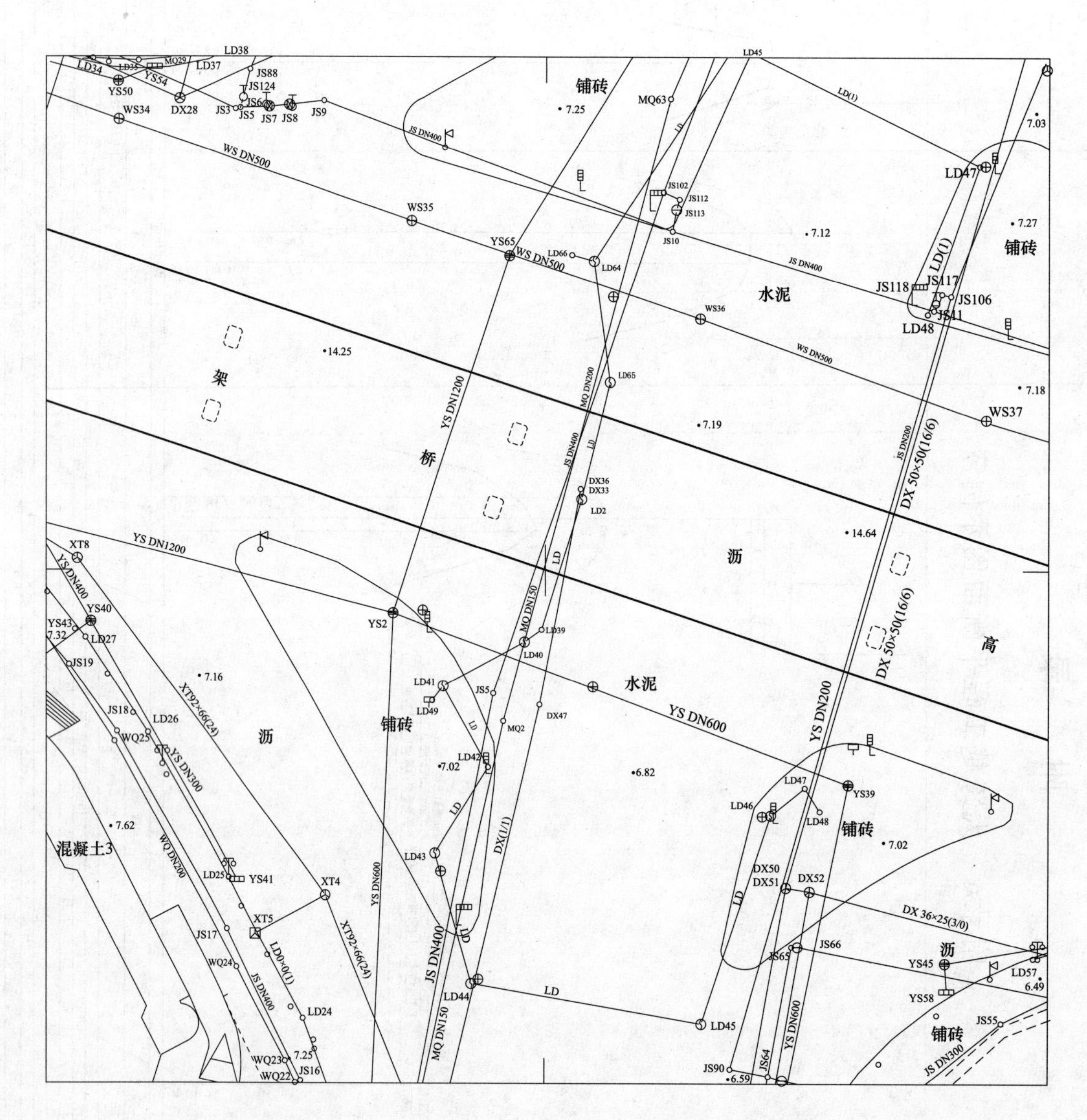

主要量的符号及其计量单位

量的名称	符号	计量单位	量的名称	符号	计量单位
倾角	α	（°）	体积	V	m^3
等高（深）距	h	m	面积	S（A）	m^2
水深、高度	H	m	半径	R	m
地形图比例尺分母	M		应力	σ	N/mm^2
个数	n		温度	t	℃
长度	L（l）	m	速度	v	m/s

参 考 文 献

[1] 程正逢，等. 输电线路工程测量手册［M］. 北京：中国电力出版社，2015.
[2] 程正逢，等. 发变电工程测量手册［M］. 北京：中国电力出版社，2016.
[3] 张中原，等. 输电线路测量与新技术应用［M］. 郑州：黄河水利出版社，2012.
[4] 张小红. 机载激光雷达技术理论与方法［M］. 武汉：武汉大学出版社，2009.
[5] 张小红，刘经南，RENE FORSBERG. 基于精密单点定位技术实现无地面基准站的航空测量［J］. 武汉大学学报（信息科学版），2006（1）：19-28.
[6] 刘经南，叶世榕. GPS 非差相位精密单点定位技术探讨［J］. 武汉大学学报（信息科学版），2002，27（3）：234-240.